H.D. Motz · A. Cronrath

TM - Übungsbuch

H.D. Motz · A. Cronrath

TM - Übungsbuch

200 Grundaufgaben zur
Ingenieur-Mechanik

mit vollständigen Lösungen,
ausführlichen Lösungshinweisen,
umfassender Formelsammlung
und Anhang (Tabellen)

Statik
Reibung
Elastizitätslehre
Festigkeitslehre
Kinematik
Kinetik
Schwingungen

Verlag Harri Deutsch
Thun und Frankfurt am Main

Professor Dr.rer.sec. Dipl.-Ing. Heinz Dieter Motz ist Professor für Technische Mechanik an der Bergischen Universität - Gesamthochschule Wuppertal.
Dipl.-Ing. Albert H. Cronrath ist Mitarbeiter in Lehre und Forschung im Fachbereich Maschinentechnik - Lehrgebiet Technische Mechanik - an der genannten Hochschule.

Die Deutsche Bibliothek · CIP-Einheitsaufnahme

Motz, Heinz Dieter:
TM-Übungsbuch : 200 Grundaufgaben zur Ingenieur-Mechanik ;
mit vollständigen Lösungen, ausführlichen Lösungshinweisen,
umfassender Formelsammlung und Anhang (Tabellen) ; Statik,
Reibung, Elastizitätslehre, Festigkeitslehre, Kinematik,
Kinetik, Schwingungen / H. D. Motz/A. Cronrath. - Thun ;
Frankfurt am Main : Deutsch, 1996
   ISBN 3-8171-1509-1
NE: Cronrath, Albert :

ISBN 3-8171-1509-1

1. Auflage 1996
© Verlag Harri Deutsch, Thun und Frankfurt am Main, 1996
Druck: Präzis-Druck GmbH, Karlsruhe
Printed in Germany

„Lernen durch Üben",

dieser fast vergessene Grundsatz aus der Allgemeinen Didaktik und Lernpsychologie, wird von den Autoren des Übungsbuchs „Technische Mechanik" wieder aktualisiert. Sie legen ein klar strukturiertes und ansprechend aufgemachtes Übungsbuch für die Hand des Studierenden vor, dessen Erfolg vorausgesagt werden darf.

Wenn ich als Erziehungswissenschaftler und Hochschuldidaktiker diese Aussage über ein Lehrbuch einer anderen Disziplin wage, so liegen meiner „Prophezeiung" langjährige Erfahrungen und einschlägige Untersuchungen zugrunde. Vor allem in Innovationsstudien an der Rheinisch-Westfälischen Technischen Hochschule in Aachen, aber auch an der Bergischen Universität - Gesamthochschule Wuppertal konnte die große Wirksamkeit verständlicher Studienmaterialien zum Selbststudium und für die Arbeit in kleinen studentischen Gruppen nachgewiesen werden.

Aus hochschuldidaktischer Sicht wird empfohlen, die einzelnen Übungen zu zweit oder zu dritt durchzurechnen, zu vergleichen und Lösungen wie Anwendungen mit Dozenten zu besprechen.

Selbständiges Studieren kann so in „didaktischen Regelkreisen" sowohl individuell als auch kommunikativ optimiert werden und ermöglicht ein „Bereitstellen von Erfahrungen für zukünftiges Tun" (W. Guyer).

Auf eine derartige Fundierung beruflicher Kompetenz kann und sollte auch im Zeitalter informationstechnischer Netze nicht verzichtet werden.

Prof. Dr. phil. Friedhelm Beiner

Dieses Buch widmen wir
unseren Familien,
die mit dem
Verzicht auf viele
gemeinsame Stunden
ihren nicht unwesentlichen
Anteil an diesem Buch haben.

Vorwort

Wer als Hochschullehrer auf die letzten Jahrzehnte der Hochschullehre zurückblicken kann, wird bestätigen, daß der Student heute anders lernt als sein Kommilitone vor zehn und erst recht vor zwanzig Jahren. Wer zudem - als Vater - an seinen eigenen Kindern die Veränderungen im Lese- , Lern- und Medienkonsumverhalten kritisch beobachten konnte bzw. mußte, wird bestätigen, daß die gesamte kindliche, vorschulische und voruniversitäre Entwicklung der heutigen Studentengeneration gründlich verschieden ist von der der Vorgängergeneration. Es ist - an dieser Stelle jedenfalls - müßig, eine Analyse zu versuchen, diese Verschiedenheiten oder gar deren Gründe zu untersuchen, aufzudecken, zu bewerten. Die heutige Studentengeneration hat zumeist eine Schulzeit erlebt, die ihr - vorsichtig gesagt - das Lernen nach den Mustern des (nicht selten allzu althergebrachten und insoweit nicht immer angepaßten) Lehrprinzips der Universitäten (Vorlesung, Übung, Seminar) nicht leicht macht.

Das Lernen aus Büchern, die auf der rein intellektuellen Schiene des Erklärens, Begründens, Beweisens die Sachverhalte vermitteln, fällt den Studenten von heute schwerer als zu früheren Zeiten. Mag das Fernsehen, mag die Comic-Bildsprache, mag die Qualität des Spielzeugs, mag die Veränderung des schulischen Anforderungsprofils, mag all das und vieles mehr noch als Begründung dafür herhalten, daß der Student heute im allgemeinen weniger leicht Zugang findet zur Studienliteratur. Die tägliche Erfahrung im universitären Lehrbetrieb zeigt, daß sinnentnehmendes , resümierendes Lesen wissenschaftlicher Studienliteratur zunehmend schwerfällt. Nicht mangelnder Fleiß oder mangelnde Motivation sind Grund für die Schwierigkeiten, mit denen die Studenten heute bei der Erarbeitung des Lehrstoffs kämpfen.

Es liegt darum nahe, dem Studenten Musterlösungen von Grundaufgaben und Prüfungsaufgaben anzubieten, um ihm so Gelegenheit zu geben, die Vorgehensweise bei der Bewältigung von Problemstellungen - hier der Technischen Mechanik - zu erlernen („learning by doing").

Ein pädagogisches Konzept dieser Art stellt keine Resignation dar, sondern entspringt vielmehr der Erkenntnis, daß es vor dem Hintergrund der gänzlich veränderten Vorbereitungs-Muster unerläßlich ist, neue Wege zu gehen bei der Konzeptionierung und Realisierung von Lernhilfen auf dem Gebiet der Printmedien. Nicht (nur) Argumentieren und Dozieren ist die Formel, - vielmehr ist das beispielhafte Vorzeigen, das nachvollziehbare, reflektierbare und also lernbare Tun schlechthin eine gangbare Alternative.

Die Autoren dieses Buchs wissen recht genau um die Bedürfnisse ihrer Studenten und haben darum besonderen Wert gelegt auf eine Vorgehensweise beim Lösen der Mechanikaufgaben, die der Student nachvollziehen kann und die seine spezifischen Lernschwierigkeiten berücksichtigt. Die zumeist ausführlichen Lösungshinweise und Erläuterungen zu allen Aufgaben sprechen die typischen Verständnisschwierigkeiten an, die Grund dafür sind, daß der Student mit einem eigenständigen Einstieg in die Aufgabenlösung Probleme hat.

Die abgehandelten Aufgabengebiete umfassen die in Technik- Studiengängen i.a. relevanten Themenbereiche. Der Student des Maschinenbaus, der Elektrotechnik, der Sicherheitstechnik und anderer ingenieurwissenschaftlicher Studiengänge findet hier Aufgabenstellungen, wie sie ihm im Studium, in Übungen und Prüfungen begegnen. Die vorgelegte Sammlung von Musterlösungen ermöglicht es dem Studenten, die Methodik beim Lösen von Grundlagenaufgaben der Technischen Mechanik zu erlernen, - „learning by doing" - wie gesagt.

Jeder Lehrstuhl, jeder Fachbereich der Hochschule - wo auch immer - entwickelt seine/ihre spezifischen Aufgaben-Typen; die in den 30 Kapiteln der vorliegenden Aufgabensammlung vorgestellten Aufgabenstellungen der Grundlagenmechanik sind elementar und von allgemeiner Bedeutung. Die Lektüre und Bearbeitung wird sowohl dem FH-Studenten als auch dem „Einsteiger" an der TH oder TU dienlich, nützlich und hilfreich sein. Bewußt wurde ein Niveau angestrebt, das dem von Prüfungsaufgaben entspricht. Man wird also besonders schwierige,

ausgefallene (und für jeden Autor natürlich reizvolle) Aufgabenstellungen vergeblich suchen. Dies ist erklärtes Ziel der Autoren; denn gerade die Darstellung von elementaren Aufgabenlösungen ist die Absicht dieser Sammlung.

Daß die hier vorliegende Sammlung an Übungsaufgaben das Erlernen der Gesetze, der Zusammenhänge und Verfahren der Technischen Mechanik nicht ersetzen kann und soll, ist fast selbstredend. Das TM-Übungsbuch stellt vielmehr eine an die besondere Lernsituation der Studenten angepaßte Ergänzung dar.

Herr Professor Dr. phil. Friedhelm Beiner vom Fachbereich Erziehungswissenschaften der Bergischen Universität - Gesamthochschule Wuppertal war so freundlich, ein Geleitwort zu schreiben, das auf die besonderen pädagogischen Ansätze dieses Buchs eingeht. Die Autoren danken ihm sehr herzlich für den kollegialen Dienst.

Die Autoren bedanken sich beim Verlag Harri Deutsch, Frankfurt, für die kooperative und verständnisvolle Zusammenarbeit und das Eingehen auf alle Gestaltungs- und Ausstattungsvorstellungen.

Wuppertal, im Juli 1996
Prof. Dr. Heinz Dieter Motz
Dipl.- Ing. Albert H. Cronrath

Inhalt

Statik

Elastizitäts- und Festigkeitslehre

Dynamik: Kinematik, Kinetik, Schwingungen

1.1

Zwei schwere Scheiben liegen wie skizziert übereinander und stützen sich am Fundament ab. Es sind zu bestimmen die Berührkraft zwischen den Scheiben sowie die Berührkräfte am Fundament. $F_{G_1} = 20\,\text{N}$; $F_{G_2} = 80\,\text{N}$; $\alpha = 60°$

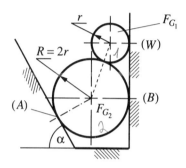

$$m_F = \frac{5\,\text{N}}{\text{cm}_z} \qquad m_F = \frac{40\,\text{N}}{\text{cm}_z} \qquad *)$$

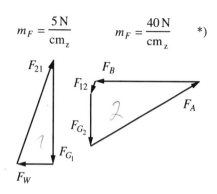

$$F_W = 7,07\,\text{N} \qquad F_A = 200\,\text{N}$$
$$F_B = 166,14\,\text{N} \qquad F_{12} = F_{21} = 21,21\,\text{N}$$

*) Kräftemaßstäbe sind eine Empfehlung für die Lösung; aus drucktechnischen Gründen weicht der vorliegende Druck von diesen Maßstäben ab.

Freimachen der Scheibe (1) :

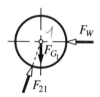

Freimachen der Scheibe (2) :

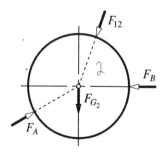

1.2

Drei schwere Scheiben, von denen jede ein Gewicht von 250 N aufweist, sind wie skizziert zu einem Paket verschnürt, d.h. von einem Band umspannt. Welche Spannkraft muß im Band wirken, damit sich die Scheiben (1) und (2) mit der Andrückkraft von $F_{12} = 1000\,\text{N}$ aufeinander abstützen ?

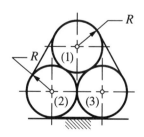

Kraftecke der Kräfte auf die Scheiben (1) und (2) :

Freimachen der Scheibe (1) und Krafteck der
Kräfte auf die Scheibe (1) :

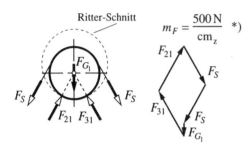

$F_{21} = F_{31} = 1000\,\text{N}$

Mit Hilfe des Kräftemaßstabs und der Zeich-
nungslänge des Kraftvektors gilt z.B.:
$F_S = 1{,}71\,\text{cm}_z \cdot 500\,\text{N/cm}_z = 855\,\text{N}$

Freimachen der Scheibe (2) und Krafteck der
Kräfte auf die Scheibe (2) :

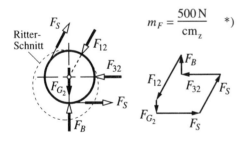

$F_{12} = F_{21} = 1000\,\text{N}$
$F_{32} = 783\,\text{N}$ $F_B = 375\,\text{N}$

*)   Kräftemaßstäbe sind eine Empfehlung für die Lö-
     sung; aus drucktechnischen Gründen weicht der
     vorliegende Druck von diesen Maßstäben ab.

1.3

Ein Seil umschlingt wie skizziert die von den
Stäben (1) und (2) gehaltene schwere Schei-
be. Zu bestimmen sind die Stabkräfte F_1 und
F_2 . Seilzugkraft $F_S = 420\,\text{N}$; $F_G = 700\,\text{N}$;
$\alpha = 30°$

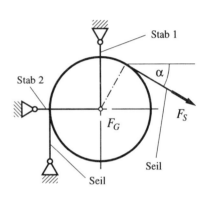

Freimachen der Scheibe und Krafteck der
Kräfte auf die schwere Scheibe :

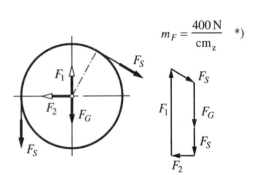

$F_1 = 1330\,\text{N}$ $F_2 = 364\,\text{N}$

Freigemachte Stäbe (1) und (2) und Wirkung der Kräfte :

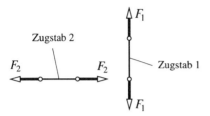

*) Kräftemaßstäbe sind eine Empfehlung für die Lösung; aus drucktechnischen Gründen weicht der vorliegende Druck von diesen Maßstäben ab.

Freimachen der Scheibe (1) und Krafteck der Kräfte auf die Scheibe (1) :

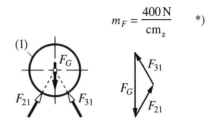

$$m_F = \frac{400\,\text{N}}{\text{cm}_z} \quad *)$$

$$F_{21} = F_{31} = 577\,\text{N}$$

Freimachen der Scheibe (2) und Krafteck der Kräfte auf die Scheibe (2) :

1.4

Drei schwere Scheiben liegen wie skizziert ohne seitlichen Zwang im Fundament. Zu bestimmen sind die Anlagedrücke zwischen den Scheiben sowie die auf den Boden und auf die Wandung übertragenen Kräfte. Gewicht je Scheibe $F_G = 1000\,\text{N}$

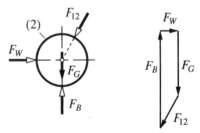

$$F_B = 1500\,\text{N} \qquad F_{12} = F_{21} = 577\,\text{N}$$
$$F_W = 289\,\text{N}$$

*) Kräftemaßstäbe sind eine Empfehlung für die Lösung; aus drucktechnischen Gründen weicht der vorliegende Druck von diesen Maßstäben ab.

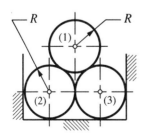

1.5

Zwei schwere Rohrabschnitte sind von einem Seil wie skizziert umschlungen und aufgehängt. Wie groß ist die Andrückkraft zwischen den beiden Scheiben ? $F_{G_1} = 300\,\text{N}$; $F_{G_2} = 700\,\text{N}$
$\alpha = 45°$

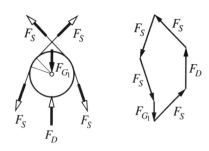

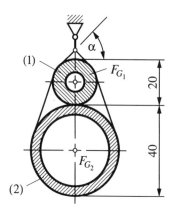

$F_D = 633\,\text{N}$

Freimachen der Scheibe (2) und Krafteck der Kräfte auf die Scheibe (2) :

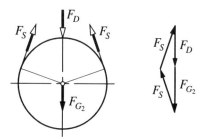

Freimachen des oberen Aufhängeknotens und Krafteck der Kräfte auf den Knoten :

*) Kräftemaßstäbe sind eine Empfehlung für die Lösung; aus drucktechnischen Gründen weicht der vorliegende Druck von diesen Maßstäben ab.

$$m_F = \frac{400\,\text{N}}{\text{cm}_z} \quad *)$$

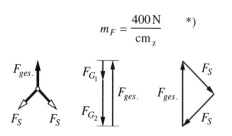

$F_{ges.} = F_{G_1} + F_{G_2} = 1000\,\text{N}$
$F_S = 707\,\text{N}$

Freimachen der Scheibe (1) und Krafteck der Kräfte auf die Scheibe (1) :

1.6

Zwei schwere, quadratische Scheiben sind von einem Seil umspannt und ruhen wie skizziert auf dem Fundament. Die Zugkraft im Seil beträgt $F_S = 1700\,\text{N}$. Die große Scheibe wiegt $F_{G_1} = 2,25\,\text{kN}$, die kleine $F_{G_2} = 1\,\text{kN}$. Wie groß ist die Andrückkraft F_D zwischen den beiden Scheiben ?

1.7

Zwei Schenkel von vernachlässigbar kleinem Gewicht sind durch ein Gelenk (C) und durch ein gespanntes Seil verbunden. Der eine Schenkel ist im Gelenkpunkt (A) mit dem Fundament verbunden, der andere Schenkel liegt bei (B) lose auf. Einzige äußere Belastungskraft ist das Gewicht $F_G = 100\,\mathrm{N}$, das im Gelenk (C) angehängt ist. Gesucht sind die Auflagerkräfte F_A und F_B sowie die Seilkraft F_S. Darüberhinaus ist das Kräftespiel am Gelenkpunkt (C) zu untersuchen. $\alpha = 60°$; $\beta = 45°$

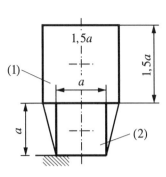

Freimachen der Scheibe (1) :

$$m_F = \frac{1000\,\mathrm{N}}{\mathrm{cm}_z} \quad *)$$

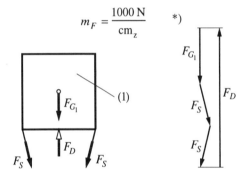

$F_D = 5548\,\mathrm{N}$

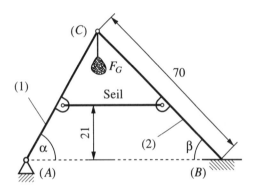

Ermittlung der Auflagerreaktionen im Lageplan mit Hilfe des Schlußlinien-Verfahrens :

*) Kräftemaßstäbe sind eine Empfehlung für die Lösung; aus drucktechnischen Gründen weicht der vorliegende Druck von diesen Maßstäben ab.

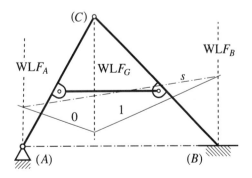

Kräfteplan (Festlegung der Reihenfolge der
Kräfte: $F_G \to F_B \to F_A$) :

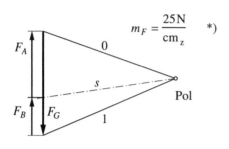

$F_A \approx 63\,\text{N}$ $F_B \approx 37\,\text{N}$

Freimachen der Scheiben :

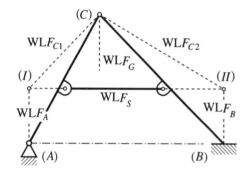

Freimachen der Scheibe (1) :

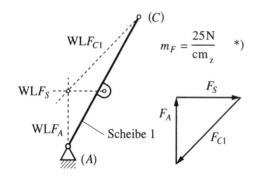

$F_{C1} \approx 89\,\text{N}$ $F_S \approx 63\,\text{N}$

Freimachen der Scheibe (2) :

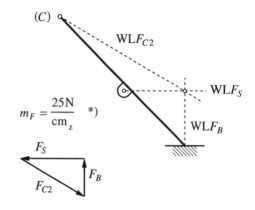

$F_{C2} \approx 72\,\text{N}$

Kräfte auf den Gelenkpunkt (C) :

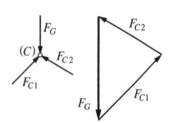

*) Kräftemaßstäbe sind eine Empfehlung für die Lö-
sung; aus drucktechnischen Gründen weicht der
vorliegende Druck von diesen Maßstäben ab.

1.8

Zwei Schenkel von vernachlässigbar kleinem Gewicht sind wie skizziert im Gelenk (C) verbunden und durch ein Seil verbunden. Einzige Belastungskraft sei eine Kraft $F = 30\,\text{N}$, welche die Scheibe (1) belastet. Gesucht sind die Auflagerkräfte F_A und F_B zwischen Fundament und den Scheiben (System liegt lose auf dem Fundament auf) sowie die im Seil übertragene Kraft F_S und die im Gelenk (C) auftretende Kraft F_C, $\alpha = 60°$.

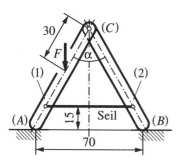

Ermittlung der Auflagerreaktionen mit Hilfe des Schlußlinien-Verfahrens :

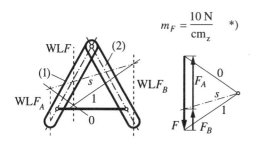

$$m_F = \frac{10\,\text{N}}{\text{cm}_z} \quad *)$$

$$F_A \approx 21,5\,\text{N} \qquad F_B \approx 8,5\,\text{N}$$

Kräfte auf die Scheibe (2) :

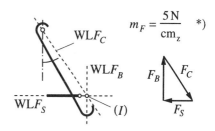

$$m_F = \frac{5\,\text{N}}{\text{cm}_z} \quad *)$$

$$F_C \approx 10,8\,\text{N} \qquad F_S \approx 6,5\,\text{N}$$

Kräfte auf die Scheibe (1) :
Vierkräfte-Verfahren von CULMANN
(CHG = CULMANNsche Hilfsgerade)

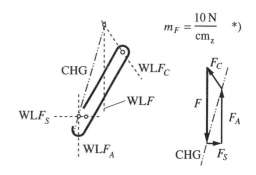

$$m_F = \frac{10\,\text{N}}{\text{cm}_z} \quad *)$$

*) Kräftemaßstäbe sind eine Empfehlung für die Lösung; aus drucktechnischen Gründen weicht der vorliegende Druck von diesen Maßstäben ab.

1.9

Eine schwere runde Holzscheibe vom Gewicht $F_G = 480\,\text{N}$ liegt wie skizziert auf dem Sägebock. Die Schenkel des Bocks sind gewichtslos anzunehmen. Die Schenkel sind im Gelenk (C) verbunden und mittels eines Spanndrahtes wie skizziert gehalten. Das Gebilde ist symmetrisch und darum nur einseitig vermaßt. Der Bock steht wie dargestellt auf einer horizontalen Unterlage. Wie groß ist die im Draht auftretende Zugkraft und wie groß ist die im Gelenk (C) übertragene Kraft F_C ? $\alpha = 45°$

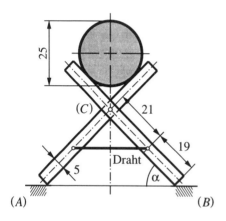

Freimachen und Ermittlung der Kräfte an der Holzscheibe :

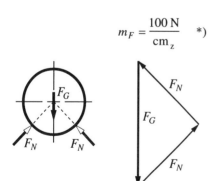

$$m_F = \frac{100\,\text{N}}{\text{cm}_z} \quad *)$$

$F_N \approx 340\,\text{N}$

Wegen Symmetrie : $F_A = F_B = 240\,\text{N}$

Kräfte auf die Schenkel :

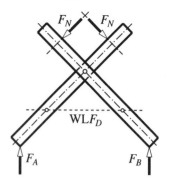

Kräfte auf einen der beiden Schenkel :

$$m_L = \frac{10\,\text{mm}}{\text{cm}_z} \quad *)$$

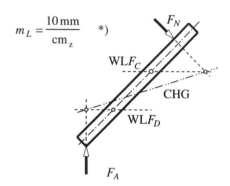

Kräfteplan der Kräfte an dem bei (A) aufstehenden Schenkel :

$$m_F = \frac{125\,\text{N}}{\text{cm}_z} \quad *)$$

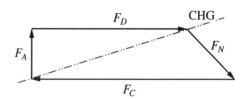

$F_A = F_B \approx 240\,\text{N}$; $F_C \approx 1011\,\text{N}$; $F_D \approx 771\,\text{N}$

*)   Kräftemaßstäbe sind eine Empfehlung für die Lösung; aus drucktechnischen Gründen weicht der vorliegende Druck von diesen Maßstäben ab.

1.10

Ein Balken mit vernachlässigbar kleinem Gewicht ist im Gelenk (A) mit dem Fundament verbunden und wie skizziert durch die Druckfeder D (Federkraft $F_D = 220\,\text{N}$) und das Fundament bei (B) abgestützt. Eine Kraft $F = 580\,\text{N}$ belastet den Balken zusätzlich zur Federkraft. Mit welcher Andrückkraft liegt der Balken bei (B) auf, und welche Kraft wird im Gelenk (A) übertragen?

Kräfteplan : Kräfte auf den Balken
Festlegung der Reihenfolge der Kräfte im
Krafteck : $F \to F_D \to F_B \to F_A$

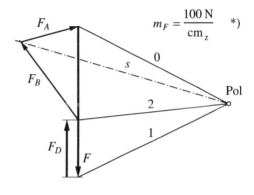

$$m_F = \frac{100\,\text{N}}{\text{cm}_z} \quad *)$$

$F_A \approx 232\,\text{N} \qquad F_B \approx 384\,\text{N}$

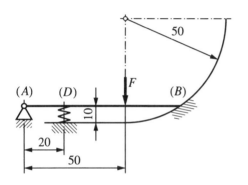

Lageplan :

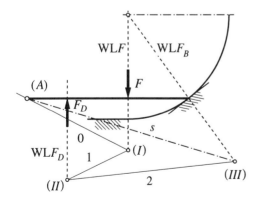

*) Kräftemaßstäbe sind eine Empfehlung für die Lösung; aus drucktechnischen Gründen weicht der vorliegende Druck von diesen Maßstäben ab.

2.1

Die skizzierte Scheibe wird durch die Stäbe (1)
(2) und (3) abgestützt. Die Scheibe vom Eigengewicht $F_G = 200\,\text{N}$ wird zusätzlich durch die
Einzelkraft $F = 450\,\text{N}$ belastet. Zu berechnen
sind die Stabkräfte. $\alpha = 45°$

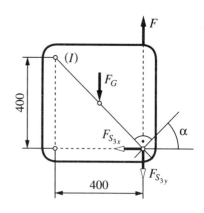

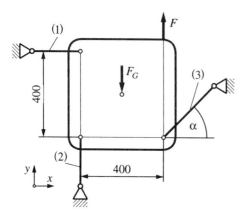

Lösungsskizze mit Annahme des Richtungssinns der gesuchten Stabkräfte :

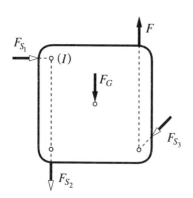

1)

$$\sum M_{(I)} = 0$$

$$0 = F \cdot 400\,\text{mm} - F_G \cdot 200\,\text{mm}$$
$$- F_{S_{3x}} \cdot 400\,\text{mm} - F_{S_{3y}} \cdot 400\,\text{mm}$$

$$F_{S_{3x}} = F_{S_{3y}} = \frac{F_{S_3}}{\sqrt{2}}$$

Damit folgt :

$$F_{S_3} = \frac{\sqrt{2}}{2 \cdot 400}(F \cdot 400 - F_G \cdot 200)$$

$$F_{S_3} = \frac{(450 \cdot 400 - 200 \cdot 200)\,\text{Nmm}}{400 \cdot \sqrt{2}\ \text{mm}}$$

$$\boxed{F_{S_3} = 247,49\,\text{N}} \qquad \text{(Druckstab)}$$

Das positive Ergebnis bestätigt die Richtigkeit
der Annahme des Richtungssinns der gesuchten
Stabkraft; Stab (3) ist - wie angenommen -
Druckstab.

$F_{S_{3x}} = F_{S_3} \cdot \cos 45°$

$F_{S_{3x}} = 247,49\,\text{N} \cdot \cos 45° = 175\,\text{N}$

$F_{S_{3y}} = F_{S_3} \cdot \sin 45°$

$F_{S_{3y}} = 247,49\,\text{N} \cdot \sin 45° = 175\,\text{N}$

Kräfte auf die Stäbe :

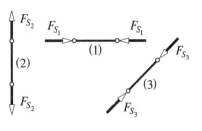

2)

$$\sum F_x = 0 = F_{S_1} - F_{S_{3x}} \quad \Rightarrow \quad F_{S_1} = F_{S_{3x}}$$

$\boxed{F_{S_1} = 175\,\text{N}}$ (Druckstab)

Das positive Ergebnis bestätigt die Richtigkeit der Annahme des Richtungssinns der gesuchten Stabkraft; Stab (1) ist - wie angenommen - Druckstab.

3)

$$\sum F_y = 0 = F - F_G - F_{S_2} - F_{S_{3y}}$$

$F_{S_2} = F - F_G - F_{S_{3y}} = 450\,\text{N} - 200\,\text{N} - 175\,\text{N}$

$\boxed{F_{S_2} = 75\,\text{N}}$ (Zugstab)

Das positive Ergebnis bestätigt die Richtigkeit der Annahme des Richtungssinns der gesuchten Stabkraft; Stab (2) ist - wie angenommen - Zugstab.

2.2

Es sind die Stabkräfte F_{S_1}, F_{S_2} und F_{S_3} an der in horizontaler Ebene statisch bestimmt gelagerten Scheibe zu bestimmen. Die Scheibe wird durch das rechtsdrehende Moment M belastet.

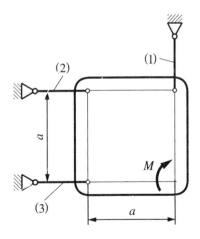

Lösungsskizze mit Annahme des Richtungssinns der gesuchten Stabkräfte :

$$\boxed{F_{S_2} = \frac{M}{a}}$$

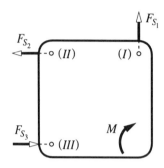

Die Lösungen aller drei Statik-Gleichungen
sind positiv; die Annahme des Richtungssinns
wird damit jeweils bestätigt.

1)

$$\sum M_{(I)} = 0 = -M + F_{S_3} \cdot a$$

$$\boxed{F_{S_3} = \frac{M}{a}}$$

2.3

Die Auflagerkräfte F_A und F_B sind rechne-
risch zu bestimmen. $F = 40\,\text{N}$, $q_o = 20\,\text{N/m}$

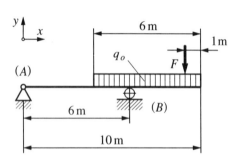

2)

$$\sum M_{(II)} = 0 = -M + F_{S_3} \cdot a + F_{S_1} \cdot a$$

$$F_{S_1} = \frac{M - F_{S_3} \cdot a}{a} = \frac{M}{a} - \frac{M}{a}$$

$$\boxed{F_{S_1} = 0}$$

Lösungsskizze mit Annahme des Richtungssinns der gesuchten Auflagerkräfte :

3)

$$\sum M_{(III)} = 0 = -M + F_{S_2} \cdot a$$

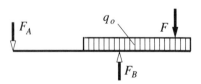

1)

$$\sum M_{(A)} = 0$$

$$0 = -F \cdot 9\,\text{m} - (q_o \cdot 6\,\text{m}) \cdot 7\,\text{m} + F_B \cdot 6\,\text{m}$$

$$F_B = \frac{F \cdot 9\,\text{m} + q_o \cdot 42\,\text{m}^2}{6\,\text{m}}$$

$$F_B = \frac{40\,\text{N} \cdot 9\,\text{m} + 20\,\text{N/m} \cdot 42\,\text{m}^2}{6\,\text{m}}$$

$$\boxed{F_B = 200\,\text{N}}$$

2)

$$\sum M_{(B)} = 0$$

$$0 = -F \cdot 3\,\text{m} - (q_o \cdot 6\,\text{m}) \cdot 1\,\text{m} + F_A \cdot 6\,\text{m}$$

$$F_A = \frac{F \cdot 3\,\text{m} + q_o \cdot 6\,\text{m}^2}{6\,\text{m}}$$

$$\boxed{F_A = 40\,\text{N}}$$

Probe :

$$\sum F_y = 0$$

$$0 = -40\,\text{N} + 200\,\text{N} - 40\,\text{N} - 20\,\text{N/m} \cdot 6\,\text{m}$$

$$0 = 0$$

2.4

Der abgewinkelte Balken von vernachlässigbar kleinem Gewicht ist wie skizziert statisch bestimmt gelagert. Die Auflagerkräfte F_A und F_B sind zu berechnen. $F = 800\,\text{N}$, $\alpha = 30°$

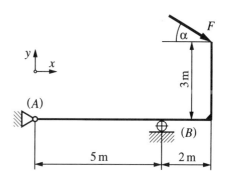

Lösungsskizze mit Annahme des Richtungssinns der gesuchten Auflagerkräfte :

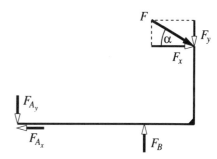

1)

$$\sum M_{(A)} = 0 = -F_x \cdot 3\,\text{m} - F_y \cdot 7\,\text{m} + F_B \cdot 5\,\text{m}$$

$$|F_x| = F \cdot \cos\alpha \qquad |F_y| = F \cdot \sin\alpha$$

$$F_B = \frac{F \cdot \cos\alpha \cdot 3\,\text{m} + F \cdot \sin\alpha \cdot 7\,\text{m}}{5\,\text{m}}$$

$$F_B = \frac{800\,\text{N} \cdot \cos 30° \cdot 3\,\text{m} + 800\,\text{N} \cdot \sin 30° \cdot 7\,\text{m}}{5\,\text{m}}$$

$$\boxed{F_B = 975,69\,\text{N}}$$

2)

$$\sum F_y = 0 = -F_{A_y} + F_B - F \cdot \sin\alpha$$
$$F_{A_y} = 975,69\,\text{N} - 800\,\text{N} \cdot \sin 30°$$
$$F_{A_y} = 575,69\,\text{N}$$

3)

$$\sum F_x = 0 = -F_{A_x} + F \cdot \cos\alpha$$
$$F_{A_x} = 800\,\text{N} \cdot \cos 30°$$
$$F_{A_x} = 692,82\,\text{N}$$

$$F_A = \sqrt{F_{A_x}^2 + F_{A_y}^2} = \sqrt{(692,82\,\text{N})^2 + (575,69\,\text{N})^2}$$

$$\boxed{F_A = 900,79\,\text{N}}$$

Probe über das Dreikräfte-Verfahren

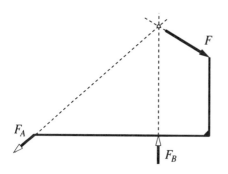

Gleichgewicht der äußeren am Bauteil angreifenden Kräfte :

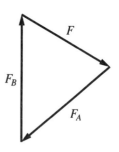

2.5

Der schwere Balken vom Gewicht $F_G = q_o \cdot L$ wird zudem durch die Punktlast F wie skizziert belastet. Es ist sowohl die Auflagerkraft F_A als auch die Stabkraft F_S zu berechnen.

$F = 40\,\text{kN}$, $q_o = 8\,\text{kN/m}$, $\alpha = 30°$

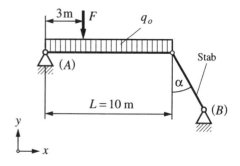

Lösungsskizze mit Annahme des Richtungssinns der gesuchten Auflagerkräfte :

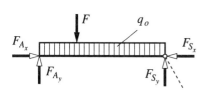

$$F_S = 60,04 \text{ kN}$$

2)

$$\sum F_x = 0 = -F_{S_x} + F_{A_x}$$

1)

$$\sum M_{(A)} = 0$$

$$F_{A_x} = 30,02 \text{ kN}$$

$$0 = F_{S_y} \cdot 10 \text{ m} - F \cdot 3 \text{ m} - (q_o \cdot 10 \text{ m}) \cdot 5 \text{ m}$$

3)

$$F_{S_y} = \frac{F \cdot 3 \text{ m} + q_o \cdot 50 \text{ m}^2}{10 \text{ m}}$$

$$\sum F_y = 0 = F_{S_y} + F_{A_y} - F - (q_o \cdot 10 \text{ m})$$

$$F_{S_y} = \frac{40 \text{ kN} \cdot 3 \text{ m} + 8 \text{ kN/m} \cdot 50 \text{ m}^2}{10 \text{ m}}$$

$$F_{A_y} = -52 \text{ kN} + 40 \text{ kN} + 8 \text{ kN/m} \cdot 10 \text{ m}$$

$$F_{S_y} = 52 \text{ kN}$$

$$F_{A_y} = 68 \text{ kN}$$

$$\tan \alpha = \frac{F_{S_x}}{F_{S_y}} \quad \Rightarrow \quad F_{S_x} = 52 \text{ kN} \cdot \tan 30°$$

$$F_A = \sqrt{F_{A_x}^2 + F_{A_y}^2}$$

$$F_A = \sqrt{(30,02 \text{ kN})^2 + (68 \text{ kN})^2}$$

$$F_{S_x} = 30,02 \text{ kN}$$

$$F_A = 74,33 \text{ kN}$$

$$F_S = \sqrt{F_{S_x}^2 + F_{S_y}^2}$$

$$F_S = \sqrt{(30,02 \text{ kN})^2 + (52 \text{ kN})^2}$$

3.1

Es sind die Stabkräfte aller Stäbe sowie die Auflagerkraft in (A) zu bestimmen. Die Entscheidung Zugstab/Druckstab ist in einer Tabelle festzuhalten. $F = 700\,\text{N}$

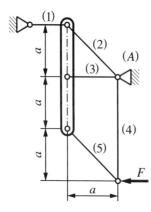

Rechnerische Ermittlung der Auflagerkraft F_A und der Stabkraft F_{S_1} mit Hilfe der Gleichgewichtsbedingungen der ebenen Statik :

1)

$$\sum M_{(A)} = 0 = F_{S_1} \cdot a - F \cdot 2a$$

$$F_{S_1} = 2F$$

$$\boxed{F_{S_1} = 1400\,\text{N}}$$

2)

$$\sum F = 0 = -F_{S_1} - F + F_A$$

$$F_A = F_{S_1} + F$$

$$\boxed{F_A = 2100\,\text{N}}$$

Zeichnerische Lösung zur Ermittlung der Auflagerkraft F_A und der Stabkraft F_{S_1} mit Hilfe des Schlußlinienverfahrens :

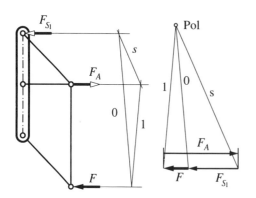

Ermittlung der Stabkräfte F_{S_4} und F_{S_5} :

$$m_F = \frac{400\,\text{N}}{\text{cm}_z} \quad *)$$

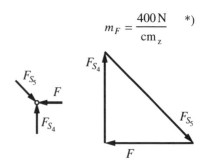

Aufgrund der Geometrie (gleichschenkliges Dreieck) gilt :

$$F_{S_4} = F$$

$$\boxed{F_{S_4} = 700\,\text{N}}$$

$$F_{S_5} = F \cdot \sqrt{2}$$

$$\boxed{F_{S_5} = 989,95\,\text{N}}$$

Gleichgewicht der vier Stabkräfte auf die obere Scheibe; bekannt sind F_{S_1} und F_{S_5}, zu bestimmen sind F_{S_2} und F_{S_3} :

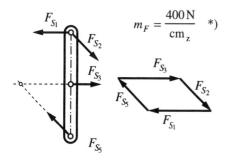

$$m_F = \frac{400\,\text{N}}{\text{cm}_z}\quad {}^*)$$

$$F_{S_2} = F_{S_5}$$

$$\boxed{F_{S_2} = 989,95\,\text{N}}$$

$$F_{S_3} = F_{S_1}$$

$$\boxed{F_{S_3} = 1400\,\text{N}}$$

Probe durch Freimachen des Gelenks (A) :

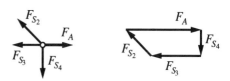

Das dargestellte Krafteck schließt sich. Somit liegt Gleichgewicht vor.

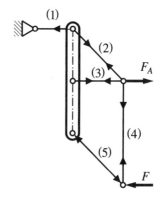

Stab	1	2	3	4	5
Kraft (N)	1400	≈ 990	1400	700	≈ 990
+ Zug − Druck	+	+	+	+	−

*) Kräftemaßstäbe sind eine Empfehlung für die Lösung; aus drucktechnischen Gründen weicht der vorliegende Druck von diesen Maßstäben ab.

3.2

Zwei Scheiben sind in horizontaler Ebene mit vier Stäben wie skizziert verbunden; alle Verbindungen sind gelenkig. $F = 800\,\text{N}$

a) Zu bestimmen sind die Fundamentreaktionen F_A und F_B.

b) Zu bestimmen sind alle Stabkräfte.

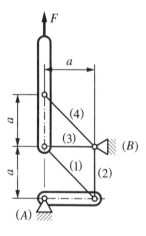

Dreikräfte-Verfahren :

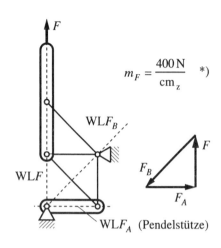

$$m_F = \frac{400\,\text{N}}{\text{cm}_z} \quad *)$$

Das Krafteck liefert :

$$F_A = F \qquad \boxed{F_A = 800\,\text{N}}$$

$$F_B = F \cdot \sqrt{2} \qquad \boxed{F_B = 1131,37\,\text{N}}$$

Die lange Scheibe bildet mit den vier Stäben ein starres Gebilde. Dieses ist in (B) gelenkig und mit der unteren Scheibe (Pendelstütze) statisch bestimmt gelagert. Damit ist WLF_A bekannt.

Kräfte auf die kleine, untere Scheibe :

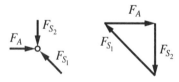

$$F_{S_1} = F_A \cdot \sqrt{2} \qquad \boxed{F_{S_1} = 1131,37\,\text{N}}$$

$$F_{S_2} = F_A \qquad \boxed{F_{S_2} = 800\,\text{N}}$$

Kräfte auf Punkt (B) unter Annahme des Richtungssinns der gesuchten Kräfte :

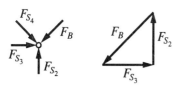

Man stellt fest : das Krafteck schließt sich nur, wenn $F_{S_4} = 0$ ist; Stab (4) ist also Nullstab !

$$F_{S_3} = \frac{F_B}{\sqrt{2}}$$ $\boxed{F_{S_3} = 800\,\text{N}}$

$$F_{S_2} = F_{S_3}$$ $\boxed{F_{S_2} = 800\,\text{N}}$

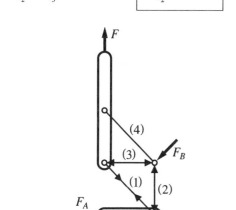

Kräfte auf die Stäbe :

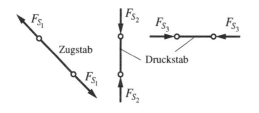

*) Kräftemaßstäbe sind eine Empfehlung für die Lösung; aus drucktechnischen Gründen weicht der vorliegende Druck von diesen Maßstäben ab.

3.3

Zwei Scheiben sind in horizontaler Ebene mit vier Stäben wie skizziert verbunden; alle Verbindungen sind gelenkig. $F = 500\,\text{N}$

a) Zu bestimmen sind die Fundamentreaktionen F_A und F_B.

b) Zu bestimmen sind alle Stabkräfte.

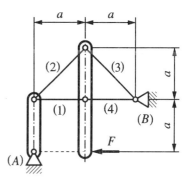

Die in (A) gelagerte Scheibe ist Pendelstütze; WLF_A ist also bekannt. Die lange Scheibe bildet mit den vier Stäben ein starres Gebilde, das in (B) gelenkig und mit der Pendelstütze in (A) lose gelagert ist.

Dreikräfte-Verfahren :

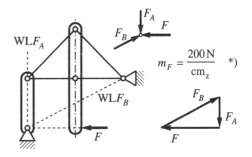

$$m_F = \frac{200\,\text{N}}{\text{cm}_z} \quad *)$$

Das Krafteck liefert :

$$\boxed{F_A = 250\,\text{N}} \qquad \boxed{F_B = 559\,\text{N}}$$

Rechnerische Kontrolle:

1)

$$\sum M_{(B)} = 0 = F_A \cdot 2a - F \cdot a$$

$$F_A = \frac{F \cdot a}{2a} = \frac{F}{2} = 250\,\text{N}$$

2)

$$\sum F_y = 0 = -F_A + F_{B_y}$$

$$F_{B_y} = F_A = 250\,\text{N}\ \uparrow$$

3)

$$\sum F_x = 0 = -F + F_{B_x}$$

$$F_{B_x} = F = 500\,\text{N}\ \rightarrow$$

$$F_B = \sqrt{F_{B_x}^2 + F_{B_y}^2} = 559,02\,\text{N}$$

Kräfte auf die kleine bei (A) gelagerte Scheibe, Dreikräfte-Verfahren :

Das Krafteck liefert :

$$\boxed{F_{S_1} = 250\,\text{N}} \qquad \boxed{F_{S_2} = 354\,\text{N}}$$

Kräfte auf Punkt (B) :

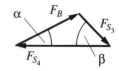

Das Krafteck liefert :

$$\boxed{F_{S_3} = 354\,\text{N}} \qquad \boxed{F_{S_4} = 750\,\text{N}}$$

Kontrolle über trigonometrische Nachrechnung
Aus dem Lageplan :

$$\tan \alpha = \frac{a}{2a} \quad \Rightarrow \quad \alpha = \arctan(0,5) = 26,57°$$

$$\beta = 45°$$

Mit Hilfe des Sinussatzes gilt :

$$\frac{\sin \alpha}{\sin \beta} = \frac{F_{S_3}}{F_B}$$

$$F_{S_3} = \frac{\sin \alpha}{\sin \beta} \cdot F_B = 353,62\,\text{N}$$

$$\gamma = 180° - \alpha - \beta = 108,43°$$

$$\frac{\sin \gamma}{\sin \beta} = \frac{F_{S_4}}{F_B}$$

$$F_{S_4} = \frac{\sin \gamma}{\sin \beta} \cdot F_B = 750\,\text{N}$$

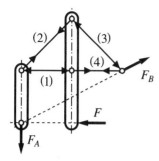

Lager (B) ist ein Loslager. - Da drei der vier Wirkungslinien der äußeren angreifenden Kräfte parallel zueinander verlaufen, muß auch die Wirkungslinie der Lagerkraft bei (A) parallel verlaufen. Von den drei Kräften bei (B) laufen zwei Kräfte (F_B und F_{S_1}) parallel bzw. auf derselben WL ; dann muß $F_{S_2} = 0$ sein, Stab (2) ist Nullstab.

Druckstäbe :   (1) und (3)
Zugstäbe :   (2) und (4)

*) Kräftemaßstäbe sind eine Empfehlung für die Lösung; aus drucktechnischen Gründen weicht der vorliegende Druck von diesen Maßstäben ab.

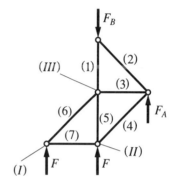

3.4

Ein Stabsystem ist wie skizziert durch zwei gleich große Kräfte $F = 50\,\text{N}$ belastet. Zu bestimmen sind die Kräfte in den Stäben sowie die Kräfte in den Auflagern.

1)

$$\sum M_{(A)} = 0 = -F \cdot 2a - F \cdot a + F_B \cdot a$$
$$F_B = 3F \downarrow$$

2)

$$\sum F = 0 = -F_B + 2F + F_A$$
$$F_A = F \uparrow$$

Kräfte auf Knoten (I) :

$$m_F = \frac{50\,\text{N}}{\text{cm}_z} \qquad *)$$

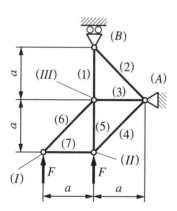

Das Krafteck liefert :

$$F_{S_7} = F \qquad\qquad F_{S_6} = F \cdot \sqrt{2}$$

$$\boxed{F_{S_7} = 50\,\text{N}} \qquad \boxed{F_{S_6} = 70,7\,\text{N}}$$

Kräfte auf Knoten (II) :

$$\boxed{F_{S_4} = 70,7\,\text{N}} \qquad \boxed{F_{S_5} = 100\,\text{N}}$$

Stab	1	2	3	4	5	6	7
Kraft (N)	150	0	50	70,7	100	70,7	50
+ Zug − Druck	−		+	−	−	−	+

*) Kräftemaßstäbe sind eine Empfehlung für die Lösung; aus drucktechnischen Gründen weicht der vorliegende Druck von diesen Maßstäben ab.

Kräfte auf Knoten (III) :

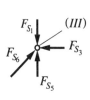   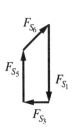

Das Krafteck liefert :

$$\boxed{F_{S_1} = 150\,\text{N}} \qquad \boxed{F_{S_3} = 50\,\text{N}}$$

3.5

Für das in horizontaler Ebene aus acht Stäben zusammengesetzte Gebilde sind alle Stabkräfte zu bestimmen. $F = 1,2\,\text{kN}$

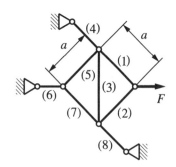

Stäbe (4) und (8) sind Nullstäbe
(Begründung: siehe Lösungshinweise), Stabkraft F_{S_6} ist Gegenkraft zur äußeren Kraft F .

Kräfte am linken Knoten :

Kräfte auf den Kraftangriffspunkt F :

$$m_F = \frac{400\,\text{N}}{\text{cm}_z} \quad *)$$

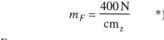

Das Krafteck liefert :

$$F_{S_7} = F_{S_5} = \frac{F}{\sqrt{2}} \qquad F_{S_6} = F$$

$$\boxed{F_{S_7} = 848,53\,\text{N}} \qquad \boxed{F_{S_6} = 1200\,\text{N}}$$

Das Krafteck liefert :

$$F_{S_2} = \frac{F}{\sqrt{2}} \qquad F_{S_1} = F_{S_2} = \frac{F}{\sqrt{2}}$$

$$\boxed{F_{S_2} = 848,53\,\text{N}} \qquad \boxed{F_{S_1} = 848,53\,\text{N}}$$

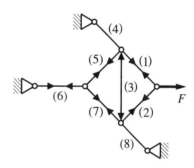

Kräfte am oberen Knoten :

Stab	1	2	3	4	5	6	7	8
Kraft (N)	≈ 849	≈ 849	1200	0	≈ 849	1200	≈ 849	0
+ Zug − Druck	+	+	−		+	+	+	

Das Krafteck liefert :

$$F_{S_5} = F_{S_1} \qquad F_{S_3} = \frac{F}{\sqrt{2}} \cdot \sqrt{2} = F$$

$$\boxed{F_{S_5} = 848,53\,\text{N}} \qquad \boxed{F_{S_3} = 1200\,\text{N}}$$

*) Kräftemaßstäbe sind eine Empfehlung für die Lö-
sung; aus drucktechnischen Gründen weicht der
vorliegende Druck von diesen Maßstäben ab.

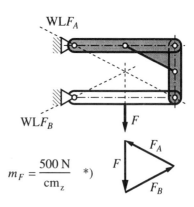

3.6

Drei Scheiben von vernachlässigbar kleinem Gewicht und ein Stab sind - wie skizziert - durch reibungsfreie Gelenke verbunden. Welche Auflagerreaktionen F_A und F_B und welche Stabkraft ruft die Last $F = 1\,\text{kN}$ hervor ?

$$m_F = \frac{500\,\text{N}}{\text{cm}_z} \quad *)$$

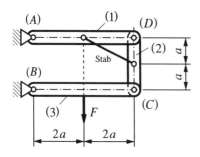

Das Krafteck liefert :

$$F_A = 1,118\,\text{kN} \qquad F_B = 1,118\,\text{kN}$$

$$F_C = 1,118\,\text{kN}$$

Das Teilgebilde aus den Scheiben (1) und (2) mit dem Verbindungsstab ist Pendelstütze; damit liegt WLF_A fest :

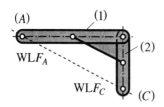

Dreikräfte-Verfahren der äußeren Kräfte auf das Gesamtgebilde :

Kräfte auf Scheibe (1)

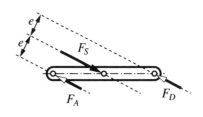

Wegen gleicher Abstände e (Symmetrie) gilt :

$$F_D = F_A \qquad\qquad F_S = 2F_A = 2F_D$$

$$F_A = F_D = 1,118\,\text{kN} \qquad F_S = 2,236\,\text{kN}$$

Zeichnerische Ermittlung von F_A und F_D mit Hilfe des Schlußlinienverfahrens (hier nicht durchgeführt).

*) Kräftemaßstäbe sind eine Empfehlung für die Lösung; aus drucktechnischen Gründen weicht der vorliegende Druck von diesen Maßstäben ab.

3.7

Für das mehrteilige Gebilde (alle Elemente von vernachlässigbar kleinem Gewicht) sind zu bestimmen die Kräfte in den Gelenken (A) und (B) sowie die Stabkraft. $F = 800\,\text{N}$

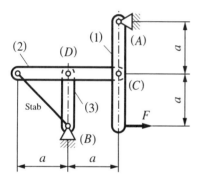

Das Teilgebilde aus den Scheiben (2) und (3) mit dem Verbindungsstab ist Pendelstütze; damit liegt WLF_B fest :

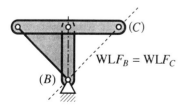

Dreikräfte-Verfahren der äußeren Kräfte am Gesamtsystem :

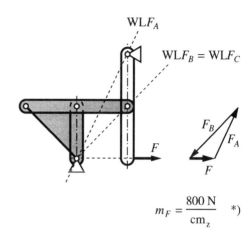

$$m_F = \frac{800\,\text{N}}{\text{cm}_z} \quad *)$$

Das Krafteck liefert :

$$F_A \approx 1789\,\text{N}$$

$$F_B \approx 2263\,\text{N}$$

$$F_C \approx 2263\,\text{N}$$

Kräfte auf Scheibe (2)

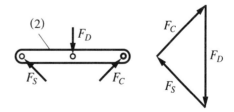

Das Krafteck liefert :

$$F_S = F_C \qquad \boxed{F_S \approx 2263\,\text{N}}$$

Kontrolle über trigonometrische Nachrechnung
im Krafteck :

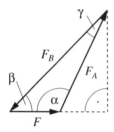

Aus dem Lageplan :

$$\beta = \arctan(1) = 45°$$

$$\alpha = 180° - \arctan(2) = 116,57°$$

$$\gamma = 180° - \alpha - \beta = 18,43°$$

$$\frac{\sin\gamma}{\sin\beta} = \frac{F}{F_A} \quad \Rightarrow \quad F_A = \frac{\sin\beta}{\sin\gamma} \cdot F = 1789,3\,\text{N}$$

$$\frac{\sin\gamma}{\sin\alpha} = \frac{F}{F_B} \quad \Rightarrow \quad F_B = \frac{\sin\alpha}{\sin\gamma} \cdot F = 2263,2\,\text{N}$$

*) Kräftemaßstäbe sind eine Empfehlung für die Lö-
sung; aus drucktechnischen Gründen weicht der
vorliegende Druck von diesen Maßstäben ab.

3.8

Für das zusammengesetzte Gebilde in horizontaler Ebene sind alle Gelenkkräfte sowie die
Stabkraft zu bestimmen. $F = 300\,\text{N}$

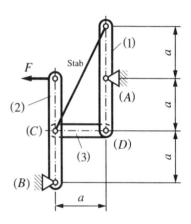

Das starre Teilgebilde aus den Scheiben (1)
und (3) mit dem Stab ist Pendelstütze, die
Kräfte zwischen (A) und (C) weiterleitet.
Damit liegt WLF_A als Verbindungsgerade
zwischen (A) und (C) fest.

Betrachtung der äußeren Kräfte am Gesamtsystem (Dreikräfte-Verfahren) :

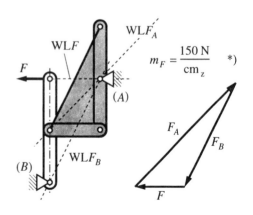

$$m_F = \frac{150\,\text{N}}{\text{cm}_z} \quad *)$$

Das Krafteck liefert :

$$F_A \approx 849\,\text{N}$$ $$F_B \approx 671\,\text{N}$$

Rechnerische Betrachtung mit Hilfe eines trigonometrischen Ansatzes :

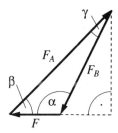

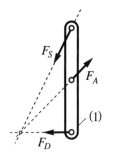 (1)

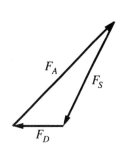

$\beta = \arctan(1) = 45°$

$\alpha = 180° - \arctan(2) = 116{,}57°$

$\gamma = 180° - \alpha - \beta = 18{,}43°$

$$\frac{\sin\gamma}{\sin\beta} = \frac{F}{F_B} \quad \Rightarrow \quad F_B = \frac{\sin\beta}{\sin\gamma} \cdot F$$

$$\frac{\sin\gamma}{\sin\alpha} = \frac{F}{F_A} \quad \Rightarrow \quad F_A = \frac{\sin\alpha}{\sin\gamma} \cdot F$$

Das Krafteck liefert :

$$F_S \approx 671\,\text{N}$$ $$F_D = 300\,\text{N}$$

Der Stab ist Zugstab .

*) Kräftemaßstäbe sind eine Empfehlung für die Lösung; aus drucktechnischen Gründen weicht der vorliegende Druck von diesen Maßstäben ab.

Freimachen der Scheibe (1)

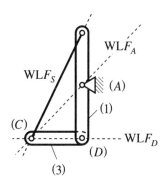

3.9

Die Elemente des mehrteiligen Gebildes sind von vernachlässigbar kleinem Gewicht. Es sind alle Gelenkkräfte sowie die Stabkraft zu bestimmen. $F = 3\,\text{kN}$

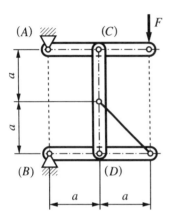

Betrachtung der äußeren Kräfte am Gesamt-System (Dreikräfte-Verfahren) :

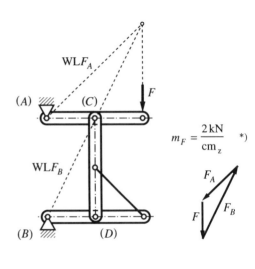

$$m_F = \frac{2\,\text{kN}}{\text{cm}_z} \quad *)$$

Das Krafteck liefert :

$$F_A = 4,2\,\text{kN} \qquad F_B = 6,7\,\text{kN}$$

Teilgebilde als Pendelstütze :

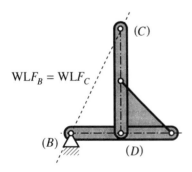

$$\text{WLF}_B = \text{WLF}_C$$

Ermittlung der Stabkraft an der unteren Scheibe (Dreikräfte- Verfahren) :

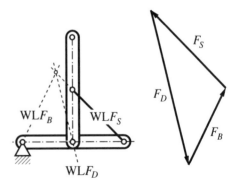

Das Krafteck liefert :

$$F_S = 8,49 \, \text{kN}$$

Der Stab ist Zugstab .

*) Kräftemaßstäbe sind eine Empfehlung für die Lösung; aus drucktechnischen Gründen weicht der vorliegende Druck von diesen Maßstäben ab.

Teilgebilde als Pendelstütze, $\text{WL}F_A$ ist somit bekannt. Dreikräfte-Verfahren der Kräfte auf das Gesamtgebilde :

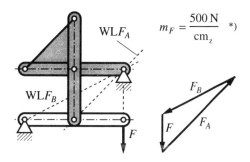

$$m_F = \frac{500 \, \text{N}}{\text{cm}_z} \quad ^*)$$

Das Krafteck liefert :

$$F_A = 2121 \, \text{N}$$

$$F_B = 1677 \, \text{N}$$

3.10

Die Elemente des mehrteiligen Gebildes sind von vernachlässigbar kleinem Gewicht. Es sind alle Gelenkkräfte sowie die Stabkraft zu bestimmen. $F = 750 \, \text{N}$

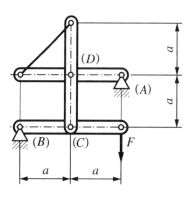

Trigonometrische Nachrechnung im Krafteck :

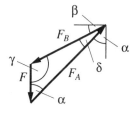

$$\alpha = \arctan\left(\frac{a}{a}\right) = 45°$$

$$\beta = \arctan\left(\frac{a}{2a}\right) = 26,565°$$

$\gamma = 90° + \beta = 116,565°$

$\delta = 90° - \alpha - \beta = 18,435°$

$\dfrac{\sin\delta}{\sin\gamma} = \dfrac{F}{F_A} \qquad \Rightarrow$

$F_A = \dfrac{\sin\gamma}{\sin\delta} \cdot F$

$\boxed{F_A = 2121,32\,\text{N}}$

$\dfrac{\sin\delta}{\sin\alpha} = \dfrac{F}{F_B}$

$F_B = \dfrac{\sin\alpha}{\sin\delta} \cdot F$

$\boxed{F_B = 1677,05\,\text{N}}$

Wegen gleicher Abstände e (Symmetrie) gilt :

$$F_S = F_A$$

$\boxed{F_S = 2121,32\,\text{N}}$

$F_D = 2F_A$

$\boxed{F_D = 4242,64\,\text{N}}$

*) Kräftemaßstäbe sind eine Empfehlung für die Lösung; aus drucktechnischen Gründen weicht der vorliegende Druck von diesen Maßstäben ab.

Kräfte auf die bei (A) gelagerte Scheibe :

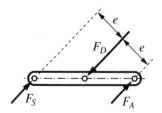

4.1

Zwei schwere quadratische Scheiben sind wie skizziert gelagert. Je Scheibe $F_G = 500\,\text{N}$. Zu bestimmen sind die statischen Größen F_A, F_B und F_C.

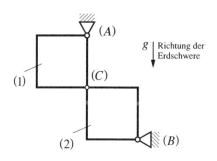

g | Richtung der Erdschwere

Teilbelastung : Scheibe (1) ist belastet, Scheibe (2) ist Pendelstütze :

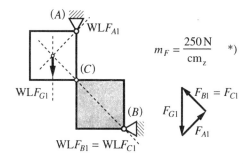

$$m_F = \frac{250\,\text{N}}{\text{cm}_z} \quad *)$$

Das Krafteck liefert :

$$F_{A1} = \frac{F_G}{\sqrt{2}} = 353,6\,\text{N}$$

$$F_{B1} = \frac{F_G}{\sqrt{2}} = F_{C1} = 353,6\,\text{N}$$

Teilbelastung : Scheibe (2) ist belastet, Scheibe (1) ist Pendelstütze :

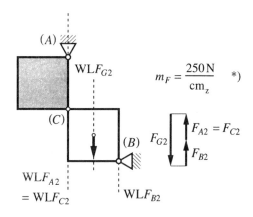

$$m_F = \frac{250\,\text{N}}{\text{cm}_z} \quad *)$$

Das Krafteck liefert :

$$F_{A2} = \frac{F_G}{2} = F_{C2} = 250\,\text{N}$$

$$F_{B2} = \frac{F_G}{2} = 250\,\text{N}$$

Superposition der Teilreaktionen :

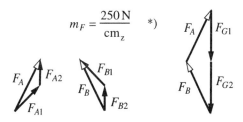

$$m_F = \frac{250\,\text{N}}{\text{cm}_z} \quad *)$$

Die Kraftecke liefern :

$$\boxed{F_A = F_B = 559\,\text{N}}$$

Trigonometrische Nachrechnung im Krafteck :

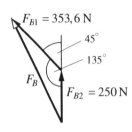

Kosinus-Satz :

$$F_B^2 = 250^2 + 353,6^2 - 2 \cdot 250 \cdot 353,6 \cdot \cos 135°$$

$$F_B = 559\,\text{N}$$

Kraft im Gelenk (C)
Ermittlung der Gelenkkraft F_C an Scheibe (1) :

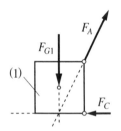

Das Krafteck liefert :

$$\boxed{F_C = 250\,\text{N}}$$

Ermittlung der Gelenkkraft F_C an Scheibe (2) :

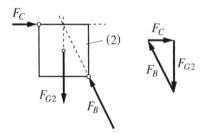

Das Krafteck liefert :

$$\boxed{F_C = 250\,\text{N}}$$

*) Kräftemaßstäbe sind eine Empfehlung für die Lösung; aus drucktechnischen Gründen weicht der vorliegende Druck von diesen Maßstäben ab.

4.2

Zwei Scheiben und zwei Stäbe bilden ein horizontales System, das wie skizziert belastet wird. Zu bestimmen sind die Stabkräfte sowie die Kräfte in den Auflagergelenken (A) und (B) .

$$F_1 = 3\,\text{kN} , \quad F_2 = 5\,\text{kN}$$

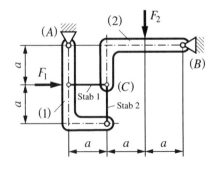

Teilbelastung : Scheibe (1) ist belastet,
Scheibe (2) ist Pendelstütze :

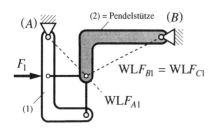

WLF$_{B1}$ = WLF$_{C1}$

WLF$_{A1}$

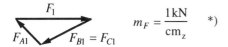

$$m_F = \frac{1\,\text{kN}}{\text{cm}_z} \quad *)$$

Das Krafteck liefert :

$F_{A1} = 1,414\,\text{kN}$

$F_{B1} = 2,236\,\text{kN}$

Teilbelastung : Scheibe (2) ist belastet

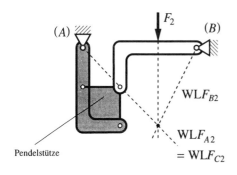

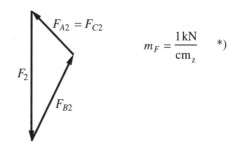

$F_{A2} = F_{C2}$

$$m_F = \frac{1\,\text{kN}}{\text{cm}_z} \quad *)$$

Das Krafteck liefert :

$F_{A2} = 2,357\,\text{kN}$
$F_{B2} = 3,727\,\text{kN}$

Superposition der Teilreaktionen :

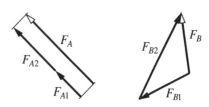

Die Kraftecke liefern :

$F_A \approx 3,77\,\text{kN}$ $F_B \approx 2,36\,\text{kN}$

Ermittlung der Stabkräfte an Scheibe (1) :

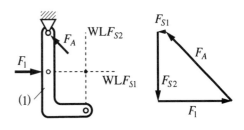

Das Krafteck liefert :

$$F_{S1} = 0,33\,\text{kN}$$ $$F_{S2} = 2,67\,\text{kN}$$

Kräfte am Gesamtsystem :

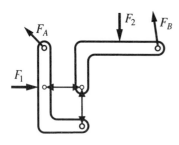

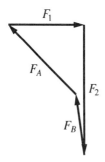

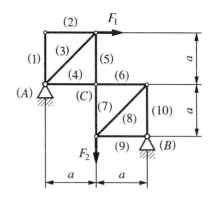

Lösungshinweis: Dreieckverbände sind starr. Das quadratische Gebilde aus den Stäben (1) bis (5) ist eine in sich starre Scheibe (Scheibe (1) genannt) ; das quadratische Gebilde aus den Stäben (6) bis (10) wird Scheibe (2) genannt.

Teilbelastung : Scheibe (1) ist belastet, Scheibe (2) ist Pendelstütze :

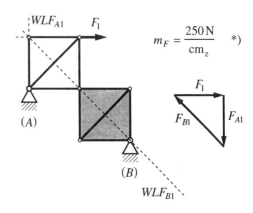

$$m_F = \frac{250\,\text{N}}{\text{cm}_z} \quad *)$$

*) Kräftemaßstäbe sind eine Empfehlung für die Lösung; aus drucktechnischen Gründen weicht der vorliegende Druck von diesen Maßstäben ab.

4.3

Für das skizzierte Stabwerk in horizontaler Ebene sind alle Stabkräfte zu ermitteln wie auch die Auflagerreaktionen in (A) und (B) .
$F_1 = 500\,\text{N}$; $F_2 = 500\,\text{N}$

Das Krafteck liefert :

$$F_{A1} = F_1 = 500\,\text{N}$$
$$F_{B1} = F_1 \cdot \sqrt{2} = 707\,\text{N}$$

Teilbellastung : Scheibe (2) ist belastet,
Scheibe (1) ist Pendelstütze :

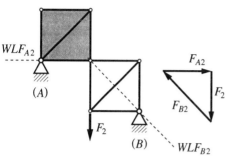

Das Krafteck liefert :

$F_{A2} = 500\,\text{N}$
$F_{B2} = F_2 \cdot \sqrt{2} = 707\,\text{N}$

Superposition der Teilreaktionen :

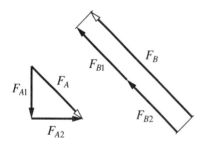

Die Kraftecke liefern :

$\boxed{F_A = 707\,\text{N}}$ $\boxed{F_B = 1414\,\text{N}}$

Stäbe (1) und (2) sind Nullstäbe

Kräfte am Gelenk (A)

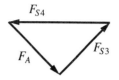

Das Krafteck liefert :

$\boxed{F_{S3} = 707\,\text{N}}$ $\boxed{F_{S4} = 1000\,\text{N}}$

Kräfte auf die Kraftangriffsstelle von F_1 :

Das Krafteck liefert :

$\boxed{F_{S5} = 500\,\text{N}}$

Kräfte am Gelenk (B) :

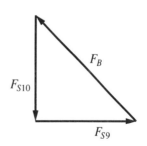

Das Krafteck liefert :

$F_{S9} = 1000\,N$ $F_{S10} = 1000\,N$

Kräfte in den Stäben (6) und (8) :

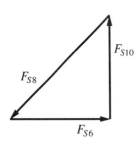

Das Krafteck liefert :

$F_{S6} = 1000\,N$ $F_{S8} = 1414\,N$

Eine Betrachtung am Knoten (C) zeigt :
$F_{S5} = F_{S7}$ und $F_{S4} = F_{S6}$

Stabkräfte auf die Knotenpunkte :

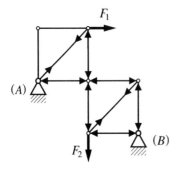

Stab	Kraft [N]	+ Zug - Druck
1	0	
2	0	
3	707	+
4	1000	−
5	500	−
6	1000	−
7	500	−
8	1414	+
9	1000	−
10	1000	−

*) Kräftemaßstäbe sind eine Empfehlung für die Lösung; aus drucktechnischen Gründen weicht der vorliegende Druck von diesen Maßstäben ab.

4.4

Für das skizzierte Stabwerk in horizontaler Ebene sind alle Stabkräfte zu ermitteln wie auch die Auflagerkräfte in den Gelenken (A) und (B) . $F_1 = 800\,N$; $F_2 = 800\,N$

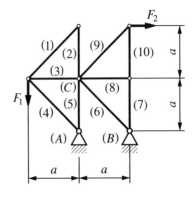

Der Verband aus den Stäben (1) bis (5) ist eine in sich starre Scheibe (Scheibe (1) genannt); der Verband aus den Stäben (6) bis (10) wird Scheibe (2) genannt.

Teilbelastung : Scheibe (1) ist belastet, Scheibe (2) ist Pendelstütze :

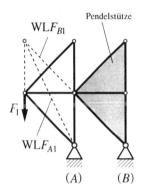

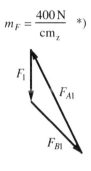

$$m_F = \frac{400\,N}{cm_z} \quad *)$$

(A)   (B)

Das Krafteck liefert :

$F_{A1} = 1789\,N$
$F_{B1} = 1131\,N$

Teilbelastung : Scheibe (2) ist belastet, Scheibe (1) ist Pendelstütze :

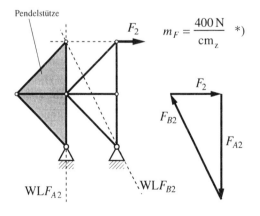

$$m_F = \frac{400\,N}{cm_z} \quad *)$$

Das Krafteck liefert :

$F_{A2} = 1600\,N$
$F_{B2} = 1789\,N$

Superposition der Teilreaktionen :

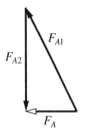

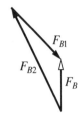

Die Kraftecke liefern :

$$\boxed{F_A = 800\,N} \qquad \boxed{F_B = 800\,N}$$

Stäbe (1) und (2) werden als Nullstäbe erkannt, ebenso Stab (8) .

Kräfte auf die Kraftangriffsstelle von F_1 :

Das Krafteck liefert :

$$\boxed{F_{S3} = 800\,N} \qquad \boxed{F_{S4} = 1131\,N}$$

Kräfte auf die Kraftangriffsstelle von F_2 :

Das Krafteck liefert :

$$F_{S9} = 1131\,\text{N}$$ $$F_{S10} = 800\,\text{N}$$

Betrachtung am Knoten der Stäbe (7) ,
(8) = Nullstab und (10) liefert :

$$F_{S7} = F_{S10} = 800\,\text{N}$$

Eine Betrachtung bei (B) liefert :

$$F_{S6} = 0$$

Kräfte am Gelenk (A) :

F_{S5} F_{S4}

F_A

Das Krafteck liefert :

$$F_{S5} = 800\,\text{N}$$

Stabkräfte auf die Knotenpunkte :

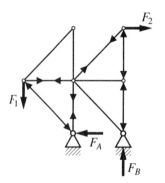

F_2

F_1

F_A

F_B

Ergebnistabelle :

Stab	Kraft [N]	+ Zug − Druck
1	0	
2	0	
3	800	+
4	1131	−
5	800	+
6	0	
7	800	−
8	0	
9	1131	+
10	800	−

*) Kräftemaßstäbe sind eine Empfehlung für die Lösung; aus drucktechnischen Gründen weicht der vorliegende Druck von diesen Maßstäben ab.

4.5

Für das skizzierte Stabwerk in horizontaler Ebene sind alle Stabkräfte zu ermitteln wie auch die Auflagerkräfte in (A) und (B) .
$F_1 = 80\,\text{N}; \quad F_2 = 80\,\text{N}$

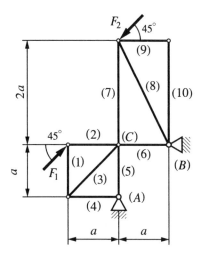

Die Dreiecksverbände aus den Stäben (1) bis (5) sind starr (im folgenden Scheibe (1) genannt), ebenso die Dreiecksverbände aus den Stäben (6) bis (10) (Scheibe (2) genannt). Stäbe (9) und (10) sind Nullstäbe.

Teilbelastung : Scheibe (1) ist belastet, Scheibe (2) ist Pendelstütze :

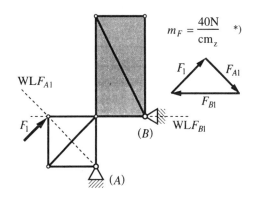

Das Krafteck liefert :

$F_{A1} = 80\,\text{N}$ $F_{B1} = 113\,\text{N}$

Teilbelastung : Scheibe (2) ist belastet, Scheibe (1) ist Pendelstütze :

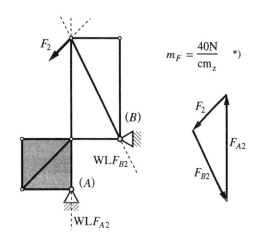

Das Krafteck liefert :

$F_{A2} = 170\,\text{N}$ $F_{B2} = 126,5\,\text{N}$

Superposition der Teilreaktionen :

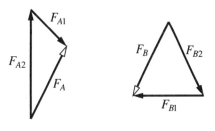

Die Kraftecke liefern :

$F_A = 126,5\,\text{N}$ $F_B = 126,5\,\text{N}$

Kräfte auf den Kraftangriffspunkt von F_1 :

Das Krafteck liefert :

$$F_{S1} = 56,6\,\text{N}$$

$$F_{S2} = 56,6\,\text{N}$$

Kräfte auf den Kraftangriffspunkt von F_2 :

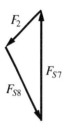

Stabkräfte auf die Knotenpunkte :

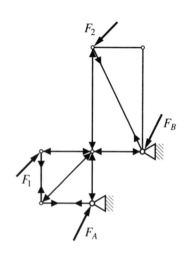

Das Krafteck liefert :

$$F_{S7} = 170\,\text{N}$$

$$F_{S8} = 126,5\,\text{N}$$

Kräfte am Gelenk (A) :

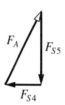

Das Krafteck liefert :

$$F_{S4} = 56,6\,\text{N}$$

$$F_{S5} = 113\,\text{N}$$

Ergebnistabelle :

Stab	Kraft [N]	+ Zug − Druck
1	56,6	+
2	56,6	−
3	80	−
4	56,6	+
5	113	−
6	113	−
7	170	−
8	126,5	+
9	0	
10	0	

Betrachtung der Kräfte am Knoten (C) liefert :

$$F_{S3} = 80\,\text{N}$$

$$F_{S6} = 113\,\text{N}$$

*) Kräftemaßstäbe sind eine Empfehlung für die Lösung; aus drucktechnischen Gründen weicht der vorliegende Druck von diesen Maßstäben ab.

5.1

Es sind die Schnittlast-Diagramme $M_b(x)$ und $F_q(x)$ für den l langen, geraden Balkenteil darzustellen sowie die entsprechenden Funktionen zu entwickeln.

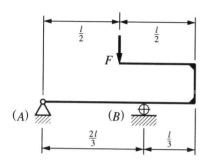

Statik (Auflagerreaktionen) :

1.

$$\sum M_{(A)} = 0 \qquad 0 = F_B \cdot \frac{2l}{3} - F \cdot \frac{l}{2}$$

$$\uparrow F_B = \frac{3}{4} F$$

2.

$$\sum F_z = 0 \qquad 0 = F - F_B - F_{Az}$$

$$F_{Az} = F - F_B$$

$$\uparrow F_{Az} = \frac{1}{4} F$$

3.

$$\sum F_x = 0$$

$$F_{Ax} = 0$$

Gleichgewicht des nicht zum l langen Balken gehörenden Teilstücks :

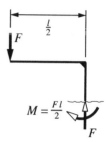

$$M = \frac{Fl}{2}$$

Am zugehörigen Schnittufer des Balkens sind die Schnittgrößen mit entgegengesetztem Richtungssinn wirksam :

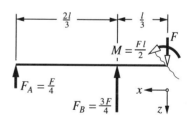

Bereich II   Bereich I

Wahl des Koordinatensystems : Wegen des Moments am rechten Balkenende wird das Koordinatensystem hier eröffnet (generell ist die Wahl der Lage des Koordinatenursprungs beliebig). Einteilen in Bereiche stetiger Schnittgrößen-Funktionen : I, II

a)

Verlauf der Schnittgrößen (qualitativ) ohne Kenntnis der Funktionen $M_b(x)$ und $F_q(x)$:

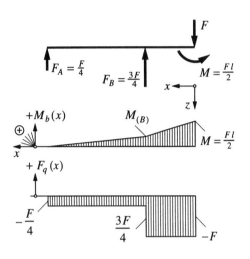

Biegemoment bei (B) : $M_{(B)}$

1. von links :

$$\left|M_{(B)}\right| = \frac{F}{4} \cdot \frac{2l}{3} = \frac{F \cdot l}{6}$$

2. von rechts :

$$\left|M_{(B)}\right| = M - F \cdot \frac{l}{3}$$

$$\left|M_{(B)}\right| = \frac{F \cdot l}{2} - \frac{F \cdot l}{3} = \frac{F \cdot l}{6}$$

b)

Beschreibung der Schnittgrößenfunktionen

Bereich I :

Annahme positiver Schnittgrößen

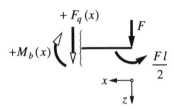

Bereich I

Statik-Gleichungen für den Abschnitt:

1.

$$\sum F_z = 0 \qquad 0 = F + F_q(x)$$

Daraus folgt :

$$\boxed{F_{q\,I}(x) = -F}$$

2.

$$\sum M_{(S)} = 0$$
(auf den Schnitt bezogen)

$$0 = +M_b(x) - \frac{F \cdot l}{2} + F \cdot x$$

Daraus folgt :

$$\boxed{M_{b\,I}(x) = \frac{F \cdot l}{2} - F \cdot x}$$

Schnittgrößen im Balken bei (B) :

$$M_b(x) = \frac{F \cdot l}{2} - F \cdot x + \frac{3F}{4}\left(x - \frac{l}{3}\right)$$

$$= \frac{F \cdot l}{2} - F \cdot x + \frac{3F}{4} \cdot x - \frac{3F}{4} \cdot \frac{l}{3}$$

$$\boxed{M_{b\,II}(x) = \frac{F \cdot l}{4} - \frac{F}{4} \cdot x}$$

$$F_q\left(x < \frac{l}{3}\right) = -F$$

$$M_b\left(x \le \frac{l}{3}\right) = \frac{F \cdot l}{2} - \frac{F \cdot l}{3} = \frac{F \cdot l}{6}$$

Bereich II :
Annahme positiver Schnittgrößen

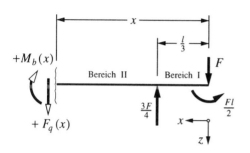

Statik-Gleichungen für den Abschnitt :

1.

$$\sum F_z = 0 \qquad 0 = F - \frac{3F}{4} + F_q(x)$$

Daraus folgt : $F_{q\,II}(x) = \frac{3F}{4} - F$

$$\boxed{F_{q\,II}(x) = -\frac{F}{4}}$$

2.

$$\sum M_{(S)} = 0$$

(auf den Schnitt bezogen)

$$0 = +M_b(x) - \frac{F \cdot l}{2} + F \cdot x - \frac{3F}{4}\left(x - \frac{l}{3}\right)$$

Daraus folgt :

Schnittgrößen im Balken bei (B) :

$$F_q\left(x = \frac{l}{3}\right) = -\frac{F}{4}$$

$$M_b\left(x = \frac{l}{3}\right) = \frac{F \cdot l}{4} - \frac{F}{4} \cdot \frac{l}{3} = \frac{F \cdot l}{6}$$

Schnittgrößen im Balken bei (A) :

$$F_{q\,II}(x = l) = -\frac{F}{4}$$

$$M_{b\,II}(x = l) = \frac{F \cdot l}{4} - \frac{F}{4} \cdot l = 0$$

5.2

Für den 10 m langen und 800 N schweren Balken sind qualitativ und quantitativ die Schnittgrößenverläufe $M_b(x)$ und $F_q(x)$ zu zeichnen und markante Punkte zu berechnen.

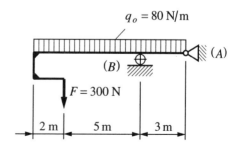

Statik (Auflagerreaktionen) :

1.

$$\sum M_{(A)} = 0$$

$$0 = \underbrace{80 \ \frac{N}{m} \cdot 10 \, m}_{800 \, N} \cdot \frac{10}{2} \, m + F \cdot 8 \, m - F_B \cdot 3 \, m$$

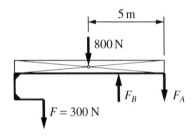

Für statische Überlegungen wird die Strecken-last als Punktlast im Schwerpunkt der Lastrecke angenommen. Richtungssinn von F_A und F_B sind angenommen.

Es folgt :

$$F_B = \frac{800 \, N \cdot 5 \, m + 300 \, N \cdot 8 \, m}{3 \, m}$$

$$\boxed{\uparrow F_B = 2133,\overline{3} \, N}$$

2.

$$\sum F_z = 0$$

$$0 = 800 \, N + 300 \, N + F_{Az} - F_B$$

Daraus folgt :

$$F_{Az} = F_A = F_B - 1100 \, N$$

$$\boxed{\downarrow F_A = 1033,\overline{3} \, N}$$

Gleichgewicht des nicht zum $l = 10 \, m$ langen Balkens gehörenden Teilstücks :

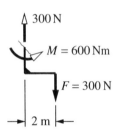

Am zugehörigen Schnittufer des Balkens sind die Schnittgrößen mit entgegengesetztem Richtungssinn wirksam :

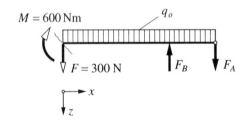

Wahl des Koordinatensystems und Einteilung in Bereiche stetiger Schnittgrößenfunktionen: I, II

Qualitative Darstellung der
Schnittgrößen-Verläufe

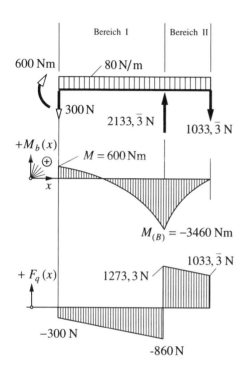

Biegemoment bei (B) : $M_{(B)}$

1. von links :

$$\left|M_{(B)}\right| = 300\,\text{N} \cdot 7\,\text{m} + 80\,\frac{\text{N}}{\text{m}} \cdot 7\,\text{m} \cdot \frac{7}{2}\,\text{m} - 600\,\text{Nm}$$

$$\left|M_{(B)}\right| = (2100 + 1960 - 600)\,\text{N}$$

$$\left|M_{(B)}\right| = 3460\,\text{Nm}$$

2. von rechts :

$$\left|M_{(B)}\right| = 1033,\overline{3}\,\text{N} \cdot 3\,\text{m} + 80\,\frac{\text{N}}{\text{m}} \cdot 3\,\text{m} \cdot \frac{3}{2}\,\text{m}$$

$$\left|M_{(B)}\right| = 3100\,\text{Nm} + 360\,\text{Nm}$$

$$\left|M_{(B)}\right| = 3460\,\text{Nm}$$

5.3

Für den 12 m langen Balken sind die Quer-
kraft- und Biegemomentenflächen qualitativ
und quantitativ darzustellen; dabei ist das vorgegebene Koordinatensystem zu verwenden.

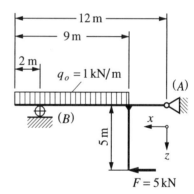

Statik (Auflagerreaktionen) :

Für statische Überlegungen wird die Streckenlast als Punktlast im Schwerpunkt der Laststrecke angenommen. Annahme des Richtungssinns für F_A und F_B, hier beide aufwärts
gerichtet angenommen.

1.

$$\sum M_{(A)} = 0$$

$$0 = 5\,\text{kN} \cdot 5\,\text{m} + F_B \cdot 10\,\text{m} - q_o \cdot 9\,\text{m}\,(4,5+3)\,\text{m}$$

Daraus folgt :

$$\uparrow F_B = 4,25\,\text{kN}$$

2.

$$\sum F_z = 0$$

$$0 = -F_A - F_B + q_o \cdot 9\,\text{m}$$

Daraus folgt :

$$F_{Az} = 1\,\frac{\text{kN}}{\text{m}} \cdot 9\,\text{m} - 4,25\,\text{kN}$$

$$\uparrow F_{Az} = 4,75\,\text{kN}$$

3.

$$\sum F_x = 0 \qquad 0 = F - F_{Ax}$$

$$F_{Ax} = F$$

$$\rightarrow F_{Ax} = 5\,\text{kN}$$

F_{Ax} hat keinen Einfluß auf die Funktionen $F_q(x)$ und $M_b(x)$.

Gleichgewicht des Querarms :

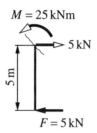

Am zugehörigen Schnittufer des Balkens sind die Schnittgrößen mit entgegengesetztem Richtungssinn wirksam.

Schnittgrößen - Verläufe :

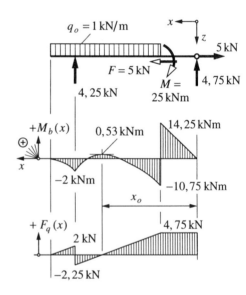

Momentenbeträge an markanten Stellen des $M_b(x)$-Diagramms.

Moment rechts der Anschweißstelle (Querarm):

$$M_b(x = 3\,\text{m}) = 4,75\,\text{kN} \cdot 3\,\text{m}$$
$$M_b(x = 3\,\text{m}) = 14,25\,\text{kNm}$$

Moment links der Anschweißstelle :

$$M_b(x = 3\,\text{m}) = 4,75\,\text{kN} \cdot 3\,\text{m} - 25\,\text{kNm}$$

$$M_b(x = 3\,\text{m}) = -10,75\,\text{kNm}$$

Biegemoment bei (B) : $M_{(B)}$

1. von links :

$$M_{(B)} = -q_o \cdot 2\,\text{m} \cdot \frac{2\,\text{m}}{2}$$

$$M_{(B)} = -2\,\text{kNm}$$

2. von rechts :

$$M_{(B)} = 4,75\,\text{kN} \cdot 10\,\text{m} - 25\,\text{kNm} - q_o \cdot 7\,\text{m}\frac{7\,\text{m}}{2}$$

$$M_{(B)} = -2\,\text{kNm}$$

Bestimmung von x_o (Stelle stetigen Null-durchgangs der $F_q(x)$-Linie) :

$$\sum F_q(x = x_o) = 0$$

$$0 = -4,75\,\text{kN} + q_o \cdot (x_o - 3\,\text{m})$$

Daraus folgt :

$$x_o = 7,75\,\text{m}$$

Biegemoment im Balken bei $x = x_o$:

$$M(x_o) = 4,75\,\text{kN} \cdot x_o - 25\,\text{kNm}$$

$$-q_o \cdot (x_o - 3\,\text{m}) \cdot \frac{(x_o - 3\,\text{m})}{2}$$

$$M(x_o) = \left(4,75 \cdot 7,75 - 25 - 1 \cdot 4,75\frac{4,75}{2}\right)\text{kNm}$$

$$M(x_o) = 0,531\,\text{kNm}$$

5.4

Es sind die Schnittgrößen-Verläufe $M_b(x)$ und $F_q(x)$ qualitativ und quantitativ darzustellen.

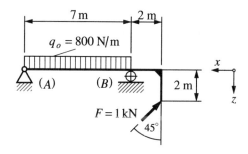

Gleichgewicht des Querarms
Die Kraft F wird in x- und z-Komponente zerlegt :

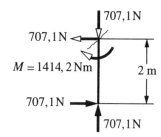

Am zugehörigen Schnittufer des Balkens sind die Schnittgrößen mit entgegengesetztem Richtungssinn wirksam :

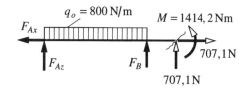

Richtungssinn der Auflagerreaktionen angenommen.

Statik (an dem vom Querarm freigeschnittenen Balken) :

1.

$$\sum M_{(A)} = 0$$

$$0 = -q_o \cdot 7\,\text{m} \cdot \frac{7\,\text{m}}{2} \cdot 5\,\text{m} + F_B \cdot 7\,\text{m}$$

$$+ M + 707,1\,\text{N} \cdot 9\,\text{m}$$

Daraus folgt :

$$\uparrow F_B = 1688,8\,\text{N}$$

2.

$$\sum F_z = 0$$

$$0 = q_o \cdot 7\,\text{m} - F_{Az} - F_B - 707,1\,\text{N}$$

Daraus folgt :

$$\uparrow F_{Az} = 3204,1\,\text{N}$$

3.

$$\sum F_x = 0$$

$$0 = F_{Ax} - 707,1\,\text{N}$$

$$\leftarrow F_{Ax} = 707,1\,\text{N}$$

Die positiven Ergebnisse bestätigen die Richtigkeit der Annahme des Richtungssinns der gezeichneten Auflagerkräfte.

Die Bestimmung der Auflagerreaktionen kann natürlich auch am Gesamtsystem (mit Querarm) erfolgen.

F_{Ax} hat keinen Einfluß auf die Verläufe von $F_q(x)$ und $M_b(x)$.

Schnittgrößen-Verläufe :

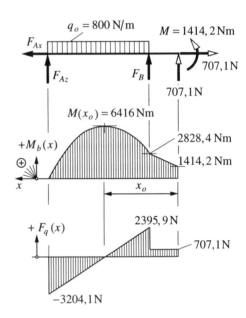

Momentenbeträge an markanten Stellen des $M_b(x)$-Diagramms :

Biegemoment im Balken bei (B) :

$$M_b(x = 2\,\text{m}) = 1414,2\,\text{Nm} + 707,1\,\text{N} \cdot 2\,\text{m}$$
$$M_b(x = 2\,\text{m}) = 2828,4\,\text{Nm}$$

Bestimmung von x_o (Stelle stetigen Nulldurchgangs der $F_q(x)$-Linie) :

$$\sum F_q(x = x_o) = 0$$

$0 = -707,1\,\text{N} - 1688,8\,\text{N} + q_o \cdot (x_o - 2\,\text{m})$

Daraus folgt :

$x_o = 4,995\,\text{m}$

Biegemoment im Balken bei $x = x_o$:

$M(x_o) = 1414,2\,\text{Nm} + 707,1\,\text{N} \cdot x_o +$

$+ 1688,8\,\text{N} \cdot (x_o - 2\,\text{m}) - q_o \cdot \dfrac{(x_o - 2\,\text{m})^2}{2}$

Daraus folgt :

$M(x_o) = 6416\,\text{Nm}$

5.5

Es sind die Schnittgrößen-Verläufe $M_b(x)$ und $F_q(x)$ qualitativ und quantitativ darzustellen.

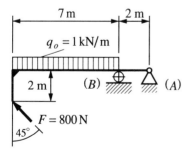

Statik (Auflagerreaktionen) :

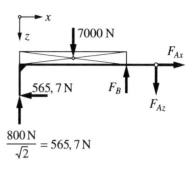

$\dfrac{800\,\text{N}}{\sqrt{2}} = 565,7\,\text{N}$

Richtungssinn der Auflagerreaktionen ange-nommen. Wahl des Koordinatensystems (darin: linksdrehende Momente positiv). Für statische Überlegungen wird die Streckenlast als Punkt-last im Schwerpunkt der Laststrecke angesetzt.

1.

$\sum M_{(A)} = 0$

$0 = 7000\,\text{N} \cdot 5,5\,\text{m} - F_B \cdot 2\,\text{m}$

$- \dfrac{800\,\text{N}}{\sqrt{2}} \cdot 2\,\text{m} - \dfrac{800\,\text{N}}{\sqrt{2}} \cdot 9\,\text{m}$

Daraus folgt :

$\boxed{\uparrow F_B = 16138,7\,\text{N}}$

2.

$\sum F_z = 0$

$0 = -\dfrac{800\,\text{N}}{\sqrt{2}} + 7000\,\text{N} - F_B + F_{Az}$

Daraus folgt :

Schnittgrößen-Verläufe :

$$\downarrow F_{Az} = 9704,4\,\text{N}$$

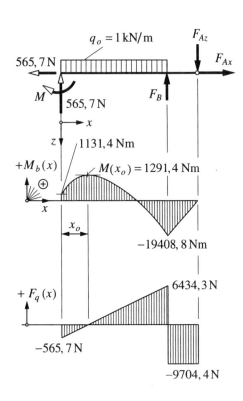

3.

$$\sum F_x = 0$$

$$0 = F_{Ax} - \frac{800\,\text{N}}{\sqrt{2}}$$

Daraus folgt :

$$\rightarrow F_{Ax} = 565,7\,\text{N}$$

F_{Ax} hat keinen Einfluß auf die Verläufe von $F_q(x)$ und $M_b(x)$.

Gleichgewicht des Querarms :

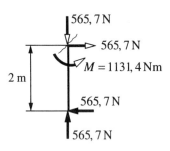

Am zugehörigen Schnittufer des Balkens sind die Schnittgrößen mit entgegengesetztem Richtungssinn wirksam.

Momentenbeträge an markanten Stellen des $M_b(x)$-Diagramms :

Biegemoment im Balken bei (B) :

1. von rechts :

$$M_{(B)} = -9704,4\,\text{N} \cdot 2\,\text{m} = -19408,8\,\text{Nm}$$

2. von links :

$$M_{(B)} = 1131,4\,\text{Nm} + 565,7\,\text{N} \cdot 7\,\text{m}$$

$$-1000\,\frac{\text{N}}{\text{m}} \cdot 7\,\text{m} \cdot \frac{7\,\text{m}}{2}$$

$M_{(B)} = -19408,8\,\text{Nm}$

Bestimmung von x_o (Stelle stetigen Nulldurchgangs der $F_q(x)$-Linie):

$$\sum F_q(x = x_o) = 0 \qquad 0 = -565,7\,\text{N} + q_o\,x_o$$

Daraus folgt: $\qquad x_o = 0,566\,\text{m}$

Biegemoment im Balken bei $x = x_o$:

$$M(x_o) = 1131,4\,\text{Nm} + 565,7\,\text{N} \cdot x_o - q_o \cdot \frac{x_o^2}{2}$$

Daraus folgt:

$$M(x_o) = 1291,4\,\text{Nm}$$

Komponentenzerlegung der Schrägkraft F und Gleichgewicht des Querarms:

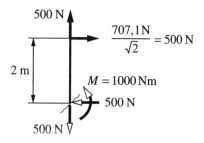

Am zugehörigen Schnittufer des Balkens sind die Schnittgrößen mit entgegengesetztem Richtungssinn wirksam. Statik am reduzierten (vom Querarm freigeschnittenen) Balken; Richtungssinn der Auflagerreaktionen angenommen:

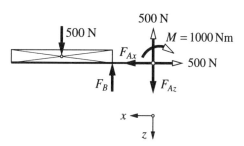

5.6

Es sind die Schnittgrößen-Verläufe $M_b(x)$ und $F_q(x)$ qualitativ und quantitativ darzustellen sowie die entsprechenden Funktionen zu entwickeln.

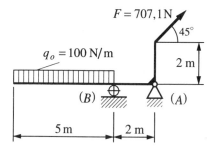

Für statische Überlegungen wird die Streckenlast als Punktlast im Schwerpunkt der Laststrecke angenommen. Wahl des Koordinatensystems: Ursprung an der Stelle des angreifenden Moments.

Statik (Auflagerreaktionen) :

1.

$$\sum M_{(A)} = 0$$

$$0 = F_B \cdot 2\,\text{m} + M - 500\,\text{N} \cdot 4,5\,\text{m}$$

Daraus folgt :

$$\boxed{\uparrow F_B = 625\,\text{N}}$$

2.

$$\sum F_z = 0$$

$$0 = 500\,\text{N} - F_B - 500\,\text{N} + F_{Az}$$

Daraus folgt :

$$\boxed{\downarrow F_{Az} = 625\,\text{N}}$$

3.

$$\sum F_x = 0 \qquad 0 = -F_{Ax} + 500\,\text{N}$$

Daraus folgt :

$$\boxed{\leftarrow F_{Ax} = 500\,\text{N}}$$

Die jeweils positiven Ergebnisse bestätigen die Richtigkeit der Annahme des Richtungssinns der gesuchten Auflagerkräfte.

a)

Schnittgrößen-Verläufe :

(Einteilung in Bereiche stetiger Schnittgrößen-Funktionen : I, II)

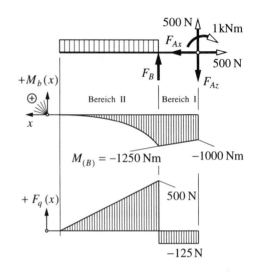

Biegemoment im Balken bei (B) :

$$M_{(B)} = -1000\,\text{Nm} - F_{Az} \cdot 2\,\text{m} + 500\,\text{N} \cdot 2\,\text{m}$$
$$M_{(B)} = -1250\,\text{Nm}$$

b)

Beschreibung der Schnittgrößen-Funktionen

Bereich I :

Annahme positiver Schnittgrößen

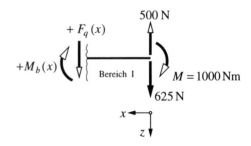

Statik-Gleichungen für den Abschnitt :

1.

$$\sum F_z = 0 \qquad 0 = F_q(x) + 625\,\text{N} - 500\,\text{N}$$

Daraus folgt :

$$\boxed{F_{q\,I}(x) = -125\,\text{N}}$$

2.

$$\sum M_S = 0$$
(auf den Schnitt bezogen)

$$0 = M_b(x) + M + 625\,\text{N} \cdot x - 500\,\text{N} \cdot x$$

Daraus folgt :

$$\boxed{M_{b\,I}(x) = -1000\,\text{Nm} - 125\,\text{N} \cdot x}$$

Biegemoment im Balken bei (B) :

$$M_{(B)} = M_{b\,I}(x = 2\,\text{m})$$
$$M_{(B)} = -1000\,\text{Nm} - 125\,\text{N} \cdot 2\,\text{m}$$
$$M_{(B)} = -1250\,\text{Nm}$$

Bereich II :
Annahme positiver Schnittgrößen

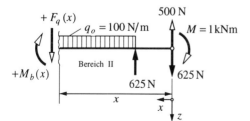

Statik-Gleichungen für den Abschnitt :

1.

$$\sum F_z = 0$$

$$0 = F_q(x) + 625\,\text{N} - 500\,\text{N}$$
$$\qquad\qquad -625\,\text{N} + q_o\,(x - 2\,\text{m})$$

Daraus folgt :

$$\boxed{F_{q\,II}(x) = 500\,\text{N} - 100\,\frac{\text{N}}{\text{m}} \cdot (x - 2\,\text{m})}$$

2.

$$\sum M_S = 0$$
(auf den Schnitt bezogen)

$$0 = M_b(x) + M + 625\,\text{N} \cdot x - 500\,\text{N} \cdot x$$
$$\qquad -625\,\text{N} \cdot (x - 2\,\text{m}) + q_o\,\frac{(x - 2\,\text{m})^2}{2}$$

Daraus folgt :

$$M_{b\,II}(x) = -1000\,\text{Nm} - 125\,\text{N} \cdot x +$$

$$\qquad +625\,\text{N}\,(x - 2\,\text{m}) - q_o\,\frac{(x - 2\,\text{m})^2}{2}$$

$$\boxed{\begin{aligned} M_{b\,II}(x) &= -2250\,\text{Nm} + 500\,\text{N} \cdot x \\ &\quad -50\,\frac{\text{N}}{\text{m}} \cdot (x - 2\,\text{m})^2 \end{aligned}}$$

Biegemoment im Balken bei (B) :

$$M_{(B)} = M_{b\,II}(x = 2\,\text{m})$$

$$M_{(B)} = \left[-2250 + 500 \cdot 2 - 50 \cdot (2-2)^2\right]\text{Nm}$$

$$M_{(B)} = -1250\,\text{Nm}$$

Probe für das freie Balkenende links :

$$M_{b\,II}(x = 7\,\text{m}) = \left(-2250 + 500 \cdot 7 - 50 \cdot 5^2\right)\text{Nm}$$

$$M_{b\,II}(x = 7\,\text{m}) = 0$$

5.7

Für den 9 m langen Balken sind die Querkraftfläche und die Momentenfläche qualitativ und
quantitativ darzustellen, dabei ist das vorgegebene Koordinatensystem zu verwenden. Zudem
sind die Schnittgrößen-Funktionen $M_b(x)$ und
$F_q(x)$ zu entwickeln.

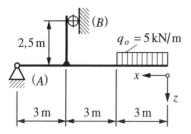

Statik (Auflagerreaktionen) :

Richtungssinn der Auflagerkräfte angenommen

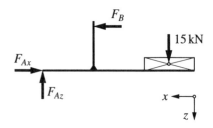

Für statische Überlegungen wird die Streckenlast als Punktlast im Schwerpunkt der Laststrecke angenommen. Wahl des Koordinatensystems.

1.

$$\sum M_{(A)} = 0$$

$$0 = 15\,\text{kN} \cdot 7,5\,\text{m} - F_B \cdot 2,5\,\text{m}$$

$$\boxed{\leftarrow F_B = 45\,\text{kN}}$$

2.

$$\sum F_z = 0$$

$$0 = 15\,\text{kN} - F_{Az}$$

$$\boxed{\uparrow F_{Az} = 15\,\text{kN}}$$

3.

$$\sum F_x = 0$$

$$0 = F_B - F_{Ax}$$

$$\boxed{\rightarrow F_{Ax} = 45\,\text{kN}}$$

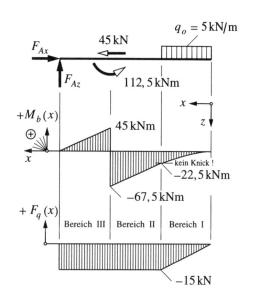

Das jeweils positive Ergebnis bestätigt die Richtigkeit der Annahme des Richtungssinns der gesuchten Auflagerkräfte.

Gleichgewicht des Querarms :

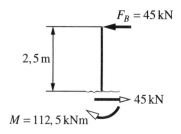

$F_B = 45\,\text{kN}$

$2,5\,\text{m}$

$45\,\text{kN}$

$M = 112,5\,\text{kNm}$

Am zugehörigen Schnittufer des Balkens sind die Schnittgrößen mit entgegengesetztem Richtungssinn wirksam.

Schnittgrößen-Verläufe :

(Einteilung in Bereiche stetiger Schnittgrößen-Funktionen I, II, III)

Beschreibung der Schnittgrößen-Funktionen

Bereich I :

Annahme positiver Schnittgrößen

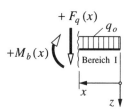

Statik-Gleichungen für den Abschnitt :

1.

$$\sum F_z = 0$$

$$0 = F_q(x) + q_o \cdot x$$

Daraus folgt :

$$F_{qI}(x) = -q_o \cdot x$$

2.

$$\sum M_S = 0$$
(auf den Schnitt bezogen)

$$0 = M_b(x) + q_o \frac{x^2}{2}$$

Daraus folgt :

$$M_{bI}(x) = -q_o \frac{x^2}{2}$$

Schnittgrößen bei $x = 3\,\mathrm{m}$:

$$F_q(x = 3\,\mathrm{m}) = 5\frac{\mathrm{kN}}{\mathrm{m}} \cdot 3\,\mathrm{m} = -15\,\mathrm{kN}$$

$$M_b(x = 3\,\mathrm{m}) = -5\frac{\mathrm{kN}}{\mathrm{m}} \cdot 3\,\mathrm{m} \cdot 1,5\,\mathrm{m}$$
$$M_b(x = 3\,\mathrm{m}) = -22,5\,\mathrm{kNm}$$

Bereich II :
Annahme positiver Schnittgrößen

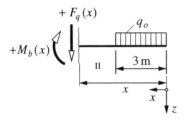

Statik-Gleichungen für den Abschnitt :

1.

$$\sum F_z = 0$$

$$0 = F_q(x) + q_o \cdot 3\,\mathrm{m}$$

Daraus folgt :

$$F_{qII}(x) = -15\,\mathrm{kN}$$

2.

$$\sum M_S = 0$$
(auf den Schnitt bezogen)

$$0 = M_b(x) + q_o \cdot 3\,\mathrm{m} \cdot \left(x - \frac{3\,\mathrm{m}}{2}\right)$$

Daraus folgt :

$$M_{bII}(x) = -15\,\mathrm{kN} \cdot (x - 1,5\,\mathrm{m})$$

Schnittgrößen bei $x = 3\,\mathrm{m}$:

$$F_q(x = 3\,\mathrm{m}) = -15\,\mathrm{kN}$$

$$M_b(x = 3\,\mathrm{m}) = -15\,\mathrm{kN} \cdot (3\,\mathrm{m} - 1,5\,\mathrm{m})$$

$$M_b(x = 3\,\mathrm{m}) = -22,5\,\mathrm{kNm}$$

Schnittgrößen bei $x = 6\,\mathrm{m}$
rechts von der Schweißstelle (Querarm) :

$$F_q(x = 6\,\mathrm{m}) = -15\,\mathrm{kN}$$

$$M_b(x = 6\,\text{m}) = -15\,\text{kN} \cdot (6\,\text{m} - 1,5\,\text{m})$$

$$M_b(x = 6\,\text{m}) = -67,5\,\text{kNm}$$

Bereich III :

Annahme positiver Schnittgrößen

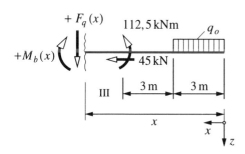

Statik-Gleichungen für den Abschnitt :

1.

$$\sum F_z = 0$$

$$0 = F_q(x) + q_o \cdot 3\,\text{m}$$

Daraus folgt :

$$\boxed{F_{q\,III}(x) = -15\,\text{kN}}$$

2.

$$\sum M_S = 0$$
(bezogen auf den Schnitt)

$$0 = M_b(x) + q_o \cdot 3\,\text{m} \cdot \left(x - \frac{3\,\text{m}}{2}\right) - 112,5\,\text{kNm}$$

Daraus folgt :

$$M_{b\,III}(x) = 112,5\,\text{kNm} - 15\,\text{kN} \cdot (x - 1,5\,\text{m})$$

$$M_{b\,III}(x) = 112,5\,\text{kNm} + 22,5\,\text{kNm} - 15\,\text{kN} \cdot x$$

$$\boxed{M_{b\,III}(x) = 135\,\text{kNm} - 15\,\text{kN} \cdot x}$$

Schnittgrößen bei $x = 6\,\text{m}$
links von der Schweißstelle (Querarm) :

$$F_q(x = 6\,\text{m}) = -15\,\text{kN}$$

$$M_b(x = 6\,\text{m}) = 135\,\text{kNm} - 15\,\text{kN} \cdot 6\,\text{m}$$

$$\boxed{M_b(x = 6\,\text{m}) = 45\,\text{kNm}}$$

Schnittgrößen bei (A) :

$$F_q(x = 9\,\text{m}) = -15\,\text{kN}$$

$$M_b(x = 9\,\text{m}) = 135\,\text{kNm} - 15\,\text{kN} \cdot 9\,\text{m}$$

$$M_b(x = 9\,\text{m}) = 0$$

5.8

Für den 8 m langen Balken sind die Querkraftfläche und die Momentenfläche qualitativ und quantitativ darzustellen sowie die Schnittgrößen-Funktionen $M_b(x)$ und $F_q(x)$ zu entwikkeln.

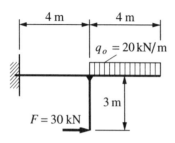

Gleichgewicht am Querarm :

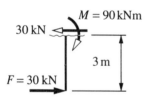

Am zugehörigen Schnittufer des Balkens sind die Schnittgrößen mit entgegengesetztem Richtungssinn wirksam. Wahl des Koordinatensystems : Beim eingespannten Balken empfieht es sich, den Koordinatenursprung ins freie Balkenende zu legen.

Schnittgrößen-Verläufe

(Einteilung in Bereiche stetiger Schnittgrößen-Funktionen : I, II)

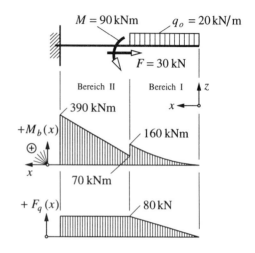

Beschreibung der Schnittgrößen-Funktionen

Bereich I :

Annahme positiver Schnittgrößen

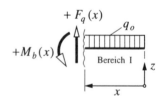

Statik-Gleichungen für den Abschnitt :

1.

$$\sum F_z = 0$$

$$0 = F_q(x) - q_o \cdot x$$

Daraus folgt :

$$\boxed{F_{q\,I}(x) = q_o \cdot x}$$

2.

$$\sum M_S = 0$$
(auf den Schnitt bezogen)

$$0 = M_b(x) - q_o \frac{x^2}{2}$$

Daraus folgt :

$$\boxed{M_{b\,I}(x) = q_o \frac{x^2}{2}}$$

Schnittgrößen bei $x = 4\,\mathrm{m}$
rechts von der Schweißstelle (Querarm) :

$$F_q(x = 4\,\mathrm{m}) = 20\,\frac{\mathrm{kN}}{\mathrm{m}} \cdot 4\,\mathrm{m} = 80\,\mathrm{kN}$$

$$M_b(x = 4\,\mathrm{m}) = \frac{20\,\dfrac{\mathrm{kN}}{\mathrm{m}}}{2} \cdot (4\,\mathrm{m})^2 = 160\,\mathrm{kNm}$$

Bereich II :

Annahme positiver Schnittgrößen

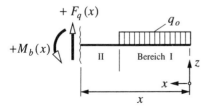

Statik-Gleichungen für den Abschnitt :

1.

$$\sum F_z = 0 \qquad 0 = F_q(x) - q_o \cdot 4\,\mathrm{m}$$

Daraus folgt :

$$\boxed{F_{q\,II}(x) = 80\,\mathrm{kN}}$$

2.

$$\sum M_S = 0$$
(auf den Schnitt bezogen)

$$0 = M_b(x) - q_o \cdot 4\,\mathrm{m} \cdot \left(x - \frac{4\,\mathrm{m}}{2}\right) + 90\,\mathrm{kNm}$$

Daraus folgt :

$$M_{b\,II}(x) = 80\,\mathrm{kN} \cdot (x - 2\,\mathrm{m}) - 90\,\mathrm{kNm}$$

$$\boxed{M_{b\,II}(x) = -250\,\mathrm{kNm} + 80\,\mathrm{kN} \cdot x}$$

Schnittgrößen bei $x = 4\,\mathrm{m}$
links von der Schweißstelle (Querarm) :

$$F_q(x = 4\,\mathrm{m}) = 80\,\mathrm{kN}$$
$$M_b(x = 4\,\mathrm{m}) = -250\,\mathrm{kNm} + 80\,\mathrm{kN} \cdot 4\,\mathrm{m}$$
$$M_b(x = 4\,\mathrm{m}) = 70\,\mathrm{kNm}$$

Schnittgrößen in der Einspannstelle ($x = 8\,\mathrm{m}$) :

$$F_q(x = 8\,\mathrm{m}) = 80\,\mathrm{kN}$$
$$M_b(x = 8\,\mathrm{m}) = -250\,\mathrm{kNm} + 80\,\mathrm{kN} \cdot 8\,\mathrm{m}$$
$$M_b(x = 8\,\mathrm{m}) = 390\,\mathrm{kNm}$$

6.1

Eine schwere Scheibe vom Gewicht $F_G = 60\,\text{N}$ ruht reibschlüssig auf einer schiefen Ebene von 45° Neigung und ist wie skizziert gegen Rollen durch einen Stab mit dem Fundament verbunden. Wie groß muß der Haftreibungskoeffizient sein, damit die skizzierte Stellung des beweglichen Systems die Gleichgewichtslage sein kann? Wie groß ist die Kraft F_S im Stab?

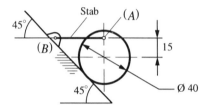

Dreikräfte-Verfahren

Bekannt : WLF_G , WLF_S (Pendelstütze)

Die in der Reibstelle wirkende Kraft F_B bildet mit F_G und F_S ein zentrales Kräftesystem.

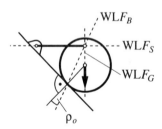

Krafteck :

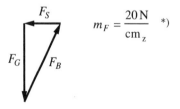

$$m_F = \frac{20\,\text{N}}{\text{cm}_z} \quad *)$$

Das Krafteck liefert :

$F_B = 67\,\text{N}$	$F_S = 29\,\text{N}$

Aus dem Lageplan :

$$\rho_o \cong 19°$$

Damit die Haftreibungszahl (Haftreibungskoeffizient)

$$\mu_o = \tan 19°$$

$$\boxed{\mu_o = 0,344}$$

Trigonometrische Nachrechnung Lageplan :

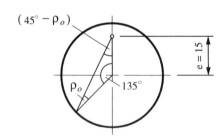

Sinus-Satz :

$$\frac{R}{e} = \frac{\sin(45° - \rho_o)}{\sin \rho_o}$$

$$\frac{20\,\text{mm}}{15\,\text{mm}} = \frac{\sin 45° \cdot \cos \rho_o - \cos 45° \cdot \sin \rho_o}{\sin \rho_o}$$

$$\frac{4}{3} = \frac{1}{\sqrt{2}} \left(\frac{1}{\tan \rho_o} - 1 \right)$$

$$\frac{4 \cdot \sqrt{2}}{3} + 1 = \frac{1}{\tan \rho_o} = \frac{1}{\mu_o}$$

$$\mu_o = \frac{1}{1 + \frac{4 \cdot \sqrt{2}}{3}} = 0,3465$$

Damit : $\rho_o = 19,114°$

Nachrechnung im Krafteck :

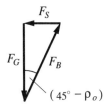

$$F_B = \frac{F_G}{\cos(45° - \rho_o)} = 66,7\,\text{N}$$

$$F_S = F_G \cdot \tan(45° - \rho_o) = 29,1\,\text{N}$$

*)   Kräftemaßstäbe sind eine Empfehlung für die Lösung; aus drucktechnischen Gründen weicht der vorliegende Druck von diesen Maßstäben ab.

6.2

Zwei Schenkel mit vernachlässigbar kleinem Eigengewicht sind im Gelenkpunkt (C) miteinander verbunden und desweiteren über die Feder wie skizziert miteinander verbunden. Das Gebilde steht auf horizontaler Unterlage. Koeffizient der Gleitreibung ist $\mu = 0,2$. Eine langsam anwachsende Kraft $F = 55\,\text{N}$ belastet das System, das in der gezeichneten Stellung zur Ruhe gekommen ist.

a)   Welche Kraft muß von der Zugfeder aufgebracht werden ?

b)   Die Kraft F wird anschließend langsam verkleinert. Bei welcher Größe F^* kommt das System in Bewegung ?

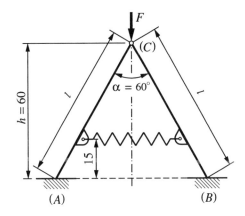

a)

WLF$_A$ und WLF$_B$ liegen auf dem Rand des Reibkegels mit halbem Öffnungswinkel

$$\rho = \arctan \mu \qquad \rho = 11,31°$$

Die Feder ist Pendelstütze. Wirkungslinien der jeweils drei Kräfte je Scheibe :

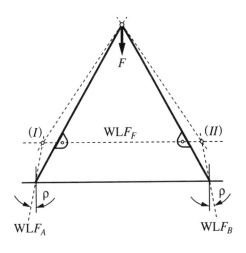

Detail bei (B) :

Die Reibkraft ist gegen die Bewegungsrichtung
gerichtet (Bewegungswiderstand)

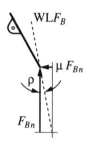

Wegen Symmetrie :

$$F_{An} = F_{Bn} = \frac{F}{2} = 27,5\,\text{N}$$

Damit

$$\mu \cdot F_{An} = \mu \cdot F_{Bn} = 0,2 \cdot 27,5\,\text{N} = 5,5\,\text{N}$$

Resultierende

$$F_A = F_B = \sqrt{27,5^2 + 5,5^2} = 28\,\text{N}$$

Krafteck für Punkt (I)
(Kräfte auf die linke Scheibe) :

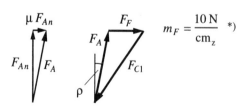

Das Krafteck liefert :

$$\boxed{F_F = 14\,\text{N}} \qquad \boxed{F_{C1} = 34\,\text{N}}$$

Krafteck für Punkt (II)
(Kräfte auf die rechte Scheibe) :

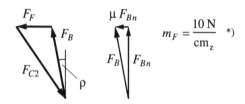

Das Krafteck liefert :

$$\boxed{F_F = 14\,\text{N}} \qquad \boxed{F_{C2} = 34\,\text{N}}$$

Nachrechnung von F_F mit Hilfe der rechneri-
schen Statik, beispielhaft an der linken Scheibe:

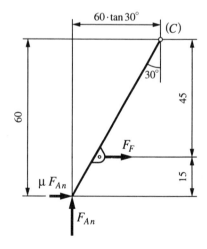

$\sum M_C = 0$

$0 = F_F \cdot 45\,\text{mm} + 5,5\,\text{N} \cdot 60\,\text{mm}$

$\qquad -27,5\,\text{N} \cdot \left(60\,\text{mm} \cdot \tan 30°\right)$

Daraus folgt :

$F_F = 13,84\,\text{N}$

Trigonometrische Nachrechnung von F_{C2} im
Krafteck (hier an der rechten Scheibe) :

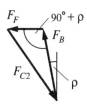

Kosinus-Satz :

$F_{C2}^2 = F_B^2 + F_F^2 - 2 F_B F_F \cos\left(90° + \rho\right)$

$F_{C2}^2 = F_{C2}^2 = \left(28^2 + 13,84^2\right.$

$\qquad \left. - 2 \cdot 28 \cdot 13,84 \cdot \cos 101,31°\right)\,\text{N}^2$

Daraus folgt :

$F_{C2} = 33,58\,\text{N}$

Kräfte auf den Knoten (C) :

$m_F = \dfrac{20\,\text{N}}{\text{cm}_z}$ *)

b)

Bei Nachlassen von F werden die Reibkräfte
in (A) und (B) im Augenblick des Rutschens
auf dem gegenüberliegenden Rand des Reibkegels liegen (hier : $\rho_o = \rho$ angenommen), Detail
bei (B) :

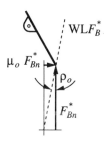

Die Federkraft bleibt unverändert :

$F_F = 13,84\,\text{N}$

Kräfte auf die rechte Scheibe :

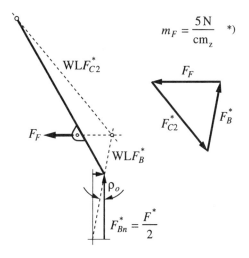

$m_F = \dfrac{5\,\text{N}}{\text{cm}_z}$ *)

Das Krafteck liefert :

$F_B^* = 13,6\,\text{N}$

Damit :

$$\frac{F^*}{2} = F_B^* \cdot \cos \rho_o$$

$$F^* = 2F_B^* \cos 11,31°$$

$$\boxed{F^* = 26,7\,\text{N}}$$

Auf den $F_G = 50\,\text{N}$ schwere Klotz wirken drei Kräfte; dabei liegen die Kräfte in den Reibstellen auf dem Rand des Reibkegels :

$$\rho_o = \arctan \mu_o$$

$$\rho_o = \arctan 0,8$$

$$\rho_o = 38,66°$$

Kräfte auf den schweren Klotz :

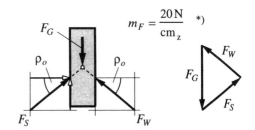

$$m_F = \frac{20\,\text{N}}{\text{cm}}\Big|_z \quad *)$$

6.3

Wie groß muß die Zugfederkraft sein, damit der schwere Klotz ($\mu_o = 0,8$ auf beiden Seiten) gerade nicht rutscht ? $F_G = 50\,\text{N}$

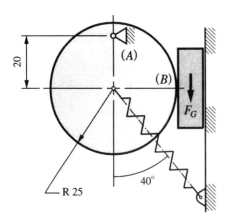

Das Krafteck liefert :

Kraft von der runden Scheibe auf den Klotz :

$$\boxed{F_S = 40\,\text{N}}$$

Kraft von der Wand auf den Klotz :

$$\boxed{F_W = 40\,\text{N}}$$

Kräfte auf die runde Scheibe :

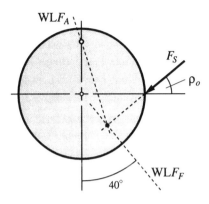

6.4

Eine rechteckige, schwere Scheibe ($F_G = 50\,\text{N}$) liegt wie skizziert im Fundament. Es herrscht Reibung zwischen Scheibe und Unterlage ($\mu_o = 0,25$). Wie groß darf die horizontal an der Ecke (D) der Scheibe angreifende Kraft F sein, damit gerade keine Aufwärtsbewegung entsteht ?

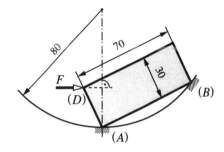

Kurz vor Beginn des Rutschens liegen die Kräfte in den Reibstellen (A) und (B) auf dem Rand des Reibkegels mit dem halben Öffnungswinkel ρ_o :

$$\rho_o = \arctan \mu_o \qquad \rho_o = \arctan 0,25$$
$$\rho_o = 14°$$

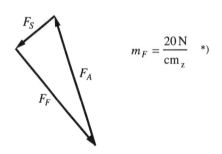

$$m_F = \frac{20\,\text{N}}{\text{cm}_z} \quad {}^*)$$

Das Krafteck liefert :

$$\boxed{F_F = 97\,\text{N}}$$

Prinzipskizze :

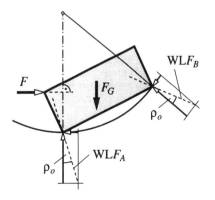

*) Kräftemaßstäbe sind eine Empfehlung für die Lösung; aus drucktechnischen Gründen weicht der vorliegende Druck von diesen Maßstäben ab.

Vierkräfte-Problem

Lösung mit dem CULMANN-Verfahren

6.5

Zwei schwere Scheiben stützen sich aufeinander und am Fundament wie skizziert ab.

a) Welcher Reibungskoeffizient μ_1 muß zwischen den Scheiben vorliegen, damit die skizzierte Stellung eine Gleichgewichtslage des Systems ist und

b) welcher Reibungskoeffizient μ_2 muß zwischen Scheibe (2) und dem Fundament vorliegen, damit die skizzierte Stellung eine Gleichgewichtslage ist ?

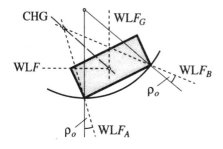

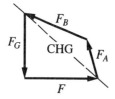

$$m_F = \frac{20\,\mathrm{N}}{\mathrm{cm}_z} \quad *)$$

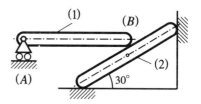

Das Krafteck liefert :

$$\boxed{F = 55\,\mathrm{N}}$$

Kräfte auf Scheibe (1)

Drei Kräfte : F_{G1} , F_A , F_B

(A) ist Loslager, WLF_A ist parallel zu WLF_{G1}; damit muß auch WLF_B hierzu parallel verlaufen :

*) Kräftemaßstäbe sind eine Empfehlung für die Lösung; aus drucktechnischen Gründen weicht der vorliegende Druck von diesen Maßstäben ab.

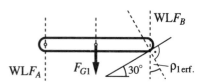

Der Lageplan liefert :

$\rho_{1\,erf.} = 30°$

$\mu_{1\,erf.} = \tan 30°$

$$\boxed{\mu_{1\,erf.} = 0,577}$$

Scheibe (1) rutscht dann nicht auf Scheibe (2) , wenn der Haftreibungskoeffizient zwischen den Scheiben größer als 0,577 ist.

Kräfte auf Scheibe (2)
Die Berührkraft F_B von Scheibe (1) wird mit F_{G2} gedanklich zu einer Resultierenden F_R zusammengefaßt. Es wirken dann drei Kräfte auf Scheibe (2) : F_R , die Bodenkraft und die Wandkraft (jeweils Reibkräfte).

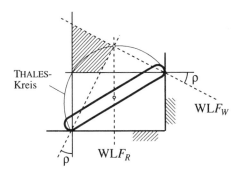

Der Lageplan liefert :

$\rho_{2\,erf.} = 30°$

Damit :

$$\boxed{\mu_{2\,erf.} = 0,577}$$

Scheibe (2) rutscht dann nicht am Fundament ab, wenn der Haftreibungskoeffizient größer ist als 0,577 .

*) Kräftemaßstäbe sind eine Empfehlung für die Lösung; aus drucktechnischen Gründen weicht der vorliegende Druck von diesen Maßstäben ab.

6.6

Eine schwere Scheibe $F_G = 70\,N$ liegt wie skizziert in einer Ecke des Fundaments. Eine Kraft F greift am starr mit der Scheibe verbundenen Hebelarm an und versucht die Scheibe zu drehen. Wie groß muß F gewählt werden, damit Drehung möglich wird ? ($\mu_o = 0,4$)

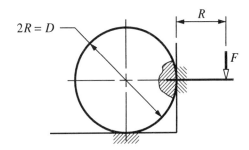

a)

Zeichnerische Lösung

Es greifen insgesamt vier Kräfte an :

F_G , F sowie die Kräfte in den Reibstellen (F_B = vom Boden kommende Kraft, F_W = von der Wand kommende Kraft). Die Kräfte in den Reibstellen liegen im Grenzfall (kurz vor Einsetzen der Bewegung) auf dem Rand des Reibkegels mit dem halben Öffnungswinkel ρ_o :

$\rho_o = \arctan \mu_o$
$\rho_o = \arctan 0,4$
$\rho_o = 21,8°$

Prinzipskizze :

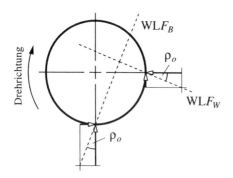

CULMANNsches Vierkräfte-Verfahren :

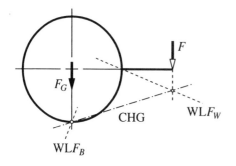

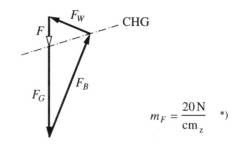

$$m_F = \frac{20\,\text{N}}{\text{cm}_z} \quad \text{*)}$$

Das Krafteck liefert :

$$\boxed{F = 22\,\text{N}}$$

b)

Rechnerische Lösung :

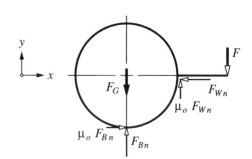

1)

$$\sum F_x = 0$$

$$0 = \mu_o \cdot F_{Bn} - F_{Wn} \tag{1}$$

2)

$$\sum F_y = 0$$

$$0 = F_{Bn} + \mu_o \cdot F_{Wn} - F_G - F \tag{2}$$

3)

$$\sum M_{(S)} = 0$$

$$0 = \mu_o \cdot F_{Bn} \cdot R + \mu_o \cdot F_{Wn} \cdot R - F \cdot 2R \qquad (3)$$

aus (1):
$$\mu_o \cdot F_{Bn} = F_{Wn} \qquad \text{einsetzen in (3)}$$

aus (2):
$$\mu_o \cdot F_{Wn} = F_G + F - F_{Bn} \qquad \text{einsetzen in (3)}$$

Es folgt dann:

$$0 = F_{Wn} + F_G + F - \frac{F_{Wn}}{\mu_o} - 2F$$

Darin ist:

$$F_{Wn} = \frac{1}{\mu_o} \cdot \left(F_G + F - \frac{F_{Wn}}{\mu_o} \right)$$

$$F_{Wn} = \frac{F_G}{\mu_o} + \frac{F}{\mu_o} - \frac{F_{Wn}}{\mu_o^2}$$

$$F_{Wn} = \frac{F_G + F}{\mu_o \cdot \left(1 + \dfrac{1}{\mu_o^2} \right)} = \frac{F_G + F}{\mu_o + \dfrac{1}{\mu_o}}$$

Damit folgt:

$$0 = \frac{F_G + F}{\mu_o + \dfrac{1}{\mu_o}} + F_G - F - \frac{F_G + F}{1 + \mu_o^2}$$

$$0 = \frac{\mu_o \cdot (F_G + F) + \left(1 + \mu_o^2\right)(F_G - F) - F_G - F}{1 + \mu_o^2}$$

$$0 = F \cdot \left(\mu_o - 1 - \mu_o^2 - 1 \right) - F_G \cdot \left(1 - 1 - \mu_o^2 - \mu_o \right)$$

$$F = F_G \cdot \frac{\mu_o + \mu_o^2}{2 - \mu_o + \mu_o^2}$$

Mit $\mu_o = 0,4$ folgt:

$$F = 0,318 \cdot F_G$$

$$\boxed{F = 22,3\,\text{N}}$$

*) Kräftemaßstäbe sind eine Empfehlung für die Lösung; aus drucktechnischen Gründen weicht der vorliegende Druck von diesen Maßstäben ab.

6.7

Wie groß muß das Kistengewicht F_G sein, damit bei $\mu_o = 0,3$ eine Person vom Gewicht $F_P = 700\,\text{N}$ die Leiter (von vernachlässigbar kleinem Gewicht) bis oben hinaufsteigen kann, ohne daß die Leiter rutscht?

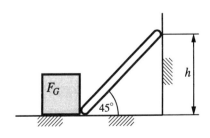

Es wirken vier Kräfte auf die Leiter : F_P (Persongewicht), die Haltekraft von der schweren Kiste auf das untere Leiterende sowie die Kräfte in den beiden Reibstellen (A) - Wand - und (B) - Boden - .

Die Leiter-Linie entspricht der CULMANNschen Hilfsgeraden (CHG)

Kräfte auf die Leiter :

Prinzipskizzen :

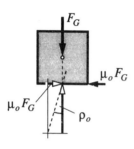

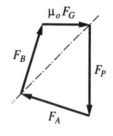

$$m_F = \frac{200\,\text{N}}{\text{cm}_z} \quad *)$$

Das Krafteck liefert :

$$\mu_o \cdot F_G = 377\,\text{N}$$

Mit $\mu_o = 0,3$ folgt :

$$\boxed{F_G = 1257\,\text{N}}$$

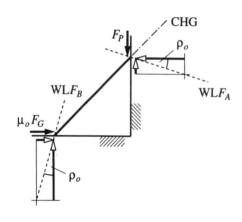

Die Kistenmasse m muß damit sein :

$$m = \frac{F_G}{g} = \frac{1257\,\text{N}}{9,81\,\text{m}/\text{s}^2}$$

$$\boxed{m = 128,1\,\text{kg}}$$

$\rho_o = \arctan \mu_o$
$\rho_o = \arctan 0,3$
$\rho_o = 16,7°$

a)

Graphische Lösung :

Vierkräfte-Verfahren von CULMANN :

b)

Rechnerische Lösung :

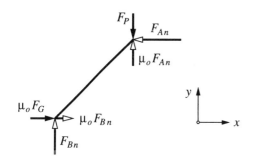

1)

$$\sum F_x = 0$$

$$0 = \mu_o \cdot F_G + \mu_o \cdot F_{Bn} - F_{An} \qquad (1)$$

2)

$$\sum F_y = 0$$

$$0 = F_{Bn} + \mu_o \cdot F_{An} - F_P \qquad (2)$$

3)

$$\sum M_{(B)} = 0$$

$$0 = F_{An} \cdot h + \mu_o \cdot F_{An} \cdot h - F_P \cdot h \qquad (3)$$

Aus (3) folgt :

$$F_{An} = \frac{F_P}{1 + \mu_o}$$

Aus (2) folgt :

$$F_{Bn} = F_P - \frac{\mu_o \cdot F_P}{1 + \mu_o} = \frac{1 + \mu_o - \mu_o}{1 + \mu_o} \cdot F_P$$

$$F_{Bn} = \frac{F_P}{1 + \mu_o}$$

Aus (1) folgt :

$$F_G = \frac{F_{An}}{\mu_o} - F_{Bn}$$

$$F_G = \frac{F_P}{\mu_o \cdot (1 + \mu_o)} - \frac{\mu_o}{\mu_o} \cdot \frac{F_P}{1 + \mu_o}$$

$$\boxed{F_G = F_P \cdot \frac{1 - \mu_o}{\mu_o \cdot (1 + \mu_o)}}$$

Mit $\mu_o = 0,3$ und $F_P = 700\,\text{N}$ folgt :

$$F_G = 700\,\text{N} \cdot \frac{1 - 0,3}{0,3 \cdot (1 + 0,3)}$$

$$\boxed{F_G = 1256,4\,\text{N}}$$

*) Kräftemaßstäbe sind eine Empfehlung für die Lösung; aus drucktechnischen Gründen weicht der vorliegende Druck von diesen Maßstäben ab.

6.8

Eine schwere schlanke Scheibe vom Gewicht $F_G = 180\,\text{N}$ und der Länge l steht auf rauher Bahn und wird in (C) durch eine gewichtslose Stange gehalten. Eine lotrechte Kraft $F = 180\,\text{N}$ greift zusätzlich bei (C) an. Welcher Reibungskoeffizient μ_o ist erforderlich, damit in der skizzierten Stellung Gleichgewicht herrscht ?

Der Lageplan liefert :

$$\rho_{\text{erf.}} \cong 22°$$

Damit :

$$\mu_{o\,\text{erf.}} = \tan 22°$$

$$\boxed{\mu_{o\,\text{erf.}} = 0{,}4}$$

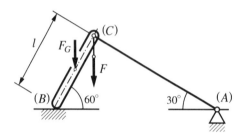

Rechnerische Lösung :

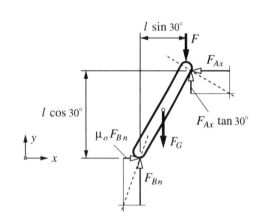

Die in (A) gelagerte Stange ist Pendelstütze, $\text{WL}F_A$ ist bekannt. Drei Kräfte am Gesamtsystem : F_A , F_B (Kraft in der Reibstelle), F_R (resultierende Kraft aus F_G und F) : zentrales Kräftesystem

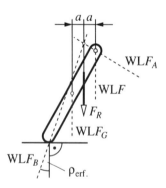

1)

$$\sum F_x = 0$$

$$0 = \mu_o \cdot F_{Bn} - F_{Ax} \tag{1}$$

2)

$$\sum F_y = 0$$

$$0 = -F_G - F + F_{Bn} + \tan 30° \cdot F_{Ax} \tag{2}$$

3)

$$\sum M_{(C)} = 0$$

$$0 = F_G \frac{l \cdot \sin 30°}{2} + \mu_o \, F_{Bn} \cdot l \cdot \cos 30° \qquad (3)$$
$$-F_{Bn} \cdot l \cdot \sin 30°$$

Aus (2) folgt :

$$F_{Ax} = \frac{F + F_G - F_{Bn}}{\tan 30°}$$

wird in (1) eingesetzt.

Es folgt :

$$0 = \mu_o \cdot F_{Bn} - \frac{F + F_G - F_{Bn}}{\tan 30°} \qquad (1')$$

Aus (3) folgt :

$$F_{Bn} = \frac{F_G \cdot \sin 30°}{2 \left(\sin 30° - \mu_o \cdot \cos 30° \right)}$$

$$F_{Bn} = \frac{F_G}{2 \cdot \left(1 - \dfrac{\mu_o}{\tan 30°} \right)}$$

wird in (1') eingesetzt.

Es folgt:

$$0 = F_B \cdot \frac{\mu_o \cdot \tan 30° + 1}{\tan 30°} - \frac{F + F_G}{\tan 30°}$$

$$0 = \frac{\mu_o \cdot \tan 30° + 1}{\tan 30°} \cdot \frac{F_G}{2 \cdot \left(1 - \dfrac{\mu_o}{\tan 30°} \right)} - \frac{F + F_G}{\tan 30°}$$

$$0 = \frac{\left(\mu_o \cdot \tan 30° + 1 \right) \cdot F_G}{2 \cdot \left(1 - \dfrac{\mu_o}{\tan 30°} \right)} - F - F_G$$

$$0 = \frac{F_G \cdot \left(\mu_o \cdot \tan 30° + 1 \right) \cdot \tan 30°}{2 \cdot \left(\tan 30° - \mu_o \right)} - F - F_G$$

$$0 = F_G \cdot \tan 30° \cdot \left(\mu_o \cdot \tan 30° + 1 \right)$$
$$-2 F_R \cdot \left(\tan 30° - \mu_o \right)$$

$$0 = F_G \cdot \tan^2 30° \cdot \mu_o + F_G \cdot \tan 30°$$
$$-2 F_R \cdot \tan 30° + 2 F_R \cdot \mu_o$$

$$\boxed{\mu_o = \frac{\tan 30° \cdot \left(2 F_R - F_G \right)}{F_G \cdot \tan^2 30° + 2 F_R}}$$

Mit $F_G = 180 \, \mathrm{N}$
und $F_R = 360 \, \mathrm{N}$

folgt :

$$\boxed{\mu_o = 0,4}$$

7.1

Ein an zwei Punkten höhengleich aufgehängtes Seil wiegt 5 N je Meter Seillänge. Die Aufhängepunkte sind $w = 20$ m entfernt.

a) Wie groß ist die Horizontalzugkraft $H = ?$

b) Wie lang ist das Seil : $l = ?$

c) Wie groß ist der Durchhang : $f = ?$

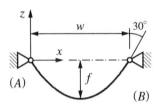

Für das im linken Aufhängepunkt entspringende Koordinatensystem gelten für die Seillinie :

$$z(x) = \frac{H}{q_o} \cdot \cosh\left(\frac{q_o \cdot x}{H} + C_1\right) + C_2$$

für die Seilneigung $z' = \tan \alpha$

$$z' = \sinh\left(\frac{q_o \cdot x}{H} + C_1\right)$$

Geometrische Randbedingungen :

1. R.B. : $z(x = 0) = 0$ führt zu

$$0 = \frac{H}{q_o} \cdot \cosh(C_1) + C_2 \tag{1}$$

2. R.B. : $z(x = w) = 0$ führt zu

$$0 = \frac{H}{q_o} \cdot \cosh\left(\frac{q_o \cdot w}{H} + C_1\right) + C_2 \tag{2}$$

3. R.B. : $z'(x = 0) = -\tan 60°$ führt zu

$$-\tan 60° = \sinh(C_1) \tag{3}$$

4. R.B. : $z'\left(x = \frac{w}{2}\right) = 0$ führt zu

$$0 = \sinh\left(\frac{q_o \cdot w}{2H} + C_1\right) \tag{4}$$

a)
Aus Gleichung (4)

$$0 = \sinh\left(\underbrace{\frac{q_o \cdot w}{2H} + C_1}_{=0}\right)$$

folgt :

$$\boxed{C_1 = -\frac{q_o \cdot w}{2H}}$$

darin ist H , die Horizontalzugkraft, noch unbekannt.

Aus Gleichung (3) folgt für H :

$$-\tan 60° = \sinh\left(-\frac{q_o \cdot w}{2H}\right)$$

$$\frac{q_o \cdot w}{2H} = \text{arsinh} \tan 60°$$

$$H = \frac{q_o \cdot w}{2 \cdot \text{arsinh} \tan 60°}$$

$$H = \frac{5\frac{N}{m} \cdot 20\,\text{m}}{2 \cdot 1,316958}$$

$$\boxed{H = 37,97\,\text{N}}$$

b)

Vertikalkomponente der Kräfte F_A und F_B :

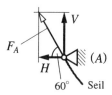

$$V = H \cdot \tan 60°$$

$$\boxed{V = 65,76\,\text{N}}$$

Seilgewicht :

$$F_G = 2 \cdot V$$

$$\boxed{F_G = 131,52\,\text{N}}$$

Seillänge :

$$F_G = q_o \cdot l$$

$$l = \frac{F_G}{q_o} = \frac{131,52\,\text{N}}{5\frac{N}{m}}$$

$$\boxed{l = 26,3\,\text{m}}$$

c)

Durchhang f :

$$f = z\left(x = \frac{w}{2}\right)$$

$$f = \frac{H}{q_o} \cdot \cosh\left(\underbrace{\frac{q_o \cdot w}{2H} - \frac{q_o \cdot w}{2H}}_{=0}\right) + C_2$$

$$\cosh(0) = +1$$

C_2 aus Gleichung (1) :

$$C_2 = -\frac{H}{q_o} \cdot \cosh\left(-\frac{q_o \cdot w}{2H}\right)$$

$$C_2 = -\frac{37,97\,\text{N}}{5\frac{N}{m}} \cdot \cosh\left(-\frac{5 \cdot 20}{2 \cdot 37,97}\right)$$

$$\boxed{C_2 = -15,1863\,\text{m}}$$

Damit folgt für f :

$$f = \frac{H}{q_o} + C_2$$

$$f = \frac{37,97\,\text{N}}{5\,\dfrac{\text{N}}{\text{m}}} - 15,1863\,\text{m}$$

$$\boxed{f = -7,59\,\text{m}}$$

7.2

Wie lang ist das höhengleich aufgehängte Seil vom Metergewicht $q_o = 3\,\text{N/m}$, wenn die Stützweite w gleich dem Durchhang f ist und wie groß ist die maximale Seilkraft ?

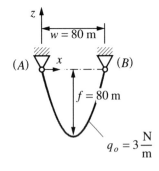

Für die Seillinie gilt :

$$z(x) = \frac{H}{q_o} \cdot \cosh\left(\frac{q_o \cdot x}{H} + C_1\right) + C_2$$

Für die Seilneigung gilt :

$$z' = \sinh\left(\frac{q_o \cdot x}{H} + C_1\right)$$

Dabei ist der Koordinatenursprung im linken Aufhängepunkt (A).

Geometrische Randbedingungen :

1. R.B. : $z(x = 0) = 0$ führt zu

$$0 = \frac{H}{q_o} \cdot \cosh(C_1) + C_2 \qquad (1)$$

2. R.B. : $z(x = w) = 0$ führt zu

$$0 = \frac{H}{q_o} \cdot \cosh\left(\frac{q_o \cdot w}{H} + C_1\right) + C_2 \qquad (2)$$

3. R.B. : $z\left(x = \dfrac{w}{2}\right) = -f$ führt zu

$$-f = -w = \frac{H}{q_o} \cdot \cosh\left(\frac{q_o \cdot w}{2H} + C_1\right) + C_2 \qquad (3)$$

4. R.B. : $z'\left(x = \dfrac{w}{2}\right) = 0$ führt zu

$$0 = \sinh\left(\frac{q_o \cdot w}{2H} + C_1\right) \qquad (4)$$

Aus Gleichung (4) :

$$\frac{q_o \cdot w}{2H} + C_1 = 0$$

$$\boxed{C_1 = -\frac{q_o \cdot w}{2H}}$$

Darin ist die Horizontalzugkraft H noch unbekannt.

Aus Gleichung (1) folgt :

$$C_2 = -\frac{H}{q_o} \cdot \cosh(C_1)$$

Aus Gleichung (3) folgt :

$$C_2 = -w - \frac{H}{q_o} \cdot \underbrace{\cosh(0)}_{=1}$$

Gleichsetzen der Ausdrücke für C_2 :

$$\frac{H}{q_o} \cdot \cosh\left(\frac{q_o \cdot w}{2H}\right) = w + \frac{H}{q_o}$$

Diese Gleichung läßt sich nicht explizit nach H auflösen. Durch Probieren oder mit Hilfe eines Nullstellenprogramms (z.B. auf einem Taschenrechner) gewinnt man rasch :

$$\boxed{H = 48,652 \,\text{N}}$$

Sowohl aus Gleichung (1) als auch aus Gleichung (3) erhält man :

$$\boxed{C_2 = -96,2173\,\text{m}}$$

Seillänge l

$$l = \frac{H}{q_o} \cdot \left|\sinh\left(\frac{q_o \cdot x}{H} + C_1\right)\right|_{x=0}^{x=w}$$

(siehe Formelsammlung)

$$l = \frac{H}{q_o} \cdot \left[\sinh\left(\frac{q_o\,w}{H} - \frac{q_o\,w}{2H}\right) - \sinh\left(0 - \frac{q_o\,w}{2H}\right)\right]$$

$$l = \frac{H}{q_o} \cdot 2 \cdot \sinh\left(\frac{q_o \cdot w}{2H}\right)$$

$$l = \frac{48,652\,\text{N}}{3\dfrac{\text{N}}{\text{m}}} \cdot 2 \cdot \sinh\left(\frac{3 \cdot 80}{2 \cdot 48,652}\right)$$

$$\boxed{l = 189,681\,\text{m}}$$

Da die Horizontalzugkraft H an allen Stellen gleich groß ist, liegt die größte Seilzugkraft dort vor, wo die Seilneigung maximal ist, also in den Aufhängepunkten :

$$F_{S\,\text{max}} = F_A = F_B$$

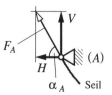

$$F_A = \frac{H}{\cos \alpha_A}$$

$$\alpha_A = \arctan[z'(x = 0)]$$

$$z'(x = 0) = \sinh(C_1)$$

$$z'(x = 0) = \sinh\left(\frac{-q_o \cdot w}{2H}\right)$$

$$z'(x = 0) = \sinh\left(\frac{-3 \cdot 80}{2 \cdot 48,652}\right) = -5,84811$$

$$\alpha_A = -80,2965°$$

$$F_A = \frac{48,652\,\text{N}}{\cos 80,2965°}$$

$$\boxed{F_A = F_B = 288,65\,\text{N}}$$

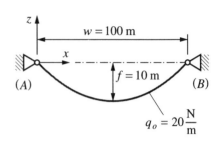

Für die Seillinie gilt :

$$z(x) = \frac{H}{q_o} \cdot \cosh\left(\frac{q_o \cdot x}{H} + C_1\right) + C_2$$

Für die Seilneigung gilt :

$$z'(x) = \sinh\left(\frac{q_o \cdot x}{H} + C_1\right)$$

7.3

Ein schweres Seil $(q_o = 20\,\text{N/m})$ ist wie skizziert aufgehängt.

a) Wie groß ist die Horizontalzugkraft $H = ?$
b) Wie lang ist das Seil $l = ?$
c) Seilneigungen $\alpha_A = ?$ und $\alpha_B = ?$
d) Maximale Seilkraft $F_{S\,\text{max}} = ?$
e) Wie ändert sich der maximale Durchhang, wenn das Seil 1 m länger gewählt wird ? $f_1 = ?$

Geometrische Randbedingungen :

3 Unbekannte : C_1, C_2, H

1. R.B. : $z(x = 0) = 0$ führt zu

$$0 = \frac{H}{q_o} \cdot \cosh(C_1) + C_2 \qquad (1)$$

2. R.B. : $z'\left(x = \frac{w}{2}\right) = 0$ führt zu

$$0 = \sinh\left(\frac{q_o \cdot w}{2H} + C_1\right) \qquad (2)$$

Daraus folgt unmittelbar :

$$C_1 = -\frac{q_o \cdot w}{2H}$$

Darin ist H noch unbekannt

3. R.B. : $z\left(x = \dfrac{w}{2}\right) = -f$ führt zu

$$-f = \frac{H}{q_o} \cdot \underbrace{\cosh\left(\frac{q_o \cdot w}{2H} - \frac{q_o \cdot w}{2H}\right)}_{\cosh(0)=1} + C_2 \qquad (3)$$

a)

Aus Gleichung (1) folgt :

$$C_2 = -\frac{H}{q_o} \cdot \cosh\left(-\frac{q_o \cdot w}{2H}\right)$$

$$C_2 = -\frac{H}{q_o} \cdot \cosh\left(\frac{q_o \cdot w}{2H}\right)$$

Aus Gleichung (3) folgt :

$$C_2 = -f - \frac{H}{q_o}$$

Gleichsetzen der Ausdrücke für C_2 :

$$\frac{H}{q_o} \cdot \cosh\left(\frac{q_o \cdot w}{2H}\right) = f + \frac{H}{q_o}$$

Keine geschlossene Lösung für H möglich. Durch Probieren oder mit Hilfe eines Nullstellenprogramms (z.B. auf einem Taschenrechner) gewinnt man rasch :

$$H = 2532,64 \, \text{N}$$

b)

$$l = \frac{H}{q_o} \left| \sinh\left(\frac{q_o \cdot x}{H} + C_1\right) \right|_{x=0}^{x=w}$$

$$l = \frac{H}{q_o}\left[\sinh\left(\frac{q_o \, w}{H} - \frac{q_o \, w}{2H}\right) - \sinh\left(0 - \frac{q_o \, w}{2H}\right)\right]$$

$$l = \frac{H}{q_o}\left[\sinh\left(\frac{q_o \cdot w}{2H}\right) + \sinh\left(\frac{q_o \cdot w}{2H}\right)\right]$$

$$l = \frac{2H}{q_o} \cdot \sinh\left(\frac{q_o \cdot w}{2H}\right)$$

$$l = \frac{2 \cdot 2532,64 \, \text{N}}{20 \, \dfrac{\text{N}}{\text{m}}} \cdot \sinh\left(\frac{20 \cdot 100}{2 \cdot 2532,64}\right)$$

$$l = 102,619 \, \text{m}$$

c)

$$\tan \alpha_A = z'(x = 0)$$

$$\tan \alpha_A = \sinh\left(-\frac{q_o \cdot w}{2H}\right)$$

$$\tan \alpha_A = \sinh\left(\frac{-20 \cdot 100}{2 \cdot 2532,64}\right) = -0,40518$$

$$\boxed{\alpha_A = -22,06°}$$

$$\tan \alpha_B = z'(x = w)$$

Man findet :

$$\alpha_B = +22,06° \;\; \text{(Symmetrie)}$$

d)

$$F_{S\,\max} = F_A = F_B$$

$$F_{S\,\max} = \frac{H}{\cos \alpha_A} = \frac{2532,64\,\text{N}}{\cos 22,06°}$$

$$\boxed{F_{S\,\max} = 2732,64\,\text{N}}$$

e)

$$l_1 = l + 1\,\text{m} \qquad l_1 = 103,619\,\text{m}$$

$$l_1 = \frac{2H_1}{q_o} \cdot \sinh\left(\frac{q_o \cdot w}{2H_1}\right)$$

Daraus folgt durch Probieren oder mit Hilfe eines Nullstellenprogramms (z.B. auf einem Taschenrechner) :

$$H_1 = 2157,65\,\text{N}$$

Damit :

$$f_1 = \frac{H_1}{q_o}\left[\cosh(0) - \cosh\left(\frac{q_o \cdot w}{2H_1}\right)\right]$$

$$f_1 = \frac{H_1}{q_o}\left[1 - \cosh\left(\frac{20 \cdot 100}{2 \cdot 2157,65}\right)\right]$$

$$\boxed{f_1 = -11,8\,\text{m}}$$

7.4

Für das höhengleich aufgehängte schwere biegeweiche Seil sind zu berechnen der maximale Duchhang f sowie die Horizontalzugkraft H.

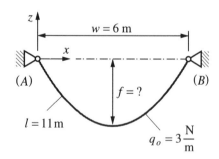

Seillinie :

$$z(x) = \frac{H}{q_o} \cdot \cosh\left(\frac{q_o \cdot x}{H} + C_1\right) + C_2$$

Seilneigung :

$$z'(x) = \sinh\left(\frac{q_o \cdot x}{H} + C_1\right)$$

$$l = \frac{H}{q_o}\left[\sinh\left(\frac{q_o \cdot w}{2H}\right) - \sinh\left(-\frac{q_o \cdot w}{2H}\right)\right]$$

$$l = \frac{2H}{q_o} \cdot \sinh\left(\frac{q_o \cdot w}{2H}\right)$$

Geometrische Randbedingungen :

Daraus folgt durch Probieren oder mit Hilfe eines Nullstellenprogramms (z.B. auf einem Taschenrechner) :

1. R.B.: $z(x = 0) = 0$ führt zu

$$0 = \frac{H}{q_o} \cdot \cosh(C_1) + C_2 \qquad (1)$$

$$\boxed{H = 4,4549\,\mathrm{N}}$$

2. R.B. : $z'\left(x = \frac{w}{2}\right) = 0$ führt zu

Aus Gleichung (1) folgt :

$$0 = \sinh\left(\frac{q_o \cdot w}{2H} + C_1\right) \qquad (2)$$

$$C_2 = -\frac{H}{q_o} \cdot \cosh\left(-\frac{q_o \cdot w}{2H}\right)$$

Daraus folgt direkt :

$$C_2 = -\frac{H}{q_o} \cdot \cosh\left(\frac{q_o \cdot w}{2H}\right)$$

$$\boxed{C_1 = -\frac{q_o \cdot w}{2H}}$$

Aus Gleichung (3) folgt :

Darin ist H noch unbekannt.

$$C_2 = -\frac{H}{q_o} - f$$

3. R.B. : $z\left(x = \frac{w}{2}\right) = -f$ führt zu

$$-f = \frac{H}{q_o} \cdot \underbrace{\cosh\left(\frac{q_o \cdot w}{2H} - \frac{q_o \cdot w}{2H}\right)}_{\cosh(0)=1} + C_2 \qquad (3)$$

Hierin ist f der Absolutbetrag des Maximaldurchhangs.

Gleichsetzen der Ausdrücke für C_2 :

Seillänge : $l = 11\,\mathrm{m}$

$$l = \frac{H}{q_o}\left|\sinh\left(\frac{q_o \cdot x}{H} + C_1\right)\right|_{x=0}^{x=w}$$

$$\frac{H}{q_o} \cdot \cosh\left(\frac{q_o \cdot w}{2H}\right) = f + \frac{H}{q_o}$$

Daraus folgt :

$$f = \frac{H}{q_o} \cdot \left[\cosh\left(\frac{q_o \cdot w}{2H}\right) - 1 \right]$$

$$f = \frac{4,4549\,\text{N}}{3\,\dfrac{\text{N}}{\text{m}}} \cdot \left[\cosh\left(\frac{3 \cdot 6}{2 \cdot 4,4549}\right) - 1 \right]$$

$$\boxed{|f| = 4,212\,\text{m}}$$

7.5

Ein $l = 100\,\text{m}$ langes Seil vom Metergewicht $q_o = 10\,\text{N/m}$ soll $f = 40\,\text{m}$ durchhängen. In welchem Stützabstand w sind die Seilenden höhengleich zu befestigen ?

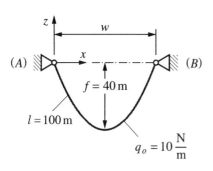

Seillinie :

$$z(x) = \frac{H}{q_o} \cdot \cosh\left(\frac{q_o \cdot x}{H} + C_1\right) + C_2$$

Seilneigung :

$$z'(x) = \sinh\left(\frac{q_o \cdot x}{H} + C_1\right)$$

Geometrische Randbedingungen :

1. R.B. : $z(x = 0) = 0$ führt zu

$$0 = \frac{H}{q_o} \cdot \cosh(C_1) + C_2 \tag{1}$$

2. R.B. : $z\left(x = \dfrac{w}{2}\right) = -f$ führt zu

$$-f = \frac{H}{q_o} \cdot \cosh\left(\frac{q_o \cdot w}{2H} + C_1\right) + C_2 \tag{2}$$

3. R.B. : $z'\left(x = \dfrac{w}{2}\right) = 0$ führt zu

$$0 = \sinh\left(\frac{q_o \cdot w}{2H} + C_1\right) \tag{3}$$

Daraus folgt sofort :

$$\boxed{C_1 = -\frac{q_o \cdot w}{2H}}$$

Darin ist H noch unbekannt.

4. R.B. :
Seillänge $l = 100 \, \text{m}$

Es folgt :

$$l = \frac{2H}{q_o} \cdot \sinh\left(\frac{q_o \cdot w}{2H}\right) \qquad (4)$$

(siehe Aufgaben 7.3 und 7.4)

Aus Gleichung (1) folgt :

$$C_2 = -\frac{H}{q_o} \cdot \cosh\left(\pm\frac{q_o \cdot w}{2H}\right)$$

Aus Gleichung (2) folgt :

$$C_2 = -f - \underbrace{\frac{H}{q_o} \cdot \cosh(0)}_{=1}$$

Gleichsetzen der Ausdrücke für C_2 :

$$\frac{H}{q_o} \cdot \cosh\left(\frac{q_o \cdot w}{2H}\right) = f + \frac{H}{q_o}$$

Dieser Ausdruck bildet mit Gleichung (4) ein System mit 2 Unbekannten : w, H

Durch Probieren oder mit Hilfe eines Nullstellenprogramms (z.B. auf einem Taschenrechner) folgt :

$$\boxed{H = 112,5 \, \text{N}}$$

Aus Gleichung (4) :

$$\frac{q_o \cdot l}{2H} = \sinh\left(\frac{q_o \cdot w}{2H}\right)$$

$$\frac{q_o \cdot w}{2H} = \operatorname{arsinh}\left(\frac{q_o \cdot l}{2H}\right)$$

$$w = \frac{2H}{q_o} = \operatorname{ar\,sinh}\left(\frac{q_o \cdot l}{2H}\right)$$

$$w = \frac{2 \cdot 112,5 \, \text{N}}{10 \, \dfrac{\text{N}}{\text{m}}} = \operatorname{arsinh}\left(\frac{10 \cdot 100}{2 \cdot 112,5}\right)$$

$$\boxed{w = 49,438 \, \text{m}}$$

7.6

Ein biegeweiches Seil der Länge $l = 120 \, \text{m}$ mit konstantem Metergewicht ist höhengleich in zwei $w = 100 \, \text{m}$ entfernten Punkten aufgehängt. Es ist der Maximaldurchhang f zu berechnen sowie die größte Seilneigung α_A .

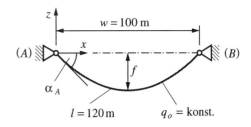

Seillinie :

$$z(x) = \frac{H}{q_o} \cdot \cosh\left(\frac{q_o \cdot x}{H} + C_1\right) + C_2$$

Seilneigung :

$$z'(x) = \sinh\left(\frac{q_o \cdot x}{H} + C_1\right)$$

Geometrische Randbedingungen :

1. R.B. : $z(x = 0) = 0$ führt zu

$$0 = \frac{H}{q_o} \cdot \cosh(C_1) + C_2 \qquad (1)$$

2. R.B. : $z'\left(x = \frac{w}{2}\right) = 0$ führt zu

$$0 = \sinh\left(\frac{q_o \cdot w}{2H} + C_1\right) \qquad (2)$$

Daraus folgt sofort :

$$\boxed{C_1 = -\frac{q_o \cdot w}{2H}}$$

Darin ist H noch unbekannt.

3. R.B. : $z\left(x = \frac{w}{2}\right) = -f$ führt zu

$$-f = \frac{H}{q_o} \cdot \underbrace{\cosh(0)}_{=1} + C_2 \qquad (3)$$

Aus Gleichung (1) folgt :

$$C_2 = -\frac{H}{q_o} \cdot \cosh\left(-\frac{q_o \cdot w}{2H}\right)$$

Aus Gleichung (3) folgt :

$$C_2 = -f - \frac{H}{q_o}$$

Darin ist f der Absolutbetrag des Maximaldurchhangs.

Gleichsetzen der Ausdrücke für C_2 :

$$\frac{H}{q_o} \cdot \cosh\left(\pm\frac{q_o \cdot w}{2H}\right) = f + \frac{H}{q_o} \qquad (I)$$

Darin sind unbekannt : H, q_o, f

Seillänge $l = 120\,\text{m}$

$$l = \frac{2H}{q_o} \cdot \sinh\left(\frac{q_o \cdot w}{2H}\right)$$

Durch Probieren oder mit Hilfe eines Nullstellenprogramms (z.B. auf einem Taschenrechner) folgt :

$$\boxed{\frac{H}{q_o} = 46,9541\,\text{m}}$$

Aus Gleichung (I) folgt damit :

$$f = \frac{H}{q_o}\left[\cosh\left(\frac{q_o \cdot w}{2H}\right) - 1\right]$$

$$f = 46,9541\,\text{m}\cdot\left[\cosh\left(\frac{100}{2\cdot 46,9541}\right) - 1\right]$$

$$\boxed{|f| = 29,234\,\text{m}}$$

Größte Seilneigung α_A :

$$\tan\alpha_A = z'(x=0)$$

$$\tan\alpha_A = \sinh\left(-\frac{q_o \cdot w}{2H}\right)$$

$$\tan\alpha_A = \sinh\left(-\frac{100}{2\cdot 46,9541}\right)$$

$$\tan\alpha_A = -1,27784$$

$$\boxed{\alpha_A = -51,95°}$$

7.7

Ein $l = 150\,\text{m}$ langes Seil vom Gewicht $F_G = 3\,\text{kN}$ ist im Abstand $w = 60\,\text{m}$ höhengleich aufgehängt. Zu berechnen ist der maximale Durchhang f sowie die Seilneigung und die Seilkraft im Aufhängepunkt (A).

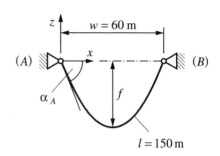

Seillinie :

$$z(x) = \frac{H}{q_o}\cdot\cosh\left(\frac{q_o \cdot x}{H} + C_1\right) + C_2$$

Seilneigung :

$$z'(x) = \sinh\left(\frac{q_o \cdot x}{H} + C_1\right)$$

Metergewicht des Seils :

$$q_o = \frac{F_G}{l} = \frac{3000\,\text{N}}{150\,\text{m}}$$

$$\boxed{q_o = 20\,\frac{\text{N}}{\text{m}}}$$

Geometrische Randbedingungen :

1. R.B. : $z(x=0)=0$ führt zu

$$0 = \frac{H}{q_o}\cdot\cosh(C_1) + C_2 \tag{1}$$

2. R.B. : $z'\left(x=\frac{w}{2}\right)=0$ führt zu

$$0 = \sinh\left(\frac{q_o \cdot w}{2H} + C_1\right) \qquad (2)$$

Daraus folgt :

$$\boxed{C_1 = -\frac{q_o \cdot w}{2H}}$$

Darin ist H noch unbekannt.

3. R.B. : $l = 150\,\mathrm{m}$

$$l = \frac{2H}{q_o} \cdot \sinh\left(\frac{q_o \cdot w}{2H}\right) = 150\,\mathrm{m}$$

Einzige Unbekannte : H

Durch Probieren oder mit Hilfe eines Nullstellenprogramms (z.B. auf einem Taschenrechner) folgt :

$$\boxed{H = 235,05\,\mathrm{N}}$$

Aus Gleichung (1) folgt :

$$C_2 = -\frac{H}{q_o} \cdot \cosh\left(\pm\frac{q_o \cdot w}{2H}\right)$$

$$C_2 = -\frac{235,05\,\mathrm{N}}{20\,\dfrac{\mathrm{N}}{\mathrm{m}}} \cdot \cosh\left(\pm\frac{20 \cdot 60}{2 \cdot 235,05}\right)$$

$$\boxed{C_2 = -75,915\,\mathrm{m}}$$

Maximaldurchhang :

$$f = z\left(x = \frac{w}{2}\right)$$

$$f = \frac{H}{q_o} \cdot \underbrace{\cosh\left(\frac{q_o \cdot w}{2H} - \frac{q_o \cdot w}{2H}\right)}_{\cosh(0)=1} + C_2$$

$$f = \frac{235,05\,\mathrm{N}}{20\,\dfrac{\mathrm{N}}{\mathrm{m}}} - 75,915\,\mathrm{m}$$

$$\boxed{f = -64,162\,\mathrm{m}}$$

Seilneigung bei Aufhängepunkt (A) :

$$\tan\alpha_A = z'(x = 0)$$

$$\tan\alpha_A = \sinh\left(-\frac{q_o \cdot w}{2H}\right)$$

$$\tan\alpha_A = \sinh\left(-\frac{20 \cdot 60}{2 \cdot 235,05}\right)$$

$$\tan\alpha_A = -6,3816$$

$$\boxed{\alpha_A = -81,09°}$$

Maximale Seilkraft $F_A = F_{S\,\max}$:

$$F_A = \frac{H}{\cos\alpha_A} = \frac{235,05\,\mathrm{N}}{\cos(-81,09°)}$$

$$\boxed{F_A = 1518,3\,\mathrm{N}}$$

7.8

Ein Seil mit konstantem Metergewicht ist wie skizziert höhenversetzt aufgehängt, Durchhang $f = 1\,\text{m}$. Horizontalkraft: $H = 1\,\text{kN}$

Zu bestimmen sind:

a) Stützweite w,

b) Stelle des größten Durchhangs: x_o,

c) Seilkräfte F_A, F_B in den Aufhängepunkten,

d) Seillänge l

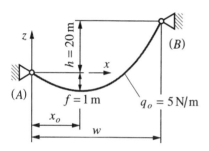

z $h = 20\,\text{m}$ (B) x

(A) $f = 1\,\text{m}$ $q_o = 5\,\text{N/m}$

x_o w

Seillinie:

$$z(x) = \frac{H}{q_o} \cdot \cosh\left(\frac{q_o \cdot x}{H} + C_1\right) + C_2$$

Seilneigung:

$$z' = \sinh\left(\frac{q_o \cdot x}{H} + C_1\right)$$

Seillänge:

$$l = \frac{H}{q_o} \cdot \left|\sinh\left(\frac{q_o \cdot x}{H} + C_1\right)\right|_{x=0}^{x=w}$$

Geometrische Randbedingungen:

1. R.B.: $z(x = 0) = 0$ führt zu

$$0 = \frac{H}{q_o} \cdot \cosh(C_1) + C_2 \tag{1}$$

2. R.B.: $z(x = x_o) = -f$ führt zu

$$-f = \frac{H}{q_o} \cdot \cosh\left(\frac{q_o \cdot x_o}{H} + C_1\right) + C_2 \tag{2}$$

3. R.B.: $z'(x = x_o) = 0$ führt zu

$$0 = \sinh\left(\frac{q_o \cdot x_o}{H} + C_1\right) \tag{3}$$

Daraus folgt:

$$x_o = \frac{-C_1 \cdot H}{q_o}$$

weil x_o positiv ist, muß C_1 negativ sein.

Einsetzen in (2) liefert:

$$-f = \frac{H}{q_o} \cdot \cosh(0) + C_2$$

Daraus:

$$C_2 = -201\,\text{m}$$

Aus (1) ergibt sich:

$$C_1 = \operatorname{arcosh}\left(\frac{-C_2 \cdot q_o}{H}\right)$$

$$C_1 = -0,09995838$$

a)

Stützweite w

$$z(x = w) = h = 20\,\text{m}$$

$$h = \frac{H}{q_o} \cdot \cosh\left(\frac{q_o \cdot w}{H} + C_1\right) + C_2$$

Daraus :

$$\frac{q_o}{H} \cdot (h - C_2) = \cosh\left(\frac{q_o \cdot w}{H} + C_1\right)$$

$$\frac{q_o \cdot w}{H} + C_1 = \text{arcosh}\left(\frac{q_o}{H} \cdot (h - C_2)\right)$$

$$w = \frac{H}{q_o} \cdot \left[\text{arcosh}\left(\frac{q_o}{H} \cdot (h - C_2)\right) - C_1\right]$$

Es folgt daraus :

$$\boxed{w = 110,8596\,\text{m}}$$

b)

Stelle des größten Durchhangs : x_o

Es war :

$$x_o = -\frac{C_1 \cdot H}{q_o}$$

$$x_o = -\frac{-0,09995838 \cdot 1000\,\text{N}}{5\dfrac{\text{N}}{\text{m}}}$$

$$\boxed{x_o = 19,9917\,\text{m}}$$

c)

Seilkräfte in den Aufhängepunkten

$$F_A = \frac{H}{\cos \alpha_A}$$

$$\tan \alpha_A = z'(x = 0)$$

$$\tan \alpha_A = \sinh(C_1)$$

$$\tan \alpha_A = -1,00125$$

$$\alpha_A = -5,71768°$$

$$F_A = \frac{1000\,\text{N}}{\cos \alpha_A}$$

$$\boxed{F_A = 1005\,\text{N}}$$

d)

Seillänge l

$$l = \frac{H}{q_o} \cdot \left|\sinh\left(\frac{q_o \cdot x}{H} + C_1\right)\right|_{x=0}^{x=w}$$

$$l = \frac{H}{q_o} \cdot \left[\sinh\left(\frac{q_o \cdot w}{H} + C_1\right) - \sinh(C_1)\right]$$

Daraus :

$$\boxed{l = 114,05\,\text{m}}$$

7.9

Ein Seil von vernachlässigbar kleinem Eigengewicht ist wie skizziert durch die Streckenlast $q(x) = \text{konst.}$ belastet. Für einen Horizontalzug $H = 10\,\text{kN}$ ist der Durchhang f zu berechnen sowie die Seillänge l bei einer Stützweite $w = 100\,\text{m}$.

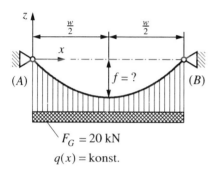

$F_G = 20\,\text{kN}$

$q(x) = \text{konst.}$

Kräfte am Seilstück :

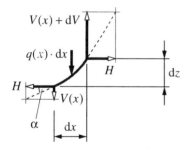

$$\tan \alpha = \frac{dz}{dx} = z'(x) = \frac{V(x)}{H}$$

$$z''(x) = \frac{V'(x)}{H}$$

$V'(x)$ aus Gleichgewichtsbetrachtung am Seilstück :

$$dV = q(x) \cdot dx$$

$$V'(x) = \frac{dV}{dx} = q(x)$$

Daraus :

$$z''(x) = \frac{q(x)}{H} = \text{konst.} = A$$

$$z'(x) = \int z''(x) \cdot dx = A \cdot x + C_1$$

$$z(x) = \int z'(x) \cdot dx = A \cdot \frac{x^2}{2} + C_1 \cdot x + C_2$$

Somit die Seillinie :

$$\boxed{z(x) = \frac{q(x)}{2H} \cdot x^2 + C_1 \cdot x + C_2}$$

$$q(x) = \frac{F_G}{w} = \frac{20000\,\text{N}}{100\,\text{m}}$$

$$q(x) = 200\,\frac{\text{N}}{\text{m}}$$

Mit $H = 10\,\text{kN}$

folgt :

$$A = \frac{q(x)}{H} = \frac{200\,\dfrac{\text{N}}{\text{m}}}{10000\,\text{N}}$$

$$A = 0,02\,\text{m}^{-1}$$

Bestimmung der Konstanten :

1. R.B. : $z(x = 0) = 0$ führt zu
$C_2 = 0$

2. R.B. : $z(x = w) = 0$ führt zu

$$0 = \frac{A}{2} \cdot w^2 + C_1 \cdot w$$

$$C_1 = -\frac{A \cdot w}{2} = -\frac{0,02\,\text{m}^{-1} \cdot 100\,\text{m}}{2}$$

$$C_1 = -1$$

Damit lautet die Seillinie :

$$z(x) = 0,01\,\text{m}^{-1} \cdot x^2 - x$$

Durchhang f :

$$f = z\left(x = \frac{w}{2} = 50\,\text{m}\right)$$

$$f = 0,01\,\text{m}^{-1} \cdot (50\,\text{m})^2 - 50\,\text{m}$$

$$\boxed{f = -25\,\text{m}}$$

Seillänge l :

$$l = \int \text{d}s = \int \sqrt{\text{d}x^2 + \text{d}z^2}$$

$$l = \int \sqrt{1 + z'^2(x)} \cdot \text{d}x$$

Darin ist

$$z'(x) = A \cdot x + C_1$$

Substitution :

$$z'(x) = p = A \cdot x + C_1$$

$$\frac{\text{d}p}{\text{d}x} = A$$

$$\text{d}x = \frac{1}{A} \cdot \text{d}p$$

Es folgt damit :

$$l = \frac{1}{A} \int \sqrt{1 + p^2} \cdot \text{d}p$$

Lösung dieses Grundintegrals :

$$\int \sqrt{1 + p^2} \cdot \text{d}p = \frac{1}{2}\left(p \cdot \sqrt{1 + p^2} + \text{arsinh}(p)\right)$$

Somit :

$$l = \frac{1}{2A} \cdot \Big|\, (A \cdot x + C_1) \cdot \sqrt{1 + (A \cdot x + C_1)^2}$$
$$+ \text{arsinh}(A \cdot x + C_1) \, \Big|_{x=0}^{x=w=100\,\text{m}}$$

Darin :

$$C_1 = -1 \qquad A = 0,02\,\text{m}^{-1}$$

Es folgt :

$$\boxed{l = 114,78\,\text{m}}$$

7.10

Ein Drachen wird an einer $l = 200\,\text{m}$ langen Schnur gehalten, die im Haltepunkt (A) den Winkel $10°$ mit der Horizontalen bildet.

Handkraft : $F_S = 12\,\text{N}$. Metergewicht der Schnur : $q_o = 0,04\,\text{N/m}$. Wie hoch steht der Drache : $h = ?$ Der Einfluß des Windes auf die Seillinie werde vernachlässigt.

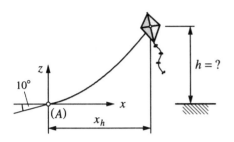

Aus (1) folgt :

$$C_2 = -\frac{H}{q_o} \cdot \cosh\left(C_1\right)$$

mit $H = F_S \cdot \cos 10°$
$\ H = 11,8177\,\text{N}$

Damit :

$$C_2 = -\frac{11,8177\,\text{N}}{0,04\,\dfrac{\text{N}}{\text{m}}} \cdot \cosh(C_1)$$

$$C_2 = -300\,\text{m}$$

Seillinie :

$$z(x) = \frac{H}{q_o} \cdot \cosh\left(\frac{q_o \cdot x}{H} + C_1\right) + C_2$$

Seilneigung :

$$z'(x) = \sinh\left(\frac{q_o \cdot x}{H} + C_1\right)$$

Mit $l = 200\,\text{m}$ folgt :

$$l = \frac{H}{q_o} \cdot \left|\sinh\left(\frac{q_o \cdot x}{H} + C_1\right)\right|_{x=0}^{x=x_h}$$

$$\frac{200\,\text{m} \cdot 0,04\,\dfrac{\text{N}}{\text{m}}}{11,8177\,\text{N}} = \sinh\left(\frac{0,04 \cdot x_h}{11,8177} + 0,17542583\right)$$
$$- \sinh(0,17542583)$$

Geometrische Randbedingungen :

1. R.B. : $z(x = 0) = 0$ führt zu

$$0 = \frac{H}{q_o} \cdot \cosh\left(C_1\right) + C_2 \qquad (1)$$

2. R.B. : $z'(x = 0) = \tan 10°$ führt zu
$$\tan 10° = \sinh\left(C_1\right)$$

Daraus sofort :

$$C_1 = 0,17542583$$

Daraus :

$$x_h = 176,7653\,\text{m}$$

Steighöhe h

$$h = z(x = x_h) = \frac{H}{q_o} \cdot \cosh\left(\frac{q_o \cdot x_h}{H} + C_1\right) + C_2$$

Mit den bekannten Daten folgt :

$$\boxed{h = 88,379\,\text{m}}$$

8.1

Für das skizzierte System ist jene kritische Last $F_{kr.}$ zu bestimmen, bei der das Gleichgewicht indifferent wird; die Elemente des Gebildes sind von vernachlässigbar kleiner Masse.

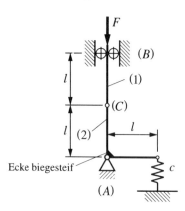

In der skizzierten Stellung des Systems ist die Feder entspannt. Bei Drehung von Teil (2) um den Winkel φ beträgt der Federweg $l \sin \varphi$.

Verschiebungsplan :

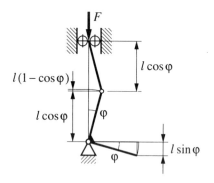

Energiebilanz bei Drehung um φ :

$$U(\varphi) = \frac{c}{2}(l \cdot \sin \varphi)^2 - F \cdot 2l(1 - \cos \varphi)$$

Gleichgewichtsbedingung :

$$\frac{\partial U(\varphi)}{\partial \varphi} = 0$$

$$\frac{\partial U(\varphi)}{\partial \varphi} = \frac{c l^2}{2} \sin(2\varphi) - 2F \cdot l \cdot \sin \varphi$$

Für $\varphi = 0$ (skizzierte Stellung) wird

$$\frac{c l^2}{2} \sin(0) - 2F \cdot l \cdot \sin(0) = 0$$

In der skizzierten Stellung des Systems liegt also Gleichgewicht vor.

Stabilitätsbedingung :

$$\frac{\partial^2 U(\varphi)}{\partial \varphi^2} > 0$$

Indifferentes Gleichgewicht liegt vor bei

$$\frac{\partial^2 U(\varphi)}{\partial \varphi^2} = 0$$

$$\frac{\partial^2 U(\varphi)}{\partial \varphi^2} = c l^2 \cos(2\varphi) - 2F \cdot l \cdot \cos \varphi$$

$$0 = c l^2 \cos(2\varphi) - 2F_{kr.} \cdot l \cdot \cos \varphi$$

Für $\varphi = 0$ (skizzierte Stellung) folgt :

$$\boxed{F_{kr.} = \frac{c l}{2}}$$

Das System ist im stabilen Gleichgewicht bei

$$F < \frac{cl}{2}$$

oder bei

$$c > \frac{2F}{l}$$

Verschiebungsplan :

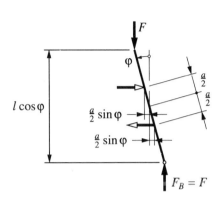

8.2

Der biegesteife Stab der Länge $l = 3a$ ist unten durch ein Loslager (B) gelagert, am oberen Stabende ist keine Lagerung. Für den Fall, daß die Gewichtskraft vernachlässigbar klein ist, ist die Last $F_{kr.}$ zu bestimmen, bei der das Gleichgewicht labil wird.

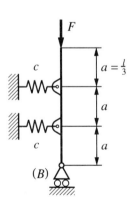

In der skizzierten Stellung des Systems sind die Federn entspannt. Bei Drehung des Stabs um den Winkel φ wird eine Feder auf Zug, die andere auf Druck beansprucht.

Energiebilanz bei Drehung um φ :

$$U(\varphi) = 2\frac{c}{2}\left(\frac{a}{2}\sin\varphi\right)^2 - F \cdot l(1 - \cos\varphi)$$

Gleichgewichtsbedingung :

$$\frac{\partial U(\varphi)}{\partial \varphi} = 0$$

$$\frac{\partial U(\varphi)}{\partial \varphi} = \frac{c\,a^2}{4}\sin(2\varphi) - F \cdot l \cdot \sin\varphi$$

Für $\varphi = 0$ (skizzierte Stellung) wird

$$\frac{c\,a^2}{4}\sin(0) - F \cdot l \cdot \sin(0) = 0$$

In der skizzierten Stellung der Stange (F und F_B sind Gegenkräfte) liegt also Gleichgewicht vor.

Stabilitätsbedingung :

$$\frac{\partial^2 U(\varphi)}{\partial \varphi^2} > 0$$

Indifferentes Gleichgewicht liegt vor bei

$$\frac{\partial^2 U(\varphi)}{\partial \varphi^2} = 0$$

$$\frac{\partial^2 U(\varphi)}{\partial \varphi^2} = \frac{c\,a^2}{4}\cos(2\varphi) - F \cdot l \cdot \cos\varphi$$

$$0 = \frac{c\,a^2}{2}\cos(2\varphi) - F_{kr.} \cdot l \cdot \cos\varphi$$

Für $\varphi = 0$ (skizzierte Stellung) folgt :

$$F_{kr.} = \frac{c\,a^2}{2l} = \frac{c\,a^2}{2\cdot 3a}$$

$$\boxed{F_{kr.} = \frac{c\,a}{6}}$$

Das System ist im stabilen Gleichgewicht bei

$$F < \frac{c\,a}{6}$$

oder bei

$$c > \frac{6F}{a}$$

8.3

Der Stab in Aufgabe 8.2 ist zusätzlich wie skizziert am oberen Ende lose gelagert. Es ist die kritische Last $F_{kr.}$ zu bestimmen, bei der das Gleichgewicht indifferent ist.

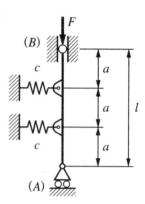

In der skizzierten Stellung des Systems sind die Federn entspannt. Bei Drehung des Stabs um den Winkel φ werden beide Federn auf Zug oder beide auf Druck beansprucht, weil das obere Lager (B) nicht horizontal ausweichen kann.

Verschiebungsplan :

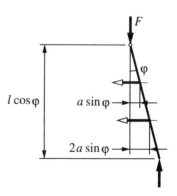

Energiebilanz bei Drehung um φ :

$$U(\varphi) = \frac{c}{2}(a \cdot \sin\varphi)^2 + \frac{c}{2}(2a \cdot \sin\varphi)^2$$
$$-F \cdot l(1 - \cos\varphi)$$

Gleichgewichtsbedingung :

$$\frac{\partial U(\varphi)}{\partial \varphi} = 0$$

$$\frac{\partial U(\varphi)}{\partial \varphi} = \frac{ca^2}{2}\sin(2\varphi) + 2ca \cdot \sin(2\varphi)$$
$$-F \cdot l \cdot \sin\varphi$$

$$\frac{\partial U(\varphi)}{\partial \varphi} = \frac{5}{2}ca^2 \cdot \sin(2\varphi) - F \cdot l \cdot \sin\varphi$$

Für $\varphi = 0$ (skizzierte Stellung) wird

$$\frac{5}{2}ca^2 \cdot \sin(0) - F \cdot l \cdot \sin(0) = 0$$

In der skizzierten Stellung des Systems liegt also Gleichgewicht vor.

Stabilitätsbedingung :

$$\frac{\partial^2 U(\varphi)}{\partial \varphi^2} > 0$$

Indifferentes Gleichgewicht liegt vor bei

$$\frac{\partial^2 U(\varphi)}{\partial \varphi^2} = 0$$

$$\frac{\partial^2 U(\varphi)}{\partial \varphi^2} = 5ca^2 \cos(2\varphi) - F_{kr.} \cdot l \cdot \cos\varphi$$

$$0 = 5ca^2 \cos(2\varphi) - F_{kr.} \cdot l \cdot \cos\varphi$$

Für $\varphi = 0$ (skizzierte Stellung) folgt :

$$\boxed{F_{kr.} = \frac{5ca^2}{l} = \frac{5}{3}ca}$$

Das System ist im stabilen Gleichgewicht bei

$$F < \frac{5}{3}ca \quad \text{oder bei} \quad c > \frac{3F}{5a}$$

8.4

Zwei Punktmassen an den Enden eines abgewinkelten Stabs von vernachlässigbar kleiner Masse werden wie skizziert von einer Feder der Steifigkeit c im Gleichgewicht gehalten. Es ist jene Federsteifigkeit c zu bestimmen, bei der das Gleichgewicht stabil ist.

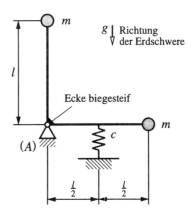

In der skizzierten Stellung des Systems ist die Feder auf Druck vorgespannt.

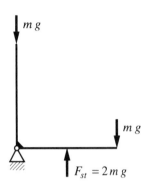

Die Vorspannkraft F_{st} erzeugt den Vorspannweg

$$f_o = \frac{F_{st}}{c} = \frac{2\,m\,g}{c}$$

Verschiebungsplan :

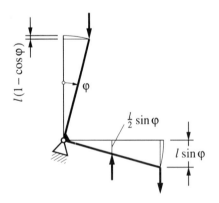

Energiebilanz bei Drehung um φ :

$$U(\varphi) = U_{el} - m\,g\,l\,\sin\varphi - m\,g\,l\,(1 - \cos\varphi)$$

Darin ist die zusätzliche Federenergie

$$U_{el} = \frac{c}{2}\left(f^2 + 2f \cdot f_o\right)$$

$$f_o = \text{Vorspannweg}$$

$$f = \frac{l}{2}\sin\varphi \quad \text{zusätzlicher Federweg}$$

$$U(\varphi) = \frac{c}{2} \cdot \left(\frac{l}{2} \cdot \sin\varphi\right)^2 + c \cdot \frac{l}{2} \cdot \sin\varphi \cdot \frac{2\,m\,g}{c}$$
$$-m\,g\,l\,\sin\varphi - m\,g\,l\,(1 - \cos\varphi)$$

$$U(\varphi) = \frac{c\,l^2}{8}\sin^2\varphi + \underbrace{m\,g\,l\,\sin\varphi - m\,g\,l\,\sin\varphi}_{=0}$$
$$-m\,g\,l\,(1 - \cos\varphi)$$

$$U(\varphi) = \frac{c\,l^2}{8}\sin^2\varphi - m\,g\,l\,(1 - \cos\varphi)$$

Gleichgewichtsbedingung :

$$\frac{\partial U(\varphi)}{\partial \varphi} = 0$$

$$\frac{\partial U(\varphi)}{\partial \varphi} = \frac{c\,l^2}{8}\sin(2\varphi) - m\,g\,l\,\sin\varphi$$

Für $\varphi = 0$ (skizzierte Stellung) wird

$$\frac{c\,l^2}{8}\sin(0) - m\,g\,l\,\sin(0) = 0$$

In der skizzierten Stellung des Systems liegt also Gleichgewicht vor.

Stabilitätsbedingung :

$$\frac{\partial^2 U(\varphi)}{\partial \varphi^2} > 0$$

Indifferentes Gleichgewicht liegt vor bei

$$\frac{\partial^2 U(\varphi)}{\partial \varphi^2} = 0$$

$$\frac{\partial^2 U(\varphi)}{\partial \varphi^2} = \frac{c\,l^2}{4}\cos(2\varphi) - m\,g\,l\,\cos\varphi$$

$$0 = \frac{c_{kr.}\,l^2}{4}\cos(2\varphi) - m\,g\,l\,\cos\varphi$$

Für $\varphi = 0$ (skizzierte Stellung) folgt :

$$c_{kr.} = \frac{4m\,g}{l}$$

Das System ist im stabilen Gleichgewicht bei

$$\boxed{c > \frac{4m\,g}{l}}$$

8.5

Welche Blattfederbreite b muß die Stabfeder mit $s = 1\,\text{mm}$ Dicke haben, damit stabiles Gleichgewicht garantiert ist ?

$$m = 1\,\text{kg}; \; R = 0,2\,\text{m}; \; l = 0,3\,\text{m}$$
$$E = 2,1 \cdot 10^5 \; \text{N}/\text{mm}^2$$

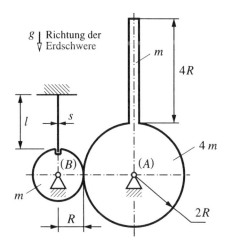

In der skizzierten Stellung des Systems ist die Blattfeder enspannt. Es ist zu entscheiden, nach welcher geometrischen Größe im folgenden abgeleitet wird : nach dem Drehwinkel φ der bei (A) gelagerten Scheibe oder nach dem Drehwinkel der bei (B) gelagerten Scheibe.

Hier: Variable φ = Drehwinkel rechte Scheibe: Drehwinkel linke Scheibe :

$$\psi \cdot R = \varphi \cdot 2R \quad \Rightarrow \quad \psi = 2\varphi$$

Verschiebungsplan :

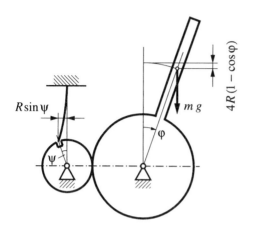

$R\sin\psi$

$4R(1-\cos\varphi)$

mg

φ

ψ

Energiebilanz bei Drehung der rechten Scheibe um φ :

$$U(\varphi)=\frac{c}{2}\cdot\left(R\cdot\sin\psi\right)^2-mg\cdot 4R\left(1-\cos\varphi\right)$$

$c=$ Federkonstante der Blattfeder

$\psi=2\varphi$

Gleichgewichtsbedingung :

$$\frac{\partial U(\varphi)}{\partial\varphi}=0$$

Nebenbetrachtung :

$y=\sin^2(2\varphi)$ $z=\sin(2\varphi)$ $u=2\varphi$

$y=z^2$ $z=\sin(u)$

$\dfrac{dy}{dz}=2z$ $\dfrac{dz}{du}=\cos u$ $\dfrac{du}{d\varphi}=2$

$$y'=\frac{dy}{dz}\cdot\frac{dz}{du}\cdot\frac{du}{d\varphi}$$

$$y'=\underbrace{2\sin(2\varphi)\cdot\cos(2\varphi)}_{=\sin(4\varphi)}\cdot 2=2\sin(4\varphi)$$

$$\frac{\partial U(\varphi)}{\partial\varphi}=\frac{cR^2}{2}\cdot 2\sin(4\varphi)-4mgR\sin\varphi$$

Für $\varphi=0$ (skizzierte Stellung) wird

$$\frac{cR^2}{2}\cdot 2\sin(0)-4mgR\sin(0)=0$$

In der skizzierten Stellung des Systems liegt also Gleichgewicht vor.

Stabilitätsbedingung :

$$\frac{\partial^2 U(\varphi)}{\partial\varphi^2}>0$$

Indifferentes Gleichgewicht liegt vor bei

$$\frac{\partial^2 U(\varphi)}{\partial\varphi^2}=0$$

$$\frac{\partial^2 U(\varphi)}{\partial\varphi^2}=4cR^2\cos(4\varphi)-4mgR\cos\varphi$$

$$0=4c_{kr.}R^2\cos(4\varphi)-4mgR\cos\varphi$$

Für $\varphi=0$ (skizzierte Stellung) folgt :

$$c_{kr.}=\frac{mg}{R}$$

Das System ist im stabilen Gleichgewicht bei

$$c > \frac{mg}{R}$$

Federkonstante der Blattfeder :

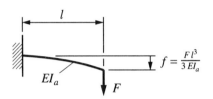

$$c = \frac{F}{f} = \frac{3\,EI_a}{l^3}$$

I_a = axiales Flächenmoment 2. Ordnung des Blattfederquerschnitts bezogen auf die Biegeachse x.

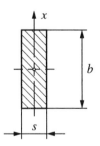

$$I_x = \frac{b \cdot s^3}{12}$$

Damit wird aus $c > \dfrac{mg}{R}$

$$\frac{3\,EI_a}{l^3} > \frac{mg}{R}$$

$$\frac{3\,E}{l^3} \cdot \frac{b \cdot s^3}{12} > \frac{mg}{R}$$

Die für stabiles Gleichgewicht erforderliche Blattfederbreite b :

$$\boxed{b > \frac{4m\,g \cdot l^3}{E \cdot R \cdot s^3}}$$

Mit den gegebenen Zahlen :

$$b > \frac{4 \cdot 1\,\text{kg} \cdot 9,81\,\text{m}/\text{s}^2 \cdot (0,3\,\text{m})^3}{2,1 \cdot 10^{11}\,\text{N}/\text{m}^2 \cdot 0,2\,\text{m} \cdot (0,001\,\text{m})^3}$$

$$b > 0,02523\,\text{m}$$

$$\boxed{b > 25,2\,\text{mm}}$$

Alternative Betrachtung : Der Drehwinkel ψ der linken Scheibe wird zur Variablen erklärt, nach der abgeleitet wird :

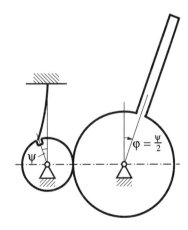

$$U(\psi) = \frac{c}{2} \cdot (R \cdot \sin\psi)^2 - m\,g \cdot 4R\left(1 - \cos\frac{\psi}{2}\right)$$

$$\frac{\partial U(\psi)}{\partial \psi} = \frac{c\,R^2}{2}\sin(2\psi) - 4m\,g\,R\cdot\frac{1}{2}\cdot\sin\!\left(\frac{\psi}{2}\right)$$

Dieser Ausdruck ist null für $\psi = 0$,
d.h. : Gleichgewicht

$$\frac{\partial^2 U(\psi)}{\partial \psi^2} = c\,R^2\cos(2\psi) - m\,g\,R\cos\psi$$

Grenzfall : indifferentes Gleichgewicht

$$0 = c_{kr.}\,R^2\cos(2\psi) - m\,g\,R\cos\psi$$

Für $\psi = 0$ (skizzierte Stellung) :

$$c_{kr.} = \frac{m\,g}{R}$$

8.6

Das skizzierte System wird durch eine Blattfeder stabilisiert. Wie groß ist die kritische Kraft $F_{kr.}$, bei der das System seine Stabilität verliert?

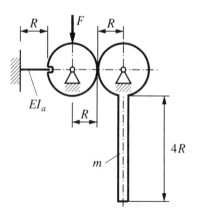

Die Drehwinkel sind an beiden Scheiben wegen gleicher Radien gleich : φ

Verschiebungsplan :

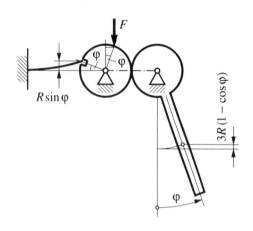

Energiebilanz bei Drehung um φ :

$$U(\varphi) = m\,g \cdot 3R\,(1 - \cos\varphi) + \frac{c}{2}\cdot(R\cdot\sin\varphi)^2$$
$$- F\cdot R\cdot(1 - \cos\varphi)$$

Gleichgewichtsbedingung :

$$\frac{\partial U(\varphi)}{\partial \varphi} = 0$$

$$\frac{\partial U(\varphi)}{\partial \varphi} = 3m\,g\,R\sin\varphi + \frac{c\,R^2}{2}\cdot\sin(2\varphi) - F\,R\sin\varphi$$

Für $\varphi = 0$ (skizzierte Stellung) wird

$$3m\,g\,R\sin(0) + \frac{c\,R^2}{2}\cdot\sin(0) - F\,R\sin(0) = 0$$

In der skizzierten Stellung des Systems liegt also Gleichgewicht vor.

Stabilitätsbedingung :

$$\frac{\partial^2 U(\varphi)}{\partial \varphi^2} > 0$$

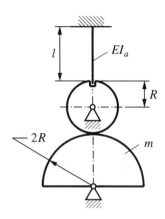

Indifferentes Gleichgewicht liegt vor bei

$$\frac{\partial^2 U(\varphi)}{\partial \varphi^2} = 0$$

$$\frac{\partial^2 U(\varphi)}{\partial \varphi^2} = 3 m\, g\, R \cos \varphi + c\, R^2 \cos(2\varphi) - F\, R \cos \varphi$$

$$0 = 3 m\, g\, R \cos \varphi + c\, R^2 \cos(2\varphi) - F_{kr.}\, R \cos \varphi$$

Es wird der Drehwinkel der Halbkreisscheibe zur Variablen erklärt, nach der später abzuleiten ist.

Für $\varphi = 0$ (skizzierte Stellung) folgt :

Verschiebungsplan :

$$F_{kr.} = 3 m\, g + c\, R$$

mit $\quad c = \dfrac{3\, EI_a}{R^3}$

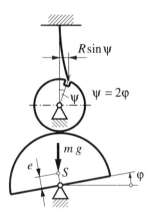

$$\boxed{F_{kr.} = 3 m\, g + \frac{3\, EI_a}{R^2}}$$

8.7

Die Blattfeder stabilisiert das System, die Biegesteifigkeit der Blattfeder ist (EI_a) . Welche Länge l muß die Blattfeder haben, damit das Gleichgewicht des Systems gerade noch stabil ist ?

Energiebilanz
bei Drehung der Halbkreisscheibe um φ :

$$U(\varphi) = \frac{c}{2} \cdot \left(R \cdot \sin(2\varphi)\right)^2 - m\, g\, e\, (1 - \cos\varphi)$$

mit $e = \dfrac{4 \cdot (2R)}{3\pi} = \dfrac{8R}{3\pi}$

und

$$c_{kr.} = \frac{3\,EI_a}{l_{kr.}^3}$$

Gleichgewichtsbedingung :

$$\frac{\partial U(\varphi)}{\partial \varphi} = 0$$

$$\frac{3\,EI_a}{l_{kr.}^3} = \frac{m\,g}{4R^2} \cdot \frac{8R}{3\pi}$$

$$\frac{\partial U(\varphi)}{\partial \varphi} = \frac{c\,R^2}{2} \cdot 2 \cdot \sin(4\varphi) - m\,g\,e \sin\varphi$$

$$\frac{3\,EI_a}{l_{kr.}^3} = \frac{m\,g}{R} \cdot \frac{2}{3\pi}$$

Für $\varphi = 0$ (skizzierte Stellung) wird

Daraus :

$$c\,R^2 \sin(0) - m\,g\,e \sin(0) = 0$$

$$\boxed{\,l_{kr.} = \sqrt[3]{\dfrac{9\pi \cdot R \cdot EI_a}{2\,m\,g}}\,}$$

In der skizzierten Stellung des Systems liegt also Gleichgewicht vor.

Indifferentes Gleichgewicht liegt vor bei

$$\frac{\partial^2 U(\varphi)}{\partial \varphi^2} = 0$$

$$\frac{\partial^2 U(\varphi)}{\partial \varphi^2} = 4c\,R^2 \cos(4\varphi) - m\,g\,e \cos\varphi$$

$$0 = 4c_{kr.}\,R^2 \cos(4\varphi) - m\,g\,e \cos\varphi$$

Für $\varphi = 0$ (skizzierte Stellung) folgt :

$$c_{kr.} = \frac{m\,g\,e}{4R^2}$$

mit $e = \dfrac{8R}{3\pi}$

9.1

Wie groß ist die Zugspannung in dem skizzierten Rundkettenglied? $F = 25\,\text{kN}$; $d = 16\,\text{mm}$

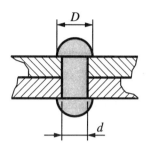

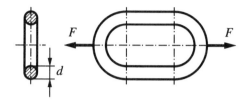

Zug-Beanspruchung in den geraden Schenkeln des Kettenglieds :

$$\sigma_z = \frac{\dfrac{1}{2}F}{A} = \frac{F}{2 \cdot \dfrac{d^2 \cdot \pi}{4}}$$

$$\sigma_z = \frac{25000\,\text{N}}{2 \cdot \dfrac{10^2 \cdot \pi}{4}\,\text{mm}^2}$$

$$\boxed{\sigma_z = 62,17\,\text{N}/\text{mm}^2}$$

9.2

Die Zugspannung im Halbrundniet beträgt $\sigma_z = 110\,\text{N}/\text{mm}^2$. Wie groß ist die Flächenpressung an der Auflagestelle des Nietkopfes?

$D = 10,5\,\text{mm}$; $d = 8\,\text{mm}$

Zugkraft im Niet :

$$F = \sigma_z \cdot A$$

$$F = \sigma_z \cdot \frac{d^2 \cdot \pi}{4}$$

$$\sigma_z = 110\,\text{N}/\text{mm}^2 \cdot \frac{8^2 \cdot \pi}{4}\,\text{mm}^2$$

$$F = 5529,2\,\text{N}$$

Flächenpressung zwischen Auflagefläche Nietkopf und Blech :

$$p = \frac{F}{\dfrac{\pi}{4} \cdot \left(D^2 - d^2\right)}$$

$$p = \frac{5529,2\,\text{N}}{\dfrac{\pi}{4} \cdot \left(10,5^2 - 8^2\right)\,\text{mm}^2}$$

$$\boxed{p = 152,2\,\text{N}/\text{mm}^2}$$

9.3

Das zu einer Kuppelstange gehörende Gelenk soll auf Zug beansprucht werden. Welcher Bolzendurchmesser d muß gewählt werden, wenn die zulässige Zugspannung in den Kuppelstangen $288\,\text{N}/\text{mm}^2$ nicht überschritten werden soll ? Die zulässige Abscherspannung für den Bolzenwerkstoff ist $\tau_{a\,\text{zul}} = 100\,\text{N}/\text{mm}^2$. Auswahl Bolzendurchmesser nach DIN 1435 :

$d\,[\text{mm}]$: 5 - 6 - 10 - 12 - 14 - 16 - ...

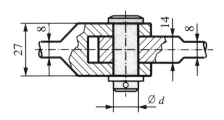

Zugkraft in der Kuppelstange :

$$F = \sigma_z \cdot A$$

$$F = 288\,\text{N}/\text{mm}^2 \cdot \frac{8^2 \cdot \pi}{4}\,\text{mm}^2$$

$$F = 14476, 46\,\text{N}$$

Kräfte am Gelenk-Bolzen
(Querkraft-Verlauf) :

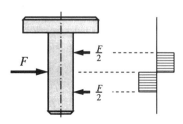

Abscherspannung :

$$\tau_a = \frac{\dfrac{1}{2}\,F}{\dfrac{d^2 \cdot \pi}{4}}$$

Daraus :

$$d_{\text{erf.}} = \sqrt{\frac{2F}{\pi \cdot \tau_a}}$$

$$d_{\text{erf.}} = \sqrt{\frac{2 \cdot 14476, 46\,\text{N}}{\pi \cdot 100\,\text{N}/\text{mm}^2}}$$

$$d_{\text{erf.}} = 9, 6\,\text{mm}$$

Wahl :

$$\boxed{d = 10\,\text{mm}}$$

9.4

Nach dem Schlagen des Niets beträgt die Rest-Zugspannung im Nietschaft $180\,\text{N}/\text{mm}^2$.

$D = 32\,\text{mm}$; $d = 12\,\text{mm}$

a) Welche Flächenpressung tritt am Nietkopf auf ?

b) Welche Zugkraft F kann bei einem Haftreibungskoeffizienten $\mu_o = 0,2$ gerade noch übertragen werden, damit das Niet keine Abscherbeanspruchung erfährt ?

c) Welche Abscherbeanspruchung liegt im Nietwerkstoff vor, wenn der Reibschluß versagt ? (Kraft wie unter Fragestellung b) berechnet)

d) Zu berechnen sind die Ausreiß-Abscherspannungen für Außen- und Innenblech .

Flächenpressung zwischen Auflagefäche Nietkopf und Blech :

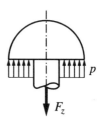

$$p = \frac{F_z}{A_B}$$

A_B = Berührfläche

$$p = \frac{F_z}{\frac{\pi}{4} \cdot \left(D^2 - d^2\right)}$$

$$p = \frac{20357,52\,\text{N}}{\frac{\pi}{4} \cdot \left(32^2 - 12^2\right)\text{mm}^2}$$

$$\boxed{p = 29,45\,\text{N}/\text{mm}^2}$$

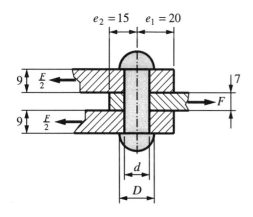

$e_2 = 15 \quad e_1 = 20$

a)

Zugkraft im Niet :

$$F_z = \sigma_z \cdot A$$

$$F_z = \sigma_z \cdot \frac{d^2 \cdot \pi}{4}$$

$$F_z = 180\,\text{N}/\text{mm}^2 \cdot \frac{12^2 \cdot \pi}{4}\,\text{mm}^2$$

$$F_z = 20357,52\,\text{N}$$

b)

Mittelblech :

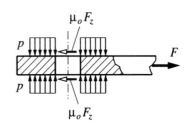

Zugkraft :

$$F = 2\mu_o \cdot F_z$$

$$F = 2 \cdot 0,2 \cdot 20357,52\,\text{N}$$

$$\boxed{F = 8143\,\text{N}}$$

c)

Kräfte am Niet bei Versagen des Reibschlusses
(Querkraft-Verlauf) :

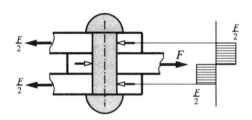

Abscherspannung im Niet :

$$\tau_a = \frac{\frac{1}{2}F}{A} = \frac{F}{2A}$$

$$\tau_a = \frac{8143\,\text{N}}{2 \cdot \dfrac{12^2 \cdot \pi}{4}\,\text{mm}^2}$$

$$\boxed{\tau_a = 36\,\text{N}/\text{mm}^2}$$

d)

Außenbleche :

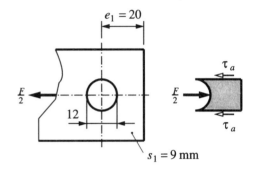

$s_1 = 9\,\text{mm}$

$$\tau_a = \frac{\dfrac{F}{2}}{2 \cdot e_1 \cdot s_1}$$

$$\tau_a = \frac{8143\,\text{N}}{4 \cdot 20\,\text{mm} \cdot 9\,\text{mm}}$$

$$\boxed{\tau_a = 11,31\,\text{N}/\text{mm}^2}$$

Innenblech :

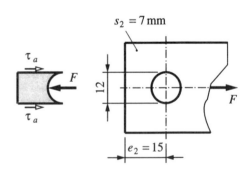

$$\tau_a = \frac{F}{2 \cdot e_2 \cdot s_2}$$

$$\tau_a = \frac{8143\,\text{N}}{2 \cdot 15\,\text{mm} \cdot 7\,\text{mm}}$$

$$\boxed{\tau_a = 38,78\,\text{N}/\text{mm}^2}$$

9.5

Eine Doppellaschennietung verbindet wie skizziert 3 Bleche miteinander. Die Verbindung wird auf Zug beansprucht, Zugkraft $F = 223\,\text{kN}$ Welche Niete (Auswahltabelle) sind zu wählen, und welche Randabstände e sind einzuhalten, wenn für die Bleche gilt : $\tau_{a\,\text{zul}} = 180\,\text{N}/\text{mm}^2$.

Halbrundniete für den Stahlbau nach DIN 124 :

$d\,[\text{mm}]$: 11 - 13 - 17 - 21 - 23 - 25 - ...

Nietwerkstoff : $\tau_{a\,\text{zul}} = 280\,\text{N}/\text{mm}^2$

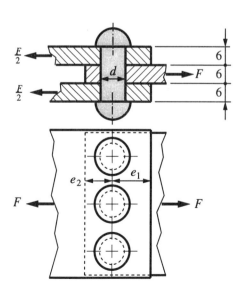

Je Niet zwei Schnittflächen
Somit Abscherspannung im Niet :

$$\tau_a = \frac{F}{2 \cdot 3 \cdot \dfrac{d^2 \cdot \pi}{4}}$$

Daraus :

$$d_{\text{erf.}} = \sqrt{\frac{2F}{3\pi \cdot \tau_{a\,\text{zul}}}}$$

$$d_{\text{erf.}} = \sqrt{\frac{2 \cdot 2{,}23 \cdot 10^5\,\text{N}}{3\pi \cdot 280\,\text{N}/\text{mm}^2}}$$

$$\boxed{d_{\text{erf.}} = 13\,\text{mm}}$$

Außenbleche, Randabstand e_1

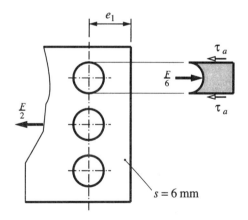

Abscherspannung im Außenblech :

$$\tau_a = \frac{\dfrac{F}{6}}{2 \cdot e_1 \cdot s}$$

Daraus :

$$e_1 = \frac{F}{12 \cdot s \cdot \tau_{a\,zul}}$$

$$e_1 = \frac{2,23 \cdot 10^5 \,\text{N}}{12 \cdot 6\,\text{mm} \cdot 180 \,\text{N}/\text{mm}^2}$$

$$\boxed{e_1 = 17,2\,\text{mm}}$$

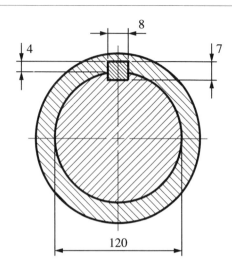

Mittelblech, Randabstand e_2

Bei gleicher Blechdicke und doppelter Zugkraft (F) ergibt sich :

$$e_2 = 2 \cdot e_1$$

$$\boxed{e_2 = 34,4\,\text{mm}}$$

Zu übertragendes Drehmoment

Aus der zugeschnittenen Größengleichung

$$M[\text{Nm}] = 9550 \cdot \frac{P[\text{kW}]}{n[\text{min}^{-1}]}$$

P Leistung
n Drehzahl
M Drehmoment

errechnet man :

$$M = 9550 \cdot \frac{589}{7500}\,\text{Nm}$$

$$M = 750\,\text{Nm}$$

9.6

Eine Nabe ist mittels Paßfeder formschlüssig mit der Welle verbunden. Bei einer Drehzahl von $n = 7500\,\text{min}^{-1}$ wird eine Leistung von 589 kW übertragen.

a)   Welche Länge muß die Paßfeder bei einer zulässigen Abscherspannung von :
     $\tau_{a\,zul} = 300\,\text{N}/\text{mm}^2$ haben ?

b)   Welche größte Flächenpressung tritt dabei auf ?

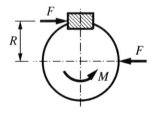

Statik :

$$M = F \cdot R$$

$$F = \frac{M}{R} = \frac{7,5 \cdot 10^5 \, \text{Nmm}}{60 \, \text{mm}}$$

$$F = 12,5 \, \text{kN}$$

a)

Schubspannung in der Paßfeder

$$\tau_a = \frac{F}{A}$$

$$A = b \cdot l$$
$$b = 8 \, \text{mm}$$
$$l = \text{Länge der Paßfeder}$$

Daraus :

$$l = \frac{F}{b \cdot \tau_{a\,\text{zul}}}$$

$$l = \frac{12,5 \cdot 10^3 \, \text{N}}{8 \, \text{mm} \cdot 300 \, \text{N}/\text{mm}^2}$$

$$\boxed{l = 5,2 \, \text{mm}}$$

Dies ist die erforderliche Länge; in der Praxis wird die Paßfeder natürlich länger ausgeführt.

b)

$$p_{\text{max}} = \frac{F}{A_{\text{min}}}$$

$$p_{\text{max}} = \frac{12,5 \cdot 10^3 \, \text{N}}{5,2 \, \text{mm} \cdot 3 \, \text{mm}}$$

$$\boxed{p_{\text{max}} = 801 \, \text{N}/\text{mm}^2}$$

Bei einer gewählten Paßfederlänge von $l = 50 \, \text{mm}$ ergibt sich :

$$p_{\text{max}} = 83,3 \, \text{N}/\text{mm}^2$$

9.7

Für die skizzierte Gabelverbindung sind zu berechnen :

a)   Zugspannung im Rundstab (1)
b)   Zugspannung in der Schweißnaht
c)   Maximale Zugspannung im Blech (2)
d)   Abscherspannung Querbohrung Blech (2)
e)   Abscherspannung Bolzen (3)

$a = 4 \, \text{mm}$; $F = 8 \, \text{kN}$

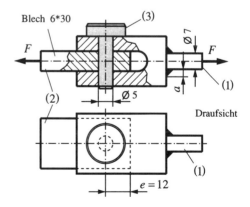

a)

Zugspannung im Rundstab (1)

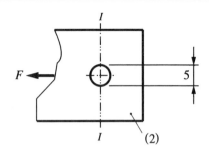

(2)

$$\sigma_{z(1)} = \frac{F}{A} = \frac{F}{\dfrac{d^2 \cdot \pi}{4}}$$

$$\sigma_{z(1)} = \frac{8000\,\text{N}}{\dfrac{7^2 \cdot \pi}{4}\,\text{mm}^2}$$

$$\sigma_{z(2)} = \frac{8000\,\text{N}}{6\,\text{mm} \cdot (30 - 5)\,\text{mm}}$$

$$\boxed{\sigma_{z(1)} = 207,9\,\text{N}/\text{mm}^2}$$

$$\boxed{\sigma_{z(2)} = 53,3\,\text{N}/\text{mm}^2}$$

b)

Zugspannung in der Schweißnaht

$$\sigma_{zN} = \frac{F}{A_N}$$

$$\sigma_{zN} = \frac{8000\,\text{N}}{\dfrac{\pi}{4} \cdot \left(15^2 - 7^2\right)\,\text{mm}^2}$$

$$\boxed{\sigma_{zN} = 57,9\,\text{N}/\text{mm}^2}$$

c)

Zugspannung im Blech (2)

$$\sigma_{z(2)} = \frac{F}{A_R}$$

A_R = Restfläche Schnitt I

d)

Abscherspannung im Blech (2)

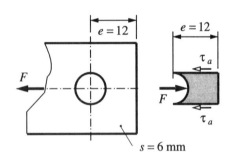

$s = 6\,\text{mm}$

$$\tau_a = \frac{F}{2 \cdot e \cdot s}$$

$$\tau_a = \frac{8000\,\text{N}}{2 \cdot 12\,\text{mm} \cdot 6\,\text{mm}}$$

$$\boxed{\tau_a = 55,6\,\text{N}/\text{mm}^2}$$

e)

Kräfte am Bolzen (3)

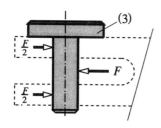

Abscherspannung Bolzen :

$$\tau_{a(3)} = \frac{\dfrac{F}{2}}{A} = \frac{F}{2A}$$

$$\tau_{a(3)} = \frac{8000\,\text{N}}{2 \cdot \dfrac{5^2 \cdot \pi}{4}\,\text{mm}^2}$$

$$\boxed{\tau_{a(3)} = 203,7\,\text{N}/\text{mm}^2}$$

10.1

Für den skizzierten Stabquerschnitt und die gegebene Belastung ist die maximale Schubspannung zu bestimmen.

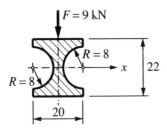

Axiales Flächenmoment 2. Ordnung bezüglich der Biegeachse x :

$$I_x = \left(\frac{20 \cdot 22^3}{12} - \frac{\pi \cdot 16^4}{64} \right) \mathrm{mm}^4$$

$$I_x = 14529,7 \, \mathrm{mm}^4$$

τ_{max} auf Höhe der Schwerpunktsfaser; statisches Moment (Flächenmoment 1. Ordnung) der Restfläche A_R :

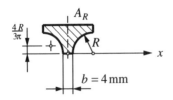

$$S_x = 20 \cdot 11 \cdot 5,5 \, \mathrm{mm}^3 - \frac{\pi \cdot 8^2}{4} \cdot \frac{4 \cdot 8}{3\pi} \, \mathrm{mm}^3$$

$$S_x = 868,7 \, \mathrm{mm}^3$$

$$\tau_{max} = \frac{F_Q \cdot S_x}{I_x \cdot b}$$

$$\tau_{max} = \frac{9000 \, \mathrm{N} \cdot 868,7 \, \mathrm{mm}^3}{14529,7 \, \mathrm{mm}^4 \cdot 4 \, \mathrm{mm}}$$

$$\boxed{\tau_{max} = 134,5 \, \frac{\mathrm{N}}{\mathrm{mm}^2}}$$

10.2

Der skizzierte Querschnitt wird durch die Querkraft F_Q belastet. Für die skizzierten Lastfälle (A) und (B) sind die τ_{max}-Werte zu bestimmen.

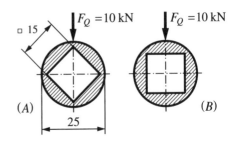

τ_{max} jeweils auf Höhe der Schwerpunktsfaser

Fall (B)

Fall (A)

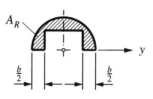

$$I_x = \left(\frac{\pi \cdot 25^4}{64} - \frac{15^4}{12} \right) mm^4$$

$$I_x = 14956\,mm^4$$

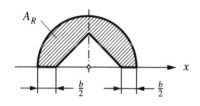

$$I_y = I_x = 14956\,mm^4$$

Statisches Moment der Restfläche A_R :

Statisches Moment der Fläche A_R :

$$S_y = \left(\frac{\pi \cdot 12,5^2}{2} \cdot \frac{4 \cdot 12,5}{3\pi} - 15 \cdot 7,5 \cdot 3,75 \right) mm^3$$

$$S_x = \left(\frac{\pi \cdot 12,5^2}{2} \cdot \frac{4 \cdot 12,5}{3\pi} - \frac{15^2}{2} \cdot \frac{15}{3\sqrt{2}} \right) mm^3$$

$$S_y = 880,21\,mm^3$$

$$S_x = 904,3\,mm^3$$

$$\tau_{max} = \frac{F_Q \cdot S_x}{I_x \cdot b}$$

$$\tau_{max} = \frac{F_Q \cdot S_x}{I_x \cdot b}$$

mit $b = 25\,mm - 15\,mm$
$\qquad b = 10\,mm$

mit $b = 25\,mm - 15\,mm \cdot \sqrt{2}$
$\qquad b = 3,79\,mm$

$$\tau_{max(B)} = \frac{10000\,N \cdot 880,21\,mm^3}{14956\,mm^4 \cdot 10\,mm}$$

$$\tau_{max(A)} = \frac{10000\,N \cdot 904,3\,mm^3}{14956\,mm^4 \cdot 3,79\,mm}$$

$$\boxed{\tau_{max(A)} = 159,5\,\frac{N}{mm^2}}$$

$$\boxed{\tau_{max(B)} = 58,85\,\frac{N}{mm^2}}$$

10.3

Ein Rohr 50 * 5 wird wie skizziert durch eine Rippe verstärkt. Welche Spannung erfährt der Schweißzusatzwerkstoff bei $F_Q = 20\,\text{kN}$?

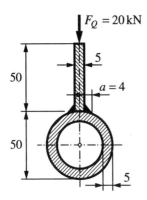

Lage des Schwerpunkts

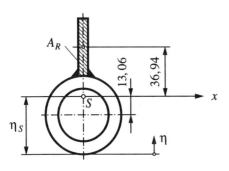

$$\eta_S = \dfrac{\dfrac{\pi}{4}\left(50^2 - 40^2\right) \cdot 25 + 50 \cdot 5 \cdot 75}{\dfrac{\pi}{4}\left(50^2 - 40^2\right) + 50 \cdot 5}\ \text{mm}$$

$$\eta_S = 38,06\,\text{mm}$$

Axiales Flächenmoment 2. Ordnung bezüglich Schwerpunktsachse x :

$$I_x = \left[\frac{\pi}{64}\left(50^4 - 40^4\right) + \frac{\pi}{4}\left(50^2 - 40^2\right) \cdot 13,06^2\right.$$
$$\left. + \frac{5 \cdot 50^3}{12} + 50 \cdot 5 \cdot 36,94^2\right]\text{mm}^4$$

$$I_x = 694921\,\text{mm}^4$$

Restfläche A_R :

$$A_R = 50 \cdot 5\,\text{mm}^2 = 250\,\text{mm}^2$$

Statisches Moment der Restfläche A_R :

$$S_x = 250\,\text{mm}^2 \cdot 36,94\,\text{mm}$$
$$S_x = 9235\,\text{mm}^3$$

Detail Naht :

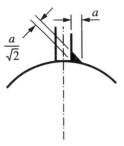

Kanalbreite b :

$$b = 2 \cdot \frac{a}{\sqrt{2}} = a \cdot \sqrt{2}$$

$$b = 5,66\,\text{mm}$$

Schubspannung in der Naht :

$$\tau_{aN} = \frac{F_Q \cdot S_x}{I_x \cdot b}$$

$$\tau_{aN} = \frac{20000\,\text{N} \cdot 9235\,\text{mm}^3}{694921\,\text{mm}^4 \cdot 5,66\,\text{mm}}$$

$$\boxed{\tau_{aN} = 47\,\frac{\text{N}}{\text{mm}^2}}$$

10.4

Zwei Profile mit Rechteckquerschnitt 15 * 5 verstärken wie skizziert durch Kleben oben den Halbkreisquerschnitt; ein drittes Rechteckprofil 15 * 5 ist unten angeschweißt. Welches Schweißnahtmaß a ist bei 3-facher Sicherheit gegen Erreichen der kritischen Nahtspannung $\tau_{aN} = 170\,\text{N}/\text{mm}^2$ zu wählen, wenn die Querkraft F_Q im Kleber eine Schubspannung von $\tau_{aKl.} = 50\,\text{N}/\text{mm}^2$ bewirkt ?

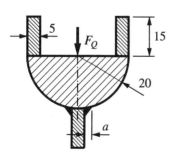

Lage des Schwerpunkts :

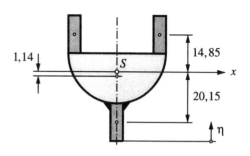

Gesamtfläche :

$$A = 3 \cdot (15 \cdot 5)\,\text{mm}^2 + \frac{\pi \cdot 20^2}{2}\,\text{mm}^2$$

$$A = 853,32\,\text{mm}^2$$

$$A \cdot \eta_S = 15 \cdot 5 \cdot 7,5\,\text{mm}^3 + 2 \cdot 15 \cdot 5 \cdot 42,5\,\text{mm}^3$$

$$+ \frac{\pi \cdot 20^2}{2} \cdot \left(35 - \frac{4 \cdot 20}{3\pi}\right)\,\text{mm}^3$$

Daraus :

$$\eta_S = 27,65\,\text{mm}$$

Axiales Flächenmoment 2. Ordnung bezüglich Biegeachse x :

$$I_x = \frac{5 \cdot 15^3}{12}\,\text{mm}^4 + 5 \cdot 15 \cdot 20,15^2\,\text{mm}^4$$

$$+ 2 \cdot \left(\frac{5 \cdot 15^3}{12} + 5 \cdot 15 \cdot 14,85^2\right)\text{mm}^4$$

$$+ 0,11 \cdot 20^4\,\text{mm}^4 + \frac{\pi \cdot 20^2}{2} \cdot 1,14^2\,\text{mm}^4$$

$$I_x = 86165\,\text{mm}^4$$

1)

Klebe-Faserschicht

$$\tau_{aKl.} = \frac{F_Q \cdot S_x}{I_x \cdot b}$$

$$50 \,\frac{\text{N}}{\text{mm}^2} = \frac{F_Q \cdot S_x}{I_x \cdot b}$$

mit $b = 2 \cdot 5 \,\text{mm}$
      $b = 10 \,\text{mm}$

$S_x = 2 \cdot (5 \cdot 15) \,\text{mm}^2 \cdot 14,85 \,\text{mm}$

$S_x = 2227,5 \,\text{mm}^3$

Es folgt somit :

$F_Q = 19341 \,\text{N}$

2)
Schweißnaht-Faserschicht

$S_x = (5 \cdot 15) \,\text{mm}^2 \cdot 20,15 \,\text{mm}$

$S_x = 1511,25 \,\text{mm}^3$

Kanalbreite b :

$$b = 2 \cdot \frac{a}{\sqrt{2}}$$

Detail Naht :

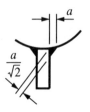

Schubspannungsgleichung für
Schweißnaht-Faserschicht :

$$\tau_{aN} = \frac{F_Q \cdot S_x}{I_x \cdot b}$$

$$\frac{170}{3} \,\frac{\text{N}}{\text{mm}^2} = \frac{F_Q \cdot S_x}{I_x \cdot b}$$

Daraus :

$$b = a \cdot \sqrt{2} = \frac{19341 \,\text{N} \cdot 1511,25 \,\text{mm}^3 \cdot 3}{86165 \,\text{mm}^4 \cdot 170 \,\dfrac{\text{N}}{\text{mm}^2}}$$

Es folgt :

$$\boxed{a = 4,2 \,\text{mm}}$$

10.5

Ein Rechteckprofil $10 * 40 \,\text{mm}$ ist mit zwei U-Profilen $16 * 10 * 3 \,\text{mm}$ auf der gesamten Berührfläche verklebt. Bei Belastung wie Bild (A) beträgt die maximale Schubspannung im Grundwerkstoff $184,7 \,\text{N}/\text{mm}^2$. Um wieviel % steigt die Schubspannung in der Klebeschicht, wenn das Profil wie in Fall (B) belastet wird ?

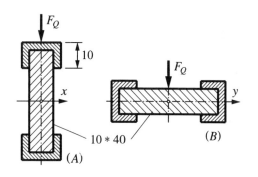

(A)   (B)

$$184,7\,\frac{\text{N}}{\text{mm}^2} = \frac{F_Q \cdot 3725\,\text{mm}^3}{120993,\overline{3}\,\text{mm}^4 \cdot 10\,\text{mm}}$$

Daraus folgt :

$$F_Q = 59993,2\,\text{N}$$

Fall (A)

Axiales Flächenmoment 2. Ordnung bezüglich Biegeachse x :

$$I_x = \left(\frac{16 \cdot 46^3}{12} - \frac{2 \cdot 3 \cdot 26^3}{12}\right)\text{mm}^4$$

$$I_x = 120993,\overline{3}\,\text{mm}^4$$

Maximale Schubspannung im Grundwerkstoff auf Höhe der Schwerpunktsfaser : x-Achse

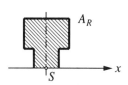

Statisches Moment der Restfläche A_R :

$$S_x = (16 \cdot 23 \cdot 11,5 - 2 \cdot 3 \cdot 13 \cdot 6,5)\,\text{mm}^3$$

$$S_x = 3725\,\text{mm}^3$$

Schubspannungsgleichung für die Faser auf Höhe der x-Achse :

$$\tau_a = \frac{F_Q \cdot S_x}{I_x \cdot b}$$

Schubspannung in der Kleberschicht (Faser I) :

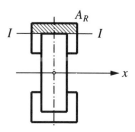

Statisches Moment der Restfläche A_R :

$$S_x = (16 \cdot 3)\,\text{mm}^2 \cdot 21,5\,\text{mm}$$

$$S_x = 1032\,\text{mm}^3$$

$$\tau_{Kl.(A)} = \frac{59993,2\,\text{N} \cdot 1032\,\text{mm}^3}{120993,\overline{3}\,\text{mm}^4 \cdot 16\,\text{mm}}$$

$$\boxed{\tau_{Kl.(A)} = 31,98\,\frac{\text{N}}{\text{mm}^2}}$$

Fall (B)

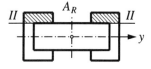

Axiales Flächenmoment 2. Ordnung bezüglich
Biegeachse y :

$$I_y = \left(2 \cdot \frac{10 \cdot 16^3}{12} + \frac{26 \cdot 10^3}{12} \right) \text{mm}^4$$

$$I_y = 8993,\overline{3}\,\text{mm}^4$$

Statisches Moment der Restfläche A_R :

$$S_y = 2 \cdot (10 \cdot 3)\,\text{mm}^2 \cdot 6,5\,\text{mm}$$
$$S_y = 390\,\text{mm}^3$$

Schubspannung in der Kleberschicht (Faser II) :

$$\tau_{Kl.(B)} = \frac{59993,2\,\text{N} \cdot 390\,\text{mm}^3}{8993,\overline{3}\,\text{mm}^4 \cdot 20\,\text{mm}}$$

$$\boxed{\tau_{Kl.(B)} = 130,08\,\frac{\text{N}}{\text{mm}^2}}$$

Steigerung :

$$100\% \,\hat{=}\, \tau_{Kl.(A)}$$

$$\frac{100\%}{31,98} = \frac{x\%}{130,08}$$

$$x = 406,75\%$$

Die Schubspannung steigt auf $406,75\%$,
also

> Steigerung der Schubspannungs um $306,75\%$

10.6

Eine Aluminium-Stange mit Rechteckquerschnitt $10 * 30$ mm wird mit einem U-Profil aus Stahl wie skizziert halbseitig durch Kleben verstärkt.

a) Welche größte Schubspannung tritt im Aluminium-Querschnitt auf ?

b) Welche Schubspannung hat der Kleber zu übertragen ?

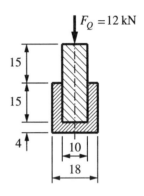

Lage des Schwerpunkts

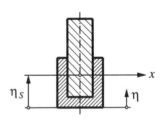

$$\eta_S = \frac{(18 \cdot 19 \cdot 9,5 + 10 \cdot 15 \cdot 26,5)\,\text{mm}^3}{(18 \cdot 19 + 10 \cdot 15)\,\text{mm}^2}$$

$$\eta_S = 14,68\,\text{mm}$$

Axiales Flächenmoment 2. Ordnung bezüglich Schwerpunktsachse x :

$$I_x = \frac{10 \cdot 15^3}{12} \, mm^4 + 10 \cdot 15 \cdot 11,82^2 \, mm^4$$

$$+ \frac{18 \cdot 19^3}{12} \, mm^4 + 18 \cdot 19 \cdot 5,18^2 \, mm^4$$

$$I_x = 43234,5 \, mm^4$$

Schubspannungs-Verlauf (qualitativ) :

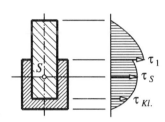

a)

Maximale Schubspannung im Aluminium-Querschnitt : τ_1

$$\tau_1 = \frac{F_Q \cdot S_x}{I_x \cdot b}$$

$$\tau_1 = \frac{12000 \, N \cdot (15 \cdot 10 \cdot 11,82) \, mm^3}{43234,5 \, mm^4 \cdot 10 \, mm}$$

$$\boxed{\tau_1 = 49,2 \, \frac{N}{mm^2}}$$

b)

Maximale Kleber-Schubspannung

$$\tau_{Kl.} = \frac{12000 \, N \cdot (18 \cdot 4 \cdot 12,68) \, mm^3}{43234,5 \, mm^4 \cdot 18 \, mm}$$

$$\boxed{\tau_{Kl.} = 14,1 \, \frac{N}{mm^2}}$$

Zur Kontrolle des qualitativen Schubspannungs-Verlaufs :

$$\tau_S = \frac{12000 \, N \cdot (18 \cdot 14,68 \cdot 7,34) \, mm^3}{43234,5 \, mm^4 \cdot 18 \, mm}$$

$$\tau_S = 29,9 \, \frac{N}{mm^2}$$

Damit ist nachgewiesen, daß im Aluminium-Querschnitt die größte Schubspannung $\tau_1 = 49,2 \, N/mm^2$ ist.

10.7

Zwei U-Profile $80 * 60 * 8 \, mm$ sind wie skizziert zu einem einseitig eingespannten Träger der Länge $l = 3 \, m$ verbunden, der am freien Ende die Querkraft $F_Q = 16 \, kN$ aufzunehmen hat. Wieviele Paßschrauben vom Schaftdurchmesser $d_{Sch} = 12 \, mm$ ($\tau_{a \, zul.} = 190 \, N/mm^2$) sind gleichmäßig auf der Trägerlänge zu verteilen ?

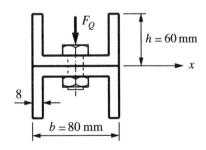

Annahme :

Verkleben auf ganzer Berührfläche; allgemein :

$$\tau_{Kl.} = \frac{F_Q \cdot S_x}{I_x \cdot b}$$

Schubkraft je Teilungslänge t :

$$F_{Sch} = \tau_{Kl.} \cdot A_t$$

$$F_{Sch} = \tau_{Kl.} \cdot t \cdot 80\,\text{mm}$$

Axiales Flächenmoment 2. Ordnung bezüglich Biegeachse x :

$$I_x = \left(2 \cdot \frac{8 \cdot 120^3}{12} + \frac{64 \cdot 16^3}{12} \right) \text{mm}^4$$

$$I_x = 2325845,\overline{3}\,\text{mm}^4$$

Schubkraft je Paßschraube :

$$F_{Sch} = \tau_{a\,zul.} \cdot A_{Sch}$$

$$F_{Sch} = \tau_{a\,zul.} \cdot \frac{d_{Sch}^2 \cdot \pi}{4}$$

Statisches Moment der Restfläche A_R :

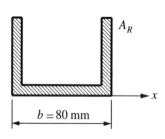

Gleichsetzen :

$$\tau_{Kl.} \cdot t \cdot 80\,\text{mm} = \tau_{a\,zul.} \cdot \frac{d_{Sch}^2 \cdot \pi}{4}$$

Daraus :

$$t = \frac{190\,\dfrac{\text{N}}{\text{mm}^2} \cdot \dfrac{12^2 \cdot \pi}{4}\,\text{mm}^2}{80\,\text{mm} \cdot 2,65\,\dfrac{\text{N}}{\text{mm}^2}}$$

$$S_x = (64 \cdot 8 \cdot 4 - 2 \cdot 60 \cdot 8 \cdot 30)\,\text{mm}^3$$

$$S_x = 30848\,\text{mm}^3$$

$$\boxed{t = 101,3\,\text{mm}}$$

Kanalbreite $b = 80\,\text{mm}$

n = Anzahl der Schrauben

$$\tau_{Kl.} = \frac{16000\,\text{N} \cdot 30848\,\text{mm}^3}{2325845,\overline{3}\,\text{mm}^4 \cdot 80\,\text{mm}}$$

$$n = \frac{l}{t} = \frac{3000\,\text{mm}}{101,3\,\text{mm}}$$

$$\tau_{Kl.} = 2,65\,\frac{\text{N}}{\text{mm}^2}$$

$$\boxed{n = 30}$$

10.8

Zwei Hut-Profile aus 3 mm-Blech werden durch partielles Punktschweißen zu einem geschlossenen Kastenprofil verbunden. Der so entstandene Balken hat eine Querkraft von $F_Q = 2\,\text{kN}$ aufzunehmen. Welche Schubspannung tritt in den Schweißstellen auf?

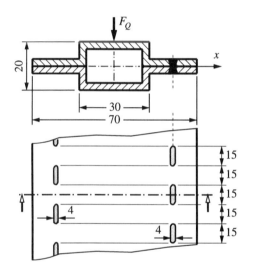

Annahme:
Verkleben auf ganzer Berührfläche; allgemein:

$$\tau_{Kl.} = \frac{F_Q \cdot S_x}{I_x \cdot b}$$

Axiales Flächenmoment 2. Ordnung bezüglich Schwerpunktsachse x:

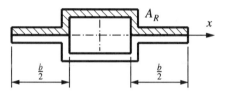

$$I_x = \left(2 \cdot \frac{20 \cdot 6^3}{12} + \frac{30 \cdot 20^3}{12} - \frac{24 \cdot 14^3}{12}\right)\text{mm}^4$$

$$I_x = 15232\,\text{mm}^4$$

Statisches Moment der Restfläche A_R:

$$S_x = [2(20 \cdot 3 \cdot 1,5) + 2(10 \cdot 3 \cdot 5) + 24 \cdot 3 \cdot 8,5]\,\text{mm}^3$$

$$S_x = 1092\,\text{mm}^3$$

Kanalbreite $b = 46\,\text{mm}$

$$\tau_{Kl.} = \frac{2000\,\text{N} \cdot 1092\,\text{mm}^3}{15232\,\text{mm}^4 \cdot 46\,\text{mm}}$$

$$\tau_{Kl.} = 3,12\,\frac{\text{N}}{\text{mm}^2}$$

Teilungslänge t:

$$t = 30\,\text{mm}$$

Teilungsfläche A_t:

$$A_t = b \cdot t$$

$A_t = 46 \, \text{mm} \cdot 30 \, \text{mm}$

$A_t = 1380 \, \text{mm}^2$

Schubkraft je Teilungsfläche :

$F_{Sch} = \tau_{Kl.} \cdot A_t$

$F_{Sch} = 3{,}12 \, \dfrac{\text{N}}{\text{mm}^2} \cdot 1380 \, \text{mm}^2$

$F_{Sch} = 4301{,}5 \, \text{N}$

Nahtfläche je Teilungslänge :

$A_N = 2 \cdot (4 \cdot 15) \, \text{mm}^2$

$A_N = 120 \, \text{mm}^2$

Schubspannung in den Nähten :

$\tau_N = \dfrac{F_{Sch}}{A_N}$

$\tau_N = \dfrac{4301{,}5 \, \text{N}}{120 \, \text{mm}^2}$

$$\boxed{\tau_N = 35{,}85 \, \dfrac{\text{N}}{\text{mm}^2}}$$

11.1

Zwei Stäbe vom selben Durchmesser und E-Modul sowie gleicher Länge halten den in (A) drehbar gelagerten biegesteifen Balken. Zu bestimmen sind die Stabkräfte.

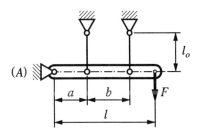

Statische Gleichgewichtsbedingungen :

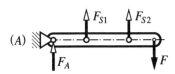

1)

$$\sum M_{(A)} = 0$$

$$0 = F_{S1} \cdot a + F_{S2} \cdot (a+b) - F \cdot l \qquad (1)$$

2)

$$\sum F = 0$$

$$0 = F_A + F_{S1} + F_{S2} - F \qquad (2)$$

(Richtungssinn F_A angenommen)

Ergebnis : Zwei Gleichungen mit drei Unbekannten; also : statisch unbestimmt

In Gleichung (1) :

$$F_{S1} = A \cdot \sigma_1$$

$$F_{S2} = A \cdot \sigma_2$$

A = Stabquerschnitt

Es folgt damit :

$$0 = A \cdot \sigma_1 \cdot a + A \cdot \sigma_2 \cdot (a+b) - F \cdot l$$

Mit HOOKE

$$\sigma = E \cdot \varepsilon$$

folgt daraus :

$$0 = A \cdot E \cdot \varepsilon_1 \cdot a + A \cdot E \cdot \varepsilon_2 \cdot (a+b) - F \cdot l$$

Verschiebeplan :

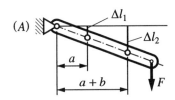

$$\frac{\Delta l_1}{a} = \frac{\Delta l_2}{a+b}$$

Daraus :

$$\Delta l_2 = \frac{a+b}{a} \cdot \Delta l_1$$

Dehnungen : $\varepsilon = \dfrac{\Delta l}{l_o}$

Die Statik-Gleichung lautet somit :

$$0 = A \cdot E \cdot \frac{\Delta l_1}{l_o} \cdot a + A \cdot E \cdot \frac{a+b}{a} \cdot \frac{\Delta l_1}{l_o} \cdot (a+b)$$

$$0 = \frac{\Delta l_1 \cdot A \cdot E}{l_o} \cdot \left(a + \frac{(a+b)^2}{a} \right) - F \cdot l$$

Daraus :

$$\Delta l_1 = \frac{F \cdot l \cdot l_o}{E \cdot A \cdot \left(a + \dfrac{(a+b)^2}{a} \right)}$$

Dehnung Stab (1) :

$$\varepsilon_1 = \frac{\Delta l_1}{l_o} = \frac{F \cdot l}{E \cdot A \cdot \left(a + \dfrac{(a+b)^2}{a} \right)}$$

Zugspannung Stab (1) :

$$\sigma_1 = E \cdot \varepsilon_1 = \frac{F \cdot l}{A \cdot \left(a + \dfrac{(a+b)^2}{a} \right)}$$

Zugkraft Stab (1) :

$$F_{S1} = \sigma_1 \cdot A = \frac{F \cdot l}{a + \dfrac{(a+b)^2}{a}}$$

$$\boxed{F_{S1} = \frac{F \cdot l \cdot a}{a^2 + (a+b)^2}}$$

$$F_{S2} = A \cdot E \cdot \frac{\Delta l_2}{l_o}$$

$$F_{S2} = \frac{A \cdot E}{l_o} \cdot \frac{a+b}{a} \cdot \Delta l_1$$

$$F_{S2} = \frac{A \cdot E \cdot (a+b)}{l_o \cdot a} \cdot \frac{F \cdot l \cdot l_o}{E \cdot A \cdot \left(a + \dfrac{(a+b)^2}{a} \right)}$$

$$F_{S2} = \frac{F \cdot l}{\dfrac{a}{a+b} \cdot \left(a + \dfrac{(a+b)^2}{a} \right)}$$

$$F_{S2} = \frac{F \cdot l}{\dfrac{a^2 + (a+b)^2}{(a+b)}}$$

$$\boxed{F_{S2} = \frac{F \cdot l \cdot (a+b)}{a^2 + (a+b)^2}}$$

Aus Gleichung (2) folgt :

$$F_A = F - F_{S1} - F_{S2}$$

11.2

a) Wie groß ist die Federkonstante c des ummantelten Stahlseils ?

b) Wie groß sind die Spannungen und Kräfte sowohl im Kern als auch im Mantel ?

Kern : $E_K = 2,1 \cdot 10^5 \, \mathrm{N/mm^2}$

Mantel : $E_M = 10^4 \, \mathrm{N/mm^2}$

Ausgangslänge : $l_o = 1000 \, \mathrm{mm}$

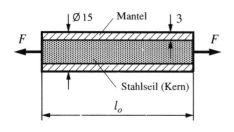

a)

Definition der Federkonstanten :

$$c = \frac{F}{\Delta l}$$

Statische Gleichgewichtsbedingung :

$$\sum F = 0$$

$$0 = F - F_M - F_K$$

$$F = F_M + F_K$$

F_M, F_K = anteilige Zugkräfte in Mantel und Kern

Es gilt :

$$F_M = \sigma_M \cdot A_M$$
$$F_K = \sigma_K \cdot A_K$$

Mit HOOKE

$$\sigma = E \cdot \varepsilon$$

folgt daraus :

$$F_M = E_M \cdot \varepsilon_M \cdot A_M$$
$$F_K = E_K \cdot \varepsilon_K \cdot A_K$$

Darin ist :

$$\varepsilon = \frac{\Delta l}{l_o}$$

Statt Verschiebeplan :

$$\Delta l_M = \Delta l_K = \Delta l$$

Die Statik-Gleichung lautet dann :

$$F = E_M \cdot A_M \cdot \frac{\Delta l}{l_o} + E_K \cdot A_K \cdot \frac{\Delta l}{l_o}$$

$$F = \frac{\Delta l}{l_o} \cdot \left(E_M \cdot A_M + E_K \cdot A_K \right)$$

Daraus :

$$c = \frac{F}{\Delta l} = \frac{1}{l_o} \cdot \left(E_M \cdot A_M + E_K \cdot A_K \right)$$

$$c = \frac{10^4 \cdot \dfrac{\mathrm{N}}{\mathrm{mm}^2} \cdot \dfrac{\pi}{4} \cdot \left(15^2 - 9^2\right) \mathrm{mm}^2}{1000 \, \mathrm{mm}}$$

$$+ \frac{2,1 \cdot 10^5 \cdot \dfrac{\mathrm{N}}{\mathrm{mm}^2} \cdot \dfrac{\pi}{4} \cdot 9^2 \, \mathrm{mm}^2}{1000 \, \mathrm{mm}}$$

$$c = 14490,6 \, \frac{\mathrm{N}}{\mathrm{mm}}$$

$$c \cong 14,5 \, \frac{\mathrm{kN}}{\mathrm{mm}}$$

b)

Zugspannung im Mantel :

$$\sigma_M = E_M \cdot \frac{\Delta l}{l_o}$$

$$\sigma_M = \frac{E_M \cdot F \cdot l_o}{l_o \cdot (E_M \cdot A_M + E_K \cdot A_K)}$$

$$\boxed{\sigma_M = \frac{F}{A_M + A_K \cdot \dfrac{E_K}{E_M}}}$$

Zugkraftanteil Mantel :

$$F_M = \sigma_M \cdot A_M$$

$$\boxed{F_M = \frac{F}{1 + \dfrac{A_K \cdot E_K}{A_M \cdot E_M}}}$$

Analog für den Kern :

$$\boxed{\sigma_K = \frac{F}{A_K + A_M \cdot \dfrac{E_M}{E_K}}}$$

$$\boxed{F_K = \frac{F}{1 + \dfrac{A_M \cdot E_M}{A_K \cdot E_K}}}$$

Mit den gegebenen Daten folgt :

$$\sigma_M = 6,9 \cdot 10^{-4}\ \mathrm{mm}^{-2} \cdot F$$

$$F_M = 0,078 \cdot F$$

$$\sigma_K = 1,45 \cdot 10^{-2}\ \mathrm{mm}^{-2} \cdot F$$

$$F_K = 0,922 \cdot F$$

11.3

Eine schwere, biegesteife Platte hängt an drei Stäben. Der Durchmesser des mittleren Stabes ist doppelt so groß wie der der äußeren Stäbe.

a) Es ist die Verlängerung der drei gleich langen Stäbe zu bestimmen.

b) Wie groß sind die Stabkräfte ?

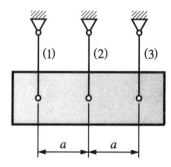

Statische Gleichgewichtsbedingung :

$$\sum F = 0$$

$$F_G = F_{S1} + F_{S2} + F_{S3}$$

Darin ist :

$$F_{S1} = F_{S3} = F_{S13}$$

$$F_G = 2 \cdot F_{S13} + F_{S2}$$

Darin :

$$F_S = \sigma \cdot A$$

$$F_G = 2 \cdot A_{13} \cdot \sigma_{13} + A_2 \cdot \sigma_2$$

Mit $d_2 = 2 \cdot d_{13}$

wird $A_2 = 4 \cdot A_{13}$

Die Statik-Gleichung lautet dann :

$$F_G = 2 \cdot A_{13} \cdot \sigma_{13} + 4 \cdot A_{13} \cdot \sigma_2$$

Mit HOOKE

$$\sigma = E \cdot \varepsilon$$

folgt daraus :

$$F_G = 2 \cdot A_{13} \cdot \left(E \cdot \frac{\Delta l_{13}}{l_o} + 2E \cdot \frac{\Delta l_2}{l_o} \right)$$

Statt Verschiebeplan :

$$\Delta l_{13} = \Delta l_2 = \Delta l$$

$$F_G = \frac{2 A_{13} \cdot E \cdot \Delta l}{l_o} \cdot (1 + 2)$$

Daraus :

$$\boxed{\Delta l = \frac{F_G \cdot l_o}{6E \cdot A_{13}}}$$

b)

$$F_{S13} = \sigma_{13} \cdot A_{13}$$

$$F_{S13} = E \cdot \frac{\Delta l}{l_o} \cdot A_{13}$$

$$\boxed{F_{S13} = \frac{F_G}{6}}$$

Aus der Statik-Gleichung :

$$F_{S2} = F_G - 2 \cdot F_{S13}$$

$$\boxed{F_{S2} = \frac{2}{3} \cdot F_G}$$

11.4

Ein Knoten wird durch drei Stäbe gebildet; dabei weisen die äußeren Stäbe gleichen Durchmesser auf, der des mittleren Stabes weicht davon ab.

a) Zu bestimmen sind die Stabkräfte.

b) Welchen elastischen Weg vollführt der Knoten ?

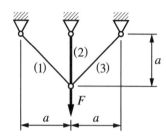

Gleichgewicht am Knoten :

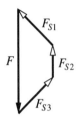

Wegen Symmetrie :

$$F_1 = F_3 = F_{13}$$

Statik-Gleichung :

$$\sum F = 0$$

$$0 = F - \frac{2 \cdot F_{13}}{\sqrt{2}} - F_2$$

$$F = \sqrt{2} \cdot F_{13} + F_2$$

Darin ist :

$$F_{13} = \sigma_{13} \cdot A_{13}$$

$$F_2 = \sigma_2 \cdot A_2$$

mit $\sigma_{13} = E \cdot \varepsilon_{13}$

und $\sigma_2 = E \cdot \varepsilon_2$

Die Statik-Gleichung lautet damit :

$$F = \sqrt{2} \cdot A_{13} \cdot E \cdot \varepsilon_{13} + A_2 \cdot E \cdot \varepsilon_2$$

mit $\varepsilon_{13} = \dfrac{\Delta l_{13}}{a \cdot \sqrt{2}}$

und $\varepsilon_2 = \dfrac{\Delta l_2}{a}$

Verschiebeplan :

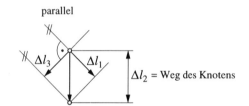

$$\Delta l_1 = \Delta l_3 = \frac{\Delta l_2}{\sqrt{2}}$$

Damit folgt :

$$F = \sqrt{2} \cdot A_{13} \cdot E \cdot \frac{\Delta l_2}{\sqrt{2} \cdot a \cdot \sqrt{2}} + A_2 \cdot E \cdot \frac{\Delta l_2}{a}$$

$$F = \frac{E \cdot \Delta l_2}{a} \cdot \left(\frac{A_{13}}{\sqrt{2}} + A_2 \right)$$

Daraus :

$$\boxed{\Delta l_2 = \frac{F \cdot a}{E \cdot \left(\dfrac{A_{13}}{\sqrt{2}} + A_2 \right)}}$$

b)

$$F_{S2} = A_2 \cdot E \cdot \frac{\Delta l_2}{a}$$

$$\boxed{F_{S2} = \frac{F}{1 + \dfrac{A_{13}}{A_2 \cdot \sqrt{2}}}}$$

$$F_{S1} = F_{S3} = \frac{F - F_{S2}}{\sqrt{2}}$$

$$\boxed{F_{S1} = F_{S3} = \frac{F}{\sqrt{2} + 2 \cdot \dfrac{A_2}{A_{13}}}}$$

11.5

Drei Stäbe gleichen Durchmessers und von gleichem Werkstoff bilden den Knoten, an dem die Kraft F wie skizziert angreift. Es sind die Stabkräfte sowie der elastische Weg des Knotens zu bestimmen.

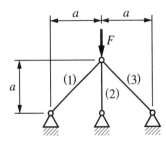

Gleichgewicht am Knoten :

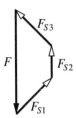

Wegen Symmetrie :

$$F_1 = F_3 = F_{13}$$

Statik-Gleichung :

$$0 = F - 2 \cdot \frac{F_{13}}{\sqrt{2}} - F_2$$

$$F = \sqrt{2} \cdot F_{13} + F_2$$

Darin ist :

$$F_{13} = \sigma_{13} \cdot A = E \cdot \varepsilon_{13} \cdot A$$

$$F_{13} = E \cdot \frac{\Delta l_{13}}{a \cdot \sqrt{2}} \cdot A$$

$$F_2 = \sigma_2 \cdot A = E \cdot \varepsilon_2 \cdot A$$

$$F_2 = E \cdot \frac{\Delta l_2}{a} \cdot A$$

$$F = \sqrt{2} \cdot E \cdot A \cdot \frac{\Delta l_{13}}{a \cdot \sqrt{2}} + E \cdot A \cdot \frac{\Delta l_2}{a}$$

Verschiebeplan :

$$F_1 = F_3 = E \cdot A \cdot \frac{\Delta l_{13}}{a \cdot \sqrt{2}}$$

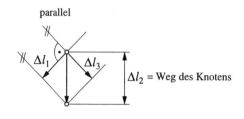

mit $\Delta l_{13} = \dfrac{\Delta l_2}{\sqrt{2}}$

Δl_2 = Weg des Knotens

$$F_1 = F_3 = E \cdot A \cdot \frac{\Delta l_2}{2a}$$

$$\Delta l_1 = \Delta l_3 = \frac{\Delta l_2}{\sqrt{2}}$$

$$F_1 = F_3 = \frac{F_2}{2}$$

Die Statik-Gleichung lautet dann :

$$F = \frac{E \cdot A}{a} \cdot \frac{\Delta l_2}{\sqrt{2}} + \frac{E \cdot A}{a} \cdot \Delta l_2$$

$$\boxed{F_1 = F_3 = \frac{F}{2 + \sqrt{2}} = 0,2929 \cdot F}$$

Daraus der Weg des Knotens :

$$\boxed{\Delta l_2 = \frac{F \cdot a}{E \cdot A \cdot \left(1 + \dfrac{1}{\sqrt{2}}\right)}}$$

Stabkräfte :

$$F_2 = E \cdot A \cdot \frac{\Delta l_2}{a}$$

$$\boxed{F_2 = \frac{F}{1 + \dfrac{1}{\sqrt{2}}} = 0,5858 \cdot F}$$

12.1

Für den skizzierten Biegebalken aus 5 mm-Blech sind die Biegespannungen in den Schnitten I, II und III zu berechnen. $F = 85\,\text{N}$

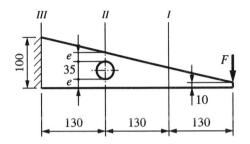

Schnitt I
Proportion :

$$\frac{90\,\text{mm}}{390\,\text{mm}} = \frac{y}{130\,\text{mm}}$$

$$\boxed{y = 30\,\text{mm}}$$

$$h = y + 10\,\text{mm} = 40\,\text{mm}$$

Axiales Flächenmoment 2. Ordnung bezüglich
Biegeachse x :

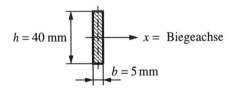

$$I_x = \frac{b \cdot h^3}{12} = \frac{5\,\text{mm} \cdot 40^3\,\text{mm}^3}{12}$$

$$I_x = 26666,\overline{6}\,\text{mm}^4$$

Axiales Widerstandsmoment

$$W_x = \frac{I_x}{\dfrac{h}{2}} = \frac{b \cdot h^2}{6} = \frac{5\,\text{mm} \cdot 40^2\,\text{mm}^2}{6}$$

$$W_x = 1333,\overline{3}\,\text{mm}^3$$

Biegerandspannungen in Ober- und Unterfaser :

$$\sigma_{b\,I} = \frac{M_b}{W_x}$$

mit $M_b = 85\,\text{N} \cdot 130\,\text{mm}$

$$M_b = 11050\,\text{Nmm}$$

$$\sigma_{b\,I} = \frac{M_b}{W_x} = \frac{11050\,\text{Nmm}}{1333,\overline{3}\,\text{mm}^3}$$

$$\boxed{\sigma_{b\,I} = 8,29\,\frac{\text{N}}{\text{mm}^2}}$$

Schnitt II
Proportion :

$$\frac{90\,\text{mm}}{390\,\text{mm}} = \frac{y}{260\,\text{mm}}$$

$$\boxed{y = 60\,\text{mm}}$$

$$h = y + 10\,\text{mm} = 70\,\text{mm}$$

Axiales Flächenmoment 2. Ordnung bezüglich Biegeachse x :

$$\sigma_{bII} = 6,19 \frac{\text{N}}{\text{mm}^2}$$

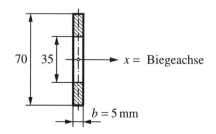

Schnitt III

Axiales Flächenmoment 2. Ordnung bezüglich Biegeachse x :

$$I_x = \left(\frac{5 \cdot 70^3}{12} - \frac{5 \cdot 35^3}{12}\right) \text{mm}^4$$

$$I_x = 125052,1 \, \text{mm}^4$$

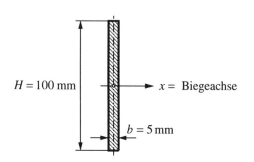

Axiales Widerstandsmoment

$$W_x = \frac{I_x}{\frac{70}{2} \text{mm}} = \frac{125052,1 \, \text{mm}^4}{35 \, \text{mm}}$$

$$I_x = \frac{b \cdot H^3}{12} = \frac{5 \, \text{mm} \cdot 100^3 \, \text{mm}^3}{12}$$

$$I_x = 416666,\overline{6} \, \text{mm}^4$$

$$W_x = 3572,9 \, \text{mm}^3$$

Axiales Widerstandsmoment

Biegerandspannungen in Ober- und Unterfaser :

$$W_x = \frac{I_x}{\frac{H}{2}}$$

$$\sigma_{bII} = \frac{M_b}{W_x}$$

oder sofort :

mit $M_b = 85 \, \text{N} \cdot 260 \, \text{mm}$

$$W_x = \frac{b \cdot H^2}{6} = \frac{5 \, \text{mm} \cdot 100^2 \, \text{mm}^2}{6}$$

$$M_b = 22100 \, \text{Nmm}$$

$$W_x = 8333,\overline{3} \, \text{mm}^3$$

$$\sigma_{bII} = \frac{M_b}{W_x} = \frac{22100 \, \text{Nmm}}{3572,9 \, \text{mm}^3}$$

Biegerandspannungen in Ober- und Unterfaser :

$$\sigma_{b\,III} = \frac{M_b}{W_x}$$

mit $M_b = 85\,\text{N} \cdot 390\,\text{mm}$

$M_b = 33150\,\text{Nmm}$

$$\sigma_{b\,III} = \frac{33150\,\text{Nmm}}{8333,\overline{3}\,\text{mm}^3}$$

$$\boxed{\sigma_{b\,III} = 3,98\,\frac{\text{N}}{\text{mm}^2}}$$

12.2

Welche maximale Biegespannung tritt in dem dargestellten $l = 300\,\text{mm}$ langen und flachgeschlagenen Rundrohr auf ?

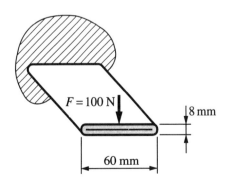

Maximale Biegerandspannung :

$$\sigma_{b\,\text{max}} = \frac{M_{b\,\text{max}}}{W_x}$$

mit $x = $ Biegeachse

Biegemomentenverlauf (qualitativ) :

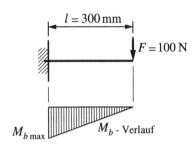

M_b - Verlauf

$$M_{b\,\text{max}} = F \cdot l$$

$$M_{b\,\text{max}} = 100\,\text{N} \cdot 300\,\text{mm}$$

$$M_{b\,\text{max}} = 30000\,\text{Nmm}$$

Axiales Flächenmoment 2. Ordnung bezüglich Biegeachse x :

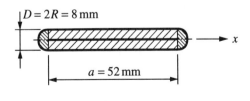

$$I_x = \frac{a \cdot D^3}{12} + \frac{\pi \cdot D^4}{64}$$

$$I_x = \left(\frac{52 \cdot 8^3}{12} + \frac{\pi \cdot 8^4}{64} \right) mm^4$$

$$I_x = 2419,73 \, mm^4$$

Axiales Widerstandsmoment

$$W_x = \frac{I_x}{R} = \frac{2419,73 \, mm^4}{4 \, mm}$$

$$W_x = 604,93 \, mm^3$$

Biegerandspannungen in Ober- und Unterfaser :

$$\sigma_{b\,max} = \frac{M_{b\,max}}{W_x}$$

$$\sigma_{b\,max} = \frac{30000 \, Nmm}{604,93 \, mm^3}$$

$$\boxed{\sigma_{b\,max} = 49,6 \, \frac{N}{mm^2}}$$

12.3

Bei Biegung des Balkens um die x-Achse liegt eine 15-fache Sicherheit vor. Welche Sicherheit verbleibt, wenn der Querschnitt um 90° gedreht wird, so daß die y-Achse zur Biegeachse wird ?

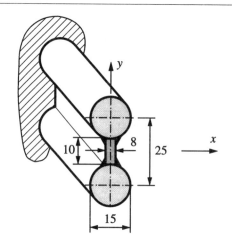

Sicherheit :

$$v = \frac{\sigma_{b\,zul.}}{\sigma_{b\,vorh.}}$$

mit $\sigma_{b\,vorh.} = \dfrac{M_b}{W_a}$

$$v_{(x)} = 15 = \frac{\sigma_{b\,zul}}{\dfrac{M_b}{W_x}}$$

analog

$$v_{(y)} = \frac{\sigma_{b\,zul}}{\dfrac{M_b}{W_y}}$$

Bei gleicher Biegemomenten-Belastung folgt :

$$\frac{v_{(x)}}{W_x} = \frac{v_{(y)}}{W_y}$$

$$v_{(y)} = \frac{W_y}{W_x} \cdot v_{(x)} = 15 \cdot \frac{W_y}{W_x}$$

Axiales Widerstandsmoment

$$W_y = \frac{I_y}{7,5\,\text{mm}} = \frac{5396,8\,\text{mm}^4}{7,5\,\text{mm}}$$

$$\boxed{W_y = 719,6\,\text{mm}^3}$$

Sicherheit bezogen auf die y-Achse :

$$v_{(y)} = \frac{719,6\,\text{mm}^3}{3043,0\,\text{mm}^3} \cdot 15$$

$$\boxed{v_{(y)} = 3,5}$$

Fall (1) : x = Biegeachse

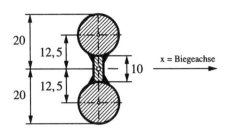

Axiales Flächenmoment 2. Ordnung bezüglich
Biegeachse x :

$$I_x = \left[2 \cdot \left(\frac{\pi \cdot 15^4}{64} + \frac{\pi \cdot 15^2}{4} \cdot 12,5^2 \right) + \frac{8 \cdot 10^3}{12} \right] \text{mm}^4$$

$$I_x = 60860,1\,\text{mm}^4$$

Axiales Widerstandsmoment

$$W_x = \frac{I_x}{(12,5 + 7,5)\,\text{mm}} = \frac{60860,1\,\text{mm}^4}{20\,\text{mm}}$$

$$\boxed{W_x = 3043,0\,\text{mm}^3}$$

Fall (2) : y = Biegeachse

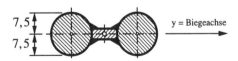

$$I_y = 2 \cdot \frac{\pi \cdot 15^4}{64}\,\text{mm}^4 + \frac{10 \cdot 8^3}{12}\,\text{mm}^4$$

$$I_y = 5396,8\,\text{mm}^4$$

12.4

Für den schweren Balken, der wie skizziert bemessen und gelagert ist, soll die größte auftretende Biegespannung berechnet werden. (Metergewicht : 35 N/m)

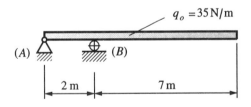

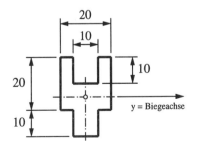

Bestimmung von $M_{b\,max}$
Schnittgrößen-Verlauf :

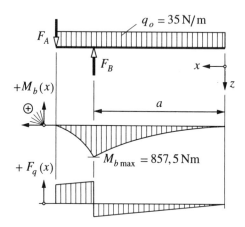

In bezug auf die Biegeachse y haben die beiden Querschnitte dasselbe axiale Flächenmoment 2. Ordnung I_y .

Damit :

Der Schwerpunkt liegt mittig zwischen den Randfasern.

Axiales Flächenmoment 2. Ordnung I_y :

$$I_y = \left(\frac{10 \cdot 30^3}{12} + 2 \cdot \frac{5 \cdot 10^3}{12} \right) \text{mm}^4$$

$$I_y = 23333,\overline{3} \text{ mm}^4$$

$M_{b\,max}$ bei Lager (B) :

$$M_{b\,max} = \frac{q_o \cdot a^2}{2}$$

$$M_{b\,max} = \frac{35 \frac{\text{N}}{\text{m}} \cdot (7 \text{ m})^2}{2}$$

$$M_{b\,max} = 857,5 \text{ Nm}$$

Axiales Widerstandsmoment

$$W_y = \frac{I_y}{15 \text{ mm}} = \frac{23333,\overline{3} \text{ mm}^4}{15 \text{ mm}}$$

$$W_y = 1555,\overline{5} \text{ mm}^3$$

Biegerandspannungen in Ober- und Unterfaser :

$$\sigma_{b\,max} = \frac{M_{b\,max}}{W_y}$$

Lage des Schwerpunkts

$$\sigma_{b\,max} = \frac{857500 \text{ Nmm}}{1555,\overline{5} \text{ mm}^3}$$

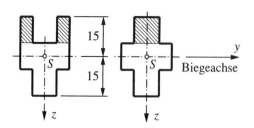

$$\boxed{\sigma_{b\,max} = 551,3 \, \frac{\text{N}}{\text{mm}^2}}$$

12.5

Der schwere Balken vom Gewicht 640 N ist wie skizziert bemessen und gelagert. Zu berechnen ist die größte auftretende Biegespannung.

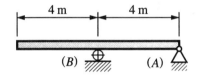

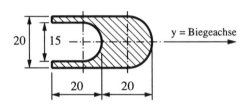

Bestimmung von $M_{b\,max}$
Schnittgrößen-Verlauf :

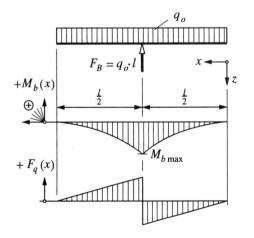

$M_{b\,max}$ bei Lager (B) :

$$M_{b\,max} = \frac{q_o}{2} \cdot \left(\frac{l}{2}\right)^2$$

mit $q_o = \dfrac{F_G}{l}$

Damit :

$$M_{b\,max} = \frac{F_G}{2l} \cdot \left(\frac{l}{2}\right)^2 = \frac{F_G \cdot l}{8}$$

$$M_{b\,max} = \frac{640\,\text{N} \cdot 8\,\text{m}}{8}$$

$$M_{b\,max} = 640\,\text{Nm}$$

Axiales Flächenmoment 2. Ordnung I_y bezüglich der Biegeachse y :

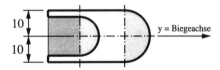

$$I_y = \left(\frac{1}{2} \cdot \frac{\pi \cdot 20^4}{64} + \frac{30 \cdot 20^3}{12}\right.$$

$$\left. - \frac{12,5 \cdot 15^3}{12} - \frac{1}{2} \cdot \frac{\pi \cdot 15^4}{64}\right)\text{mm}^4$$

$$I_y = 19168,8\,\text{mm}^4$$

Axiales Widerstandsmoment

$$W_y = \frac{I_y}{10\,\text{mm}} = \frac{19168,8\,\text{mm}^4}{10\,\text{mm}}$$

$$W_y = 1916,9\,\text{mm}^3$$

Biegerandspannungen in Ober- und Unterfaser :

$$\sigma_{b\,max} = \frac{M_{b\,max}}{W_y}$$

$$\sigma_{b\,max} = \frac{6,4 \cdot 10^5 \, \text{Nmm}}{1916,9 \, \text{mm}^3}$$

$$\sigma_{b\,max} = 333,9 \, \frac{\text{N}}{\text{mm}^2}$$

12.6

Ein Biegebalken ist einseitig eingespannt und belastet. Zu ermitteln sind die größten Biegerandspannungen in den Schnitten I und II .

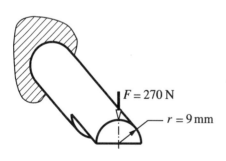

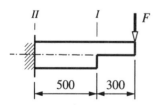

Schnitt I

Axiales Flächenmoment 2. Ordnung I_y bezüglich der Biegeachse y :

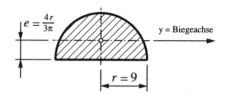

$$I_y = r^4 \left(\frac{\pi}{8} - \frac{8}{9\pi} \right)$$

Mit $r = 9 \, \text{mm}$ folgt :

$$I_y = 720,1 \, \text{mm}^4$$

Axiales Widerstandsmoment

1.   Oberfaser :

$$W_{y\,OF} = \frac{I_y}{\left(r - \dfrac{4 \cdot r}{3 \cdot \pi} \right)} = \frac{720,1 \, \text{mm}^4}{\left(9 - \dfrac{4 \cdot 9}{3 \cdot \pi} \right) \text{mm}}$$

$$W_{y\,OF} = 139 \, \text{mm}^3$$

Biegerandspannung (Zugspannung) OF :

$$\sigma_{b\,I\,OF} = \frac{M_{b\,I}}{W_{y\,OF}}$$

Darin :

$$M_{b\,I} = F \cdot 300 \, \text{mm} = 270 \, \text{N} \cdot 300 \, \text{mm}$$

$$M_{b\,I} = 81000 \, \text{Nmm}$$

$$\sigma_{b\,I\,OF} = \frac{81000\,\text{Nmm}}{139\,\text{mm}^3}$$

$$\boxed{\sigma_{b\,I\,OF} = 582,7\,\frac{\text{N}}{\text{mm}^2}}$$

Zum Vergleich

2)   Unterfaser :

$$W_{y\,UF} = \frac{I_y}{e} = \frac{I_y}{\frac{4 \cdot r}{3 \cdot \pi}}$$

$$W_{y\,UF} = \frac{720,1\,\text{mm}^4}{\frac{4 \cdot 9\,\text{mm}}{3 \cdot \pi}}$$

$$W_{y\,UF} = 188,5\,\text{mm}^3$$

Es folgt die Druckspannung in der UF :

$$\sigma_{b\,I\,UF} = \frac{M_{b\,I}}{W_{y\,UF}}$$

$$\sigma_{b\,I\,UF} = \frac{81000\,\text{Nmm}}{188,5\,\text{mm}^3}$$

$$\boxed{\left| \sigma_{b\,I\,UF} \right| = 429,7\,\frac{\text{N}}{\text{mm}^2}}$$

Schnitt II

Runder Vollquerschnitt

$$W_y = \frac{\pi \cdot D^3}{32} = \frac{\pi \cdot r^3}{4}$$

$$W_y = \frac{\pi \cdot (9\,\text{mm})^3}{4}$$

$$W_y = 572,6\,\text{mm}^3$$

Biegerandspannungen in Ober- und Unterfaser :

$$\sigma_{b\,II} = \frac{M_{b\,II}}{W_y}$$

mit $M_{b\,II} = F \cdot 800\,\text{mm}$

$$M_{b\,II} = 216000\,\text{Nmm}$$

$$\sigma_{b\,II} = \frac{216000\,\text{Nmm}}{572,6\,\text{mm}^3}$$

$$\boxed{\sigma_{b\,II} = 377,2\,\frac{\text{N}}{\text{mm}^2}}$$

12.7

Es sind die Schnittgrößendiagramme $F_q(x)$ und $M_b(x)$ qualitativ darzustellen sowie die Extremwerte quantitativ zu ermitteln. Welche maximale Biegerandspannung erfährt der skizzierte Querschnitt ? ($y =$ Biegeachse)

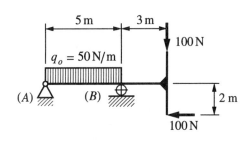

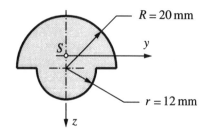

$R = 20\,\text{mm}$

$r = 12\,\text{mm}$

$M_{b\,\text{max}}$ bei Lager (B) :

$$\left|M_{b\,\text{max}}\right| = 100\,\text{N} \cdot 3\,\text{m} + 200\,\text{Nm}$$

$$\left|M_{b\,\text{max}}\right| = 500\,\text{Nm}$$

Statik : $\sum M_{(A)} = 0$

$$0 = 50\,\text{N/m} \cdot 5\,\text{m} \cdot 2,5\,\text{m}$$
$$+ 100\,\text{N} \cdot (8+2)\,\text{m} - F_B \cdot 5\,\text{m}$$

$\uparrow F_B = 325\,\text{N}$

$\sum F_z = 0$

$$0 = -F_{Az} - F_B + 50\,\text{N/m} \cdot 5\,\text{m} + 100\,\text{N}$$

$\uparrow F_{Az} = 25\,\text{N}$

Schnittgrößen-Verlauf :

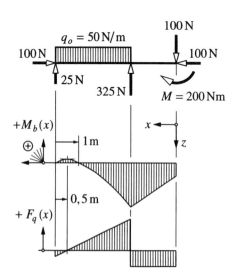

Lage des Schwerpunkts :

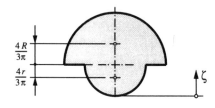

$$\zeta_S \cdot A = A_1 \cdot \eta_{S1} + A_2 \cdot \zeta_{S2}$$

$$A_1 = \frac{R^2 \cdot \pi}{2} = 628,3\,\text{mm}^2$$

$$A_2 = \frac{r^2 \cdot \pi}{2} = 226,2\,\text{mm}^2$$

$$A = 854,5\,\text{mm}^2$$

$$\zeta_{S1} = 12\,\text{mm} + \frac{4 \cdot R}{3 \cdot \pi} = 20,49\,\text{mm}$$

$$\zeta_{S2} = 12\,\text{mm} - \frac{4 \cdot r}{3 \cdot \pi} = 6,91\,\text{mm}$$

Damit :

$$\zeta_S = 16,9\,\text{mm}$$

Axiales Flächenmoment 2. Ordnung I_y bezüglich der Biegeachse y :

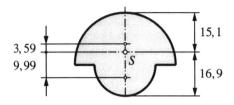

12.8

Ein einseitig eingespannter Biegebalken aus Vierkantvollquerschnitt $30 * 5\,mm$ soll durch Verkleben mit einem U-Profil $17 * 9 * 2\,mm$ partiell versteift werden. Wie lang ($l = ?$) muß das U-Profil sein, damit die Biegedruckspannung im nicht verstärkten Querschnitt genau so groß ist wie im verstärkten Querschnitt ?

$$I_y \cong 0{,}11 \cdot R^4 + \frac{R^2 \cdot \pi}{2} \cdot (3{,}59\,mm)^2$$

$$+\, 0{,}11 \cdot r^4 + \frac{r^2 \cdot \pi}{2} \cdot (9{,}99\,mm)^2$$

$$I_y \cong 50553\,mm^4$$

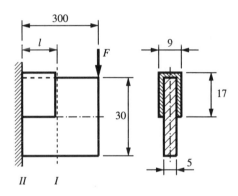

Maximale Biegespannung in der weitest entfernten Randfaser, hier : Unterfaser (UF)

$$W_{y\,UF} = \frac{I_y}{16{,}9\,mm} = 2991{,}3\,mm^3$$

Schnitt I :

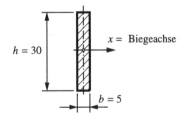

Biege-Druckspannung in der UF :

$$\sigma_{b\,max} = \frac{M_{b\,max}}{W_y}$$

$$\sigma_{b\,max} = \frac{-500000\,Nmm}{2991{,}3\,mm^3}$$

$$\boxed{\sigma_{b\,max} = -167{,}2\,\frac{N}{mm^2}}$$

Biegedruckspannung Unterfaser :

$$\sigma_{b\,I} = \frac{M_{b\,I}}{W_x}$$

$$M_{b\,I} = F \cdot (300\,mm - l)$$

$$W_x = \frac{b \cdot h^2}{6} = \frac{5 \cdot 30^2}{6} \, \text{mm}^3$$

$$W_x = 750 \, \text{mm}^3$$

$$\sigma_{b\,I} = \frac{F \cdot (300\,\text{mm} - l)}{750\,\text{mm}^3}$$

Schnitt II :

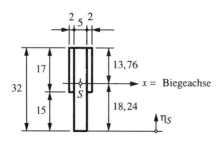

Lage des Schwerpunkts :

$$\eta_S = \frac{5 \cdot 32 \cdot 16\,\text{mm}^3 + 2 \cdot (17 \cdot 2 \cdot 23,5)\,\text{mm}^3}{5 \cdot 32\,\text{mm}^2 + 2 \cdot (17 \cdot 2)\,\text{mm}^2}$$

$$\eta_S = 18,24 \, \text{mm}$$

Axiales Flächenmoment 2. Ordnung I_x bezüglich der Biegeachse x :

$$I_x = \frac{5 \cdot 32^3}{12}\,\text{mm}^4 + 5 \cdot 32 \cdot (18,24 - 16)^2\,\text{mm}^4$$
$$+ 2 \cdot \left(\frac{2 \cdot 17^3}{12} + 2 \cdot 17 \cdot (23,5 - 18,24)^2 \right)\text{mm}^4$$

$$I_x = 17975,2 \, \text{mm}^4$$

Axiales Widerstandsmoment
Unterfaser :

$$W_x = \frac{I_x}{18,24\,\text{mm}} = \frac{17975,2\,\text{mm}^4}{18,24\,\text{mm}}$$

$$W_x = 985,5 \, \text{mm}^3$$

Biegedruckspannung Unterfaser :

$$\sigma_{b\,II} = \frac{M_{b\,II}}{W_x}$$

$$M_{b\,II} = F \cdot 300 \, \text{mm}$$

$$\sigma_{b\,II} = \frac{F \cdot 300\,\text{mm}}{985,5\,\text{mm}^3}$$

Gleichsetzen der Biegedruckspannungs-Ausdrücke :

$$\sigma_{b\,I} = \sigma_{b\,II}$$

$$\frac{F \cdot (300\,\text{mm} - l)}{750\,\text{mm}^3} = \frac{F \cdot 300\,\text{mm}}{985,5\,\text{mm}^3}$$

Daraus folgt :

$$l = 750\,\text{mm}^3 \cdot \left(\frac{300\,\text{mm}}{750\,\text{mm}^3} - \frac{300\,\text{mm}}{985,5\,\text{mm}^3} \right)$$

$$\boxed{l = 71,7 \, \text{mm}}$$

12.9

In das einseitig eingespannte Rohr   40 ∗ 5 mm ist ein Stab mit rundem Vollquerschnitt eingeschoben. Wie groß darf die Kraglänge l sein, damit beide Querschnitte dieselbe Biegespannung bei Querkraftbelastung F erfahren ?

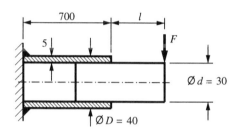

1)   Vollquerschnitt

Maximales Biegemoment :

$$M_{b\,max} = F \cdot l$$

Axiales Widerstandsmoment bezüglich Biegeachse :

$$W_{a\,voll} = \frac{\pi \cdot d^3}{32}$$

mit $d = 30\,\text{mm}$

$$W_{a\,voll} = \frac{\pi \cdot 30^3}{32}\,\text{mm}^3$$

$$W_{a\,voll} = 2650,7\,\text{mm}^3$$

Biegespannung im Vollquerschnitt :

$$\sigma_{b\,voll} = \frac{F \cdot l}{W_{a\,voll}}$$

$$\sigma_{b\,voll} = \frac{F \cdot l}{2650,7\,\text{mm}^3}$$

2)   Rohrquerschnitt

Maximales Biegemoment :

$$M_{b\,max} = F \cdot (l + 700\,\text{mm})$$

Axiales Widerstandsmoment bezüglich Biegeachse :

$$W_{a\,hohl} = \frac{\pi \cdot \left(D^4 - d^4\right)}{32 \cdot D}$$

mit $D = 40\,\text{mm}$
und $d = 30\,\text{mm}$

$$W_{a\,hohl} = \frac{\pi \cdot \left(40^4 - 30^4\right)}{32 \cdot 40}\,\text{mm}^3$$

$$W_{a\,hohl} = 4295,1\,\text{mm}^3$$

$$\sigma_{b\,hohl} = \frac{M_{b\,max}}{W_{a\,hohl}}$$

$$\sigma_{b\,hohl} = \frac{F \cdot (l + 700\,\text{mm})}{4295,1\,\text{mm}^3}$$

Gleichsetzen der Biegespannungs-Ausdrücke :

$$\sigma_{b\,voll} = \sigma_{b\,hohl}$$

$$\frac{F \cdot l}{2650,7\,mm^3} = \frac{F \cdot (l + 700\,mm)}{4295,1\,mm^3}$$

Daraus folgt :

$$l \cdot \left(\frac{1}{2650,7\,mm^3} - \frac{1}{4295,1\,mm^3} \right) = \frac{700\,mm}{4295,1\,mm^3}$$

$$\boxed{l = 1128,4\,mm}$$

12.10

Für die Schnitte I, II und III sind die größten Biegespannungen zu berechnen.

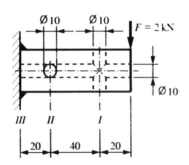

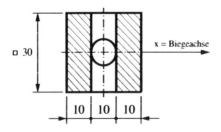

Schnitt I :

Biegemoment :

$$M_{bI} = F \cdot 20\,mm$$
$$M_{bI} = 2000\,N \cdot 20\,mm$$
$$M_{bI} = 4 \cdot 10^4\,Nmm$$

Axiales Widerstangsmoment W_x :

$$W_x = \frac{2 \cdot 10 \cdot 30^2}{6}\,mm^3$$

$$W_x = 3000\,mm^3$$

Biegespannungen in der Ober- und Unterfaser :

$$\sigma_{bI} = \frac{M_{bI}}{W_x} = \frac{4 \cdot 10^4\,Nmm}{3000\,mm^3}$$

$$\boxed{\sigma_{bI} = 13,3\,\frac{N}{mm^2}}$$

Schnitt II :

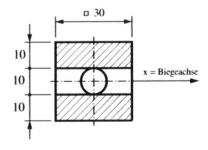

Axiales Flächenmoment 2. Ordnung I_x bezüglich der Biegeachse x :

$$I_x = \left(\frac{30^4}{12} - \frac{30 \cdot 10^3}{12} \right) mm^4$$

$$I_x = 65000\, mm^4$$

Axiales Widerstangsmoment W_x :

$$W_x = \frac{I_x}{15\, mm} = \frac{65000\, mm^4}{15\, mm}$$

$$W_x = 4333,\overline{3}\, mm^3$$

Biegemoment :

$$M_{b\,II} = F \cdot 60\, mm$$
$$M_{b\,II} = 2000\, N \cdot 60\, mm$$
$$M_{b\,II} = 12 \cdot 10^4\, Nmm$$

Biegespannungen in der Ober- und Unterfaser :

$$\sigma_{b\,II} = \frac{M_{b\,II}}{W_x} = \frac{12 \cdot 10^4\, Nmm}{4333,\overline{3}\, mm^3}$$

$$\boxed{\sigma_{b\,II} = 27,7\, \frac{N}{mm^2}}$$

Schnitt III :

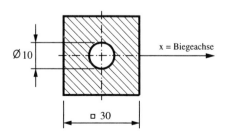

$\varnothing 10$

$x = $ Biegeachse

$\square\, 30$

Axiales Flächenmoment 2. Ordnung I_x bezüglich Biegeachse x :

$$I_x = \left(\frac{30^4}{12} - \frac{\pi \cdot 10^4}{64} \right) mm^4$$

$$I_x = 67009,1\, mm^4$$

Axiales Widerstangsmoment W_x :

$$W_x = \frac{I_x}{15\, mm} = \frac{67009,1\, mm^4}{15\, mm}$$

$$W_x = 4467,3\, mm^3$$

Biegemoment :

$$M_{b\,III} = F \cdot 80\, mm$$
$$M_{b\,III} = 2000\, N \cdot 80\, mm$$
$$M_{b\,III} = 16 \cdot 10^4\, Nmm$$

Biegespannungen in der Ober- und Unterfaser :

$$\sigma_{b\,II} = \frac{M_{b\,III}}{W_x} = \frac{16 \cdot 10^4\, Nmm}{4467,3\, mm^3}$$

$$\boxed{\sigma_{b\,III} = 35,8\, \frac{N}{mm^2}}$$

13.1

Ein einseitig eingespannter Balken von $l = 1\,\mathrm{m}$ Länge (spez. Gewicht : $\gamma = 78,5\,\mathrm{N/dm^3}$) weist die skizzierten Querschnittsmaße auf. Wie groß ist die maximale Biegespannung ?

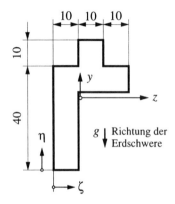

Lage des Schwerpunkts :

$$\eta_S = \frac{300 \cdot 15 + 300 \cdot 35 + 100 \cdot 45}{700\,\mathrm{mm}^2}\,\mathrm{mm}^3$$

$$\eta_S = 27,86\,\mathrm{mm}$$

$$\zeta_S = \frac{300 \cdot 5 + 300 \cdot 15 + 100 \cdot 15}{700\,\mathrm{mm}^2}\,\mathrm{mm}^3$$

$$\zeta_S = 10,71\,\mathrm{mm}$$

Flächenmomente 2. Ordnung :

$$I_z = \int_A y^2\,\mathrm{d}A \;;\; I_y = \int_A z^2\,\mathrm{d}A \;;\; I_{yz} = \int_A yz\,\mathrm{d}A$$

$$I_z = \left(\begin{array}{l} \dfrac{10 \cdot 30^3}{12} + 300 \cdot 12,86^2 + \\[2mm] \dfrac{30 \cdot 10^3}{12} + 300 \cdot 7,14^2 + \\[2mm] \dfrac{10^4}{12} + 100 \cdot 17,14^2 \end{array} \right) \cdot \mathrm{mm}^4$$

$$I_z = 120119,1\,\mathrm{mm}^4$$

$$I_y = \left(\begin{array}{l} \dfrac{30 \cdot 10^3}{12} + 300 \cdot 5,71^2 + \\[2mm] \dfrac{10 \cdot 30^3}{12} + 300 \cdot 4,29^2 + \\[2mm] \dfrac{10^4}{12} + 100 \cdot 4,29^2 \end{array} \right) \cdot \mathrm{mm}^4$$

$$I_y = 42976,2\,\mathrm{mm}^4$$

$$I_{yz} = \left(\begin{array}{l} 300 \cdot 5,71 \cdot 12,86 + \\ 300 \cdot 4,29 \cdot 7,14 + \\ 100 \cdot 4,29 \cdot 17,14 \end{array} \right) \cdot \mathrm{mm}^4$$

$$I_{yz} = 38571,4\,\mathrm{mm}^4$$

Lage der Hauptachsen u und v :

$$\tan(2\varphi_o) = \frac{2 I_{yz}}{I_y - I_z}$$

$$\varphi_{o\,1,2} = \frac{1}{2} \cdot \arctan\left(\frac{2 I_{yz}}{I_y - I_z} \right)$$

$$\varphi_{o\,1,2} = \frac{1}{2} \cdot \arctan\left(\frac{2 \cdot 38571,4}{42976,2 - 120119,1} \right)$$

$$\varphi_{o_{1,2}} = \frac{1}{2} \cdot \arctan(-1) = -22,5° \; / \; 67,5°$$

Vereinbarung :

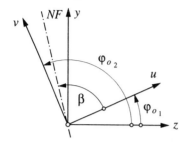

Hauptflächenmomente bezogen auf die
Hauptachsen u und v :

$$I_u = \int_A v^2 \, dA \; ; \; v_i = y_i \cdot \cos\varphi - z_i \cdot \sin\varphi$$

$$I_u = I_z \cos^2\varphi + I_y \sin^2\varphi - I_{yz}\sin(2\varphi)$$

$$I_u = I_z \cos^2\varphi_{o_1} + I_y \sin^2\varphi_{o_1} - I_{yz}\sin(2\varphi_{o_1})$$

$$I_u = I_z \cos^2(-22,5°) + I_y \sin^2(-22,5°)$$
$$-I_{yz}\sin(-2 \cdot 22,5°)$$

$$I_u = 136095,9 \, \text{mm}^4$$

$$I_v = \int_A u^2 \, dA \; ; \; u_i = y_i \cdot \sin\varphi + z_i \cdot \cos\varphi$$

$$I_v = I_z \cos^2\varphi + I_y \sin^2\varphi - I_{yz}\sin(2\varphi)$$

$$I_v = I_z \cos^2\varphi_{o_2} + I_y \sin^2\varphi_{o_2} - I_{yz}\sin(2\varphi_{o_2})$$

$$I_v = I_z \cos^2(67,5°) + I_y \sin^2(67,5°)$$
$$-I_{yz}\sin(2 \cdot 67,5°)$$

$$I_v = 26999,4 \, \text{mm}^4$$

Probe :

$$I_y + I_z = I_u + I_v$$

$$42976,2 + 120119,1 \overset{?}{=} 136095,9 + 26999,4$$
$$163095,3 = 163095,3$$

Ermittlung des Biegemoments :

$$A = 10 \cdot (30 + 30 + 10) \, \text{mm}^2 = 700 \, \text{mm}^2$$
$$V = A \cdot l = 700 \, \text{mm}^2 \cdot 1000 \, \text{mm} = 0,7 \, \text{dm}^3$$
$$F_G = V \cdot \gamma = 0,7 \, \text{dm}^3 \cdot 78,5 \, \text{N}/\text{dm}^3$$

$$F_G = 54,95 \, \text{N}$$

$$F_G = q_o \cdot l \; \Rightarrow \; q_o = \frac{F_G}{l}$$

$$M_{b\,\text{max}} = \frac{q_o \cdot l^2}{2} = \frac{F_G \cdot l}{2}$$

$$M_{b\,\text{max}} = F_G \cdot \frac{l}{2} = 54,95 \, \text{N} \cdot 500 \, \text{mm}$$

$$M_{b\,\text{max}} = 27475 \, \text{Nmm}$$

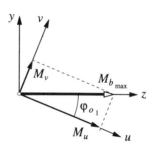

$$M_u = M_{b\,\text{max}} \cdot \cos|\varphi_{o_1}|$$
$$M_v = M_{b\,\text{max}} \cdot \sin|\varphi_{o_1}|$$

$M_u = 27475\,\text{Nmm} \cdot \cos 22,5°$

$M_u = 25383,6\,\text{Nmm}$

$M_v = 27475\,\text{Nmm} \cdot \sin 22,5°$

$M_v = 10514,2\,\text{Nmm}$

Winkel β liegt zwischen der Neutralen Faser (NF) und der Hauptachse u .

$$\tan \beta = \frac{M_v \cdot I_u}{M_u \cdot I_v} \;\Rightarrow\; \beta = \arctan\!\left(\frac{M_v \cdot I_u}{M_u \cdot I_v}\right)$$

$$\beta = \arctan\!\left(\frac{10514,2 \cdot 136095,9}{25383,6 \cdot 26999,4}\right) = +64,41°$$

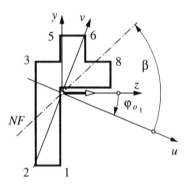

Koordinatentransformation :

$u_i = y_i \cdot \sin \varphi + z_i \cdot \cos \varphi$

$v_i = y_i \cdot \cos \varphi - z_i \cdot \sin \varphi$

Punkt (1) hat die größte Entfernung von der Neutralen Faserschicht (NF) und damit die absolut größte Biegespannung.

$v_1 = y_1 \cdot \cos \varphi - z_1 \cdot \sin \varphi$

$$v_1 = \begin{bmatrix} -27,86 \cos(-22,5°) - \\ (-0,71)\sin(-22,5°) \end{bmatrix} \text{mm} = -26,01\,\text{mm}$$

$u_1 = y_1 \cdot \sin \varphi + z_1 \cdot \cos \varphi$

$$u_1 = \begin{bmatrix} -27,86 \sin(-22,5°) + \\ (-0,71)\cos(-22,5°) \end{bmatrix} \text{mm} = +10,01\,\text{mm}$$

Spannungsberechnung :

$$\sigma_i = \frac{M_u}{I_u} \cdot v_i - \frac{M_v}{I_v} \cdot u_i$$

Spannungsberechnung für Punkt (1) des Querschnitts :

$$\sigma_1 = \frac{25383,6\,\text{Nmm}}{136095,9\,\text{mm}^4} \cdot (-26,01\,\text{mm})$$

$$- \frac{10514,2\,\text{Nmm}}{26999,4\,\text{mm}^4} \cdot (+10,01\,\text{mm})$$

$$\boxed{\sigma_1 = -8,75\,\text{N}/\text{mm}^2} \quad \text{Druckspannung}$$

Entsprechend ergibt sich (wenn gewünscht) für die anderen Eckpunkte des Querschnitts:

i	u_i [mm]	v_i [mm]	σ_{b_i} $\left[\text{N}/\text{mm}^2\right]$
1	10,01	−26,01	−8,75
2	0,77	−29,84	−5,86
3	−14,54	7,12	6,99
4	−5,30	10,94	4,11
5	−9,13	20,18	7,32
6	0,11	24,01	4,44
7	3,94	14,77	1,22
8	13,18	18,60	−1,66
9	17,00	9,36	−4,88
10	−1,47	1,71	0,89

13.2

Ein einseitig eingespannter $l = 0,7\,\text{m}$ langer Biegebalken wird durch die horizontal angreifende Kraft $F = 800\,\text{N}$ belastet. Welche größte Biegespannung tritt auf ?

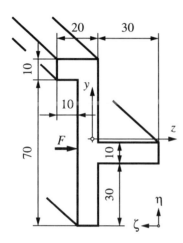

Lage des Schwerpunkts :

$$\zeta_S = \frac{300 \cdot 15 + 800 \cdot 35 + 100 \cdot 45}{(300 + 800 + 100)\,\text{mm}^2}\,\text{mm}^3$$

$$\zeta_S = 30,83\,\text{mm}$$

$$\eta_S = \frac{300 \cdot 35 + 800 \cdot 40 + 100 \cdot 75}{(300 + 800 + 100)\,\text{mm}^2}\,\text{mm}^3$$

$$\eta_S = 41,67\,\text{mm}$$

Flächenmomente 2. Ordnung :

$$I_z = \int_A y^2\,\text{d}A \; ; \; I_y = \int_A z^2\,\text{d}A \; ; \; I_{yz} = \int_A yz\,\text{d}A$$

$$I_z = \left(\frac{30 \cdot 10^3}{12} + 300 \cdot 6,67^2 + \frac{10 \cdot 80^3}{12} + 800 \cdot 1,67^2 + \frac{10^4}{12} + 100 \cdot 33,33^2 \right) \cdot \text{mm}^4$$

$$I_z = 556666,7\,\text{mm}^4$$

$$I_y = \left(\frac{10 \cdot 30^3}{12} + 300 \cdot 15,83^2 + \frac{80 \cdot 10^3}{12} + 800 \cdot 4,17^2 + \frac{10^4}{12} + 100 \cdot 14,17^2 \right) \cdot \text{mm}^4$$

$$I_y = 139166,7\,\text{mm}^4$$

$$I_{yz} = \left(\begin{matrix} -300 \cdot 6,67 \cdot 15,83 - \\ 100 \cdot 14,17 \cdot 33,33 + \\ 800 \cdot 1,67 \cdot 4,17 \end{matrix} \right) \cdot \text{mm}^4$$

$$I_{yz} = -73333,3\,\text{mm}^4$$

Lage der Hauptachsen u und v :

$$\tan(2\varphi_o) = \frac{2 I_{yz}}{I_y - I_z}$$

$$\varphi_{o\,1,2} = \frac{1}{2} \cdot \arctan\left(\frac{2 I_{yz}}{I_y - I_z} \right)$$

$$\varphi_{o\,1,2} = \frac{1}{2} \cdot \arctan\left(\frac{-2 \cdot 73333,3}{139166,7 - 556666,7} \right)$$

$$\varphi_{o_{1,2}} = \frac{1}{2} \cdot \arctan(0,3513) = 9,68° \ / \ 99,68°$$

Wenn klar erkennbar ist, welche der Achsen u und v die I_{max}-Achse bzw. die I_{min}-Achse ist, kann mit folgender Formel gearbeitet werden. Ansonsten vergl. Aufg. 13.1

$$I_{u,v} = \frac{I_y + I_z}{2} \pm \sqrt{\left(\frac{I_y - I_z}{2}\right)^2 + I_{yz}^2}$$

$$I_u = I_{max} = 569173,0 \ mm^4$$
$$I_v = I_{min} = 126660,4 \ mm^4$$

Ermittlung des Biegemoments :

$$M_{b\,max} = 800 \ N \cdot 700 \ mm = 560000 \ Nmm$$

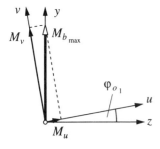

$$M_u = M_{b\,max} \cdot \sin|\varphi_{o_1}|$$
$$M_v = M_{b\,max} \cdot \cos|\varphi_{o_1}|$$

$$M_u = 560000 \ Nmm \cdot \sin 9,68°$$
$$M_u = 94161,4 \ Nmm$$

$$M_v = 560000 \ Nmm \cdot \cos 9,68°$$
$$M_v = 552027,0 \ Nmm$$

Winkel β liegt zwischen der Neutralen Faser (NF) und der Hauptachse u .

$$\tan \beta = \frac{M_v \cdot I_u}{M_u \cdot I_v} \quad \Rightarrow \quad \beta = \arctan\left(\frac{M_v \cdot I_u}{M_u \cdot I_v}\right)$$

$$\beta = \arctan\left(\frac{552027,0 \cdot 569173,0}{94161,4 \cdot 126660,4}\right) = +87,83°$$

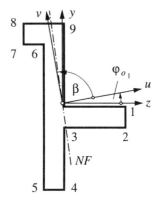

Koordinatentransformation :

$$u_i = y_i \cdot \sin\varphi + z_i \cdot \cos\varphi$$
$$v_i = y_i \cdot \cos\varphi - z_i \cdot \sin\varphi$$

Punkt (1) hat die größte Entfernung von der Neutralen Faserschicht (NF) und damit die absolut größte Biegespannung.

$$v_1 = y_1 \cdot \cos\varphi - z_1 \cdot \sin\varphi$$

$$v_1 = \begin{bmatrix} -1,67\cos 9,68° \\ -30,83\sin 9,68° \end{bmatrix} mm = -6,83 \ mm$$

$$u_1 = y_1 \cdot \sin\varphi + z_1 \cdot \cos\varphi$$

$$u_1 = \begin{bmatrix} -1,67\sin 9,68° \\ +30,83\cos 9,68° \end{bmatrix} mm = +30,11 \ mm$$

Spannungsberechnung:

$$\sigma_i = \frac{M_u}{I_u} \cdot v_i - \frac{M_v}{I_v} \cdot u_i$$

Spannungsberechnung für Punkt (1) des Querschnitts :

$$\sigma_1 = \frac{94161,4 \, \text{Nmm}}{569173,0 \, \text{mm}^4} \cdot (-6,83 \, \text{mm})$$
$$- \frac{552027,0 \, \text{Nmm}}{126660,4 \, \text{mm}^4} \cdot (+30,11 \, \text{mm})$$

$$\boxed{\sigma_1 = -132,36 \, \text{N/mm}^2} \quad \text{Druckspannung}$$

Entsprechend ergibt sich (wenn gewünscht) für die anderen Eckpunkte des Querschnitts:

i	u_i [mm]	v_i [mm]	σ_{b_i} [N/mm^2]
1	30,11	-6,83	-132,36
2	28,43	-16,69	-126,66
3	-1,14	-11,64	3,06
4	-6,19	-41,22	20,15
5	-16,05	-39,53	63,39
6	-4,28	29,47	23,51
7	-14,13	31,15	66,75
8	-12,45	41,01	61,05
9	7,26	37,64	-25,43
10	0,54	-1,79	-2,64

13.3

Wie groß ist das Biegemoment M_z , wenn die maximale Biegespannung $\sigma = -300 \, \text{N/mm}^2$ (Druckspannung) beträgt .

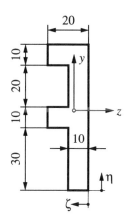

Lage des Schwerpunkts :

$$\eta_S = \frac{700 \cdot 35 + 100 \cdot 35 + 100 \cdot 65}{(700 + 100 + 100) \, \text{mm}^2} \, \text{mm}^3$$

$$\eta_S = 38,33 \, \text{mm}$$

$$\zeta_S = \frac{700 \cdot 5 + 200 \cdot 15}{(700 + 100 + 100) \, \text{mm}^2} \, \text{mm}^3$$

$$\zeta_S = 7,22 \, \text{mm}$$

Flächenmomente 2. Ordnung :

$$I_z = \int_A y^2 \, dA \; ; \; I_y = \int_A z^2 \, dA \; ; \; I_{yz} = \int_A yz \, dA$$

$$I_z = \begin{pmatrix} \dfrac{10 \cdot 70^3}{12} + 700 \cdot 3{,}33^2 + \\[2mm] \dfrac{10^4}{12} + 100 \cdot 3{,}33^2 + \\[2mm] \dfrac{10^4}{12} + 100 \cdot 26{,}66^2 \end{pmatrix} \cdot mm^4$$

$$I_z = 367500 \, mm^4$$

$$I_y = \begin{pmatrix} \dfrac{70 \cdot 10^3}{12} + 700 \cdot 2{,}22^2 + \\[2mm] \dfrac{10^4}{12} + 100 \cdot 7{,}77^2 + \\[2mm] \dfrac{10^4}{12} + 100 \cdot 7{,}77^2 \end{pmatrix} \cdot mm^4$$

$$I_y = 23055{,}55 \, mm^4$$

$$I_{yz} = \begin{pmatrix} -700 \cdot 3{,}33 \cdot 2{,}22 - \\ 100 \cdot 7{,}77 \cdot 26{,}66 + \\ 100 \cdot 3{,}33 \cdot 7{,}77 \end{pmatrix} \cdot mm^4$$

$$I_{yz} = -23333{,}3 \, mm^4$$

Lage der Hauptachsen u und v :

$$\tan(2\varphi_o) = \frac{2 I_{yz}}{I_y - I_z}$$

$$\varphi_{o_{1,2}} = \frac{1}{2} \cdot \arctan\left(\frac{2 I_{yz}}{I_y - I_z} \right)$$

$$\varphi_{o_{1,2}} = \frac{1}{2} \cdot \arctan\left(\frac{-2 \cdot 23333{,}33}{23055{,}55 - 367500} \right)$$

$$\varphi_{o_{1,2}} = \frac{1}{2} \cdot \arctan(0{,}13548) = 3{,}86° \ / \ 93{,}86°$$

$$I_u = \int_A v^2 \, dA \ ; \ v_i = y_i \cdot \cos\varphi - z_i \cdot \sin\varphi$$

$$I_u = I_z \cos^2 \varphi + I_y \sin^2 \varphi - I_{yz} \sin(2\varphi)$$

$$I_u = I_z \cos^2 \varphi_{o_1} + I_y \sin^2 \varphi_{o_1} - I_{yz} \sin(2\varphi_{o_1})$$

$$I_u = I_z \cos^2 3{,}86° + I_y \sin^2 3{,}86° \\ - I_{yz} \sin(2 \cdot 3{,}86°)$$

$$I_u = 369073{,}46 \, mm^4$$

$$I_v = \int_A u^2 \, dA \ ; \ u_i = y_i \cdot \sin\varphi + z_i \cdot \cos\varphi$$

$$I_v = I_z \cos^2 \varphi + I_y \sin^2 \varphi - I_{yz} \sin(2\varphi)$$

$$I_v = I_z \cos^2 \varphi_{o_2} + I_y \sin^2 \varphi_{o_2} - I_{yz} \sin(2\varphi_{o_2})$$

$$I_v = I_z \cos^2 93{,}86° + I_y \sin^2 93{,}86° \\ - I_{yz} \sin(2 \cdot 93{,}86°)$$

$$I_v = 21482{,}10 \, mm^4$$

Biegemomentbetrachtung :

$$M_u = M_z \cdot \cos\left|\varphi_{o_1}\right|$$

$$M_v = -M_z \cdot \sin\left|\varphi_{o_1}\right|$$

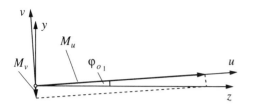

Winkel β liegt zwischen der Neutralen Faser (NF) und der Hauptachse u .

$$\tan\beta = \frac{M_v \cdot I_u}{M_u \cdot I_v} \quad \Rightarrow \quad \beta = \arctan\left(\frac{M_v \cdot I_u}{M_u \cdot I_v}\right)$$

$$\beta = \arctan\left(\frac{-M_z \cdot \sin|\varphi_{o_1}| \cdot I_u}{+M_z \cdot \cos|\varphi_{o_1}| \cdot I_v}\right)$$

$$\beta = \arctan\left(-\tan(3,86°)\frac{369073,46}{21482,10}\right) = -49,22°$$

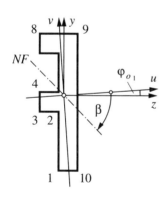

Spannungsberechnung:

$$\sigma_i = \frac{M_u}{I_u}\cdot v_i - \frac{M_v}{I_v}\cdot u_i$$

Punkt (1) hat die größte Entfernung von der Neutralen Faserschicht (NF) und damit die absolut größte Biegespannung. Die Richtung der Komponenten M_u und M_v zeigt, daß Punkt (1) im Druckgebiet liegt.

Koordinatentransformation :

$$u_i = y_i \cdot \sin\varphi + z_i \cdot \cos\varphi$$

$$v_i = y_i \cdot \cos\varphi - z_i \cdot \sin\varphi$$

$$v_1 = y_1 \cdot \cos\varphi - z_1 \cdot \sin\varphi$$

$$v_1 = \begin{bmatrix} -38,33\cos 3,86° \\ -(-2,78)\sin 3,86° \end{bmatrix} mm = -38,06\,mm$$

$$u_1 = y_1 \cdot \sin\varphi + z_1 \cdot \cos\varphi$$

$$u_1 = \begin{bmatrix} -38,33\sin 3,86° \\ +(-2,78)\cos 3,86° \end{bmatrix} mm = -5,35\,mm$$

$$-300\,N/mm^2 = \frac{M_z \cdot \cos 3,86°}{369073,46\,mm^4}\cdot v_1$$
$$-\frac{-M_z \cdot \sin 3,86°}{21482,10\,mm^4}\cdot u_1$$

$$-300\,N/mm^2 = M_z\begin{bmatrix} \dfrac{\cos 3,86°}{369073,46\,mm^4}\cdot v_1 \\ +\dfrac{\sin 3,86°}{21482,10\,mm^4}\cdot u_1 \end{bmatrix}$$

$$M_z = \frac{-300\,N/mm^2}{\dfrac{\cos 3,86°}{369073,46\,mm^4}v_1 + \dfrac{\sin 3,86°}{21482,10\,mm^4}u_1}$$

$$\boxed{M_z = 2,5074\,kNm}$$

Entsprechend ergibt sich (wenn gewünscht) für die anderen Eckpunkte des Querschnitts:

i	u_i [mm]	v_i [mm]	$\sigma_{b_i}\ [\mathrm{N/mm^2}]$
1	-5,35	-38,06	-300,00
2	-3,33	-8,12	-81,25
3	-13,31	-7,45	-155,05
4	-12,64	2,53	-82,13
5	-2,66	1,85	-8,34
6	-1,32	21,81	137,49
7	-11,29	22,48	63,69
8	-10,62	32,46	136,61
9	9,33	31,11	284,20
10	4,62	-38,73	-226,20

13.4

Zwei Profile sind wie skizziert miteinander verklebt.

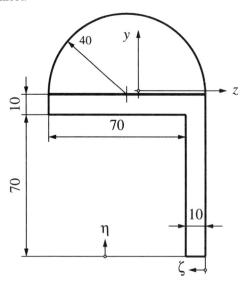

Welche Richtung hat der Biegemomentenvektor, wenn die Spannungen aller Punkte der Kle-

beschicht gleich groß sind ? γ = Winkel zwischen M_b - Vektor und der positiven Richtung der z-Achse

Lage des Schwerpunkts :

$$\zeta_S = \dfrac{700 \cdot 5 + 800 \cdot 40 + \dfrac{40^2 \cdot \pi}{2} \cdot 40}{\left(700 + 800 + \dfrac{40^2 \cdot \pi}{2}\right)\mathrm{mm^2}}\ \mathrm{mm^3}$$

$$\zeta_S = 33,9\ \mathrm{mm}$$

$$\eta_S = \dfrac{700 \cdot 35 + 800 \cdot 75}{\left(700 + 800 + \dfrac{40^2 \cdot \pi}{2}\right)\mathrm{mm^2}}\ \mathrm{mm^3}$$

$$+ \dfrac{\dfrac{40^2\,\pi}{2}\left(80 + \dfrac{40 \cdot 4}{3\pi}\right)}{\left(700 + 800 + \dfrac{40^2 \cdot \pi}{2}\right)\mathrm{mm^2}}\ \mathrm{mm^3}$$

$$\eta_S = 81,8\ \mathrm{mm}$$

Flächenmomente 2. Ordnung :

$$I_z = \int_A y^2\,\mathrm{d}A \ ; \ I_y = \int_A z^2\,\mathrm{d}A \ ; \ I_{yz} = \int_A yz\,\mathrm{d}A$$

$$I_z = \left(\begin{array}{l} \dfrac{10 \cdot 70^3}{12} + 700 \cdot 46,8^2 \\[2mm] + \dfrac{80 \cdot 10^3}{12} + 800 \cdot 6,8^2 \\[2mm] + 40^4\left(\dfrac{\pi}{8} - \dfrac{8}{9\pi}\right) + \dfrac{40^2 \cdot \pi}{2} \cdot 15,2^2 \end{array}\right) \cdot \mathrm{mm^4}$$

$I_z = 2724304,7 \text{ mm}^4$

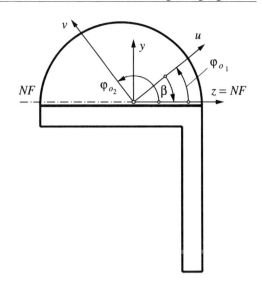

$$I_y = \begin{pmatrix} \dfrac{70 \cdot 10^3}{12} + 700 \cdot 28,9^2 \\[3mm] + \dfrac{10 \cdot 80^3}{12} + 800 \cdot 6,1^2 \\[3mm] + \dfrac{40^4 \cdot \pi}{8} + \dfrac{40^2 \cdot \pi}{2} \cdot 6,1^2 \end{pmatrix} \cdot \text{mm}^4$$

$I_y = 2145743,6 \text{ mm}^4$

$$I_{yz} = \begin{pmatrix} -700 \cdot 28,9 \cdot 46,8 \\[3mm] - \dfrac{40^2 \cdot \pi}{2} \cdot 6,1 \cdot 15,2 \\[3mm] +800 \cdot 6,1 \cdot 6,8 \end{pmatrix} \cdot \text{mm}^4$$

$I_{yz} = -1146610,8 \text{ mm}^4$

Lage der Hauptachsen u und v :

$$\tan(2\varphi_o) = \frac{2I_{yz}}{I_y - I_z}$$

$$\varphi_{o_{1,2}} = \frac{1}{2} \cdot \arctan\left(\frac{2I_{yz}}{I_y - I_z} \right)$$

$$\varphi_{o_{1,2}} = \frac{1}{2} \arctan\left(\frac{-2 \cdot 1146610,8}{2145743,6 - 2724304,7} \right)$$

$$\varphi_{o_{1,2}} = \frac{1}{2} \cdot \arctan(3,96366) = 37,92° \; / \; 127,92°$$

$$I_u = \int_A v^2 \, dA \; ; \; v_i = y_i \cdot \cos\varphi - z_i \cdot \sin\varphi$$

$$I_u = I_z \cos^2 \varphi + I_y \sin^2 \varphi - I_{yz} \sin(2\varphi)$$

$$I_u = I_z \cos^2 \varphi_{o_1} + I_y \sin^2 \varphi_{o_1} - I_{yz} \sin(2\varphi_{o_1})$$

$$I_u = I_z \cos^2 37,92° + I_y \sin^2 37,92° \\ -I_{yz} \sin(2 \cdot 37,92°)$$

$$I_u = 3617563,6 \text{ mm}^4$$

$$I_v = \int_A u^2 \, dA \; ; \; u_i = y_i \cdot \sin\varphi + z_i \cdot \cos\varphi$$

$$I_v = I_z \cos^2 \varphi + I_y \sin^2 \varphi - I_{yz} \sin(2\varphi)$$

$$I_v = I_z \cos^2 \varphi_{o_2} + I_y \sin^2 \varphi_{o_2} - I_{yz} \sin(2\varphi_{o_2})$$

$$I_v = I_z \cos^2 127,92° + I_y \sin^2 127,92° \\ -I_{yz} \sin(2 \cdot 127,92°)$$

$$I_v = 1252484,7 \text{ mm}^4$$

Winkel β liegt zwischen der Neutralen Faser (NF) und der Hauptachse u. Da alle Punkte der Klebeschicht dieselbe Spannung aufweisen, liegt die NF parallel dazu; die NF ist also identisch mit der z-Achse.

$$\tan\beta = \frac{M_v \cdot I_u}{M_u \cdot I_v} \quad\Rightarrow\quad \beta = \arctan\left(\frac{M_v \cdot I_u}{M_u \cdot I_v}\right)$$

$$\beta = -37,92°$$

$$\tan(-37,92°) = \frac{M_v I_u}{M_u I_v}$$

$$\frac{M_v}{M_u} = \frac{I_v}{I_u}\tan(-37,92°)$$

$$\frac{M_v}{M_u} = -0,2697$$

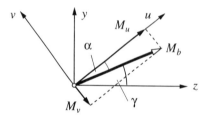

$$\tan\alpha = \frac{M_v}{M_u} = -0,2697 \quad\Rightarrow\quad \alpha = -15,09°$$

$$\gamma = 37,92° - 15,09°$$

$$\boxed{\gamma = 22,83°}$$

13.5

Der skizzierte Balken der Länge $l = 500\,\text{mm}$ wird durch die horizontal angreifende Kraft $F = 1\,\text{kN}$ belastet.

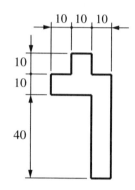

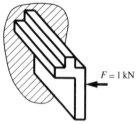

Unter Vernachlässigung des Balkengewichts ist die größte Biegespannung zu berechnen.

Lage des Schwerpunkts :

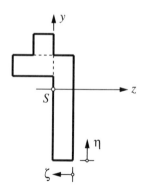

$$\eta_S = \frac{\sum_i \left(A_i \cdot \eta_{Si}\right)}{A}$$

$$\eta_S = \frac{\left(500 \cdot 25 + 200 \cdot 45 + 100 \cdot 55\right) \text{mm}^3}{800 \text{ mm}^2}$$

$$\eta_S = 33,75 \text{ mm}$$

$$\zeta_S = \frac{\sum_i \left(A_i \cdot \zeta_{Si}\right)}{A}$$

$$\zeta_S = \frac{\left(500 \cdot 5 + 200 \cdot 20 + 100 \cdot 15\right) \text{mm}^3}{800 \text{ mm}^2}$$

$$\zeta_S = 10 \text{ mm}$$

Axiale Flächenmomente 2. Ordnung
$I_z, I_y \left[\text{mm}^4\right]$:

$$I_z = \left(\frac{10 \cdot 50^3}{12} + 500 \cdot 8,75^2\right) \text{mm}^4$$

$$+ \left(\frac{20 \cdot 10^3}{12} + 200 \cdot 11,25^2\right) \text{mm}^4$$

$$+ \left(\frac{10^4}{12} + 100 \cdot 21,25^2\right) \text{mm}^4$$

$$I_z = 215416,\overline{6} \text{ mm}^4$$

$$I_y = \left(\frac{50 \cdot 10^3}{12} + 500 \cdot 5^2\right) \text{mm}^4$$

$$+ \left(\frac{10 \cdot 20^3}{12} + 200 \cdot 10^2\right) \text{mm}^4$$

$$+ \left(\frac{10^4}{12} + 100 \cdot 5^2\right) \text{mm}^4$$

$$I_y = 46666,\overline{6} \text{ mm}^4$$

Gemischtes Flächenmoment
(Deviationsmoment) I_{yz} :

$$I_{yz} = \left[500 \cdot (-8,75) \cdot 5 + 200 \cdot 11,25 \cdot (-10)\right.$$
$$\left. + 100 \cdot 21,25 \cdot (-5)\right] \text{mm}^4$$

$$I_{yz} = -55000,0 \text{ mm}^4$$

Lage der Hauptachsen $u, \ v$:

$$\tan(2\varphi_o) = \frac{2 I_{yz}}{I_y - I_z}$$

$$\varphi_{o1} = +16,55° \qquad \varphi_{o2} = +106,55°$$

Statik :

$$M_b = M_y = -1\,\text{kN} \cdot 500\,\text{mm}$$
$$M_b = -500 \text{ kNm}$$

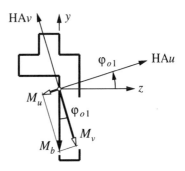

Hauptachskomponenten des M_b-Vektors :

$M_u = -M_b \cdot \sin\varphi_{o1}$ $M_u = -142,4\,\text{Nm}$

$M_v = -M_b \cdot \cos\varphi_{o1}$ $M_v = -479,3\,\text{Nm}$

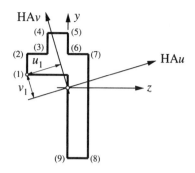

Auf Hauptachsen bezogene axiale Flächenmomente 2. Ordnung $I_u = I_{max}$, $I_v = I_{min}$

Allgemein :

$$I_a(\varphi) = I_z \cdot \cos^2\varphi + I_y \cdot \sin^2\varphi - 2I_{yz} \cdot \sin(2\varphi)$$

Mit $\varphi_{o1} = 16,55°$ folgt :

$I_u = 231759,8\,\text{mm}^4$

Mit $\varphi_{o2} = 106,55°$ folgt :

$I_v = 30323,5\,\text{mm}^4$

Probe :

$I_y + I_z = I_u + I_v$

Lage der Neutralen Faserschicht (NF) :

$$\tan\beta = \frac{M_v \cdot I_u}{M_u \cdot I_v}$$

Daraus folgt : $\beta = +87,8°$

Weitest von der NF (Neutralen Faserschicht) entfernter Punkt ist mit (1) bezeichnet, hier : $\sigma_{b\,max}$

Koordinaten des Punktes (1) :

Mit $y_1 = 6,25\,\text{mm}$ und $z_1 = -20\,\text{mm}$

$u_1 = y_1 \cdot \sin\varphi_{o1} + z_1 \cdot \cos\varphi_{o1}$

$u_1 = -17,39\,\text{mm}$

$v_1 = y_1 \cdot \cos\varphi_{o1} - z_1 \cdot \sin\varphi_{o1}$

$v_1 = +11,69\,\text{mm}$

Spannungsformel allgemein :

$$\sigma_i = \frac{M_u}{I_u} \cdot v_i - \frac{M_v}{I_v} \cdot u_i$$

Für Punkt (1) folgt somit die absolut größte Biegespannung :

$$\sigma_{b(1)} = -282,9\,\frac{\text{N}}{\text{mm}^2}$$

Entsprechend ergibt sich (wenn gewünscht) für die anderen Eckpunkte des Querschnitts:

Punkt	σ_b N/mm^2
1	−282,1
2	−242,9
3	−89,7
4	−50,5
5	+102,7
6	+63,6
7	+216,9
8	+21,2
9	−132,1
10	+24,5

13.6

Punkt (1) des skizzierten Biegebalkenquerschnitts liegt auf der Neutralen Faserschicht ($\sigma_1 = 0$).

a) Welchen Winkel α bildet dann der Biegemomenten-Vektor mit der z-Achse ?

b) Es ist der Verlauf des Spannungs-Profils über dem Querschnitt in geeigneter Perspektive darzustellen. $M_b = 1000 \, \text{Nm}$

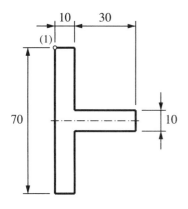

a)

Lage des Schwerpunkts

z-Achse ist Symmetrieachse : $\eta_S = 35 \, \text{mm}$

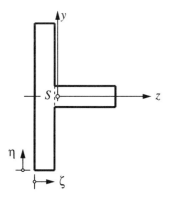

$$\zeta_S = \frac{\sum_i (A_i \cdot \zeta_{Si})}{A}$$

$$\zeta_S = \frac{(700 \cdot 5 + 300 \cdot 25) \, \text{mm}^3}{1000 \, \text{mm}^2}$$

$$\zeta_S = 11 \, \text{mm}$$

z-Achse ist als Symmetrieachse eine Hauptachse, somit :

$$z \equiv u \text{ - Achse}$$

$$y \equiv v \text{ - Achse}$$

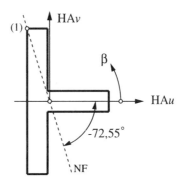

Axiale Flächenmomente 2. Ordnung :

$$I_u = I_z \, , \ I_v = I_y$$

$$I_u = I_z = \left(\frac{10 \cdot 70^3}{12} + \frac{30 \cdot 10^3}{12} \right) \text{mm}^4$$

$$I_u = I_z = 288333,\overline{3} \, \text{mm}^4$$

$$I_v = I_y = \left(\frac{70 \cdot 10^3}{12} + 700 \cdot 6^2 \right) \text{mm}^4$$

$$+ \left(\frac{10 \cdot 30^3}{12} + 300 \cdot 14^2 \right) \text{mm}^4$$

$I_v = I_y = 112333, \overline{3} \, \text{mm}^4$

$I_{yz} = 0$ (Symmetrie)

$\tan \beta = \dfrac{-35 \, \text{mm}}{11 \, \text{mm}} = -3,18182$

$\beta = -72,55°$

Aus $\quad \tan \beta = \dfrac{M_v \cdot I_u}{M_u \cdot I_v} \quad$ folgt :

$\dfrac{M_v}{M_u} = \tan \alpha = \tan \beta \cdot \dfrac{I_v}{I_u}$

Allgemein :

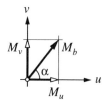

$\alpha = \arctan\left(\tan \beta \cdot \dfrac{I_v}{I_u} \right)$

$\boxed{\alpha = -51,1°}$

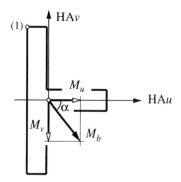

b)   Spannungsformel allgemein :

$\sigma_i = \dfrac{M_u}{I_u} \cdot v_i - \dfrac{M_v}{I_v} \cdot u_i$

Darin sind :

$M_u = M_z = +M_b \cdot \cos \alpha = 627,885 \, \text{Nm}$

$M_v = M_y = -M_b \cdot \sin \alpha = -778,306 \, \text{Nm}$

Entsprechend ergibt sich (wenn gewünscht) für
die anderen Eckpunkte des Querschnitts :

Punkt	σ_b N/mm^2
1	0
2	+69,29
3	+3,96
4	+211,82
5	+190,04
6	-17,82
7	-83,15
8	-152,43

Spannungsprofil :

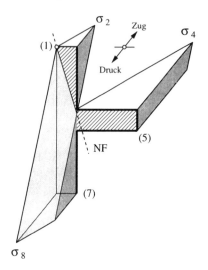

14.1

Mit Hilfe der Differentialgleichung (Dgl.) der Elastischen Linie sind für die Angriffsstelle der Kraft F zu berechnen die Absenkung f_F und der Tangentenneigungswinkel α_F.

$E \cdot I_a$ =konstante Biegesteifigkeit

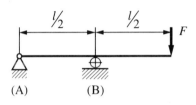

(A)   (B)

Statik :

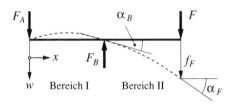

w Bereich I   Bereich II

$$\sum M_{(B)} = 0 = F_A \cdot \frac{l}{2} - F \cdot \frac{l}{2}$$

$$F_A = F$$

$$\sum F = 0 = F_A - F_B + F$$

$$F_B = 2F$$

Dgl. allgemein :

$$\boxed{w''(x) = \frac{-M_b(x)}{E \cdot I_a}}$$

Bereich I : $0 \leq x < \dfrac{l}{2}$

$$\sum M_S = 0 = M_b(x) + F_A \cdot x$$

$$M_b(x) = -F_A \cdot x \quad \Rightarrow \quad M_b(x) = -F \cdot x$$

$$w''(x) = \frac{F \cdot x}{E \cdot I_a}$$

$$w''(x) \cdot E \cdot I_a = F \cdot x$$

$$w'(x) \cdot E \cdot I_a = F \cdot \frac{x^2}{2} + C_1$$

$$w(x) \cdot E \cdot I_a = F \cdot \frac{x^3}{6} + C_1 \cdot x + C_2$$

Randbedingungen :

$$w(x=0) = 0 \quad \Rightarrow \quad C_2 = 0$$

$$w\left(x=\frac{l}{2}\right) = 0 \quad \Rightarrow \quad 0 = F \cdot \frac{\left(\frac{l}{2}\right)^3}{6} + C_1 \cdot \frac{l}{2}$$

$$C_1 = -F \cdot \frac{\left(\frac{l}{2}\right)^2}{6} \quad \Rightarrow \quad C_1 = -\frac{F \cdot l^2}{24}$$

Damit :

$$w'(x) \cdot E \cdot I_a = \frac{F \cdot x^2}{2} - \frac{F \cdot l^2}{24}$$

$$w(x) \cdot E \cdot I_a = \frac{F \cdot x^3}{6} - \frac{F \cdot l^2}{24} \cdot x$$

Bereich II : $\dfrac{l}{2} \le x < l$

$\sum M_S = 0 = M_b(x) + F_A \cdot x - F_B \cdot \left(x - \dfrac{l}{2}\right)$

$M_b(x) = -F_A \cdot x + F_B \cdot \left(x - \dfrac{l}{2}\right)$

$M_b(x) = -F \cdot x + 2F \cdot x - F \cdot l = F \cdot x - F \cdot l$

$w''(x) = \dfrac{F \cdot l - F \cdot x}{E \cdot I_a}$

$w''(x) \cdot E \cdot I_a = F \cdot l - F \cdot x$

$w'(x) \cdot E \cdot I_a = F \cdot l \cdot x - F \cdot \dfrac{x^2}{2} + C_3$

$w(x) \cdot E \cdot I_a = F \cdot l \cdot \dfrac{x^2}{2} - F \cdot \dfrac{x^3}{6} + C_3 \cdot x + C_4$

Randbedingung für C_3 :

$w'_I\left(x = \dfrac{l}{2}\right) = w'_{II}\left(x = \dfrac{l}{2}\right) \;\Rightarrow\; C_3$

$\dfrac{F \cdot \left(\dfrac{l}{2}\right)^2}{2} - \dfrac{F \cdot l^2}{24} = F \cdot l \cdot \left(\dfrac{l}{2}\right) - F \cdot \dfrac{\left(\dfrac{l}{2}\right)^2}{2} + C_3$

$\dfrac{3F \cdot l^2}{24} - \dfrac{F \cdot l^2}{24} = \dfrac{12F \cdot l^2}{24} - \dfrac{3F \cdot l^2}{24} + C_3$

$C_3 = \dfrac{(3 - 1 - 12 + 3)}{24} \cdot F \cdot l^2 = -\dfrac{7F \cdot l^2}{24}$

Randbedingung für C_4 :

$w_{II}\left(x = \dfrac{l}{2}\right) = 0 \;\Rightarrow\; C_4$

$w(x) \cdot EI_a = Fl \cdot \dfrac{x^2}{2} - F \cdot \dfrac{x^3}{6} - \dfrac{7Fl^2}{24} \cdot x + C_4$

$0 = Fl \cdot \dfrac{\left(\dfrac{l}{2}\right)^2}{2} - F \cdot \dfrac{\left(\dfrac{l}{2}\right)^3}{6} - \dfrac{7Fl^2}{24} \cdot \dfrac{l}{2} + C_4$

$C_4 = -\dfrac{Fl^3}{8} + \dfrac{Fl^3}{48} + \dfrac{7Fl^3}{48} = \dfrac{(-6 + 1 + 7)}{48} \cdot Fl^3$

$C_4 = \dfrac{F \cdot l^3}{24}$

Mit $w_{II}(x = l) = f_F$ eingesetzt in

$w(x) \cdot EI_a = Fl \cdot \dfrac{x^2}{2} - F \cdot \dfrac{x^3}{6} - \dfrac{7Fl^2}{24} \cdot x + \dfrac{Fl^3}{24}$

folgt :

$f_F \cdot EI_a = \dfrac{Fl^3}{2} - \dfrac{Fl^3}{6} - \dfrac{7Fl^3}{24} + \dfrac{Fl^3}{24}$

$f_F = \dfrac{12Fl^3}{24 \cdot EI_a} - \dfrac{4Fl^3}{24 \cdot EI_a} - \dfrac{7Fl^3}{24 \cdot EI_a} + \dfrac{Fl^3}{24 \cdot EI_a}$

$$\boxed{f_F = \dfrac{F \cdot l^3}{12 \cdot EI_a}}$$

Mit $w'_{II}\left(x = \dfrac{l}{2}\right) = \alpha_B$ eingesetzt in

$w'(x) \cdot E \cdot I_a = F \cdot l \cdot x - F \cdot \dfrac{x^2}{2} - \dfrac{7F \cdot l^2}{24}$

folgt :

$$\alpha_B = \frac{1}{E \cdot I_a}\left[\frac{F \cdot l^2}{2} - \frac{F \cdot l^2}{8} - \frac{7F \cdot l^2}{24}\right]$$

$$\alpha_B = \frac{1}{E \cdot I_a}\left[\frac{12F \cdot l^2}{24} - \frac{3F \cdot l^2}{24} - \frac{7F \cdot l^2}{24}\right]$$

$$\boxed{\alpha_B = \frac{F \cdot l^2}{12 \cdot EI_a}}$$

Mit $w_{II}'(x = l) = \alpha_F$ eingesetzt in

$$w'(x) \cdot E \cdot I_a = F \cdot l \cdot x - F \cdot \frac{x^2}{2} - \frac{7F \cdot l^2}{24}$$

folgt :

$$\alpha_F \cdot E \cdot I_a = F \cdot l^2 - F \cdot \frac{l^2}{2} - \frac{7Fl^2}{24}$$

$$\alpha_F = \frac{1}{E \cdot I_a}\left[\frac{24F \cdot l^2}{24} - \frac{12F \cdot l^2}{24} - \frac{7F \cdot l^2}{24}\right]$$

$$\boxed{\alpha_F = \frac{5F \cdot l^2}{24 \cdot EI_a}}$$

14.2

Der Balken konstanter Biegesteifigkeit ist wie skizziert mit einer konstanten Streckenlast q_o belastet. Zu berechnen sind mit Hilfe der Differentialgleichung der Elastischen Linie

a) die Tangentenneigung der Biegelinie bei Lager (B) $\alpha_B = ?$

b) die Tangentenneigung der Biegelinie am freien Balkenende rechts $\alpha = ?$

c) die Absenkung am freien Balkenende $f = ?$

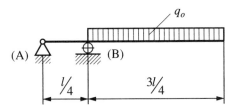

Statik :

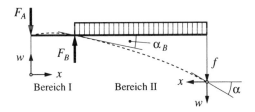

$$\sum M_{(B)} = 0 = F_A \cdot \frac{l}{4} - \frac{q_o \cdot \left(\frac{3l}{4}\right)^2}{2}$$

$$F_A = \frac{9q_o l}{8}$$

$$\sum F = 0 = F_A - F_B + q_o \cdot \frac{3l}{4}$$

$$F_B = \frac{q_o \cdot 9l}{8} + \frac{q_o \cdot 6l}{8} = \frac{15q_o l}{8}$$

Dgl. allgemein :

$$\boxed{w''(x) = \frac{-M_b(x)}{E \cdot I_a}}$$

Bereich I : $0 \leq x < \dfrac{l}{4}$

$$\sum M_S = 0 = M_b(x) - F_A \cdot x$$

$$M_b(x) = F_A \cdot x$$

$$w''(x) = -\frac{F_A \cdot x}{E \cdot I_a}$$

$$w''(x) \cdot E \cdot I_a = -F_A \cdot x$$

$$w'(x) \cdot E \cdot I_a = -F_A \cdot \frac{x^2}{2} + C_1$$

$$w(x) \cdot E \cdot I_a = -F_A \cdot \frac{x^3}{6} + C_1 \cdot x + C_2$$

Randbedingungen :

$$w_I(x = 0) = 0 \quad \Rightarrow \quad C_2 = 0$$

$$w_I\left(x = \frac{l}{4}\right) = 0 \quad \Rightarrow \quad C_1$$

$$w_I(x) \cdot E \cdot I_a = -F_A \cdot \frac{x^3}{6} + C_1 \cdot x + C_2$$

$$0 = -F_A \cdot \frac{\left(\dfrac{l}{4}\right)^3}{6} + C_1 \cdot \left(\frac{l}{4}\right)$$

$$0 = -\frac{F_A \cdot l^2}{96} + C_1 \quad \Rightarrow \quad C_1 = \frac{F_A \cdot l^2}{96}$$

a)

Mit $w_I'\left(x = \dfrac{l}{4}\right) = \alpha_B$ eingesetzt in

$$w'(x) \cdot E \cdot I_a = -F_A \cdot \frac{x^2}{2} + \frac{F_A \cdot l^2}{96}$$

$$\alpha_B = \frac{1}{E \cdot I_a}\left[-F_A \cdot \frac{\left(\dfrac{l}{4}\right)^2}{2} + \frac{F_A \cdot l^2}{96}\right]$$

$$\alpha_B = \frac{1}{E \cdot I_a}\left[-F_A \cdot \frac{3l^2}{96} + \frac{F_A \cdot l^2}{96}\right]$$

$$\alpha_B = -\frac{F_A \cdot l^2}{48 \cdot EI_a} = -\frac{9q_o l}{8} \cdot \frac{l^2}{48 \cdot EI_a}$$

$$\boxed{\alpha_B = -\frac{3q_o l^3}{128 \cdot EI_a}}$$

b)

Bereich II : $0 \le x < \dfrac{3l}{4}$

Mit dem am rechten Balkenende für den Bereich II eröffneten Koordinatensystem :

$$\sum M_S = 0 = M_b(x) + \frac{q_o x^2}{2}$$

$$M_b(x) = -\frac{q_o x^2}{2}$$

$$w''(x) = \frac{q_o x^2}{2 \cdot E \cdot I_a}$$

$$w''(x) \cdot E \cdot I_a = \frac{q_o x^2}{2}$$

$$w'(x) \cdot E \cdot I_a = \frac{q_o x^3}{6} + C_3$$

$$w(x) \cdot E \cdot I_a = \frac{q_o x^4}{24} + C_3 \cdot x + C_4$$

Randbedingung für C_3 :

$$w_{II}'\left(x = \frac{3l}{4}\right) = w_I'\left(x = \frac{l}{4}\right) \quad \Rightarrow \quad C_3$$

$$\frac{q_o\left(\frac{3l}{4}\right)^3}{6} + C_3 = -\frac{3q_ol^3}{128}$$

$$C_3 = -\frac{3q_ol^3}{128} - \frac{27q_ol^3}{6\cdot64} = -\frac{3q_ol^3}{128} - \frac{9q_ol^3}{128}$$

$$C_3 = -\frac{3q_ol^3}{32}$$

Randbedingung für C_4 :

$$w_{II}\left(x = \frac{3l}{4}\right) = 0$$

Mit

$$w_{II}(x)\cdot E\cdot I_a = \frac{q_ox^4}{24} - \frac{3q_ol^3}{32}\cdot x + C_4$$

folgt :

$$0 = \frac{q_o\left(\frac{3l}{4}\right)^4}{24} - \frac{3q_ol^3}{32}\cdot\left(\frac{3l}{4}\right) + C_4$$

$$C_4 = -\frac{81q_ol^4}{24\cdot16\cdot16} + \frac{9q_ol^4}{32\cdot4}$$

$$C_4 = -\frac{27q_ol^4}{128\cdot16} + \frac{16\cdot9q_ol^4}{128\cdot16} = \frac{(-27+144)q_ol^4}{2048}$$

$$C_4 = \frac{117q_ol^4}{2048}$$

Mit $w'_{II}(x = 0) = \alpha$ eingesetzt in

$$w'_{II}(x)\cdot E\cdot I_a = \frac{q_ox^3}{6} - \frac{3q_ol^3}{32}$$

folgt :

$$\boxed{\alpha = -\frac{3q_ol^3}{32\cdot E\cdot I_a}}$$

c)

Mit $w_{II}(x = 0) = f$ eingesetzt in

$$w_{II}(x)\cdot E\cdot I_a = \frac{q_ox^4}{24} - \frac{3q_ol^3}{32}\cdot x + \frac{117q_ol^4}{2048}$$

folgt :

$$\boxed{f = \frac{117q_ol^4}{2048\cdot E\cdot I_a}}$$

14.3

Mit Hilfe der Differentialgleichung der Elastischen Linie sind zu bestimmen

a) α_A , α_B also die Tangentenneigung der Biegelinie in den Lagern, sowie die Durchbiegung f_F der Kraftangriffsstelle wie auch die Neigung α_F,

b) die maximale Durchbiegung f_o zwischen den Lagern.

$E\cdot I_a$ =konstante Biegesteifigkeit

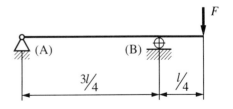

Statik :

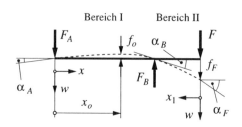

$$\sum M_{(B)} = 0 = F_A \cdot \frac{3l}{4} - F \cdot \frac{l}{4}$$

$$F_A = \frac{F}{3}$$

$$\sum F = 0 = F_A - F_B + F$$

$$F_B = \frac{F}{3} + F = \frac{4F}{3}$$

a)

Dgl. allgemein :

$$\boxed{w''(x) = \frac{-M_b(x)}{E \cdot I_a}}$$

Bereich I : $0 \le x < \frac{3l}{4}$

$$\sum M_S = 0 = M_b(x) + F_A \cdot x$$

$$M_b(x) = -F_A \cdot x \quad \Rightarrow \quad M_b(x) = -\frac{F}{3} \cdot x$$

$$w''(x) = \frac{F \cdot x}{3 \cdot E \cdot I_a}$$

$$w''(x) \cdot E \cdot I_a = \frac{F}{3} \cdot x$$

$$w'(x) \cdot E \cdot I_a = \frac{F}{3} \cdot \frac{x^2}{2} + C_1 = \frac{F \cdot x^2}{6} + C_1$$

$$w(x) \cdot E \cdot I_a = \frac{F \cdot x^3}{18} + C_1 \cdot x + C_2$$

Randbedingungen :

$$w(x = 0) = 0 \quad \Rightarrow \quad C_2 = 0$$

$$w\left(x = \frac{3l}{4}\right) = 0 \quad \Rightarrow \quad C_1$$

$$0 = \frac{F \cdot x^2}{18} + C_1$$

$$C_1 = -\frac{F \cdot \left(\frac{3l}{4}\right)^2}{18} \quad \Rightarrow \quad C_1 = -\frac{F \cdot l^2}{32}$$

Mit $w_I'(x = 0) = \alpha_A$ eingesetzt in

$$w'(x) \cdot E \cdot I_a = \frac{F \cdot x^2}{6} - \frac{F \cdot l^2}{32}$$

folgt :

$$\boxed{\alpha_A = -\frac{F \cdot l^2}{32 \cdot E \cdot I_a}}$$

Mit $w_I'\left(x = \frac{3l}{4}\right) = \alpha_B$ eingesetzt in

$$w'(x) \cdot E \cdot I_a = \frac{F \cdot x^2}{6} - \frac{F \cdot l^2}{32}$$

folgt :

$$\alpha_B = \frac{F \cdot \left(\frac{3l}{4}\right)^2}{6 \cdot E \cdot I_a} - \frac{F \cdot l^2}{32 \cdot E \cdot I_a}$$

$$\alpha_B = \frac{3F \cdot l^2}{32 \cdot E \cdot I_a} - \frac{F \cdot l^2}{32 \cdot E \cdot I_a}$$

$$\boxed{\alpha_B = \frac{F \cdot l^2}{16 \cdot E \cdot I_a}}$$

Bereich II : $0 \leq x_1 < \dfrac{l}{4}$

$$\sum M_S = 0 = M_b(x_1) + F \cdot x_1$$

$$M_b(x_1) = -F \cdot x_1$$

$$w''(x_1) = \frac{F \cdot x_1}{E \cdot I_a}$$

$$w''(x_1) \cdot E \cdot I_a = F \cdot x_1$$

$$w'(x_1) \cdot E \cdot I_a = \frac{F \cdot x_1^2}{2} + C_3$$

$$w(x_1) \cdot E \cdot I_a = \frac{F \cdot x_1^3}{6} + C_3 \cdot x_1 + C_4$$

Randbedingung für C_3 :

$$w'_{II}\left(x_1 = \frac{l}{4}\right) = -\alpha_B \quad \Rightarrow \quad C_3$$

$$\frac{F \cdot \left(\frac{l}{4}\right)^2}{2} + C_3 = -\alpha_B \cdot E \cdot I_a$$

$$\frac{F \cdot \left(\frac{l}{4}\right)^2}{2} + C_3 = -\frac{F \cdot l^2}{16}$$

$$C_3 = -\frac{2F \cdot l^2}{32} - \frac{F \cdot l^2}{32} = -\frac{3F \cdot l^2}{32}$$

Randbedingung für C_4 :

$$w\left(x_1 = \frac{l}{4}\right) = 0 \quad \Rightarrow \quad C_4$$

$$0 = \frac{F \cdot \left(\frac{l}{4}\right)^3}{6} + C_3 \cdot \left(\frac{l}{4}\right) + C_4$$

$$C_4 = -\frac{F \cdot l^3}{6 \cdot 64} + \frac{3F \cdot l^3}{128}$$

$$C_4 = -\frac{F \cdot l^3}{6 \cdot 64} + \frac{9F \cdot l^3}{3 \cdot 128} = \frac{F \cdot l^3}{48}$$

Mit $w(x_1 = 0) = f_F$ eingesetzt in

$$w(x_1) \cdot E \cdot I_a = \frac{F \cdot x_1^3}{6} + C_3 \cdot x_1 + C_4$$

folgt :

$$\boxed{f_F = \frac{F \cdot l^3}{48 \cdot E \cdot I_a}}$$

Mit $w'(x_1 = 0) = \alpha_F$ eingesetzt in

$$w'(x_1) \cdot E \cdot I_a = \frac{F \cdot x_1^2}{2} + C_3$$

folgt :

$$\alpha_F \cdot E \cdot I_a = -\frac{3F \cdot l^2}{32}$$

$$\boxed{\alpha_F = -\frac{3 \cdot F \cdot l^2}{32 \cdot E \cdot I_a}}$$

$$f_o = \frac{Fl^3 \cdot \sqrt{3}}{64 \cdot 6 \cdot EI_a} - \frac{3Fl^3 \cdot \sqrt{3}}{3 \cdot 128 \cdot EI_a} = -\frac{Fl^3 \cdot \sqrt{3}}{3 \cdot 64 \cdot EI_a}$$

$$\boxed{f_o = -\frac{F \cdot l^3 \cdot \sqrt{3}}{192 \cdot E \cdot I_a}}$$

b)

Im Bereich I : $0 \le x < \frac{3l}{4}$ gilt :

$$w'(x_o = ?) \cdot E \cdot I_a = 0$$

$$0 = \frac{F \cdot x_o^2}{6} + C_1 = \frac{F \cdot x_o^2}{6} - \frac{F \cdot l^2}{32}$$

$$0 = \frac{16x_o^2}{96} - \frac{3l^2}{96} \quad \Rightarrow \quad 16x_o^2 = 3l^2$$

$$\boxed{x_o = \frac{l}{4} \cdot \sqrt{3}}$$

$$w(x) \cdot E \cdot I_a = \frac{F \cdot x^3}{18} + C_1 \cdot x + C_2$$

$$w(x_o) \cdot E \cdot I_a = \frac{F \cdot x_o^3}{18} - \frac{F \cdot l^2}{32} \cdot x_o$$

$$f_o = \frac{F \cdot \left(\frac{l}{4} \cdot \sqrt{3}\right)^3}{18 \cdot E \cdot I_a} - \frac{F \cdot l^2}{32 \cdot E \cdot I_a} \cdot \left(\frac{l}{4} \cdot \sqrt{3}\right)$$

$$f_o = \frac{3 \cdot \sqrt{3} \cdot F \cdot l^3}{64 \cdot 18 \cdot E \cdot I_a} - \frac{F \cdot l^3 \cdot \sqrt{3}}{128 \cdot E \cdot I_a}$$

14.4

Für den statisch bestimmt gelagerten Balken vom Gewicht $q_o \cdot l$ ist die Absenkung f des freien Balkenendes zu bestimmen.

$E \cdot I_a =$ konstante Biegesteifigkeit

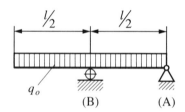

(B)   (A)

Statik :

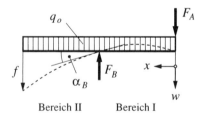

Bereich II   Bereich I

$$\sum M_{(B)} = 0 \quad \Rightarrow \quad 0 = F_A \cdot \frac{l}{2}$$

$$F_A = 0$$

$$\sum F = 0 \quad \Rightarrow \quad 0 = F_B - q_o l$$

$$F_B = q_o \cdot l$$

Dgl. allgemein :

$$\boxed{w''(x) = \frac{-M_b(x)}{E \cdot I_a}}$$

Bereich I : $0 \leq x < \dfrac{l}{2}$

$$\sum M_S = 0 = M_b(x) + \frac{q_o \cdot x^2}{2}$$

$$M_b(x) = -\frac{q_o \cdot x^2}{2}$$

$$w''(x) = \frac{q_o \cdot x^2}{2 \cdot E \cdot I_a}$$

$$w''(x) \cdot E \cdot I_a = \frac{q_o \cdot x^2}{2}$$

$$w'(x) \cdot E \cdot I_a = \frac{q_o \cdot x^3}{6} + C_1$$

$$w(x) \cdot E \cdot I_a = \frac{q_o \cdot x^4}{24} + C_1 \cdot x + C_2$$

Randbedingungen :

$$w(x = 0) = 0 \quad \Rightarrow \quad C_2 = 0$$

$$w(x = {}^l\!/_2) = 0 \quad \Rightarrow \quad C_1$$

$$0 = \frac{q_o \cdot \left(\dfrac{l}{2}\right)^4}{24} + C_1 \cdot \left(\frac{l}{2}\right)$$

$$C_1 = -\frac{q_o \cdot \left(\dfrac{l}{2}\right)^3}{24} \quad \Rightarrow \quad C_1 = -\frac{q_o \cdot l^3}{192}$$

Mit $w'_I\left(x = \dfrac{l}{2}\right) = \alpha_B$ eingesetzt in

$$w'(x) \cdot E \cdot I_a = \frac{q_o \cdot x^3}{6} - \frac{q_o \cdot l^3}{192}$$

folgt :

$$\alpha_B = \frac{q_o \cdot \left(\dfrac{l}{2}\right)^3}{6 \cdot E \cdot I_a} - \frac{q_o \cdot l^3}{192 \cdot E \cdot I_a}$$

$$\alpha_B = \frac{4 \cdot q_o \cdot l^3}{4 \cdot 48 \cdot E \cdot I_a} - \frac{q_o \cdot l^3}{192 \cdot E \cdot I_a}$$

$$\alpha_B = \frac{q_o \cdot l^3}{64 \cdot E \cdot I_a}$$

Bereich II : $\dfrac{l}{2} \leq x < l$

$$\sum M_S = 0 = M_b(x) + \frac{q_o \cdot x^2}{2} - F_B \cdot \left(x - \frac{l}{2}\right)$$

$$M_b(x) = -\frac{q_o \cdot x^2}{2} + F_B \cdot \left(x - {}^l\!/_2\right)$$

$$w''(x) = \frac{q_o \cdot x^2}{2 \cdot E \cdot I_a} - \frac{F_B \cdot x}{E \cdot I_a} + \frac{F_B \cdot l}{2 \cdot E \cdot I_a}$$

$$w''(x) \cdot E \cdot I_a = \frac{q_o \cdot x^2}{2} - F_B \cdot x + \frac{F_B \cdot l}{2}$$

$$w'(x) \cdot E \cdot I_a = \frac{q_o x^3}{6} - \frac{F_B x^2}{2} + \frac{F_B l}{2} \cdot x + C_3$$

$$w(x) E I_a = \frac{q_o x^4}{24} - \frac{F_B x^3}{6} + \frac{F_B l}{4} x^2 + C_3 x + C_4$$

Randbedingung für C_3 :

$$w'_{II}\left(x=\frac{l}{2}\right)=\alpha_B \;\Rightarrow\; C_3$$

$$\frac{q_o\left(\frac{l}{2}\right)^3}{6}-\frac{F_B\left(\frac{l}{2}\right)^2}{2}+\frac{F_B l^2}{4}+C_3=\alpha_B\cdot EI_a$$

$$\frac{q_o l^3}{48}-\frac{F_B l^2}{8}+\frac{F_B l^2}{4}+C_3=\frac{q_o\cdot l^3}{64}$$

$$C_3=\frac{q_o l^3}{64}-\frac{q_o l^3}{48}-\frac{l^2\left(q_o\cdot l\right)}{8}$$

$$C_3=\frac{q_o l^3}{192}(3-4-24)$$

$$C_3=-\frac{25 q_o l^3}{192}$$

Randbedingung für C_4 :

$$w_{II}\left(x=\tfrac{l}{2}\right)=0 \;\Rightarrow\; C_4$$

$$w_{II}(x)=\frac{q_o x^4}{24}-\frac{F_B x^3}{6}+\frac{F_B l}{4}x^2$$
$$-\frac{25 q_o l^3}{192}x+C_4$$

$$w_{II}(x)=\frac{8\cdot q_o x^4}{192}-\frac{32\cdot F_B x^3}{192}+\frac{48\cdot F_B l}{192}x^2$$
$$-\frac{25 q_o l^3}{192}x+C_4$$

$$0=\frac{8 q_o\left(\frac{l}{2}\right)^4}{192}-\frac{32 F_B\left(\frac{l}{2}\right)^3}{192}$$
$$+\frac{48 F_B l}{192}\left(\frac{l}{2}\right)^2-\frac{25 q_o l^3}{192}\left(\frac{l}{2}\right)+C_4$$

$$0=\frac{8\cdot q_o l^4}{16}-\frac{32\cdot F_B l^3}{8}+\frac{48\cdot F_B l^3}{4}$$
$$-\frac{25 q_o l^4}{2}+192\cdot C_4$$

$$0=q_o l^4-8 q_o l^4+24 q_o l^4$$
$$-25 q_o l^4+384 C_4$$

$$C_4=\frac{8\cdot q_o l^4}{384}=\frac{q_o l^4}{48}$$

Mit $w_{II}(x=l)=f$ eingesetzt in

$$w(x)EI_a=\frac{q_o x^4}{24}-\frac{F_B x^3}{6}+\frac{F_B l}{4}x^2$$
$$-\frac{25 q_o l^3}{192}x+\frac{q_o l^4}{48}$$

folgt :

$$f EI_a=\frac{q_o l^4}{24}-\frac{q_o l^4}{6}+\frac{q_o l^4}{4}-\frac{25 q_o l^4}{192}+\frac{q_o l^4}{48}$$

$$f EI_a=\frac{8 q_o l^4}{192}-\frac{32 q_o l^4}{192}+\frac{48 q_o l^4}{192}$$
$$-\frac{25 q_o l^4}{192}+\frac{4 q_o l^4}{192}$$

$$f=\frac{3 q_o l^4}{192\cdot E\cdot I_a}$$

$$\boxed{f=\frac{q_o\cdot l^4}{64\cdot E\cdot I_a}}$$

14.5

Zu bestimmen ist jenes Moment M, bei dem das freie Balkenende rechts keine Tangentenneigung (horizontale Tangente an die Biegelinie) aufweist.

$E \cdot I_a$ = konstante Biegesteifigkeit

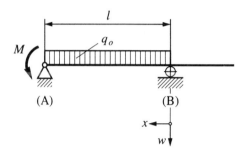

(A)   (B)

Statik :

$$\sum M_{(B)} = 0 = M + \frac{q_o \cdot l^2}{2} - F_A \cdot l$$

$$F_A \uparrow \ = \frac{M}{l} + \frac{q_o \cdot l}{2}$$

$$\sum F = 0 = -F_B + q_o \cdot l - F_A$$

$$F_B = q_o \cdot l - F_A = q_o \cdot l - \frac{M}{l} - \frac{q_o \cdot l}{2}$$

$$F_B \uparrow \ = \frac{q_o \cdot l}{2} - \frac{M}{l}$$

Dgl. allgemein :

$$\boxed{w''(x) = \frac{-M_b(x)}{E \cdot I_a}}$$

Im Bereich $0 \le x < l$:

$$\sum M_S = 0 = M_b(x) + \frac{q_o \cdot x^2}{2} - F_B \cdot x$$

$$M_b(x) = F_B \cdot x - \frac{q_o \cdot x^2}{2}$$

$$w''(x) = \frac{q_o \cdot x^2}{2 \cdot E \cdot I_a} - \frac{F_B \cdot x}{E \cdot I_a}$$

$$w'(x) = \frac{q_o \cdot x^3}{6 \cdot E \cdot I_a} - \frac{F_B \cdot x^2}{2 \cdot E \cdot I_a} + C_1$$

$$w(x) = \frac{q_o \cdot x^4}{24 \cdot E \cdot I_a} - \frac{F_B \cdot x^3}{6 \cdot E \cdot I_a} + C_1 \cdot x + C_2$$

Randbedingungen :

$$w(x = 0) = 0 \quad \Rightarrow \quad C_2 = 0$$

$$w(x = l) = 0 \quad \Rightarrow \quad C_1$$

$$0 = \frac{q_o \cdot l^3}{24 \cdot E \cdot I_a} - \frac{F_B \cdot l^2}{6 \cdot E \cdot I_a} + C_1$$

$$C_1 = \frac{F_B \cdot l^2}{6 \cdot E \cdot I_a} - \frac{q_o \cdot l^3}{24 \cdot E \cdot I_a}$$

Mit $w'(x = 0) = \alpha_B$ eingesetzt in

$$w'(x) = \frac{q_o x^3}{6EI_a} - \frac{F_B x^2}{2EI_a} + \frac{F_B l^2}{6EI_a} - \frac{q_o l^3}{24EI_a}$$

folgt :

$$\alpha_B = \frac{F_B l^2}{6EI_a} - \frac{q_o l^3}{24EI_a} \quad ,$$

Forderung lt. Aufgabenstellung : α_B muß null sein, da der Balken rechts von (B) unbelastet ist und dort lt. Aufgabenstellung die Steigung $w' = 0$ sein soll.

$$0 = \frac{F_B l^2}{6EI_a} - \frac{q_o l^3}{24EI_a}$$

$$0 = \frac{2q_o \cdot l^3}{24EI_a} - \frac{4Ml}{24EI_a} - \frac{q_o l^3}{24EI_a}$$

$$0 = q_o l^2 - 4M$$

$$\boxed{M = \frac{q_o \cdot l^2}{4}}$$

14.6

Für den statisch unbestimmt gelagerten Balken mit konstanter Biegesteifigkeit $E \cdot I_a$ ist mit Hilfe der Differentialgleichung der Elastischen Linie die maximale Durchbiegung f zu bestimmen.

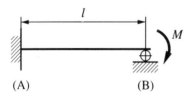

(A)   (B)

Dgl. allgemein :

$$\boxed{w''(x) = \frac{-M_b(x)}{E \cdot I_a}}$$

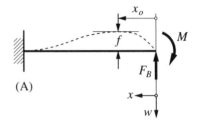

(A)

Im Bereich $0 \le x < l$:

$$\sum M_S = 0 = M_b(x) + M - F_B \cdot x$$

$$M_b(x) = -M + F_B \cdot x$$

$$w''(x) = \frac{M}{E \cdot I_a} - \frac{F_B \cdot x}{E \cdot I_a}$$

$$w''(x) \cdot E \cdot I_a = M - F_B \cdot x$$

$$w'(x) \cdot E \cdot I_a = M \cdot x - F_B \cdot \frac{x^2}{2} + C_1$$

$$w(x) \cdot E \cdot I_a = M \cdot \frac{x^2}{2} - F_B \cdot \frac{x^3}{6} + C_1 \cdot x + C_2$$

Randbedingungen :

$$w(x = 0) = 0 \quad \Rightarrow \quad C_2 = 0$$

$$w'(x = l) = 0 \quad \Rightarrow \quad C_1$$

$$0 = M \cdot l - F_B \cdot \frac{l^2}{2} + C_1$$

$$0 = x_o^2 - \frac{4l}{3} \cdot x_o + \frac{l^2}{3}$$

$$C_1 = -M \cdot l + F_B \cdot \frac{l^2}{2} \quad (F_B \text{ unbekannt})$$

$$x_{o_{1;2}} = \frac{2l}{3} \pm \sqrt{\frac{4l^2}{9} - \frac{3l^2}{9}}$$

Mit $w(x = l) = 0$

$$x_{o_{1;2}} = \frac{2l}{3} \pm \frac{l}{3}$$

folgt :

$$x_{o_1} = \frac{2l}{3} + \frac{l}{3} = l \quad \Rightarrow \quad \text{Einspannstelle}$$

$$0 = M \cdot \frac{l}{2} - F_B \cdot \frac{l^2}{6} + C_1$$

$$x_{o_2} = \frac{2l}{3} - \frac{l}{3} = \frac{l}{3}$$

$$0 = \frac{3M}{6} - F_B \cdot \frac{l}{6} - \frac{6M}{6} + \frac{3F_B \cdot l}{6}$$

$$0 = -3M - F_B \cdot l + 3F_B \cdot l$$

Mit $w\left(x_o = \frac{l}{3}\right) = f$ eingesetzt in

$$F_B = \frac{3M}{2l}$$

$$w(x) \cdot E \cdot I_a = M \cdot \frac{x^2}{2} - F_B \cdot \frac{x^3}{6} + C_1 \cdot x + C_2$$

Mit $w'(x = l) = 0$ eingesetzt in

folgt :

$$w'(x) \cdot E \cdot I_a = M \cdot x - F_B \cdot \frac{x^2}{2} + C_1$$

$$f \cdot EI_a = M \cdot \frac{\left(\frac{l}{3}\right)^2}{2} - \frac{3M}{2l} \frac{\left(\frac{l}{3}\right)^3}{6} - \frac{M \cdot l}{4}\left(\frac{l}{3}\right)$$

folgt :

$$f \cdot EI_a = \frac{M \cdot l^2}{2 \cdot 9} - \frac{M \cdot l^2}{12 \cdot 9} - \frac{M \cdot l^2}{4 \cdot 3}$$

$$C_1 = -M \cdot l + \frac{3M}{2l} \cdot \frac{l^2}{2}$$

$$f \cdot EI_a = \frac{6 \cdot M \cdot l^2}{6 \cdot 2 \cdot 9} - \frac{M \cdot l^2}{12 \cdot 9} - \frac{9 \cdot M \cdot l^2}{4 \cdot 3 \cdot 9}$$

$$C_1 = -\frac{M \cdot l}{4}$$

$$f = -\frac{4 \cdot M \cdot l^2}{108 \cdot E \cdot I_a}$$

Mit $w'(x = x_o) = 0$ folgt :

$$\boxed{f = -\frac{M \cdot l^2}{27 \cdot E \cdot I_a}}$$

$$0 = M \cdot x_o - \frac{3M}{2l} \cdot \frac{x_o^2}{2} - \frac{M \cdot l}{4}$$

15.1

Ein $l = 1\,\mathrm{m}$ langer Stab (Werstoff: Stahl) vom Durchmesser $D = 38\,\mathrm{mm}$ wird auf $200\,\mathrm{mm}$ Länge aufgebohrt, so daß eine $s = 4\,\mathrm{mm}$ dicke Wandung verbleibt.

a) Wie groß darf das Torsionsmoment M_t sein, wenn der Gesamtverdrehwinkel $\psi = 0,9°$ nicht überschritten werden soll ?

b) Welche Torsionsspannungen treten dabei auf ? $G = 0,8 \cdot 10^5 \, \mathrm{N/mm^2}$

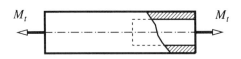

a)

$$\psi_{ges.} = \psi_{voll} + \psi_{hohl}$$

$$\psi° = \frac{180° \cdot M_t \cdot L}{\pi \cdot G \cdot I_t}$$

Bei rotationssymmetrischen Querschnitten entspricht dem Torsionsträgheitsmoment I_t dem polaren Flächenmoment 2.Ordnung I_p .

Vollquerschnitt :

$$I_{p\,voll} = \frac{\pi \cdot D^4}{32} = \frac{\pi \cdot 38^4}{32}\,\mathrm{mm^4} = 204708\,\mathrm{mm^4}$$

Kreisrohrquerschnitt :

$$I_{p\,hohl} = \frac{\pi}{32}\left(D^4 - d^4\right) = \frac{\pi}{32}\left(38^4 - 30^4\right)\mathrm{mm^4}$$

$$I_{p\,hohl} = 125186\,\mathrm{mm^4}$$

$$\frac{0,9 \cdot \pi}{180°} = \frac{M_t}{0,8 \cdot 10^5 \, \mathrm{N/mm^2}}\left(\frac{\dfrac{800\,\mathrm{mm}}{204708\,\mathrm{mm^4}}}{+\dfrac{200\,\mathrm{mm}}{125186\,\mathrm{mm^4}}}\right)$$

$$\boxed{M_t = 228,2\,\mathrm{Nm}}$$

b)

Vollquerschnitt :

$$\tau_{t\,max\,voll} = \frac{M_t}{W_{p\,voll}}$$

$$W_{p\,voll} = \frac{I_{p\,voll}}{D/2} = \frac{204708\,\mathrm{mm^4}}{19\,\mathrm{mm}} = 10774\,\mathrm{mm^3}$$

$$\tau_{t\,max\,voll} = \frac{228200\,\mathrm{Nmm}}{10774\,\mathrm{mm^3}}$$

$$\boxed{\tau_{t\,max\,voll} = 21,2\,\mathrm{N/mm^2}}$$

Kreisrohrquerschnitt :

$$\tau_{t\,max\,hohl} = \frac{M_t}{W_{p\,hohl}}$$

$$W_{p\,hohl} = \frac{I_{p\,hohl}}{D/2} = \frac{125186\,\mathrm{mm^4}}{19\,\mathrm{mm}} = 6589\,\mathrm{mm^3}$$

$$\tau_{t\,max\,hohl} = \frac{228200\,\mathrm{Nmm}}{6589\,\mathrm{mm^3}}$$

$$\boxed{\tau_{t\,max\,hohl} = 34,6\,\mathrm{N/mm^2}}$$

15.2

An einem Torsionsstab aus Stahl mit rundem Vollquerschnitt vom Durchmesser $D = 19\,\text{mm}$ ist ein Vierkantzapfen angefräst. Welcher Torsionswinkel ψ stellt sich ein, wenn das Torsionsmoment M_t eine maximale Torsionsspannung von $\tau_{t\,\text{max}} = 80\,\text{N}/\text{mm}^2$ bewirken soll ?
$G = 0,8 \cdot 10^5\,\text{N}/\text{mm}^2$

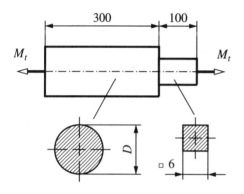

Kreisförmiger Querschnitt :

$$\tau_{t\,\text{max}_{rund}} = \frac{M_t}{W_{p\,rund}}$$

$$M_t = \tau_{t\,\text{max}} \cdot W_{p\,rund}$$

$$W_{p\,rund} = \frac{\pi D^3}{16} = \frac{\pi \cdot 19^3}{16}\,\text{mm}^3 = 1346,8\,\text{mm}^3$$

$$M_t = 80\,\text{N}/\text{mm}^2 \cdot 1346,8\,\text{mm}^3$$

$$M_t = 107741\,\text{Nmm}$$

Quadratischer Querschnitt :

$$\tau_{t\,\text{max}_{quadr.}} = \frac{M_t}{W_{t\,quadr.}}$$

$$M_t = \tau_{t\,\text{max}} \cdot W_{t\,quadr.}$$

$$W_{t\,quadr.} = \eta_2 \cdot b^2 \cdot h = \eta_2 \cdot a^3$$

mit $\dfrac{h}{b} = 1 \;\Rightarrow\; \eta_2 = 0,208$ aus Literatur

$$M_t = 80\,\text{N}/\text{mm}^2 \cdot 0,208 \cdot 6^3\,\text{mm}^3$$

$$M_t = 3594,24\,\text{Nmm}$$

$M_t = 3594,24\,\text{Nmm}$ ist das zulässige übertragbare Torsionsmoment, da bei diesem Torsionsmoment im quadratischen Querschnitt bereits die zulässige Torsionsspannung auftritt.

$$\psi_{ges.} = \psi_{rund} + \psi_{quadr.}$$

$$\psi^\circ = \frac{180^\circ \cdot M_t \cdot L}{\pi \cdot G \cdot I_{p,t}}$$

$$\psi^\circ = \frac{180^\circ \cdot M_t}{\pi \cdot G}\left(\frac{L_{rund}}{I_{p\,rund}} + \frac{L_{quadr.}}{I_{t\,quadr.}}\right)$$

$$I_{p\,rund} = \frac{\pi \cdot D^4}{32} = \frac{\pi \cdot 19^4}{32}\,\text{mm}^4 = 12794,2\,\text{mm}^4$$

$$I_{t\,quadr.} = \eta_3 \cdot b^3 \cdot h = \eta_3 \cdot a^4$$

mit $\dfrac{h}{b} = 1 \;\Rightarrow\; \eta_3 = 0,140$ aus Literatur

$$I_{t\,quadr.} = 0,140 \cdot 6^4\,\text{mm}^4 = 181,44\,\text{mm}^4$$

$$\psi^\circ = \frac{180^\circ \cdot 3594,24\,\text{Nmm}}{\pi \cdot 0,8 \cdot 10^5\,\text{N}/\text{mm}^2}\left(\frac{300\,\text{mm}}{12794,2\,\text{mm}^4} + \frac{100\,\text{mm}}{181,44\,\text{mm}^4}\right)$$

$$\boxed{\psi^\circ = 1,48^\circ}$$

15.3

In einem $L = 1,2$ m langen Stahlvierkantrohr 30 * 30 * 2 mm ist ein 340 mm langer Schweißfehler aufgetreten, so daß über diese Länge nun ein offener Querschnitt (Schlitzrohr) vorliegt.

Ohne diesen Schweißfehler sollte das Torsionsmoment eine maximale Torsionsspannung von $\tau_{t\,max} = 20\,\text{N}/\text{mm}^2$ erzeugen.

a) Welche maximale Torsionsspannung liegt nun tatsächlich vor ?

b) Um wieviel % steigt der Verdrehwinkel aufgrund des unplanmäßigen Schlitzes ?

$G = 0,8 \cdot 10^5\,\text{N}/\text{mm}^2$

geschlossenes Kastenprofil   offenes Profil

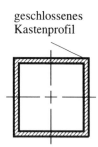 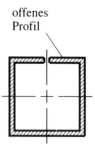

a)

Geschlossener Querschnitt :

$$\tau_{t\,max\,geschl.} = 20\,\text{N}/\text{mm}^2 = \frac{M_t}{2 \cdot A_m \cdot s_{min}}$$

$$A_m = (28\,\text{mm})^2 = 784\,\text{mm}^2 \quad ; \quad s_{min} = 2\,\text{mm}$$

$$M_t = (20\,\text{N}/\text{mm}^2) \cdot 2 \cdot 784\,\text{mm}^2 \cdot 2\,\text{mm}$$

$$M_t = 62720\,\text{Nmm}$$

Offener Querschnitt (Schlitzrohr) :

$$\tau_{t\,max\,offen} = \frac{M_t}{I_{t\,offen}} s_{max} = \frac{62720\,\text{Nmm}}{\frac{1}{3} s^3 L_m} \cdot 2\,\text{mm}$$

$$L_m = 4 \cdot 28\,\text{mm} = 112\,\text{mm}$$

$$I_{t\,offen} = \frac{1}{3}(2\,\text{mm})^3 (4 \cdot 28\,\text{mm}) = 298,67\,\text{mm}^4$$

$$\tau_{t\,max\,offen} = \frac{62720\,\text{Nmm}}{298,67\,\text{mm}^4} \cdot 2\,\text{mm}$$

$$\boxed{\tau_{t\,max\,offen} = 420\,\text{N}/\text{mm}^2}$$

b)

ohne Schlitz :

$$\psi^\circ_{ohne\,Schlitz} = \frac{180^\circ \cdot M_t \cdot L}{\pi \cdot G \cdot I_{t\,geschl.}}$$

Darin ist :

$$I_{t\,geschl.} = \frac{4 \cdot A_m^2 \cdot s}{u_m}$$

$$A_m = (28\,\text{mm})^2 = 784\,\text{mm}^2 \quad ; \quad s = 2\,\text{mm}$$

$$u_m = 4 \cdot 28\,\text{mm} = 112\,\text{mm}$$

$$I_{t\,geschl.} = \frac{4 \cdot \left(784\,\text{mm}^2\right)^2 \cdot 2\,\text{mm}}{112\,\text{mm}} = 43904\,\text{mm}^4$$

Damit :

$$\psi^\circ_{ohne\,Schlitz} = \frac{180^\circ \cdot 62720\,\text{Nmm} \cdot 1200\,\text{mm}}{\pi \cdot 0,8 \cdot 10^5\,\text{N}/\text{mm}^2 \cdot 43904\,\text{mm}^4}$$

$$\boxed{\psi^\circ_{ohne\ Schlitz} = 1,228^\circ}$$

mit Schlitz :

$$\psi^\circ_{mit\ Schlitz} = \frac{180^\circ \cdot M_t}{\pi \cdot G}\left(\frac{L_{geschl.}}{I_{t\ geschl.}} + \frac{L_{offen}}{I_{t\ offen}}\right)$$

Darin ist :

$$I_{t\ geschl.} = \frac{4 \cdot A_m^2 \cdot s}{u_m} = 43904\ mm^4$$

$$L_{geschl.} = 860\ mm$$

$$I_{t\ offen} = \frac{1}{3}s^3 L_m = 298,67\ mm^4$$

$$L_{offen} = 340\ mm$$

Damit :

$$\psi^\circ_{mit\ Schlitz} = \frac{180^\circ \cdot 62720\ Nm}{\pi \cdot 0,8 \cdot 10^5\ N/mm^2} \cdot$$

$$\cdot\left(\frac{860\ mm}{43904\ mm^4} + \frac{340\ mm}{298,67\ mm^4}\right)$$

$$\boxed{\psi^\circ_{mit\ Schlitz} = 52,02^\circ}$$

$$1,228^\circ \triangleq 100\%$$
$$52,02^\circ \triangleq x\%$$

$$x\% = \frac{5202}{1,228}\% = 4236\%$$

$$\boxed{\Delta x\% = 4136\%}$$

15.4

Auf welcher Länge L muß ein $l = 2\,m$ langer Torsionsstab aus Stahl ($8 * 4\,mm$ Rechteckquerschnitt) quadratisch abgefräst werden, damit der Gesamtverdrehwinkel $\psi = 18^\circ$ beträgt und die maximale Torsionsspannung $\tau_{t\ max} = 40\,N/mm^2$ erreicht ?

$$G = 0,8 \cdot 10^5\ N/mm^2$$

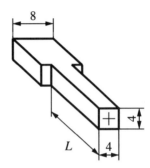

Rechteckquerschnitt :

$$W_t = \eta_2 \cdot b^2 \cdot h$$

$$b = 4\,mm\ ;\ h = 8\,mm$$

mit $n = \dfrac{h}{b} = 2 \quad \Rightarrow \quad \eta_2 = 0,246$ aus Literatur

$$W_t = 0,246 \cdot (4\,mm)^2 \cdot 8\,mm = 31,49\,mm^3$$

Damit :

$$M_{t\ Rechteck} = 40\,N/mm^2 \cdot 31,49\,mm^3$$

$$M_{t\ Rechteck} = 1259,52\,Nmm$$

Quadratischer Querschnitt :

$$W_t = \eta_2 \cdot b^2 \cdot h$$

$$b = 4\,\text{mm}\;;\; h = 4\,\text{mm}$$

mit $n = \dfrac{h}{b} = 1 \;\Rightarrow\; \eta_2 = 0,208$ aus Literatur

$$W_t = 0,208 \cdot (4\,\text{mm})^2 \cdot 4\,\text{mm} = 13,31\,\text{mm}^3$$

$$M_{t_{quadr.}} = 40\,\text{N/mm}^2 \cdot 13,31\,\text{mm}^3$$

$$M_{t_{quadr.}} = 532,4\,\text{Nmm}$$

$M_t = 532,4\,\text{Nmm}$ ist das zulässige übertragbare Torsionsmoment, da bei diesem Torsionsmoment bereits im quadratischen Querschnitt die zulässige Torsionsspannung auftritt.

$$\psi_{ges.} = \psi_{Rechteck} + \psi_{quadr.}$$

$$\psi^\circ = \frac{180^\circ \cdot M_t}{\pi \cdot G}\left(\frac{L_{Rechteck}}{I_{t_{Rechteck}}} + \frac{L_{quadr.}}{I_{t_{quadr.}}}\right)$$

$$l = L_{Rechteck} + L_{quadr.}$$

$$I_{t_{Rechteck}} = \eta_3 \cdot b^3 \cdot h$$

mit $n = \dfrac{h}{b} = 2 \;\Rightarrow\; \eta_3 = 0,229$ aus Literatur

$$I_{t_{Rechteck}} = 0,229 \cdot (4\,\text{mm})^3 \cdot 8\,\text{mm}$$

$$I_{t_{Rechteck}} = 117,25\,\text{mm}^4$$

$$I_{t_{quadr.}} = \eta_3 \cdot b^3 \cdot h$$

mit $n = \dfrac{h}{b} = 1 \;\Rightarrow\; \eta_3 = 0,140$ aus Literatur

$$I_{t_{quadr.}} = 0,140 \cdot (4\,\text{mm})^3 \cdot 4\,\text{mm}$$

$$I_{t_{quadr.}} = 35,84\,\text{mm}^4$$

$$\psi^\circ = \frac{180^\circ \cdot M_t}{\pi \cdot G}\left(\frac{l - L_{quadr.}}{I_{t_{Rechteck}}} + \frac{L_{quadr.}}{I_{t_{quadr.}}}\right)$$

$$18^\circ = \frac{180^\circ \cdot 532,4\,\text{Nmm}}{\pi \cdot 0,8 \cdot 10^5\,\text{N/mm}^2} \cdot$$

$$\left(\frac{2000\,\text{mm}}{117,25\,\text{mm}^4} - \frac{L_{quadr.}}{117,25\,\text{mm}^4} + \frac{L_{quadr.}}{35,84\,\text{mm}^4}\right)$$

$$\frac{18^\circ \cdot \pi \cdot 0,8 \cdot 10^5\,\text{N/mm}^2}{180^\circ \cdot 532,4\,\text{Nmm}} = \left(\frac{2000\,\text{mm}}{117,25\,\text{mm}^4} - \frac{L_{quadr.}}{117,25\,\text{mm}^4} + \frac{L_{quadr.}}{35,84\,\text{mm}^4}\right)$$

$$\frac{18^\circ \cdot \pi \cdot 0,8 \cdot 10^5\,\text{N/mm}^2}{180^\circ \cdot 532,4\,\text{Nmm}} - \frac{2000\,\text{mm}}{117,25\,\text{mm}^4} = k$$

$$k = L_{quadr.} \cdot \left(\frac{1}{35,84} - \frac{1}{117,25}\right)\frac{1}{\text{mm}^4}$$

$$L_{quadr.} = k \cdot \frac{117,25\,\text{mm}^4 \cdot 35,84\,\text{mm}^4}{117,25\,\text{mm}^4 - 35,84\,\text{mm}^4}$$

$$\boxed{L_{quadr.} = 1556,23\,\text{mm}}$$

15.5

An einem $L = 900$ mm langen Torsionsstab aus quadratischem Vollmaterial aus Stahl wird ein $l = 250$ mm langer Rundzapfen angedreht.

a) Um wieviel % steigt der Verdrehwinkel bei gleicher Belastung ?

b) Um wieviel % steigt die maximale Torsionsspannung ?

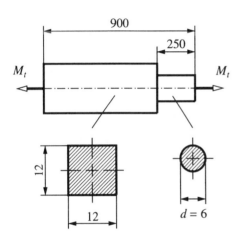

a)

Vor dem Abdrehen :

$$\psi° = \frac{180° \cdot M_t \cdot L}{\pi \cdot G \cdot I_{t\,quadr.}}$$

$$I_{t\,Quadrat} = \eta_3 \cdot b^3 \cdot h$$

$b = 12$ mm ; $h = 12$ mm

mit $n = \dfrac{h}{b} = 1 \quad \Rightarrow \quad \eta_3 = 0,140$ aus Literatur

$$I_{t\,Quadrat} = 0,140 \cdot (12\,\text{mm})^3 \cdot 12\,\text{mm}$$

$$I_{t\,Quadrat} = 2903,04\,\text{mm}^4$$

$$\psi° = \frac{180° \cdot M_t \cdot 900\,\text{mm}}{\pi \cdot 0,8 \cdot 10^5\,\text{N/mm}^2 \cdot 2903,04\,\text{mm}^4}$$

$$\psi° = 2,22 \cdot 10^{-4}\,\frac{1}{\text{Nmm}} \cdot M_t$$

Nach dem Abdrehen :

$$\psi_{ges.} = \psi_{Quadrat} + \psi_{Kreis}$$

$$\psi° = \frac{180° \cdot M_t}{\pi \cdot G} \cdot \left(\frac{L - l}{I_{t\,Quadrat}} + \frac{l}{I_{p\,Kreis}} \right)$$

$$I_{p\,Kreis} = \frac{\pi \cdot d^4}{32} = \frac{\pi \cdot (6\,\text{mm})^4}{32}$$

$$I_{p\,Kreis} = 127,23\,\text{mm}^4$$

$$\psi° = \frac{180° \cdot M_t}{\pi \cdot 0,8 \cdot 10^5\,\text{N/mm}^2} \cdot$$

$$\left(\frac{650\,\text{mm}}{2903,04\,\text{mm}^4} + \frac{250\,\text{mm}}{127,23\,\text{mm}^4} \right)$$

$$\psi° = 15,68 \cdot 10^{-4}\,\frac{1}{\text{Nmm}} \cdot M_t$$

$$2,22 \cdot 10^{-4} \cdot M_t \triangleq 100\%$$
$$15,68 \cdot 10^{-4} \cdot M_t \triangleq x\%$$

$$x\% = \frac{1567,6}{2,22}\% = 706,01\%$$

$$\boxed{\Delta x\% = 606\%}$$

b)

$$\tau_{t\,max\,Quadrat} = \frac{M_t}{W_{t\,Quadrat}}$$

$$W_{t\,Quadrat} = \eta_2 \cdot b^2 \cdot h$$

mit $n = \dfrac{h}{b} = 1 \;\Rightarrow\; \eta_2 = 0,208$ aus Literatur

$$W_{t\,Quadrat} = 0,208 \cdot (12\,\text{mm})^2 \cdot 12\,\text{mm}$$

$$W_{t\,Quadrat} = 359,42\,\text{mm}^3$$

$$\tau_{t\,max\,Quadrat} = \frac{M_t}{359,42\,\text{mm}^3}$$

$$\tau_{t\,max\,Kreis} = \frac{M_t}{W_{p\,Kreis}}$$

$$W_{p\,Kreis} = \frac{\pi \cdot d^3}{16} = \frac{\pi \cdot (6\,\text{mm})^3}{16}$$

$$W_{p\,Kreis} = 42,41\,\text{mm}^3$$

$$\tau_{t\,max\,Kreis} = \frac{M_t}{42,41\,\text{mm}^3}$$

$$\frac{M_t}{359,42\,\text{mm}^3} \,\widehat{=}\, 100\%$$

$$\frac{M_t}{42,41\,\text{mm}^3} \,\widehat{=}\, x\%$$

$$x\% = \frac{359,42 \cdot 100}{42,41}\% = 847,47\%$$

$$\boxed{\Delta x\% = 747,5\%}$$

15.6

In einem landwirtschaftlichen Fahrzeug wird eine Kupplung eingesetzt, die aus einem geschlossenen quadratischen Innenrohr und einem geschlitzen quadratischen Außenrohr besteht. Welches Torsionsmoment kann von der Kupplung übertragen werden, wenn die Torsionsspannung von $500\,\text{N}/\text{mm}^2$ nicht überschritten werden soll?

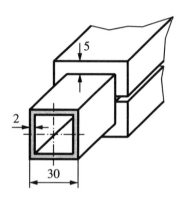

1. Innenrohr

$$\tau_t = \frac{M_t}{2A_m \cdot s}$$

Mittelfläche A_m :

$$A_m = (28\,\text{mm})^2$$

$$s = 2\,\text{mm}$$

$$M_t = \tau_t \cdot 2A_m \cdot s$$

$$M_t = 500\,\frac{\text{N}}{\text{mm}^2} \cdot 2 \cdot (28\,\text{mm})^2 \cdot 2\,\text{mm}$$

$$M_t = 1568\,\text{Nm}$$

2. Außenrohr

$$\tau_{\mathrm{t}} = \frac{M_t \cdot s}{I_t}$$

Torsionsträgheitsmoment I_t :

$$I_t = \frac{1}{3} \cdot s^3 \cdot l$$

$l = 4 \cdot 35\,\mathrm{mm} = 140\,\mathrm{mm}$
(Schlitzbreite vernachlässigbar klein)

$$I_t = \frac{1}{3} \cdot (5\,\mathrm{mm})^3 \cdot 140\,\mathrm{mm}$$

$$I_t = 5833,\overline{3}\,\mathrm{mm}^4$$

Damit folgt :

$$M_t = \frac{\tau_{\mathrm{t}} \cdot I_t}{s}$$

$$M_t = \frac{500\,\dfrac{\mathrm{N}}{\mathrm{mm}^2} \cdot 5833,\overline{3}\,\mathrm{mm}^4}{5\,\mathrm{mm}}$$

$$M_t = 583,\overline{3}\,\mathrm{Nm} = M_{t\,\mathrm{min}}$$

Das übertragbare Torsionsmoment ergibt sich
somit zu :

$$\boxed{M_{t\,zul.} = 583,\overline{3}\,\mathrm{Nm}}$$

15.7

Welches Wanddickenverhältnis s/a liegt vor,
wenn durch Zuschweißen des Schlitzes auf halber Rohrlänge der Verdrehwinkel bei gleichem
Torsionsmoment um 40% sinkt ?

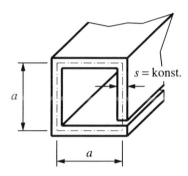

1. ohne Schweißnaht

$$\widehat{\psi}_1 = \frac{M_t \cdot l}{G \cdot I_{t_1}}$$

Torsionsträgheitsmoment I_{t_1} :

$$I_{t_1} = \frac{1}{3} \cdot s^3 \cdot l$$

$$I_{t_1} = \frac{1}{3} \cdot s^3 \cdot 4a$$

$$\widehat{\psi}_1 = \frac{M_t \cdot l \cdot 3}{G \cdot 4a \cdot s^3} \mathrel{\hat{=}} 100\%$$

2. mit Schweißnaht

$$\widehat{\psi}_2 = \frac{M_t}{G} \cdot \left(\frac{\dfrac{l}{2}}{I_{t_1}} + \frac{\dfrac{l}{2}}{I_{t_2}} \right)$$

I_{t_1} Torsionsträgheitsmom. Schlitzrohr-Teil
I_{t_2} Torsionsträgheitsmoment des
       zugeschweißten Rohr-Teils

Bekannt ist :

$$\hat{\psi}_2 = 0,6 \cdot \hat{\psi}_1$$

$$0,6 \cdot \frac{M_t \cdot l}{G \cdot I_{t_1}} = \frac{M_t \cdot l}{2G} \cdot \left(\frac{1}{I_{t_1}} + \frac{1}{I_{t_2}} \right)$$

Darin :

$$I_{t_2} = \frac{4 \cdot A_m^2 \cdot s}{u_m}$$

$$A_m = a^2$$
$$u_m = 4a$$

$$I_{t_2} = \frac{4 \cdot a^4 \cdot s}{4a} = a^3 \cdot s$$

Somit :

$$\frac{2 \cdot 0,6}{I_{t_1}} = \frac{1}{I_{t_1}} + \frac{1}{I_{t_2}}$$

$$1,2 = 1 + \frac{I_{t_1}}{I_{t_2}}$$

$$0,2 = \frac{\dfrac{4 \cdot a \cdot s^3}{3}}{a^3 \cdot s} = \frac{4 \cdot s^2}{3 \cdot a^2}$$

$$\frac{s}{a} = \sqrt{0,15}$$

$$\boxed{\frac{s}{a} = 0,387}$$

16.1

Für das quadratische Schlitzrohr (a =mittlere Kantenlänge) mit konstanter Wanddicke c ist die Lage des Schubmittelpunktes zu bestimmen.

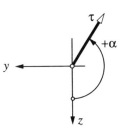

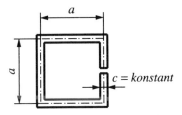

Allgemein gilt :

$$y_Q = \frac{1}{I_y} \cdot \int_s |S_y(s)| \cdot (y \cdot \cos\alpha + z \cdot \sin\alpha) \cdot ds$$

$$y_Q = -\frac{1}{I_y} \cdot \int_s S_y(s) \cdot (y \cdot \cos\alpha + z \cdot \sin\alpha) \cdot ds$$

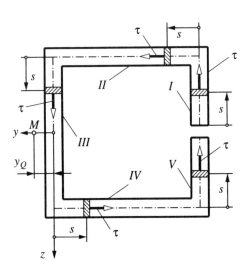

Bereich I :

$$\alpha = \pi \;;\; y = -a \;;\; z = -s$$

$$S_y(s) = (c \cdot s) \cdot \left(-\frac{s}{2}\right) = -\frac{c \cdot s^2}{2}$$

$$S_{y\,I}(s = a/2) = -\frac{c \cdot a^2}{8}$$

$$\left(y_Q\, I_y\right)_I = \int_{s=0}^{s=a/2} \frac{c \cdot s^2}{2} \cdot \left(-a \cdot \underbrace{\cos\pi}_{-1} - s \cdot \underbrace{\sin\pi}_{0}\right) ds$$

$$\left(y_Q\, I_y\right)_I = \frac{c \cdot a}{2} \cdot \int_{s=0}^{s=a/2} s^2 \cdot ds = \frac{c \cdot a}{2} \cdot \left.\frac{s^3}{3}\right|_0^{a/2}$$

$$\left(y_Q\, I_y\right)_I = \frac{c \cdot a^4}{2 \cdot 3 \cdot 8} = \frac{c \cdot a^4}{48}$$

Bereich II :

$$\alpha = \frac{3\pi}{2} \;;\; y = -a+s = s-a \;;\; z = -\frac{a}{2}$$

$$S_y(s) = -\frac{c \cdot a^2}{8} + c \cdot s \cdot \left(-\frac{a}{2}\right) = -\frac{c \cdot a}{2} \cdot \left(\frac{a}{4} + s\right)$$

$$S_{y\,II}(s = a) = -\frac{c \cdot a}{2} \cdot \left(\frac{a}{4} + a\right) = -\frac{5c \cdot a^2}{8}$$

$$(y_Q \cdot I_y)_{II} = \int\limits_{s=0}^{s=a} \left(\frac{c \cdot a^2}{8} + c \cdot s \cdot \frac{a}{2} \right) \cdot$$

$$\cdot \left((s-a)\underbrace{\cos\left(\frac{3\pi}{2}\right)}_{0} - \frac{a}{2}\underbrace{\sin\left(\frac{3\pi}{2}\right)}_{-1} \right) ds$$

$$(y_Q \cdot I_y)_{II} = \int\limits_{s=0}^{s=a} \left[\left(\frac{c \cdot a^2}{8} + c \cdot s \cdot \frac{a}{2} \right) \cdot \right.$$

$$\left. \cdot \left((s-a)\cdot 0 - \frac{a}{2}\cdot(-1) \right) \right] ds$$

$$(y_Q \cdot I_y)_{II} = \int\limits_{s=0}^{s=a} \left(\frac{c \cdot a^3}{16} + \frac{c \cdot a^2}{4} \cdot s \right) ds$$

$$(y_Q \cdot I_y)_{II} = \frac{c \cdot a^2}{4} \cdot \int\limits_{s=0}^{s=a} \left(\frac{a}{4} + s \right) \cdot ds$$

$$(y_Q \cdot I_y)_{II} = \frac{c \cdot a^2}{4} \cdot \left| \frac{a \cdot s}{4} + \frac{s^2}{2} \right|_0^a$$

$$(y_Q \cdot I_y)_{II} = \frac{c \cdot a^2}{4} \cdot \left(\frac{a^2}{4} + \frac{a^2}{2} \right) = \frac{3c \cdot a^4}{16}$$

Bereich III :

$$\alpha = 0 \;;\; y = 0 \;;\; z = -\frac{a}{2} + s = s - \frac{a}{2}$$

$$S_y(s) = -\frac{5c \cdot a^2}{8} + c \cdot s \cdot \left(-\frac{a}{2} + \frac{s}{2} \right)$$

$$S_y(s) = -\left[\frac{5c \cdot a^2}{8} + \frac{c \cdot s}{2} \cdot (a - s) \right]$$

$$S_{y\,III}(s=a) = -\left[\frac{5ca^2}{8} + \frac{ca}{2}(a - a) \right]$$

$$S_{y\,III}(s=a) = -\frac{5c \cdot a^2}{8}$$

$$(y_Q \cdot I_y)_{III} = \int\limits_{s=0}^{s=a} S_y(s)\left(0\cos 0 + \left(s - \frac{a}{2} \right)\sin 0 \right) ds$$

$$(y_Q \cdot I_y)_{III} = 0$$

Bereich IV :

$$\alpha = \frac{\pi}{2} \;;\; y = -s \;;\; z = \frac{a}{2}$$

$$S_y(s) = -\frac{5c \cdot a^2}{8} + c \cdot s \cdot \frac{a}{2}$$

$$S_y(s) = -\left(\frac{5c \cdot a^2}{8} - c \cdot s \cdot \frac{a}{2} \right)$$

$$S_y(s=a) = -\frac{5c \cdot a^2}{8} + c \cdot a \cdot \frac{a}{2}$$

$$S_{y\,IV}(s=a) = -\frac{c \cdot a^2}{8}$$

$$(y_Q \cdot I_y)_{IV} = \int\limits_{s=0}^{s=a} \left(\frac{5c \cdot a^2}{8} - c \cdot s \cdot \frac{a}{2} \right) \cdot$$

$$\cdot \left(-s \cdot \cos\frac{\pi}{2} + \frac{a}{2} \cdot \sin\frac{\pi}{2} \right) ds$$

$$(y_Q \cdot I_y)_{IV} = \int\limits_{s=0}^{s=a} \left(\frac{5c \cdot a^2}{8} - c \cdot s \cdot \frac{a}{2} \right) \cdot \left(0 + \frac{a}{2} \right) ds$$

$$(y_Q \cdot I_y)_{IV} = \frac{c \cdot a^2}{4} \cdot \int\limits_{s=0}^{s=a} \left(\frac{5a}{4} - s \right) \cdot ds$$

$$\left(y_Q \cdot I_y\right)_{IV} = \frac{c \cdot a^2}{4} \cdot \left|\frac{5a}{4} s - \frac{s^2}{2}\right|_0^a$$

$$\left(y_Q \cdot I_y\right)_{IV} = \frac{c \cdot a^2}{4} \cdot \left(\frac{5a^2}{4} - \frac{a^2}{2}\right) = \frac{3c \cdot a^4}{16}$$

Bereich V :

$$\alpha = \pi \; ; \; y = -a \; ; \; z = \frac{a}{2} - s$$

$$S_y(s) = -\frac{c \cdot a^2}{8} + c \cdot s \cdot \frac{1}{2}(a - s)$$

$$S_y(s) = -\left[\frac{c \cdot a^2}{8} + \frac{c \cdot s}{2}(s - a)\right]$$

$$S_{y\,v}\left(s = a/2\right) = -\left[\frac{c \cdot a^2}{8} + \frac{c \cdot a}{4}\left(\frac{a}{2} - a\right)\right]$$

$$S_{y\,v}\left(s = a/2\right) = 0$$

$$\left(y_Q \cdot I_y\right)_V = \int_{s=0}^{s=a/2} \left(\frac{c \cdot a^2}{8} + \frac{c \cdot s}{2}(s - a)\right) \cdot$$

$$\cdot \left[-a \cdot \cos \pi + \left(\frac{a}{2} - s\right)\sin \pi\right] ds$$

$$\left(y_Q \cdot I_y\right)_V = \frac{c \cdot a}{2} \cdot \int_{s=0}^{s=a/2} \left(\frac{a^2}{4} + s(s - a)\right) \cdot ds$$

$$\left(y_Q \cdot I_y\right)_V = \frac{c \cdot a}{2} \cdot \left|\frac{a^2}{4} \cdot s + \frac{s^3}{3} - \frac{as^2}{2}\right|_0^{a/2}$$

$$\left(y_Q \cdot I_y\right)_V = \frac{c \cdot a}{2} \cdot \left(\frac{a^3}{8} + \frac{a^3}{24} - \frac{a^3}{8}\right)$$

$$\left(y_Q \cdot I_y\right)_V = \frac{c \cdot a^4}{48}$$

Wegen Symmetrie :

$$\left(y_Q \cdot I_y\right)_I = \left(y_Q \cdot I_y\right)_V$$

$$\left(y_Q \cdot I_y\right)_{II} = \left(y_Q \cdot I_y\right)_{IV}$$

Damit :

$$y_Q = \frac{1}{I_y} \cdot \left[2 \cdot (\;)_I + 2 \cdot (\;)_{II} + 1 \cdot (\;)_{III}\right]$$

$$y_Q = \frac{1}{I_y} \cdot \left[2\left(\frac{ca^4}{48}\right) + 2\left(\frac{3ca^4}{16}\right) + 0\right]$$

$$y_Q = \frac{2}{I_y} \cdot \left[\frac{ca^4}{48} + \frac{9ca^4}{48}\right] = \frac{10ca^4}{24 \cdot I_y}$$

$$y_Q = \frac{5ca^4}{12 \cdot I_y}$$

Unter der Annahme, daß die Spaltbreite des geschlitzten Quadratrohres vernachlässigbar klein ist, gilt :

$$I_y = \frac{(a + c)^4}{12} - \frac{(a - c)^4}{12}$$

$$I_y = \frac{a^4 + 4a^3 c + 6a^2 c^2 + 4ac^3 + c^4}{12}$$

$$- \frac{a^4 - 4a^3 c + 6a^2 c^2 - 4ac^3 + c^4}{12}$$

$$I_y = \frac{8a^3 c + 8ac^3}{12} = \frac{8ac}{12} \cdot \left(a^2 + c^2\right)$$

$$y_Q = \frac{5ca^4}{12 \cdot I_y} = \frac{5ca^4}{12} \cdot \frac{12}{8ac \cdot \left(a^2 + c^2\right)}$$

$$\boxed{y_Q = \frac{5a^3}{8 \cdot \left(a^2 + c^2\right)}}$$

wenn $c \ll a$ ist, gilt :

$$\boxed{y_Q = \frac{5a}{8}}$$

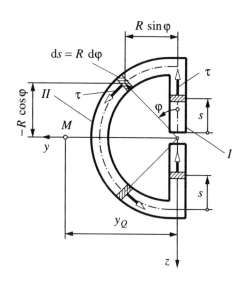

16.2

Für den skizzierten Schlitzrohrquerschnitt ist die Lage des Schubmittelpunktes zu bestimmen.

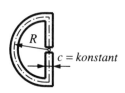

$c = konstant$

Allgemein gilt :

$$y_Q = \frac{1}{I_y} \cdot \int_s \left|S_y(s)\right| \cdot (y \cdot \cos\alpha + z \cdot \sin\alpha) \cdot ds$$

Darin ist :

$$ds = R \cdot d\varphi \quad \text{und} \quad S_y = S_y(\varphi)$$

Bereich I :

$$\alpha = \pi \;;\; y = 0 \;;\; z = -s$$

$$S_y(s) = (c \cdot s) \cdot \left(-\frac{s}{2}\right) = -\frac{c \cdot s^2}{2}$$

$$S_{y_I}(s = R) = -\frac{c \cdot R^2}{2}$$

$$\left(y_Q \cdot I_y\right)_I = \int\limits_{s=0}^{s=R} \frac{c \cdot s^2}{2} \cdot (y \cdot \cos\alpha + z \cdot \sin\alpha)\,ds$$

$$\left(y_Q \cdot I_y\right)_I = \int\limits_{s=0}^{s=R} \frac{c \cdot s^2}{2} \cdot [0 \cdot (-1) - s \cdot 0]\,ds$$

$$\left(y_Q \cdot I_y\right)_I = 0$$

Bereich II (bis zur Symmetrieachse y) :

$$\alpha = \frac{3\pi}{2} + \varphi \;;\; y = R \cdot \sin\varphi \;;\; z = -R \cdot \cos\varphi$$

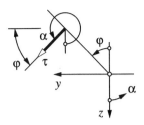

Bei Ausnutzen der Symmetrie sind die
Grenzen für φ: 0 bis $\pi/2$

$$ds = R \cdot d\varphi = R \cdot d\psi$$
$$dA = c \cdot ds = c \cdot R \cdot d\varphi = c \cdot R \cdot d\psi$$

$$S_y(\varphi) = -\frac{c \cdot R^2}{2} + \int_{\psi=0}^{\psi=\varphi} \underbrace{c \cdot R \cdot d\psi}_{=dA} \cdot \underbrace{(-R \cdot \cos\psi)}_{Hebelarm}$$

$$S_y(\varphi) = -\frac{c \cdot R^2}{2} - c \cdot R^2 \cdot \int_{\psi=0}^{\psi=\varphi} \cos\psi \cdot d\psi$$

$$S_y(\varphi) = -\frac{c \cdot R^2}{2} - c \cdot R^2 \cdot |\sin\psi|_0^\varphi$$

$$S_y(\varphi) = -\frac{c \cdot R^2}{2} - c \cdot R^2 (\sin\varphi - 0)$$

$$S_y\left(\varphi = \frac{\pi}{2}\right)_{II} = -\frac{3c \cdot R^2}{2}$$

$$\left(y_Q I_y\right)_{II} = \int_{\varphi=0}^{\varphi=\pi/2} \left(\frac{c \cdot R^2}{2} + c \cdot R^2 \cdot \sin\varphi\right) \cdot$$
$$\cdot \left[\begin{array}{l}(R\sin\varphi)\cos\left(\frac{3\pi}{2} + \varphi\right) + \\ (-R\cos\varphi)\sin\left(\frac{3\pi}{2} + \varphi\right)\end{array}\right] R\,d\varphi$$

Zur Erinnerung :

$$\cos(x \pm y) = \cos x \cdot \cos y \mp \sin x \cdot \sin y$$
$$\sin(x \pm y) = \sin x \cdot \cos y \pm \cos x \cdot \sin y$$

Mit $x = \frac{3\pi}{2}$ und $y = \varphi$ folgt :

$$\cos\left(\frac{3\pi}{2} \pm \varphi\right) = \underbrace{\cos\left(\frac{3\pi}{2}\right)}_{0} \cdot \cos\varphi \mp \underbrace{\sin\left(\frac{3\pi}{2}\right)}_{-1} \cdot \sin\varphi$$

$$\cos\left(\frac{3\pi}{2} + \varphi\right) = +\sin\varphi$$

und

$$\sin\left(\frac{3\pi}{2} \pm \varphi\right) = \underbrace{\sin\left(\frac{3\pi}{2}\right)}_{-1} \cdot \cos\varphi \pm \underbrace{\cos\left(\frac{3\pi}{2}\right)}_{0} \cdot \sin\varphi$$

$$\sin\left(\frac{3\pi}{2} + \varphi\right) = -\cos\varphi$$

Damit :

$$\left(y_Q \cdot I_y\right)_{II} = \int_{\varphi=0}^{\varphi=\pi/2} \left(\frac{c \cdot R^2}{2} + c \cdot R^2 \cdot \sin\varphi\right) \cdot$$
$$\cdot \left[\begin{array}{l}(R\sin\varphi)\cdot(\sin\varphi) + \\ (-R\cos\varphi)\cdot(-\cos\varphi)\end{array}\right] \cdot R \cdot d\varphi$$

$$\left(y_Q \cdot I_y\right)_{II} = \int_{\varphi=0}^{\varphi=\pi/2} \left(\frac{c \cdot R^2}{2} + c \cdot R^2 \cdot \sin\varphi\right) \cdot$$
$$\cdot R \underbrace{\left[\sin^2\varphi + \cos^2\varphi\right]}_{=1} \cdot R \cdot d\varphi$$

$$\left(y_Q \cdot I_y\right)_{II} = c \cdot R^4 \cdot \int_{\varphi=0}^{\varphi=\pi/2} \left(\frac{1}{2} + \sin\varphi\right) \cdot d\varphi$$

$$\left(y_Q \cdot I_y\right)_{II} = c \cdot R^4 \cdot \left.\frac{\varphi}{2} - \cos\varphi\right|_0^{\pi/2}$$

$$\left(y_Q \cdot I_y\right)_{II} = c \cdot R^4 \cdot \left[\left(\frac{\pi}{4} - 0\right) - (0 - 1)\right]$$

$$\left(y_Q \cdot I_y\right)_{II} = c \cdot R^4 \cdot \left(\frac{\pi}{4} + 1\right)$$

Wegen Symmetrie :

$$y_Q = \frac{1}{I_y} \cdot \left[2 \cdot (\ )_I + 2 \cdot (\ )_{II}\right]$$

$$y_Q = \frac{1}{I_y} \cdot \left[0 + 2 \cdot c \cdot R^4 \cdot \left(\frac{\pi}{4} + 1\right)\right]$$

$$\boxed{y_Q = \frac{c \cdot R^4}{I_y} \cdot \left(\frac{\pi}{2} + 2\right)}$$

Darin ist :

$$I_y \approx \frac{c \cdot (2R)^3}{12} + \int_0^{\pi/2} \underbrace{(R \cdot \cos\varphi)^2}_{z^2} \cdot \underbrace{c \cdot R \cdot d\varphi}_{dA}$$

$$I_y \approx \frac{c \cdot (2R)^3}{12} + c \cdot R^3 \cdot \int_0^{\pi/2} \cos^2\varphi \cdot d\varphi$$

Grundintegral :

$$\int_\varphi \cos^2(k\varphi) \cdot d\varphi = \frac{\varphi}{2} + \frac{\sin(2k\varphi)}{4 \cdot k}$$

$$I_y \approx \frac{c \cdot (2R)^3}{12} + c \cdot R^3 \cdot \left.\frac{\varphi}{2} + \frac{\sin(2\varphi)}{4}\right|_0^{\pi/2}$$

$$I_y \approx \frac{c \cdot (2R)^3}{12} + c \cdot R^3 \cdot \frac{\pi}{4}$$

$$I_y \approx \frac{c \cdot R^3}{4} \cdot \left(\frac{8}{3} + \pi\right)$$

$$y_Q \cong \frac{c \cdot R^4}{\frac{c \cdot R^3}{4} \cdot \left(\frac{8}{3} + \pi\right)} \cdot \left(\frac{\pi}{2} + 2\right)$$

$$\boxed{y_Q \cong \frac{R}{3\pi + 8} \cdot (6\pi + 24)}$$

16.3

Für den skizzierten Kreisringausschnitt (Kreis-ringsektor) ist die Lage des Schubmittelpunktes zu bestimmen.

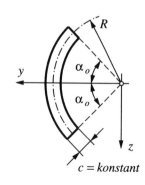

c = konstant

Bereich I :

$$\frac{\pi}{2} - \alpha_o \le \varphi < \frac{\pi}{2} \; ; \; \alpha = \frac{3\pi}{2} + \varphi$$

$$y = +R \cdot \sin\varphi \; ; \; z = -R \cdot \cos\varphi$$

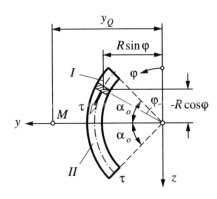

$$\left| S_y(\varphi) \right| = \int\limits_{\psi=\frac{\pi}{2}-\alpha_o}^{\psi=\varphi} \underbrace{c \cdot R \cdot d\psi}_{dA} \cdot R \cdot \cos\psi$$

$$\left| S_y(\varphi) \right| = c \cdot R^2 \cdot \left| \sin\psi \right|_{\psi=\frac{\pi}{2}-\alpha_o}^{\psi=\varphi}$$

$$\left| S_y(\varphi) \right| = c \cdot R^2 \cdot (\sin\varphi - \cos\alpha_o)$$

Allgemein gilt :

$$y_Q = \frac{1}{I_y} \cdot \int\limits_s \left| S_y(s) \right| \cdot (y \cdot \cos\alpha + z \cdot \sin\alpha) \cdot ds$$

Darin ist :

$$ds = R \cdot d\varphi \quad \text{und} \quad S_y = S_y(\varphi)$$

$$\left(y_Q \cdot I_y \right)_I =$$

$$\int\limits_{\varphi=\frac{\pi}{2}-\alpha_o}^{\varphi=\pi/2} (\sin\varphi - \cos\alpha_o) c R^2 \left(R\sin\varphi \cos\left(\frac{3\pi}{2} + \varphi\right) \right.$$

$$\left. - R\cos\varphi \sin\left(\frac{3\pi}{2} + \varphi\right) \right) R \, d\varphi$$

Darin ist

$$\cos\left(\frac{3\pi}{2} + \varphi\right) = +\sin\varphi$$

und

$$\sin\left(\frac{3\pi}{2} + \varphi\right) = -\cos\varphi$$

$$\left(y_Q \cdot I_y \right)_I = c R^4 \int\limits_{\frac{\pi}{2}-\alpha_o}^{\frac{\pi}{2}} \left[(\sin\varphi - \cos\alpha_o) \right.$$

$$\left. \cdot (\sin^2\varphi + \cos^2\varphi) \right] d\varphi$$

Darin ist

$$\sin^2\varphi + \cos^2\varphi = 1$$

$$\left(y_Q \cdot I_y \right)_I = c R^4 \cdot \left| -\cos\varphi - \varphi \cdot \cos\alpha_o \right|_{\varphi=\frac{\pi}{2}-\alpha_o}^{\varphi=\frac{\pi}{2}}$$

$$\left(y_Q \cdot I_y \right)_I = c R^4 \left\{ -0 - \frac{\pi}{2}\cos\alpha_o \right.$$

$$\left. - \left[-\cos\left(\frac{\pi}{2} - \alpha_o\right) \right] - \cos\alpha_o \left(\frac{\pi}{2} - \alpha_o\right) \right\}$$

$$\left(y_Q \cdot I_y \right)_I =$$

$$c R^4 \cdot \left(-\frac{\pi}{2} \cdot \cos\alpha_o - \left(\begin{array}{c} -\sin\alpha_o - \frac{\pi}{2} \cdot \cos\alpha_o \\ +\alpha_o \cdot \cos\alpha_o \end{array} \right) \right)$$

$$\left(y_Q \cdot I_y\right)_I = cR^4 \cdot \left(+\sin\alpha_o - \alpha_o \cdot \cos\alpha_o\right)$$

Wegen Symmetrie :

$$\left(y_Q \cdot I_y\right)_{II} = \left(y_Q \cdot I_y\right)_I$$

Damit :

$$\left(y_Q \cdot I_y\right) = 2cR^4 \cdot \left(\sin\alpha_o - \alpha_o \cdot \cos\alpha_o\right)$$

Axiales Flächenmoment 2.Ordnung :

$$I_y \approx \int dA \cdot z^2$$

mit $dA = c \cdot R \cdot d\varphi$
und $z = -R \cdot \cos\varphi$

$$I_y \approx 2 \cdot c \cdot R^3 \int_{\varphi=\frac{\pi}{2}-\alpha_o}^{\varphi=\frac{\pi}{2}} \cos^2\varphi \cdot d\varphi$$

$$I_y \approx 2 \cdot c \cdot R^3 \left.\left|\frac{\varphi}{2} + \frac{\sin(2\varphi)}{4}\right|\right._{\frac{\pi}{2}-\alpha_o}^{\frac{\pi}{2}}$$

$$I_y \approx 2 \cdot c \cdot R^3 \left(\frac{\pi}{4} + 0 - \left(\frac{\pi}{4} - \frac{\alpha_o}{2} + \frac{\sin(2\alpha_o)}{4}\right)\right)$$

$$I_y \approx 2 \cdot c \cdot R^3 \left(\frac{\alpha_o}{2} - \frac{1}{4} \cdot \sin(2\alpha_o)\right)$$

$$\boxed{I_y \approx c \cdot R^3 \left(\alpha_o - \frac{1}{2} \cdot \sin(2\alpha_o)\right)}$$

Lage des Schubmittelpunktes :

$$\boxed{y_Q = \frac{2c \cdot R^4 \left(\sin\alpha_o - \alpha_o \cdot \cos\alpha_o\right)}{c \cdot R^3 \left(\alpha_o - \frac{1}{2} \cdot \sin(2\alpha_o)\right)}}$$

1. Sonderfall : $\alpha_o = \dfrac{\pi}{2}$

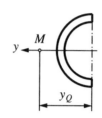

$$y_Q = 2 \cdot R \cdot \frac{1-0}{\dfrac{\pi}{2}-0}$$

$$\boxed{y_Q = \frac{4R}{\pi}}$$

2. Sonderfall : $\alpha_o = \pi$

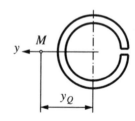

$$y_Q = 2R \cdot \frac{0 - \pi \cdot (-1)}{\pi - 0}$$

$$\boxed{y_Q = 2R}$$

16.4

a) Es ist die Lage des Schubmittelpunkts für ein rundes Schlitzrohr mit veränderlicher Wanddicke zu bestimmen.

b) Für $R = 20\,\text{mm}$ und $c_{max} = 2\,\text{mm}$, $c_{min} = 1\,\text{mm}$ ist die Lage des Schubmittelpunkts für den Fall zu bestimmen, daß der Schlitz bei der Stelle c_{min} bzw. bei c_{max} liegt.

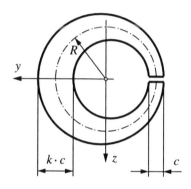

a)

Wanddicke an beliebiger Stelle :

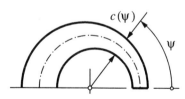

Abwicklung :

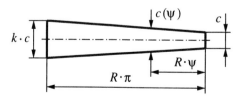

Proportion :

$$\frac{\frac{1}{2}(k \cdot c - c)}{R \cdot \pi} = \frac{\frac{1}{2}(c(\psi) - c)}{R \cdot \psi}$$

Daraus :

$$c(\psi) = c + \frac{c(k-1)}{\pi} \cdot \psi$$

Allgemein (wegen Symmetrie)

$$y_Q \, I_y = 2 \int\limits_{\varphi=0}^{\varphi=\pi} \left| S_y(\varphi) \right| \cdot (y \cdot \cos\alpha + z \cdot \sin\alpha) \cdot R \, \mathrm{d}\varphi$$

Statisches Flächenmoment bei φ :

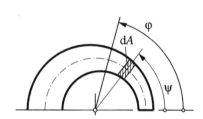

$$\mathrm{d}A = c(\psi) \cdot R \cdot \mathrm{d}\psi$$

$$S_y(\varphi) = \int\limits_{\psi=0}^{\psi=\varphi} \mathrm{d}A \cdot R \cdot \sin\psi$$

$$S_y(\varphi) = \int\limits_{\psi=0}^{\psi=\varphi} c(\psi) \cdot R^2 \cdot \sin\psi \cdot \mathrm{d}\psi$$

$$S_y(\varphi) = \int\limits_{\psi=0}^{\psi=\varphi} R^2 \cdot \sin\psi \cdot \mathrm{d}\psi \cdot \left(c + \frac{c(k-1)}{\pi} \cdot \psi \right)$$

$$S_y(\varphi) = c \cdot R^2 \cdot \int_{\psi=0}^{\psi=\varphi} \sin\psi \cdot d\psi$$

$$+ \frac{c(k-1) \cdot R^2}{\pi} \cdot \int_{\psi=0}^{\psi=\varphi} \psi \cdot \sin\psi \cdot d\psi$$

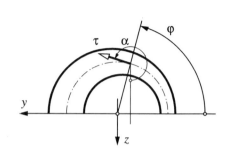

Grundintegral :

$$\int \psi \cdot \sin\psi \cdot d\psi = \sin\psi - \psi \cdot \cos\psi$$

$$\frac{y_Q \cdot I_y}{2R} = c \cdot R^3 \left[\int_0^\pi d\varphi - \int_0^\pi \cos\varphi \cdot d\varphi \right.$$

$$+ \frac{k-1}{\pi} \cdot \int_0^\pi \sin\varphi \cdot d\varphi$$

Damit :

$$S_y(\varphi) = -c \cdot R^2 \left|\cos\psi\right|_0^\varphi$$

$$+ \frac{c(k-1) \cdot R^2}{\pi} \cdot \left|\sin\psi - \psi \cdot \cos\psi\right|_0^\varphi$$

$$\left. - \frac{k-1}{\pi} \cdot \int_0^\pi \varphi \cdot \cos\varphi \cdot d\varphi \right]$$

$$S_y(\varphi) = -c \cdot R^2 (\cos\varphi - 1)$$

$$+ \frac{c(k-1) \cdot R^2}{\pi} \cdot (\sin\varphi - \varphi \cdot \cos\varphi)$$

Grundintegral :

$$\int \varphi \cdot \cos\varphi \cdot d\varphi = \varphi \cdot \sin\varphi + \cos\varphi$$

$$S_y(\varphi) = c \cdot R^2 - c \cdot R^2 \cdot \cos\varphi$$

$$+ \frac{c(k-1) \cdot R^2}{\pi} \cdot \sin\varphi$$

$$- \frac{c(k-1) \cdot R^2}{\pi} \cdot \varphi \cdot \cos\varphi$$

Damit :

$$\frac{y_Q \cdot I_y}{2c \cdot R^4} = \left|\varphi\right|_0^\pi - \left|\sin\varphi\right|_0^\pi - \frac{k-1}{\pi} \cdot \left|\cos\varphi\right|_0^\pi$$

$$- \frac{k-1}{\pi} \cdot \left|\varphi \cdot \sin\varphi + \cos\varphi\right|_0^\pi$$

$$\frac{y_Q \cdot I_y}{2c \cdot R^4} = \pi - 0 + \frac{2}{\pi}(k-1) + \frac{2}{\pi}(k-1)$$

Damit die Lage des Schubmittelpunkts :

$$y_Q = \frac{2}{I_y} \cdot \int_{\varphi=0}^{\varphi=\pi} \left|S_y(\varphi)\right| \cdot (y \cdot \cos\alpha + z \cdot \sin\alpha) \cdot R \cdot d\varphi$$

Daraus y_Q :

mit $\alpha = \pi + \varphi$

$\cos\alpha = -\cos\varphi$ $\qquad y = -R \cdot \cos\varphi$

$\sin\alpha = -\sin\varphi$ $\qquad z = -R \cdot \sin\varphi$

$$\boxed{y_Q = \frac{2c \cdot R^4}{I_y} \left(\pi + \frac{4}{\pi}(k-1) \right)}$$

Axiales Flächenmoment 2. Ordnung I_y :

$$I_y = \frac{\pi}{64}\left[\left(2R + \frac{c}{2}(1+k)\right)^4 - \left(2R - \frac{c}{2}(1+k)\right)^4\right]$$

Mit PASQUAL :

$$(a \pm b)^2 = a^2 \pm 2ab + b^2$$
$$(a \pm b)^3 = a^3 \pm 3a^2b + 3ab^2 \pm b^3$$
$$(a \pm b)^4 = a^4 \pm 4a^3b + 6a^2b^2 \pm 4ab^3 + b^4$$

Daraus :

$$(a+b)^4 - (a-b)^4 = 8a^3b + 8ab^3$$
$$(a+b)^4 - (a-b)^4 = 8ab \cdot \left(a^2 + b^2\right)$$

Somit :

$$I_y = \frac{\pi}{64}\left[8(2R) \cdot \frac{c}{2}(1+k) \cdot \left(4R^2 + \frac{c^2}{4}(1+k)^2\right)\right]$$

Sonderfall :

1) $k = 1$: $c = $ konst.

$$I_y = \frac{\pi}{64}\left[16R \cdot c\left(4R^2 + c^2\right)\right]$$

$$I_y = \frac{Rc\pi\left(4R^2 + c^2\right)}{4}$$

2) $k = 2$:

$$I_y = \frac{\pi}{64}\left[24R \cdot c\left(4R^2 + \frac{9}{4}c^2\right)\right]$$

3) $k = \frac{1}{2}$:

$$I_y = \frac{\pi}{64}\left[12R \cdot c\left(4R^2 + \frac{9}{16}c^2\right)\right]$$

b)

Schlitz bei c_{min} :

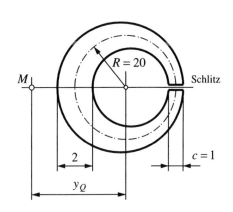

$k = 2$

$$I_y = \frac{\pi}{64}\left[24 \cdot 20 \cdot 1 \cdot \left(4 \cdot 20^2 + \frac{9}{4} \cdot 1^2\right)\right] \text{mm}^4$$

$$I_y = 37752 \text{ mm}^4$$

$$y_Q = \frac{2 \cdot 1\,\text{mm} \cdot (20\,\text{mm})^4}{37752\,\text{mm}^4}\left(\pi + \frac{4}{\pi}\right)$$

$$\boxed{y_Q = 37,4\,\text{mm}}$$

Schlitz bei c_{max} :

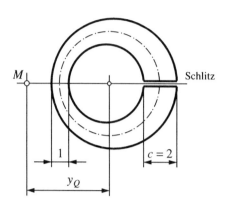

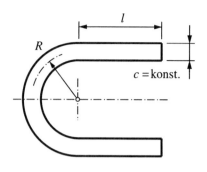

$$k = \frac{1}{2}$$

$$I_y = \frac{\pi}{64}\left[12 \cdot 20 \cdot 2 \cdot \left(4 \cdot 20^2 + \frac{9}{16} \cdot 2^2\right)\right] mm^4$$

$$I_y = 37752\, mm^4$$

$$y_Q = \frac{2 \cdot 2\, mm \cdot (20\, mm)^4}{37752\, mm^4}\left(\pi - \frac{2}{\pi}\right)$$

$$\boxed{y_Q = 42,5\, mm}$$

16.5

Für den skizzierten Querschnitt ist die Lage des Schubmittelpunkts zu bestimmen.

$R = 10\, mm$, $c = 1\, mm$, $l = 20\, mm$

Einteilen in Bereiche :

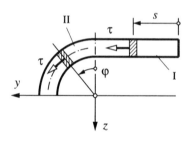

Bereich I

$$y = -l + s \qquad z = -R \qquad \alpha = \frac{3\pi}{2}$$

$$|S_y(s)| = c \cdot s \cdot R$$

Damit :

$$\left(y_Q I_y\right)_I = \int_{s=0}^{s=l} csR\left((s-l)\underbrace{\cos\frac{3\pi}{2}}_{=0} - R\underbrace{\sin\frac{3\pi}{2}}_{=-1}\right)ds$$

$$\left(y_Q \cdot I_y\right)_I = \int_{s=0}^{s=l} csR^2 \cdot ds = \frac{cR^2}{2}\left|s^2\right|_0^l$$

$$\boxed{\left(y_Q \cdot I_y\right)_I = \frac{cR^2 \cdot l^2}{2}}$$

Bereich II

$y = +R \cdot \sin \varphi$

$z = -R \cdot \cos \varphi$

$\alpha = \dfrac{3\pi}{2} + \varphi$

$\left| S_y(\varphi) \right| = \underbrace{c \cdot l \cdot R}_{I} + \int\limits_{\psi=0}^{\psi=\varphi} c R \cdot \mathrm{d}\psi \cdot R \cos \psi$

$\left| S_y(\varphi) \right| = c \cdot l \cdot R + c R^2 \left| \sin \psi \right|_0^{\varphi}$

$\left| S_y(\varphi) \right| = c \cdot l \cdot R + c R^2 \sin \varphi$

Damit :

$\left(y_Q \cdot I_y \right)_{II} = \int\limits_{\varphi=0}^{\varphi=\frac{\pi}{2}} \left(c \cdot l \cdot R + c R^2 \sin \varphi \right) \cdot$

$\cdot \left(\underbrace{R \sin^2 \varphi + R \cos^2 \varphi}_{=R} \right) R \cdot \mathrm{d}\varphi$

$\left(y_Q \cdot I_y \right)_{II} = \int\limits_{\varphi=0}^{\varphi=\frac{\pi}{2}} \left(c \cdot l \cdot R + c R^2 \sin \varphi \right) R \cdot \mathrm{d}\varphi$

$\left(y_Q \cdot I_y \right)_{II} = c \cdot l \cdot R^3 \cdot \left| \varphi \right|_0^{\frac{\pi}{2}} - c R^4 \cdot \left| \cos \varphi \right|_0^{\frac{\pi}{2}}$

$$\boxed{\left(y_Q \cdot I_y \right)_{II} = \dfrac{c \cdot l \cdot R^3 \cdot \pi}{2} + c R^4}$$

$\left(y_Q \cdot I_y \right)_{\text{gesamt}} = 2 \cdot (\ )_I + 2 \cdot (\ )_{II}$

$$\boxed{\left(y_Q \, I_y \right)_{\text{gesamt}} = c R^2 \, l^2 + c \, l \, R^3 \cdot \pi + 2 c R^4}$$

Axiales Flächenmoment 2. Ordnung I_y :

$I_y = \dfrac{\pi}{8} \left(10,5^4 - 9,5^4 \right) \mathrm{mm}^4 + \dfrac{20}{12} \left(21^3 - 19^3 \right) \mathrm{mm}^4$

$I_y = 5578,1 \, \mathrm{mm}^4$

Damit folgt :

$y_Q = \dfrac{\left(y_Q \cdot I_y \right) \mathrm{mm}^5}{I_y \, \mathrm{mm}^4}$

$y_Q = \dfrac{\left(1 \cdot 10^2 \cdot 20^2 + 1 \cdot 20 \cdot 10^3 \cdot \pi + 2 \cdot 1 \cdot 10^4 \right)}{5578,1}$

$$\boxed{y_Q = 22 \, \mathrm{mm}}$$

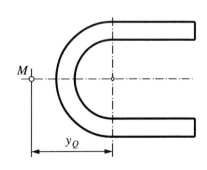

17.1

Ein $l = 1\,\text{m}$ langer Druckstab hält den in seinem Schwerpunkt drehbar gelagerten Balken.

Welche Last F darf aufgebracht werden, damit die Knicksicherheit $v_k = 2$ des Druckstabs aus St37 nicht unterschritten wird ?

$E = 2,1 \cdot 10^5\,\text{N/mm}^2$; $\alpha = 60°$
Grenzschlankheitsgrad St37 : $\lambda_g = 105$

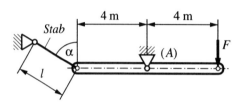

Querschnitt des Druckstabs

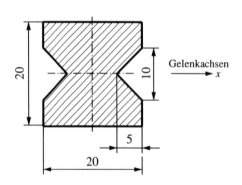

$$I_x = \frac{20^4}{12}\,\text{mm}^4 - 2 \cdot \left(\frac{5 \cdot 10^3}{48}\right)\text{mm}^4$$

$$I_x = 13125\,\text{mm}^4$$

$$A = 400\,\text{mm}^2 - 2 \cdot \left(\frac{5 \cdot 10}{2}\right)\text{mm}^2 = 350\,\text{mm}^2$$

$$i_x = \sqrt{\frac{I_x}{A}} = \sqrt{\frac{13125}{350}}\,\text{mm} = 6,124\,\text{mm}$$

Fall II (beidseitig gelenkig gelagert) :

$$l_k = l$$

$$\lambda = \frac{l_k}{i_x} = \frac{1000\,\text{mm}}{6,124\,\text{mm}} = 163,3$$

$$\lambda = 163,3 > \lambda_g$$

Da λ größer als λ_g ist, liegt ein EULER-Fall der elastischen Knickung vor :

EULERsche Knickkraftformel :

$$F_k = \frac{\pi^2 \cdot E \cdot I_a}{l_k^2}$$

$$F_k = \frac{\pi^2 \cdot 2,1 \cdot 10^5\,\text{N/mm}^2 \cdot 13125\,\text{mm}^4}{1000^2\,\text{mm}^2}$$

$$F_k = 27203,1\,\text{N}$$

$$F_{S_{zul.}} = \frac{F_k}{v_k}$$

$$F_{S_{zul.}} = \frac{27203,1\,\text{N}}{2} = 13601,5\,\text{N}$$

Statik

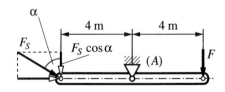

$$\sum M_{(A)} = 0 = F_{S_{zul.}} \cdot \cos 60° \cdot 4\,\text{m} - F \cdot 4\,\text{m}$$

Daraus :

$$\boxed{F = 6800,8\,\text{N}}$$

17.2

Eine Stütze mit dem skizzierten Querschnitt (Werkstoff St70), hält den $l = 3\,\text{m}$ langen, in (A) gelenkig gelagerten, schweren Balken konstanten Querschnitts. Die Länge der Stütze ist so zu bemessen, daß eine 3-fache Knicksicherheit $v_k = 3$ garantiert wird.

$E = 2,1 \cdot 10^5\ \text{N}/\text{mm}^2$; $F_G = 1,4\,\text{kN}$; $\alpha = 30°$

Grenzschlankheitsgrad St70 : $\lambda_g = 89$

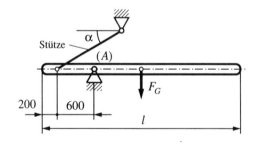

Querschnitt der Stütze :

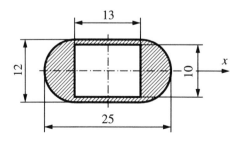

Statik

$$\sum M_{(A)} = 0$$

$$0 = F_S \cdot \sin 30° \cdot 600\,\text{mm} - F_G \cdot 700\,\text{mm}$$

$$F_S = \frac{1,4\,\text{kN} \cdot 700\,\text{mm}}{600\,\text{mm} \cdot \sin 30°} = 3,2667\,\text{kN}$$

Da nicht alle Maße des Knickstabs bekannt sind (Querschnittsmaße und Länge), kann der Schlankheitsgrad nicht vorab berechnet werden.

Darum die Annahme :

EULER-Fall der elastischen Knickung :

$$F_k = \frac{\pi^2 \cdot E \cdot I_a}{l_k^2}$$

Fall II (beidseitig gelenkig gelagert) :

$$l_k = l$$

$$I_x = \left(\frac{13 \cdot 12^3}{12} - \frac{13 \cdot 10^3}{12} + \frac{\pi \cdot 12^4}{64} \right) \text{mm}^4$$

$$I_x = 1806,5\,\text{mm}^4$$

$$A = \pi \cdot 6^2\,\text{mm}^2 + 13 \cdot 12\,\text{mm}^2 - 13 \cdot 10\,\text{mm}^2$$

$$A = 139,097\,\text{mm}^2$$

Damit wird :

$$i_x = \sqrt{\frac{I_x}{A}} = \sqrt{\frac{1806,5}{139,097}}\ \text{mm} = 3,60\,\text{mm}$$

$$l_k = \sqrt{\frac{\pi^2 E I_x}{F_k}}\ \text{mit}\ F_k = F_S \cdot v_k\ \text{folgt}$$

$$l_k = \sqrt{\frac{\pi^2 2,1 \cdot 10^5 \text{ N/mm}^2 \cdot 1806,5 \text{ mm}^5}{3266,67 \text{ N} \cdot 3}}$$

$$l_k = l = 618,1 \text{ mm}$$

$$\boxed{l = 618,1 \text{ mm}}$$

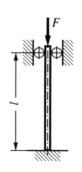

Nachweis für die Richtigkeit der Annahme elastischer Knickung (EULER) :

$$\lambda = \frac{l_k}{i_x} = \frac{618,1 \text{ mm}}{3,6 \text{ mm}} = 171,7$$

$$\lambda \approx 172 > \lambda_g$$

Da λ größer als λ_g ist, liegt ein EULER-Fall der elastischen Knickung vor, die zuvor getroffene Annahme war also richtig.

17.3

Der einseitig eingespannte Stab aus Werkstoff St37 ist am freien Ende gegen Ausbiegen mittels Loslager gesichert. Wie lang darf der Stab sein, damit noch eine 4-fache Knicksicherheit gewährleistet ist ?

$F = 5 \text{ kN}$; $E = 2,1 \cdot 10^5 \text{ N/mm}^2$

Grenzschlankheitsgrad St37 : $\lambda_g = 105$

Querschnitt des Stabes :

$b = 20 \text{ mm}$; $h = 14 \text{ mm}$

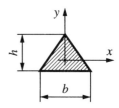

Annahme :

Elastische Knickung (EULER-Fall) :

$$F_k = \frac{\pi^2 \cdot E \cdot I_{a_{\min}}}{l_k^2} = v_k \cdot F$$

Fall III : $l_k = 0,7l$

Bestimmung von $I_{a_{\min}}$:

$$I_x = \frac{b \cdot h^3}{36} = \frac{20 \cdot 14^3}{36} \text{ mm}^4 = 1524,4 \text{ mm}^4$$

$$I_y = \frac{h \cdot b^3}{48} = \frac{14 \cdot 20^3}{48} \text{ mm}^4 = 2333,3 \text{ mm}^4$$

$$I_{a_{\min}} = I_x = 1524,4 \text{ mm}^4$$

$$A = \frac{20 \cdot 14}{2} \text{ mm}^2 = 140 \text{ mm}^2$$

Damit folgt :

$$20000\,\text{N} = \frac{\pi^2 \cdot 2{,}1 \cdot 10^5\,\text{N}/\text{mm}^2 \cdot 1524{,}4\,\text{mm}^4}{0{,}7^2\,l^2}$$

und daraus :

$$l = \sqrt{\frac{\pi^2 \cdot 2{,}1 \cdot 10^5 \cdot 1524{,}4}{0{,}7^2 \cdot 20000}}\,\text{mm}$$

$$\boxed{l = 567{,}8\,\text{mm}}$$

Nachweis für die Richtigkeit der Annahme elastischer Knickung (EULER) :

$$i_{\min} = \sqrt{\frac{I_{a_{\min}}}{A}} = \sqrt{\frac{1524{,}4}{140}}\,\text{mm} = 3{,}3\,\text{mm}$$

$$\lambda = \frac{l_k}{i_{\min}} = \frac{0{,}7 \cdot 567{,}8\,\text{mm}}{3{,}3\,\text{mm}} = 120{,}45$$

$$\lambda \approx 120 > \lambda_g$$

Da λ größer als λ_g ist, liegt ein EULER-Fall der elastischen Knickung vor, die zuvor getroffene Annahme war also richtig.

17.4

Welche Wanddicke s muß die Stütze aus Stahlrohr vom Außendurchmesser $D = 30\,\text{mm}$ (Werkstoff St37) aufweisen, damit eine 3-fache Knicksicherheit garantiert ist ?

$q_o = 1200\,\text{N}/\text{m}$; $E = 2{,}1 \cdot 10^5\,\text{N}/\text{mm}^2$
Grenzschlankheitsgrad St37 : $\lambda_g = 105$

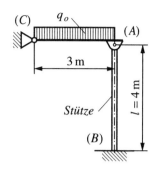

(C) q_o (A)

3 m

Stütze

(B) $l = 4\,\text{m}$

Querschnitt der Stütze :

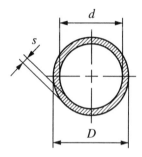

Statik

$$\sum M_{(C)} = 0 = 3\,\text{m} \cdot F_S - \frac{q_o \cdot (3\,\text{m})^2}{2}$$

$$F_S = \frac{1200\,\text{N}/\text{m} \cdot (3\,\text{m})^2}{2 \cdot 3\,\text{m}} = 1800\,\text{N}$$

$$F_k = F_S \cdot v_k = 1800\,\text{N} \cdot 3 = 5400\,\text{N}$$

Da nicht alle Maße des Knickstabs bekannt sind (Querschnittsmaße und Länge), kann der Schlankheitsgrad nicht vorab berechnet werden.

Darum die Annahme :

EULER-Fall der elastischen Knickung :

$$F_k = \frac{\pi^2 \cdot E \cdot I_a}{l_k^2}$$

Fall III :

$l_k = 0,7l$

$$I_a = \frac{\pi}{64}\left(D^4 - d^4\right) = \frac{\pi}{64}\left(30^4\,\text{mm}^4 - d^4\right)$$

$$5400\,\text{N} = \frac{\pi^3\,2,1\cdot10^5\,\text{N/mm}^2\left(30^4\,\text{mm}^4 - d^4\right)}{64\cdot0,7^2\left(4000\,\text{mm}\right)^2}$$

$$d = \sqrt[4]{30^4\,\text{mm}^4 - 416122,1979\,\text{mm}^4}$$
$$d = 25,05\,\text{mm}$$

$$s = \frac{D\text{-}d}{2} = \frac{30\,\text{mm} - 25,05\,\text{mm}}{2}$$

$$\boxed{s = 2,47\,\text{mm}}$$

Nachweis für die Richtigkeit der Annahme elastischer Knickung (EULER) :

Mit:

$$i_a = \sqrt{\frac{I_a}{A}}$$

und

$$I_a = \frac{\pi}{64}\left(30^4 - 25,05^4\right)\text{mm}^4$$

$$I_a = 20432,2\,\text{mm}^4$$

und

$$A = \frac{\pi}{4}\left(D^2 - d^2\right) = \frac{\pi}{4}\left(30^2 - 25,05^2\right)\text{mm}^2$$

$$A = 215,2\,\text{mm}^2$$

folgt :

$$i_a = \sqrt{\frac{\dfrac{\pi}{64}\left(D^4 - d^4\right)}{\dfrac{\pi}{4}\left(D^2 - d^2\right)}} = \frac{1}{4}\cdot\sqrt{\left(D^2 + d^2\right)}$$

$$i_a = \frac{1}{4}\cdot\sqrt{30^2 + 25,05^2}\,\text{mm} = 9,77\,\text{mm}$$

$$\lambda = \frac{l_k}{i_a} = \frac{0,7\cdot4000\,\text{mm}}{9,77\,\text{mm}} = 286,56$$

$$\lambda \approx 287 > \lambda_g$$

Da λ größer als λ_g ist, liegt ein EULER-Fall der elastischen Knickung vor, die zuvor getroffene Annahme war also richtig.

17.5

Ein schwerer, $a = 10\,\text{m}$ langer Balken ist bei (A) gelenkig und zudem durch eine $l = 1\,\text{m}$ lange, schräge Strebe (Werkstoff St37, runder Vollquerschnitt: $D = 20\,\text{mm}$) abgestützt. Die Strebe soll durch ein rundes Stahlrohr 15 * 4 mm (Werkstoff St37) ersetzt werden.

Wie lang darf die neue Strebe sein, damit dieselbe Knicksicherheit garantiert ist ?

$F_G = 12\,\text{kN}$; $E = 2,1\cdot10^5\,\text{N/mm}^2$; $\alpha = 30°$

Grenzschlankheitsgrad St37 : $\lambda_g = 105$

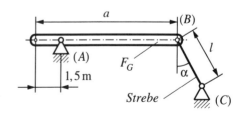

Statik

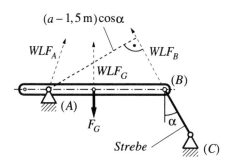

$$\sum M_{(A)} = 0$$

$$0 = F_G \cdot 3{,}5\,\text{m} - F_{Strebe}(a - 1{,}5\,\text{m})\cos 30°$$

$$F_{Strebe} = \frac{12\,\text{kN} \cdot 3{,}5\,\text{m}}{(10\,\text{m} - 1{,}5\,\text{m})\cos 30°} = 5{,}7056\,\text{kN}$$

Alte Strebe (Vollquerschnitt) :

$$I_{a\,voll} = \frac{\pi \cdot D^4}{64} = \frac{\pi \cdot 20^4}{64}\,\text{mm}^4$$

$$I_{a\,voll} = 7853{,}98\,\text{mm}^4$$

$$A_{voll} = \frac{\pi \cdot D^2}{4} = 314{,}16\,\text{mm}^2$$

$$i_{a\,voll} = \sqrt{\frac{I_a}{A}} = \frac{D}{4} = 5\,\text{mm}$$

$$\lambda_{voll} = \frac{l_k}{i_{a\,voll}} = \frac{1000\,\text{mm}}{5\,\text{mm}} = 200$$

$$\lambda_{voll} = 200 > \lambda_g$$

Da λ größer als λ_g ist, liegt ein EULER-Fall der elastischen Knickung vor.

$$F_k = \frac{\pi^2 E I_{a\,voll}}{l_k^2}$$

Fall II : $l_k = l$

$$F_k = F_S \cdot v_k$$

$$v_k = \frac{\pi^2 E I_{a\,voll}}{F_S \cdot l_k^2}$$

$$v_k = \frac{\pi^2 \cdot 2{,}1 \cdot 10^5\,\text{N/mm}^2 \cdot 7853{,}98\,\text{mm}^4}{5705{,}58\,\text{N} \cdot (1000\,\text{mm})^2}$$

$$v_k = 2{,}853$$

Neue Stütze (Hohlquerschnitt) :

Da λ noch nicht berechnet werden kann, wird die Annahme getroffen, es liege ein EULER-Fall elastischer Knickung vor :

$$F_k = \frac{\pi^2 E I_{a\,hohl}}{l_k^2}$$

Fall II : $l_k = l_{hohl}$

$$F_k = F_S \cdot v_k$$

$$l_{hohl} = \sqrt{\frac{\pi^2 E I_{a\,hohl}}{F_S \cdot v_k}}$$

Mit

$$I_{a\,hohl} = \frac{\pi \cdot (D^4 - d^4)}{64} = \frac{\pi(15^4 - 7^4)}{64}\,\text{mm}^4$$

$$I_{a\,hohl} = 2367{,}19\,\text{mm}^4$$

folgt :

$$l_{hohl} = \sqrt{\frac{\pi^2 \cdot 2,1 \cdot 10^5 \, \text{N}/\text{mm}^2 \cdot 2367,19 \, \text{mm}^4}{5705,58 \, \text{N} \cdot 2,853}}$$

$$\boxed{l_{hohl} = 549 \, \text{mm}}$$

Nachweis für die Richtigkeit der oben getroffenen Annahme :

Mit

$$A_{hohl} = \frac{\pi \cdot \left(D^2 - d^2\right)}{4} = \frac{\pi\left(15^2 - 7^2\right)}{4} \, \text{mm}^2$$

$$A_{hohl} = 138,23 \, \text{mm}^2$$

folgt :

$$i_{a\,hohl} = \sqrt{\frac{I_{a\,hohl}}{A_{hohl}}} = \sqrt{\frac{2367,19 \, \text{mm}^4}{138,23 \, \text{mm}^2}}$$

$$i_{a\,hohl} = 4,138 \, \text{mm}$$

$$\lambda_{hohl} = \frac{l_k}{i_{a\,hohl}} = \frac{549 \, \text{mm}}{4,138 \, \text{mm}} = 132,67$$

$$\lambda = 132,67 > \lambda_g$$

Da λ größer als λ_g ist, liegt ein EULER-Fall der elastischen Knickung vor, die zuvor getroffene Annahme war also richtig.

17.6

Ein Druckstab (Länge $l = 0,7 \, \text{m}$, Werkstoff St50) , von skizziertem Querschnitt, ist beidseitig fest eingespannt. Welche Druckkraft F kann bei 3-facher Knicksicherheit aufgenommen werden ?

$$E = 2,1 \cdot 10^5 \, \text{N}/\text{mm}^2$$

Grenzschlankheitsgrad St50 : $\lambda_g = 89$

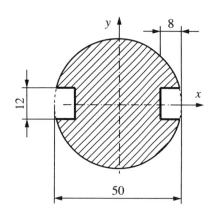

Bestimmung von $I_{a_{\min}}$:

$$I_x = \left(\frac{\pi \cdot 50^4}{64} - 2 \cdot \frac{8 \cdot 12^3}{12}\right) \text{mm}^4$$

$$I_x = 304492,16 \, \text{mm}^4$$

$$I_y = \left[\frac{\pi \cdot 50^4}{64} - 2 \cdot \left(\frac{12 \cdot 8^3}{12} + 8 \cdot 12 \cdot 21^2\right)\right] \text{mm}^4$$

$$I_y = 221100,16 \, \text{mm}^4$$

$$I_{a_{\min}} = I_y = 221100,16 \, \text{mm}^4$$

$$A = \left[\frac{\pi \cdot 50^2}{4} - 2(8 \cdot 12)\right] mm^2 = 1771,5\, mm^2$$

$$i_{min} = \sqrt{\frac{I_{a_{min}}}{A}} = \sqrt{\frac{221100,16}{1771,5}}\, mm = 11,17\, mm$$

$$\lambda = \frac{l_k}{i_{min}} = \frac{0,5 \cdot 700\, mm}{11,17\, mm} = 31,33$$

$$\lambda = 31,33 < \lambda_g$$

Da λ kleiner als λ_g ist, liegt ein TETMAJER-Fall der unelastischen Knickung vor.

Knickspannungsformel nach TETMAJER :

$$\sigma_k = a - b \cdot \lambda + c \cdot \lambda^2$$

Mit den Werten für St50 aus der Literatur

$$a = 335\, N/mm^2 \quad b = 0,62\, N/mm^2 \quad c = 0$$

folgt :

$$\sigma_k = (335 - 0,62 \cdot 31,33)\, N/mm^2$$

$$\sigma_k = 315,58\, N/mm^2$$

$$\sigma_k = \frac{F_k}{A}$$

$$F_k = \sigma_k \cdot A = 315,58\, N/mm^2 \cdot 1771,5\, mm^2$$

$$F_k = 559,043\, kN$$

$$\nu_k = \frac{F_k}{F}$$

$$F = \frac{F_k}{\nu_k} = \frac{559,043\, kN}{3}$$

$$\boxed{F = 186,348\, kN}$$

17.7

Die Druckspannung in der Stütze beträgt $51\, N/mm^2$. Es ist die Knicksicherheit zu berechnen. $E = 2,1 \cdot 10^5\, N/mm^2$

Grenzschlankheitsgrad St37 : $\lambda_g = 105$

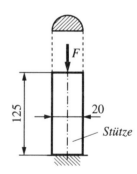

Querschnitt :

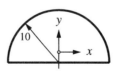

$$F = \sigma_d \cdot A$$

$$F = 51\, N/mm^2 \cdot \frac{20^2 \cdot \pi}{8}\, mm^2 = 8011,06\, N$$

$$\lambda = \frac{l_k}{i}$$

$$i = \sqrt{\frac{I_{a_{\min}}}{A}} = \sqrt{\frac{1097,57\,\text{mm}^4}{157,08\,\text{mm}^2}} = 2,643\,\text{mm}$$

Fall I : $l_k = 2l$

$$l_k = 2 \cdot 125\,\text{mm} = 250\,\text{mm}$$

$$\lambda = \frac{250\,\text{mm}}{2,643\,\text{mm}} = 94,6$$

$$\lambda = 94,6 < \lambda_g$$

Da λ kleiner als λ_g ist, liegt ein TETMAJER-Fall der unelastischen Knickung vor.

Knickspannungsformel nach TETMAJER :

$$\sigma_k = a - b \cdot \lambda + c \cdot \lambda^2$$

Mit den Werten für St50 aus der Literatur

$$a = 310\,\text{N/mm}^2 \quad b = 1,14\,\text{N/mm}^2 \quad c = 0$$

folgt :

$$\sigma_k = (310 - 1,14 \cdot 94,6)\,\text{N/mm}^2$$

$$\sigma_k = 202,17\,\text{N/mm}^2$$

$$\sigma_k = \frac{F_k}{A}$$

$$F_k = \sigma_k \cdot A = 202,17\,\text{N/mm}^2 \cdot 157,08\,\text{mm}^2$$

$$F_k = 31756,5\,\text{N}$$

$$v_k = \frac{F_k}{F}$$

$$v_k = \frac{31756,5\,\text{N}}{8011,06\,\text{N}} = 3,96$$

$$\boxed{v_k \approx 4}$$

18.1

Der einseitig eingespannte Druckstab mit sprunghaft veränderlicher Biegesteifigkeit ist als Knickproblem zu untersuchen, wobei die folgende Funktion als Biegelinie angenommen wird :

$$w^*(x) = f\left(1 - \cos\left(\frac{\pi}{2l}x\right)\right)$$

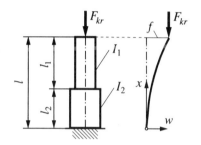

$$w'(x) = \frac{f\pi}{2l}\sin\left(\frac{\pi}{2l}x\right)$$

$$w''(x) = \frac{f\pi^2}{4l^2}\cos\left(\frac{\pi}{2l}x\right)$$

RITZ - Quotient :

$$F_{kr} = E \cdot \frac{I_2 \underbrace{\int\limits_{x=0}^{l_2} w''^2(x)\,dx}_{I} + I_1 \underbrace{\int\limits_{x=l_2}^{l} w''^2(x)\,dx}_{II}}{\int\limits_{x=0}^{l} w'^2(x)\,dx}$$

Zähler-Integrale :

$$\int w''^2(x)\,dx = \frac{f^2\pi^4}{16l^4}\int \cos^2\left(\frac{\pi}{2l}x\right)dx$$

$$\int w''^2(x)\,dx = \frac{f^2\pi^4}{16l^4}\frac{2l}{\pi}\left|\frac{\pi}{4l}x + \frac{\sin\left(\frac{\pi}{l}\right)}{4}\right|$$

$$\int I = \int\limits_0^{l_2} = \frac{f^2\pi^3}{8l^3}\left[\frac{\pi l_2}{4l} + \frac{1}{4}\sin\left(\frac{\pi l_2}{l}\right) - (0+0)\right]$$

$$\int I = \int\limits_0^{l_2} = \frac{f^2\pi^3}{8l^3}\left[\frac{\pi l_2}{4l} + \frac{1}{4}\sin\left(\frac{\pi l_2}{l}\right)\right]$$

$$\int II = \int\limits_{l_2}^{l} = \frac{f^2\pi^3}{8l^3}\left\{\frac{\pi}{4} + 0 - \left[\frac{\pi l_2}{4l} + \frac{1}{4}\sin\left(\frac{\pi l_2}{l}\right)\right]\right\}$$

$$\int II = \int\limits_{l_2}^{l} = \frac{f^2\pi^3}{8l^3}\left[\frac{\pi}{4} - \frac{\pi l_2}{4l} - \frac{1}{4}\sin\left(\frac{\pi l_2}{l}\right)\right]$$

Integration durch Substitution:

$$\int \cos^2(kx)\,dx =$$

$$z = kx \quad \frac{dz}{dx} = k \quad dx = \frac{1}{k}\,dz$$

$$\int \cos^2(kx)\,dx = \frac{1}{k}\int \cos^2 z\,dz$$

$$\int \cos^2 z\,dz = \frac{z}{2} + \frac{\sin(2z)}{4}$$

Resubstitution

$$\int \cos^2(kx)\,dx = \frac{1}{k}\left[\frac{kx}{2} + \frac{\sin(2kx)}{4}\right]$$

analog gilt für :

$$\int \sin^2(kx)\,dx = \frac{1}{k}\left[\frac{kx}{2} - \frac{\sin(2kx)}{4}\right]$$

Mit $k = \dfrac{\pi}{2l}$ folgt so :

$$\int \sin^2\left(\frac{\pi}{2l}x\right)dx = \frac{2l}{\pi}\left[\frac{\pi x}{4l} - \frac{\sin\left(\frac{\pi}{l}x\right)}{4}\right]$$

$$\int \cos^2\left(\frac{\pi}{2l}x\right)dx = \frac{2l}{\pi}\left[\frac{\pi x}{4l} + \frac{\sin\left(\frac{\pi}{l}x\right)}{4}\right]$$

$$F_{kr} = E\left\{ I_2 \frac{\pi}{l^2}\left[\frac{\pi l_2}{4l} + \frac{1}{4}\sin\left(\frac{\pi l_2}{l}\right)\right] + I_1 \frac{\pi}{l^2}\left[\frac{\pi}{4} - \frac{\pi l_2}{4l} - \frac{1}{4}\sin\left(\frac{\pi l_2}{l}\right)\right]\right\}$$

$$\boxed{F_{kr} = E\frac{\pi}{4l^2}\left\{ I_2\left[\frac{\pi l_2}{l} + \sin\left(\frac{\pi l_2}{l}\right)\right] + I_1\left[\pi - \frac{\pi l_2}{l} - \sin\left(\frac{\pi l_2}{l}\right)\right]\right\}}$$

Nenner-Integral :

$$\int\limits_{x=0}^{l} w'^2(x)\,dx = \int\limits_{x=0}^{l} \frac{f^2\pi^2}{4l^2}\sin^2\left(\frac{\pi}{2l}x\right)dx$$

$$= \frac{f^2\pi^2}{4l^2}\int\limits_{x=0}^{l} \sin^2\left(\frac{\pi}{2l}x\right)dx$$

$$\int\limits_{x=0}^{l} w'^2(x)\,dx = \frac{f^2\pi^2}{4l^2}\frac{2l}{\pi}\left[\frac{\pi x}{4l} - \frac{\sin\left(\frac{\pi}{l}x\right)}{4}\right]\Bigg|_0^l$$

$$\int\limits_{x=0}^{l} w'^2(x)\,dx = \frac{f^2\pi}{2l}\left(\frac{\pi}{4} - 0 - [0-0]\right) = \frac{f^2\pi^2}{8l}$$

$$F_{kr} = E\left\{ \frac{I_2\dfrac{f^2\pi^3}{8l^3}\left[\dfrac{\pi l_2}{4l} + \dfrac{1}{4}\sin\left(\dfrac{\pi l_2}{l}\right)\right]}{\dfrac{f^2\pi^2}{8l}} + \frac{I_1\dfrac{f^2\pi^3}{8l^3}\left[\dfrac{\pi}{4} - \dfrac{\pi l_2}{4l} - \dfrac{1}{4}\sin\left(\dfrac{\pi l_2}{l}\right)\right]}{\dfrac{f^2\pi^2}{8l}}\right\}$$

1. Sonderfall : $l_2 = l \;\Rightarrow\; l_1 = 0$

$$F_{kr} = \frac{\pi E}{4l^2}\left\{ I_2\left(\pi + 0\right) + \underbrace{I_1\left(\pi - \pi - 0\right)}_{=0}\right\}$$

$$\boxed{F_{kr} = \frac{\pi^2 EI_2}{4l^2}} \qquad \text{(EULER-Fall I : } l_k = 2l\text{)}$$

2. Sonderfall : $l_2 = 0 \;\Rightarrow\; l_1 = l$

$$F_{kr} = \frac{\pi E}{4l^2}\left[I_2\left(0 + 0\right) + I_1\left(\pi - 0 - 0\right)\right]$$

$$\boxed{F_{kr} = \frac{\pi^2 EI_1}{4l^2}}$$

18.2

Es ist die kritische Knicklast F_{kr} mit dem Verfahren von RITZ zu bestimmen. Dabei werde als Biegelinie die Funktion $w^*(x)$ angenommen; die Stabenden sind gelenkig gelagert.

$$w^*(x) = f \cdot \sin\left(\frac{\pi}{l}x\right)$$

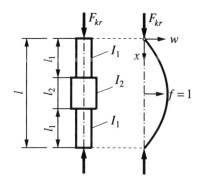

Mit $f = 1$ folgt :

$$w^*(x) = f \cdot \sin\left(\frac{\pi}{l}x\right) = \sin\left(\frac{\pi}{l}x\right)$$

$$w'(x) = \frac{\pi}{l}\cos\left(\frac{\pi}{l}x\right)$$

$$w''(x) = \frac{-\pi^2}{l^2}\sin\left(\frac{\pi}{l}x\right)$$

RITZ - Quotient :

$$F_{kr} = E\, \frac{2I_2 \underset{x=0}{\overset{l_1}{\int}} \underbrace{w''^2(x)\,dx}_{I} + 2I_1 \underset{x=l_1}{\overset{l/2}{\int}} \underbrace{w''^2(x)\,dx}_{II}}{\underset{x=0}{\overset{l}{\int}} w'^2(x)\,dx}$$

Es wird die Symmetrie ausgenutzt :

Der Faktor „2" vor I_1 : zwei Bereiche 1

Der Faktor „2" vor I_2 : Symmetrie Bereich 2

Zähler-Integral :

$$\int I = \int_{x=0}^{l_1} w''^2(x)\,dx = \frac{\pi^4}{l^4}\int \sin^2\left(\frac{\pi}{l}x\right)dx$$

$$\int I = \int_{x=0}^{l_1} w''^2(x)\,dx = \frac{\pi^4 \cdot l}{l^4}\left|\frac{\pi}{2l}x - \frac{1}{4}\sin\left(\frac{2\pi}{l}x\right)\right|_0^{l_1}$$

$$\int I = \frac{\pi^3}{l^3}\left[\frac{\pi l_1}{2l} - \frac{1}{4}\sin\left(\frac{2\pi l_1}{l}\right) - (0-0)\right]$$

$$\int I = \frac{\pi^4 l_1}{2l^4} - \frac{\pi^3}{4l^3}\sin\left(\frac{2\pi l_1}{l}\right)$$

$$\int II = \int_{l_1}^{l/2} w''^2(x)\,dx$$

$$\int II = \frac{\pi^4}{l^4}\frac{l}{\pi}\left|\frac{\pi x}{2l} - \frac{1}{4}\sin\left(\frac{2\pi}{l}x\right)\right|_{l_1}^{l/2}$$

$$\int II = \frac{\pi^3}{l^3}\left\{\frac{\pi}{4} - 0 - \left[\frac{\pi l_1}{2l} - \frac{1}{4}\sin\left(\frac{2\pi l_1}{l}\right)\right]\right\}$$

$$\int II = \frac{\pi^4}{4l^3} - \frac{\pi^4 l_1}{2l^4} + \frac{\pi^3}{4l^3}\sin\left(\frac{2\pi l_1}{l}\right)$$

Nenner-Integral :

$$\int\limits_{x=0}^{l} w'^{2}(x)\,dx = \frac{\pi^{2}}{l^{2}} \int\limits_{x=0}^{l} \cos^{2}\left(\frac{\pi}{l}x\right) dx$$

$$\int\limits_{x=0}^{l} w'^{2}(x)\,dx = \frac{\pi^{2}}{l^{2}} \frac{l}{\pi} \left|\frac{\pi x}{2l} + \frac{1}{4}\sin\left(\frac{2\pi}{l}x\right)\right|_{0}^{l}$$

$$\int\limits_{x=0}^{l} w'^{2}(x)\,dx = \frac{\pi}{l}\left(\frac{\pi}{2} + 0 - (0+0)\right) = \frac{\pi^{2}}{2l}$$

$$F_{kr} = 2E \left[\frac{I_{1}\left(\frac{\pi^{4}l_{1}}{2l^{4}} - \frac{\pi^{3}}{4l^{3}}\sin\left(\frac{2\pi l_{1}}{l}\right)\right)}{\frac{\pi^{2}}{2l}} + \frac{I_{2}\left(\frac{\pi^{4}}{4l^{3}} - \frac{\pi^{4}l_{1}}{2l^{4}} + \frac{\pi^{3}}{4l^{3}}\sin\left(\frac{2\pi l_{1}}{l}\right)\right)}{\frac{\pi^{2}}{2l}} \right]$$

$$F_{kr} = \frac{4E}{\pi^{2}} \left\{ I_{1}\left(\frac{\pi^{4}l_{1}}{2l^{3}} - \frac{\pi^{3}}{4l^{2}}\sin\left(\frac{2\pi l_{1}}{l}\right)\right) + I_{2}\left(\frac{\pi^{4}}{4l^{2}} - \frac{\pi^{4}l_{1}}{2l^{3}} + \frac{\pi^{3}}{4l^{2}}\sin\left(\frac{2\pi l_{1}}{l}\right)\right) \right\}$$

$$k_{1} = \left(\frac{\pi^{4}l_{1}}{2l^{3}} - \frac{\pi^{3}}{4l^{2}}\sin\left(\frac{2\pi l_{1}}{l}\right)\right)$$

$$k_{2} = \left(\frac{\pi^{4}}{4l^{2}} - \frac{\pi^{4}l_{1}}{2l^{3}} + \frac{\pi^{3}}{4l^{2}}\sin\left(\frac{2\pi l_{1}}{l}\right)\right)$$

$$\boxed{F_{kr} = \frac{4E}{\pi^{2}}\left\{I_{1}\cdot k_{1} + I_{2}\cdot k_{2}\right\}}$$

1. Sonderfall : $l_{1} = 0 \;\Rightarrow\; l_{2} = l$

$$F_{kr} = \frac{4E}{\pi^{2}}\left[0 + I_{2}\left(\frac{\pi^{4}}{4l^{2}} - 0 + 0\right)\right]$$

$$\boxed{F_{kr} = \frac{\pi^{2}EI_{2}}{l^{2}}} \qquad \text{(EULER-Fall II : } l_{k} = l\text{)}$$

2. Sonderfall : $l_{2} = 0 \;\Rightarrow\; l_{1} = l$

$$F_{kr} = \frac{4E}{\pi^{2}}\left[I_{1}\left(\frac{\pi^{4}}{4l^{2}} - 0\right) + 0\right]$$

$$\boxed{F_{kr} = \frac{\pi^{2}EI_{1}}{l^{2}}} \qquad \text{(EULER-Fall II : } l_{k} = l\text{)}$$

18.3

Das axiale Flächenmoment 2. Ordnung (Flächenträgheitsmoment) wachse linear mit x.

Als Biegelinie ist die Funktion $w^{*}(x)$ anzusetzen und die kritische Last F_{kr} aus dem RITZ - Quotienten zu berechnen.

$$w^{*}(x) = \sin\left(\frac{\pi}{l}x\right)\cdot x_{o}$$

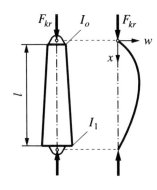

$$w^*(x) = \sin\left(\frac{\pi}{l}x\right) \cdot x_o$$

$$w'(x) = \frac{\pi}{l}\cos\left(\frac{\pi}{l}x\right) \cdot x_o$$

$$w''(x) = \frac{-\pi^2}{l^2}\sin\left(\frac{\pi}{l}x\right) \cdot x_o$$

(Faktor x_o im folgenden weggelassen, da er sich aus Zähler und Nenner des RITZ-Quotienten herauskürzt.)

RITZ - Quotient :

$$F_{kr} = \frac{E\int\limits_{x=0}^{l} I_a(x) \cdot w''^2(x)\,dx}{\int\limits_{x=0}^{l} w'^2(x)\,dx}$$

$$I_a(x) = I_o + \frac{I_1 - I_o}{l} \cdot x = I_o + k \cdot x$$

mit $\quad k = \dfrac{I_1 - I_o}{l}$

Zähler-Integral :

$$\int\limits_{x=0}^{l} w''^2(x)\,dx = \left(I_o + kx\right)\frac{\pi^4}{l^4}\int\limits_{0}^{l}\sin^2\left(\frac{\pi}{l}x\right)dx$$

$$\int\limits_{x=0}^{l} w''^2(x)\,dx = \frac{I_o\,\pi^4}{l^4}\underbrace{\int\limits_{0}^{l}\sin^2\left(\frac{\pi}{l}x\right)dx}_{I}$$

$$+ \frac{k\,\pi^4}{l^4}\underbrace{\int\limits_{0}^{l} x\cdot\sin^2\left(\frac{\pi}{l}x\right)dx}_{II}$$

Nebenbetrachtung :

$$\int I = \int\limits_{x=0}^{l} w''^2(x)\,dx = \left|\frac{\pi}{2l}x - \frac{1}{4}\sin\left(\frac{2\pi}{l}x\right)\right|_{0}^{l}$$

$$\int I = \frac{l}{\pi}\left[\frac{\pi}{2} - 0 - (0 - 0)\right] = \frac{l}{2}$$

$$\int II = \int w''^2(x)\,dx$$

Das Integral $\int II = \int x\cdot\sin^2\left(\frac{\pi}{l}x\right)dx$ wird mit

Hilfe der partiellen Integration gelöst.

$$\int II = \int u(x)\,v'(x)\,dx$$

$$\int u(x)\,v'(x)\,dx = u(x)\,v(x) - \int u'(x)\,v(x)\,dx$$

$$u(x) = x \qquad u'(x) = 1 \qquad v'(x) = \sin^2\left(\frac{\pi}{l}x\right)$$

Lösung des Integrals siehe u.a. Aufgabe 18.1

$$v(x) = \int\sin^2\left(\frac{\pi}{l}x\right)dx$$

$$v(x) = \frac{l}{\pi}\left[\frac{\pi x}{2l} - \frac{1}{4}\sin\left(\frac{2\pi}{l}x\right)\right]$$

$$\int_0^l II = \left|x \cdot \frac{l}{\pi}\left[\frac{\pi x}{2l} - \frac{1}{4}\sin\left(\frac{2\pi}{l}x\right)\right]\right|_0^l$$

$$- \int_0^l \frac{l}{\pi}\left[\frac{\pi x}{2l} - \frac{1}{4}\sin\left(\frac{2\pi}{l}x\right)\right]dx$$

$$\int_0^l II = \left|\frac{x^2}{2}\right|_0^l - \left|\frac{xl}{4\pi}\cdot\sin\left(\frac{2\pi}{l}x\right)\right|_0^l$$

$$- \left|\frac{x^2}{4}\right|_0^l - \left|\frac{l^2}{8\pi^2}\cdot\cos\left(\frac{2\pi}{l}x\right)\right|_0^l$$

$$\int_0^l II = \frac{l^2}{2} - \frac{l^2}{4} - \left(\frac{l^2}{8\pi^2} - \frac{l^2}{8\pi^2}\right) = \frac{l^2}{4}$$

Damit ergibt sich das Zähler-Integral

$$\int_{x=0}^l w''^2(x)\,dx = (I_o + kx)\frac{\pi^4}{l^4}\int_0^l \sin^2\left(\frac{\pi}{l}x\right)dx$$

$$\int_{x=0}^l w''^2(x)\,dx = \frac{\pi^4 I_o}{l^4}\cdot\frac{l}{2} + \frac{\pi^4 k}{l^4}\cdot\frac{l^2}{4}$$

$$\int_{x=0}^l w''^2(x)\,dx = \frac{\pi^4 I_o}{2l^3} + \frac{\pi^4 k\cdot l}{4l^3}$$

$$\int_{x=0}^l w''^2(x)\,dx = \frac{\pi^4 I_o}{2l^3} + \frac{\pi^4(I_1 - I_o)}{4l^3}$$

$$\int_{x=0}^l w''^2(x)\,dx = \frac{\pi^4}{2l^3}\left(I_o + \frac{I_1}{2} - \frac{I_o}{2}\right)$$

$$\int_{x=0}^l w''^2(x)\,dx = \frac{\pi^4}{4l^3}(I_o + I_1)$$

Nenner-Integral :

$$\int_{x=0}^l w'^2(x)\,dx$$

$$\int_{x=0}^l w'^2(x)\,dx = \int_{x=0}^l \left[\frac{\pi}{l}\cos\left(\frac{\pi}{l}x\right)\right]^2 dx$$

$$\int_{x=0}^l w'^2(x)\,dx = \frac{\pi^2}{l^2}\int_{x=0}^l \cos^2\left(\frac{\pi}{l}x\right)dx$$

Lösung des Integrals siehe u.a. Aufgabe 18.1

$$\int \cos^2(kx)\,dx = \frac{1}{k}\left[\frac{kx}{2} + \frac{\sin(2kx)}{4}\right]$$

mit $k = \dfrac{\pi}{l}$ folgt :

$$\int_0^l \cos^2\left(\frac{\pi}{l}x\right)dx = \frac{l}{\pi}\left|\frac{x}{2}\frac{\pi}{l} + \frac{1}{4}\sin\left(\frac{2\pi}{l}x\right)\right|_0^l = \frac{l}{2}$$

$$\int_{x=0}^l w'^2(x)\,dx = \frac{\pi^2}{l^2}\cdot\frac{l}{2} = \frac{\pi^2}{2l}$$

$$F_{kr} = \frac{E\dfrac{\pi^4}{4l^3}(I_o + I_1)}{\dfrac{\pi^2}{2l}}$$

$$\boxed{F_{kr} = \frac{\pi^2 E(I_o + I_1)}{2l^2}}$$

$$F_{kr} = \frac{4{,}9348 \cdot E(I_o + I_1)}{l^2}$$

Setzt man als Biegelinie die Funktion

$$w^*(x) = a_o + a_1 x + a_2 x^2 + a_3 x^3 + a_4 x^4$$

an, so ergibt sich als Lösung :

$$F_{kr} = \frac{4{,}941 \cdot E(I_o + I_1)}{l^2}$$

1. Sonderfall : $I_1 = I_o = I_a$

$$F_{kr} = \frac{\pi^2 E I_a}{l^2}$$ (EULER-Fall II : $l_k = l$)

2. Sonderfall (Beispiel) : $I_1 = 3 I_o$

$$F_{kr} = \frac{6{,}58 \cdot E I_1}{l^2}$$

18.4

Der einseitig eingespannte Druckstab wird am freien Ende durch eine Feder der Steifigkeit c stabilisiert; das obere Balkenende ist nicht weiter gelagert. Das Flächenmoment 2. Ordnung wächst linear von I_o auf I_1 . Mit dem

RITZschen Verfahren ist die kritische Knicklast F_{kr} zu bestimmen. Dabei soll als Biegelinie die Funktion $w^*(x)$ wie folgt angenommen werden :

$$w^*(x) = f \cdot \left(1 - \sin\left(\frac{\pi}{2l} x\right)\right)$$

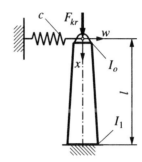

$$w^*(x) = f \cdot \left(1 - \sin\left(\frac{\pi}{2l} x\right)\right)$$

$$w'(x) = -\frac{f\pi}{2l} \cos\left(\frac{\pi}{2l} x\right)$$

$$w''(x) = \frac{f\pi^2}{4l^2} \sin\left(\frac{\pi}{2l} x\right)$$

Bestimmung von $I_a(x)$:

Proportion (Strahlensatz) :

$$\frac{I_1 - I_o}{l} = \frac{I_a(x) - I_o}{x}$$

$$I_a(x) = \frac{I_1 - I_o}{l} \cdot x + I_o$$

$$I_a(x) = I_o + k \cdot x \quad \text{mit} \quad k = \frac{I_1 - I_o}{l}$$

RITZ - Quotient :

$$F_{kr} = \frac{\dfrac{c \cdot f^2}{2} + \dfrac{E}{2} \displaystyle\int\limits_{x=0}^{l} I_a(x) \cdot w''^2(x)\, dx}{\dfrac{1}{2} \displaystyle\int\limits_{x=0}^{l} w'^2(x)\, dx}$$

Zähler-Integral :

$$\int\limits_{x=0}^{l} I_a(x) \cdot w''^2(x)\, dx = \int I + \int II$$

$$\int I = I_o \int\limits_{x=0}^{l} w''^2(x)\, dx$$

$$\int II = \frac{I_1 - I_o}{l} \int\limits_{x=0}^{l} x \cdot w''^2(x)\, dx$$

$$\int I = \frac{f^2 \pi^4 I_o}{16 l^4} \int\limits_{x=0}^{l} \sin^2\left(\frac{\pi}{2l} x\right) dx$$

Lösung des Integrals siehe u.a. Aufgabe 18.1

$$\int \sin^2\left(\frac{\pi}{2l} x\right) dx = \frac{2l}{\pi}\left[\frac{\pi x}{4l} - \frac{1}{4}\sin\left(\frac{\pi}{l} x\right)\right]$$

$$\int I = \frac{f^2 \pi^3 I_o}{8 l^3}\left|\frac{\pi x}{4l} - \frac{1}{4}\sin\left(\frac{\pi}{l} x\right)\right|_{0}^{l}$$

$$\int I = \frac{f^2 \pi^4 I_o}{32 l^3}$$

$$\int II = \frac{I_1 - I_o}{l} \int\limits_{x=0}^{l} x \cdot w''^2(x)\, dx$$

Lösung mit Hilfe der partiellen Integration :

$$\int II = \frac{I_1 - I_o}{l} \cdot \frac{f^2 \pi^4}{16 l^4} \int\limits_{x=0}^{l} x \cdot \sin^2\left(\frac{\pi}{2l} x\right) dx$$

$$\int II = \int u(x)\, v'(x)\, dx$$

$$\int u(x)\, v'(x)\, dx = u(x)\, v(x) - \int u'(x)\, v(x)\, dx$$

$$u(x) = x \qquad u'(x) = 1 \qquad v'(x) = \sin^2\left(\frac{\pi}{2l} x\right)$$

$$v(x) = \int \sin^2\left(\frac{\pi}{2l} x\right) dx$$

$$v(x) = \frac{2l}{\pi}\left[\frac{\pi x}{4l} - \frac{1}{4}\sin\left(2\frac{\pi}{2l} x\right)\right]$$

$$\int II = \frac{I_1 - I_o}{l} \frac{f^2 \pi^4}{16 l^4}\left[\left.\frac{x^2}{2} - \frac{x l}{2\pi}\sin\left(\frac{\pi}{l} x\right)\right|_0^l - \frac{2l}{\pi}\int\limits_0^l\left[\frac{\pi x}{4l} - \frac{1}{4}\sin\left(\frac{\pi}{l} x\right)\right] dx\right]$$

$$\int\limits_0^l II = \frac{I_1 - I_o}{l} \frac{f^2 \pi^4}{16 l^4}\left[\frac{l^2}{2} - \left.\frac{x^2}{4}\right|_0^l + \frac{l}{2\pi}\int\limits_0^l \sin\left(\frac{\pi}{l} x\right) dx\right]$$

Darin ist :

$$\int\limits_{0}^{l} \sin\left(\frac{\pi}{l}x\right) dx = \left|-\frac{l}{\pi}\cos\left(\frac{\pi}{l}x\right)\right|_{0}^{l}$$

$$\int\limits_{0}^{l} \sin\left(\frac{\pi}{l}x\right) dx = \left(\frac{l}{\pi}\right) - \left(-\frac{l}{\pi}\right) = \frac{2l}{\pi}$$

Es folgt :

$$\int\limits_{0}^{l} II = \frac{I_1 - I_o}{l}\frac{f^2\pi^4}{16l^4}\left[\frac{l^2}{2} - \frac{l^2}{4} + \frac{l}{2\pi}\cdot\frac{2l}{\pi}\right]$$

$$\int\limits_{0}^{l} II = \frac{I_1 - I_o}{l}\frac{f^2\pi^4}{16l^4}\left[\frac{l^2}{4} + \frac{l^2}{\pi^2}\right]$$

$$F_{kr} = \frac{\dfrac{c\cdot f^2}{2}}{\dfrac{1}{2}\int\limits_{x=0}^{l} w'^2(x)\,dx} + \frac{\dfrac{E}{2}\left[\dfrac{f^2\pi^4 I_o}{32l^3}\right]}{\dfrac{1}{2}\int\limits_{x=0}^{l} w'^2(x)\,dx}$$

$$+ \frac{\dfrac{E}{2}\left[\dfrac{I_1 - I_o}{l}\dfrac{f^2\pi^4}{16l^4}\left[\dfrac{l^2}{4} + \dfrac{l^2}{\pi^2}\right]\right]}{\dfrac{1}{2}\int\limits_{x=0}^{l} w'^2(x)\,dx}$$

Nenner-Integral :

$$\int\limits_{x=0}^{l} w'^2(x)\,dx$$

$$\int\limits_{x=0}^{l} w'^2(x)\,dx = \int\limits_{x=0}^{l}\left[-\frac{f\pi}{2l}\cos\left(\frac{\pi}{2l}x\right)\right]^2 dx$$

$$\int\limits_{x=0}^{l} w'^2(x)\,dx = \frac{f^2\pi^2}{4l^2}\int\limits_{x=0}^{l}\cos^2\left(\frac{\pi}{2l}x\right) dx$$

Darin ist :

$$\int\limits_{0}^{l} \cos^2\left(\frac{\pi}{2l}x\right) dx = \frac{2l}{\pi}\left|\frac{\pi}{4l}x + \frac{1}{4}\sin\left(\frac{\pi}{l}x\right)\right|_{0}^{l} = \frac{l}{2}$$

$$\int\limits_{x=0}^{l} w'^2(x)\,dx = \frac{f^2\pi^2}{4l^2}\cdot\frac{l}{2} = \frac{f^2\pi^2}{8l}$$

Damit der RITZ - Quotient :

$$F_{kr} = \frac{\dfrac{c\cdot f^2}{2}}{\dfrac{1}{2}\cdot\dfrac{f^2\pi^2}{8l}} + \frac{\dfrac{E}{2}\left[\dfrac{f^2\pi^4 I_o}{32l^3}\right]}{\dfrac{1}{2}\cdot\dfrac{f^2\pi^2}{8l}}$$

$$+ \frac{\dfrac{E}{2}\left[\dfrac{I_1 - I_o}{l}\dfrac{f^2\pi^4}{16l^4}\left[\dfrac{l^2}{4} + \dfrac{l^2}{\pi^2}\right]\right]}{\dfrac{1}{2}\cdot\dfrac{f^2\pi^2}{8l}}$$

$$\boxed{F_{kr} = \frac{8cl}{\pi^2} + \frac{\pi^2 E}{2l^2}\left[\frac{I_o}{2} + (I_1 - I_o)\left(\frac{1}{4} + \frac{1}{\pi^2}\right)\right]}$$

Sonderfall : $c = 0$ und $I_1 = I_o = I_a$

$$\boxed{F_{kr} = \frac{\pi^2 E I_a}{4l^2}}$$ (EULER-Fall I : $l_k = 2l$)

18.5

Es ist die kritische Knicklast F_{kr} mit dem Verfahren von RITZ zu berechnen mit der Näherungsfunktion

$$w^*(x) = a_o + a_1 x + a_2 x^2$$

Hinweis : Koeffizienten a_i sind in Abhängigkeit von f darzustellen.

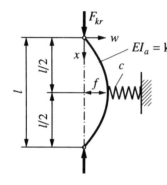

$w(x) = a_o + a_1 x + a_2 x^2$

$w'(x) = a_1 + 2a_2 x$

1. Randbedingung :

$w(0) = 0 \quad \Rightarrow \quad a_o = 0$

2. Randbedingung :

$w(l/2) = f \quad \Rightarrow \quad f = a_1 \dfrac{l}{2} + a_2 \dfrac{l^2}{4} \quad (1)$

3. Randbedingung :

$w(l) = 0 \quad \Rightarrow \quad 0 = a_1 l + a_2 l^2 \quad (2)$

aus (2) : $a_1 = -a_2\, l$　in (1) einsetzen

Es folgt :

$$f = -a_2 \frac{l^2}{2} + a_2 \frac{l^2}{4} = -a_2 \frac{l^2}{4}$$

Damit :

$$a_2 = \frac{-4f}{l^2} \quad \text{und} \quad a_1 = \frac{4f}{l}$$

Damit lauten die Funktionen :

$$w^*(x) = \frac{4f}{l} x - \frac{4f}{l^2} x^2$$

$$w'(x) = \frac{4f}{l} - \frac{8f}{l^2} x$$

$$w'^2(x) = \frac{16f^2}{l^2} - \frac{64f^2}{l^3} x + \frac{64f^2}{l^4} x^2$$

$$w''(x) = -\frac{8f}{l^2}$$

RITZ - Quotient :

$$F_{kr} = \frac{\dfrac{c \cdot f^2}{2} + \dfrac{E \cdot I_a}{2} \cdot \displaystyle\int_{x=0}^{l} w''^2(x)\,\mathrm{d}x}{\dfrac{1}{2} \displaystyle\int_{x=0}^{l} w'^2(x)\,\mathrm{d}x}$$

Zähler-Integral :

$$U_{ges.} = \frac{c \cdot f^2}{2} + \frac{E \cdot I_a}{2} \int_{x=0}^{l} w''^2(x) \cdot \mathrm{d}x$$

mit:

$$w''^2(x) = \frac{64f^2}{l^4}$$

$$U_{ges.} = \frac{c \cdot f^2}{2} + \frac{E \cdot I_a}{2} \cdot \frac{64f^2}{l^4} |x|_0^l$$

Es folgt :

$$U_{ges.} = \frac{c \cdot f^2}{2} + \frac{32 \cdot f^2 \cdot E \cdot I_a}{l^3}$$

Nenner-Integral :

$$\frac{1}{2} \int_{x=0}^{l} w'^2(x) \cdot dx = \frac{1}{2} \left[\begin{array}{c} \frac{16f^2}{l^2} \cdot |x|_0^l - \frac{32f^2}{l^3} \cdot |x^2|_0^l \\ + \frac{64f^2}{3l^4} \cdot |x^3|_0^l \end{array} \right]$$

$$\frac{1}{2} \int_{x=0}^{l} w'^2(x) \cdot dx = \frac{1}{2} \left[\frac{16f^2}{l} - \frac{32f^2}{l} + \frac{64f^2}{3l} \right]$$

$$\frac{1}{2} \int_{x=0}^{l} w'^2(x) \cdot dx = \frac{f^2}{l} \left[8 - 16 + \frac{32}{3} \right]$$

Damit das Nenner-Integral :

$$\frac{1}{2} \int_{x=0}^{l} w'^2(x) \cdot dx = \frac{8f^2}{3l}$$

RITZ - Quotient :

$$F_{kr} = \frac{\dfrac{c \cdot f^2}{2} + \dfrac{32f^2 \cdot E \cdot I_a}{l^3}}{\dfrac{8f^2}{3l}}$$

$$F_{kr} = \frac{3l \cdot c}{2 \cdot 8} + \frac{32 \cdot E \cdot I_a \cdot 3l}{8l^3}$$

$$\boxed{F_{kr} = \frac{3}{16} \cdot c \cdot l + \frac{12 \cdot E \cdot I_a}{l^2}}$$

mit $c = 0 \Rightarrow F_{kr} = \dfrac{12 \cdot E \cdot I_a}{l^2}$

Fehler gegen EULER - Lösung :

$$\frac{100\%}{\pi^2} = \frac{x\%}{12}$$

$$x = 121,6\%$$

$$\Delta x = 21,6\% \quad \text{Fehler}$$

18.6

Es ist die Knicklast F_{kr} nach dem Verfahren von RITZ zu berechnen mit der Näherungs-funktion

$$w^*(x) = a_o + a_1 x + a_2 x^2 + a_3 x^3$$

Hinweis : Koeffizienten a_i sind in Abhängig-keit von f darzustellen.

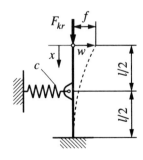

$$w^*(x) = a_o + a_1 x + a_2 x^2 + a_3 x^3$$

$$w'(x) = a_1 + 2a_2 x + 3a_3 x^2$$

$$w''(x) = 2a_2 + 6a_3 x$$

1. Randbedingung :

$$w(0) = f \implies f = a_o$$

2. Randbedingung :

$$w(l) = 0 \implies 0 = f + a_1 l + a_2 l^2 + a_3 l^3 \quad (1)$$

3. Randbedingung :

$$w'(l) = 0 \implies 0 = a_1 + 2a_2 l + 3a_3 l^2 \quad (2)$$

4. Randbedingung :

$$w''(0) = 0 \implies a_2 = 0$$

Die mit l erweiterte Gleichung (2) wird von Gleichung (1) subtrahiert :

$$
\begin{aligned}
(1) \quad & 0 = f + a_1 l + a_3 l^3 \\
(2) \quad & 0 = a_1 l + 3a_3 l^3
\end{aligned} \Biggr\} -
$$

$$\overline{\quad 0 = f - 2a_3 l^3 \quad}$$

$$a_3 = \frac{f}{2l^3}$$

aus (2) :

$$a_1 = -3a_3 l^2 = -3 \cdot \frac{f}{2l^3} \cdot l^2$$

$$a_1 = -\frac{3f}{2l}$$

Damit lauten die Funktionen :

$$w^*(x) = f - \frac{3f}{2l} x + \frac{f}{2l^3} x^3$$

$$w'(x) = -\frac{3f}{2l} + \frac{3f}{2l^3} x^2$$

$$w''(x) = \frac{3f}{l^3} x$$

RITZ - Quotient :

$$F_{kr} = \frac{\dfrac{c \cdot f'^2}{2} + \dfrac{E \cdot I_a}{2} \cdot \displaystyle\int_{x=0}^{l} w''^2(x)\,dx}{\dfrac{1}{2} \displaystyle\int_{x=0}^{l} w'^2(x)\,dx}$$

Darin ist der Biegepfeil an der Stelle $x = \dfrac{l}{2}$:

$$f' = w\left(x = \tfrac{l}{2}\right) = f - \frac{3f}{2l} \cdot \frac{l}{2} + \frac{f}{2l^3} \cdot \frac{l^3}{8}$$

$$f' = w\left(x = \tfrac{l}{2}\right) = f - \frac{3f}{4} + \frac{f}{16}$$

$$f' = w\left(x = \tfrac{l}{2}\right) = \frac{5}{16} \cdot f$$

Zähler-Integral :

$$U_{ges.} = \frac{c \cdot f'^2}{2} + \frac{E \cdot I_a}{2} \int_{x=0}^{l} w''^2(x) \cdot dx$$

$$\int\limits_{x=0}^{l} w''^2(x) \cdot dx = \frac{9f^2}{l^6} \cdot \left.\frac{x^3}{3}\right|_{x=0}^{l} = \frac{9f^2}{l^6} \cdot \frac{l^3}{3}$$

$$\int\limits_{x=0}^{l} w''^2(x) \cdot dx = \frac{3f^2}{l^3}$$

$$U_{ges.} = \frac{c \cdot \left(\dfrac{5}{16} \cdot f\right)^2}{2} + \frac{3 \cdot f^2 \cdot E \cdot I_a}{2l^3}$$

RITZ - Quotient :

$$F_{kr} = \frac{\dfrac{25 \cdot c \cdot f^2}{512} + \dfrac{3 \cdot f^2 \cdot E \cdot I_a}{2l^3}}{\dfrac{3f^2}{5l}}$$

$$F_{kr} = \frac{125 \cdot c \cdot l}{1536} + \frac{5 \cdot E \cdot I_a}{2l^2}$$

Es folgt :

$$U_{ges.} = \frac{25 \cdot c \cdot f^2}{512} + \frac{3 \cdot f^2 \cdot E \cdot I_a}{2l^3}$$

$$\boxed{F_{kr} = 0,081 \cdot c \cdot l + 2,5 \cdot \frac{E \cdot I_a}{l^2}}$$

Nenner-Integral :

für $c = 0$: $F_{kr} = 2,5 \cdot \dfrac{E \cdot I_a}{l^2}$

$$\frac{1}{2}\int\limits_{x=0}^{l} w'^2(x) \cdot dx = \frac{1}{2}\left[\begin{array}{l} \dfrac{9f^2}{4l^2} \cdot \left.|x|\right._0^l - \dfrac{9f^2}{2l^4} \cdot \left.\dfrac{x^3}{3}\right|_0^l \\[2mm] + \dfrac{9f^2}{4l^6} \cdot \left.\dfrac{x^5}{5}\right|_0^l \end{array} \right]$$

EULER - Fall II :

$$F_{kr} = \frac{\pi^2 \cdot E \cdot I_a}{4l^2} = \frac{2,4674 \cdot E \cdot I_a}{l^2}$$

$$\frac{1}{2}\int\limits_{x=0}^{l} w'^2(x) \cdot dx = \frac{1}{2}\left[\frac{9f^2}{4l} - \frac{3f^2}{2l} + \frac{9f^2}{20l} \right]$$

Fehler gegen EULER - Lösung :

$$\frac{1}{2}\int\limits_{x=0}^{l} w'^2(x) \cdot dx = \frac{3f^2}{40l}[15 - 10 + 3]$$

$$\frac{100\%}{\pi^2/4} = \frac{x\%}{2,5}$$

$$x = 101,32\%$$

$$\Delta x = 1,32\% \text{ Fehler}$$

Damit das Nenner-Integral :

$$\frac{1}{2}\int\limits_{x=0}^{l} w'^2(x) \cdot dx = \frac{3f^2}{5l}$$

19.1

Zu ermitteln ist die maximale Vergleichsspannung σ_v nach der Schubspannungshypothese

a) ohne Berücksichtigung der Abscherspannungen τ_a

b) mit Berücksichtigung der Abscherspannungen τ_a

Rohr $40 * 3$; $F = 460\,\text{N}$;
$L = 220\,\text{mm}$; $e = 35\,\text{mm}$

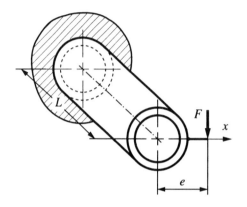

$$\sigma_v = \sqrt{\sigma^2 + 4\,(\alpha_o \tau)^2}$$

Das Anstrengungsverhältnis α_o sei gleich 1, da gleicher Lastfall (z.B. statische Belastung) für Biege- und Torsionsbeanspruchung vorliegen soll.

a)

Punkt (1) :

$$\sigma_{b_{max}} = \frac{M_b}{W_a} = \frac{F \cdot L}{\dfrac{\pi \cdot \left(D^4 - d^4\right)}{32D}} = 33,7\,\text{N}/\text{mm}^2$$

$$\tau_{t_{max}} = \frac{M_t}{W_p} = \frac{F \cdot e}{\dfrac{\pi \cdot \left(D^4 - d^4\right)}{16D}} = 2,68\,\text{N}/\text{mm}^2$$

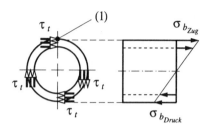

$$\sigma_{v(1)} = \sqrt{\sigma_b^2 + 4 \cdot \tau_{t_{max}}^2} = 34,2\,\text{N}/\text{mm}^2$$

b)

Punkt (2) :

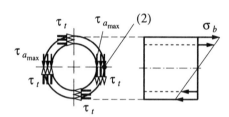

$\sigma_{b(2)} = 0$ (Neutrale Faserschicht)

$$\tau_{a\,max} = \frac{F \cdot S_x}{I_x \cdot (D - d)}$$

Darin ist :

$$S_x = \frac{1}{2} R^2 \pi \cdot \frac{4R}{3\pi} - \frac{1}{2} r^2 \pi \cdot \frac{4r}{3\pi}$$
$$= \frac{2}{3}\left(R^3 - r^3\right) = 2058\,\text{mm}^3$$

$$I_x = \frac{\pi}{64}\left(D^4 - d^4\right) = 60066,5\,\text{mm}^4$$

Damit folgt :

$$\tau_{a\,max} = \frac{460\,N \cdot 2058\,mm^3}{60066,5\,mm^4 \cdot (40-34)\,mm}$$

$$\tau_{a\,max} = 2,63\,N/mm^2$$

$$\sigma_{v(2)} = 2 \cdot \sqrt{(2,68+2,63)^2}\ N/mm^2$$

$$\sigma_{v(2)} = 2 \cdot \sqrt{\left(\tau_{a\,max}+\tau_t\right)^2} = 10,62\,N/mm^2$$

Die größte Vergleichsspannung liegt, auch bei Berücksichtigung der Abscherspannungen, bei Punkt (1) : MAX $\sigma_v = 34,2\,N/mm^2$

19.2

Das Vierkantvollprofil 20 ∗ 5 ist wie skizziert in das Vierkantstahlrohr 24 ∗ 9 ∗ 2 geschoben, das wiederum am Ende fest eingespannt ist. Für die Schnitte I (Rechteckvollquerschnitt) und II (Rechteckrohr) sind die Biege-, Torsions-, Schub- und Vergleichsspannungen nach der Schubspannungshypothese zu ermitteln.

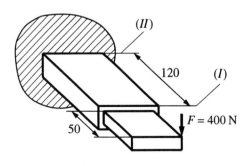

$$\sigma_v = \sqrt{\sigma^2 + 4\,(\alpha_o\tau)^2}$$

Das Anstrengungsverhältnis α_o sei gleich 1 , da gleicher Lastfall (z.B. statische Belastung) für Biege- und Torsionsbeanspruchung vorliegen soll.

Schnitt I :

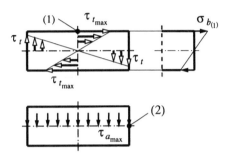

Punkt (1) :

$$\sigma_{b(1)} = \frac{M_b}{W_a} = \frac{400\,N \cdot 50\,mm}{\dfrac{20 \cdot 5^2}{6}\,mm^3} = 240\,N/mm^2$$

$$\tau_{t(1)\,max} = \frac{M_t}{W_t} = \frac{400\,N \cdot 10\,mm}{\eta_2 \cdot \left(5^2 \cdot 20\right)mm^3}$$

mit $n = \dfrac{20}{5} = 4$ folgt $\eta_2 = 0,282$ aus Literatur

$$\tau_{t(1)\,max} = 28,37\,N/mm^2$$

$$\sigma_{v(1)} = \sqrt{\sigma_{b(1)}^2 + 4 \cdot \tau_{t(1)\,max}^2} = 246,62\,N/mm^2$$

Punkt (2) :

$\sigma_{b_{(2)}} = 0$ (Neutrale Faserschicht)

$n = \dfrac{20}{5} = 4 \quad \eta_1 = 0,745$

$\tau_{t_{(2)}} = \eta_1 \cdot \tau_{t_{(1)\,max}} = 21,14\,\text{N}/\text{mm}^2$

$\tau_{a_{(2)}} = \dfrac{3}{2}\dfrac{F}{A} = \tau_{a\,max}$ (Formel siehe Literatur)

$\tau_{a\,max} = \dfrac{3 \cdot 400\,\text{N}}{2 \cdot (20 \cdot 5)\,\text{mm}^2} = 6\,\text{N}/\text{mm}^2$

$$\boxed{\sigma_{v(2)} = 2 \cdot \sqrt{\left(\tau_{a\,max} + \tau_{t_{(2)}}\right)^2} = 54,28\,\text{N}/\text{mm}^2}$$

$\sigma_{b_{(3)}} = 244,87\,\text{N}/\text{mm}^2$

$\tau_{t_{(3)}} = \dfrac{M_t}{W_t} = \dfrac{M_t}{2\,A_m\,s}$

$A_m = 22\,\text{mm} \cdot 7\,\text{mm} = 154\,\text{mm}^2$

$s = 2\,\text{mm}$

$\tau_{t_{(3)}} = \dfrac{M_t}{W_t} = \dfrac{400\,\text{N} \cdot 10\,\text{mm}}{2 \cdot 154\,\text{mm}^2 \cdot 2\,\text{mm}}$

$\tau_{t_{(3)}} = 6,49\,\text{N}/\text{mm}^2$

$$\boxed{\sigma_{v(3)} = \sqrt{\sigma_{b_{(3)}}^2 + 4 \cdot \tau_{t_{(3)}}^2} = 245,21\,\text{N}/\text{mm}^2}$$

Schnitt II :

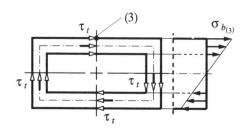

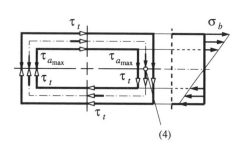

Punkt (3) :

$\sigma_{b_{(3)}} = \dfrac{M_b}{W_x} = \dfrac{M_b}{I_x} \cdot 4,5\,\text{mm}$

$M_b = 400\,\text{N} \cdot 170\,\text{mm} = 68000\,\text{Nmm}$

$I_x = \dfrac{1}{12}\left(24 \cdot 9^3 - 20 \cdot 5^3\right)\text{mm}^4 = 1249,67\,\text{mm}^4$

Punkt (4) :

$\sigma_{b_{(4)}} = 0$ (Neutrale Faserschicht)

$\tau_{a_{(4)}} = \dfrac{F \cdot S_x}{I_x \cdot b}$

$S_x = (24 \cdot 4,5)\,\text{mm}^2 \cdot 2,25\,\text{mm}$

$\qquad -(20 \cdot 2,5)\,\text{mm}^2 \cdot 1,25\,\text{mm}$

$S_x = 180,5 \, \text{mm}^3$

$I_x = 1249,67 \, \text{mm}^4$

$b = 2s = 4 \, \text{mm}$

$\tau_{a_{(4)}} = 14,44 \, \text{N/mm}^2$

$\tau_{t_{(4)}} = \tau_{t_{(3)}} = 6,49 \, \text{N/mm}^2$

$$\boxed{\sigma_{v(4)} = 2 \cdot \sqrt{\left(\tau_{a_{(4)}} + \tau_{t_{(4)}}\right)^2} = 41,86 \, \text{N/mm}^2}$$

Die größte Vergleichsspannung liegt also in Punkt (1) Querschnitt I vor:

MAX $\sigma_v = 246,62 \, \text{N/mm}^2$

19.3

Für die Schnitte I und II des skizzierten Rechteckvollprofils ist sowohl die größte Vergleichsspannung σ_v nach der Schubspannungshypothese als auch die Bruchsicherheit v_B des Werkstoffs St37 zu ermitteln. Hinweis: Abscherspannungen sollen vernachlässigt werden.

$F_1 = 5 \, \text{kN}$; $F_2 = 4 \, \text{kN}$

$R_m(St37) = 370 \, \text{N/mm}^2$

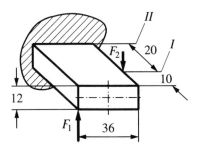

$$\sigma_v = \sqrt{\sigma^2 + 4\left(\alpha_o \tau\right)^2}$$

Das Anstrengungsverhältnis α_o sei gleich 1, da gleicher Lastfall (z.B. statische Belastung) für Biege- und Torsionsbeanspruchung vorliegen soll.

Schnitt I :

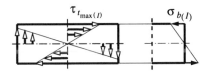

$$\sigma_{b_{(I)}} = \frac{M_{b_{(I)}}}{W_a}$$

$M_{b_{(I)}} = 5000 \, \text{N} \cdot 10 \, \text{mm} = 50000 \, \text{Nmm}$

$$W_a = \frac{36 \cdot 12^2}{6} \, \text{mm}^3 = 864 \, \text{mm}^3$$

$\sigma_{b_{(I)}} = 57,9 \, \text{N/mm}^2$

$$\tau_{t_{\max(I)}} = \frac{M_{t_{(I)}}}{W_t} \quad \text{mit} \quad W_t = \eta_2 \cdot 12^2 \cdot 36 \, \text{mm}^3$$

und $n = \frac{36}{12} = 3$ folgt $\eta_2 = 0,267$ aus Literatur

$$\tau_{t_{\max(I)}} = \frac{5000 \, \text{N} \cdot 18 \, \text{mm}}{0,267 \cdot \left(12^2 \cdot 36\right) \text{mm}^3} = 65,0 \, \text{N/mm}^2$$

$$\boxed{\sigma_v = \sqrt{\sigma_{b_{(I)}}^2 + 4 \cdot \tau_{t_{\max(I)}}^2} = 142,3 \, \text{N/mm}^2}$$

Schnitt II :

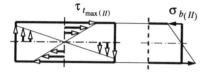

$$\sigma_{b(II)} = \frac{M_{b(II)}}{W_a}$$

$$M_{b(II)} = (5000 \cdot 30 - 4000 \cdot 20)\,\mathrm{Nmm}$$

$$= 70000\,\mathrm{Nmm}$$

$$W_a = \frac{36 \cdot 12^2}{6}\,\mathrm{mm}^3 = 864\,\mathrm{mm}^3$$

$$\sigma_{b(II)} = 81,02\,\mathrm{N/mm}^2$$

$$\tau_{t_{max}(II)} = \frac{M_{t(II)}}{W_t} \quad \text{mit} \quad W_t = \eta_2 \cdot \left(12^2 \cdot 36\right)\,\mathrm{mm}^3$$

und $n = \dfrac{36}{12} = 3$ folgt $\eta_2 = 0,267$ aus Literatur

$$\tau_{t_{max}(II)} = \frac{(5000 + 4000)\,\mathrm{N} \cdot 18\,\mathrm{mm}}{0,267 \cdot \left(12^2 \cdot 36\right)\,\mathrm{mm}^3}$$

$$= 117,04\,\mathrm{N/mm}^2$$

$$\boxed{\sigma_v = \sqrt{\sigma_{b(II)}^2 + 4 \cdot \tau_{t_{max}(II)}^2} = 247,71\,\mathrm{N/mm}^2}$$

Die maximale Vergleichsspannung liegt somit im Schnitt II mit $\sigma_{v(II)} = 247,71\,\mathrm{N/mm}^2$ vor.

$$\boxed{v_B = \frac{R_m}{\sigma_{v(II)}} = \frac{370\,\mathrm{N/mm}^2}{247,71\,\mathrm{N/mm}^2} = 1,5}$$

19.4

Für den Einspannquerschnitt (Rechteckrohr) ist die größte Vergleichsspannung nach der Gestaltänderungsenergiehypothese zu berechnen.

$F = 300\,\mathrm{N}$; Rechteckrohr: $30 * 20 * 1,5$

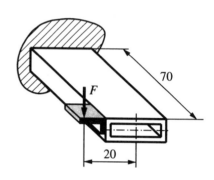

$$\sigma_v = \sqrt{\sigma^2 + 4\left(\alpha_o \tau\right)^2}$$

Das Anstrengungsverhältnis α_o sei gleich 1, da gleicher Lastfall (z.B. schwellende Belastung) für Biege- und Torsionsbeanspruchung vorliegen soll.

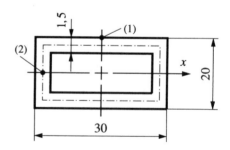

Einspannquerschnitt - Punkt (1) :

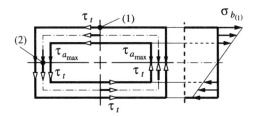

$$\sigma_{b_{(1)\,max}} = \frac{M_{b_{max}}}{W_a}$$

$$M_{b_{max}} = 300\,N \cdot 70\,mm = 21000\,Nmm$$

$$W_x = W_a = \frac{I_x}{10\,mm}$$

$$W_x = \left(\frac{30 \cdot 20^3}{12} - \frac{27 \cdot 17^3}{12}\right)mm^4 \cdot \frac{1}{10\,mm}$$

$$= 894,58\,mm^3$$

$$\sigma_{b_{(1)\,max}} = 23,48\,N/mm^2$$

$$\tau_{t_{(1)}} = \frac{M_t}{W_t} = \frac{M_t}{2A_m \cdot s}$$

$$M_t = 300\,N \cdot 20\,mm = 6000\,Nmm$$

$$A_m = (28,5 \cdot 18,5)\,mm^2 = 527,25\,mm^2$$

$$s = 1,5\,mm$$

$$\tau_{t_{(1)}} = 3,79\,N/mm^2$$

$$\boxed{\sigma_v = \sqrt{\sigma_{b_{(1)}}^2 + 3 \cdot \tau_{t_{(1)}}^2} = 24,38\,N/mm^2}$$

Einspannquerschnitt - Punkt (2) :

$$\sigma_{b_{(2)}} = 0 \text{ (Neutrale Faserschicht)}$$

$$\tau_{t_{(2)}} = \tau_{t_{(1)}} = 3,79\,N/mm^2$$

$$\tau_{a_{(2)}} = \frac{F \cdot S_x}{I_x \cdot b}$$

$$S_x = (30 \cdot 10)\,mm^2 \cdot 5\,mm$$
$$-(27 \cdot 8,5)\,mm^2 \cdot 4,25\,mm$$

$$S_x = 524,63\,mm^3$$

$$b = 2s = 3\,mm$$

$$I_x = \frac{1}{12}\left(30 \cdot 20^3 - 27 \cdot 17^3\right)mm^4$$

$$I_x = 8945,75\,mm^4$$

$$\tau_{a_{(2)}} = 5,86\,N/mm^2$$

$$\boxed{\sigma_v = \sqrt{3 \cdot \left(\tau_{a_{(2)}} + \tau_{t_{(2)}}\right)^2} = 16,72\,N/mm^2}$$

Die maximale Vergleichsspannung liegt im Punkt (1) mit $\sigma_v = 24,38\,N/mm^2$ vor.

19.5

Für den abgewinkelten Balken (Rechteckvollquerschnitt) ist die Vergleichsspannung nach
der Schubspannungshypothese zu berechnen.
Welche Bruchsicherheit v_B weist der Werkstoff
St42 auf ?

$F = 200\,\text{N}$; $L_1 = 180\,\text{mm}$; $L_2 = 70\,\text{mm}$
$h = 40\,\text{mm}$; $b = 10\,\text{mm}$

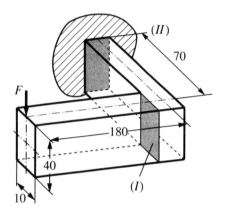

$$\sigma_v = \sqrt{\sigma^2 + 4\left(\alpha_o \tau\right)^2}$$

Das Anstrengungsverhältnis α_o sei gleich 1, da
gleicher Lastfall (z.B. statische Belastung) für
Biege- und Torsionsbeanspruchung vorliegen
soll.

Schnitt I :

Punkt (1) :

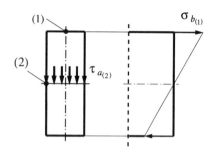

$$\sigma_{b_{(1)}} = \frac{M_b}{W_a}$$

$$M_b = 200\,\text{N} \cdot (180 - 5)\,\text{mm} = 35000\,\text{Nmm}$$

$$W_a = \frac{10 \cdot 40^2}{6}\,\text{mm}^3 = 2666,67\,\text{mm}^3$$

$$\sigma_{b_{(1)}} = 13,13\,\text{N}/\text{mm}^2$$

Schnitt I :   keine Torsion: $\tau_t = 0$

Schnitt I :   keine Abscherspannung in der Bie-
gerandfaser: $\tau_{a_{(1)}} = 0$

$$\boxed{\sigma_v = \sigma_{b_{(1)}} = 13,13\,\text{N}/\text{mm}^2}$$

Punkt (2) :

$\sigma_{b_{(2)}} = 0$ (Neutrale Faserschicht)
Schnitt I   keine Torsion: $\tau_t = 0$

$$\tau_{a_{(2)}} = \frac{3}{2}\frac{F}{A} = \frac{3 \cdot 200\,\text{N}}{2 \cdot (10 \cdot 40)\,\text{mm}^2}$$

$$= 0,75\,\text{N}/\text{mm}^2$$

(Ansatz gilt nur für Rechteckvollquerschnitt)

$$\boxed{\sigma_v = 2 \cdot \tau_{a_{(2)}} = 1,5\,\text{N}/\text{mm}^2}$$

Schnitt II :

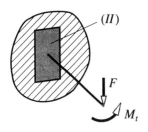

Punkt (1) :

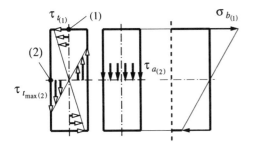

$$\sigma_{b_{(1)}} = \frac{M_b}{W_a}$$

$$M_b = 200\,\text{N} \cdot 70\,\text{mm} = 14000\,\text{Nmm}$$

$$W_a = \frac{10 \cdot 40^2}{6}\,\text{mm}^3 = 2666,67\,\text{mm}^3$$

$$\sigma_{b_{(1)}} = 5,25\,\text{N}/\text{mm}^2$$

$$\tau_{t_{(2)\,max}} = \frac{M_t}{W_t} = \frac{200\,\text{N} \cdot 180\,\text{mm}}{\eta_2 \cdot \left(10^2 \cdot 40\right)\text{mm}^3}$$

mit $n = \dfrac{40}{10} = 4$ folgt $\eta_2 = 0,282$ aus Literatur

$$\tau_{t_{(2)\,max}} = \frac{36000\,\text{Nmm}}{0,282 \cdot \left(10^2 \cdot 40\right)\text{mm}^3}$$

$$= 31,92\,\text{N}/\text{mm}^2$$

$$n = \frac{40}{10} = 4 \quad \eta_1 = 0,745$$

$$\tau_{t_{(1)}} = \eta_1 \cdot \tau_{t_{(2)\,max}} = 23,78\,\text{N}/\text{mm}^2$$

$$\boxed{\sigma_v = \sqrt{\sigma_{b_{(1)}}^2 + 4 \cdot \tau_{t_{(1)\,max}}^2} = 47,85\,\text{N}/\text{mm}^2}$$

Punkt (2) :

$$\sigma_{b_{(2)}} = 0 \quad \text{(Neutrale Faserschicht)}$$

$$\tau_{t_{(2)\,max}} = 31,92\,\text{N}/\text{mm}^2 \quad \text{(siehe oben)}$$

$$\tau_{a_{(2)}} = \frac{3}{2} \frac{F}{A} = \frac{3 \cdot 200\,\text{N}}{2 \cdot (10 \cdot 40)\,\text{mm}^2} = 0,75\,\text{N}/\text{mm}^2$$

(Ansatz gilt nur für Rechteckvollquerschnitt)

$$\boxed{\sigma_v = 2 \cdot \sqrt{\left(\tau_{a_{(2)}} + \tau_{t_{(2)}}\right)^2} = 65,33\,\text{N}/\text{mm}^2}$$

Die maximale Vergleichsspannung liegt im Schnitt I , Punkt (2) mit $\sigma_v = 65,33\,\text{N}/\text{mm}^2$ vor.

$$v_B = \frac{\sigma_{zul.}}{\sigma_{v\,max}} = \frac{420\,\text{N}/\text{mm}^2}{65,33\,\text{N}/\text{mm}^2}$$

$$\boxed{v_B = 6,4}$$

20.1

a) Zu bestimmen sind die Formänderungsarbeiten $U_{Bgg.}$, $U_{Zug/Druck}$, U_{Schub} (Formeln
ohne Zahlen)
b) Mit wieviel % sind die Biegespannungsanteile an der Gesamtformänderungsarbeit
beteiligt ?

$R = 400\,\text{mm}$; $d = 20\,\text{mm}$ (runder Vollquerschnitt); Hinweis: Nur Biegespannungsanteile
berücksichtigen. Biegesteifigkeit EI_a = konst.

$E = 2{,}1 \cdot 10^5\,\text{N}/\text{mm}^2$; $G = 0{,}8 \cdot 10^5\,\text{N}/\text{mm}^2$

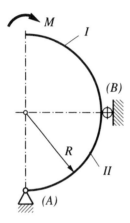

a)
Statik

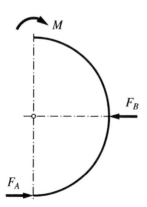

$$\sum M_{(A)} = 0 = M - F_B \cdot R \quad \Rightarrow \quad F_B = \frac{M}{R}$$

$$F_A = \frac{M}{R}$$

Bereich I: $0 \le \varphi < {}^{\pi}\!/_2$

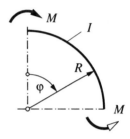

$$M_{b_I}(\varphi) = M ; \quad M_{b_I}^2(\varphi) = M^2$$

$$U_{Bgg.} = \frac{1}{2EI_a} \int_x M_b^2(x)\,\mathrm{d}x$$

$$\mathrm{d}x = R \cdot \mathrm{d}\varphi ; \quad M_b = M_b(\varphi)$$

$$U_{Bgg \cdot I} = \frac{R}{2EI_a} M^2 \int_0^{{}^{\pi}\!/_2} \mathrm{d}\varphi$$

$$U_{Bgg \cdot I} = \frac{M^2 R}{2EI_a} |\varphi|_0^{{}^{\pi}\!/_2}$$

$$\boxed{U_{Bgg \cdot I} = \frac{M^2 R \pi}{4EI_a}}$$

Im Bereich I ist $U_{Zug/Druck} = 0$ und $U_{Schub} = 0$

Bereich II: $0 \leq \varphi < \dfrac{\pi}{2}$

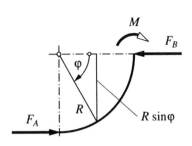

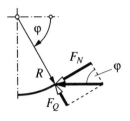

$$F_N(\varphi) = \frac{M}{R}\sin\varphi$$

$$U_{Zug/Druck} = \int_V \frac{\sigma^2}{2E}\,dV$$

$$M_{b_{II}}(\varphi) = M - \frac{M}{R}R\sin\varphi$$

$$M_{b_{II}}(\varphi) = M(1-\sin\varphi)$$

Darin ist

$$M_{b_{II}}^2(\varphi) = M^2(1-\sin\varphi)^2$$

$$\sigma = \frac{F_N}{A}\,; \quad dV = A\,dx = AR\,d\varphi$$

$$M_{b_{II}}^2(\varphi) = M^2\left(1 - 2\sin\varphi + \sin^2\varphi\right)$$

$$U_{Bgg\cdot II} = \frac{M^2 R}{2EI_a}\int_0^{\pi/2}\left(1 - 2\sin\varphi + \sin^2\varphi\right)d\varphi$$

$$U_{Druck\cdot II} = \frac{R}{2EA}\frac{M^2}{R^2}\int_0^{\pi/2}\sin^2\varphi\,d\varphi$$

$$U_{Bgg\cdot II} = \frac{M^2 R}{2EI_a}\left|\varphi + 2\cos\varphi + \left(\frac{\varphi}{2} - \frac{\sin(2\varphi)}{4}\right)\right|_0^{\pi/2}$$

$$U_{Druck\cdot II} = \frac{M^2}{2EAR}\left|\frac{\varphi}{2} - \frac{\sin(2\varphi)}{4}\right|_0^{\pi/2}$$

$$U_{Bgg\cdot II} = \frac{M^2 R}{2EI_a}\left[\left(\frac{\pi}{2} + 0 + \frac{\pi}{4}\right) - (0 + 2 + 0)\right]$$

$$\boxed{U_{Druck\cdot II} = \frac{M^2\pi}{8EAR}}$$

$$\boxed{U_{Bgg\cdot II} = \frac{M^2 R}{2EI_a}\left(\frac{3\pi}{4} - 2\right)}$$

$$F_Q(\varphi) = \frac{M}{R}\cos\varphi\,; \quad F_Q^2(\varphi) = \frac{M^2}{R^2}\cos^2\varphi$$

$$U_{Schub} = \int_V \frac{\tau^2}{2G}\,dV$$

Darin ist

$$\tau = \frac{F_Q}{A}; \quad dV = A\,dx = AR\,d\varphi$$

$$U_{Schub.II} = \frac{R}{2GA}\frac{M^2}{R^2}\int_0^{\pi/2}\cos^2\varphi\,d\varphi$$

$$U_{Schub.II} = \frac{M^2}{2EAR}\left|\frac{\varphi}{2} + \frac{\sin(2\varphi)}{4}\right|_0^{\pi/2}$$

$$\boxed{U_{Schub.II} = \frac{M^2\pi}{8GAR}}$$

b)

$$U_{Bgg\cdot ges.} = U_{Bgg\cdot I} + U_{Bgg\cdot II}$$

$$U_{ges.} = \left(U_{Bgg\cdot I} + U_{Bgg\cdot II}\right) + U_{Druck.II} + U_{Schub.II}$$

$$U_{ges.} \triangleq 100\%$$
$$U_{Bgg\cdot ges.} \triangleq x\%$$

$$\boxed{x\% = \frac{U_{Bgg\cdot ges.}}{U_{ges.}} \cdot 100\%}$$

Die Zahlenrechnung ergibt :

$$\boxed{x = 99,98\%}$$

Die Biegearbeiten machen 99,98% der Ge-samtformänderungsarbeit aus.

20.2

a) Zu bestimmen sind die Formänderungsar-beitsanteile $U_{Bgg.}$, $U_{Zug\,/\,Druck}$, U_{Schub}.

b) Mit wieviel % sind die Biegespannungsan-teile an der Gesamtformänderungsarbeit beteiligt ?

$R = 170\,\text{mm}$; $D = 10\,\text{mm}$

$d = 6\,\text{mm}$ (Rundrohrquerschnitt)

$E = 2,1 \cdot 10^5\,\text{N}/\text{mm}^2$; $G = 0,8 \cdot 10^5\,\text{N}/\text{mm}^2$

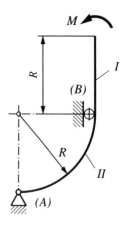

a)
Statik

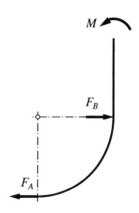

$$\sum M_{(A)} = 0 = M - F_B \cdot R \quad \Rightarrow \quad F_B = \frac{M}{R}$$

Bereich II: $0 \le \varphi < \pi/2$

$$F_A = \frac{M}{R}$$

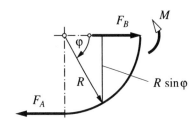

Bereich I: $0 \le \varphi < \pi/2$

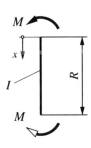

$$M_{b_{II}}(\varphi) = M - \frac{M}{R} R \sin\varphi$$

$$M_{b_{II}}^2(\varphi) = M^2 (1 - \sin\varphi)^2$$

$$M_{b_{II}}^2(\varphi) = M^2 \left(1 - 2\sin\varphi + \sin^2\varphi\right)$$

$$U_{Bgg\cdot II} = \frac{1}{2EI_a} \int M_{b_{II}}^2(x)\,dx$$

$$M_{b_I}(x) = M; \quad M_{b_I}^2(x) = M^2$$

$$dx = R \cdot d\varphi$$

$$U_{Bgg\cdot} = \frac{1}{2EI_a} \int_x M_b^2(x)\,dx$$

$$U_{Bgg\cdot II} = \frac{M^2 R}{2EI_a} \int_0^{\pi/2} \left(1 - 2\sin\varphi + \sin^2\varphi\right) d\varphi$$

$$U_{Bgg\cdot I} = \frac{M^2}{2EI_a} \int_{x=0}^{R} dx$$

$$U_{Bgg\cdot II} = \frac{M^2 R}{2EI_a} \left. \varphi + 2\cos\varphi + \left(\frac{\varphi}{2} - \frac{\sin(2\varphi)}{4}\right) \right|_0^{\pi/2}$$

$$U_{Bgg\cdot I} = \frac{M^2}{2EI_a} |x|_0^R$$

$$U_{Bgg\cdot II} = \frac{M^2 R}{2EI_a} \left[\left(\frac{\pi}{2} + 0 + \frac{\pi}{4}\right) - (0 + 2 + 0)\right]$$

$$\boxed{U_{Bgg\cdot I} = \frac{M^2 R}{2EI_a}}$$

$$\boxed{U_{Bgg\cdot II} = \frac{M^2 R}{2EI_a}\left(\frac{3\pi}{4} - 2\right)}$$

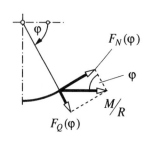

$$F_N(\varphi) = \frac{M}{R}\sin\varphi; \quad F_N^2(\varphi) = \frac{M^2}{R^2}\sin^2\varphi$$

$$U_{Zug\,/\,Druck} = \int_V \frac{\sigma^2}{2E}\,dV$$

Darin ist

$$\sigma = \frac{F_N}{A}; \quad dV = A\,dx = AR\,d\varphi$$

$$U_{Zug\cdot II} = \frac{R}{2EA}\frac{M^2}{R^2}\int_0^{\pi/2}\sin^2\varphi\,d\varphi$$

$$U_{Zug\cdot II} = \frac{M^2}{2EAR}\left|\frac{\varphi}{2} - \frac{\sin(2\varphi)}{4}\right|_0^{\pi/2}$$

$$\boxed{U_{Zug\cdot II} = \frac{M^2\pi}{8EAR}}$$

$$F_Q(\varphi) = \frac{M}{R}\cos\varphi; \quad F_Q^2(\varphi) = \frac{M^2}{R^2}\cos^2\varphi$$

$$U_{Schub} = \int_V \frac{\tau^2}{2G}\,dV$$

Darin ist

$$\tau = \frac{F_Q}{A}; \quad dV = A\,dx = AR\,d\varphi$$

$$U_{Schub\cdot II} = \frac{R}{2GA}\frac{M^2}{R^2}\int_0^{\pi/2}\cos^2\varphi\,d\varphi$$

$$U_{Schub\cdot II} = \frac{M^2}{2GAR}\left|\frac{\varphi}{2} + \frac{\sin(2\varphi)}{4}\right|_0^{\pi/2}$$

$$\boxed{U_{Schub\cdot II} = \frac{M^2\pi}{8GAR}}$$

b)

$$U_{Bgg\cdot ges.} = U_{Bgg\cdot I} + U_{Bgg\cdot II}$$

$$U_{ges.} = \left(U_{Bgg\cdot I} + U_{Bgg\cdot II}\right) + U_{Zug\cdot II} + U_{Schub\cdot II}$$

$$U_{ges.} \,\hat{=}\, 100\%$$

$$U_{Bgg\cdot ges.} \,\hat{=}\, x\%$$

$$\boxed{x\% = \frac{U_{Bgg\cdot ges.}}{U_{ges.}} \cdot 100\%}$$

Zahlenrechnung:

$$A = \frac{\pi}{4}\left(D^2 - d^2\right) = 50,265\,\text{mm}^2$$

$$I_a = \frac{\pi}{64}\left(D^4 - d^4\right) = 427,257\,\text{mm}^4$$

damit folgt:

$$\boxed{x = 99,94\%}$$

Die Biegearbeiten machen 99,94% der Gesamtformänderungsarbeit aus.

20.3

Mit welchem prozentualen Anteil sind die Biegespannungen an der Formänderungsenergie beteiligt ?

$E = 2,1 \cdot 10^5 \, \mathrm{N/mm^2}$; $G = 0,8 \cdot 10^5 \, \mathrm{N/mm^2}$

$L = 1\,\mathrm{m}$; $R = 30\,\mathrm{cm}$; $d = 10\,\mathrm{mm}$ (Durchmesser des Vollkreisquerschnitts) ; $EI_a = \mathrm{konst.}$

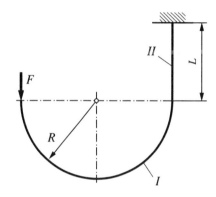

Bereich I: $0 \le \varphi < \pi$

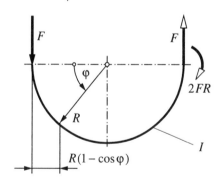

$M_{b_I}(\varphi) = FR(1 - \cos\varphi)$

$M_{b_I}^2(\varphi) = F^2 R^2 (1 - \cos\varphi)^2$

$M_{b_I}^2(\varphi) = F^2 R^2 \left(1 - 2\cos\varphi + \cos^2\varphi\right)$

$$U_{Bgg \cdot I} = \frac{1}{2EI_a} \int M_{b_I}^2(x)\, dx$$

$$dx = R \cdot d\varphi$$

$$U_{Bgg \cdot I} = \frac{R}{2EI_a} \int_{\varphi = 0}^{\pi} M_{b_I}^2(\varphi)\, d\varphi$$

$$U_{Bgg \cdot I} = \frac{F^2 R^3}{2EI_a} \int_0^{\pi} \left(1 - 2\cos\varphi + \cos^2\varphi\right) d\varphi$$

$$U_{Bgg \cdot I} = \frac{F^2 R^3}{2EI_a} \left. \left| \varphi - 2\sin\varphi + \left(\frac{\varphi}{2} + \frac{\sin(2\varphi)}{4} \right) \right|_0^{\pi} \right.$$

$$U_{Bgg \cdot I} = \frac{F^2 R^3}{2EI_a} \left(\pi + \frac{\pi}{2} \right)$$

$$\boxed{U_{Bgg \cdot I} = \frac{3 F^2 R^3 \pi}{4 EI_a}}$$

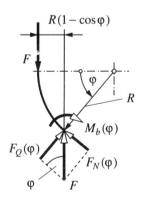

$F_N(\varphi) = F \cdot \cos\varphi$; $\quad F_N^2(\varphi) = F^2 \cdot \cos^2\varphi$

$$U_{Zug/Druck} = \int\limits_V \frac{\sigma^2}{2E} dV$$

Darin ist :

$$\sigma = \frac{F_N}{A}; \quad dV = A\,dx = AR\,d\varphi$$

$$U_{Zug/Druck\cdot_I} = \frac{RF^2}{2EA} \int\limits_0^\pi \cos^2\varphi\,d\varphi$$

$$U_{Zug/Druck\cdot_I} = \frac{RF^2}{2EA} \left|\frac{\varphi}{2} + \frac{\sin(2\varphi)}{4}\right|_0^\pi$$

$$\boxed{U_{Zug/Druck\cdot_I} = \frac{RF^2\pi}{4EA}}$$

$$F_Q(\varphi) = F\sin\varphi; \quad F_Q^2(\varphi) = F^2\sin^2\varphi$$

$$U_{Schub} = \int\limits_V \frac{\tau^2}{2G} dV$$

Darin ist

$$\tau = \frac{F_Q}{A}; \quad dV = A\,dx = AR\,d\varphi$$

$$U_{Schub\cdot_I} = \frac{RF^2}{2GA} \int\limits_0^\pi \sin^2\varphi\,d\varphi$$

$$U_{Schub\cdot_I} = \frac{RF^2}{2GA} \left|\frac{\varphi}{2} - \frac{\sin(2\varphi)}{4}\right|_0^\pi$$

$$\boxed{U_{Schub\cdot_I} = \frac{RF^2\pi}{4GA}}$$

Bereich II: $0 \le x < L$

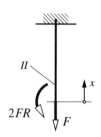

$$M_{b_{II}}(\varphi) = 2FR; \quad M_{b_{II}}^2(\varphi) = 4F^2R^2$$

$$U_{Bgg\cdot II} = \frac{1}{2EI_a} \int\limits_x M_{b_{II}}^2(x)\,dx$$

$$U_{Bgg\cdot II} = \frac{4F^2R^2}{2EI_a} \int\limits_0^L dx$$

$$U_{Bgg\cdot II} = \frac{4F^2R^2}{2EI_a} |x|_0^L$$

$$\boxed{U_{Bgg\cdot II} = \frac{2F^2R^2L}{EI_a}}$$

$$F_N(x) = F; \quad F_N^2(x) = F^2$$

$$U_{Zug/Druck} = \int\limits_V \frac{\sigma^2}{2E} dV$$

Darin ist

$$\sigma = \frac{F_N}{A}; \quad dV = A \cdot dx$$

$$U_{Zug_{II}} = \frac{F^2}{2EA} \int_{x=0}^{L} dx$$

$$U_{Zug_{II}} = \frac{F^2}{2EA} \, |x|_{o}^{L}$$

$$\boxed{U_{Zug \cdot II} = \frac{F^2 L}{2EA}}$$

$$U_{Bgg \cdot ges.} = U_{Bgg \cdot I} + U_{Bgg \cdot II}$$

$$U_{ges.} = \left(U_{Bgg \cdot I} + U_{Bgg \cdot II} \right)$$
$$+ \left(U_{Zug / Druck \cdot I} + U_{Zug \cdot II} \right) + U_{Schub \cdot I}$$

$$U_{ges.} \hat{=} 100\%$$
$$U_{Bgg \cdot ges.} \hat{=} x\%$$

$$\boxed{x\% = \frac{U_{Bgg \cdot ges.}}{U_{ges.}} \cdot 100\%}$$

Mit den gegebenen Daten ergibt sich :

$$\boxed{x = 99,996\%}$$

20.4

Ein Stahlrohr $10 * 1$ ist halbkreisförmig gebogen und wie skizziert einseitig eingespannt. Der Bogen liegt in horizontaler Ebene und wird durch die vertikale Querkraft $F = 800\,$N belastet. Zu berechnen sind die Beträge der Arbeiten von Biege- und Torsionsspannungen. Abscherspannungen sollen unberücksichtigt bleiben. Mittlerer Krümmungsradius $R = 240\,$mm

$$E = 2,1 \cdot 10^5 \, N/mm^2 \, ; \; G = 0,8 \cdot 10^5 \, N/mm^2$$

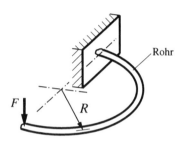

Geometrische Größen :

Querschnitt A :

$$A = \frac{\pi}{4}\left(D^2 - d^2 \right)$$

$$A = \frac{\pi}{4}\left(10^2 - 8^2 \right) mm^2$$

$$A = 28,27 \, mm^2$$

Axiales Flächenmoment 2. Ordnung I_a :

$$I_a = \frac{\pi}{64}\left(D^4 - d^4 \right)$$

$$I_a = \frac{\pi}{64}\left(10^4 - 8^4\right) mm^4$$

$$I_a = 289,81\, mm^4$$

Polares Flächenmoment 2. Ordnung I_p :

$$I_p = \frac{\pi}{32}\left(D^4 - d^4\right)$$

$$I_p = \frac{\pi}{32}\left(10^4 - 8^4\right) mm^4$$

$$I_p = 579,62\, mm^4$$

Draufsicht :

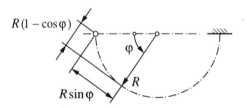

Momente an der Schnittstelle φ :

Biegemoment

$$M_b = F \cdot R \cdot \sin\varphi$$

Torsionsmoment

$$M_t = F \cdot R \cdot \left(1 - \cos\varphi\right)$$

Andere Betrachtungsweise :

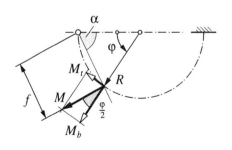

$$\alpha = 90° - \frac{\varphi}{2}$$

$$M = F \cdot f$$

Komponenten :

$$M_b = M \cdot \cos\frac{\varphi}{2} \qquad M_t = M \cdot \sin\frac{\varphi}{2}$$

Kosinussatz :

$$f^2 = 2R^2 - 2R^2 \cos\varphi$$

$$f = R\sqrt{2\cdot\left(1 - \cos\varphi\right)}$$

$$M = F \cdot R\sqrt{2\cdot\left(1 - \cos\varphi\right)}$$

Komponenten :

$$M_b = F \cdot R \cdot \sqrt{2\cdot\left(1 - \cos\varphi\right)} \cdot \cos\left(\frac{\varphi}{2}\right)$$

$$M_t = F \cdot R \cdot \sqrt{2\cdot\left(1 - \cos\varphi\right)} \cdot \sin\left(\frac{\varphi}{2}\right)$$

Formänderungsenergie der Biegespannungen :

$$U_{Bgg.} = \frac{1}{2\cdot EI_a} \cdot \int_V M_b^2\left(\varphi\right) \cdot R \cdot d\varphi$$

$$U_{Bgg.} = \frac{F^2 \cdot R^3}{2\cdot EI_a} \cdot \int_{\varphi=0}^{\varphi=\pi} \sin^2\varphi \cdot d\varphi$$

$$U_{Bgg.} = \frac{F^2 \cdot R^3}{2\cdot EI_a} \cdot \left|\frac{\varphi}{2} - \frac{\sin\left(2\varphi\right)}{4}\right|_0^\pi$$

$$U_{Bgg.} = \frac{F^2 \cdot R^3 \cdot \pi}{4 \cdot EI_a}$$

20.5

Für den schweren, einseitig fest eingespannten viertelkreisförmigen Balken sind die Formänderungsenergien der Biege-, Druck- und Abscherspannungen zu bestimmen.

Formänderungsenergie der Torsionsspannungen :

$$U_{T.} = \frac{1}{2 \cdot GI_p} \cdot \int_V M_t^2(\varphi) \cdot R \cdot d\varphi$$

$$U_{T.} = \frac{F^2 \cdot R^3}{2 \cdot GI_p} \cdot \int_{\varphi=0}^{\varphi=\pi} (1 - \cos\varphi)^2 \cdot d\varphi$$

$$U_{T.} = \frac{F^2 \cdot R^3}{2 \cdot GI_p} \cdot \int_{\varphi=0}^{\varphi=\pi} \left(1 - 2\cos\varphi + \cos^2\varphi\right) \cdot d\varphi$$

$$U_{T.} = \frac{F^2 R^3}{2 GI_p} \left[\left.|\varphi|\right._0^\pi - 2\left.|\sin\varphi|\right._0^\pi + \left.\left|\frac{\varphi}{2} + \frac{\sin(2\varphi)}{4}\right|\right._0^\pi \right]$$

$$U_{T.} = \frac{F^2 \cdot R^3}{2 \cdot GI_p} \cdot \left(\pi - 0 + \frac{\pi}{2}\right)$$

$$U_{T.} = \frac{F^2 \cdot R^3 \cdot 3\pi}{4 \cdot GI_p}$$

Mit den gegebenen Werten folgt :

$$U_{Bgg.} = 114,175 \, \text{Nm} \triangleq 20,3\%$$

$$U_{T.} = 449,564 \, \text{Nm} \triangleq 79,7\%$$

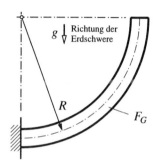

1)
Biegemoment an beliebiger Stelle φ :

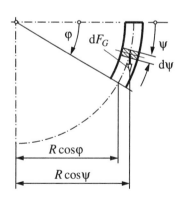

$$dF_G = \frac{F_G}{\frac{\pi}{2}} \cdot d\psi$$

Moment an Stelle φ :

$$M_b(\varphi) = \int\limits_{\psi=0}^{\psi=\varphi} \mathrm{d}F_G \cdot (R \cdot \cos\psi - R \cdot \cos\varphi)$$

$$M_b(\varphi) = \frac{2\,F_G}{\pi} \left[R \int\limits_{\psi=0}^{\psi=\varphi} \cos\psi \cdot \mathrm{d}\psi - R\cos\varphi \int\limits_{\psi=0}^{\psi=\varphi} \mathrm{d}\psi \right]$$

$$M_b(\varphi) = \frac{2\,F_G \cdot R}{\pi} \left[\left. \left| \sin\psi \right|_0^\varphi - \cos\varphi \cdot \left| \psi \right|_0^\varphi \right. \right]$$

$$M_b(\varphi) = \frac{2\,F_G \cdot R}{\pi} \cdot (\sin\varphi - \varphi \cdot \cos\varphi)$$

$$M_b^2(\varphi) = \frac{4\,F_G^2 R^2}{\pi^2} \left(\begin{array}{c} \sin^2\varphi - \varphi\sin(2\varphi) \\ + \varphi^2\cos^2\varphi \end{array} \right)$$

Formänderungsenergie der
Biegespannungen :

$$U_{Bgg.} = \frac{R}{2\cdot EI_a} \cdot \int\limits_V M_b^2(\varphi) \cdot \mathrm{d}\varphi$$

$$U_{Bgg.} = \frac{R}{2\cdot EI_a} \cdot \frac{4\,F_G^2 \cdot R^2}{\pi^2} \cdot \left[\underbrace{\int\limits_{\varphi=0}^{\varphi=\pi/2} \sin^2\varphi \cdot \mathrm{d}\varphi}_{I} \right. $$

$$\left. \underbrace{- \int\limits_{\varphi=0}^{\varphi=\pi/2} \varphi \cdot \sin(2\varphi) \cdot \mathrm{d}\varphi}_{II} + \underbrace{\int\limits_{\varphi=0}^{\varphi=\pi/2} \varphi^2 \cdot \cos^2\varphi \cdot \mathrm{d}\varphi}_{III} \right]$$

Nebenrechnungen Integrale :

$$\int I = \int\limits_0^{\pi/2} \sin^2\varphi \cdot \mathrm{d}\varphi = \left| \frac{\varphi}{2} - \frac{\sin(2\varphi)}{4} \right|_0^{\pi/2} = \frac{\pi}{4}$$

$$\int II = \int\limits_0^{\pi/2} \varphi \cdot \sin(2\varphi) \cdot \mathrm{d}\varphi$$

Partielle Integration

$$\int u \cdot v' = u \cdot v - \int v \cdot u'$$

$$u = \varphi \;;\; u' = 1 \;;\; v = \sin(2\varphi) \;;\; v = -\frac{1}{2} \cdot \cos(2\varphi)$$

$$\int II = \left| -\frac{\varphi}{2} \cdot \cos(2\varphi) \right|_0^{\pi/2} + \frac{1}{2} \cdot \int\limits_0^{\pi/2} \cos(2\varphi) \cdot \mathrm{d}\varphi$$

$$\int II = \left| -\frac{\varphi}{2} \cdot \cos(2\varphi) + \frac{1}{4} \cdot \sin(2\varphi) \right|_0^{\pi/2} = +\frac{\pi}{4}$$

$$\int III = \int \varphi^2 \cdot \cos^2\varphi \cdot \mathrm{d}\varphi$$

Zweifache partielle Integration

$$\int u \cdot v' = u \cdot v - \int v \cdot u'$$

$$u = \varphi^2;\; u' = 2\varphi;\; v' = \cos^2\varphi;\; v = \frac{\varphi}{2} + \frac{\sin(2\varphi)}{4}$$

$$\int III = \left| \varphi^2 \cdot \left(\frac{\varphi}{2} + \frac{\sin(2\varphi)}{4} \right) \right|_0^{\pi/2}$$

$$- \int\limits_0^{\pi/2} \varphi^2 \cdot \mathrm{d}\varphi - \frac{1}{2} \cdot \underbrace{\int\limits_0^{\pi/2} \varphi \cdot \sin(2\varphi) \cdot \mathrm{d}\varphi}_{\triangleq II}$$

$$\int III = \left| \frac{\varphi^3}{2} \right|_0^{\pi/2} + \left| \frac{\varphi^2}{4} \cdot \sin(2\varphi) \right|_0^{\pi/2} - \left| \frac{\varphi^3}{3} \right|_0^{\pi/2} - \frac{1}{2} \cdot \frac{\pi}{4}$$

$$\int III = \frac{\pi^3}{16} + 0 - \frac{\pi^3}{24} - \frac{\pi}{8}$$

$$\int III = \frac{\pi^3}{48} - \frac{\pi}{8}$$

Damit folgt :

$$U_{Bgg.} = \frac{2F_G^2 R^3}{\pi^2 \cdot EI_a} \cdot \left(\frac{\pi}{4} - \frac{\pi}{4} + \frac{\pi^3}{24} - \frac{\pi}{8} \right)$$

$$\boxed{U_{Bgg.} = \frac{F_G^2 \cdot R^3}{4 \cdot EI_a} \cdot \left(\frac{\pi}{6} - \frac{1}{\pi} \right)}$$

2)

Schnitt-Kraft :

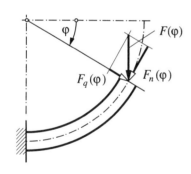

$$F(\varphi) = \int\limits_{\psi=0}^{\psi=\varphi} dF_G$$

$$F(\varphi) = \frac{2 \cdot F_G}{\pi} \cdot \int\limits_{\psi=0}^{\psi=\varphi} d\psi$$

$$F(\varphi) = \frac{2 \cdot F_G \cdot \varphi}{\pi}$$

Komponenten :

$$F_n(\varphi) = F(\varphi) \cdot \cos\varphi$$

$$F_q(\varphi) = F(\varphi) \cdot \sin\varphi$$

Formänderungsenergie der
Druckspannungen :

$$U_d = \int\limits_V U_S \cdot dV$$

mit $$U_S = \frac{\sigma_d^2}{2E}$$

darin : $$\sigma_d = \frac{F_n(\varphi)}{A}$$

$$U_d = \int\limits_{\varphi=0}^{\varphi=\pi/2} \frac{F_n^2(\varphi)}{2 \cdot EA^2} \cdot \underbrace{A \cdot R \cdot d\varphi}_{=dV}$$

$$U_d = \frac{4 \cdot F_G^2 \cdot R}{\pi^2 \cdot 2 \cdot EA} \cdot \underbrace{\int\limits_{\varphi=0}^{\varphi=\pi/2} \varphi^2 \cdot \cos^2\varphi \cdot d\varphi}_{\hat{=} \int III}$$

$$U_d = \frac{2 \cdot F_G^2 \cdot R}{\pi^2 \cdot EA} \cdot \left(\frac{\pi^3}{48} - \frac{\pi}{8} \right)$$

$$\boxed{U_d = \frac{F_G^2 \cdot R}{4 \cdot EA} \cdot \left(\frac{\pi}{6} - \frac{1}{\pi} \right)}$$

Formänderungsenergie der
Abscherspannungen :

Vereinfacht : $$\tau_a \cong \frac{F_q}{A}$$

$$U_a = \int_V U_S \cdot dV$$

mit $$U_S = \frac{\tau_a^2}{2G}$$

darin : $$\tau_a \cong \frac{F_q(\varphi)}{A}$$

$$U_a = \int_V \frac{F_q^2(\varphi)}{2 \cdot GA^2} \cdot \underbrace{A \cdot R \cdot d\varphi}_{=dV}$$

$$U_a = \frac{4 \cdot F_G^2 \cdot R}{\pi^2 \cdot 2 \cdot GA} \cdot \int_{\varphi=0}^{\varphi=\pi/2} \varphi^2 \cdot \sin^2 \varphi \cdot d\varphi$$

Zweifache partielle Integration :

$$\int u \cdot v' = u \cdot v - \int v \cdot u'$$

$$u = \varphi^2;\ u' = 2\varphi;\ v' = \sin^2 \varphi;\ v = \frac{\varphi}{2} - \frac{\sin(2\varphi)}{4}$$

$$\int_{\varphi=0}^{\varphi=\pi/2} \varphi^2 \cdot \sin^2 \varphi \cdot d\varphi = \left|\frac{\varphi^3}{2}\right|_0^{\pi/2} - \left|\frac{\varphi^2}{4} \cdot \sin(2\varphi)\right|_0^{\pi/2}$$

$$- \int_{\varphi=0}^{\varphi=\pi/2} \varphi^2 \cdot d\varphi + \frac{1}{2} \cdot \underbrace{\int_{\varphi=0}^{\varphi=\pi/2} \varphi \cdot \sin(2\varphi) \cdot d\varphi}_{\triangleq \int II}$$

$$\int_{\varphi=0}^{\varphi=\pi/2} \varphi^2 \cdot \sin^2 \varphi \cdot d\varphi = \left|\frac{\varphi^3}{2}\right|_0^{\pi/2} - \left|\frac{\varphi^2}{4} \cdot \sin(2\varphi)\right|_0^{\pi/2}$$

$$- \left|\frac{\varphi^3}{3}\right|_0^{\pi/2} + \frac{1}{2} \cdot \frac{\pi}{4}$$

$$\int_{\varphi=0}^{\varphi=\pi/2} \varphi^2 \cdot \sin^2 \varphi \cdot d\varphi = \frac{\pi^3}{16} - 0 - \frac{\pi^3}{24} + \frac{\pi}{8} = \frac{\pi^3}{48} + \frac{\pi}{8}$$

Damit :

$$\boxed{U_d = \frac{F_G^2 \cdot R}{4 \cdot GA} \cdot \left(\frac{\pi}{6} + \frac{1}{\pi}\right)}$$

20.6

Die Breite b einer einseitig fest eingespannten Blattfeder mit konstanter Dicke h nimmt linear zu. Es ist die Formänderungsenergie der Biegespannungen zu bestimmen.
$$E = 2,1 \cdot 10^5 \ \text{N}/\text{mm}^2$$

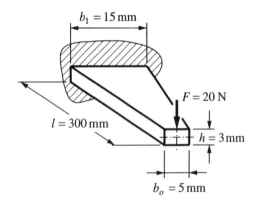

$b_1 = 15\ \text{mm}$

$F = 20\ \text{N}$

$l = 300\ \text{mm}$

$h = 3\ \text{mm}$

$b_o = 5\ \text{mm}$

Breite $b(x)$ an beliebiger Stelle x :

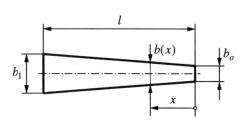

Proportion :

$$\frac{b_1 - b_o}{l} = \frac{b(x) - b_o}{x}$$

Daraus :

$$b(x) = \underbrace{\frac{b_1 - b_o}{l}}_{=c} \cdot x + b_o$$

Substitution

$$b(x) = c \cdot x + b_o$$

Axiales Flächenmoment 2. Ordnung an beliebiger Stelle x :

$$I_a(x) = \frac{b(x) \cdot h^3}{12}$$

$$I_a(x) = \frac{(c \cdot x + b_o) \cdot h^3}{12}$$

Allgemein :

$$U_{Bgg.} = \frac{1}{2 \cdot E} \cdot \int_V \frac{M_b^2(x)}{I_a(x)} \cdot dx$$

$$M_b(x) = F \cdot x$$

Somit :

$$U_{Bgg.} = \frac{F^2}{2 \cdot E} \cdot \int_{x=0}^{x=l} \frac{x^2}{I_a(x)} \cdot dx$$

$$U_{Bgg.} = \frac{F^2}{2 \cdot E} \cdot \int_{x=0}^{x=l} \frac{12x^2}{(c \cdot x + b_o) \cdot h^3} \cdot dx$$

Grundintegral :

$$\int \frac{x^2}{ax + b} \cdot dx = -\frac{b}{a^2} \cdot x + \frac{x^2}{2a} + \frac{b^2}{a^3} \cdot \ln(ax + b)$$

Daraus folgt :

$$U_{Bgg.} = \frac{6 \cdot F^2}{E \cdot h^3} \cdot \left[-\frac{b_o}{c^2} \cdot |x|_0^l + \frac{1}{2c} \cdot |x^2|_0^l + \frac{b_o^2}{c^3} \cdot |\ln(cx + b_o)|_0^l \right]$$

$$U_{Bgg.} = \frac{6 \cdot F^2}{E \cdot h^3} \cdot \left\{ \begin{array}{l} -\dfrac{b_o \cdot l}{c^2} + \dfrac{l^2}{2c} \\[2mm] + \dfrac{b_o^2}{c^3} \cdot \left[\ln(b_1) - \ln(b_o) \right] \end{array} \right\}$$

Mit den gegebenen Werten folgt :

$$U_{Bgg.} = 313,9\,\text{Nmm}$$

21.1

Es ist die Absenkung f der Kraftangriffsstelle zu bestimmen. Hinweis: Nur Biegespannungsanteile berücksichtigen.

Biegesteifigkeit EI_a = konst.

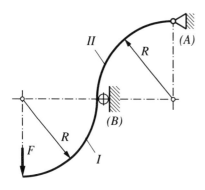

Statik

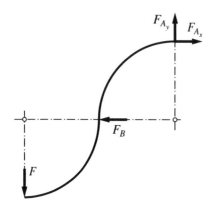

$$\sum M_{(A)} = 0 = F \cdot 2R - F_B \cdot R$$

$$F_B = 2F \qquad F_{A_x} = 2F$$

$$\sum F_y = 0$$

$$0 = F_{A_y} - F \qquad F_{A_y} = F$$

Bereich I: $0 \le \varphi < \pi/2$

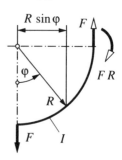

$$M_{b_I}(\varphi) = FR\sin\varphi$$

$$M_{b_I}^2(\varphi) = F^2 R^2 \sin^2\varphi$$

$$U_{Bgg.} = \frac{R}{2EI_a} \int M_b^2(\varphi)\,d\varphi$$

$$U_{Bgg\cdot I} = \frac{F^2 R^3}{2EI_a} \left| \frac{\varphi}{2} - \frac{\sin(2\varphi)}{4} \right|_0^{\pi/2}$$

$$\boxed{U_{Bgg\cdot I} = \frac{F^2 R^3 \pi}{8EI_a}}$$

Bereich II: $0 \le \varphi < \pi/2$

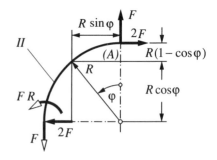

$$M_{b_{II}}(\varphi) = 2FR(1 - \cos\varphi) - FR\sin\varphi$$

$$M_{b_{II}}^2(\varphi) = 4F^2R^2\left(1 - 2\cos\varphi + \cos^2\varphi\right)$$

$$-4F^2R^2\left(\sin\varphi - \frac{1}{2}\sin(2\varphi)\right)$$

$$+F^2R^2\sin^2\varphi$$

$$U_{II} = \frac{2F^2R^3}{EI_a}\left[\begin{array}{c} \left.|\varphi|_0^{\pi/2} - 2\right.\left|\sin\varphi\right|_0^{\pi/2} \\[6pt] +\left|\dfrac{\varphi}{2} + \dfrac{\sin(2\varphi)}{4}\right|_0^{\pi/2} + \left|\cos\varphi\right|_0^{\pi/2} \\[6pt] -\dfrac{1}{4}\left|\cos(2\varphi)\right|_0^{\pi/2} + \dfrac{1}{4}\left|\dfrac{\varphi}{2} - \dfrac{\sin(2\varphi)}{4}\right|_0^{\pi/2} \end{array}\right]$$

$$U_{Bgg\cdot II} = \frac{2F^2R^3}{EI_a}\left[\frac{\pi}{2} - 2 + \frac{\pi}{4} - 1 + \frac{1}{2} + \frac{\pi}{16}\right]$$

$$\boxed{U_{Bgg\cdot II} = \frac{F^2R^3}{EI_a}\left(\frac{13\pi}{8} - 5\right)}$$

CASTIGLIANO : $\dfrac{\partial U}{\partial F} = f$

$$f = \frac{FR^3\pi}{4EI_a} + \frac{2FR^3}{EI_a}\left(\frac{13\pi}{8} - 5\right)$$

$$= \frac{FR^3}{EI_a}\left(\frac{\pi}{4} + \frac{13\pi}{4} - 10\right)$$

$$\boxed{f = \frac{FR^3}{EI_a}\left(\frac{7\pi}{2} - 10\right)}$$

21.2

Zu bestimmen ist die Absenkung f der Kraft-angriffsstelle. Hinweis: Nur Biegespannungs-anteile berücksichtigen.

Biegesteifigkeit EI_a = konst.

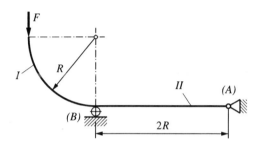

Statik

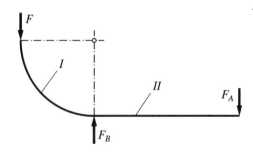

$$\sum M_{(A)} = 0 = F\cdot 3R - F_B\cdot 2R \quad\Rightarrow\quad F_B = \frac{3}{2}F$$

$$\sum F = 0 = F - F_B + F_A \quad\Rightarrow\quad F_A = \frac{1}{2}F$$

Bereich I: $0 \le \varphi < {}^{\pi}\!/_{2}$

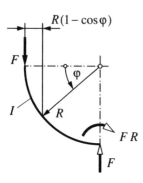

$$M_{b_I}(\varphi) = FR(1 - \cos\varphi)$$

$$M_{b_I}^2(\varphi) = F^2 R^2 \left(1 - 2\cos\varphi + \cos^2\varphi\right)$$

$$U_I = \frac{F^2 R^3}{2EI_a} \left[|\varphi|_0^{\pi/2} - 2|\sin\varphi|_0^{\pi/2} + \left|\frac{\varphi}{2} + \frac{\sin(2\varphi)}{4}\right|_0^{\pi/2} \right]$$

$$U_{Bgg \cdot I} = \frac{F^2 R^3}{2EI_a} \left[\frac{\pi}{2} - 2 + \frac{\pi}{4} \right]$$

$$\boxed{U_{Bgg \cdot I} = \frac{F^2 R^3}{EI_a} \left(\frac{3\pi}{8} - 1 \right)}$$

Bereich II: $0 \le x < 2R$

(A)

$$M_{b_{II}}(x) = \frac{F}{2}x \quad ; \quad M_{b_{II}}^2(x) = \frac{F^2}{4}x^2$$

$$U_{Bgg.} = \frac{1}{2EI_a} \int M_b^2(x)\, dx$$

$$U_{II} = \frac{1}{2EI_a} \frac{F^2}{4} \left| \frac{x^3}{3} \right|_0^{2R}$$

$$\boxed{U_{Bgg \cdot II} = \frac{F^2 R^3}{3EI_a}}$$

CASTIGLIANO : $\quad \dfrac{\partial U}{\partial F} = f$

$$f = \frac{\partial U_I}{\partial F} + \frac{\partial U_{II}}{\partial F}$$

$$f = \frac{2FR^3}{EI_a}\left(\frac{3\pi}{8} - 1 \right) + \frac{2FR^3}{3EI_a}$$

$$\boxed{f = \frac{FR^3}{EI_a}\left(\frac{3\pi}{4} - \frac{4}{3} \right)}$$

21.3

Zwei Blattfedern konstanter und gleicher Biegesteifigkeit sind jeweils einseitig fest eingespannt und stützen sich momentenfrei aufeinander ab.

a) Welche Berührkraft F_c ist zwischen den Federn wirksam?

b) Welche Neigung α gegen die Vertikale hat der gerade Balkenteil?

c) Welche horizontale Auslenkung f_1 erfährt Punkt (1) ?

Hinweis: Nur Biegespannungsanteile berücksichtigen. Biegesteifigkeit EI_a = konst.

$$U_{Bgg \cdot I} = \frac{\left(F - F_c\right)^2 R^3 \pi}{8 EI_a}$$

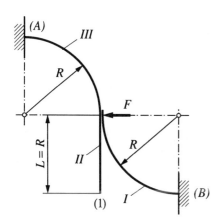

(1)

Bereich II: $0 \leq x < R$

Da Bereich II unbelastet ist: $U_{Bgg \cdot II} = 0$

Bereich III: $0 \leq \varphi < \pi/2$

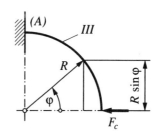

$$M_{b_{III}}\left(\varphi\right) = F_c R \sin \varphi$$

$$M_{b_{III}}^2\left(\varphi\right) = F_c^2 R^2 \sin^2 \varphi$$

a)

Bereich I: $0 \leq \varphi < \pi/2$

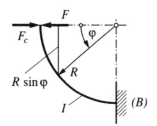

$$M_{b_I}\left(\varphi\right) = \left(F - F_c\right) \cdot R \sin \varphi$$

$$M_{b_I}^2\left(\varphi\right) = \left(F - F_c\right)^2 R^2 \sin^2 \varphi$$

$$U_{Bgg \cdot} = \frac{R}{2 EI_a} \int_0^{\pi/2} M_b^2\left(\varphi\right) d\varphi$$

$$U_I = \frac{R}{2 EI_a} \int_0^{\pi/2} \left(F - F_c\right)^2 R^2 \sin^2 \varphi \; d\varphi$$

$$U_I = \frac{\left(F - F_c\right)^2 R^3}{2 EI_a} \left. \left| \frac{\varphi}{2} - \frac{\sin(2\varphi)}{4} \right. \right|_0^{\pi/2}$$

$$U_{III} = \frac{R}{2 EI_a} \int_0^{\pi/2} F_c^2 R^2 \sin^2 \varphi \; d\varphi$$

$$U_{III} = \frac{F_c^2 R^3}{2 EI_a} \left. \left| \frac{\varphi}{2} - \frac{\sin(2\varphi)}{4} \right. \right|_0^{\pi/2}$$

$$U_{Bgg \cdot III} = \frac{F_c^2 R^3 \pi}{8 EI_a}$$

$$\frac{\partial U_I}{\partial \left(F - F_c\right)} = \frac{\partial U_{III}}{\partial F_c}$$

$$\frac{2(F - F_c)R^3\pi}{8EI_a} = \frac{2F_cR^3\pi}{8EI_a} \quad \Rightarrow \quad (F - F_c) = F_c$$

$$\boxed{F_c = \frac{1}{2}F}$$

b)

Um die Neigung α lt. Aufgabenstellung ermitteln zu können, muß ein Hilfsmoment $\overline{M}$ aufgebracht werden.

Bereich III: $0 \le \varphi < {}^{\pi}\!/_{2}$

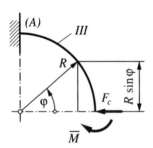

$$M_{b_{III}}(\varphi) = F_c R \sin\varphi + \overline{M}$$

$$M_{b_{III}}^2(\varphi) = F_c^2 R^2 \sin^2\varphi + 2\overline{M}F_c R \sin\varphi + \overline{M}^2$$

$$U_{III} = \frac{R}{2EI_a}\int_0^{\pi/2}\left(\begin{matrix}F_c^2 R^2 \sin^2\varphi \\ +2\overline{M}F_c R \sin\varphi + \overline{M}^2\end{matrix}\right)d\varphi$$

$$U_{III} = \frac{R}{2EI_a}\left|F_c^2 R^2\left(\frac{\varphi}{2} - \frac{\sin(2\varphi)}{4}\right)\right|_0^{\pi/2} \\ -2\overline{M}F_c R \cos\varphi + \overline{M}^2\varphi\Big|_0$$

$$U_{III} = \frac{R}{2EI_a}\left[F_c^2 R^2 \frac{\pi}{4} + \overline{M}^2 \frac{\pi}{2} - (-2\overline{M}F_c R)\right]$$

$$\alpha = \frac{\partial U}{\partial \overline{M}}\bigg|_{\overline{M}=0}$$

$$\alpha = \frac{R}{2EI_a}\left[0 + 0 + 2F_c R\right]$$

$$\boxed{\alpha = \frac{F_c R^2}{EI_a} = \frac{FR^2}{2EI_a}}$$

c)

$$f_1 = \hat{\alpha}\cdot R + \frac{\partial U_{Bgg\cdot III}}{\partial F_c}$$

$$f_1 = \frac{FR^3}{2EI_a} + \frac{F_c R^3\pi}{4EI_a}$$

$$\boxed{f_1 = \frac{FR^3}{EI_a}\left(\frac{1}{2} + \frac{\pi}{8}\right)}$$

21.4

Ein einseitig eingespannter gerader Biegebalken stützt sich wie skizziert auf einem zweiten Körper gleicher und konstanter Biegesteifigkeit ab.

a) Wie groß ist die Berührkraft F_c zwischen den Körpern ?

b) Welchen elastischen Weg f_1 erfährt Punkt (1) in horizontaler Richtung ?

Hinweis: Nur Biegespannungsanteile berücksichtigen. Biegesteifigkeit EI_a = konst.

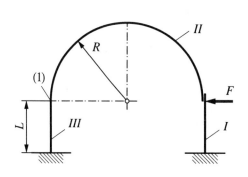

a)

Bereich I: $0 \le x < L$

$$M_{b_I}(x) = (F - F_c) \cdot x$$

$$M_{b_I}^2(x) = (F - F_c)^2 \cdot x^2$$

$$U_I = \frac{1}{2EI_a} \int_0^L (F - F_c)^2 \cdot x^2 \cdot dx$$

$$U_I = \frac{(F - F_c)^2}{2EI_a} \left. \frac{x^3}{3} \right|_0^L$$

$$\boxed{U_{Bgg \cdot I} = \frac{(F - F_c)^2 \cdot L^3}{6EI_a}}$$

Bereich II: $0 \le \varphi < \pi$

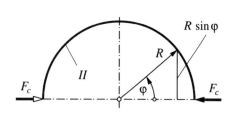

$$M_{b_{II}}(\varphi) = F_c R \sin \varphi$$

$$M_{b_{II}}^2(\varphi) = F_c^2 R^2 \sin^2 \varphi$$

$$U_{II} = \frac{R}{2EI_a} \int_0^\pi F_c^2 R^2 \sin^2 \varphi \, d\varphi$$

$$U_{II} = \frac{F_c^2 R^3}{2EI_a} \left. \frac{\varphi}{2} - \frac{\sin(2\varphi)}{4} \right|_0^\pi$$

$$\boxed{U_{Bgg \cdot II} = \frac{F_c^2 R^3 \pi}{4EI_a}}$$

Bereich III: $0 \le x < L$

$$M_{b_{III}}(x) = F_c \cdot x$$

$$M_{b_{III}}^2(x) = F_c^2 \cdot x^2$$

$$U_{III} = \frac{F_c^2}{2EI_a} \int_0^L x^2 \cdot dx$$

$$U_{III} = \frac{F_c^2}{2EI_a} \left. \frac{x^3}{3} \right|_0^L$$

$$\boxed{U_{Bgg \cdot III} = \frac{F_c^2 \cdot L^3}{6EI_a}}$$

Bereich II und III:

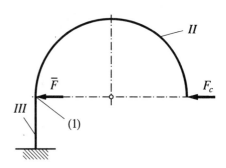

$$\frac{\partial U_I}{\partial (F - F_c)} = \frac{\partial (U_{II} + U_{III})}{\partial F_c}$$

$$\frac{(F - F_c)L^3}{3EI_a} = \frac{3F_c R^3 \pi}{2EI_a} + \frac{F_c L^3}{3EI_a}$$

$$F L^3 - F_c L^3 = \frac{3\pi}{2} F_c R^3 + F_c L^3$$

$$F L^3 = F_c \left(2L^3 + \frac{3\pi}{2} R^3 \right)$$

$$\boxed{F_c = F \frac{1}{2 + \frac{3\pi}{2} \left(\frac{R}{L} \right)^3}}$$

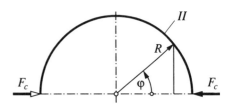

$$M_{b_{II}}(\varphi) \neq f(\overline{F}) \implies \frac{\partial U_{II}}{\partial \overline{F}} = 0$$

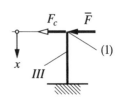

b)

Um die Durchbiegung f_1 lt. Aufgabenstellung ermitteln zu können, muß eine Hilfskraft $\overline{F}$ aufgebracht werden.

$$M_{b_{III}}(x) = \left(\overline{F} + F_c \right) \cdot x$$

$$M_{b_{III}}^2(x) = \left(\overline{F} + F_c \right)^2 \cdot x^2$$

$$M_{b_{III}}^2(\varphi) = \left(F_c^2 + 2\overline{F}F_c + \overline{F}^2 \right) \cdot x^2$$

$$U_{III} = \frac{F_c^2 + 2\overline{F}F_c + \overline{F}^2}{2EI_a} \int_0^L x^2 \cdot dx$$

$$U_{III} = \frac{F_c^2 + 2\overline{F}F_c + \overline{F}^2}{2EI_a} \left.\frac{x^3}{3}\right|_0^L$$

$$\boxed{U_{III} = \frac{F_c^2 + 2\overline{F}F_c + \overline{F}^2}{6EI_a} L^3}$$

$$f_1 = \left.\frac{\partial U_{III}}{\partial \overline{F}}\right|_{\overline{F}=0}$$

$$f_1 = \frac{2F_c}{6EI_a} L^3 = \frac{F_c L^3}{3EI_a}$$

mit $\quad F_c = F\dfrac{1}{2 + \dfrac{3\pi}{2}\left(\dfrac{R}{L}\right)^3}$

$$\boxed{f_1 = \frac{FL^3}{\left[6 + \dfrac{9\pi}{2}\left(\dfrac{R}{L}\right)^3\right]\cdot EI_a}}$$

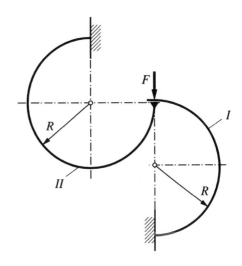

a)

Bereich I: $0 \le \varphi < \pi$

21.5

Zwei Blattfedern gleicher Biegesteifigkeit und gleicher Krümmung stützen sich momentenfrei aufeinander ab. Zu bestimmen sind die Größen

a) Berührkraft $F_c = ?$

b) Absenkung der Berührstelle $f = ?$

Hinweis: Nur Biegespannungsanteile berücksichtigen.

Biegesteifigkeit $EI_a = $ konst. $= 7 \cdot 10^5$ Nmm^2,

$R = 200$ mm, $F = 2$ N

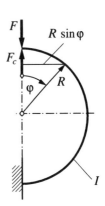

$$M_{b_I}(\varphi) = (F - F_c)R\sin\varphi$$

$$M_{b_I}^2(\varphi) = (F - F_c)^2 R^2 \sin^2\varphi$$

$$U_{Bgg\cdot I} = \frac{R^3(F - F_c)^2}{2EI_a}\int_0^\pi \sin^2\varphi \cdot d\varphi$$

$$U_{Bgg \cdot I} = \frac{R^3 \left(F - F_c\right)^2}{2EI_a} \left| \frac{\varphi}{2} - \frac{\sin(2\varphi)}{4} \right|_0^\pi$$

$$\boxed{U_{Bgg \cdot I} = \frac{R^3 \left(F - F_c\right)^2 \pi}{4EI_a}}$$

Bereich II: $0 \leq \varphi < \dfrac{3\pi}{2}$

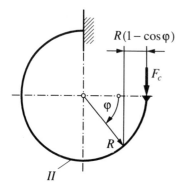

$$M_{b_{II}}(\varphi) = F_c R \left(1 - \cos \varphi\right)$$

$$M_{b_{II}}^2(\varphi) = F_c^2 R^2 \left(1 - \cos \varphi\right)^2$$

$$U_{Bgg \cdot II} = \frac{F_c^2 R^3}{2EI_a} \int_0^{3\pi/2} \left(1 - \cos \varphi\right)^2 \cdot d\varphi$$

$$U_{Bgg \cdot II} = \frac{F_c^2 R^3}{2EI_a} \int_0^{3\pi/2} \left(1 - 2\cos \varphi + \cos^2 \varphi\right) \cdot d\varphi$$

$$U_{Bgg \cdot II} = \frac{F_c^2 R^3}{2EI_a} \left| \varphi - 2\sin \varphi + \left(\frac{\varphi}{2} + \frac{\sin(2\varphi)}{4}\right) \right|_0^{3\pi/2}$$

$$U_{Bgg \cdot II} = \frac{F_c^2 R^3}{2EI_a} \left(\frac{3\pi}{2} - 2(-1) + \frac{3\pi}{4}\right)$$

$$\boxed{U_{Bgg \cdot II} = \frac{F_c^2 R^3}{2EI_a} \left(\frac{9\pi}{4} + 2\right)}$$

$$\frac{\partial U_I}{\partial (F - F_c)} = \frac{\partial U_{II}}{\partial F_c}$$

$$\frac{2R^3 \left(F - F_c\right)\pi}{4EI_a} = \frac{2R^3 F_c \left(\frac{9\pi}{4} + 2\right)}{2EI_a}$$

$$\frac{F\pi}{2} - \frac{F_c \pi}{2} = F_c \left(\frac{9\pi}{4} + 2\right)$$

$$\frac{F\pi}{2} = F_c \left(\frac{11\pi}{4} + 2\right)$$

$$\boxed{F_c = \frac{2\pi \cdot F}{8 + 11\pi}}$$

b)

$$f = \frac{\partial U_{II}}{\partial F_c}$$

$$f = \frac{F_c R^3}{EI_a} \left(\frac{9\pi}{4} + 2\right)$$

mit $F_c = \dfrac{2\pi \cdot F}{8 + 11\pi}$

$$\boxed{f = \frac{R^3}{EI_a} \left(\frac{9\pi}{4} + 2\right) \cdot \frac{2\pi \cdot F}{8 + 11\pi}}$$

Mit den gegebenen Daten errechnet man:

$f = 30,6\,\text{mm}$ und $F_c = 0,295\,\text{N}$

21.6

Mit dem Satz von CASTIGLIANO sind zu bestimmen

a) Absenkung der Kraftangriffsstelle f_F,

b) die Änderung der Tangentenrichtung bei (B) $\alpha_B = ?$

Hinweis: Nur Biegespannungsanteile berücksichtigen. Biegesteifigkeit $EI_a = $ konst.

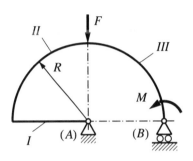

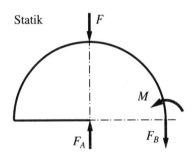

$$\sum M_{(A)} = 0 = M - F_B \cdot R \quad \Rightarrow \quad F_B = \frac{M}{R}$$

$$\sum F = 0 = F - F_A + F_B \quad \Rightarrow \quad F_A = F + \frac{M}{R}$$

a)

Bereich I: $0 \le x < R$

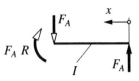

$$M_{b_I}(x) = F_A \cdot x$$

$$M_{b_I}^2(x) = F_A^2 \cdot x^2$$

$$U_{Bgg.} = \frac{1}{2EI_a} \int M_b^2(x)\, \mathrm{d}x$$

$$U_{Bgg \cdot I} = \frac{1}{2EI_a} \int_0^R \left(F^2 + 2F\frac{M}{R} + \frac{M^2}{R^2} \right) x^2 \cdot \mathrm{d}x$$

$$\boxed{U_{Bgg \cdot I} = \frac{R^3}{6EI_a}\left(F^2 + 2F\frac{M}{R} + \frac{M^2}{R^2} \right)}$$

Bereich II: $0 \le \varphi < \frac{\pi}{2}$

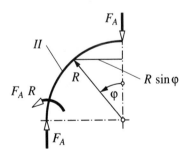

$$M_{b_{II}}(\varphi) = F_A R \sin \varphi$$

$$M_{b_{II}}^2(\varphi) = F_A^2 R^2 \sin^2 \varphi$$

$$M_{b_{III}}(\varphi) = M \sin \varphi \quad \Rightarrow \quad M_{b_{III}}^2(\varphi) = M^2 \sin^2 \varphi$$

$$U_{Bgg.} = \frac{R}{2EI_a} \int M_b^2(\varphi)\, d\varphi$$

$$U_{Bgg.\,III} = \frac{M^2 R}{2EI_a} \int_0^{\pi/2} \sin^2 \varphi \cdot d\varphi$$

$$U_{Bgg.\,II} = \frac{F_A^2 R^3}{2EI_a} \int_0^{\pi/2} \sin^2 \varphi \cdot d\varphi$$

$$U_{Bgg.\,III} = \frac{M^2 R}{2EI_a} \left| \frac{\varphi}{2} - \frac{\sin(2\varphi)}{4} \right|_0^{\pi/2}$$

$$U_{Bgg.\,II} = \frac{F_A^2 R^3}{2EI_a} \left| \frac{\varphi}{2} - \frac{\sin(2\varphi)}{4} \right|_0^{\pi/2} = \frac{F_A^2 R^3 \pi}{8EI_a}$$

$$\boxed{U_{Bgg.\,III} = \frac{M^2 R \pi}{8EI_a}}$$

$$\boxed{U_{Bgg.\,II} = \frac{R^3 \pi}{8EI_a}\left(F^2 + 2F\frac{M}{R} + \frac{M^2}{R^2} \right)}$$

$$f_F = \frac{\partial U_{Bgg.\,ges.}}{\partial F}$$

$$f_F = \underbrace{\frac{R^3}{6EI_a}\left(2F + \frac{2M}{R} \right)}_{=\frac{\partial U_{Bgg.\,I}}{\partial F}} + \underbrace{\frac{R^3 \pi}{8EI_a}\left(2F + \frac{2M}{R} \right)}_{=\frac{\partial U_{Bgg.\,II}}{\partial F}} + 0$$

Bereich III: $0 \le \varphi < \dfrac{\pi}{2}$

$$f_F = \frac{R^3}{EI_a}\left(F\left(\frac{1}{3} + \frac{\pi}{4}\right) + \frac{M}{R}\left(\frac{1}{3} + \frac{\pi}{4}\right) \right)$$

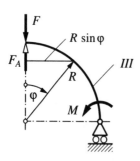

$$\boxed{f_F = \frac{R^3\left(\dfrac{1}{3} + \dfrac{\pi}{4}\right)}{EI_a}\left(F + \frac{M}{R} \right)}$$

Für den Fall, daß das Einzelmoment $M = 0$ ist, folgt

$$M_{b_{III}}(\varphi) = (F_A - F)\, R \sin \varphi$$

$$= \left(F + \frac{M}{R} - F \right) R \sin \varphi$$

$$f_F^* = \frac{\partial U}{\partial F}\bigg|_{M=0}$$

$$f_F^* = \frac{FR^3\left(\dfrac{1}{3}+\dfrac{\pi}{4}\right)}{EI_a}$$

Neigung an der Stelle (B) unter der Voraussetzung, daß das Einzelmoment $M = 0$ ist.

$$\alpha_B^* = \left.\frac{\partial U}{\partial M}\right|_{M=0}$$

$$\alpha_B^* = \frac{R^3}{6EI_a}\left(\frac{2F}{R}\right) + \frac{R^3}{8EI_a}\left(\frac{2F}{R}\right) + 0$$

b)

$$\alpha_B = \frac{\partial U_{Bgg\cdot ges.}}{\partial M}$$

$$\alpha_B^* = \frac{7FR^2}{12EI_a}$$

$$\alpha_B = \underbrace{\frac{R^3}{6EI_a}\left(\frac{2F}{R}+\frac{2M}{R^2}\right)}_{=\frac{\partial U_{Bgg\cdot I}}{\partial M}} + \underbrace{\frac{R^3}{8EI_a}\left(\frac{2F}{R}+\frac{2M}{R^2}\right)}_{=\frac{\partial U_{Bgg\cdot II}}{\partial M}}$$

$$+ \underbrace{\frac{MR\pi}{4EI_a}}_{=\frac{\partial U_{Bgg\cdot III}}{\partial M}}$$

$$\alpha_B = \frac{R^3}{EI_a}\left(\frac{F}{3R}+\frac{M}{3R^2}+\frac{F}{4R}+\frac{M}{4R^2}+\frac{M\pi}{4R^2}\right)$$

$$\alpha_B = \frac{R^3}{EI_a}\left[\frac{F}{R}\left(\frac{1}{3}+\frac{1}{4}\right)+\frac{M}{R^2}\left(\frac{1}{3}+\frac{1}{4}+\frac{\pi}{4}\right)\right]$$

$$\alpha_B = \frac{R^3}{EI_a}\left[\frac{7F}{12R}+\frac{M}{R^2}\left(\frac{7}{12}+\frac{\pi}{4}\right)\right]$$

$$\alpha_B = \frac{R^3}{12EI_a}\left[7F+\frac{M}{R}(7+3\pi)\right]$$

22.1

Für das skizzierte statisch unbestimmte System sind die Auflagerreaktionen zu bestimmen. Es sind nur Biegespannungen zu berücksichtigen.

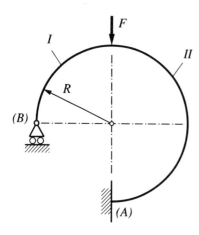

$$U_{Bgg.} = \frac{R}{2EI_a} \int M_b^2(\varphi)\,d\varphi$$

$$U_I = \frac{F_B^2 R^3}{2EI_a}\left[\left.|\varphi|\right._0^{\pi/2} - 2\left.|\sin\varphi|\right._0^{\pi/2} + \left.\left|\frac{\varphi}{2} + \frac{\sin(2\varphi)}{4}\right|\right._0^{\pi/2}\right]$$

$$U_I = \frac{F_B^2 R^3}{2EI_a}\left[\frac{\pi}{2} - 2 + \frac{\pi}{4}\right]$$

$$\boxed{U_{Bgg \cdot I} = \frac{F_B^2 R^3}{EI_a}\left[\frac{3\pi}{8} - 1\right]}$$

Bereich II: $0 \le \varphi < \pi$

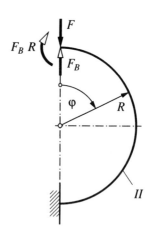

$$M_{b_{II}}(\varphi) = (F_B - F)R\sin\varphi + F_B R$$

Bereich I: $0 \le \varphi < \dfrac{\pi}{2}$

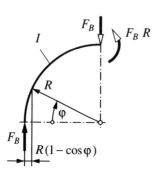

$$M_{b_I}(\varphi) = F_B R(1 - \cos\varphi)$$

$$M_{b_I}^2(\varphi) = F_B^2 R^2\left(1 - 2\cos\varphi + \cos^2\varphi\right)$$

$$M_{b_{II}}^2(\varphi) = (F_B - F)^2 R^2 \sin^2\varphi + F_B^2 R^2$$
$$+2R^2 F_B^2 \sin\varphi - 2R^2 F_B F\sin\varphi$$

$$U_{II} = \frac{R^3}{2EI_a}\left[\begin{array}{l}(F_B - F)^2\left.\left|\dfrac{\varphi}{2} - \dfrac{\sin(2\varphi)}{4}\right|\right._0^\pi + F_B^2\left.|\varphi|\right._0^\pi \\[2mm] -2F_B^2\left.|\cos\varphi|\right._0^\pi + 2F_B F\left.|\cos\varphi|\right._0^\pi\end{array}\right]$$

$$\boxed{U_{Bgg \cdot II} = \frac{R^3}{2EI_a}\left[\begin{array}{l}(F_B - F)^2\,\dfrac{\pi}{2} + F_B^2\,\pi \\[2mm] +4F_B^2 - 4F_B F\end{array}\right]}$$

MENABREA : $\dfrac{\partial U}{\partial F_B} = 0$

$$0 = \frac{F_B R^3}{EI_a}\left(\frac{3\pi}{4} - 2\right)$$

$$+ \frac{R^3}{2EI_a}\left[\frac{\pi}{2}\cdot 2\left(F_B - F\right) + 2\pi F_B + 8F_B - 4F\right]$$

$$0 = F_B\left(\frac{3\pi}{4} - 2 + \frac{\pi}{2} + \pi + 4\right) - F\left(\frac{\pi}{2} + 2\right)$$

$$\boxed{F_B = F\,\frac{2\pi + 8}{9\pi + 8}}$$

$$F_A = F - F_B = F\,\frac{9\pi + 8 - 2\pi - 8}{9\pi + 8}$$

$$\boxed{F_A = F\,\frac{7\pi}{9\pi + 8}}$$

$$\boxed{M_A = F_B R = FR\,\frac{2\pi + 8}{9\pi + 8}}$$

22.2

Die Blattfeder konstanter Biegesteifigkeit ist statisch unbestimmt gelagert. Wie groß sind
a) die Lagerreaktion F_B ,
b) die Lagerreaktionen F_A und M_A?

Es sind nur Biegespannungsanteile zu berücksichtigen.

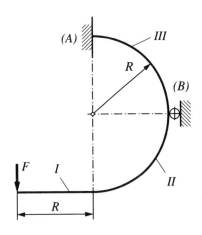

Bereich I: $0 \le x < R$

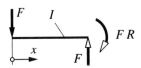

$$U_I \ne f(F_B) \quad\rightarrow\quad \frac{\partial U_I}{\partial F_B} = 0$$

Bereich II: $0 \le \varphi < \dfrac{\pi}{2}$

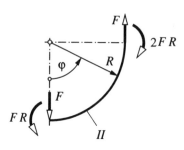

$U_{II} \ne \mathrm{f}(F_B) \quad \rightarrow \quad \dfrac{\partial U_{II}}{\partial F_B} = 0$

Bereich III: $0 \le \varphi < \dfrac{\pi}{2}$

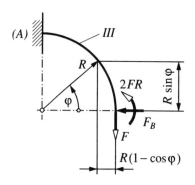

$M_{b\,III}(\varphi) = F_B R \sin \varphi + FR(1 - \cos \varphi) - 2FR$

MENABREA : $\quad \dfrac{\partial U}{\partial F_B} = 0$

Es waren:

für Bereich I : $\quad \dfrac{\partial U_I}{\partial F_B} = 0$

für Bereich II: $\quad \dfrac{\partial U_{II}}{\partial F_B} = 0$

Damit folgt

für Bereich III: $\quad \dfrac{\partial U_{III}}{\partial F_B} = 0$

$$M_{b\,III}^2(\varphi) = F_B^2 R^2 \sin^2 \varphi$$
$$+ F^2 R^2 \left(1 - 2\cos\varphi + \cos^2\varphi\right)$$
$$+ 4F^2 R^2 - 4FF_B R^2 \sin\varphi$$
$$- 4F^2 R^2 (1 - \cos\varphi)$$
$$+ 2FF_B R^2 \left(\sin\varphi - \frac{\sin(2\varphi)}{2}\right)$$

$$U_{III} = \frac{R^3}{2EI_a}\left[\begin{array}{l} F_B^2 \dfrac{\pi}{4} + F^2\left(\dfrac{\pi}{2} - 2 + \dfrac{\pi}{4}\right) + 4F^2 \dfrac{\pi}{2} \\[2mm] -4FF_B - 4F^2 \dfrac{\pi}{2} + 4F^2 \\[2mm] +2FF_B - FF_B \end{array}\right]$$

$$0 = \frac{\partial U_{III}}{\partial F_B}$$

$$0 = \frac{R^3}{2EI_a}\left(\underbrace{F_B \frac{\pi}{2} + 0 + 0 - 4F - 0 + 0 + 2F - F}_{=0}\right)$$

$$0 = F_B \frac{\pi}{2} - F\left(\underbrace{4 - 2 + 1}_{=3}\right)$$

$$\boxed{F_B = \frac{3F \cdot 2}{\pi} = \frac{6F}{\pi}}$$

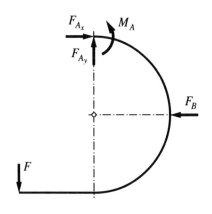

$$F_{Ax} = F_B = \frac{6}{\pi} \cdot F; \quad F_{Ay} = F$$

$$M_A = -FR + F_B R$$

$$\boxed{F_A = F\sqrt{1 + \left(\frac{6}{\pi}\right)^2}}$$

$$\boxed{M_A = FR\left(\frac{6}{\pi} - 1\right)}$$

Lösungsalternative

Die M_b^2-Ausdrücke sind häufig sehr lang. Das Verfahren verkürzt sich, wenn zuerst abgeleitet und dann erst integriert wird.

Statt

$$0 = \frac{\partial}{\partial F_B} \frac{R}{2EI_a} \int M_b^2(\varphi) \, \mathrm{d}\varphi$$

wird gesetzt:

$$0 = \frac{R}{2EI_a} \int \underbrace{2M_b(\varphi)}_{\substack{\text{äußere} \\ \text{Ableitung}}} \cdot \underbrace{\frac{\partial M_b(\varphi)}{\partial F_B}}_{\substack{\text{innere} \\ \text{Ableitung}}} \, \mathrm{d}\varphi$$

Hierin ist mit

$$M_{b_{III}}(\varphi) = F_B R \sin\varphi - FR\cos\varphi - FR$$

$$\frac{\partial M_b(\varphi)}{\partial F_B} = R\sin\varphi$$

$$0 = \frac{R}{2EI_a} \int_\varphi \left\{ \underbrace{2\left[-FR - FR\cos\varphi + F_B R\sin\varphi\right]}_{\text{äußere Ableitung}} \cdot \underbrace{R\sin\varphi}_{\text{innere Ableitung}} \right\} \cdot \mathrm{d}\varphi$$

$$0 = \int_0^{\pi/2} \left(-F\sin\varphi - \frac{F}{2}\cdot\sin(2\varphi) + F_B \sin^2\varphi\right) \cdot \mathrm{d}\varphi$$

$$0 = \left| F\cos\varphi + \frac{F}{4}\cdot\cos(2\varphi) + F_B\left(\frac{\varphi}{2} - \frac{1}{4}\cdot\sin(2\varphi)\right) \right|_0^{\pi/2}$$

$$0 = \left[0 - \frac{F}{4} + F_B\left(\frac{\pi}{4} - 0\right)\right] - \left[F + \frac{F}{4} + 0\right]$$

$$0 = F_B \frac{\pi}{4} - \frac{6F}{4}$$

$$\boxed{F_B = \frac{6}{\pi} \cdot F}$$

22.3

Die Blattfeder konstanter Biegesteifigkeit (EI_a) ist statisch unbestimmt gelagert und wie skizziert belastet. Zu bestimmen sind die Lagerreaktionen F_B, F_A, M_A für

a) $L = R$

b) $L = 0$

c) $L \rightarrow \infty$, d.h. $L \gg R$

Es sind nur Biegespannungsanteile zu berücksichtigen.

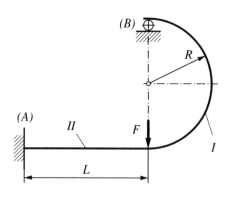

Bereich I : $0 \leq \varphi < \pi$

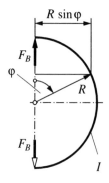

$$M_{b_I}(\varphi) = F_B R \sin \varphi$$

$$U_{Bgg.} = \frac{R}{2EI_a} \int M_b^2(\varphi)\,d\varphi$$

$$U_{Bgg.\,I} = \frac{R}{2EI_a} \int_0^\pi \left(F_B^2 R^2 \sin^2 \varphi \right) d\varphi$$

$$U_{Bgg.\,I} = \frac{F_B^2 R^3}{2EI_a} \left. \left| \frac{\varphi}{2} - \frac{\sin(2\varphi)}{4} \right. \right|_0^\pi$$

$$\boxed{U_{Bgg.\,I} = \frac{F_B^2 R^3 \pi}{4EI_a}}$$

Bereich II : $0 \leq x < L$

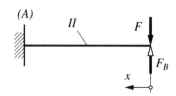

$$M_{b_{II}}(x) = (F - F_B)\, x$$

$$U_{Bgg.} = \frac{1}{2EI_a} \int M_b^2(x)\,dx$$

$$U_{Bgg.\,II} = \frac{1}{2EI_a} \int_0^L (F - F_B)^2 \cdot x^2 \,dx$$

$$\boxed{U_{Bgg.\,II} = \frac{(F - F_B)^2 L^3}{6EI_a}}$$

F_B aus $\dfrac{\partial U_{Bgg.}}{\partial F_B} = 0$ (MENABREA)

$$F_A = \dfrac{F}{1 + \dfrac{2}{3\pi}\left(\dfrac{L}{R}\right)^3}$$

$$0 = \dfrac{2F_B R^3 \pi}{4EI_a} + \dfrac{2(F - F_B)\cdot(0-1)L^3}{6EI_a}$$

$$\sum M_{(A)} = 0 = M_A + F_B L - FL$$

$$0 = \dfrac{F_B R^3 \pi}{2} - \dfrac{FL^3}{3} + \dfrac{F_B L^3}{3}$$

$$M_A = \underbrace{(F - F_B)}_{=F_A} L = F_A L$$

$$F_B\left(\dfrac{R^3 \pi}{2} + \dfrac{L^3}{3}\right) = \dfrac{FL^3}{3}$$

$$M_A = \dfrac{FL}{1 + \dfrac{2}{3\pi}\left(\dfrac{L}{R}\right)^3}$$

$$F_B = \dfrac{F}{\dfrac{3\pi}{2}\left(\dfrac{R}{L}\right)^3 + 1}$$

a) Mit $L = R$ gilt :

Statik

$$F_A = \dfrac{3\pi F}{3\pi + 2} \qquad F_B = \dfrac{2F}{3\pi + 2}$$

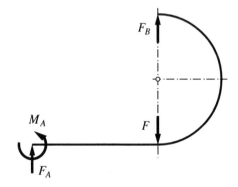

$$M_A = \dfrac{3\pi FR}{3\pi + 2}$$

b) Mit $L = 0$ gilt :

$$F_A = F \qquad F_B = 0$$

$$M_A = 0$$

$$\sum F = 0 = F_A + F_B - F$$

$$F_A = F - F_B$$

c) $L \to \infty$, d.h. $L \gg R$

$$F_A = F\left(\dfrac{\dfrac{3\pi}{2}\left(\dfrac{R}{L}\right)^3 + 1 - 1}{\dfrac{3\pi}{2}\left(\dfrac{R}{L}\right)^3 + 1}\right)$$

$$F_A = 0 \qquad F_B = F$$

$$M_A = 0$$

22.4

a) Es ist mit dem Satz von MENABREA die Reaktionskraft im Lager (B) zu bestimmen.

b) Mit dem Satz von CASTIGLIANO ist die Tangentenrichtungsänderung am freien Balkenende (an der Stelle der Belastung M) zu bestimmen.

$$U_{Bgg \cdot I} = \frac{M^2 R}{2EI_a} |\varphi|_0^{\pi/2}$$

$$\boxed{U_{Bgg \cdot I} = \frac{M^2 R \pi}{4EI_a}}$$

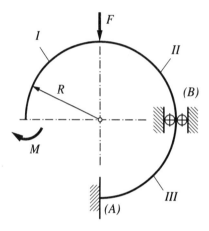

a)

Bereich I: $0 \le \varphi < \pi/2$

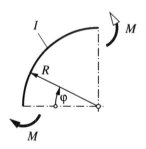

$$M_{b\,I}(\varphi) = M$$

$$U_{Bgg.} = \frac{R}{2EI_a} \int M_b^2(\varphi)\,d\varphi$$

Bereich II: $0 \le \varphi < \pi/2$

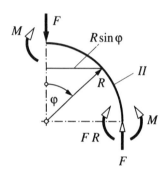

$$M_{b\,II}(\varphi) = M - FR\sin\varphi$$

$$M_{b\,II}^2(\varphi) = M^2 - 2MFR\sin\varphi + F^2 R^2 \sin^2\varphi$$

$$U_{Bgg.} = \frac{R}{2EI_a} \int M_b^2(\varphi)\,d\varphi$$

$$\boxed{U_{Bgg \cdot II} = \frac{R}{2EI_a}\left(M^2 \frac{\pi}{2} - 2MFR + F^2 R^2 \frac{\pi}{4}\right)}$$

Bereich III: $0 \leq \varphi < \pi/2$

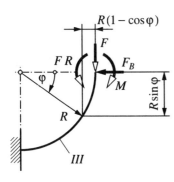

$$U_{Bgg \cdot III} = \frac{R}{2EI_a} \begin{pmatrix} F^2 R^2 \frac{\pi}{4} + M^2 \frac{\pi}{2} \\ +F_B^2 R^2 \frac{\pi}{4} - 2MFR \\ +F_B FR^2 - 2MF_B R \end{pmatrix}$$

a)

MENABREA : $\quad \dfrac{\partial U}{\partial F_B} = 0$

$$\frac{\partial U_I}{\partial F_B} = 0 \qquad \frac{\partial U_{II}}{\partial F_B} = 0$$

$M_{bIII}(\varphi) = M + FR(1 - \cos\varphi) - FR - F_B R \sin\varphi$

daraus folgt:

$$\frac{\partial U_{III}}{\partial F_B} = 0$$

$M_{bIII}(\varphi) = M - FR\cos\varphi - F_B R \sin\varphi$

$M_{bIII}^2(\varphi) = M^2 + F^2 R^2 \cos^2\varphi + F_B^2 R^2 \sin^2\varphi$

$\qquad - 2MFR\cos\varphi + 2F_B FR^2 \sin\varphi\cos\varphi$

$\qquad - 2MF_B R \sin\varphi$

$$0 = F_B R^2 \frac{\pi}{2} + FR^2 - 2MR$$

$$\boxed{F_B = \frac{4M}{R\pi} - \frac{2F}{\pi}}$$

Darin ist:

b)

$$\alpha = \frac{\partial U}{\partial M} = \frac{MR\pi}{2EI_a} + \frac{R}{2EI_a}[M\pi - 2FR]$$

$\sin(2\varphi) = 2\sin\varphi\cos\varphi$

$$U_{Bgg.} = \frac{R}{2EI_a} \int M_b^2(\varphi)\,d\varphi$$

$$+ \frac{R}{2EI_a} \begin{bmatrix} \dfrac{8M}{\pi} - \dfrac{4FR}{\pi} - 2FR + \dfrac{4FR}{\pi} \\ -\dfrac{16M}{\pi} + \dfrac{4FR}{\pi} + M\pi \end{bmatrix}$$

Hinweis zum 3. Term:

F_B ist von M abhängig; vor dem Differenzieren nach M ist die Lösung für F_B in $U_{IIIBgg.}$ einzusetzen!

$$U_{III} = \frac{R}{2EI_a} \left| \begin{array}{l} F^2 R^2 \left(\dfrac{\varphi}{2} + \dfrac{\sin(2\varphi)}{4} \right) + M^2 \varphi \\ +F_B^2 R^2 \left(\dfrac{\varphi}{2} - \dfrac{\sin(2\varphi)}{4} \right) \\ -2MFR\sin\varphi - \dfrac{F_B FR^2}{2}\cos(2\varphi) \\ +2MF_B R\cos\varphi \end{array} \right|_0^{\pi/2}$$

$$\boxed{\alpha = \frac{R}{2EI_a}\left[M\left(3\pi - \frac{8}{\pi}\right) - 4FR\left(1 - \frac{1}{\pi}\right) \right]}$$

22.5

Ein $b = 15$ mm langes Stück Flachovalrohr aus Stahl wird wie skizziert mit $F = 120$ N belastet.

$s = 2$ mm ; $a = 40$ mm ; $R = 10$ mm

Zu berechnen sind:

a) das im Bereich der Kraftangriffsstelle wirkende Biegemoment,

b) die dort wirkende Biegespannung.

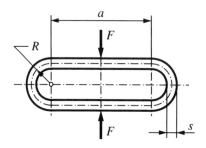

a)

Aus Symmetriegründen (Doppelsymmetrie) werden nur die Bereiche I und II betrachtet.

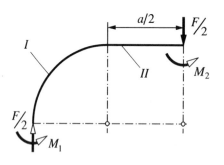

Bereich I: $0 \leq \varphi < \pi/2$

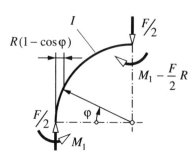

$$M_{b\,I}(\varphi) = M_1 - \frac{F}{2} R(1 - \cos\varphi)$$

$$M_{b\,I}^2(\varphi) = M_1^2 + \underbrace{\frac{F^2}{4} R^2 (1 - \cos\varphi)^2}_{\text{entfällt bei der Ableitung nach } M_1}$$
$$- M_1 FR(1 - \cos\varphi)$$

Mit

$$U_{Bgg.} = \frac{1}{2EI_a} \int M_b^2(x) \cdot dx; \quad dx = R \cdot d\varphi$$

$$U_{Bgg.} = \frac{R}{2EI_a} \int M_b^2(\varphi) \, d\varphi$$

folgt für die relevanten Anteile:

$$U_I = \frac{R}{2EI_a}\left[M_1^2 \left.|\varphi|\right|_0^{\pi/2} - M_1 FR\left(\left.|\varphi|\right|_0^{\pi/2} - \left.|\sin\varphi|\right|_0^{\pi/2} \right) \right]$$

$$\boxed{U_{Bgg.I} = \frac{R}{2EI_a}\left[\frac{M_1^2 \pi}{2} - M_1 FR\left(\frac{\pi}{2} - 1 \right) \right]}$$

Bereich II: $0 \leq x < \dfrac{a}{2}$

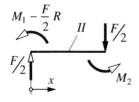

$$M_{b\,II}(x) = \frac{F}{2} \cdot x - \left(M_1 - \frac{FR}{2}\right)$$

$$M_{b\,II}^2(x) = \underbrace{\frac{F^2 x^2}{4}}_{*} - Fx\left(M_1 - \underbrace{\frac{FR}{2}}_{*}\right) + M_1^2$$

$$+ \underbrace{\frac{F^2 R^2}{4}}_{*} - M_1 FR$$

* entfällt bei der Ableitung nach M_1

$$U_{Bgg\cdot II} = \frac{1}{2EI_a}\left[\begin{array}{l} -FM_1 \left.\frac{x^2}{2}\right|_0^{a/2} + M_1^2 \left.|x|\right|_0^{a/2} \\ -M_1 FR \left.|x|\right|_0^{a/2} \end{array} \right]$$

$$U_{Bgg\cdot II} = \frac{1}{2EI_a}\left[-\frac{FM_1 a^2}{8} + \frac{M_1^2 a}{2} - \frac{M_1 FRa}{2} \right]$$

Gesamtformänderungsenergie
(nur Biegeanteile berücksichtigt) :

$$U = 4 \cdot \left(U_I + U_{II}\right)$$

$$U = \frac{4}{2EI_a}\left[\underbrace{\frac{RM_1^2 \pi}{2} - M_1 FR^2\left(\frac{\pi}{2} - 1\right)}_{\text{Bereich I}} \right.$$
$$\left. \underbrace{-\frac{FM_1 a^2}{8} + \frac{M_1^2 a}{2} - \frac{M_1 FRa}{2}}_{\text{Bereich II}} \right]$$

MENABREA : $\dfrac{\partial U}{\partial M_1} = 0$

$$0 = \frac{4}{2EI_a}\left[\begin{array}{l} M_1 \pi R - FR^2\left(\frac{\pi}{2} - 1\right) - \frac{Fa^2}{8} \\ + M_1 a - \frac{FRa}{2} \end{array} \right]$$

$$0 = M_1\left(R\pi + a\right) - F\left(\frac{R^2 \pi}{2} - R^2 + \frac{a^2}{8} + \frac{Ra}{2}\right)$$

$$M_1 = FR \frac{R(\pi - 2) + a + \dfrac{a^2}{4R}}{2(a + R\pi)}$$

Mit den vorgegebenen Daten ergibt sich:

$$\boxed{M_1 = 768,03\ \text{Nmm}}$$

Statik

$$\frac{F}{2}\left(R + \frac{a}{2}\right) = M_1 + M_2$$

$$M_2 = \frac{FR}{2} + \frac{Fa}{4} - M_1$$

$$M_2 = \frac{FR}{2} + \frac{Fa}{4} - FR \frac{R(\pi-2)+a+\dfrac{a^2}{4R}}{2(a+R\pi)}$$

Es folgt :

$$\boxed{M_2 = 1031,97\,\text{Nmm}}$$

b)

Biegespannungsbetrachtung an der Stelle der Belastung M_2 :

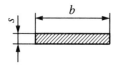

Widerstandsmoment gegen Biegung

$$W_a = \frac{b \cdot s^2}{6} = \frac{15 \cdot 2^2}{6}\,\text{mm}^3 = 10\,\text{mm}^3$$

$$\sigma_{b_2} = \frac{M_2}{W_a} = \frac{1031,97\,\text{Nmm}}{10\,\text{mm}^3}$$

$$\boxed{\sigma_{b_2} = 103,2\,\text{N/mm}^2}$$

22.6

Für die statisch unbestimmt gelagerte Blattfeder konstanter Biegesteifigkeit sind zu bestimmen:

$F_A;\ F_B;\ M_A$

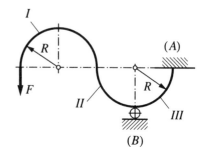

Bereich I: $0 \le \varphi < \pi$

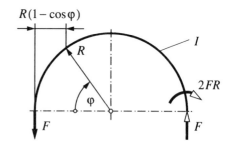

$$U_I \ne \text{f}(F_B) \quad \rightarrow \quad \frac{\partial U_I}{\partial F_B} = 0$$

Bereich II: $0 \le \varphi < \pi/2$

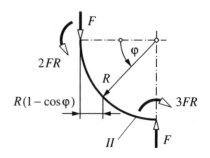

$$U_{II} \neq f(F_B) \quad \rightarrow \quad \frac{\partial U_{II}}{\partial F_B} = 0$$

Bereich III: $0 \leq \varphi < \pi/2$

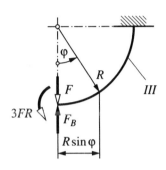

$$M_{b\,III}(\varphi) = -3FR - FR\sin\varphi + F_B R\sin\varphi$$

MENABREA : $\dfrac{\partial U}{F_B} = 0$

Entsprechend dem Hinweis zur Lösungsalternative in Aufgabe 22.2 gilt :

$$0 = \frac{1}{2EI_a} \int 2\underbrace{M_b(\varphi)}_{\substack{\ddot{a}u\beta ere \\ Ableitung}} \cdot \underbrace{\frac{\partial M_b(\varphi)}{\partial F_B}}_{\substack{innere \\ Ableitung}} d\varphi$$

$$0 = \frac{2R}{2EI_a} \int\limits_0^{\pi/2} \left[\underbrace{(-3FR - FR\sin\varphi + F_B R\sin\varphi)}_{\ddot{a}u\beta ere\ Ableitung} \cdot \atop \underbrace{R\sin\varphi}_{innere\ Ableitung} \cdot d\varphi \right]$$

$$0 = \int\limits_0^{\pi/2} \left(-3F\sin\varphi - F\sin^2\varphi + F_B\sin^2\varphi \right) d\varphi$$

$$0 = \left| \begin{array}{l} 3F\cos\varphi - F\left(\dfrac{\varphi}{2} - \dfrac{\sin(2\varphi)}{4}\right) \\[2mm] + F_B\left(\dfrac{\varphi}{2} - \dfrac{\sin(2\varphi)}{4}\right) \end{array} \right|_0^{\pi/2}$$

$$0 = \left(0 - F\frac{\pi}{4} + F_B\frac{\pi}{4} \right) - (3F - 0 + 0)$$

$$0 = -F\left(3 + \frac{\pi}{4}\right) + F_B\frac{\pi}{4}$$

$$F_B = \frac{4}{\pi}\left(3 + \frac{\pi}{4}\right) F$$

$$\boxed{F_B = F\left(1 + \frac{12}{\pi}\right)}$$

Statik

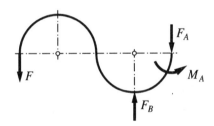

$$F + F_A = F_B$$

$$F + F_A = F + \frac{12}{\pi} F$$

$$\boxed{F_A = \frac{12}{\pi} F}$$

Aus $\sum M_{(A)} = 0$ folgt :

$$0 = M_A + 4FR - F_B R$$

$$\boxed{M_A = FR\left(\frac{12}{\pi} - 3\right)}$$

23.1

Das Drehzahl-Zeit-Verhalten eines aus dem Stillstand beschleunigten Rotors ist wie folgt beschrieben:

$$n(t) = \frac{n_1}{2} \cdot \left[1 - \cos\left(\frac{\pi}{t_1} \cdot t \right) \right]$$

Nach $t_1 = 10\,\text{s}$ ist die Drehzahl $n_1 = 3000\,\text{min}^{-1}$ erreicht.

a) Es sind die Funktionen $\varphi(t)$, $\omega(t)$ und $\alpha(t)$ qualitativ darzustellen.

b) Nach welcher Anzahl von Umdrehungen erreicht der Rotor seine größte Winkelbeschleunigung und wie groß ist diese ?

a)

Darstellung der kinematischen Zeit-Verläufe

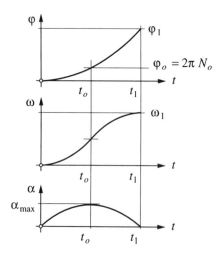

Integration zum $\varphi(t)$-Gesetz

$$\varphi(t) = \int \omega(t) \cdot dt$$

$$\varphi(t) = \frac{\omega_1}{2} \cdot t - \frac{\omega_1 \cdot t_1}{2\pi} \cdot \sin\left(\frac{\pi}{t_1} \cdot t \right) + C$$

Randbedingung für C :

$$\varphi(t = 0) = 0$$

$$0 = 0 - \frac{\omega_1 \cdot t_1}{2\pi} \cdot \sin(0) + C$$

Daraus : $C = 0$

Differentiation zum $\alpha(t)$-Gesetz

$$\alpha(t) = \frac{d\omega(t)}{dt}$$

$$\alpha(t) = \frac{\omega_1 \cdot \pi}{2 \cdot t_1} \cdot \sin\left(\frac{\pi}{t_1} \cdot t \right)$$

b)

$$\alpha_{max} = \frac{\omega_1 \cdot \pi}{2 \cdot t_1}$$

bei $\sin\left(\dfrac{\pi}{t_1} \cdot t_o \right) = 1$

Daraus : $\dfrac{\pi}{t_1} \cdot t_o = \dfrac{\pi}{2}$

$$t_o = \frac{t_1}{2} = 5\,\text{s}$$

$$a_{max} = \frac{\omega_1 \cdot \pi}{2 \cdot t_1}$$

mit $\omega_1 = \dfrac{\pi \cdot n_1}{30}$

$$\omega_1 = \frac{\pi \cdot 3000}{30}\,\text{s}^{-1} = (100 \cdot \pi)\,\text{s}^{-1}$$

Damit :

$$\alpha_{max} = \frac{(100 \cdot \pi)\,\text{s}^{-1} \cdot \pi}{2 \cdot 10\,\text{s}}$$

$$\boxed{\alpha_{max} = 49,35\,\text{s}^{-2}}$$

$$\varphi_o = \varphi(t = t_o) = 2\pi \cdot N_o$$

N_o = Zahl der Rotorumdrehungen z. Z. $t = t_o$

$$\varphi_o = \frac{\omega_1}{2} \cdot t_o - \frac{\omega_1 \cdot t_1}{2\pi} \cdot \sin\left(\frac{\pi}{t_1} \cdot \frac{t_1}{2}\right)$$

$$\varphi_o = \frac{\omega_1 \cdot t_1}{2} \cdot \left(\frac{1}{2} - \frac{1}{\pi}\right)$$

$$\varphi_o = \frac{(100 \cdot \pi)\,\text{s}^{-1} \cdot 10\,\text{s}}{2} \cdot \left(\frac{1}{2} - \frac{1}{\pi}\right)$$

$$\varphi_o = 285,4\,\text{rad}$$

$$N_o = \frac{\varphi_o}{2\pi}$$

$$\boxed{N_o = 45,42}$$

23.2

Ein Rotor dreht anfänglich mit $\omega_o = 100\,\text{s}^{-1}$.
Er wird nach dem $\alpha(t)$ - Gesetz

$$\alpha(t) = \frac{\alpha_o}{2} \cdot \left[\cos\left(\frac{2\pi}{t_1} \cdot t\right) - 1\right]$$

verzögert und erreicht nach $t_1 = 10\,\text{s}$ Stillstand.
Wieviele Umdrehungen vollführt der Rotor in
der Bremszeit ?

Darstellung der kinematischen Zeit-Verläufe

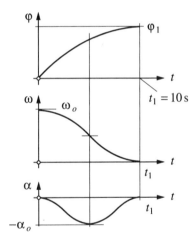

Erste Integration

$$\omega(t) = \int \alpha(t) \cdot dt$$

$$\omega(t) = \frac{\alpha_o}{2} \cdot \frac{t_1}{2\pi} \cdot \sin\left(\frac{2\pi}{t_1} \cdot t\right) - \frac{\alpha_o}{2} \cdot t + C_1$$

Randbedingung für C_1 :

$$\omega(t=0) = \omega_o = 100\,\text{s}^{-1}$$

$$\omega_o = \underbrace{\frac{\alpha_o \cdot t_1}{4\pi} \cdot \sin(0)}_{=0} - 0 + C_1$$

Daraus : $C_1 = \omega_o$

Das $\omega(t)$-Gesetz lautet also :

$$\omega(t) = \omega_o + \frac{\alpha_o \cdot t_1}{4\pi} \cdot \sin\left(\frac{2\pi}{t_1} \cdot t\right) - \frac{\alpha_o}{2} \cdot t$$

Zweite Integration

$$\varphi(t) = \int \omega(t) \cdot dt$$

$$\varphi(t) = \omega_o\, t - \frac{\alpha_o\, t_1}{4\pi} \frac{t_1}{2\pi} \cos\left(\frac{2\pi}{t_1} t\right) - \frac{\alpha_o}{2} \frac{t^2}{2} + C_2$$

Randbedingung für C_2 :

$$\varphi(t=0) = 0$$

$$0 = 0 - \frac{\alpha_o \cdot t_1^2}{8\pi^2} \cdot \underbrace{\cos(0)}_{=1} - 0 + C_2$$

Daraus : $C_2 = \dfrac{\alpha_o \cdot t_1^2}{8\pi^2}$

α_o ist noch unbekannt und folgt aus der weiteren Randbedingung

$$\omega(t=t_1) = 0 \qquad \text{Stillstand}$$

$$0 = \omega_o + \frac{\alpha_o \cdot t_1}{4\pi} \cdot \underbrace{\sin(2\pi)}_{=0} - \frac{\alpha_o}{2} \cdot t_1$$

Daraus :

$$\alpha_o = \frac{2 \cdot \omega_o}{t_1}$$

Die kinematischen Zeit-Gesetze lauten somit :

$$\varphi(t) = \omega_o\, t - \frac{\omega_o\, t_1}{4\pi^2} \cos\left(\frac{2\pi}{t_1} t\right) - \frac{2\,\omega_o}{4t_1} t^2 + \frac{\omega_o\, t_1}{4\pi^2}$$

$$\omega(t) = \omega_o + \frac{\omega_o}{2\pi} \cdot \sin\left(\frac{2\pi}{t_1} \cdot t\right) - \frac{\omega_o}{t_1} \cdot t$$

$$\alpha(t) = \frac{\omega_o}{t_1} \cdot \left[\cos\left(\frac{2\pi}{t_1} \cdot t\right) - 1\right]$$

Zahl der Rotorumdrehungen nach $t = t_1$

$$N_1 = \frac{\varphi_1}{2\pi}$$

$$\varphi_1 = \varphi(t = t_1)$$

$$\varphi_1 = \omega_o\, t_1 - \frac{\omega_o\, t_1}{4\pi^2} \cdot \underbrace{\cos(2\pi)}_{=1} - \frac{2\,\omega_o}{4t_1} t_1^2 + \frac{\omega_o\, t_1}{4\pi^2}$$

$$\varphi_1 = \omega_o \cdot t_1\left(1 - \frac{1}{2}\right) = \frac{\omega_o \cdot t_1}{2}$$

$$N_1 = \frac{\omega_o \cdot t_1}{4\pi} = \frac{100\,\text{s}^{-1} \cdot 10\,\text{s}}{4\pi}$$

$$\boxed{N_1 = 79{,}58}$$

23.3

Ein Fahrstuhl beschleunigt ruckfrei wie skizziert 3 s lang (harmonischer $a(t)$-Verlauf); die dann erreichte Beschleunigung a_{max} bleibt weitere 6 s lang konstant. Der Fahrstuhl erreicht nach den insgesamt 9 s Beschleunigungszeit eine Geschwindigkeit $v_2 = 8$ m/s .

a) $a_{max} = ?$

b) $s_{max} = ?$ (Fahrweg)

c) $\dot{a}_{max} = ?$ (Beschleunigungsänderung)

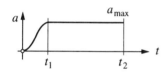

a)

1. Bewegungs-Phase

Harmonisches $a(t)$-Gesetz :

$$a(t) = -\frac{a_{max}}{2} \cdot \cos\left(\frac{\pi}{t_1} \cdot t\right) + \frac{a_{max}}{2}$$

$$a(t) = \frac{a_{max}}{2} \cdot \left[1 - \cos\left(\frac{\pi}{t_1} \cdot t\right)\right]$$

Erste Integration

$$v(t) = \int a(t) \cdot dt$$

$$v(t) = -\frac{a_{max}}{2} \cdot \frac{t_1}{\pi} \cdot \sin\left(\frac{\pi}{t_1} \cdot t\right) + \frac{a_{max}}{2} \cdot t + C_1$$

Randbedingung für C_1 :

$$v(t = 0) = 0$$

$$0 = -\frac{\alpha_{max} \cdot t_1}{2\pi} \cdot \underbrace{\sin(0)}_{=0} + 0 + C_1$$

Daraus : $C_1 = 0$

Damit lautet das $v(t)$-Gesetz :

$$v(t) = -\frac{\alpha_{max} \cdot t_1}{2\pi} \cdot \sin\left(\frac{\pi}{t_1} \cdot t\right) + \frac{a_{max}}{2} \cdot t$$

Zweite Integration

$$s(t) = \int v(t) \cdot dt$$

$$s(t) = +\frac{\alpha_{max} \cdot t_1}{2\pi} \frac{t_1}{\pi} \cos\left(\frac{\pi}{t_1} \cdot t\right) + \frac{a_{max}}{2} \frac{t^2}{2} + C_2$$

Randbedingung für C_2 :

$$s(t = 0) = 0$$

$$0 = \frac{\alpha_{max} \cdot t_1^2}{2\pi} \cdot \underbrace{\cos(0)}_{=1} + 0 + C_2$$

Daraus : $C_2 = -\frac{\alpha_{max} \cdot t_1^2}{2\pi^2}$

Damit lautet das $s(t)$-Gesetz :

$$s(t) = \frac{\alpha_{max} \cdot t_1^2}{2\pi^2} \cdot \left[\cos\left(\frac{\pi}{t_1} \cdot t\right) - 1\right] + \frac{a_{max}}{4} \cdot t^2$$

2. Bewegungs-Phase

Gleichmäßig beschleunigte Bewegung :

$$a(t) = a_{max} = \text{konst.}$$

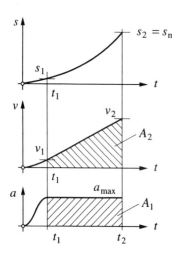

1. Flächenbetrachtung :

$$A_1 \stackrel{\triangle}{=} v_2 - v_1$$

$$v_2 - v_1 = a_{max} \cdot (t_2 - t_1)$$

mit $v_1 = v(t = t_1)$

(aus der 1. Bewegungs-Phase) :

$$v_1 = \frac{a_{max}}{2} \cdot t_1$$

Damit :

$$8\,\frac{m}{s} = \frac{a_{max}}{2} \cdot t_1 + a_{max} \cdot (t_2 - t_1)$$

Daraus folgt :

$$\boxed{a_{max} = 1,0\overline{6}\,\frac{m}{s^2}}$$

und $v_1 = 1,6\,\dfrac{m}{s}$

b)

2. Flächenbetrachtung :

$$A_2 \stackrel{\triangle}{=} s_{max} - s_1$$

$$s_{max} = s_1 + \frac{v_2 + v_1}{2} \cdot (t_2 - t_1)$$

mit $s_1 = s(t = t_1)$

(aus der 1. Bewegungs-Phase) :

$$s_1 = \frac{\alpha_{max} \cdot t_1^2}{2\pi^2} \cdot \left[\underbrace{\cos(\pi)}_{=-1} - 1 \right] + \frac{a_{max}}{4} \cdot t_1^2$$

$$s_1 = 1,0\overline{6}\,\frac{m}{s^2} \cdot (3\,s)^2 \cdot \left(\frac{1}{4} - \frac{1}{\pi^2} \right)$$

$$s_1 = 1,427\,m$$

Damit :

$$s_{max} = 1,427\,m + \frac{1,6 + 8}{2}\,\frac{m}{s} \cdot (9 - 3)\,s$$

$$\boxed{s_{max} = 30,23\,m}$$

c)

Größte Beschleunigungsänderung :

$$\dot{a}(t) = \frac{da(t)}{dt}$$

1. Bewegungsphase :

$$a(t) = \frac{\alpha_{max}}{2} \cdot \left[1 - \cos\left(\frac{\pi}{t_1} \cdot t\right) \right]$$

$$\dot{a}(t) = \underbrace{\frac{\alpha_{max}}{2} \cdot \frac{\pi}{t_1}}_{\dot{a}_{max}} \cdot \sin\left(\frac{\pi}{t_1} \cdot t\right)$$

$$\dot{a}_{max} = \frac{1,0\overline{6}\,\dfrac{m}{s^2} \cdot \pi}{2 \cdot 3\,s}$$

$$\boxed{\dot{a}_{max} = 0,56\,\frac{m}{s^3}}$$

Erläuterung :

Beschleunigungsänderungen $\dot{a} \geq 1\,m/s^3$ werden im Fahrstuhl als unangenehm empfunden.

23.4

Das Beschleunigungs-Zeit-Gesetz für eine anfänglich stillstehende Masse lautet :

$$a(t) = -7\,\frac{m}{s^3} \cdot t + 28\,\frac{m}{s^2}$$

a) Nach welcher Zeit t_1 ist die Beschleunigung null ?

b) Welche Maximalgeschwindigkeit v_{max} erreicht das Fahrzeug ?

c) Welche Geschwindigkeit liegt nach $t_2 = 6\,s$ vor ?

d) Welcher Gesamtfahrweg wird durchfahren?

Darstellung der kinematischen Zeit-Verläufe

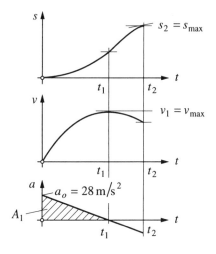

a)

$$a(t = t_1) = 0$$

$$0 = -7\,\frac{m}{s^3} \cdot t_1 + 28\,\frac{m}{s^2}$$

$$\boxed{t_1 = 4\,s}$$

b)

Flächenbetrachtung :

$A_1 \hat{=} v_{max}$

$v_{max} = \dfrac{1}{2} \cdot t_1 \cdot a_o$

$v_{max} = \dfrac{1}{2} \cdot 4\,\text{s} \cdot 28\,\dfrac{\text{m}}{\text{s}^2}$

$$\boxed{v_{max} = 56\,\dfrac{\text{m}}{\text{s}}}$$

c)

Erste Integration

$v(t) = \int a(t) \cdot dt$

$v(t) = -7\,\dfrac{\text{m}}{\text{s}^3} \cdot \dfrac{t^2}{2} + 28\,\dfrac{\text{m}}{\text{s}^2} \cdot t + C_1$

Randbedingung für C_1 :

$v(t=0) = 0$

$C_1 = 0$

$v(t_2 = 6\,\text{s}) = -7\,\dfrac{\text{m}}{\text{s}^3} \cdot \dfrac{(6\,\text{s})^2}{2} + 28\,\dfrac{\text{m}}{\text{s}^2} \cdot 6\,\text{s}$

$$\boxed{v(t=t_2) = 42\,\dfrac{\text{m}}{\text{s}}}$$

d)

Zweite Integration

$s(t) = \int v(t) \cdot dt$

$s(t) = -\dfrac{7\,\dfrac{\text{m}}{\text{s}^3}}{2} \cdot \dfrac{t^3}{3} + 28\,\dfrac{\text{m}}{\text{s}^2} \cdot \dfrac{t^2}{2} + C_2$

Randbedingung für C_2 :

$s(t=0) = 0$

$C_2 = 0$

$s_{max} = s(t = t_2 = 6\,\text{s})$

$s_{max} = -\dfrac{7\,\dfrac{\text{m}}{\text{s}^3}}{6} \cdot (6\,\text{s})^3 + \dfrac{28\,\dfrac{\text{m}}{\text{s}^2}}{2} \cdot (6\,\text{s})^2$

$$\boxed{s_{max} = 252\,\text{m}}$$

23.5

Bei der Abwärtsfahrt eines Fahrstuhls mit $v_o = 2\,\text{m/s}$ versagen die Halteseile des Fahrkorbs. Die Fangvorrichtung greift bei einer Fallgeschwindigkeit von $3,8\,\text{m/s}$. Auf welche Verzögerung a_B muß die Bremsvorrichtung ausgelegt werden, damit der Gesamtweg des Fahrkorbs (gerechnet vom Augenblick des Seilversagens) $2,5\,\text{m}$ beträgt ?

Darstellung der kinematischen Zeit-Verläufe
(positive Größen gehören zur Abwärtsrichtung)

$$s_1 = 0,1835\,\text{s} \cdot \frac{(3,8+2)\dfrac{\text{m}}{\text{s}}}{2}$$

$$s_1 = 0,532\,\text{m}$$

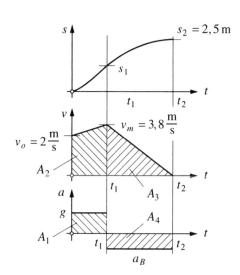

3. Flächenbetrachtung :

$$A_3 \triangleq s_2 - s_1$$

$$s_2 - s_1 = \frac{1}{2} \cdot (t_2 - t_1) \cdot v_m$$

Daraus :

$$t_2 = \frac{2 \cdot (s_2 - s_1)}{v_m} + t_1$$

$$t_2 = \frac{2 \cdot (2,5 - 0,532)\,\text{m}}{3,8\dfrac{\text{m}}{\text{s}}} + 0,1835\,\text{s}$$

$$t_2 = 1,219\,\text{s}$$

1. Flächenbetrachtung :

$$A_1 \triangleq v_m - v_o$$

$$v_m - v_o = g \cdot t_1$$

$$t_1 = \frac{v_m - v_o}{g} = \frac{(3,8-2)\dfrac{\text{m}}{\text{s}}}{9,81\dfrac{\text{m}}{\text{s}^2}}$$

$$t_1 = 0,1835\,\text{s}$$

4. Flächenbetrachtung :

$$A_4 \triangleq v_m$$

$$v_m = |a_B| \cdot (t_2 - t_1)$$

$$|a_B| = \frac{3,8\dfrac{\text{m}}{\text{s}}}{(1,219 - 0,1835)\,\text{s}}$$

2. Flächenbetrachtung :

$$A_2 \triangleq s_1$$

$$s_1 = t_1 \cdot \frac{v_m + v_o}{2}$$

$$\boxed{|a_B| = 3,67\,\frac{\text{m}}{\text{s}^2}}$$

23.6

Bei einem stillstehenden Fahrstuhl reißen die Halteseile. Bis zum Ansprechen der Notfang-vorrichtung durchfällt der Fahrkorb $2\,\mathrm{m}$, bis zum endgültigen Stillstand weitere $0,8\,\mathrm{m}$; die Fangvorrichtung verzögert gleichmäßig ($a_B=$ konstant).

a) Nach welcher Zeit t_1 spricht die Fangvor-richtung an ?

b) Bei welcher Geschwindigkeit v_1 spricht die Bremse an ?

c) Wie lange dauert der gesamte Vorgang (vom Seilriß bis zum Stillstand) ?

d) Mit welcher Verzögerung a_B bremst die Fangvorrichtung ?

Darstellung der kinematischen Zeit-Verläufe (positive Größen gehören zur Abwärtsrichtung)

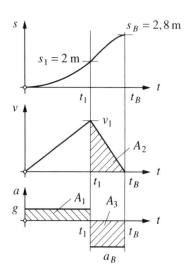

a)

$$s_1 = \frac{g}{2} \cdot t_1^2$$

$$t_1 = \sqrt{\frac{2 \cdot s_1}{g}} \qquad t_1 = \sqrt{\frac{2 \cdot 2\,\mathrm{m}}{9,81\,\dfrac{\mathrm{m}}{\mathrm{s}^2}}}$$

$$\boxed{t_1 = 0,639\,\mathrm{s}}$$

b)

1. Flächenbetrachtung :

$$A_1 \,\hat{=}\, v_1$$

$$v_1 = g \cdot t_1 \qquad v_1 = 9,81\,\frac{\mathrm{m}}{\mathrm{s}^2} \cdot 0,639\,\mathrm{s}$$

$$\boxed{v_1 = 6,27\,\frac{\mathrm{m}}{\mathrm{s}}}$$

c)

2. Flächenbetrachtung :

$$A_2 \,\hat{=}\, s_B - s_1$$

$$s_B - s_1 = \frac{1}{2} \cdot v_1 \cdot (t_B - t_1)$$

$$t_B = \frac{2 \cdot (s_B - s_1)}{v_1} + t_1$$

$$t_B = \frac{2 \cdot (2,8\,\text{m} - 2\,\text{m})}{6,27\,\dfrac{\text{m}}{\text{s}}} + 0,639\,\text{s}$$

$$\boxed{t_B = 0,894\,\text{s}}$$

d)

3. Flächenbetrachtung :

$$A_3 \mathrel{\hat{=}} v_1$$

$$v_1 = |a_B| \cdot (t_B - t_1)$$

$$|a_B| = \frac{6,27\,\dfrac{\text{m}}{\text{s}}}{(0,894 - 0,639)\,\text{s}}$$

$$\boxed{|a_B| = 24,6\,\frac{\text{m}}{\text{s}^2}}$$

24.1

Ein Körper wird von der Anhöhe $h = 4\,\text{m}$ unter einem Winkel von $45°$ mit $v_o = 10\,\text{m/s}$ schräg nach oben geworfen. Zu bestimmen sind

a) die Flugzeit t_A bis zum Aufprall,

b) die Flugweite w,

c) die Auftreffgeschwindigkeit v_A.

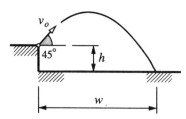

Schräger Wurf aufwärts

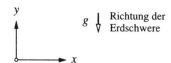

Im gewählten Koordinatensystem $x\,y$ lautet der Beschleunigungs-Vektor :

$$\bar{a}(t) = \begin{Bmatrix} 0 \\ -g \\ 0 \end{Bmatrix}$$

Durch zeilenweise Integration des Beschleunigungs-Vektors erhält man den Geschwindigkeits-Vektor :

$$v(t) = \int a(t) \cdot dt$$

$$\bar{v}(t) = \begin{Bmatrix} v_x(t) = C_{1x} \\ v_y(t) = -g \cdot t + C_{1y} \\ v_z(t) = C_{1z} \end{Bmatrix}$$

Randbedingungen :

1. $v_x(t = 0) = +v_o \cdot \cos\alpha$
     liefert : $C_{1x} = v_o \cdot \cos\alpha$

2. $v_y(t = 0) = +v_o \cdot \sin\alpha$
     liefert : $C_{1y} = v_o \cdot \sin\alpha$

3. $v_z = 0$
     liefert : $C_{1z} = 0$

Damit der Geschwindigkeits-Vektor :

$$\bar{v}(t) = \begin{Bmatrix} v_x(t) = v_o \cdot \cos\alpha \\ v_y(t) = -g \cdot t + v_o \cdot \sin\alpha \\ v_z(t) = 0 \end{Bmatrix}$$

Durch zeilenweise Integration des Geschwindigkeits-Vektors erhält man den Orts-Vektor :

$$s(t) = \int v(t) \cdot dt$$

$$\bar{r}(t) = \begin{Bmatrix} x(t) = v_o \cdot \cos(\alpha) \cdot t + C_{2x} \\ y(t) = -\dfrac{1}{2} \cdot g \cdot t^2 + v_o \cdot \sin(\alpha) \cdot t + C_{2y} \\ z(t) = C_{2z} \end{Bmatrix}$$

Randbedingungen :

1. $x(t = 0) = 0$
     liefert : $C_{2x} = 0$

2. $y(t = 0) = 0$
     liefert : $C_{2y} = 0$

3. $z = 0$

liefert : $C_{2z} = 0$

Damit der Orts-Vektor :

$$\vec{r}(t) = \left\{ \begin{array}{c} v_o \cdot \cos(\alpha) \cdot t \\ -\dfrac{1}{2} \cdot g \cdot t^2 + v_o \cdot \sin(\alpha) \cdot t \\ 0 \end{array} \right\}$$

a)

Flugzeit t_A aus der Randbedingung :

$$y(t = t_A) = -4\,\text{m}$$

$$-4\,\text{m} = -\frac{1}{2} \cdot g \cdot t_A^2 + v_o \cdot \sin(\alpha) \cdot t_A = -h$$

Gemischtquadratische Gleichung in Normalform :

$$0 = t_A^2 - \frac{2 \cdot v_o \cdot \sin \alpha}{g} \cdot t_A - \frac{2h}{g}$$

Lösung :

$$t_{A\,1/2} = +\frac{v_o \cdot \sin \alpha}{g} \pm \sqrt{\left(\frac{v_o \cdot \sin \alpha}{g} \right)^2 + \frac{2h}{g}}$$

$t_A > 0$, also :

$$\boxed{t_A = 1,876\,\text{s}}$$

b)

Flugweite w :

$$w = x(t = t_A)$$

$$w = v_o \cdot \cos(\alpha) \cdot t_A$$

Es folgt :

$$\boxed{w = 13,27\,\text{m}}$$

c)

Auftreffgeschwindigkeit v_A :

$$|v_A| = \sqrt{v_{Ax}^2 + v_{Ay}^2}$$

$$v_{Ax} = v_x(t = t_A)$$

$$v_{Ax} = v_o \cdot \cos \alpha = 7{,}071\,\frac{\text{m}}{\text{s}}$$

$$v_{Ay} = -g \cdot t_A + v_o \cdot \sin \alpha$$

$$v_{Ay} = -11{,}332\,\frac{\text{m}}{\text{s}}$$

Damit :

$$\boxed{|v_A| = 13{,}36\,\frac{\text{m}}{\text{s}}}$$

24.2

Von Punkt (A) wird ein Körper mit der Anfangsgeschwindigkeit $v_A = 90\,\text{m/s}$ unter dem Winkel $\alpha = 50°$ zur Horizontalen abgeschossen. Mit welcher Geschwindigkeit v_B muß im $w = 60\,\text{m}$ entfernten, höhengleichen Punkt (B) ein zweiter Körper im selben Augenblick lotrecht nach oben geschossen werden, damit sich die Körper im Bahnschnittpunkt treffen? Der Luftwiderstand wird vernachlässigt.

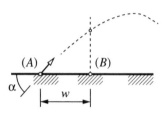

Startpunkt (A)

Wahl des Koordinaten-Systems :

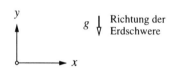

Beschleunigungs-Vektor :

$$\vec{a}(t) = \left\{ \begin{array}{c} 0 \\ -g \\ 0 \end{array} \right\}$$

Durch zeilenweise Integration des Beschleunigungs-Vektors erhält man den Geschwindigkeits-Vektor :

$$\vec{v}(t) = \left\{ \begin{array}{l} v_x(t) = C_{1x} \\ v_y(t) = -g \cdot t + C_{1y} \\ v_z(t) = C_{1z} \end{array} \right\}$$

Randbedingungen :

1. $v_x(t = 0) = v_A \cdot \cos \alpha$
    liefert : $C_{1x} = +v_A \cdot \cos \alpha$

2. $v_y(t = 0) = v_A \cdot \sin \alpha$
    liefert : $C_{1y} = +v_A \cdot \sin \alpha$

3. $v_z = 0$
    liefert : $C_{1z} = 0$

Damit der Geschwindigkeits-Vektor :

$$\vec{v}(t) = \left\{ \begin{array}{c} v_A \cdot \cos \alpha \\ -g \cdot t + v_A \cdot \sin \alpha \\ 0 \end{array} \right\}$$

Durch zeilenweise Integration des Geschwindigkeits-Vektors erhält man den Orts-Vektor :

$$\vec{r}(t) = \left\{ \begin{array}{l} x(t) = v_A \cdot \cos(\alpha) \cdot t + C_{2x} \\ y(t) = -\dfrac{1}{2} \cdot g \cdot t^2 + v_A \cdot \sin(\alpha) \cdot t + C_{2y} \\ z(t) = C_{2z} \end{array} \right\}$$

Randbedingungen :

1. $x(t = 0) = 0$
    liefert : $C_{2x} = 0$

2. $y(t = 0) = 0$
    liefert : $C_{2y} = 0$

3. $z = 0$
    liefert : $C_{2z} = 0$

Damit der Orts-Vektor :

$$\vec{r}(t) = \left\{ \begin{array}{c} v_A \cdot \cos(\alpha) \cdot t \\ -\dfrac{1}{2} \cdot g \cdot t^2 + v_A \cdot \sin(\alpha) \cdot t \\ 0 \end{array} \right\}$$

Zur Zeit $t = t_1$ ist der Flugkörper über Punkt (B) ; t_1 ergibt sich aus der Randbedingung :

$$x(t = t_1) = w$$

$$w = v_o \cdot \cos(\alpha) \cdot t_1$$

$$t_1 = \frac{w}{v_A \cdot \cos \alpha} = 1,03715\,\mathrm{s}$$

Startpunkt (B)

Beschleunigungs-Vektor :

$$\bar{a}(t) = \left\{ \begin{array}{c} 0 \\ -g \\ 0 \end{array} \right\}$$

Durch zeilenweise Integration des Beschleunigungs-Vektors erhält man den Geschwindigkeits-Vektor :

$$\bar{v}(t) = \left\{ \begin{array}{c} C_{1x} \\ -g \cdot t + C_{1y} \\ C_{1z} \end{array} \right\}$$

Randbedingungen :

1. $v_x = 0$
    liefert : $C_{1x} = 0$

2. $v_y(t = 0) = +v_B$
    liefert : $C_{1y} = v_B$

3. $v_z = 0$
    liefert : $C_{1z} = 0$

Damit der Geschwindigkeits-Vektor :

$$\bar{v}(t) = \left\{ \begin{array}{c} 0 \\ -g \cdot t + v_B \\ 0 \end{array} \right\}$$

Anmerkung :   Der $v_x(t)$ - Vektor folgt auch aus dem $v_A(t)$ - Vektor für $\alpha = 90°$.

So auch der Orts-Vektor :

$$\bar{r}(t) = \left\{ \begin{array}{c} 0 \\ -\dfrac{1}{2} \cdot g \cdot t^2 + v_B \cdot t \\ 0 \end{array} \right\}$$

Zur Zeit $t = t_1 = 1,03715\,\mathrm{s}$ befinden sich beide Flugkörper bei $y = H$

Körper (A) :

$$H = y(t = t_1)$$

$$H = -\frac{1}{2} \cdot 9,81 \frac{\mathrm{m}}{\mathrm{s}^2} \cdot (1,03715\,\mathrm{s})^2$$

$$+ 90 \frac{\mathrm{m}}{\mathrm{s}} \cdot \sin(50°) \cdot 1,03715\,\mathrm{s}$$

$$H = 66,229\,\mathrm{m}$$

Körper (B) :

$$H = y(t = t_1)$$

$$66,229\,\mathrm{m} = -\frac{1}{2} \cdot g \cdot t_1^2 + v_B \cdot t_1$$

Daraus v_B :

$$v_B = \frac{66,229\,\mathrm{m}}{1,03715\,\mathrm{s}} + \frac{1}{2} \cdot 9,81 \frac{\mathrm{m}}{\mathrm{s}^2} \cdot 1,03715\,\mathrm{s}$$

$$\boxed{v_B = 68,94 \frac{\mathrm{m}}{\mathrm{s}}}$$

24.3

Unter welchem Winkel α_1 oder α_2 muß ein Körper abgeschossen werden mit der Anfangsgeschwindigkeit $v_o = 20\,\text{m/s}$, damit er über eine $h = 12\,\text{m}$ hohe und $w = 18\,\text{m}$ entfernte Mauer fliegen kann ? Der Luftwiderstand wird vernachlässigt.

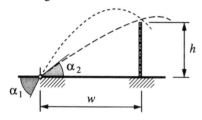

Koordinaten-System :

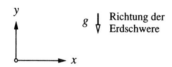

$g \downarrow$ Richtung der Erdschwere

Schräger Wurf aufwärts

Im gewählten Koordinatensystem $x\,y$ lautet der Beschleunigungsvektor (siehe Aufgabe 24.1) :

$$\bar{a}(t) = \begin{Bmatrix} 0 \\ -g \\ 0 \end{Bmatrix}$$

Durch zeilenweise Integration des Beschleunigungs-Vektors erhält man den Geschwindigkeits-Vektor :

$$\bar{v}(t) = \begin{Bmatrix} v_x(t) = v_o \cdot \cos \alpha \\ v_y(t) = -g \cdot t + v_o \cdot \sin \alpha \\ v_z(t) = 0 \end{Bmatrix}$$

Durch zeilenweise Integration des Geschwindigkeits-Vektors erhält man den Orts-Vektor :

$$\bar{r}(t) = \begin{Bmatrix} x(t) = v_o \cdot \cos(\alpha) \cdot t \\ y(t) = -\dfrac{1}{2} \cdot g \cdot t^2 + v_o \cdot \sin(\alpha) \cdot t \\ z(t) = 0 \end{Bmatrix}$$

t_1 = Flugzeit bis zum Erreichen der Mauer

Randbedingungen :

1. $y(t = t_1) = h$

2. $x(t = t_1) = w$

(1) $w = v_o \cdot \cos(\alpha) \cdot t_1$

(2) $h = -\dfrac{1}{2} \cdot g \cdot t_1^2 + v_o \cdot \sin(\alpha) \cdot t_1$

Aus (1) folgt :

$$t_1 = \frac{w}{v_o \cdot \cos \alpha}$$

Einsetzen in (2) führt zu :

$$h = -\frac{g \cdot w^2}{2 \cdot v_o^2 \cdot \cos^2 \alpha} + \frac{v_o \cdot \sin(\alpha) \cdot w}{v_o \cdot \cos \alpha}$$

Es gilt :

$$\frac{\sin \alpha}{\cos \alpha} = \tan \alpha$$

$$\frac{1}{\cos^2 \alpha} = 1 + \tan^2 \alpha$$

Damit :

$$h = -\frac{g \cdot w^2}{2 \cdot v_o^2} \cdot \left(1 + \tan^2 \alpha\right) + w \cdot \tan \alpha$$

Gemischtquadratische Gleichung in Normalform :

$$0 = \tan^2 \alpha - \frac{2 \cdot v_o^2}{g \cdot w} \cdot \tan \alpha + \frac{2 \cdot v_o^2 \cdot h}{g \cdot w^2} + 1$$

Daraus der Lösung :

$$\tan \alpha_{1/2} = \frac{v_o^2}{g \cdot w} \pm \sqrt{\left(\frac{v_o^2}{g \cdot w}\right)^2 - 1 - \frac{2 \cdot v_o^2 \cdot h}{g \cdot w^2}}$$

Mit den gegebenen Werten folgt :

$$\tan \alpha_{1/2} = 2,2653 \pm 1,0541$$

$$\boxed{\begin{aligned}\alpha_1 &= 73,23° \\ \alpha_2 &= 50,46°\end{aligned}}$$

Anmerkung :

Bei α_1 erreicht der Flugkörper den Mauer-Höchstpunkt (Mauerkrone) im Abstieg der Flugbahn, bei α_2 im Aufstieg.

24.4

Vom Bug eines stillstehenden Schiffes soll ein $w = 800\,\text{m}$ entfernt schwimmendes Objekt harpuniert werden. Mit welcher Geschwindigkeit v_o muß die Harpune unter dem Winkel

$\alpha = 40°$ abgeschossen werden, und wie groß ist die Auftreffgeschwindigkeit v_A ? $h = 12\,\text{m}$

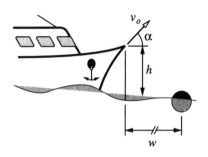

Im gewählten Koordinatensystem $x\,y$ lautet der Beschleunigungs-Vektor :

$$\bar{a}(t) = \begin{Bmatrix} 0 \\ -g \\ 0 \end{Bmatrix}$$

Durch zeilenweise Integration des Beschleunigungs-Vektors erhält man den Geschwindigkeits-Vektor :

$$\bar{v}(t) = \begin{Bmatrix} v_x(t) = v_o \cdot \cos \alpha \\ v_y(t) = -g \cdot t + v_o \cdot \sin \alpha \\ v_z(t) = 0 \end{Bmatrix}$$

Durch zeilenweise Integration des Geschwindigkeits-Vektors erhält man den Orts-Vektor :

$$\bar{r}(t) = \begin{Bmatrix} x(t) = v_o \cdot \cos(\alpha) \cdot t \\ y(t) = -\dfrac{1}{2} \cdot g \cdot t^2 + v_o \cdot \sin(\alpha) \cdot t \\ z(t) = 0 \end{Bmatrix}$$

Randbedingungen :

1. $y(t = t_1) = -h$
2. $x(t = t_1) = w$

(1) $-h = -\dfrac{1}{2} \cdot g \cdot t_1^2 + v_o \cdot \sin(\alpha) \cdot t_1$

(2) $w = v_o \cdot \cos(\alpha) \cdot t_1$

t_1 = Flugzeit bis zum Auftreffen

Aus (2) :

$$t_1 = \frac{w}{v_A \cdot \cos \alpha}$$

Einsetzen in (1) :

$$-h = -\frac{g \cdot w^2}{2 \cdot v_o^2 \cdot \cos^2 \alpha} + \frac{v_o \cdot \sin(\alpha) \cdot w}{v_o \cdot \cos \alpha}$$

$$v_o^2 = \frac{g \cdot w^2 \cdot \left(1 + \tan^2 \alpha\right)}{2 \cdot (h + w \cdot \tan \alpha)}$$

Mit den gegebenen Werten folgt :

$$\boxed{v_o = 88,482 \frac{m}{s}}$$

Aus (2) damit :

$$t_1 = \frac{800\,\mathrm{m}}{88,482 \dfrac{m}{s} \cdot \cos 40°}$$

$$\boxed{t_1 = 11,8027\,\mathrm{s}}$$

Aus dem Geschwindigkeits-Vektor :

$$v_x(t = t_1) = v_o \cdot \cos \alpha$$

$$v_x(t_1) = 67,781 \frac{m}{s}$$

$$v_y(t = t_1) = -g \cdot t_1 + v_o \cdot \sin \alpha$$

$$v_y(t_1) = -58,909 \frac{m}{s}$$

$$|v_A| = \sqrt{v_x^2(t_1) + v_y^2(t_1)}$$

$$\boxed{|v_A| = 89,8 \frac{m}{s}}$$

25.1

Die Masse m befindet sich im Abstand $r = 13\,\mathrm{cm}$ von der vertikalen Drehachse eines ebenen Drehtellers, der aus der Ruhe gleichmäßig beschleunigt nach $t_1 = 15$ Sekunden die Drehzahl $n_1 = 60\,\mathrm{min}^{-1}$ erreicht. Der Haftreibungskoeffizient (Haftreibzahl) ist $\mu_o = 0,4$. Nach welcher Zeit rutscht die Masse und welche Drehzahl hat der Drehteller in diesem Augenblick ?

Kinematik :

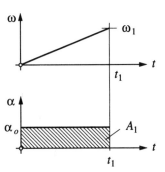

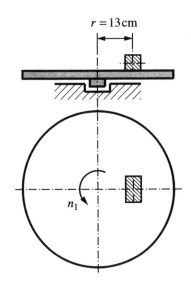

$r = 13\,\mathrm{cm}$

Draufsicht :
Trägheitskräfte

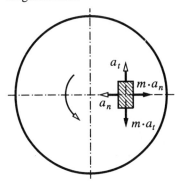

$A_1 \mathrel{\hat=} \omega_1$

$$\alpha_o \cdot t_1 = \omega_1 = \frac{\pi \cdot n_1}{30}$$

$$\alpha_o = \frac{\pi \cdot n_1}{30 \cdot t_1}$$

$$\alpha_o = \frac{\pi \cdot 60}{30 \cdot 15} = 0,41888\,\mathrm{s}^{-2}$$

Tangential-Beschleunigung der Masse :

$$a_t = r \cdot \alpha_o$$

$$a_t = 0,13\,\mathrm{m} \cdot 0,41888\,\mathrm{s}^{-2}$$

$$a_t = 0,05445\,\frac{\mathrm{m}}{\mathrm{s}^2} = \text{konst.}$$

Normal-Beschleunigung der Masse :

$$a_n(t) = r \cdot \omega^2(t)$$

$$a_n(t_1) = r \cdot \omega_1^2$$

$$a_n(t_1) = 0,13\,\text{m} \cdot \left(\frac{\pi \cdot 60}{30}\,\text{s}^{-1}\right)^2$$

$$a_n(t_1) = 5,1322\,\frac{\text{m}}{\text{s}^2}$$

Grenzfall :
Reibkraft = result. Trägheitskraft

$$m \cdot g \cdot \mu_o = m \cdot \sqrt{a_t^2 + a_n^2(t_o)}$$

t_o = Zeitpunkt, zu dem die Masse ins Rutschen
  kommt.

$$g^2 \cdot \mu_o^2 = a_t^2 + a_n^2(t_o)$$

mit $a_n(t_o) = r \cdot \omega^2(t_o)$

$$g^2 \cdot \mu_o^2 = a_t^2 + r^2 \cdot \omega^4(t_o)$$

$$\omega(t_o) = \sqrt[4]{\frac{g^2 \cdot \mu_o^2 - a_t^2}{r^2}}$$

Es folgt daraus :

$$\omega(t_o) = 5,4938\,\text{s}^{-1}$$

Es gilt :

$$\omega\left[\text{s}^{-1}\right] = \frac{\pi}{30} \cdot n\left[\text{min}^{-1}\right]$$

$$n(t_o) = \frac{30}{\pi} \cdot 5,4938$$

$$\boxed{n(t_o) = 52,46\,\text{min}^{-1}}$$

Zeitpunkt $t = t_o$:

$$\omega(t_o) = \alpha_o \cdot t_o$$

$$t_o = \frac{\omega(t_o)}{\alpha_o} = \frac{5,4938\,\text{s}^{-1}}{0,41888\,\text{s}^{-2}}$$

$$\boxed{t_o = 13,12\,\text{s}}$$

25.2

In einer um die vertikale Achse rotierenden Trommel vom Radius $R = 2,5\,\text{m}$ wird die Masse m zufolge der Fliekräfte an die Trommelwand gepreßt. Der Haftreibungskoeffizient (Reibzahl) zwischen Masse und Trommelwandung beträgt $\mu_o = 0,2$. Die Drehzahl der Trommel ist anfangs $n_o = 100\,\text{min}^{-1}$ und sinkt stetig. Bei welcher Drehzahl rutscht die Masse abwärts ?

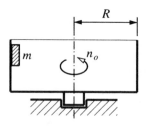

Grenzfall : Gewicht = Reibkraft

Reibkraft :

$$F_r = \mu_o \cdot F_n$$

mit $F_n = m \cdot R \cdot \omega^2$ (Fliehkraft)

$$m \cdot g = \mu_o \cdot m \cdot R \cdot \omega^2$$

Daraus :

$$\omega = \sqrt{\frac{g}{\mu_o \cdot R}}$$

$$\omega = \sqrt{\frac{9,81 \frac{m}{s^2}}{0,2 \cdot 2,5\,m}}$$

$$\omega = 4,429\,s^{-1}$$

Es gilt :

$$\omega\left[s^{-1}\right] = \frac{\pi}{30} \cdot n\left[min^{-1}\right]$$

$$n = \frac{30}{\pi} \cdot 4,429$$

$$\boxed{n = 42,3\,min^{-1}}$$

25.3

Die Massen $m_1 = 180\,kg$ und $m_2 = 55\,kg$ sind über feste und lose Rolle (beide von vernachlässigbar kleinem Gewicht) wie skizziert verbunden. Nach welcher Zeit t_1 hat die Masse m_1 den Höhenunterschied $h = 3\,m$ zu-

rückgelegt, wenn das System anfänglich in Ruhe ist ? Gleitreibungzahl : $\mu = 0,3$; $\beta = 35°$

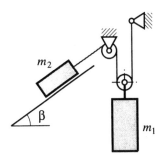

Kräfte auf Masse m_1 :

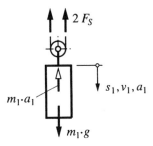

Annahme : Masse m_1 bewegt sich abwärts.

D'ALEMBERT :

$$\sum F = 0$$

$$0 = m_1 \cdot g - 2\,F_S - m_1 \cdot a_1$$

Daraus :

$$F_S = \frac{1}{2}m_1 \cdot g - \frac{1}{2}m_1 \cdot a_1 \qquad (1)$$

Kräfte auf Masse m_2 :

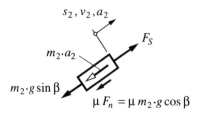

s_2, v_2, a_2

F_S

$m_2 \cdot a_2$

$m_2 \cdot g \sin \beta$

$\mu\, F_n = \mu\, m_2 \cdot g \cos \beta$

D'ALEMBERT :

$$\sum F = 0$$

$$0 = m_2 \cdot g \cdot \sin \beta + \mu \cdot F_n + m_2 \cdot a_2 - F_S$$

Daraus :

$$F_S = m_2 \cdot g \cdot (\sin \beta + \mu \cdot \cos \beta) + m_2 \cdot a_2 \qquad (2)$$

Übersetzungs-Verhältnis :

$$s_2 = 2\, s_1$$
$$v_2 = 2\, v_1$$
$$a_2 = 2\, a_1 \qquad\qquad (3)$$

Gleichsetzen von (1) und (2) ;
mit (3) folgt dann :

$$\frac{m_1\, g}{2} - \frac{m_1\, a_1}{2} = m_2\, g\, (\sin \beta + \mu \cos \beta) + 2\, m_2\, a_1$$

Daraus :

$$a_1 = g \cdot \frac{\dfrac{1}{2} \cdot m_1 - m_2 \cdot (\sin \beta + \mu \cdot \cos \beta)}{\dfrac{1}{2} \cdot m_1 + 2\, m_2}$$

Mit den gegebenen Werten :

$$\boxed{a_1 = 2,204\, \frac{\text{m}}{\text{s}^2}}$$

Das positive Ergebnis bestätigt die Richtigkeit
der Annahme der Bewegungsrichtung !

Kinematik der
gleichmäßig beschleunigten Bewegung :

$$a_1 = 2,204\, \frac{\text{m}}{\text{s}^2} = \text{konst.}$$

$$a_2 = 4,408\, \frac{\text{m}}{\text{s}^2} = \text{konst.}$$

Darstellung für Masse m_1 :

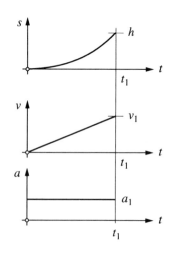

$$h = \frac{1}{2} \cdot a_1 \cdot t_1^2$$

$$t_1 = \sqrt{\frac{2h}{a_1}}$$

$$t_1 = \sqrt{\frac{2 \cdot 3\,\mathrm{m}}{2,204\,\dfrac{\mathrm{m}}{\mathrm{s}^2}}}$$

$$\boxed{t_1 = 1,65\,\mathrm{s}}$$

25.4

Das skizzierte System setzt sich, aus der Ruhe losgelassen, in Bewegung. Gleitreibungskoeffizient $\mu = 0,5$, $R = 40\,\mathrm{cm}$

a) Welche Beschleunigung a der translatorisch bewegten Massen stellt sich ein ?

b) Wieviele ganze Umdrehungen N hat der Rotor nach $t_1 = 6\,\mathrm{s}$ vollführt ?

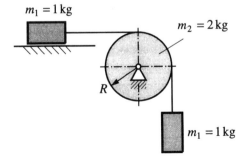

$m_1 = 1\,\mathrm{kg}$

$m_2 = 2\,\mathrm{kg}$

R

$m_1 = 1\,\mathrm{kg}$

a)

Kräfte auf die hängende Masse :

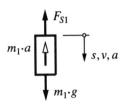

F_{S1}

$m_1 \cdot a$

s, v, a

$m_1 \cdot g$

D'ALEMBERT :

$$\sum F = 0$$

$$0 = m_1 \cdot g - F_{S1} - m_1 \cdot a \qquad (1)$$

Kräfte auf horizontal bewegte Masse :

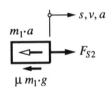

s, v, a

$m_1 \cdot a$

F_{S2}

$\mu \, m_1 \cdot g$

D'ALEMBERT :

$$\sum F = 0$$

$$0 = F_{S2} - m_1 \cdot a - \mu \cdot m_1 \cdot g \qquad (2)$$

Kräfte / Momente am Rotor :

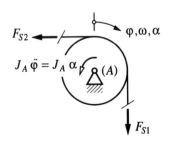

F_{S2}

φ, ω, α

$J_A \, \ddot{\varphi} = J_A \, \alpha$

(A)

F_{S1}

D'ALEMBERT :

$$\sum M_{(A)} = 0$$

$$0 = F_{S1} \cdot R - F_{S2} \cdot R - J_A \cdot \alpha \qquad (3)$$

Aus (1) folgt :

$$F_{S1} = m_1 \cdot g - m_1 \cdot a$$

Aus (2) folgt :

$$F_{S2} = m_1 \cdot a + \mu \cdot m_1 \cdot g$$

Beide Ausdrücke in (3) einsetzen :

$$0 = R\left(m_1\, g - m_1\, a\right) - R\left(m_1\, a + \mu\, m_1\, g\right) - J_A\, \alpha$$

Darin ist : $\alpha = \dfrac{a}{R}$

Es folgt daraus :

$$a = g \cdot \frac{m_1 \cdot R - \mu \cdot m_1 \cdot R}{2\, m_1 \cdot R + \dfrac{J_A}{R^2}}$$

$$a = g \cdot \frac{m_1 \cdot (1 - \mu)}{2\, m_1 + \dfrac{J_A}{R^2}}$$

Scheibe konstanter Dicke :

$$J_A = \frac{m_2 \cdot R^2}{2}$$

Damit :

$$\boxed{a = g \cdot \frac{m_1 \cdot (1 - \mu)}{2\, m_1 + \dfrac{m_2}{2}}}$$

Mit den gegebenen Werten :

$$\boxed{a = 1{,}635 \, \frac{m}{s^2}}$$

$$\alpha = \frac{a}{R} = \frac{1{,}635 \, \dfrac{m}{s^2}}{0{,}4 \, m}$$

$$\boxed{\alpha = \ddot{\varphi} = 4{,}0875 \, s^{2}}$$

b)

Gleichmäßig beschleunigte Drehbewegung aus anfänglicher Ruhe :

$$\varphi = \frac{\alpha}{2} \cdot t^2$$

Gesamtwinkel φ_1 zur Zeit t_1 :

$$\varphi_1 = \frac{\alpha}{2} \cdot t_1^2 = \frac{4{,}0875 \, s^{-2}}{2} \cdot (6\,s)^2$$

$$\varphi_1 = 73{,}575 \, rad$$

Zahl ganzer Umdrehungen :

$$N_1 = \frac{\varphi_1}{2\,\pi}$$

$$N_1 = \frac{73,575}{2\pi}$$

$$\boxed{N_1 = 11,71 \text{ Umdrehungen}}$$

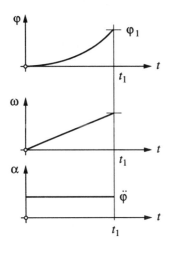

25.5

Zwei Massen $m_1 = 4\,m_2$ sind über feste und lose Rolle mittels Seil zu einem beweglichen System gekoppelt. Der Koeffizient der Gleitreibung ist $\mu = 0,5$. Es sind die Beschleunigungen a_1 und a_2 der beiden Massen zu berechnen. $\beta = 45°$

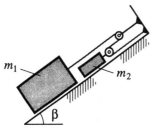

Annahme : Masse m_1 bewege sich abwärts.

Kräfte auf Masse m_1 :

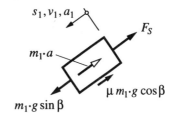

D'ALEMBERT :

$$\sum F = 0$$

$$0 = m_1 \cdot g \cdot \sin\beta - F_S - m_1 \cdot a_1 \qquad (1)$$
$$- \mu \cdot m_1 \cdot g \cdot \cos\beta$$

Kräfte auf Masse m_2 :

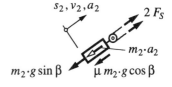

D'ALEMBERT :

$$\sum F = 0$$

$$0 = 2\,F_S - m_2\,g\sin\beta - m_2\,a_2 \qquad (2)$$
$$- \mu\,m_2\,g\cos\beta$$

Aus (1) folgt :

$$F_S = m_1 \cdot g \cdot (\sin \beta - \mu \cdot \cos \beta) - m_1 \cdot a_1$$

Aus (2) folgt :

$$F_S = \frac{1}{2} \cdot m_2 \cdot g \cdot (\sin \beta + \mu \cdot \cos \beta) + \frac{1}{2} \cdot m_2 \cdot a_2$$

Darin :

$$a_2 = \frac{a_1}{2} \quad \text{(Übersetzungs-Verhältnis)}$$

Gleichsetzen führt zu :

$$a_1 = \frac{g}{m_1 + \frac{m_2}{4}} \cdot \left[m_1 \cdot (\sin \beta - \mu \cdot \cos \beta) \right.$$

$$\left. - \frac{m_2}{2} \cdot (\sin \beta + \mu \cdot \cos \beta) \right]$$

Mit $m_1 = 4 m_2$ folgt :

$$a_1 = \frac{2}{17} g \cdot (7 \sin \beta - 9 \mu \cdot \cos \beta)$$

Mit den gegebenen Werten :

$$\boxed{a_1 = 2,04 \frac{m}{s^2}} \qquad \boxed{a_2 = 1,02 \frac{m}{s^2}}$$

Das positive Ergebnis bestätigt die Richtigkeit der Annahme der Bewegungsrichtung.

25.6

Das System setzt sich, aus der Ruhe losgelassen, in Bewegung. Masse m_2 bewegt sich abwärts. Masse m_1 ist eine Scheibe mit konstanter Dicke. Die Berührstelle zwischen Seil und Scheibe m_1 ist stets schlupffrei.

a) Welche Translationsbeschleunigung a stellt sich ein ?

b) Welche Geschwindigkeit liegt nach zurückgelegtem Weg h der Masse m_2 (bzw. der Masse m_1) vor ?

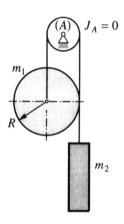

a)
Annahme : Masse m_2 bewege sich abwärts.

Kräfte auf Masse m_2 :

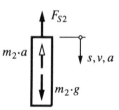

D'ALEMBERT :

$$\sum F = 0$$

$$0 = m_2 \cdot g - F_{S2} - m_2 \cdot a \qquad (1)$$

Die Scheibe vollzieht eine allgemeine, ebene Bewegung (Translation + Rotation) Kräfte / Momente auf die Scheibe :

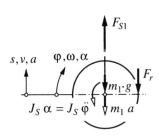

F_r = Reibkraft

D'ALEMBERT :

$$\sum F = 0$$

$$0 = F_{S1} - F_r - m_1 \, a - m_1 \cdot g \qquad (2)$$

$$\sum M_{(S)} = 0$$

$$0 = F_r \cdot R - J_S \cdot \alpha \qquad (3)$$

Kräfte am Seilstück :

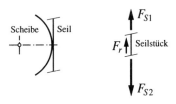

Statik :

$$\sum F = 0$$

$$0 = F_{S1} + F_r - F_{S2} \qquad (4)$$

Gleichungen (1) bis (4) sind ein Gleichungs-System mit den Unbekannten :

$$F_{S1}, \ F_{S2}, \ F_r, \ a, \ \alpha$$

Geschwindigkeits- bzw. Beschleunigungs-Verteilung an der Scheibe :

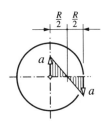

Winkelbeschleunigung der Scheibe :

$$\alpha = \ddot{\varphi} = \frac{a}{\dfrac{R}{2}} = \frac{2\,a}{R} \qquad (5)$$

Aus (1) folgt :

$$F_{S2} = m_2 \cdot g - m_2 \cdot a$$

Aus (2) folgt :

$$F_{S1} = F_r + m_1 \, a + m_1 \cdot g$$

mit $\quad F_r = \dfrac{J_S \cdot \alpha}{R} \quad$ (aus (3))

Also :

$$F_{S1} = \frac{J_S \cdot \alpha}{R} + m_1 \, a + m_1 \cdot g$$

Einsetzen von F_{S1} und F_{S2} in (4) :

$$0 = \frac{J_S \, \alpha}{R} + m_1 \, a + m_1 \, g + \frac{J_S \, \alpha}{R} - \left(m_2 \, g - m_2 \, a\right)$$

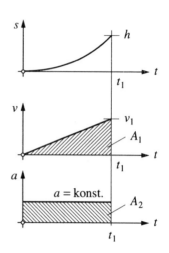

Mit $\quad \alpha = \dfrac{2\,a}{R} \quad$ folgt :

$$0 = \frac{2 \, J_S}{R} \cdot \frac{2\,a}{R} + m_1 \, a + m_1 \cdot g + m_2 \cdot a - m_2 \cdot g \qquad A_1 \triangleq h$$

Daraus :

$$\frac{v_1 \cdot t_1}{2} = h$$

$$a = g \cdot \frac{m_2 - m_1}{m_1 + m_2 + \dfrac{4\,J_S}{R^2}} \qquad\qquad A_2 \triangleq v_1$$

$$v_1 = a \cdot t_1$$

Scheibe konstanter Dicke :

Daraus :

$$J_S = \frac{m_1 \cdot R^2}{2}$$

$$\frac{2\,h}{v_1} = t_1 = \frac{v_1}{a}$$

Damit :

$$v_1^2 = 2 \cdot a \cdot h$$

$$\boxed{a = g \cdot \frac{m_2 - m_1}{3\,m_1 + m_2}}$$

$$\boxed{v_1^2 = 2 \cdot g \cdot h \cdot \frac{m_2 - m_1}{3\,m_1 + m_2}}$$

Probe mit dem Energiesatz der Mechanik :

b)

Kinematik der gleichmäßig beschleunigten
Bewegung :

$$0 = \frac{m_2}{2} v_1^2 + \underbrace{\frac{m_1}{2} v_1^2 + \frac{J_S}{2} \omega_1^2}_{E_{kin} \text{ der Masse 1}} + m_1 \, g\,h - m_2 \, g\,h$$

Darin ist :

$$\omega_1 = \frac{v_1}{\frac{R}{2}} = \frac{2\,v_1}{R}$$

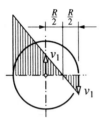

Damit :

$$0 = \frac{v_1^2}{2} \cdot \left(m_1 + m_2 + \frac{4\,J_S}{R^2} \right) - g \cdot h \cdot \left(m_2 - m_1 \right)$$

Scheibe konstanter Dicke :

$$J_S = \frac{m_1 \cdot R^2}{2}$$

Es folgt :

$$0 = \frac{v_1^2}{2} \cdot \left(3\,m_1 + m_2 \right) - g \cdot h \cdot \left(m_2 - m_1 \right)$$

Daraus :

$$v_1^2 = 2\,g\,h \cdot \frac{m_2 - m_1}{3\,m_1 + m_2}$$

26.1

Die Scheibe mit der Masse m_1 dreht auf der stillstehenden Scheibe der Masse m_2 um die Achse (B) mit $\omega_o = 10\,\mathrm{s}^{-1}$. Alsdann wird die Relativbewegung durch Fixieren unterbunden, und das starre System dreht mit ω_1 um die Achse (A). Gesucht ist ω_1, wenn $R = 2\,r$ und $m_2/m_1 = 5$ gegeben ist.

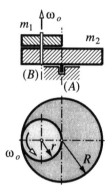

Vorzeichenregelung (willkürlich) :

Nach oben gerichtete Drall-Vektoren sind positiv (entspricht Linksdrehung in der Draufsicht).

Annahme :
Das System dreht nach Fixierung links herum.

Drallsatz :

Drall „vorher" = Drall „nachher"

$$J_{1(B)} \cdot \omega_o = J_{(A)\,\text{gesamt}} \cdot \omega_1$$

$J_{1(B)}$ Massenträgheitsmoment „vorher", Drehachse (B)

ω_o Winkelgeschwindigkeit Scheibe (1) „vorher"

$J_{(A)\,\text{ges.}}$ Massenträgheitsmoment Gesamtsystem „nachher"

ω_1 Winkelgeschwindigkeit „nachher"

$$\frac{m_1 \cdot r^2}{2} \cdot \omega_o = \left(\frac{m_2 \cdot R^2}{2} + \frac{m_1 \cdot r^2}{2} + \underbrace{m_1 \cdot r^2}_{\text{STEINER}} \right) \cdot \omega_1$$

$$\frac{r^2 \cdot \omega_o}{2} = \left[\frac{m_2 \cdot (2r)^2}{m_1 \cdot 2} + \frac{r^2}{2} + r^2 \right] \cdot \omega_1$$

Daraus mit $\dfrac{m_2}{m_1} = 5$:

$$\boxed{\omega_1 = \frac{\omega_o}{23}}$$

Das positive Ergebnis bestätigt die Richtigkeit der Annahme : Nach Fixierung dreht das Gesamtsystem links herum.

26.2

Die Scheiben weisen vor der Arretierung entgegengesetzten Drehsinn auf. Wie muß das Verhältnis der Massen m_2/m_1 sein, wenn nach Arretierung der Scheiben zueinander keine Drehung entstehen soll ?

$$\omega_{o2} = \frac{1}{5} \cdot \omega_{o1}$$

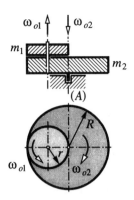

J_A Massenträgheitsmoment Gesamtsystem bezogen auf die Drehachse (A)

$$J_A = \frac{m_1 \cdot r^2}{2} + \underbrace{m_1 \cdot r^2}_{\text{STEINER}} + \frac{m_2 \cdot R^2}{2}$$

Damit :

$$\frac{m_2 \cdot R^2}{2} \cdot \omega_{o2} - \frac{m_1 \cdot r^2}{2} \cdot \omega_{o1} + m_1 \cdot r^2 \, \omega_{o2}$$
$$= \omega_A \cdot \left(\frac{m_1 \cdot r^2}{2} + m_1 \cdot r^2 + \frac{m_2 \cdot R^2}{2} \right)$$

Vorzeichenregelung (willkürlich) :

Nach unten gerichtete Drall-Vektoren sind positiv (entspricht Rechtsdrehung in der Draufsicht).

Mit $\omega_A = 0$ folgt :
linke Gleichungsseite ist null.

Drallsatz :

Drall „vorher" = Drall „nachher"

$$0 = \frac{m_2 \cdot R^2}{2} \cdot \frac{\omega_{o1}}{5} - \frac{m_1 \cdot r^2}{2} \cdot \omega_{o1} + m_1 \cdot r^2 \cdot \frac{\omega_{o1}}{5}$$

Scheibe (1) :   Drall „vorher" : L_{o1}

Mit $R = 2r$ folgt nach Ausklammern :

$$L_{o1} = -\frac{m_1 \cdot r^2}{2} \cdot \omega_{o1} + m_1 \cdot (r \cdot \omega_{o2}) \cdot r$$

$$0 = \frac{\omega_{o1} \cdot r^2}{2} \cdot \underbrace{\left(\frac{4\,m_2}{5\,m_1} - 1 + \frac{2}{5} \right)}_{=0}$$

Scheibe (2) :   Drall „nachher" : L_{o2}

Daraus :

$$L_{o2} = \frac{m_2 \cdot R^2}{2} \cdot \omega_{o2}$$

$$\boxed{\frac{m_2}{m_1} = \frac{3}{4}}$$

Drall Gesamtsystem „nachher" : L

Annahme : Das System dreht nach Fixierung rechts herum.

$$L = \omega_A \cdot J_A$$

26.3

Ein Rotor vom Radius $r_1 = 40\,\text{cm}$ und der Masse $m_1 = 200\,\text{kg}$ dreht anfänglich mit $\omega_o = 150\,\text{s}^{-1}$ und fällt dann in vertikaler Führung auf die noch stillstehende Scheibe der Masse $m_2 = 350\,\text{kg}$ und dem Radius $r_2 = 50\,\text{cm}$. Dabei wird die Scheibe (2) aufgrund der Reibkraft (Reibungskoeffizient der Gleitreibung $\mu = 0,25$) beschleunigt.

a) Welche Winkelgeschwindigkeit ω_1, ω_2 liegen dann vor?

b) Nach welcher Zeit t_E liegt reines Rollen (ohne Schlupf, d.h. ohne Relativbewegung an der Berührstelle) vor?

c) Wieviel % der anfänglichen Energie E_o des Systems gingen verloren?

d) Nach wievielen ganzen Umdrehungen N_2 von Rotor (2) ist der schlupffreie Zustand erreicht?

Hinweis: Bei der Berechnung der Massenträgheitsmomente sind die Rotoren als Scheiben konstanter Dicke zu betrachten.

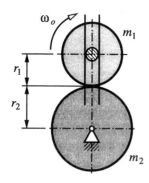

a)

Drallsatz in Integral-Form:

$$\int\limits_{t=o}^{t_1} dL = \int\limits_{t=o}^{t_1} M \cdot dt$$

Rotor (1)

Vorzeichenregelung:

In die Bildebene hineinstoßende Drall-Vektoren (entspricht Rechtsdrehung) sind positiv.

Das Bremsmoment ist an Rotor (1) also negativ.

Annahme: Rotor (1) dreht nach Drehzahlangleich rechts herum:

$$J_1 \cdot (\omega_1 - \omega_o) = -M_1 \cdot t_E$$

Mit $M_1 = m_1 \cdot g \cdot \mu \cdot r_1$ folgt:

$$t_E = \frac{J_1 \cdot (\omega_o - \omega_1)}{m_1 \cdot g \cdot \mu \cdot r_1} \qquad (1)$$

Rotor (2)

(gleiche Vorzeichenregelung):

$$-J_2 \cdot (\omega_2 - 0) = -M_2 \cdot t_E$$

Mit $M_2 = m_1 \cdot g \cdot \mu \cdot r_2$ folgt:

$$t_E = \frac{J_2 \cdot \omega_2}{m_1 \cdot g \cdot \mu \cdot r_2} \qquad (2)$$

Gleichsetzen der Gleichungen (1) und (2)

Daraus:

$$\frac{J_1 \cdot (\omega_o - \omega_1)}{m_1 \cdot g \cdot \mu \cdot r_1} = \frac{J_2 \cdot \omega_2}{m_1 \cdot g \cdot \mu \cdot r_2}$$

$$\frac{J_1 \cdot (\omega_o - \omega_1)}{r_1} = \frac{J_2 \cdot \omega_2}{r_2}$$

$$\omega_2 = \frac{r_1}{r_2} \cdot \omega_1 \qquad \omega_2 = \frac{0,4\,\text{m}}{0,5\,\text{m}} \cdot 54,545\,\text{s}^{-1}$$

$$\boxed{\omega_2 = 43,636\,\text{s}^{-1}}$$

Nach der Schlupf-Phase (Drehzahlangleich)
gilt: $\omega_1 \cdot r_1 = \omega_2 \cdot r_2$

$$\omega_2 = \frac{r_1}{r_2} \cdot \omega_1$$

b)

Aus Gleichung (1):

Damit:

$$\frac{J_1 \cdot (\omega_o - \omega_1)}{r_1} = \frac{J_2 \cdot \dfrac{r_1}{r_2} \cdot \omega_1}{r_2}$$

$$\boxed{t_E = 7,7843\,\text{s}}$$

Darin:

Zur Probe:

Aus Gleichung (2) folgt:

$$J_1 = \frac{m_1 \cdot r_1^2}{2} = \frac{200\,\text{kg} \cdot (0,4\,\text{m})^2}{2} = 16\,\text{kgm}^2$$

$$t_E = 7,7843\,\text{s}$$

$$J_2 = \frac{m_2 \cdot r_2^2}{2} = \frac{350\,\text{kg} \cdot (0,5\,\text{m})^2}{2} = 43,75\,\text{kgm}^2$$

c)

Energie-Verlust: W_V

Es folgt somit:

$$W_V = \underbrace{\frac{J_1 \cdot \omega_o^2}{2}}_{\substack{\text{Energie}\\\text{vorher}}} - \underbrace{\left(\frac{J_1 \cdot \omega_1^2}{2} + \frac{J_2 \cdot \omega_2^2}{2} \right)}_{\text{Energie nachher}}$$

$$\boxed{\omega_1 = \omega_0 \cdot \frac{J_1}{J_1 + \left(\dfrac{r_1}{r_2} \right)^2 \cdot J_2}}$$

Mit den bekannten Werten folgt:

$$\omega_1 = 150\,\text{s}^{-1} \cdot \frac{16\,\text{kgm}^2}{16\,\text{kgm}^2 + \left(\dfrac{0,4\,\text{m}}{0,5\,\text{m}} \right)^2 \cdot 43,75\,\text{kgm}^2}$$

$$W_V = 114,545\,\text{kNm}$$

$$\boxed{W_V = 114,545\,\text{kJ}}$$

$$\boxed{\omega_1 = 54,545\,\text{s}^{-1}}$$

$[\text{kJ}] = $ Kilo - Joule
$1\,\text{J} = 1\,\text{Nm}$

Anfängliche Energie :

$$E_o = \frac{J_1 \cdot \omega_o^2}{2} = 180 \, \text{kJ} \mathrel{\hat{=}} 100\%$$

Prozentualer Verluust :

$$\frac{100\%}{180 \, \text{kJ}} = \frac{x\%}{114,545 \, \text{kJ}}$$

$$\boxed{x = 63,6\% \ (\text{Energie - Verlust})}$$

Rotor (2) :

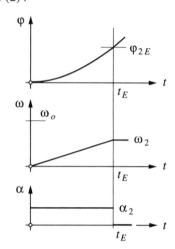

d)
Kinematik-Diagramme zur Veranschaulichung

Rotor (1)

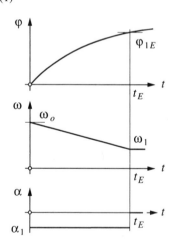

$$\alpha_1 = \frac{M_1}{J_1} = \frac{m_1 \cdot g \cdot \mu \cdot r_1}{\dfrac{m_1 \cdot r_1^2}{2}}$$

$$\alpha_1 = \frac{2 \cdot g \cdot \mu}{r_1} = \frac{2 \cdot 9,81 \dfrac{\text{m}}{\text{s}^2} \cdot 0,25}{0,4 \, \text{m}}$$

$$\boxed{|\alpha_1| = 12,26 \, \text{s}^{-2}}$$

$$\alpha_2 = \frac{M_2}{J_2} = \frac{m_1 \cdot g \cdot \mu \cdot r_2}{\dfrac{m_2 \cdot r_2^2}{2}}$$

$$\alpha_2 = \frac{2 \cdot m_1 \cdot g \cdot \mu}{m_2 \cdot r_2} = \frac{2 \cdot 200 \, \text{kg} \cdot 9,81 \dfrac{\text{m}}{\text{s}^2} \cdot 0,25}{350 \, \text{kg} \cdot 0,5 \, \text{m}}$$

$$\boxed{|\alpha_2| = 5,61 \, \text{s}^{-2}}$$

Kinematik :

$$\varphi_{1E} = \frac{\omega_o + \omega_1}{2} \cdot t_E$$

$$\varphi_{1E} = \frac{150\,\mathrm{s}^{-1} + 54,545\,\mathrm{s}^{-1}}{2} \cdot 7,7843\,\mathrm{s}$$

$$\boxed{\varphi_{1E} = 796,12\,\mathrm{rad}}$$

$$\varphi_{2E} = \frac{\omega_2 \cdot t_E}{2}$$

$$\varphi_{2E} = \frac{43,636\,\mathrm{s}^{-1} \cdot 7,7843\,\mathrm{s}}{2}$$

$$\boxed{\varphi_{2E} = 169,84\,\mathrm{rad}}$$

Reibarbeit = Verlustarbeit

$$W_R = F_R \cdot s$$

$$F_R = \text{Reibkraft}$$
$$s = \text{Reibweg}$$

$$F_R = m_1 \cdot g \cdot \mu$$
$$F_R = 200\,\mathrm{kg} \cdot 9,81\,\frac{\mathrm{m}}{\mathrm{s}^2} \cdot 0,25 = 490,5\,\mathrm{N}$$

$$s = \varphi_{1E} \cdot r_1 - \varphi_{2E} \cdot r_2$$
$$s = 796,12 \cdot 0,4\,\mathrm{m} - 169,84 \cdot 0,5\,\mathrm{m}$$
$$s = 233,528\,\mathrm{m}$$

$$W_R = 490,5\,\mathrm{N} \cdot 233,528\,\mathrm{m} = 114545,5\,\mathrm{Nm}$$
$$W_R = 114,546\,\mathrm{kJ}$$

26.4

Ein Rotor mit dem Massenträgheitsmoment $J = 20\,\mathrm{kgm}^2$ wird von seiner anfänglichen Drehzahl $n_o = 300\,\mathrm{min}^{-1}$ so abgebremst, daß das Bremsmoment linear von null auf den Größtwert $M_{B\,max} = 28\,\mathrm{Nm}$ in $t_1 = 16\,\mathrm{s}$ ansteigt.

a) Welche Drehzahl liegt nach $t_1 = 16\,\mathrm{s}$ vor ?

b) In welcher Zeit t_2 müßte $M_{B\,max}$ erreicht sein, damit der Rotor in dieser Zeit zum Stillstand kommt ?

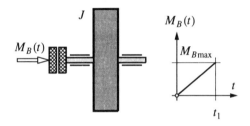

a)

Drallsatz in Integral-Form :

$$\int_{t=o}^{t=t_1} \mathrm{d}L = -\int_{t=o}^{t=t_1} M_B(t) \cdot \mathrm{d}t$$

Vorzeichen (-) : Bremsmoment

$$M_B(t) = \frac{M_{B\,max}}{t_1} \cdot t$$

Damit :

$$L(t_1) - L(t=0) = -\frac{M_{B\,max}}{t_1} \cdot \frac{t^2}{2}\Bigg|_{t=0}^{t=t_1}$$

$$J \cdot \frac{\pi}{30} \cdot \left(n_1 - n_o \right) = -\frac{M_{B\,max} \cdot t_1}{2}$$

Daraus :

$$n_1 = n_o - \frac{30 \cdot M_{B\,max} \cdot t_1}{2 \cdot \pi \cdot J}$$

$$n_1 = 300\,min^{-1} - \frac{30 \cdot 28 \cdot 16}{2 \cdot \pi \cdot 20}\,min^{-1}$$

$$\boxed{n_1 = 193\,min^{-1}}$$

Andere Betrachtungsweise (Kontrolle) :

Kinematik-Diagramme

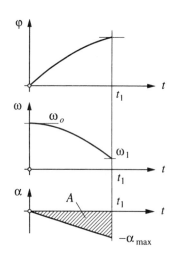

$$\alpha(t) = -\frac{\alpha_{max}}{t_1} \cdot t$$

wobei $\quad \alpha_{max} = \dfrac{M_{B\,max}}{J} \quad$ ist;

$$A \mathrel{\hat{=}} \omega_o - \omega_1$$

$$\frac{1}{2} \cdot \left| \alpha_{max} \right| \cdot t_1 = \frac{\pi}{30} \cdot \left(n_o - n_1 \right)$$

Daraus :

$$n_1 = n_o - \frac{30 \cdot M_{B\,max} \cdot t_1}{2 \cdot \pi \cdot J}$$

b)

$$n_1 = 0$$

Dann folgt aus

$$n_1 = n_o - \frac{30 \cdot M_{B\,max} \cdot t_2}{2 \cdot \pi \cdot J}$$

$$n_o = \frac{30 \cdot M_{B\,max} \cdot t_2}{2 \cdot \pi \cdot J}$$

$$t_2 = \frac{n_o \cdot 2 \cdot \pi \cdot J}{30 \cdot M_{B\,max}}$$

$$t_2 = \frac{300\,s^{-1} \cdot 2 \cdot \pi \cdot 20\,kgm^2}{30 \cdot 28\,Nm}$$

$$\boxed{t_2 = 44,88\,s}$$

26.5

Rotor (1) mit dem Massenträgheitsmoment J_1 dreht anfänglich mit $n_1 = 7500\,min^{-1}$, Rotor (2) dreht gegenläufig mit n_2. Das System kommt nach $t_E = 32\,s$ zum Stillstand. Zu bestimmen ist das zeitlich konstante Kupplungsmoment sowie die Verlustarbeit.

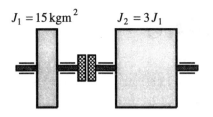

$$J_1 = 15\,\mathrm{kgm}^2 \qquad J_2 = 3\,J_1$$

Vorzeichenregelung (willkürlich)

Drallvektor-Richtungssinn von Rotor (1)

„vorher" wird positiv definiert.

Drallsatz :

$$L_{\text{"vorher"}} = L_{\text{"nachher"}}$$

$$J_1 \cdot \omega_1 - J_2 \cdot \omega_2 = 0$$

mit $\omega\left[\mathrm{s}^{-1}\right] = \dfrac{\pi \cdot n\left[\mathrm{min}^{-1}\right]}{30}$ folgt

$$J_1 \cdot \frac{\pi}{30} \cdot n_1 = J_2 \cdot \frac{\pi}{30} \cdot n_2$$

$$n_2 = \frac{J_1}{J_2} \cdot n_1 \qquad n_2 = \frac{J_1}{3\,J_1} \cdot n_1$$

$$n_2 = \frac{1}{3} \cdot n_1 \qquad n_2 = \frac{1}{3} \cdot 7500\,\mathrm{min}^{-1}$$

$$\boxed{n_2 = 2500\,\mathrm{min}^{-1}}$$

Drallsatz in Integral-Form :

$$\int\limits_{t=o}^{t=t_E} \mathrm{d}L = \int\limits_{t=o}^{t=t_E} M_k(t) \cdot \mathrm{d}t$$

Rotor (1)

M_k ist ein Bremsmoment

$$0 - J_1 \cdot \omega_1 = -M_k \cdot t_E$$

mit $\omega\left[\mathrm{s}^{-1}\right] = \dfrac{\pi \cdot n\left[\mathrm{min}^{-1}\right]}{30}$

$$0 - J_1 \cdot \frac{\pi}{30} \cdot n_1 = -M_k \cdot t_E$$

Es folgt :

$$M_k = \frac{\pi \cdot J_1 \cdot n_1}{30 \cdot t_E}$$

$$M_k = \frac{\pi \cdot 15\,\mathrm{kgm}^2 \cdot 7500\,\mathrm{s}^{-1}}{30 \cdot 32\,\mathrm{s}}$$

$$\boxed{M_k = 368,2\,\mathrm{Nm}}$$

Kontrolle :   Rotor (2)

M_k ist antreibendes Moment

$$0 - \left(-J_2 \cdot \frac{\pi}{30} \cdot n_2\right) = +M_k \cdot t_E$$

Daraus :

$$M_k = \frac{\pi \cdot J_2 \cdot n_2}{30 \cdot t_E}$$

$$M_k = \frac{\pi \cdot 45\,\mathrm{kgm}^2 \cdot 2500\,\mathrm{s}^{-1}}{30 \cdot 32\,\mathrm{s}}$$

$$M_k = 368,2\,\mathrm{Nm}$$

Verlustarbeit

Kinetische Energie „nachher" ist null
(Stillstand) .

$$W_V = E_{\text{"vorher"}}$$

$$W_V = \frac{1}{2} \cdot J_1 \cdot \left(\frac{\pi}{30} \cdot n_1\right)^2 + \frac{1}{2} \cdot J_2 \cdot \left(\frac{\pi}{30} \cdot n_2\right)^2$$

Daraus folgt mit den bekannten Werten :

$$\boxed{W_V = 6168,5\,\text{kJ}}$$

Andere Betrachtungsweise (Kontrolle) :

Kinematik-Diagramme

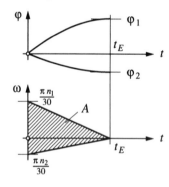

$$A \triangleq |\varphi_1| + |\varphi_2| = \varphi_{\text{gesamt}}$$

$$W_V = M_k \cdot \varphi_{\text{gesamt}}$$

$$W_V = M_k \cdot \frac{1}{2} \cdot t_E \cdot \frac{\pi}{30} \cdot (n_1 + n_2)$$

$$W_V = 368,2\,\text{Nm} \cdot \frac{1}{2} \cdot 32\,\text{s} \cdot \frac{\pi}{30}(7500 + 2500)\,\text{s}^{-1}$$

$$W_V = 6168,5\,\text{kJ}$$

26.6

Rotor (1) steht anfänglich still, Rotor (2) dreht mit $n_2 = 1500\,\text{min}^{-1}$. Nach dem Einfallen der Rutschkupplung dreht das System mit $n_E = 400\,\text{min}^{-1}$. Kupplungsmoment (zeitlich konstant) $M_k = 14\,\text{Nm} = \text{konst.}$. Zu berechnen ist das Massenträgheitsmoment J_1 , die Kupplungszeit t_E sowie die Verlustarbeit.

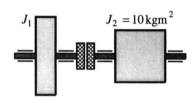

Vorzeichenregelung (willkürlich)

Richtungssinn des Drallvektors von Rotor (2) „vorher" wird positiv definiert.

Drallsatz :

$$L_{\text{"vorher"}} = L_{\text{"nachher"}}$$

$$0 + J_2 \cdot \omega_2 = \omega_E \cdot (J_1 + J_2)$$

Mit $\quad \omega\left[\text{s}^{-1}\right] = \dfrac{\pi \cdot n\left[\text{min}^{-1}\right]}{30}\quad$ folgt somit :

$$J_2 \cdot n_2 = (J_1 + J_2) \cdot n_E$$

Daraus :

$$J_1 = J_2 \cdot \frac{n_2 - n_E}{n_E}$$

$$J_1 = 10\,\text{kgm}^2 \cdot \frac{1500 - 400}{400}$$

$$\boxed{J_1 = 27,5\,\mathrm{kgm}^2}$$

Kupplungszeit t_E

Rotor (1)

$$\int_{t=0}^{t=t_E} \mathrm{d}L = \int_{t=0}^{t=t_E} M_k(t) \cdot \mathrm{d}t$$

$$J_1 \cdot \frac{\pi}{30} \cdot n_E - 0 = +M_k \cdot t_E$$

$$t_E = \frac{\pi \cdot J_1 \cdot n_E}{30 \cdot M_k}$$

$$t_E = \frac{\pi \cdot 27,5\,\mathrm{kgm}^2 \cdot 400\,\mathrm{s}^{-1}}{30 \cdot 14\,\mathrm{Nm}}$$

$$\boxed{t_E = 82,3\,\mathrm{s}}$$

Kontrolle :   Rotor (2)

$$\frac{\pi}{30} \cdot \left(J_2 \cdot n_E - J_2 \cdot n_2 \right) = -M_k \cdot t_E$$

Auch hieraus folgt :

$$t_E = 82,3\,\mathrm{s}$$

Verlust-Arbeit W_V :

$$W_V = \frac{1}{2} \cdot J_2 \cdot \left(\frac{\pi}{30} \cdot n_2 \right)^2 - \frac{J_1 + J_2}{2} \cdot \left(\frac{\pi}{30} \cdot n_E \right)^2$$

Daraus mit den bekannten Werten:

$$\boxed{W_V = 90,47\,\mathrm{kJ}}$$

27.1

Eine Masse m wird mit der Anfangsgeschwindigkeit v_o so angestoßen, daß sie an keiner Stelle den Kontakt mit der Bahn verliert. Mit welcher Geschwindigkeit trifft die Masse am Tiefpunkt (B) der Bahn ein, wenn Reibfreiheit angenommen wird ? $r = 0,7\,\text{m}$

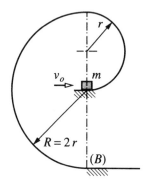

Mindestgeschwindigkeit Höchstpunkt

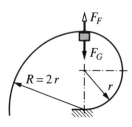

$$F_F = F_G$$

$$F_F = m \cdot R \cdot \omega_1^2 \qquad \omega_1^2 = \frac{v_1^2}{R^2}$$

$$\frac{m \cdot v_1^2}{R} = m \cdot g$$

$$v_1 = \sqrt{g \cdot R}$$

$$v_1 = \sqrt{9{,}81\frac{\text{m}}{\text{s}^2} \cdot 1{,}4\,\text{m}}$$

$$v_1 = 3{,}706\,\frac{\text{m}}{\text{s}}$$

Energiebilanz zwischen Startpunkt und Höchstpunkt

Startpunkt : $U_h = 0$

$$\frac{m \cdot v_o^2}{2} = m \cdot g \cdot 2\,r + \frac{m \cdot v_1^2}{2}$$

$$v_o^2 = 4g \cdot r + g \cdot (2\,r)$$

$$v_o = \sqrt{6g \cdot r}$$

$$v_o = \sqrt{6 \cdot 9{,}81\frac{\text{m}}{\text{s}^2} \cdot 0{,}7\,\text{m}}$$

$$\boxed{v_o = 6{,}419\,\frac{\text{m}}{\text{s}}}$$

Energiebilanz zwischen Startpunkt und Tiefstpunkt

Tiefstpunkt : $U_h = 0$

$$\frac{m \cdot v_o^2}{2} + m \cdot g \cdot R = \frac{m \cdot v_B^2}{2}$$

$$v_o^2 + 2g \cdot R = v_B^2$$

$$v_B^2 = 6g \cdot r + 2g \cdot (2\,r)$$

$$v_B = \sqrt{10g \cdot r}$$

$$v_B = \sqrt{10 \cdot 9,81 \frac{m}{s^2} \cdot 0,7\,m}$$

$$\boxed{v_B = 8,287 \frac{m}{s}}$$

27.2

Ein allradgetriebenes Fahrzeug fährt eine vereiste schiefe Ebene ($\mu = 0,07$; $\alpha = 15°$) hinauf.

a) Wie groß muß die Startgeschwindigkeit v_o am Fuß der schiefen Ebene sein, damit das Fahrzeug gerade noch oben ankommt ($h = 2\,m$). Der Fahrer gibt soviel Gas, daß die Räder während der gesamten Fahrt durchdrehen.

b) Wie ändert sich v_o, wenn der Antrieb ausgeschaltet ist ?

c) Wie lange dauert in beiden Fällen die Fahrt?

d) Oben angekommen blockiert der Fahrer die Räder, das Fahrzeug rutscht rückwärts hinab. Wann und mit welcher Geschwindigkeit kommt es am Fuß der schiefen Eben an ?

a)

Energiesatz

$$E_o + U_o \pm W_N = E_1 + U_1$$

„0" Startpunkt (Fußpunkt der Bahn)
„1" Bahnhöchstpunkt

Reibarbeit positiv (als Antriebsarbeit):

$$W_N = + m \cdot g \cdot \cos\alpha \cdot \mu \cdot s$$

mit $s = \dfrac{h}{\sin\alpha}$

Startpunkt : $U_h = 0$

$$\frac{m \cdot v_o^2}{2} + m \cdot g \cdot \cos\alpha \cdot \mu \cdot \frac{h}{\sin\alpha} = m \cdot g \cdot h$$

$$v_o = \sqrt{2g \cdot h - \frac{2g \cdot h \cdot \mu}{\tan\alpha}}$$

$$v_o = \sqrt{2g \cdot h \cdot \left(1 - \frac{\mu}{\tan\alpha}\right)}$$

Daraus :

$$\boxed{v_o = 5,384 \frac{m}{s}}$$

$$v_o = 5,384 \cdot 3,6 \frac{km}{h}$$

$$v_o = 19,4 \frac{km}{h}$$

b)

Aus Lösung a) für $W_N = 0$

$$\frac{m \cdot v_o^2}{2} = m \cdot g \cdot h$$

$$v_o = \sqrt{2g \cdot h}$$

$$v_o = \sqrt{2 \cdot 9{,}81 \frac{m}{s^2} \cdot 2\,m}$$

$$\boxed{v_o = 6{,}264 \frac{m}{s}}$$

$$v_o = 6{,}264 \cdot 3{,}6 \frac{km}{h}$$

$$v_o = 22{,}6 \frac{km}{h}$$

c)

Kräfte in Bahnrichtung wirkend
(mit Antrieb)

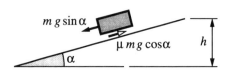

NEWTON :

$$F_{Res.} = m \cdot a_o$$

$$F_{Res.} = m \cdot g \cdot (\mu \cdot \cos\alpha - \sin\alpha)$$

$$a_o = -g \cdot (\sin\alpha - \mu \cdot \cos\alpha)$$

$$a_o = -9{,}81 \frac{m}{s^2} \cdot (\sin 15° - 0{,}07 \cdot \cos 15°)$$

$$a_o = -1{,}8757 \frac{m}{s^2}$$

(Verzögerung in Bewegungsrichtung)

Kinematik mit Antrieb :

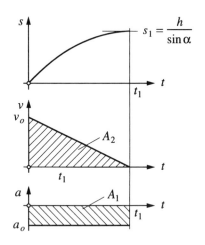

$$A_1 \mathrel{\hat{=}} v_o$$
$$|a_o| \cdot t_1 = v_o$$

$$t_1 = \frac{v_o}{|a_o|} = \frac{5{,}384 \dfrac{m}{s}}{1{,}8757 \dfrac{m}{s^2}}$$

$$\boxed{t_1 = 2{,}87\,s}$$

Ohne Kenntnis von v_o :

$$A_2 \mathrel{\hat{=}} s_1$$

$$\frac{v_o \cdot t_1}{2} = \frac{h}{\sin\alpha}$$

darin: $\qquad v_o = |a_o| \cdot t_1$

Es folgt:

$$\frac{h}{\sin\alpha} = \frac{|a_o| \cdot t_1^2}{2}$$

$$t_1 = \sqrt{\frac{2h}{|a_o| \cdot \sin\alpha}}$$

$$t_1 = \sqrt{\frac{2 \cdot 2\,\text{m}}{1,8757\,\dfrac{\text{m}}{\text{s}^2} \cdot \sin 15°}}$$

$$t_1 = 2,87\,\text{s}$$

Kinematik ohne Antrieb:

$$a_o = -g \cdot \sin\alpha$$

$$t_1 = \sqrt{\frac{2h}{g \cdot \sin^2\alpha}}$$

$$t_1 = \sqrt{\frac{2 \cdot 2\,\text{m}}{9,81\,\dfrac{\text{m}}{\text{s}^2} \cdot \sin^2 15°}}$$

$$\boxed{t_1 = 2,47\,\text{s}}$$

Anmerkung:
t_1 ohne Antrieb kleiner als im Fall „mit Antrieb", weil v_o größer ist!

d)
Abwärtsrutschen:

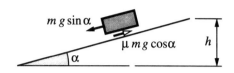

Wie bei Aufwärtsfahrt mit Antrieb:

$$a_o = g \cdot (\sin\alpha - \mu \cdot \cos\alpha)$$

$$a_o = 1,8757\,\frac{\text{m}}{\text{s}^2}$$
(Abwärtsbeschleunigung positiv)

Kinematik:

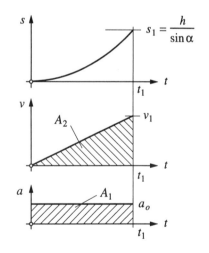

1) $\quad a_o \cdot t_1 = v_1 \qquad (v_1 \mathrel{\hat{=}} A_1)$

2) $\quad \dfrac{v_1 \cdot t_1}{2} = s_1 \qquad (s_1 \mathrel{\hat{=}} A_2)$

Daraus :

$$v_1 = \sqrt{2a_o \cdot s_1}$$

$$v_1 = \sqrt{2 \cdot 1,8757 \frac{m}{s^2} \cdot \frac{2\,m}{\sin 15°}}$$

$$\boxed{v_1 = 5,384 \frac{m}{s}}$$

wie bei Aufwärtsbewegung mit Antrieb

$$t_1 = \sqrt{\frac{2s_1}{a_o}} \qquad t_1 = \sqrt{\frac{2h}{\sin 15° \cdot a_o}}$$

$$t_1 = \sqrt{\frac{2 \cdot 2\,m}{\sin 15° \cdot 1,8757 \frac{m}{s^2}}}$$

$$\boxed{t_1 = 2,87\,s}$$

wie bei Aufwärtsbewegung mit Antrieb

Probe mit Energiesatz :

$$m \cdot g \cdot h - \mu \cdot m \cdot g \cdot \cos\alpha \cdot \frac{h}{\sin\alpha} = \frac{m \cdot v_1^2}{2}$$

Daraus :

$$v_1 = \sqrt{2g \cdot h \cdot \left(1 - \frac{\mu}{\tan\alpha}\right)}$$

$$v_1 = \sqrt{2 \cdot 9,81 \frac{m}{s^2} \cdot 2\,m \cdot \left(1 - \frac{0,07}{\tan 15°}\right)}$$

$$v_1 = 5,384 \frac{m}{s}$$

27.3

Eine Stange vom Gewicht $m_1\,g = 80\,N$ bewegt sich aus anfänglicher Ruhelage abwärts. Dabei dreht die Seilrolle ($m_2 = 5\,kg$, $R = 0,3\,m$) die zweite Rolle rollt an der Wand abwärts. Welche Geschwindigkeit v_1 besitzt die Stange nach einem Fallweg $s_1 = 1\,m$? Hinweis: für beide Rollen gilt $J_S = m_2\,R^2 / 2$

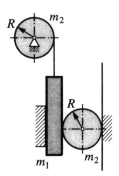

Für Stange und lose Rolle :

$U_h = 0$ an tiefster Stelle ihrer jeweiligen Schwerpunktsbahn

Energiesatz :

$$E_o + U_o \pm W_N = U_1 + E_1$$

$W_N = 0$ (Energieerhaltungssatz, weil Reibverluste nicht zu berücksichtigen sind)

$U_1 = 0$ (wie oben definiert)
$E_o = 0$ (Start aus anfänglicher Ruhelage)

Damit :

$U_o = E_1$

Potentielle Energie „vorher" :

$U_o = m_1 \cdot g \cdot s_1 + m_2 \cdot g \cdot \dfrac{s_1}{2}$

Kinetische Energie „nachher" :

$E_1 = E_{1\,\text{feste Rolle}} + E_{1\,\text{Stange}} + E_{1\,\text{lose Rolle}}$

1)   feste Rolle

$E_{1\,\text{feste Rolle}} = \dfrac{J_S}{2} \cdot \omega_1^2$

mit $\omega_1 = \dfrac{v_1}{R}$

2)   Stange

$E_{1\,\text{Stange}} = \dfrac{m_1 \cdot v_1^2}{2}$

3)   lose Rolle :

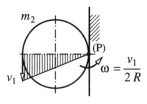

$E_{1\,\text{lose Rolle}} = \dfrac{J_P \cdot \left(\dfrac{v_1}{2R}\right)^2}{2}$

mit $J_P = J_S + m \cdot R^2$

$J_P = \dfrac{3}{2} m_2 \cdot R^2$

Energiesatz :

$U_o = E_{1\,\text{feste Rolle}} + E_{1\,\text{Stange}} + E_{1\,\text{lose Rolle}}$

$s_1 \cdot g \cdot \left(m_1 + \dfrac{m_2}{2}\right) = \dfrac{1}{2} \cdot \dfrac{m_2 \cdot R^2}{2} \cdot \dfrac{v_1^2}{R^2} + \dfrac{m_1 \cdot v_1^2}{2}$

$+ \dfrac{1}{2} \cdot \dfrac{3 m_2 \cdot R^2}{2} \cdot \dfrac{v_1^2}{4 \cdot R^2}$

Daraus :

$$v_1^2 = \dfrac{16 s_1 \cdot g \cdot \left(m_1 + \dfrac{m_2}{2}\right)}{7 m_2 + 8 m_1}$$

Mit den gegebenen Werten :

$$v_1 = 4,08 \dfrac{\text{m}}{\text{s}}$$

$v_1 = 4,08 \cdot 3,6 \dfrac{\text{km}}{\text{h}}$

$v_o = 14,7 \dfrac{\text{km}}{\text{h}}$

27.4

Ein Zahnrad der Masse m (Radius $r = 0,4\,\mathrm{m}$) rollt aus der skizzierten Stellung an einem Rad mit Innenverzahnung abwärts und dreht dabei das in (A) gelagerte Rad gleicher Masse und Größe. Welche maximale Geschwindigkeit erreicht das abwärts rollende Rad ?

Geschwindigkeits-Verteilung :

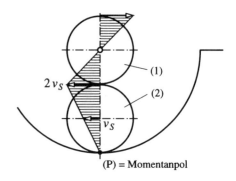

(P) = Momentanpol

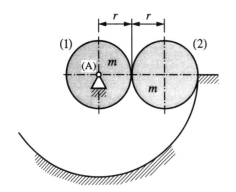

Rad (1) :

$$\omega = \frac{2v_S}{r}$$

Rad (2) :

$$\omega = \frac{v_S}{r}$$

$U_h = 0$ an tiefster Stelle der Schwerpunktsbahn der losen Rolle (2)

Kinetische Energien „nachher" :

1)   Rad (1) :

$$E_{1_1} = \frac{J_S}{2} \cdot \left(\frac{2v_S}{r} \right)^2$$

2)   Rad (2) :

$$E_{1_2} = \frac{J_P}{2} \cdot \left(\frac{v_S}{r} \right)^2$$

Energiesatz :

$$E_o + U_o \pm W_N = U_1 + E_1$$

$W_N = 0$ $\Rightarrow$ Energieerhaltungssatz
$E_o = 0$ (anfänglich Ruhe)
$U_1 = 0$ (wie oben definiert)

mit $J_P = J_S + m \cdot r^2$

$$J_P = \frac{m \cdot r^2}{2} + m \cdot r^2$$

$$J_P = \frac{3}{2} m \cdot r^2$$

Potentielle Energie Rad (2) „vorher" :

$$U_o = m \cdot g \cdot 2\,r$$

Energiesatz :

$$m\,g \cdot 2\,r = \frac{1}{2} \cdot \frac{m \cdot r^2}{2}\left(\frac{2\,v_S}{r}\right)^2 + \frac{1}{2} \cdot \frac{3}{2} m \cdot r^2 \left(\frac{v_S}{r}\right)^2$$

$$m \cdot g \cdot 2\,r = \frac{m \cdot r^2}{4} \cdot \frac{4\,v_S^2}{r^2} + \frac{3}{4} \cdot m \cdot r^2 \cdot \frac{v_S^2}{r^2}$$

$$g \cdot 2\,r = \frac{4\,v_S^2}{4} + \frac{3\,v_S^2}{4} = \frac{7\,v_S^2}{4}$$

Daraus folgt :

$$v_S = \sqrt{\frac{8g \cdot r}{7}}$$

$$v_S = \sqrt{\frac{8 \cdot 9{,}81\,\dfrac{\mathrm{m}}{\mathrm{s}^2} \cdot 0{,}4\,\mathrm{m}}{7}}$$

$$\boxed{v_S = 2{,}118\,\frac{\mathrm{m}}{\mathrm{s}}}$$

27.5

Die Stangenmasse $m = 1\,\mathrm{kg}$ bewegt sich, nachdem das anfänglich ruhende System losgelassen wird, abwärts und nimmt dabei die an der Wand abrollende Scheibe konstanter Dicke mit. $R = 0{,}2\,\mathrm{m}$, $a = 0{,}5\,\mathrm{m}$

a) Welche Geschwindigkeit besitzt die abwärts rollende Scheibe, wenn die Stange den Fallweg a erreicht hat ?

b) Wie lange dauert diese Bewegung ?

Hinweis: keine Gleitreibung zwischen Stange und Wand.

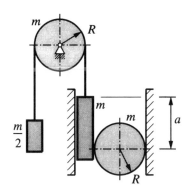

a)
Potentielle Energien :

$U_h = 0$ jeweils am Tiefstpunkt der Schwerpunktsbahn

1)   kleine Stange ($m/2$) :

$U_o = 0$ (vorher)

$$U_1 = \frac{m}{2} \cdot g \cdot a$$

2)   große Stange (m) :

$$U_o = m \cdot g \cdot a$$
$$U_1 = 0$$

3)   lose Rolle :

$$U_o = m \cdot g \cdot \frac{a}{2}$$
$$U_1 = 0$$

Kinetische Energien „nachher" :

Geschwindigkeits-Verteilung feste Rolle

$$\omega_1 = \frac{v}{r}$$

$$E_o = 0$$
$$E_1 = \frac{J_S}{2} \cdot \left(\frac{v}{r}\right)^2$$

Geschwindigkeits-Verteilung lose Rolle

$$\omega_1 = \frac{v}{2r}$$

$$E_o = 0$$
$$E_1 = \frac{J_P}{2} \cdot \left(\frac{v}{2r}\right)^2$$

mit $$J_P = \frac{3}{2} m \cdot r^2$$

Stangen :

$$E_o = 0$$

$$E_1 = \frac{m}{2} \cdot \frac{v^2}{2} + \frac{m \cdot v^2}{2} = \frac{3 m \cdot v^2}{4}$$

v = Stangen- bzw. Seilgeschwindigkeit „nachher"

Energieerhaltungssatz ($W_N = 0$) :

$$m \cdot g \cdot a + m \cdot g \cdot \frac{a}{2} = \frac{m}{2} \cdot g \cdot a + \frac{J_S}{2} \cdot \left(\frac{v}{r}\right)^2$$
$$+ \frac{J_P}{2} \cdot \left(\frac{v}{2r}\right)^2 + \frac{v^2}{2}\left(m + \frac{m}{2}\right)$$

$$m \cdot g \cdot a + m \cdot g \cdot \frac{a}{2} = \frac{m}{2} \cdot g \cdot a + \frac{m \cdot v^2}{4}$$
$$+ \frac{3 m \cdot v^2}{16} + \frac{3 m \cdot v^2}{4}$$

Daraus folgt :

$$v = \sqrt{\frac{16 g \cdot a}{19}}$$

$$v_S = \sqrt{\frac{16 \cdot 9{,}81 \dfrac{\mathrm{m}}{\mathrm{s}^2} \cdot 0{,}5\,\mathrm{m}}{19}}$$

$$\boxed{v = 2{,}03 \frac{\mathrm{m}}{\mathrm{s}}}$$

b)

Kinematik

Beispiel : lange Stange (m) :

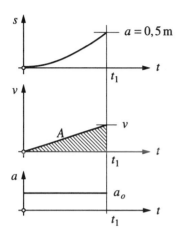

$a = 0,5\,\text{m}$

$A \mathrel{\hat{=}} 0,5\,\text{m}$

$$\frac{v \cdot t_1}{2} = 0,5\,\text{m}$$

$$t_1 = \frac{2 \cdot 0,5\,\text{m}}{2,03\,\dfrac{\text{m}}{\text{s}}}$$

$$\boxed{t_1 = 0,49\,\text{s}}$$

27.6

Aus der skizzierten Stellung bewegt sich bei kleinem Anstoß das System, bis es nach 90° Drehung der Stange (von vernachlässigbar kleiner Masse) vor die Feder trifft und zum Stillstand kommt. Das Rad rollt schlupffrei ab.

a) Welche Drehzahl $n_a\,[\text{min}^{-1}]$ hat die Stange unmittelbar vor Berührung mit der Feder?

b) Um welchen Federweg f wird die Feder zusammengedrückt ?

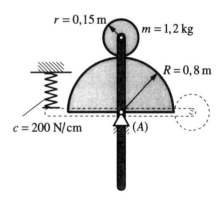

$r = 0,15\,\text{m}$ $m = 1,2\,\text{kg}$
$R = 0,8\,\text{m}$
$c = 200\,\text{N/cm}$ (A)

a)

Energieerhaltungssatz : $W_N = 0$

Energiebilanz zwischen Startstellung „0" und Position kurz vor Berührung Stange/Feder „1"

Potentielle Energie Rad :

$$U_o = m \cdot g \cdot (R + r)$$
$$U_1 = 0$$

Kinetische Energie Rad :

$E_o = 0$ (Ruheposition)

$E_1 = \dfrac{m}{2} \cdot \omega_1^2$

Geschwindigkeits-Verteilung
für Rad und Stange :

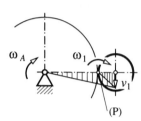

(P)

Rad : $v_1 = \omega_1 \cdot r$

Stange : $v_1 = \omega_A \cdot (R + r)$

$\omega_A = \omega_1 \cdot \dfrac{r}{R + r}$

Energieerhaltungssatz :

$m \cdot g \cdot (R + r) = \dfrac{J_P}{2} \cdot \omega_1^2$

mit $J_P = \dfrac{3}{2} m \cdot r^2$

Daraus :

$\omega_1 = \sqrt{\dfrac{2\, m \cdot g \cdot (R + r)}{\dfrac{3}{2} m \cdot r^2}}$

$\omega_1 = \sqrt{\dfrac{4 \cdot 1,2\,\mathrm{kg} \cdot 9,81\,\dfrac{\mathrm{m}}{\mathrm{s}^2} \cdot (0,8\,\mathrm{m} + 0,15\,\mathrm{m})}{3 \cdot 1,2\,\mathrm{kg} \cdot (0,15\,\mathrm{m})^2}}$

$\boxed{\omega_1 = 23,5\,\mathrm{s}^{-1}}$

$\omega_A = \omega_1 \cdot \dfrac{r}{R + r}$

$\omega_A = 23,5\,\mathrm{s}^{-1} \cdot \dfrac{0,15\,\mathrm{m}}{0,8\,\mathrm{m} + 0,15\,\mathrm{m}}$

$\omega_A = 3,71\,\mathrm{s}^{-1}$

$n_A = \dfrac{30}{\pi} \cdot \omega_A$

$n_A = \dfrac{30}{\pi} \cdot 3,71\,\mathrm{min}^{-1}$

$\boxed{n_A = 35,4\,\mathrm{min}^{-1}}$

b)

Energiebilanz zwischen Startstellung „0“ und
Ruhestellung „2“ (Feder zusammengedrückt)

$m \cdot g \cdot (R + r) = \dfrac{c}{2} \cdot f^2$

$f = \sqrt{\dfrac{2\, m \cdot g \cdot (R + r)}{c}}$

$f = \sqrt{\dfrac{2 \cdot 1,2\,\mathrm{kg} \cdot 9,81\,\dfrac{\mathrm{m}}{\mathrm{s}^2} \cdot (0,8\,\mathrm{m} + 0,15\,\mathrm{m})}{2 \cdot 10^4\,\dfrac{\mathrm{N}}{\mathrm{m}}}}$

$f = 0,0334\,\mathrm{m}$

$\boxed{f = 33,4\,\mathrm{mm}}$

27.7

Die Feder der Härte $c = 20\,\text{N/mm}$ ist vorgespannt: $f = 6\,\text{mm}$. Beim Entriegeln des Systems bewegt sich die rechte Scheibe abrollend
auf der Bahn. Die Scheibe nimmt eine zweite
Scheibe, die mit ihr kämmt, mit; beide Scheiben
sind auf der als masselos anzunehmenden Stange drehbar reibungsfrei gelagert. Für eine 90°
Drehung der Stange sind zu bestimmen

a) ω_2/ω_1, das Verhältnis der Winkelgeschwindigkeiten beider Scheiben,

b) $\omega_{A\,\text{Stange}}$ = Stangenwinkelgeschwindigkeit,

c) $n_1\left[\text{min}^{-1}\right]$, die Drehzahl der Scheibe (1),

d) v_2 = Geschwindigkeit der Scheibe (2) .

$m = 0,1\,\text{kg}$; $R = 0,3\,\text{m}$

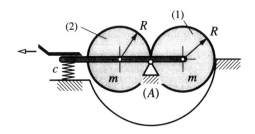

a)
Energieerhaltung : $W_N = 0$

Ferderenergie :

$$U_{f_o} = \frac{c}{2} \cdot f^2 \qquad (\text{„0“} = \text{Startstellung})$$
$$U_{f_1} = 0 \qquad (\text{„1“} = \text{Endposition})$$

Potentielle Energie :

Da Gesamtschwerpunkt in (A) , ist
$U_h = \text{konst.}$

Kinetische Energien :

Geschwindigkeits-Verteilung
in Endstellung „1“

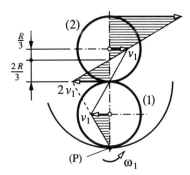

Scheibe (1) :

$$\omega_1 = \frac{v_1}{R}$$

Scheibe (2) :

$$\omega_2 = \frac{2\,v_1}{\dfrac{2\,R}{3}} = \frac{v_1}{\dfrac{R}{3}} = \frac{3\,v_1}{R}$$

Somit :

$$\boxed{\frac{\omega_2}{\omega_1} = 3}$$

b)

Kinetische Energien „nachher" :

Scheibe (1) :

Rotationsenergie
bei momentaner Drehung um (P) :

$$E_1 = \frac{J_P}{2} \cdot \omega_1^2$$

mit $\quad J_P = \frac{3}{2} m \cdot R^2$

Scheibe (2) :

Translationsenergie mit der Schwerpunktsgeschwindigkeit $v_1 = \omega_1 \cdot R$ plus Rotationsenergie der Drehung um den Schwerpunkt :

$$E_1 = \frac{m}{2} \cdot (\omega_1 \cdot R)^2 + \frac{J_S}{2} \cdot (3\omega_1)^2$$

Energieerhaltungssatz :

$$\frac{c}{2} \cdot f^2 = \frac{1}{2} \cdot \frac{3}{2} m \cdot R^2 \cdot \omega_1^2 + \frac{m}{2} \cdot (\omega_1 \cdot R)^2$$
$$+ \frac{1}{2} \cdot \frac{m \cdot R^2}{2} \cdot (3\omega_1)^2$$

$$\frac{c}{2} \cdot f^2 = m \cdot R^2 \cdot \omega_1^2 \cdot \left(\frac{3}{4} + \frac{1}{2} + \frac{9}{4} \right)$$

$$\omega_1 = \sqrt{\frac{\dfrac{c}{2} \cdot f^2}{m \cdot R^2 \cdot \dfrac{14}{4}}} = \sqrt{\frac{c \cdot f^2}{m \cdot R^2 \cdot 7}}$$

$$\omega_1 = \sqrt{\frac{2 \cdot 10^4 \, \dfrac{N}{m} \cdot \left(6 \cdot 10^{-3} \, m \right)^2}{0,1 \, kg \cdot (0,3 \, m)^2 \cdot 7}}$$

$$\boxed{\omega_1 = 3,381 \, s^{-1}}$$

Die Skizze der Geschwindigkeits-Verteilung
zeigt :

$$\boxed{\omega_A = \omega_1 = 3,381 \, s^{-1}}$$

c)

Drehzahl Scheibe (1) :

$$n_1 = \frac{30}{\pi} \cdot \omega_1$$

$$n_1 = \frac{30}{\pi} \cdot 3,381 \, min^{-1}$$

$$\boxed{n_1 = 32,3 \, min^{-1}}$$

d)

Geschwindigkeit Scheibe (2) :

$$v_{S_2} = \omega_1 \cdot R = v_1$$

$$v_{S_2} = 3,381 \, s^{-1} \cdot 0,3 \, m$$

$$\boxed{v_{S_2} = 1,01 \, \frac{m}{s}}$$

28.1

Eine Rolle vom Gewicht $F_G = 500\,\text{N}$ liegt auf rauher Bahn. Am Faden (Neigung $\alpha = 30°$) zieht die Kraft F. Das Massenträgheitsmoment bezogen auf den Schwerpunkt der Rolle ist $J_S = 2\,\text{kgm}^2$; $r = 0,2\,\text{m}$, $R = 0,3\,\text{m}$, Haftreibungskoeffizient $\mu_o = 0,4$

a) Es ist die Beziehung für die Schwerpunktsbeschleunigung a_S unter der Voraussetzung herzuleiten, daß kein Schlupf zwischen Rolle und Bahn auftritt.

b) Es ist diese Beziehung für den Schlupffall herzuleiten.

c) Bis zu welcher kritischen Kraft $F_{kr.}$ ist die Bewegung schlupffrei ?

d) Es sind die Schwerpunktsbeschleunigung a_S sowie die Winkelbeschleunigung $\ddot{\varphi}$ der Rolle für folgende Seilkräfte zu berechnen : $F = 100\,\text{N}$, $F = F_{kr.}$, $F = 400\,\text{N}$

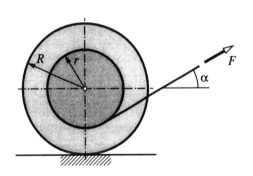

a)

Kinematische Koordinaten-Wahl :

Schwerpunkts-Koordinaten : $+s, \dot{s}, \ddot{s}$ nach rechts positiv; Dreh-Koordinaten : $+\varphi, \dot{\varphi}, \ddot{\varphi}$ rechtsdrehend positiv

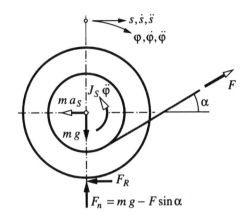

$F_n = m\,g - F\sin\alpha$

D'ALEMBERT :

Trägheitskraft : $m \cdot a_S = m \cdot \ddot{s}$

Moment der tangential wirkenden
Trägheitskräfte : $J_S \cdot \ddot{\varphi}$

1)

$$\sum F_S = 0$$

$$0 = F \cdot \cos\alpha - F_R - m \cdot a_S \qquad (1)$$

2)

$$\sum M_S = 0$$

$$0 = J_S \cdot \ddot{\varphi} + F \cdot r - F_R \cdot R \qquad (2)$$

Aus (1) folgt :

$$F_R = F \cdot \cos\alpha - m \cdot a_S$$

Nach Einsetzen in (2) folgt :

$$0 = J_S \cdot \ddot{\varphi} + F \cdot r - R \cdot (F \cdot \cos\alpha - m \cdot a_S)$$

Abrollbedingung :

$$a_S = \ddot{\varphi} \cdot R \qquad \Rightarrow \qquad \ddot{\varphi} = \frac{a_S}{R}$$

Somit :

$$0 = J_S \cdot \frac{a_S}{R} + R \cdot m \cdot a_S + F \cdot r - R \cdot F \cdot \cos\alpha$$

$$0 = a_S \cdot \left(\frac{J_S}{R} + R \cdot m \right) + F \cdot (r - R \cdot \cos\alpha)$$

Damit :

$$a_S = \frac{F \cdot (R \cdot \cos\alpha - r)}{\dfrac{J_S}{R} + m \cdot R} \qquad (a)$$

a_S ist positiv für $R \cdot \cos\alpha > r$

Die Beschleunigungsrichtung des Schwerpunkts hängt ab von R, r, α (nicht von μ_o !)

$$\ddot{\varphi} = \frac{F \cdot (R \cdot \cos\alpha - r)}{J_S + m \cdot R^2} \qquad (b)$$

b)

Bei Schlupf gilt :

$$F_R = \mu_o \cdot F_n$$
$$F_R = \mu_o \cdot (m \cdot g - F \cdot \sin\alpha)$$

1)

$$\sum F_S = 0$$

$$0 = F \cdot \cos\alpha - \mu_o \cdot (m \cdot g - F \cdot \sin\alpha) - m \cdot a_S$$

Daraus folgt sofort :

$$a_S = \frac{F \cdot (\cos\alpha + \mu_o \cdot \sin\alpha)}{m} - \frac{\mu_o \cdot m \cdot g}{m}$$

$$a_S = \frac{F}{m} \cdot (\cos\alpha + \mu_o \cdot \sin\alpha) - \mu_o \cdot g \qquad (c)$$

a_S ist positiv für

$$\frac{F}{m} \cdot (\cos\alpha + \mu_o \cdot \sin\alpha) > \mu_o \cdot g$$

2)

$$\sum M_S = 0$$

$$0 = J_S \cdot \ddot{\varphi} + F \cdot r - R \cdot \mu_o \cdot (m \cdot g - F \cdot \sin\alpha)$$

$$\ddot{\varphi} = \frac{R \cdot \mu_o \cdot (m \cdot g - F \cdot \sin\alpha) - F \cdot r}{J_S} \qquad (d)$$

c)

Aus der Abrollbedingung

$$\ddot{\varphi} \cdot R = a_S$$

folgt :

$$\frac{R \cdot \mu_o \cdot (m \cdot g - F_{kr.} \cdot \sin\alpha) - F_{kr.} \cdot r}{J_S} \cdot R = a_S$$

$$\frac{F_{kr.}}{m} \cdot (\cos\alpha + \mu_o \cdot \sin\alpha) - \mu_o \cdot g = a_S$$

Daraus nach Gleichsetzen und Umstellen :

$$F_{kr.} = \frac{\mu_o \cdot g \cdot \left(\dfrac{J_S}{R} + m \cdot R \right)}{\dfrac{J_S}{mR}(\cos\alpha + \mu_o \sin\alpha) + r + R\mu_o \sin\alpha}$$

Gleichung (e)

d)

Aus (e) mit den gegebenen Werten :

$$F_{kr.} = 215,704\,\text{N}$$

1)

$F = 100\,\text{N} < F_{kr.}$ also : kein Schlupf

Aus (a) :

$$a_S = +0,2724\,\frac{\text{m}}{\text{s}^2}$$

$a_S > 0$, Schwerpunkt nach rechts beschleunigt

Aus (b) :

$$\ddot{\varphi} = +0,908\,\text{s}^{-2}$$

$\ddot{\varphi} > 0$, Winkelbeschleunigung rechtsdrehend

2)

$F = 215,704\,\text{N} = F_{kr.}$

Aus (a) oder (c) :

$$a_S = +0,588\,\frac{\text{m}}{\text{s}^2}$$

$a_S > 0$, Schwerpunkt nach rechts beschleunigt

Aus (b) oder (d) :

$$\ddot{\varphi} = +1,96\,\text{s}^{-2}$$

$\ddot{\varphi} > 0$, Winkelbeschleunigung rechtsdrehend

3)

$F = 400\,\text{N} > F_{kr.}$

Hinweis : Der Koeffizient der Gleitreibung (μ) ist geringfügig kleiner als der Koeffizient der Haftreibung (μ_o) ; hier bei überkritischer Fadenkraft müßte also in die Formeln (c) und (d) der Gleitreibungskoeffizient eingesetzt werden. In der vorgestellten Rechnung wurde vereinfacht mit $\mu \approx \mu_o = 0,4$ gerechnet.

Aus (c) :

$$a_S = +4,44\,\frac{\text{m}}{\text{s}^2}$$

$a_S > 0$, Schwerpunkt nach rechts beschleunigt

Aus (d) :

$$\ddot{\varphi} = -22\,\text{s}^{-2}$$

$\ddot{\varphi} < 0$, Winkelbeschleunigung linksdrehend

Betrachtung für Bahnberührpunkt (P) :

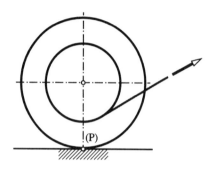

Fall 1) : $F = 100\,\text{N}$

$$a_{(P)} = 0,2724\,\frac{\text{m}}{\text{s}^2} - 0,3\,\text{m} \cdot 0,908\,\text{s}^{-2}$$

$$a_{(P)} = 0$$

d.h. : kein Schlupf

Fall 2) : $F = F_{kr.} = 215,704\,\text{N}$

$$a_{(P)} = 0,588\,\frac{\text{m}}{\text{s}^2} - 0,3\,\text{m} \cdot 1,96\,\text{s}^{-2}$$

$$a_{(P)} = 0$$

d.h. : kein Schlupf (Grenzfall)

Fall 3) : $F = 400\,\text{N}$

$$a_{(P)} = 4,44\,\frac{\text{m}}{\text{s}^2} - 0,3\,\text{m} \cdot \left(-22\,\text{s}^{-2}\right)$$

$$a_{(P)} = +11,04\,\frac{\text{m}}{\text{s}^2}$$

also : Schlupf

28.2

Die Rolle (siehe Daten der Aufgabe 28.1) spult vom festgehaltenen Faden ab. Zu bestimmen ist die Schwerpunktsbeschleunigung a_S sowie die Fadenkraft.

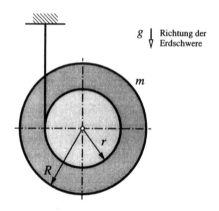

Abrollbewegung ist eine allgemeine, ebene Bewegung mit translatorischem und rotatorischem Bewegungsanteil.

D'ALEMBERT :

Translatorische Trägheitsgröße : $m \cdot a_S$
Rotatorische Trägheitsgröße : $J_S \cdot \ddot{\varphi}$

$$\ddot{x}_S = a_S = \frac{m \cdot g \cdot r}{\dfrac{J_S}{r} + m \cdot r}$$

Wahl der positiven kinematischen Koordinaten:

Schwerpkt.-Koord. $x, \dot{x}, \ddot{x}$: abwärts positiv
Dreh-Koord. $\varphi, \dot{\varphi}, \ddot{\varphi}$: rechtsdrehend positiv

Aus (1) damit :

$$F_S = m \cdot g - m \cdot \frac{m \cdot g \cdot r}{\dfrac{J_S}{r} + m \cdot r}$$

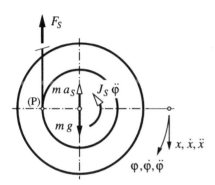

$$F_S = \frac{m \cdot g}{1 + \dfrac{m \cdot r^2}{J_S}}$$

(P) = Abrollpunkt (Momentanpol)

Mit den gegebenen Daten :

$$a_S = 4{,}95\,\frac{\text{m}}{\text{s}}$$

$$F_S = 247{,}6\,\text{N}$$

1)
$$\sum F_x = 0$$

$$0 = m \cdot g - F_S - m \cdot \ddot{x}_S \qquad (1)$$

2)
$$\sum M_{(P)} = 0$$

$$0 = J_S \cdot \ddot{\varphi} + m \cdot \ddot{x}_S \cdot r - m \cdot g \cdot r \qquad (2)$$

3)
Abrollbedingung :
$$\ddot{x}_S = a_S = \ddot{\varphi} \cdot r \qquad (3)$$

Mit (3) sofort aus (2) :

28.3

Die Rolle (siehe Daten der Aufgabe 28.1) liegt wie skizziert auf schiefer, rauher Ebene.

a) Bei welchem Grenzwinkel β setzt Bewegung ein ?

b) Welche Schwerpunktsbeschleunigung a_S stellt sich bei $\beta = 60°$ ein ?

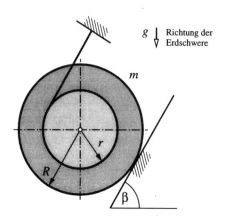

g ↓ Richtung der
  ↓ Erdschwere

$$0 = m \cdot g \cdot \sin \beta - F_S - m \cdot a_S - F_R$$

mit $F_R = \mu_o \cdot m \cdot g \cdot \cos \beta$

$$0 = m \cdot g \cdot \sin \beta - F_S - m \cdot a_S$$
$$-\mu_o \cdot m \cdot g \cdot \cos \beta \qquad (1)$$

2)
$$\sum M_S = 0$$

$$0 = F_S \cdot r - F_R \cdot R - J_S \cdot \ddot{\varphi}$$
$$0 = F_S \cdot r - \mu_o \cdot m \cdot g \cdot \cos \beta \cdot R - J_S \cdot \ddot{\varphi} \qquad (2)$$

Fadenablaufpunkt (P) ist Momentanpol.

Positive Koordinaten :

Translation :

3)

$x, \dot{x}, \ddot{x}$ abwärts positiv (Schwerpunktsgrößen)

Abrollbedingung :

Rotation damit :

$\varphi, \dot{\varphi}, \ddot{\varphi}$ rechtsdrehend positiv

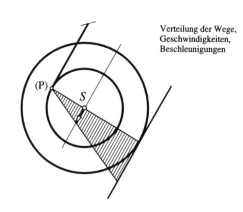

Verteilung der Wege,
Geschwindigkeiten,
Beschleunigungen

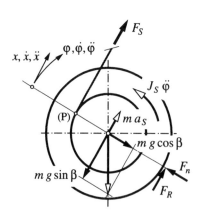

$$x_S = \varphi \cdot r$$
$$\dot{x}_S = v_S = \dot{\varphi} \cdot r$$
$$\ddot{x}_S = a_S = \ddot{\varphi} \cdot r \qquad (3)$$

D'ALEMBERT :

Aus (1) :

1)
$$\sum F_x = 0$$

$$F_S = m \cdot g \cdot \sin \beta - m \cdot a_S - \mu_o \cdot m \cdot g \cdot \cos \beta$$

Aus (2) :

$$F_S = \frac{R}{r} \cdot \mu_o \cdot m \cdot g \cdot \cos\beta + \frac{J_S}{r} \cdot \left(\frac{a_S}{r}\right)$$

Gleichsetzen der Ausdrücke für F_S führt zu :

$$\ddot{x}_S = a_S = g \cdot \frac{\sin\beta - \mu_o \cdot \left(1 + \frac{R}{r}\right) \cdot \cos\beta}{\frac{J_S}{m \cdot r^2} + 1}$$

a)

$a_S > 0$, wenn der Zähler positiv ist :

$$\sin\beta > \mu_o \cdot \left(1 + \frac{R}{r}\right) \cdot \cos\beta$$

$$\tan\beta > 0,4 \cdot \left(1 + \frac{0,3}{0,2}\right)$$

$$\boxed{\beta > 45°}$$

b)

Hinweis : Der Koeffizient der Gleitreibung (μ) ist geringfügig kleiner als der Koeffizient der Haftreibung (μ_o) ; in die Formel für a_S müßte also der Gleitreibungskoeffizient eingesetzt werden. In der vorgestellten Rechnung wurde vereinfacht mit $\mu \approx \mu_o = 0,4$ gerechnet.

Miit den gegebenen Daten :

$$\boxed{a_S = 1,81 \frac{\text{m}}{\text{s}^2}}$$

28.4

Die Rolle von Aufgabe 28.1 ist wie skizziert sowohl am Zapfen von einem Faden umschlungen als auch am äußeren Umfang von einem weiteren Faden, der die Feder der Härte $c = 50\,\text{N/cm}$ aufnimmt. Das Gebilde führt im Schwerefeld Vertikalschwingungen aus, deren Kreisfrequenz zu berechnen ist.

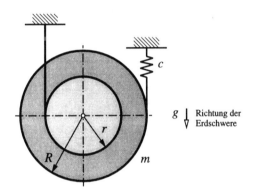

Hinweis auf Kapitel 30 :

In der D'ALEMBERTschen Dgl.

$$0 = \ddot{x} + k \cdot x$$

ist $k = \omega_o^2$

ω_o Eigenkreisfrequenz der ungedämpften Schwingungen

Wahl positiver Koordinaten

Translation : $x, \dot{x}, \ddot{x}$ abwärts positiv (Schwerpunktsgrößen); Rotation damit : $\varphi, \dot{\varphi}, \ddot{\varphi}$ rechtsdrehend positiv

a)   Statik

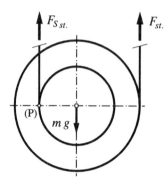

$$\sum M_P = 0$$

$$0 = F_{st.} \cdot (r + R) - m \cdot g \cdot r$$

b)   Dynamik

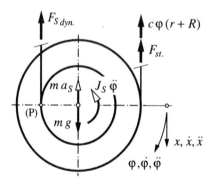

D'ALEMBERT :

1)

$$\sum M_P = 0$$

$$0 = \underbrace{m \cdot g \cdot r - F_{st.} \cdot (r + R)}_{\substack{=0 \\ \text{siehe Statik}}} - m \cdot \ddot{x}_S \cdot r$$

$$-J_S \cdot \ddot{\varphi} - c \cdot (r + R)^2 \cdot \varphi$$

Abrollbedingung :

$$a_S = \ddot{x}_S = \ddot{\varphi} \cdot r$$

Es folgt :

$$0 = \ddot{x}_S \cdot \left(\frac{J_S}{r} + m \cdot r \right) + \frac{c \cdot (r + R)^2}{r} \cdot x$$

$$0 = \ddot{x}_S + \underbrace{\frac{c \cdot (r + R)^2}{\left(\dfrac{J_S}{r} + m \cdot r \right) \cdot r}}_{= \omega_o^2} \cdot x$$

$$\boxed{\omega_o = (r + R) \cdot \sqrt{\frac{c}{m \cdot r^2 + J_S}}}$$

Mit den gegebenen Daten :

$$\boxed{\omega_o = 17,6 \, \text{s}^{-1}}$$

28.5

Die schwere Walze (Vollzylinder) wird mit der gleichbleibend großen Stangenkraft $F = 200 \, \text{N}$ angeschoben.

a)   Welche Bahnbeschleunigung $a_S = \ddot{x}_S$ stellt sich ein ?

b) Wie groß muß der Haftreibungskoeffizient μ_o sein, damit kein Schlupf auftritt ?

c) Nach welcher Zeit ist die Bahngeschwindigkeit $v_1 = 5\,\text{km/h}$ erreicht ?

D'ALEMBERT :

1)
$$\sum F_x = 0$$
$$0 = F \cdot \cos\alpha - F_R - m \cdot \ddot{x}_S \qquad (1)$$

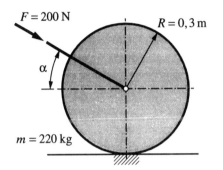

F = 200 N   R = 0,3 m

α

m = 220 kg

2)
$$\sum M_P = 0$$
$$0 = J_S \cdot \ddot{\varphi} - F \cdot \cos\alpha \cdot R + m \cdot \ddot{x}_S \cdot R \qquad (2)$$

Abrollbedingung :
$$a_S = \ddot{x}_S = \ddot{\varphi} \cdot R \qquad (3)$$

Mit (3) folgt aus (2) :

$$0 = \frac{J_S}{R} \cdot \ddot{x}_S + m \cdot \ddot{x}_S \cdot R - F \cdot \cos\alpha \cdot R$$

$$0 = \ddot{x}_S \cdot \left(\frac{J_S}{R} + m \cdot R \right) - F \cdot \cos\alpha \cdot R$$

Wahl positiver Koordinaten

Translation : $x, \dot{x}, \ddot{x}$ nach rechts positiv
(Schwerpunktsgrößen) ; Rotation : $\varphi, \dot{\varphi}, \ddot{\varphi}$
rechtsdrehend positiv

a)

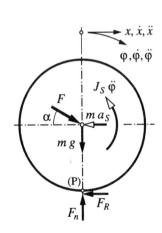

$x, \dot{x}, \ddot{x}$

$\varphi, \dot{\varphi}, \ddot{\varphi}$

$J_S \ddot{\varphi}$

F

α $m\,a_S$

$m\,g$

(P)

F_n F_R

$$\boxed{\ddot{x}_S = \frac{F \cdot \cos\alpha}{\dfrac{J_S}{R^2} + m}}$$

Für Vollzylinder gilt :

$$J_S = \frac{m \cdot R^2}{2}$$

Damit :

$$\ddot{x}_S = \frac{2F \cdot \cos\alpha}{3m}$$

$$\ddot{x}_S = \frac{2 \cdot 200\,\text{N} \cdot \cos 30°}{3 \cdot 220\,\dfrac{\text{Ns}^2}{\text{m}}}$$

folgt :

$$\mu_o = \frac{F \cdot \cos \alpha}{3 \cdot (m \cdot g + F \cdot \sin \alpha)}$$

$$\boxed{\ddot{x}_S = 0{,}525\,\frac{\text{m}}{\text{s}^2}}$$

Mit den gegebenen Daten :

$$\boxed{\mu_o = 0{,}026}$$

b)

Aus (1) :

Reibkraft F_R

c)

Kinematik

$$F_R = F \cdot \cos \alpha - m \cdot \ddot{x}_S$$

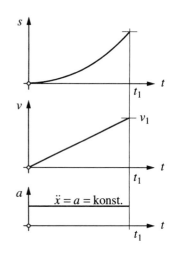

Im Grenzfall (kurz vor Schlupf) :

$$F_R = \mu_o \cdot F_n$$

$$\mu_o \cdot (m \cdot g + F \cdot \sin \alpha) = F \cdot \cos \alpha - m \cdot \ddot{x}_S$$

$$\mu_o = \frac{F \cdot \cos \alpha - m \cdot \ddot{x}_S}{m \cdot g + F \cdot \sin \alpha}$$

$$\mu_o = \frac{F \cdot \cos \alpha - m \cdot \dfrac{F \cdot \cos \alpha}{\dfrac{J_S}{R^2} + m}}{m \cdot g + F \cdot \sin \alpha}$$

$$v_1 = a \cdot t_1$$

$$\mu_o = \frac{F \cdot \cos \alpha}{(m \cdot g + F \cdot \sin \alpha) \cdot \left(\dfrac{m \cdot R^2}{J_S} + 1\right)}$$

$$t_1 = \frac{v_1}{a} = \frac{\dfrac{5}{3{,}6}\,\dfrac{\text{m}}{\text{s}}}{0{,}525\,\dfrac{\text{m}}{\text{s}^2}}$$

mit $J_S = \dfrac{m \cdot R^2}{2}$

$$\boxed{t_1 = 2{,}65\,\text{s}}$$

29.1

Eine Masse $m = 200\,\text{g}$ bewegt sich in horizontaler Ebene mit konstanter Relativgeschwindigkeit $v_{rel} = 8\,\text{m/s}$ (d.h. Zwangsantrieb) in einer Führungsbahn. Das Führungssystem dreht augenblicklich mit $\omega_F = 20\,\text{s}^{-1}$ und erfährt eine konstante Winkelbeschleunigung $\alpha_F = 70\,\text{s}^{-2}$. Welche Kräfte wirken in diesem Augenblick auf die Masse ?

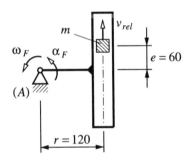

Wegen $v_{rel} = \text{konstant}$ ist $a_{rel}^t = 0$.

Wegen der geraden Relativbahn ist auch $a_{rel}^n = 0$.

Beschleunigungen :

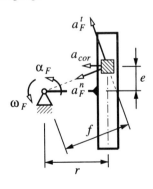

$$a_F^t = \alpha_F \cdot f$$

$$a_F^t = \alpha_F \cdot \sqrt{e^2 + r^2}$$

$$a_F^t = 70\,\text{s}^{-2} \cdot \sqrt{0,06^2 + 0,12^2}\ \text{m}$$

$$a_F^t = 9,39\,\frac{\text{m}}{\text{s}^2}$$

$$a_F^n = f \cdot \omega_F^2$$

$$a_F^n = \cdot\sqrt{e^2 + r^2} \cdot \omega_F^2$$

$$a_F^n = \sqrt{0,06^2 + 0,12^2}\ \text{m} \cdot \left(20\,\text{s}^{-1}\right)^2$$

$$a_F^n = 53,67\,\frac{\text{m}}{\text{s}^2}$$

$$a_{cor} = 2 \cdot \omega_F \cdot v_{rel} \cdot \sin 90°$$

$$a_{cor} = 2 \cdot 20\,\text{s}^{-1} \cdot 8\,\frac{\text{m}}{\text{s}}$$

$$a_{cor} = 320\,\frac{\text{m}}{\text{s}^2}$$

Trägheitskräfte :

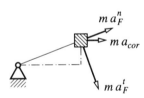

$$m \cdot a_F^t = 0,2\,\text{kg} \cdot 9,39\,\frac{\text{m}}{\text{s}^2}$$

$$\boxed{m \cdot a_F^t = 1,878\,\text{N}}$$

$$m \cdot a_F^n = 0,2\,\text{kg} \cdot 53,67\,\frac{\text{m}}{\text{s}^2}$$

$$\boxed{m \cdot a_F^n = 10,734\,\text{N}}$$

$$m \cdot a_{cor} = 0,2\,\text{kg} \cdot 320\,\frac{\text{m}}{\text{s}^2}$$

$$\boxed{m \cdot a_{cor} = 64\,\text{N}}$$

$\dot{s}$ = Relativgeschwindigkeit
$\ddot{s}$ = Relativbeschleunigung
$\ddot{x}$ = Führungsbeschleunigung

29.2

Das schwingfähige, reibungsfreie System werde als Relativbewegungsproblem verstanden. Zu bestimmen ist die Eigenkreisfrequenz ω_o kleiner Schwingungen.

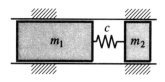

1. Betrachtungsweise :
m_1 ist Führungssystem

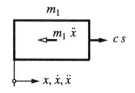

s = Federweg

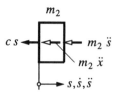

Masse m_1 (Führungssystem) :
D'ALEMBERT

$$\sum F = 0$$

$$0 = c \cdot s - m_1 \cdot \ddot{x} \qquad (1)$$

Masse m_2 (Relativsystem) :

$$\sum F = 0$$

$$0 = c \cdot s + m_2 \cdot \ddot{s} + m_2 \cdot \ddot{x} \qquad (2)$$

Aus (1) :

$$\ddot{x} = \frac{c \cdot s}{m_1}$$

Einsetzen in (2) liefert :

$$0 = c \cdot s + m_2 \cdot \ddot{s} + m_2 \cdot \frac{c \cdot s}{m_1}$$

$$0 = \ddot{s} + s \cdot \underbrace{c \cdot \left(\frac{1}{m_2} + \frac{1}{m_1} \right)}_{\omega_o^2 \ \text{(siehe Kap. 30)}}$$

$$0 = \ddot{s} + \omega_o^2 \cdot s$$

Eigenkreisfrequenz ω_o :

$$\boxed{\omega_o = \sqrt{c \cdot \left(\frac{1}{m_2} + \frac{1}{m_1} \right)}}$$

2. Betrachtungsweise :
m_2 ist Führungssystem

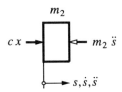

$x = $ Federweg

D'ALEMBERT

$\sum F = 0$

$0 = c \cdot x - m_2 \cdot \ddot{s}$ $\qquad$ (3)

Relativsystem : m_1

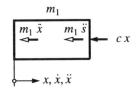

$\dot{x} = $ Relativgeschwindigkeit
$\ddot{x} = $ Relativbeschleunigung
$\ddot{s} = $ Führungsbeschleunigung

D'ALEMBERT

$\sum F = 0$

$0 = c \cdot x + m_1 \cdot \ddot{x} + m_1 \cdot \ddot{s}$ $\qquad$ (4)

Aus (3) :

$$\ddot{s} = \frac{c \cdot x}{m_2}$$

Einsetzen in (4) liefert :

$$0 = c \cdot x + m_1 \cdot \ddot{x} + m_1 \cdot \frac{c \cdot x}{m_2}$$

$$0 = \ddot{x} + x \cdot c \cdot \underbrace{\left(\frac{1}{m_2} + \frac{1}{m_1} \right)}_{\omega_o^2}$$

$$\omega_o = \sqrt{c \cdot \left(\frac{1}{m_2} + \frac{1}{m_1} \right)}$$

29.3

In einem Kugelkäfig, der um die lotrechte Mittelachse mit $n_F = 0,2\,\text{s}^{-1} = $ konstant dreht, fährt ein Artist auf horizontaler Bahn auf Höhe des Kugeläquators

a) gleichsinnig (in der Darstellung in die Bildebene hinein),

b) gegensinnig mit $v_{rel} = 20\,\text{km/h} = $ konst.

Mit welcher Normalkraft drückt das 80 kg schwere Gefährt (Gesamtmasse) auf die Bahn ?

c) $\mu_{o\,min} = ?$, damit kein Rutschen einsetzt ?

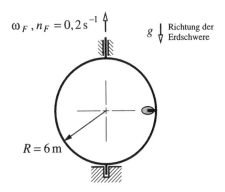

Winkkelgeschwindigkeit Käfig
(= Führungssystem)

$$n_F = 0,2\,\mathrm{s}^{-1} \cdot \frac{60\,\mathrm{s}}{1\,\mathrm{min}} = 30\,\mathrm{min}^{-1}$$

Es gilt allgemein :

$$\omega\left[\mathrm{s}^{-1}\right] = \frac{\pi}{30} \cdot n\left[\mathrm{min}^{-1}\right]$$

$$\omega_F = \frac{\pi}{30} \cdot 30\,\mathrm{s}^{-1}$$

$$\omega_F = 3,1416\,\mathrm{s}^{-1}$$

a)

Kräfte auf die Masse

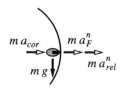

$a_{rel}^t = 0$ (weil v_{rel} = konst.)

$a_F^t = 0$ (weil ω_F = konst.)

$$F_n = m \cdot \left(a_F^n + a_{rel}^n + a_{cor}\right)$$

$$a_F^n = R \cdot \omega_F^2$$

$$a_F^n = 6\,\mathrm{m} \cdot \left(\pi \cdot \mathrm{s}^{-1}\right)^2$$

$$a_F^n = 59,218\,\frac{\mathrm{m}}{\mathrm{s}^2}$$

$$a_{rel}^n = \frac{v_{rel}^2}{R}$$

$$a_{rel}^n = \frac{\left(\dfrac{20}{3,6}\,\dfrac{\mathrm{m}}{\mathrm{s}}\right)^2}{6\,\mathrm{m}}$$

$$a_{rel}^n = 5,144\,\frac{\mathrm{m}}{\mathrm{s}^2}$$

$$a_{cor} = 2 \cdot \omega_F \cdot v_{rel} \cdot \sin 90°$$

$$a_{cor} = 2 \cdot \pi\,\mathrm{s}^{-1} \cdot \frac{20}{3,6}\,\frac{\mathrm{m}}{\mathrm{s}}$$

$$a_{cor} = 34,907\,\frac{\mathrm{m}}{\mathrm{s}^2}$$

$$F_n = 80\,\mathrm{kg} \cdot (59,218 + 5,144 + 34,907)\frac{\mathrm{m}}{\mathrm{s}^2}$$

$$\boxed{F_n = 7941,5\,\mathrm{N}}$$

b)

Kräfte auf die Masse

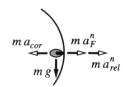

$$F_n = 80\,\mathrm{kg} \cdot (59,218 + 5,144 - 34,907)\frac{\mathrm{m}}{\mathrm{s}^2}$$

$$\boxed{F_n = 2356,4\,\mathrm{N}}$$

c)

Lotrecht wirkende Kräfte :

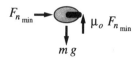

$$m \cdot g = \mu_o \cdot F_{n\,\mathrm{min}}$$

$$\mu_o = \frac{m \cdot g}{F_{n\,\text{min}}}$$

$$\mu_o = \frac{80\,\text{kg} \cdot 9,81\,\dfrac{\text{m}}{\text{s}^2}}{2356,4\,\text{N}}$$

$$\boxed{\mu_o = 0,33}$$

29.4

Das skizzierte System dreht in horizontaler Ebene. Es sind zu bestimmen alle Trägheitskräfte sowie das jeweilige Antriebsmoment in (A)

a) für die dargestellte Anfangsstellung ($t = 0$),

b) für die erste Strecklage,

c) für die erste Decklage der Stangen.

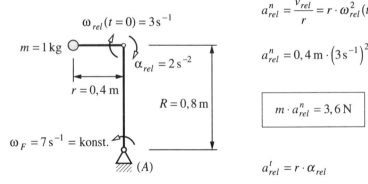

$$\omega_{rel}(t=0) = 3\,\text{s}^{-1}$$
$$m = 1\,\text{kg}$$
$$\alpha_{rel} = 2\,\text{s}^{-2}$$
$$r = 0,4\,\text{m}$$
$$R = 0,8\,\text{m}$$
$$\omega_F = 7\,\text{s}^{-1} = \text{konst.}$$
(A)

a)

Skizzierte Stellung :

$$a_F^t = 0 \qquad (\text{weil } \omega_F = 7\,\text{s}^{-1} = \text{konst.})$$

Trägheitskräfte auf die Masse :

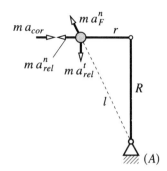

(A)

Beschleunigungs-Komponenten :

$$a_F^n = l \cdot \omega_F^2$$

$$l = \sqrt{R^2 + r^2} \qquad l = \sqrt{0,8\,\text{m}^2}$$

$$a_F^n = \sqrt{0,8\,\text{m}^2} \cdot \left(7\,\text{s}^{-1}\right)^2 \qquad a_F^n = 43,827\,\frac{\text{m}}{\text{s}^2}$$

$$\boxed{m \cdot a_F^n = 43,827\,\text{N}}$$

$$a_{rel}^n = \frac{v_{rel}^2}{r} = r \cdot \omega_{rel}^2 (t=0)$$

$$a_{rel}^n = 0,4\,\text{m} \cdot \left(3\,\text{s}^{-1}\right)^2 \qquad a_{rel}^n = 3,6\,\frac{\text{m}}{\text{s}^2}$$

$$\boxed{m \cdot a_{rel}^n = 3,6\,\text{N}}$$

$$a_{rel}^t = r \cdot \alpha_{rel}$$

$$a_{rel}^t = 0,4\,\text{m} \cdot 2\,\text{s}^{-2} \qquad a_{rel}^t = 0,8\,\frac{\text{m}}{\text{s}^2}$$

$$\boxed{m \cdot a_{rel}^t = 0,8\,\text{N}}$$

$$a_{cor} = 2 \cdot \omega_F \cdot v_{rel} \cdot \sin 90°$$

$$a_{cor} = 2 \cdot \omega_F \cdot [r \cdot \omega_{rel}(t=0)]$$

$$a_{cor} = 2 \cdot 7\,\mathrm{s}^{-1} \cdot \left(0,4\,\mathrm{m} \cdot 3\,\mathrm{s}^{-1}\right)$$

$$a_{cor} = 16,8\,\frac{\mathrm{m}}{\mathrm{s}^2}$$

$$\boxed{m \cdot a_{cor} = 16,8\,\mathrm{N}}$$

$$|M_A| = (16,8\,\mathrm{N} - 3,6\,\mathrm{N}) \cdot 0,8\,\mathrm{m} - 0,8\,\mathrm{N} \cdot 0,4\,\mathrm{m}$$

$$\boxed{|M_A| = 10,24\,\mathrm{Nm}}$$

b)
Erste Strecklage :

$$\varphi_{rel} = \frac{\pi}{2}$$

Kinematik Relativsystem :

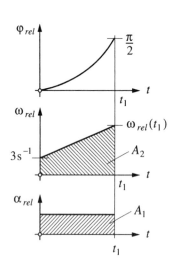

$$A_1 \mathrel{\hat=} \omega_{rel}(t_1) - \omega_{rel}(t=0)$$

$$\alpha_{rel} \cdot t_1 = \omega_{rel}(t_1) - \omega_{rel}(t=0) \qquad (1)$$

$$A_2 \mathrel{\hat=} \varphi_B = \frac{\pi}{2}$$

$$\frac{\pi}{2} = t_1 \cdot \frac{\omega_{rel}(t=0) + \omega_{rel}(t_1)}{2} \qquad (2)$$

Aus (1) :

$$t_1 = \frac{\omega_{rel}(t_1) - \omega_{rel}(t=0)}{\alpha_{rel}}$$

Einsetzen in (2) liefert :

$$\frac{\pi}{2} = \frac{\omega_{rel}^2(t_1) - \omega_{rel}^2(t=0)}{2 \cdot \alpha_{rel}}$$

Daraus :

$$\omega_{rel}(t_1) = \sqrt{\alpha_{rel} \cdot \pi + \omega_{rel}^2(t=0)}$$

$$\omega_{rel}(t_1) = \sqrt{2\,\mathrm{s}^{-2} \cdot \pi + \left(3\,\mathrm{s}^{-1}\right)^2}$$

$$\boxed{\omega_{rel}(t_1) = 3,91\,\mathrm{s}^{-1}}$$

Damit :

$$\boxed{t_1 = 0,4547\,\mathrm{s}}$$

Kräfte in erster Strecklage :

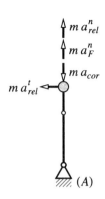

$$m \cdot a_F^n = m \cdot (R + r) \cdot \omega_F^2$$

$$m \cdot a_F^n = 1\,\mathrm{kg} \cdot 1{,}2\,\mathrm{m} \cdot \left(7\,\mathrm{s}^{-1}\right)^2$$

$$\boxed{m \cdot a_F^n = 58{,}8\,\mathrm{N}}$$

$$m \cdot a_{rel}^n = m \cdot r \cdot \omega_{rel}^2(t_1)$$

$$m \cdot a_{rel}^n = 1\,\mathrm{kg} \cdot 0{,}4\,\mathrm{m} \cdot \left(3{,}91\,\mathrm{s}^{-1}\right)^2$$

$$\boxed{m \cdot a_{rel}^n = 6{,}12\,\mathrm{N}}$$

$$m \cdot a_{cor} = m \cdot 2 \cdot \omega_F \cdot v_{rel} \cdot \sin 90°$$

$$\text{mit} \quad v_{rel} = r \cdot \omega_{rel}(t_1)$$

$$m \cdot a_{cor} = 1\,\mathrm{kg} \cdot 2 \cdot 7\,\mathrm{s}^{-1} \cdot \left(0{,}4\,\mathrm{m} \cdot 3{,}91\,\mathrm{s}^{-1}\right)$$

$$\boxed{m \cdot a_{cor} = 21{,}9\,\mathrm{N}}$$

$$m \cdot a_{rel}^t = m \cdot r \cdot \alpha_{rel}$$

$$m \cdot a_{rel}^t = 1\,\mathrm{kg} \cdot 0{,}4\,\mathrm{m} \cdot 2\,\mathrm{s}^{-2}$$

$$\boxed{m \cdot a_{rel}^t = 0{,}8\,\mathrm{N}}$$

$$|M_A| = \left(m \cdot a_{rel}^t\right) \cdot (R + r)$$

$$|M_A| = 0{,}8\,\mathrm{N} \cdot 1{,}2\,\mathrm{m}$$

$$\boxed{|M_A| = 0{,}96\,\mathrm{Nm}}$$

c)

Erste Decklage z.Z. $t = t_2$:

$$\varphi_{rel} = \frac{3\pi}{2}$$

Kinematik Relativsystem :

Aus Lösung a) folgt :

$$\omega_{rel}(t_2) = \sqrt{\alpha_{rel} \cdot 3\pi + \omega_{rel}^2(t = 0)}$$

$$\omega_{rel}(t_2) = \sqrt{2\,\mathrm{s}^{-2} \cdot 3\pi + \left(3\,\mathrm{s}^{-1}\right)^2}$$

$$\boxed{\omega_{rel}(t_2) = 5{,}28\,\mathrm{s}^{-1}}$$

Damit :

$$t_2 = \frac{\omega_{rel}(t_2) - \omega_{rel}(t = 0)}{\alpha_{rel}}$$

$$t_2 = \frac{5,28\,\text{s}^{-1} - 3\,\text{s}^{-1}}{2\,\text{s}^{-2}}$$

$$\boxed{t_2 = 1,14\,\text{s}}$$

Kräfte in erster Decklage :

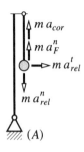

$$m \cdot a_F^n = m \cdot (R - r) \cdot \omega_F^2$$

$$m \cdot a_F^n = 1\,\text{kg} \cdot 0,4\,\text{m} \cdot \left(7\,\text{s}^{-1}\right)^2$$

$$\boxed{m \cdot a_F^n = 19,6\,\text{N}}$$

$$m \cdot a_{rel}^n = m \cdot r \cdot \omega_{rel}^2 (t_2)$$

$$m \cdot a_{rel}^n = 1\,\text{kg} \cdot 0,4\,\text{m} \cdot \left(5,28\,\text{s}^{-1}\right)^2$$

$$\boxed{m \cdot a_{rel}^n = 11,15\,\text{N}}$$

$$m \cdot a_{cor} = m \cdot 2 \cdot \omega_F \cdot v_{rel} \cdot \sin 90°$$

mit $v_{rel} = r \cdot \omega_{rel}(t_2)$

$$m \cdot a_{cor} = 1\,\text{kg} \cdot 2 \cdot 7\,\text{s}^{-1} \cdot \left(0,4\,\text{m} \cdot 5,28\,\text{s}^{-1}\right)$$

$$\boxed{m \cdot a_{cor} = 29,57\,\text{N}}$$

$$m \cdot a_{rel}^t = m \cdot r \cdot \alpha_{rel}$$

$$m \cdot a_{rel}^t = 1\,\text{kg} \cdot 0,4\,\text{m} \cdot 2\,\text{s}^{-2}$$

$$\boxed{m \cdot a_{rel}^t = 0,8\,\text{N}}$$

$$|M_A| = \left(m \cdot a_{rel}^t\right) \cdot (R - r)$$

$$|M_A| = 0,8\,\text{N} \cdot 0,4\,\text{m}$$

$$\boxed{|M_A| = 0,32\,\text{Nm}}$$

29.5

Das skizzierte System dreht in horizontaler Ebene, es ist anfänglich in Ruhe. Es sind die Trägheitskräfte zu bestimmen

a) für die skizzierte Stellung,

b) für die nächste Strecklage ($t = t_1$),

c) nach einer ganzen Umdrehung der Führungsstange ($t = t_2$).

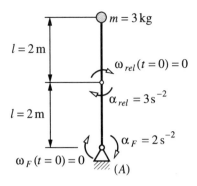

$$a_{rel}^t = l \cdot \alpha_{rel}$$

$$a_{rel}^t = 2\,\text{m} \cdot 3\,\text{s}^{-2} = 6\,\frac{\text{m}}{\text{s}^2}$$

$$m \cdot a_{rel}^t = 3\,\text{kg} \cdot 6\,\frac{\text{m}}{\text{s}^2}$$

$$\boxed{m \cdot a_{rel}^t = 18\,\text{N}}$$

a)

Skizzierte Stellung

$a_F^n = 0$,   weil $\omega_F(t=0) = 0$

$a_{rel}^n = 0$,   weil $\omega_{rel}(t=0) = 0$

$a_{cor} = 0$,   weil $\omega_F = 0$ und $v_{rel} = 0$

Trägheitskräfte auf die Masse :

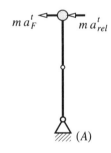

$$a_F^t = 2l \cdot \alpha_F$$

$$a_F^t = 2 \cdot 2\,\text{m} \cdot 2\,\text{s}^{-2} \qquad a_F^t = 8\,\frac{\text{m}}{\text{s}^2}$$

$$m \cdot a_F^t = 3\,\text{kg} \cdot 8\,\frac{\text{m}}{\text{s}^2}$$

$$\boxed{m \cdot a_F^t = 24\,\text{N}}$$

b)

In der nächsten Strecklage : $t = t_1$

$$\varphi_{rel}(t_1) = 2\pi$$

Kinematik Relativsystem :

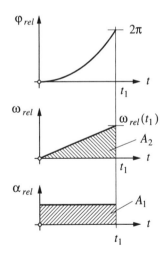

$$A_1 \,\hat{=}\, \omega_{rel}(t_1)$$

$$\omega_{rel}(t_1) = \alpha_{rel} \cdot t_1 \qquad\qquad (1)$$

$A_2 \mathrel{\widehat{=}} 2\pi$

$$\frac{1}{2} \cdot t_1 \cdot \omega_{rel}(t_1) = 2\pi \qquad (2)$$

Kinematik Führungssystem :

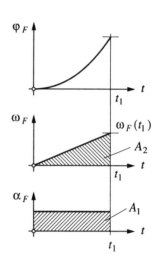

Aus (1) :

$$t_1 = \frac{\omega_{rel}(t_1)}{\alpha_{rel}}$$

Einsetzen in (2) liefert :

$$\frac{1}{2} \cdot \frac{\omega_{rel}(t_1)}{\alpha_{rel}} \cdot \omega_{rel}(t_1) = 2\pi$$

Daraus :

$$\omega_{rel}(t_1) = \sqrt{4\pi \cdot \alpha_{rel}}$$

$$\omega_{rel}(t_1) = \sqrt{4\pi \cdot 3\,s^{-2}}$$

$$\boxed{\omega_{rel}(t_1) = 6,14\,s^{-1}}$$

$A_1 \mathrel{\widehat{=}} \omega_F(t_1) = \alpha_F \cdot t_1$

$\omega_F(t_1) = 2\,s^{-2} \cdot 2,047\,s$

$$\boxed{\omega_F(t_1) = 4,094\,s^{-1}}$$

Kräfte auf die Masse :

Damit :

$$t_1 = \frac{6,14\,s^{-1}}{3\,s^{-2}}$$

$$\boxed{t_1 = 2,047\,s}$$

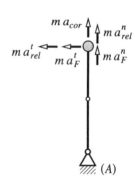

$$m \cdot a_F^n = m \cdot 2l \cdot \omega_F(t_1)^2$$

$$m \cdot a_F^n = 3\,\text{kg} \cdot 2 \cdot (2\,\text{m}) \cdot \left(4{,}094\,\text{s}^{-1}\right)^2$$

$$\boxed{m \cdot a_F^n = 201{,}1\,\text{N}}$$

$$m \cdot a_{rel}^t = m \cdot l \cdot \alpha_{rel}$$

$$m \cdot a_{rel}^t = 3\,\text{kg} \cdot 2\,\text{m} \cdot 3\,\text{s}^{-2}$$

$$\boxed{m \cdot a_{rel}^t = 18\,\text{N}}$$

$$m \cdot a_{rel}^n = m \cdot l \cdot \omega_{rel}(t_1)^2$$

$$\text{mit} \quad a_{rel}^n = l \cdot \omega_{rel}^2(t_1)$$

$$m \cdot a_{rel}^n = 3\,\text{kg} \cdot 2\,\text{m} \cdot \left(6{,}14\,\text{s}^{-1}\right)^2$$

$$\boxed{m \cdot a_{rel}^n = 226{,}2\,\text{N}}$$

$$m \cdot a_{cor} = m \cdot 2 \cdot \omega_F \cdot v_{rel} \cdot \sin 90°$$

$$\text{mit} \quad v_{rel} = l \cdot \omega_{rel}(t_1)$$

$$m \cdot a_{cor} = m \cdot 2 \cdot \omega_F(t_1) \cdot \left[l \cdot \omega_{rel}(t_1)\right]$$

$$m \cdot a_{cor} = 3\,\text{kg} \cdot 2 \cdot 4{,}094\,\text{s}^{-1} \cdot \left(2\,\text{m} \cdot 6{,}14\,\text{s}^{-1}\right)$$

$$\boxed{m \cdot a_{cor} = 301{,}6\,\text{N}}$$

$$m \cdot a_F^t = m \cdot 2l \cdot \alpha_F$$

$$m \cdot a_F^t = 3\,\text{kg} \cdot 4\,\text{m} \cdot 2\,\text{s}^{-2}$$

$$\boxed{m \cdot a_F^t = 24\,\text{N}}$$

c)

Nach einer Umdrehung des Führungssystems
$t = t_2$

Kinematik Führungssystem :

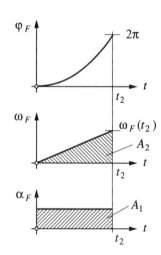

$$A_1 \mathrel{\widehat{=}} \omega_F(t_2)$$

$$\omega_F(t_2) = \alpha_F \cdot t_2 \tag{1}$$

$$A_2 \mathrel{\widehat{=}} 2\pi = \varphi_F(t_2)$$

$$\varphi_F(t_2) = \frac{1}{2} \cdot t_2 \cdot \omega_F(t_2) \tag{2}$$

Aus (1) und (2) :

$$\varphi_F = \frac{\alpha_F}{2} \cdot t_2^2$$

und

$$\varphi_F = 2\pi = \frac{2\,\mathrm{s}^{-2}}{2} \cdot t_2^2$$

Daraus :

$$t_2 = 2,507\,\mathrm{s}$$

$$\omega_F(t_2) = \alpha_F \cdot t_2$$

$$\omega_F(t_2) = 2\,\mathrm{s}^{-2} \cdot 2,507\,\mathrm{s}$$

$$\omega_F(t_2) = 5,0133\,\mathrm{s}^{-1}$$

Kinematik Relativsystem :

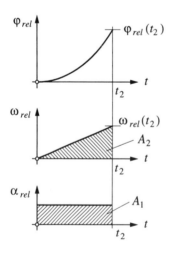

$$\omega_{rel}(t_2) = \alpha_{rel} \cdot t_2$$

$$\omega_{rel}(t_2) = 3\,\mathrm{s}^{-2} \cdot 2,507\,\mathrm{s}$$

$$\omega_{rel}(t_2) = 7,521\,\mathrm{s}^{-1}$$

$$\varphi_{rel}(t_2) = \frac{1}{2} \cdot t_2 \cdot \omega_{rel}(t_2)$$

$$\varphi_{rel}(t_2) = \frac{2,507\,\mathrm{s}}{2} \cdot 7,521\,\mathrm{s}^{-1}$$

$$\varphi_{rel}(t_2) = 9,42757\,\mathrm{rad} \cong 540°$$

$$540° \cong 3\pi$$

d.h. : zur Zeit $t = t_2$ liegt Decklage der Stangen vor !

Kräfte auf die Masse

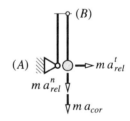

$$m \cdot a_{rel}^t = m \cdot l \cdot \alpha_{rel}$$

$$m \cdot a_{rel}^t = 3\,\mathrm{kg} \cdot 2\,\mathrm{m} \cdot 3\,\mathrm{s}^{-2}$$

$$m \cdot a_{rel}^t = 18\,\mathrm{N}$$

$$m \cdot a_{rel}^n = m \cdot l \cdot \omega_{rel}(t_2)^2$$

$$\text{mit} \quad a_{rel}^n = l \cdot \omega_{rel}^2(t_2)$$

$$m \cdot a_{rel}^n = 3\,\text{kg} \cdot 2\,\text{m} \cdot \left(7{,}521\,\text{s}^{-1}\right)^2$$

$$\boxed{m \cdot a_{rel}^n = 339{,}4\,\text{N}}$$

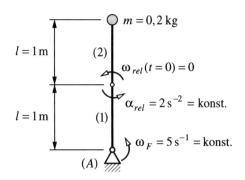

$$m \cdot a_{cor} = m \cdot 2 \cdot \omega_F(t_2) \cdot v_{rel} \cdot \sin 90°$$

$$m \cdot a_{cor} = m \cdot 2 \cdot \omega_F(t_2) \cdot \left[l \cdot \omega_{rel}(t_2) \right]$$

$$m \cdot a_{cor} = 3\,\text{kg} \cdot 2 \cdot 5{,}0133\,\text{s}^{-1} \cdot \left(2\,\text{m} \cdot 7{,}521\,\text{s}^{-1}\right)$$

$$\boxed{m \cdot a_{cor} = 452{,}4\,\text{N}}$$

29.6

Das skizzierte System dreht in horizontaler Ebene. Es sind zu bestimmen alle Trägheitskräfte sowie die Momente M_A und M_B

a) für die dargestellte Anfangsstellung,

b) nach einer ganzen Umdrehung der Führungsstange (1),

c) nach einer ganzen Umdrehung der Stange (2).

a)

Skizzierte Stellung

$$a_F^t = 0 , \quad \text{weil} \ \alpha_F = 0$$
$$a_{rel}^n = 0 , \quad \text{weil} \ \omega_{rel}(t=0) = 0$$
$$a_{cor} = 0 , \quad \text{weil} \ v_{rel}(t=0) = 0$$

Kräfte auf die Masse :

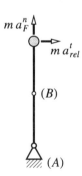

$$a_F^n = 2l \cdot \omega_F^2$$

$$a_F^n = 2 \cdot (1\,\text{m}) \cdot \left(5\,\text{s}^{-1}\right)^2 \qquad a_F^n = 50\,\frac{\text{m}}{\text{s}^2}$$

$$m \cdot a_F^n = 0{,}2\,\text{kg} \cdot 50\,\frac{\text{m}}{\text{s}^2}$$

$$\boxed{m \cdot a_F^n = 10\,\text{N}}$$

$$a_{rel}^t = l \cdot \alpha_{rel}$$

$$a_{rel}^t = 1\,\mathrm{m} \cdot 2\,\mathrm{s}^{-2} = 2\,\frac{\mathrm{m}}{\mathrm{s}^2}$$

$$m \cdot a_{rel}^t = 0,2\,\mathrm{kg} \cdot 2\,\frac{\mathrm{m}}{\mathrm{s}^2}$$

$$\boxed{m \cdot a_{rel}^t = 0,4\,\mathrm{N}}$$

$$|M_A| = 0,4\,\mathrm{N} \cdot 2 \cdot (1\,\mathrm{m})$$

$$\boxed{|M_A| = 0,8\,\mathrm{Nm}}$$

$$|M_B| = 0,4\,\mathrm{N} \cdot 1\,\mathrm{m}$$

$$\boxed{|M_B| = 0,4\,\mathrm{Nm}}$$

b)

Nach einer Umdrehung der Führungsstange (1):
zum Zeitpunkt $t = t_1$

Kinematik Führungssystem :

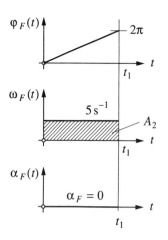

$$A_2 \triangleq 2\pi$$

$$2\pi = \omega_F \cdot t_1$$

$$t_1 = \frac{2\pi}{\omega_F} = \frac{2\pi}{5\,\mathrm{s}^{-1}}$$

$$\boxed{t_1 = 1,257\,\mathrm{s}}$$

Kinematik Relativsystem :

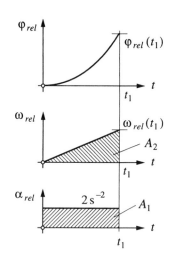

$$A_1 \triangleq \omega_{rel}(t_1)$$

$$\omega_{rel}(t_1) = \alpha_{rel} \cdot t_1$$

$$\omega_{rel}(t_1) = 2\,\mathrm{s}^{-2} \cdot 1,257\,\mathrm{s}$$

$$\boxed{\omega_{rel}(t_1) = 2,514\,\mathrm{s}^{-1}}$$

$$A_2 \triangleq \varphi_{rel}(t_1)$$

$$\varphi_{rel}(t_1) = \frac{1}{2} \cdot t_1 \cdot \omega_{rel}(t_1)$$

$$\varphi_{rel}(t_1) = \frac{1}{2} \cdot 1,257\,\text{s} \cdot 2,514\,\text{s}^{-1}$$

$$\varphi_{rel}(t_1) = 1,58\,\text{rad} \,\hat{=}\, 90,5°$$

$\varphi_{rel}(t_2) \cong 90°$ bedeutet :

rechtwinklige Stellung der Stangen

Kräfte auf die Masse :

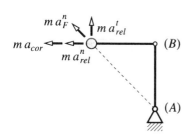

$$m \cdot a_F^n = m \cdot \sqrt{2l^2} \cdot \omega_F^2$$

$$m \cdot a_F^n = 0,2\,\text{kg} \cdot \sqrt{2 \cdot (1\,\text{m})^2} \cdot \omega_F^2$$

$$m \cdot a_F^n = 0,2\,\text{kg} \cdot \sqrt{2} \cdot \text{m} \cdot \left(5\,\text{s}^{-1}\right)^2$$

$$\boxed{m \cdot a_F^n = 7,07\,\text{N}}$$

$$m \cdot a_{rel}^n = m \cdot l \cdot \omega_{rel}^2(t_1)$$

$$m \cdot a_{rel}^n = 0,2\,\text{kg} \cdot 1\,\text{m} \cdot \left(2,514\,\text{s}^{-1}\right)^2$$

$$\boxed{m \cdot a_{rel}^n = 1,26\,\text{N}}$$

$$m \cdot a_{rel}^t = m \cdot l \cdot \alpha_{rel}$$

$$m \cdot a_{rel}^t = 0,2\,\text{kg} \cdot 1\,\text{m} \cdot 2\,\text{s}^{-2}$$

$$\boxed{m \cdot a_{rel}^t = 0,4\,\text{N}}$$

$$m \cdot a_{cor} = m \cdot 2 \cdot \omega_F \cdot v_{rel} \cdot \sin 90°$$

$$\text{mit} \quad v_{rel} = l \cdot \omega_{rel}(t_1)$$

$$m \cdot a_{cor} = 0,2\,\text{kg} \cdot 2 \cdot 5\,\text{s}^{-1} \cdot \left(1\,\text{m} \cdot 2,514\,\text{s}^{-1}\right)$$

$$\boxed{m \cdot a_{cor} = 5,03\,\text{N}}$$

$$|M_A| = \left(m \cdot a_{cor} + m \cdot a_{rel}^n\right) \cdot l - m \cdot a_{rel}^t \cdot l$$

$$|M_A| = (5,03\,\text{N} + 1,26\,\text{N}) \cdot 1\,\text{m} - 0,4\,\text{N} \cdot 1\,\text{m}$$

$$\boxed{|M_A| = 5,89\,\text{Nm}}$$

$$|M_B| = m \cdot a_{rel}^t \cdot l + \frac{m \cdot a_F^n}{\sqrt{2}} \cdot l$$

$$|M_B| = 0,4\,\text{N} \cdot 1\,\text{m} + \frac{7,07\,\text{N}}{\sqrt{2}} \cdot 1\,\text{m}$$

$$\boxed{|M_B| = 5,4\,\text{Nm}}$$

c)

Nach einer Umdrehung des Relativsystems :

$$t = t_2$$

Kinematik Relativsystem : Stange (2)

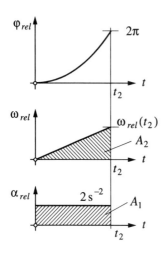

$A_1 \stackrel{\wedge}{=} \omega_{rel}(t_2)$

$$\omega_{rel}(t_2) = \alpha_{rel} \cdot t_2 \qquad (1)$$

$A_2 \stackrel{\wedge}{=} \varphi_{rel}(t_2)$

$$\varphi_{rel}(t_2) = \frac{\alpha_{rel}}{2} \cdot t_2^2 \qquad (2)$$

Aus (2) umgestellt nach t_2 :

$$t_2 = \sqrt{\frac{2 \cdot 2\pi}{\alpha_{rel}}}$$

$$t_2 = \sqrt{\frac{2 \cdot 2\pi}{2\,s^{-2}}}$$

$$\boxed{t_2 = 2,507\,s}$$

Aus (1) :

$$\omega_{rel}(t_2) = 2\,s^{-2} \cdot 2,507\,s$$

$$\boxed{\omega_{rel}(t_2) = 5,01\,s^{-1}}$$

Kräfte auf die Masse :

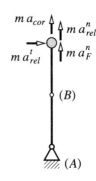

$$m \cdot a_{rel}^t = m \cdot l \cdot \alpha_{rel}$$

$$m \cdot a_{rel}^t = 0,2\,kg \cdot 1\,m \cdot 2\,s^{-2}$$

$$\boxed{m \cdot a_{rel}^t = 0,4\,N}$$

$$m \cdot a_{rel}^n = m \cdot l \cdot \omega_{rel}^2(t_2)$$

$$m \cdot a_{rel}^n = 0,2\,kg \cdot 1\,m \cdot \left(5,01\,s^{-1}\right)^2$$

$$\boxed{m \cdot a_{rel}^n = 5,02\,N}$$

$$m \cdot a_F^n = m \cdot 2l \cdot \omega_F^2$$

$$m \cdot a_F^n = 0,2 \, \text{kg} \cdot 2 \, \text{m} \cdot \left(5 \, \text{s}^{-1}\right)^2$$

$$\boxed{m \cdot a_F^n = 10 \, \text{N}}$$

$$m \cdot a_{cor} = m \cdot 2 \cdot \omega_F \cdot v_{rel} \cdot \sin 90°$$

mit $\quad v_{rel} = l \cdot \omega_{rel}(t_2)$

$$m \cdot a_{cor} = 0,2 \, \text{kg} \cdot 2 \cdot 5 \, \text{s}^{-1} \cdot \left(1 \, \text{m} \cdot 5,01 \, \text{s}^{-1}\right)$$

$$\boxed{m \cdot a_{cor} = 10,02 \, \text{N}}$$

$$|M_A| = \left(m \cdot a_{rel}^t\right) \cdot 2l$$

$$|M_A| = 0,4 \, \text{N} \cdot 2 \, \text{m}$$

$$\boxed{|M_A| = 0,8 \, \text{Nm}}$$

$$|M_B| = \left(m \cdot a_{rel}^t\right) \cdot l$$

$$|M_B| = 0,4 \, \text{N} \cdot 1 \, \text{m}$$

$$\boxed{|M_B| = 0,4 \, \text{Nm}}$$

30.1

Eine Scheibe konstanter Dicke mit der Masse $m = 3\,kg$ ist in (A) drehbar gelagert. Wie lang ist die Blattfeder aus Stahl, wenn das System eine Schwingzeit von $T = 0,15\,s$ besitzt? Die Stahlfeder hat einen Rechteckquerschnitt von $4 * 1\,mm$.

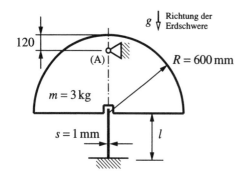

Mit $T = 0,15\,s$ folgt:

$$\omega_o = \frac{2\pi}{T} = \frac{2\pi}{0,15\,s}$$

$$\omega_o = 41,89\,s^{-1}$$

Dynamik - Betrachtung:

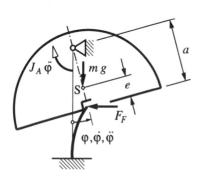

D'ALEMBERT:

$$\sum M_{(A)} = 0$$

$$0 = m \cdot g \cdot (a - e) \cdot \sin\varphi + F_F \cdot a \cdot \cos\varphi + J_A \cdot \ddot{\varphi}$$

Für kleine Winkel $\varphi \ll 1$ gilt:

$$\sin\varphi \approx \varphi$$
$$\cos\varphi \approx 1$$

Damit:

$$0 = J_A \cdot \ddot{\varphi} + m \cdot g \cdot (a - e) \cdot \varphi + F_F \cdot a$$

Federkraft = Federkonstante mal Federweg:

$$F_F = c \cdot a \cdot \sin\varphi$$
$$F_F \approx c \cdot a \cdot \varphi$$

$$0 = J_A \cdot \ddot{\varphi} + \varphi \cdot \left[m \cdot g \cdot (a - e) + c \cdot a^2 \right]$$

Massenträgheitsmoment J_A:

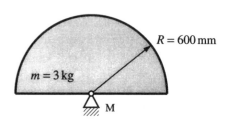

$$J_M = \frac{m \cdot R^2}{2}$$

STEINER:

$$J_S = J_M - m \cdot e^2$$
$$J_A = J_S + m \cdot (a - e)^2$$

Darin :

$$e = \frac{4R}{3\pi} = 254,65 \text{ mm}$$

$$a = 600 \text{ mm} - 120 \text{ mm} = 480 \text{ mm}$$

$$J_A = \frac{3 \text{ kg} \cdot (600 \text{ mm})^2}{2} - 3 \text{ kg} \cdot (254,65 \text{ mm})^2$$

$$+3 \text{ kg} \cdot (480 - 254,65)^2 \text{ mm}^2$$

$$J_A = 497808 \text{ kg mm}^2$$

$$J_A = 0,49781 \text{ kgm}^2$$

D'ALEMBERT - Gleichung :

$$0 = \ddot{\varphi} + \underbrace{\frac{m \cdot g \cdot (a - e) + c \cdot a^2}{J_A}}_{\omega_o^2} \cdot \varphi$$

Federkonstante der Blattfeder :

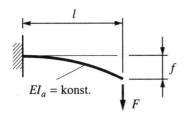

$$EI_a = \text{konst.}$$

$$f = \frac{F \cdot l^3}{3 \cdot EI_a}$$

Federkonstante :

$$c = \frac{F}{f} = \frac{3 \cdot EI_a}{l^3}$$

$$I_a = \frac{b \cdot s^3}{12} \quad \text{bei Rechteckquerschnitt :}$$

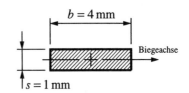

$b = 4 \text{ mm}$

Biegeachse

$s = 1 \text{ mm}$

Damit :

$$c = \frac{3 \cdot E}{l^3} \cdot \frac{b \cdot s^3}{12}$$

mit $E_{Stahl} = 2,1 \cdot 10^5 \text{ N}/\text{mm}^2$ folgt :

$$c = \frac{3 \cdot 2,1 \cdot 10^5 \text{ N}/\text{mm}^2}{l^3} \cdot \frac{4 \text{ mm} \cdot (1 \text{ mm})^3}{12}$$

$$c = \frac{2,1 \cdot 10^5 \text{ Nmm}^2}{l^3} \qquad c = \frac{0,21 \text{ Nm}^2}{l^3}$$

Es folgt :

$$\omega_o^2 = \frac{m \cdot g \cdot (a - e) + \dfrac{0,21 \text{ Nm}^2}{l^3} \cdot a^2}{J_A}$$

$$(41,89 \text{ s}^{-1})^2 = \frac{3 \text{ kg} \cdot 9,81 \dfrac{\text{m}}{\text{s}^2} (0,48 \text{ m} - 0,25465 \text{ m})}{0,49781 \text{ kgm}^2}$$

$$+ \frac{\dfrac{0,21 \text{ Nm}^2}{l^3} (0,48 \text{ m})^2}{0,49781 \text{ kgm}^2}$$

$$l = 0,038 \text{ m}$$

$$\boxed{l = 38 \text{ mm}}$$

30.2

Zwei Kreisscheiben konstanter Dicke sind durch einen Stab vernachlässigbar kleiner Masse verbunden. Das Gebilde ist in (A) drehbar gelagert. Die Dicke s der Blattfeder aus Stahl (Rechteckquerschnitt der Breite $b = 7\,\text{mm}$) ist so zu dimensionieren, daß die Schwingungszeit kleiner Schwingungen $T = 1,5\,\text{s}$ beträgt.

$$E_{Stahl} = 2,1 \cdot 10^5\ \text{N/mm}^2$$

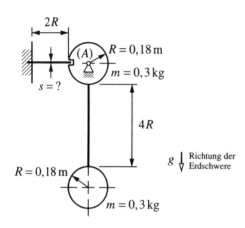

Dynamik - Betrachtung :

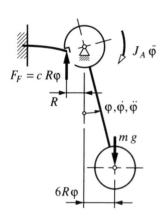

Federkraft $F_F = c \cdot f$

f = Federweg
c = Federkonstante

Geometrie : $f = R \cdot \sin \varphi$
für $\varphi \ll 1$ mit : $\sin \varphi \approx \varphi$
                             $\cos \varphi \approx 1$
folgt :
$$f \approx R \cdot \varphi$$

Federkonstante der Blattfeder
(siehe Aufgabe 30.1) :

Mit $f = \dfrac{F \cdot l^3}{3 \cdot EI_a}$

folgt :

$$c = \frac{F}{f} = \frac{3 \cdot EI_a}{8R^3}$$

D'ALEMBERT :

$$\sum M_{(A)} = 0$$

$$0 = J_A \cdot \ddot{\varphi} + m \cdot g \cdot 6R \cdot \varphi + c \cdot R^2 \cdot \varphi$$

$$0 = \ddot{\varphi} + \underbrace{\frac{6 \cdot m \cdot g \cdot R + c \cdot R^2}{J_A}}_{\omega_o^2} \cdot \varphi$$

Massenträgheitsmoment J_A :

$$J_A = \underbrace{\frac{m \cdot R^2}{2}}_{\substack{\text{obere}\\\text{Scheibe}}} + \underbrace{\frac{m \cdot R^2}{2} + \overbrace{m \cdot (6R)^2}^{\text{STEINER}}}_{\text{untere Scheibe}}$$

$$J_A = 37 \cdot m \cdot R^2$$

Aus der Dynamik-Gleichung :

$$\omega_o^2 = \left(\frac{2\pi}{T}\right)^2 = \frac{6 \cdot m \cdot g \cdot R + c \cdot R^2}{J_A}$$

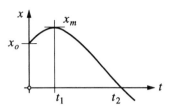

Mit den gegebenen Werten folgt daraus :

$$c = 96,66 \, \frac{N}{m} = 0,09666 \, \frac{N}{mm}$$

$$c = \frac{3 \cdot EI_a}{8R^3}$$

Voraussetzung :
Federweg entspricht dem Weg der Masse

Hieraus :

$$I_a = \frac{b \cdot s^3}{12} = 7,15836 \, \text{mm}^4$$

$$s = \sqrt[3]{\frac{12 \cdot 7,15836 \, \text{mm}^4}{7 \, \text{mm}}}$$

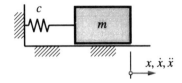

$$\boxed{s = 2,31 \, \text{mm}}$$

Dann gilt :

$$\omega_o = \sqrt{\frac{c}{m}}$$

$$\omega_o = \sqrt{\frac{800 \, \dfrac{N}{m}}{1 \, \text{kg}}} = \sqrt{\frac{800 \, \dfrac{N}{m}}{1 \, \dfrac{\text{Ns}^2}{m}}}$$

$$\boxed{\omega_o = 28,28 \, \text{s}^{-1}}$$

30.3

Die Daten eines geschwindigkeitsproportional gedämpften Feder-Masse-Systems lauten :

$m = 1 \, \text{kg}$; $k = 20 \, \text{Ns/m}$; $c = 800 \, \text{N/m}$

Die Anstoßbedingungen lauten :

$x(t = 0) = x_o = 0,1 \, \text{m}$; $\dot{x}(t = 0) = 1 \, \text{m/s} = v_o$

a) Wann ($t_1 = ?$) erreicht die Masse die größte Entfernung aus der Ruhelage ?

b) Wie groß ist diese Entfernung x_m ?

c) Wann ($t_2 = ?$) passiert die Masse erstmals die Ruhelage ?

Abklingkonstante δ :

$$1 \, \text{kg} = 1 \, \frac{\text{Ns}^2}{m}$$

$$\delta = \frac{k}{2 \cdot m} = \frac{20 \, \dfrac{\text{Ns}}{m}}{2 \cdot 1 \, \dfrac{\text{Ns}^2}{m}}$$

$$\boxed{\delta = 10 \, \text{s}^{-1}}$$

Dämpfungsgrad ϑ :

$$\vartheta = \frac{\delta}{\omega_o} = \frac{10\,\text{s}^{-1}}{28,28\,\text{s}^{-1}}$$

$\vartheta < 1 \quad \Rightarrow \qquad$ schwingfähig

Eigenkreisfrequenz der gedämpften Schwingungen :

$$\omega_d = \sqrt{\omega_o^2 - \delta^2}$$

$$\omega_d = \sqrt{\frac{c}{m} - \delta^2}$$

$$\omega_d = \sqrt{\left(28,28\,\text{s}^{-1}\right)^2 - \left(10\,\text{s}^{-1}\right)^2}$$

$$\boxed{\omega_o = 26,46\,\text{s}^{-1}}$$

Bewegungs-Gleichungen (Schwinger) :

$$x(t) = e^{-\delta t} \cdot \left[C_1 \cdot \cos(\omega_d \cdot t) + C_2 \cdot \sin(\omega_d \cdot t)\right]$$

$$\dot{x}(t) = -\delta e^{-\delta t}\left[C_1 \cos(\omega_d t) + C_2 \sin(\omega_d t)\right]$$

$$+ e^{-\delta t}\begin{bmatrix} -C_1\,\omega_d \sin(\omega_d t) \\ +C_2\,\omega_d \cos(\omega_d t) \end{bmatrix}$$

Randbedingungen :

1. Randbedingung : $\qquad x(t=0) = x_o$

$$x_o = \underset{=1}{e^0} \cdot \left[C_1 \cdot \underset{=1}{\cos(0)} + C_2 \cdot \underset{=0}{\sin(0)} \right]$$

$C_1 = x_o$
$C_1 = 0,1\,\text{m}$

2. Randbedingung : $\qquad \dot{x}(t=0) = v_o$

$$v_o = -\delta \cdot e^0 \cdot (C_1 \cdot 1) + e^0 \cdot (C_2 \cdot \omega_d \cdot 1)$$

$$C_2 = \frac{v_o + \delta \cdot x_o}{\omega_d}$$

$$C_2 = 0,0756\,\text{m}$$

a)

t_1 aus : $\qquad \dot{x}(t=t_1) = 0$

$$0 = e^{-\delta t_1} \cdot \begin{bmatrix} -\delta C_1 \cos(\omega_d t_1) - \delta C_2 \sin(\omega_d t_1) \\ +C_2\,\omega_d \cos(\omega_d t_1) \\ -C_1\,\omega_d \sin(\omega_d t_1) \end{bmatrix}$$

$[\quad] = 0$

$$\sin(\omega_d t_1)(C_1\,\omega_d + \delta C_2)$$
$$= \cos(\omega_d t_1)(C_2\,\omega_d - \delta C_1)$$

$$\tan(\omega_d t_1) = \frac{C_2\,\omega_d - \delta C_1}{C_1\,\omega_d + \delta C_2}$$

Mit den bekannten Größen :

$$\tan(\omega_d t_1) = 0,294$$

$$\omega_d \cdot t_1 = \frac{16,3863° \cdot \pi}{180°} = 0,286\,\text{rad}$$

$$t_1 = \frac{0,286\,\text{rad}}{26,46\,\text{s}^{-1}}$$

$$\boxed{t_1 = 0,01081\,\text{s}}$$

b)

$$x_m = x(t = t_1)$$

$$x_m = e^{-\delta t_1} \left[C_1 \cos(\omega_d\, t_1) + C_2 \sin(\omega_d\, t_1) \right]$$

Mit den gegebenen Größen :

$$\boxed{x_m = 0,1053\,\text{m}}$$

c)

$$x(t = t_2) = 0$$

$$0 = e^{-\delta t_2} \left[C_1 \cos(\omega_d\, t_2) + C_2 \sin(\omega_d\, t_2) \right]$$

$$[\quad] = 0$$

$$C_1 \cos(\omega_d\, t_2) = -C_2 \sin(\omega_d\, t_2)$$

$$\tan(\omega_d\, t_2) = \frac{-C_1}{C_2} = -1,322876$$

Da $t_2 > 0$, gilt :

$$\omega_d \cdot t_2 = (-52,91331° + 180°) \cdot \frac{\pi}{180°}$$

$$\omega_d \cdot t_2 = 2,2181\,\text{rad}$$

$$\boxed{t_2 = 0,0838\,\text{s}}$$

30.4

Die D'ALEMBERTsche Kräfte-Gleichung eines geschwindigkeitsproportional gedämpften Feder-Masse-Systems (Federweg gleich Masseweg) lautet :

$$0 = m \cdot \ddot{x} + 42\,\frac{\text{kg}}{\text{s}} \cdot \dot{x} + 700\,\frac{\text{N}}{\text{m}} \cdot x$$

a) Wie groß ist die Masse m , wenn gerade keine Schwingungen möglich sein sollen ?

b) Wie groß muß m mindestens sein, damit Eigenschwingungen der Kreisfrequenz $\omega_d = 10\,\text{s}^{-1}$ möglich sind ?

c) Wie lautet die $x(t)$-Funktion in Fragestellung a) und b) bei folgenden Randbedingungen :

$$x(t = 0) = x_o = 0,25\,\text{m} \;\; ; \;\; \dot{x}(t = 0) = 0$$

a)

Aperiodischer Grenzfall :

$$\vartheta = \frac{\delta}{\omega_o} \qquad\qquad \vartheta = 1$$

Bekannt :

$$c = 700\,\frac{\text{N}}{\text{m}}$$

$$k = 42\,\frac{\text{kg}}{\text{s}} = 42\,\frac{\text{Ns}}{\text{m}}$$

$$\omega_o = \sqrt{\frac{c}{m}} \qquad\qquad \delta = \frac{k}{2m}$$

$$\vartheta = 1 = \frac{\dfrac{k}{2m}}{\sqrt{\dfrac{c}{m}}} \qquad\qquad \frac{k^2}{4m^2} = \frac{c}{m}$$

Daraus :

$$m = \frac{k^2}{4c} = \frac{\left(42\,\dfrac{\text{Ns}}{\text{m}}\right)^2}{4\cdot700\,\dfrac{\text{N}}{\text{m}}}$$

$$m = 0,63\,\frac{\text{Ns}^2}{\text{m}}$$

$$\boxed{m = 0,63\,\text{kg}}$$

b)

$$\omega_d = \sqrt{\omega_o^2 - \delta^2}$$

$$\omega_d^2 = \frac{c}{m} - \frac{k^2}{4m^2}$$

$$0 = m^2 - \frac{c}{\omega_d^2}\cdot m + \frac{k^2}{4\omega_d^2}$$

Normalform der quadratischen Gleichung
$$0 = x^2 + ax + b$$

Lösungen :

$$x_{1/2} = -\frac{a}{2} \pm \sqrt{\left(\frac{a}{2}\right)^2 - b}$$

Damit folgt für m :

$$m_{1/2} = \frac{c}{2\omega_d^2} \pm \sqrt{\left(\frac{c}{2\omega_d^2}\right)^2 - \frac{k^2}{4\omega_d^2}}$$

$$m_{1/2} = 3,5\,\text{kg} \pm \sqrt{(3,5\,\text{kg})^2 - 4,41\,\text{kg}^2}$$

$$m_1 = 6,3\,\text{kg}$$
$$m_2 = 0,7\,\text{kg}$$

m mindestens :

$$\boxed{m = 0,7\,\text{kg}}$$

c)

Fall a) : aperiodischer Grenzfall

Bewegungs-Gleichung :

$$x(t) = e^{-\delta\cdot t}\cdot\left(C_1\cdot t + C_2\right)$$

$$\dot{x}(t) = -\delta\cdot e^{-\delta\cdot t}\cdot\left(C_1\cdot t + C_2\right) + C_1\cdot e^{-\delta\cdot t}$$

Randbedingungen :

1. Randbedingung : $\qquad x(t=0) = x_o$

$$x_o = \underbrace{e^0}_{=1}\cdot\left(0 + C_2\right)$$

$$C_2 = x_o$$

2. Randbedingung : $\qquad \dot{x}(t=0) = 0$

$$0 = -\delta\cdot e^0\cdot\left(0 + C_2\right) + e^0\cdot C_1$$

$$C_1 = \delta\cdot C_2 = \delta\cdot x_o$$

$$C_2 = x_o = 0,25\,\text{m}$$

$$C_1 = \frac{k}{2 \cdot m} \cdot x_o = \frac{42 \frac{\text{kg}}{\text{s}}}{\underbrace{2 \cdot 0,63 \text{ kg}}_{\delta = 33,3 \text{s}^{-1}}} \cdot 0,25 \text{ m}$$

$$C_1 = 8,\overline{3} \frac{\text{m}}{\text{s}}$$

$$\boxed{x(t) = e^{-33,3 \text{s}^{-1} \cdot t} \cdot \left(8,\overline{3} \frac{\text{m}}{\text{s}} \cdot t + 0,25 \text{ m} \right)}$$

Fall b) :   Schwingfall

Bewegungsgleichung :

$$x(t) = e^{-\delta \cdot t} \cdot \left[C_1 \cdot \cos(\omega_d \cdot t) + C_2 \cdot \sin(\omega_d \cdot t) \right]$$

$$\dot{x}(t) = -\delta \, e^{-\delta \cdot t} \left[C_1 \cos(\omega_d \, t) + C_2 \sin(\omega_d \, t) \right]$$

$$+ e^{-\delta \cdot t} \begin{bmatrix} -C_1 \, \omega_d \sin(\omega_d \, t) \\ +C_2 \, \omega_d \cos(\omega_d \, t) \end{bmatrix}$$

Randbedingungen :

1. Randbedingung : $x(t = 0) = x_o$

$$x_o = e^0 \cdot (C_1 + 0)$$

$$C_1 = x_o = 0,25 \text{ m}$$

2. Randbedingung : $\dot{x}(t = 0) = 0$

$$0 = -\delta \cdot (C_1 + 0) + (-0 + C_2 \cdot \omega_d)$$

$$C_2 = \frac{\delta \cdot C_1}{\omega_d}$$

Aus $\omega_d^2 = \omega_o^2 - \delta^2$ folgt :

$$\delta = \sqrt{\frac{c}{m} - \omega_d^2}$$

$$\delta = \sqrt{\frac{700 \frac{\text{N}}{\text{m}}}{0,7 \frac{\text{Ns}^2}{\text{m}}} - \left(10 \text{ s}^{-1}\right)^2}$$

$$\delta = 30 \text{ s}^{-1}$$

Damit : $C_2 = 0,75 \text{ m}$

Bewegungs-Gleichung :

$$\boxed{x(t) = e^{-30 \text{s}^{-1} \cdot t} \cdot \begin{bmatrix} 0,25 \text{ m} \cdot \cos\left(10 \text{ s}^{-1} \cdot t\right) \\ +0,75 \text{ m} \cdot \sin\left(10 \text{ s}^{-1} \cdot t\right) \end{bmatrix}}$$

30.5

Eine schwere schlanke Stange führt im Schwerefeld Drehbewegungen um (A) aus.

$m = 4 \text{ kg}$; $l = 0,5 \text{ m}$; $c = 1200 \text{ N/m}$

a) Wie groß muß die Dämpfungskonstante k sein, damit gerade keine Schwingbewegungen möglich sind ?

b) Welchen Wert hat der größte Auslenkwinkel φ_m bei den Randbedingungen :

$\varphi(t = 0) = 0$; $\dot{\varphi}(t = 0) = 5 \text{ s}^{-1}$?

c) Welchen Wert hat die größte Rückkehrwinkelgeschwindigkeit ω_m ?

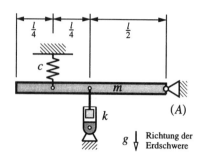

D'ALEMBERT :

$$\sum M_{(A)} = 0$$

$$0 = J_A \cdot \ddot{\varphi} + k \cdot v_S \cdot \frac{l}{2} \cdot \cos\varphi + c \cdot f \cdot \frac{3l}{4} \cdot \cos\varphi$$

$$+ F_{st} \cdot \frac{3l}{4} \cdot \cos\varphi - m \cdot g \cdot \frac{l}{2} \cdot \cos\varphi$$

Für kleine Winkel $\varphi \ll 1$ gilt :

$$\sin\varphi \approx \varphi$$
$$\cos\varphi \approx 1$$

a)

Statik - Betrachtung :

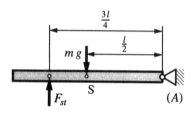

$$\sum M_{(A)} = 0$$

$$0 = m \cdot g \cdot \frac{l}{2} - F_{st} \cdot \frac{3l}{4}$$

Damit lautet die Dynamik-Gleichung :

$$0 = J_A\,\ddot{\varphi} + k\,v_S\,\frac{l}{2} + c\,f\,\frac{3l}{4} + \underbrace{F_{st}\,\frac{3l}{4} - m\,g\,\frac{l}{2}}_{\substack{=0 \\ \text{siehe Statik-Gleichung}}}$$

Federweg :
$$f = \frac{3l}{4} \cdot \sin\varphi$$
$$f \approx \frac{3l}{4} \cdot \varphi$$

Geschwindigkeit Dämpfer :

$$v_S = \frac{l}{2} \cdot \dot{\varphi}$$

Dynamik - Betrachtung :

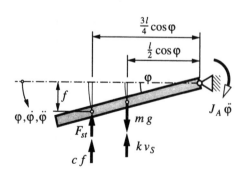

$$0 = J_A \cdot \ddot{\varphi} + k \cdot \left(\frac{l}{2}\right)^2 \dot{\varphi} + c \cdot f \cdot \left(\frac{3l}{4}\right)^2 \varphi$$

$$0 = \ddot{\varphi} + \underbrace{\frac{k \cdot l^2}{4 J_A}}_{=2\delta} \cdot \dot{\varphi} + \underbrace{\frac{9c \cdot l^2}{16 J_A}}_{=\omega_o^2} \cdot \varphi$$

Massenträgheitsmoment J_A :

Schlanke Stange : $J_S = \dfrac{m \cdot l^2}{12}$

Mit STEINER folgt :

$$J_A = J_S + m \cdot \left(\frac{l}{2}\right)^2 = \frac{m \cdot l^2}{3}$$

$$\omega_o = \sqrt{\frac{9c \cdot l^2 \cdot 3}{16m \cdot l^2}}$$

$$\omega_o = \sqrt{\frac{9 \cdot 1200 \dfrac{N}{m} \cdot 3}{16 \cdot 4 \dfrac{Ns^2}{m}}}$$

$$\omega_o = 22{,}5\,s^{-1}$$

$$2\delta = \frac{k \cdot l^2 \cdot 3}{4 \cdot m \cdot l^2} \qquad \delta = \frac{3k}{8m}$$

Aperiodischer Grenzfall :

$$\vartheta = \frac{\delta}{\omega_o} = 1$$

$$\delta = \omega_o = 22{,}5\,s^{-1}$$

Damit :

$$k = \frac{8 \cdot 4\,kg \cdot 22{,}5\,s^{-1}}{3} = 240\,\frac{kg}{s}$$

oder :

$$\boxed{k = 240\,\frac{Ns}{m}}$$

b)

Bewegungs-Gleichung :

$$\varphi(t) = e^{-\delta \cdot t} \cdot (C_1 \cdot t + C_2)$$

$$\dot{\varphi}(t) = -\delta \cdot e^{-\delta \cdot t} \cdot (C_1 \cdot t + C_2) + C_1 \cdot e^{-\delta \cdot t}$$

$$\dot{\varphi}(t) = e^{-\delta \cdot t} \cdot \left[C_1 \cdot (1 - \delta \cdot t) - C_2 \cdot \delta\right]$$

Randbedingungen :

1. Randbedingung : $\varphi(t = 0) = 0$

$$0 = \underset{=1}{e^0} \cdot (0 + C_2)$$

$$C_2 = 0$$

2. Randbedingung : $\dot{\varphi}(t = 0) = 5\,s^{-1}$

$$5\,s^{-1} = e^0 \cdot \left[C_1 \cdot (1 - 0)\right]$$

$$C_1 = 5\,s^{-1}$$

Damit lautet die Bewegungs-Gleichung :

$$\varphi(t) = C_1 \cdot t \cdot e^{-\delta \cdot t}$$

$$\dot{\varphi}(t) = e^{-\delta \cdot t} \cdot C_1 \cdot (1 - \delta \cdot t)$$

Kinematik :

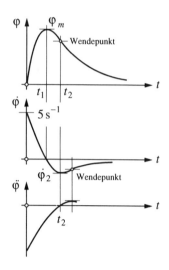

$\varphi_{max} = \varphi(t = t_1)$

t_1 aus : $\dot{\varphi}(t = t_1) = 0$

$$0 = e^{-\delta \cdot t_1} \cdot \left[C_1 \cdot \left(\underbrace{1 - \delta \cdot t_1}_{=0} \right) \right]$$

$$0 = 1 - \delta \cdot t_1$$

$$t_1 = \frac{1}{\delta} = \frac{1}{22,5\,\mathrm{s}^{-1}} = 0,0\overline{4}\,\mathrm{s}$$

Damit φ_m :

$$\varphi_m = C_1 \cdot t_1 \cdot e^{-\delta \cdot t_1}$$

$$\varphi_m = 5\,\mathrm{s}^{-1} \cdot 0,0\overline{4}\,\mathrm{s} \cdot e^{-22,5\,\mathrm{s}^{-1} \cdot 0,0\overline{4}\,\mathrm{s}}$$

$$\varphi_m = 0,08175\,\mathrm{rad}$$

$$\boxed{\varphi_m = 4,68°}$$

c)

Größte Rückkehrgeschwindigkeit am Wendepunkt der $\varphi(t)$-Funktion ;

hier : $\ddot{\varphi}(t = t_2) = 0$

$$\ddot{\varphi}(t) = -\delta \cdot e^{-\delta \cdot t} \cdot C_1 (1 - \delta \cdot t) + e^{-\delta \cdot t} \cdot C_1 (-\delta)$$

$$\ddot{\varphi}(t) = \delta \cdot e^{-\delta \cdot t} \cdot C_1 \cdot (\delta \cdot t - 1 - 1)$$

$$\ddot{\varphi}(t) = \delta \cdot e^{-\delta \cdot t} \cdot C_1 \cdot (\delta \cdot t - 2)$$

$$0 = \delta \cdot e^{-\delta \cdot t_2} \cdot C_1 \cdot \left(\underbrace{\delta \cdot t_2 - 2}_{=0} \right)$$

$$t_2 = \frac{2}{\delta} = 0,0\overline{8}\,\mathrm{s}$$

$$\dot{\varphi}_2 = \dot{\varphi}(t = t_2) = e^{-\delta \cdot t_2} \cdot C_1 \cdot (1 - \delta \cdot t_2)$$

$$\dot{\varphi}_2 = e^{-22,5\,\mathrm{s}^{-1} \cdot 0,0\overline{8}\,\mathrm{s}} \cdot 5\,\mathrm{s}^{-1} \cdot \left(1 - 22,5\,\mathrm{s}^{-1} \cdot 0,0\overline{8}\,\mathrm{s} \right)$$

$$\boxed{\dot{\varphi}_2 = -06767\,\mathrm{s}^{-1}}$$

Hinweis : positive $\dot{\varphi}$-Werte : im Sinne des Anstoßes von der Ruhelage weg; negative $\dot{\varphi}$-Werte Rückkehrwinkelgeschwindigkeiten

30.6

Die D'ALEMBERT'sche Kräftegleichung eines geschwindigkeitsproportional gedämpften Feder-Masse-Systems (Federweg gleich Masseweg) lautet :

$$0 = 8\,\mathrm{kg} \cdot \ddot{x} + 36\,\frac{\mathrm{kg}}{\mathrm{s}} \cdot \dot{x} + c \cdot x$$

a) Wie groß muß c sein, damit gerade keine Schwingbewegungen möglich sind ?

b) Wie groß muß c sein, damit Eigenschwingungen der Kreisfrequenz $\omega_d = 2\,\mathrm{s}^{-1}$ möglich sind ?

c) Wie lautet die $x(t)$ - Funktion (Zahlengleichungen) in den Fällen a) und b) bei folgenden Randbedingungen
$x(t = 0) = 0$; $\dot{x}(t = 0) = v_o = 20\,\mathrm{m/s}$?

$$m = 8\,\mathrm{kg}\ \ ;\ \ k = 36\,\frac{\mathrm{kg}}{\mathrm{s}} = 36\,\frac{\mathrm{Ns}}{\mathrm{m}}$$

a)

$$0 = \ddot{x} + \underbrace{\frac{36\,\dfrac{\mathrm{kg}}{\mathrm{s}}}{8\,\mathrm{kg}}}_{=2\cdot\delta} \cdot \dot{x} + \underbrace{\frac{c}{8\,\mathrm{kg}}}_{=\omega_o^2} \cdot x$$

Aperiodischer Grenzfall :

$$\vartheta = \frac{\delta}{\omega_o} = 1 \ \Rightarrow\ \delta = \omega_o$$

$$\delta^2 = \omega_o^2$$

$$\left(\frac{36\,\mathrm{s}^{-1}}{2\cdot 8}\right)^2 = \frac{c}{8\,\mathrm{kg}}$$

$$1\,\mathrm{kg} = 1\,\frac{\mathrm{Ns}^2}{\mathrm{m}} \qquad c = 40,5\,\frac{\mathrm{kg}}{\mathrm{s}^2} = 40,5\,\frac{\mathrm{N}}{\mathrm{m}}$$

$$\delta = \frac{k}{2\cdot m} = \frac{36\,\dfrac{\mathrm{Ns}}{\mathrm{m}}}{2\cdot 8\,\mathrm{kg}} = 2,25\,\mathrm{s}^{-1}$$

$$\omega_o = \sqrt{\frac{c}{m}} = \sqrt{\frac{40,5\,\dfrac{\mathrm{kg}}{\mathrm{s}^2}}{8\,\mathrm{kg}}}$$

$$\omega_o = 2,25\,\mathrm{s}^{-1} = \delta$$

b)

$$\omega_d = \sqrt{\omega_o^2 - \delta^2}$$

mit $\delta = \dfrac{k}{2m}$ folgt :

$$\omega_d^2 = \frac{c}{m} - \left(\frac{k}{2m}\right)^2$$

Daraus :

$$c = m \cdot \omega_d^2 + \frac{k^2}{4m}$$

$$c = 8\,\mathrm{kg} \cdot \left(2\,\mathrm{s}^{-1}\right)^2 + \frac{\left(36\,\dfrac{\mathrm{kg}}{\mathrm{s}}\right)^2}{4\cdot 8\,\mathrm{kg}}$$

$$c = 72,5\,\frac{\mathrm{kg}}{\mathrm{s}^2}$$

$$\boxed{c = 72,5\,\frac{\mathrm{N}}{\mathrm{m}}}$$

c)

Fall a) : aperiodischer Grenzfall

$$x(t) = e^{-\delta \cdot t} \cdot (C_1 \cdot t + C_2)$$

$$\dot{x}(t) = -\delta \cdot e^{-\delta \cdot t} \cdot (C_1 \cdot t + C_2) + C_1 \cdot e^{-\delta \cdot t}$$

$$\dot{x}(t) = e^{-\delta \cdot t} \cdot [C_1 \cdot (1 - \delta \cdot t) - C_2 \cdot t]$$

Randbedingungen :

1. Randbedingung : $x(t = 0) = 0$

$$0 = \underset{=1}{\underbrace{e^0}} \cdot (0 + C_2)$$

$$C_2 = 0$$

2. Randbedingung : $\dot{x}(t = 0) = v_o = 20\,\dfrac{\text{m}}{\text{s}}$

$$v_o = e^0 \cdot [C_1 \cdot (1 - 0) - 0]$$

$$C_1 = v_o = 20\,\dfrac{\text{m}}{\text{s}}$$

Somit :

$$\boxed{x(t) = e^{-2,25\,\text{s}^{-1} \cdot t} \cdot t \cdot 20\,\dfrac{\text{m}}{\text{s}}}$$

Fall b) : Schwinger

$$x(t) = e^{-\delta \cdot t} \cdot [C_1 \cdot \cos(\omega_d \cdot t) + C_2 \cdot \sin(\omega_d \cdot t)]$$

$$\dot{x}(t) = -\delta\, e^{-\delta \cdot t} \left[C_1 \cos(\omega_d\, t) + C_2 \sin(\omega_d\, t)\right]$$

$$+ e^{-\delta \cdot t} \begin{bmatrix} -C_1\,\omega_d \sin(\omega_d\, t) \\ +C_2\,\omega_d \cos(\omega_d\, t) \end{bmatrix}$$

Randbedingungen :

1. Randbedingung : $x(t = 0) = 0$

$$0 = e^0 \cdot \left(C_1 \cdot \underset{=1}{\underbrace{\cos(0)}} + C_2 \cdot \underset{=0}{\underbrace{\sin(0)}} \right)$$

$$C_1 = 0$$

2. Randbedingung : $\dot{x}(t = 0) = v_o = 20\,\dfrac{\text{m}}{\text{s}}$

$$v_o = -\delta \cdot e^0 \cdot \left(0 + C_2 \cdot \underset{=0}{\underbrace{\sin(0)}} \right)$$

$$+ e^0 \cdot \left(0 + C_2 \cdot \omega_d \cdot \underset{=1}{\underbrace{\cos(0)}} \right)$$

$$C_2 = \dfrac{v_o}{\omega_d} = \dfrac{20\,\dfrac{\text{m}}{\text{s}}}{2\,\text{s}^{-1}} \qquad C_2 = 10\,\text{m}$$

Somit :

$$x(t) = e^{-\delta \cdot t} \cdot C_2 \cdot \sin(\omega_d \cdot t)$$

Daraus :

$$\boxed{x(t) = e^{-2,25\,\text{s}^{-1} \cdot t} \cdot 10\,\text{m} \cdot \sin\left(2\,\text{s}^{-1} \cdot t\right)}$$

30.7

Die Daten eines geschwindigkeitsproportional gedämpften Feder-Masse-Systems lauten :

$m = 0,5\,\text{kg}$; $k = 25\,\text{kg/s}$; $c = 500\,\text{N/m}$

Die Anstoßbedingungen lauten :

$x(t = 0) = x_o = 0,2\,\text{m}$; $\dot{x}(t = 0) = v_o = 3\,\text{m/s}$

a) Wann ($t_1 = ?$) erreicht die Masse die größte Entfernung aus der Ruhelage und wie groß ist diese ($x_m = ?$) ?

b) Wann ($t_2 = ?$) liegt die größte Rückkehrgeschwindigkeit vor und wie groß ist diese ($v_2 = ?$) ?

c) Wann ($t_3 = ?$) passiert die Masse erstmals die Ruhelage und welche Beschleunigung liegt in diesem Augenblick vor ($a_3 = ?$) ?

D'ALEMBERT :

$$\sum F = 0$$

$$0 = m \cdot \ddot{x} + k \cdot \dot{x} + c \cdot x$$

$$0 = \ddot{x} + \underbrace{\frac{k}{m}}_{=2 \cdot \delta} \cdot \dot{x} + \underbrace{\frac{c}{m}}_{=\omega_o^2} \cdot x$$

Abklingkonstante δ :

$$\delta = \frac{k}{2m} = \frac{25\dfrac{\text{kg}}{\text{s}}}{2 \cdot 0,5\,\text{kg}} \qquad \delta = 25\,\text{s}^{-1}$$

Eigenkreisfrequenz ungedämpfter Schwingungen :

$$\omega_o^2 = \frac{c}{m}$$

mit $1\,\text{kg} = 1\dfrac{\text{Ns}^2}{\text{m}}$ gilt :

$$\omega_o = \sqrt{\frac{c}{m}} = \sqrt{\frac{500\dfrac{\text{N}}{\text{m}}}{0,5\dfrac{\text{Ns}^2}{\text{m}}}}$$

$$\omega_o = 31,623\,\text{s}^{-1}$$

Dämpfungsgrad ϑ :

$$\vartheta = \frac{\delta}{\omega_o} = \frac{25\,\text{s}^{-1}}{31,623\,\text{s}^{-1}} < 1$$

also : schwingfähig

Eigenkreisfrequenz der gedämpften Schwingung :

$$\omega_d = \sqrt{\omega_o^2 - \delta^2}$$

$$\omega_d = \sqrt{\left(31,623\,\text{s}^{-1}\right)^2 - \left(25\,\text{s}^{-1}\right)^2}$$

$$\omega_d = \sqrt{375\,\text{s}^{-2}} = 19,365\,\text{s}^{-1}$$

Kinematik :

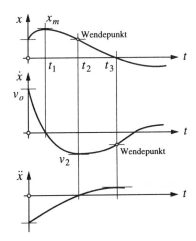

a)

Kinematik-Gesetze :

$$x(t) = e^{-\delta \cdot t} \cdot \left[C_1 \cdot \cos(\omega_d \cdot t) + C_2 \cdot \sin(\omega_d \cdot t) \right]$$

$$\dot{x}(t) = -\delta\, e^{-\delta \cdot t} \left[C_1 \cos(\omega_d\, t) + C_2 \sin(\omega_d\, t) \right]$$

$$+ e^{-\delta \cdot t} \begin{bmatrix} -C_1\, \omega_d \sin(\omega_d\, t) \\ +C_2\, \omega_d \cos(\omega_d\, t) \end{bmatrix}$$

$$\dot{x}(t) = e^{-\delta \cdot t} \begin{bmatrix} \cos(\omega_d\, t) \cdot (C_2\, \omega_d - C_1\, \delta) \\ -\sin(\omega_d\, t) \cdot (C_1\, \omega_d + C_2\, \delta) \end{bmatrix}$$

$$\ddot{x}(t) = -\delta \cdot e^{-\delta \cdot t} \; [\quad]$$

$$+ e^{-\delta \cdot t} \begin{bmatrix} -\omega_d (C_2\, \omega_d - C_1\, \delta) \sin(\omega_d\, t) \\ -\omega_d (C_1\, \omega_d + C_2\, \delta) \cos(\omega_d\, t) \end{bmatrix}$$

$$\ddot{x}(t) = e^{-\delta \cdot t} \begin{bmatrix} \cos(\omega_d\, t) \cdot \\ \cdot (C_1\, \delta^2 - 2 C_2\, \delta\, \omega_d - C_1\, \omega_d^2) + \\ + \sin(\omega_d\, t) \cdot \\ \cdot (2 C_1\, \delta\, \omega_d + C_2\, \delta^2 - C_2\, \omega_d^2) \end{bmatrix}$$

Randbedingungen :

1. Randbedingung : $x(t=0) = x_o = 0,2\,\text{m}$

$$x_o = C_1 \cdot \cos(0) + C_2 \cdot \sin(0)$$

$$C_1 = x_o = 0,2\,\text{m}$$

2. Randbedingung : $\dot{x}(t=0) = v_o = 3\,\dfrac{\text{m}}{\text{s}}$

$$v_o = \cos(0) \cdot (C_2 \cdot \omega_d - C_1 \cdot \delta)$$

$$C_2 = \frac{v_o + C_1 \cdot \delta}{\omega_d}$$

$$C_2 = \frac{3\,\dfrac{\text{m}}{\text{s}} + 0,2\,\text{m} \cdot 25\,\text{s}^{-1}}{\sqrt{375\,\text{s}^{-2}}}$$

$$C_2 = 0,4131\,\text{m}$$

$$x_m = x(t = t_1)$$

t_1 aus : $\dot{x}(t = t_1) = 0$

$$0 = e^{-\delta \cdot t_1} \begin{bmatrix} \cos(\omega_d\, t_1) \cdot (C_2\, \omega_d - C_1\, \delta) \\ -\sin(\omega_d\, t_1) \cdot (C_1\, \omega_d + C_2\, \delta) \end{bmatrix}$$

$$[\quad] = 0$$

$$\sin(\omega_d\, t_1)(C_1\, \omega_d + C_2\, \delta)$$
$$= \cos(\omega_d\, t_1)(C_2\, \omega_d - C_1\, \delta)$$

$$\tan(\omega_d\, t_1) = \frac{C_2\, \omega_d - C_1\, \delta}{C_1\, \omega_d + C_2\, \delta}$$

Mit den bekannten Werten :

$$\tan(\omega_d\, t_1) = 0,2112$$

$$\frac{180°}{\pi} \cdot \omega_d \cdot t_1 = 11,928°$$

$$t_1 = \frac{11,928° \cdot \pi}{180° \cdot \omega_d}$$

$$\boxed{t_1 = 0,01075\,\text{s}}$$

Damit :

$x_m = x(t = t_1)$

$x_m = e^{-\delta \cdot t_1} \left[C_1 \cdot \cos(\omega_d \, t_1) + C_2 \cdot \sin(\omega_d \, t_1) \right]$

$\boxed{x_m = 0,215 \, \text{m}}$

Damit : $v_2 = \dot{x}(t = t_2)$

$v_2 = e^{-\delta \cdot t_2} \cdot \left[\cos(\omega_d \cdot t_2)(C_2 \cdot \omega_d - C_1 \cdot \delta) \right.$
$\left. - \sin(\omega_d \cdot t_2)(C_1 \cdot \omega_d + C_2 \cdot \delta) \right]$

Mit den gegebenen Werten folgt :

$$\boxed{v_2 = -2,9 \, \frac{\text{m}}{\text{s}}}$$

b)

Am Wendepunkt der $x(t)$ - Funktion :

$v_2 = \dot{x}(t = t_2)$

t_2 aus : $\ddot{x}(t = t_2) = 0$

$0 = e^{-\delta \cdot t_2} \left[\cos(\omega_d \, t_2) \begin{pmatrix} C_1 \, \delta^2 - C_2 \, \delta \, \omega_d \\ -C_1 \, \omega_d^2 - C_2 \, \delta \, \omega_d \end{pmatrix} + \right.$
$\left. + \sin(\omega_d \, t_2) \begin{pmatrix} C_1 \, \delta \, \omega_d + C_2 \, \delta^2 \\ -C_2 \, \omega_d^2 + C_1 \, \delta \, \omega_d \end{pmatrix} \right]$

Daraus :

$\tan(\omega_d \cdot t_2) = \dfrac{2 C_2 \cdot \omega_d \cdot \delta - C_1 \cdot (\delta^2 - \omega_d^2)}{2 C_1 \cdot \omega_d \cdot \delta + C_2 \cdot (\delta^2 - \omega_d^2)}$

Hieraus mit den bekannten Größen :

$\tan(\omega_d \cdot t_2) = 1,1787$

$\dfrac{180°}{\pi} \cdot \omega_d \cdot t_2 = 49,689°$

$\boxed{t_2 = 0,04478 \, \text{s}}$

c)

$x(t = t_3) = 0$

$0 = e^{-\delta \cdot t_3} \cdot \left[\underbrace{C_1 \cdot \cos(\omega_d \cdot t_3) + C_2 \cdot \sin(\omega_d \cdot t_3)}_{=0} \right]$

$\dfrac{\sin(\omega_d \cdot t_3)}{\cos(\omega_d \cdot t_3)} = \dfrac{-C_1}{C_2}$

$\tan(\omega_d \cdot t_3) = \dfrac{-0,2 \, \text{m}}{0,4131 \, \text{m}} = -0,48414$

$\dfrac{180°}{\pi} \cdot \omega_d \cdot t_3 = 25,83368° + \underbrace{180°}_{\substack{\text{weil } t_3 \\ \text{positiv !}}}$

$\boxed{t_3 = 0,139 \, \text{s}}$

$$a_3 = \ddot{x}(t = t_3)$$

$$a_3 = e^{-\delta \cdot t_3}\left[\cos(\omega_d \cdot t_3)\binom{C_1 \cdot \left(\delta^2 - \omega_d^2\right)}{-2C_2 \cdot \omega_d \cdot \delta} + \right.$$

$$\left. + \sin(\omega_d \cdot t_3)\binom{2C_1 \cdot \omega_d \cdot \delta}{+C_2 \cdot \left(\delta^2 - \omega_d^2\right)}\right]$$

Hieraus ergibt sich :

$$\boxed{a_3 = +13,76\,\frac{\text{m}}{\text{s}^2}}$$

30.8

Eine schwere Stange führt im Schwerefeld Drehbewegungen aus.

$m = 1,5\,\text{kg}$; $c = 1000\,\text{N/m}$

a) Die Dämpfungskonstante k des Dämpfungsgliedes soll so ausgelegt werden, daß gerade keine Schwingungen möglich sind.

b) Wie groß ist der maximale Ausschlagwinkel φ_m bei folgenden Anstoßbedingungen ?

$\varphi(t = 0) = 0$; $\dot{\varphi}(t = 0) = 10\,\text{s}^{-1}$

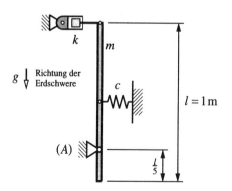

a)

Dynamik - Betrachtung :

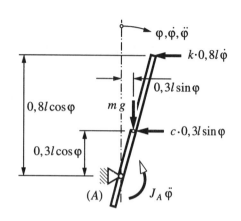

Für kleine Winkel $\varphi \ll 1$ gilt :
$$\sin \approx \varphi$$
$$\cos \varphi \approx 1$$

D'ALEMBERT :

$$\sum M_{(A)} = 0$$

$$0 = J_A \cdot \ddot{\varphi} + k \cdot (0,8l)^2 \cdot \dot{\varphi} + c \cdot (0,3l)^2 \cdot \varphi$$
$$- m \cdot g \cdot 0,3l \cdot \varphi$$

$$0 = \ddot{\varphi} + \underbrace{\frac{0,64 \cdot l^2\,k}{J_A}}_{=2\cdot\delta}\dot{\varphi} + \underbrace{\frac{0,09 \cdot c\,l^2 - m\,g \cdot 0,3l}{J_A}}_{=\omega_o^2}\varphi$$

Massenträgheitsmoment J_A :

Schlanke Stange : $J_S = \dfrac{m \cdot l^2}{12}$

Mit STEINER :

$$J_A = \frac{m \cdot l^2}{12} + m \cdot (0,3l)^2$$

$$J_A = 0,26\,\mathrm{kgm}^2$$

$$1\,\mathrm{kg} = 1\,\frac{\mathrm{Ns}^2}{\mathrm{m}} \quad \Rightarrow \quad 1\,\mathrm{N} = 1\,\frac{\mathrm{kgm}}{\mathrm{s}^2}$$

Eigenkreisfrequenz ungedämpfter Schwingungen :

$$\omega_o^2 = \frac{0,09 \cdot 1000\,\dfrac{\mathrm{kg}}{\mathrm{s}^2} \cdot (1\,\mathrm{m})^2}{0,26\,\mathrm{kgm}^2}$$

$$- \frac{1,5\,\mathrm{kg} \cdot 9,81\,\dfrac{\mathrm{m}}{\mathrm{s}^2} \cdot 0,3\,\mathrm{m}}{0,26\,\mathrm{kgm}^2}$$

$$\omega_o = 18,143\,\mathrm{s}^{-1}$$

Aperiodischer Grenzfall :

$$\vartheta = \frac{\delta}{\omega_o} = 1 \quad \Rightarrow \quad \delta = \omega_o$$

$$\frac{(0,8 \cdot 1\,\mathrm{m})^2 \cdot k}{J_A} = 2 \cdot 18,143\,\mathrm{s}^{-1}$$

Daraus :

$$k = 14,741\,\frac{\mathrm{kg}}{\mathrm{s}}$$

Mit $\;1\,\mathrm{kg} = 1\,\dfrac{\mathrm{Ns}^2}{\mathrm{m}}\;$ folgt :

$$\boxed{k = 14,741\,\frac{\mathrm{Ns}}{\mathrm{m}}}$$

b)

Bewegungs-Gleichung :

$$\varphi(t) = e^{-\delta \cdot t} \cdot \left(C_1 \cdot t + C_2 \right)$$

$$\dot{\varphi}(t) = -\delta \cdot e^{-\delta \cdot t} \cdot \left(C_1 \cdot t + C_2 \right) + C_1 \cdot e^{-\delta \cdot t}$$

$$\dot{\varphi}(t) = e^{-\delta \cdot t} \cdot \left[C_1 \cdot (1 - \delta \cdot t) - \delta \cdot C_2 \right]$$

Randbedingungen :

1. Randbedingung : $\qquad \varphi(t = 0) = 0$

$$0 = e^0 \cdot \left(0 + C_2 \right)$$

$$C_2 = 0$$

2. Randbedingung : $\qquad \dot{\varphi}(t = 0) = 10\,\mathrm{s}^{-1}$

$$10\,\mathrm{s}^{-1} = e^0 \cdot \left[C_1 \cdot (1 - 0) - 0 \right]$$

$$C_1 = 10\,\mathrm{s}^{-1}$$

Damit :

$$\varphi(t) = C_1 \cdot t \cdot e^{-\delta \cdot t}$$

$$\dot\varphi(t) = C_1 \cdot (1 - \delta \cdot t) \cdot e^{-\delta \cdot t}$$

Kinematik :

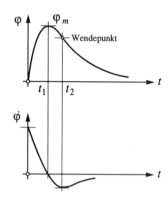

$$\varphi_m = \varphi(t = t_1)$$

t_1 aus : $\dot\varphi(t = t_1) = 0$

$$0 = C_1 \cdot \underbrace{(1 - \delta \cdot t_1)}_{=0} \cdot e^{-\delta \cdot t_1}$$

$$t_1 = \frac{1}{\delta} = \frac{1}{18,143\,\text{s}^{-1}}$$

$$\boxed{t_1 = 0,0551\,\text{s}}$$

Damit :

$$\varphi_m = C_1 \cdot t_1 \cdot e^{-\delta \cdot t_1}$$

$$\varphi_m = 10\,\text{s}^{-1} \cdot 0,0551\,\text{s} \cdot e^{-18,143\,\text{s}^{-1} \cdot 0,0551\,\text{s}}$$

$$\varphi_m = 0,2028\,\text{rad}$$

$$\boxed{\varphi_m = 11,62°}$$

30.9

Das skizzierte System schwingt bei feststehendem Antrieb mit $\omega_d = 50\,\text{s}^{-1}$. Die Erregung des Systems erfolgt durch Zwangsführung von Feder 2 nach dem Gesetz

$$y_1(t) = 0,04\,\text{m} \cdot \cos\left(70\frac{1}{\text{s}} \cdot t\right)$$

$$m = 7\,\text{kg} \;;\; c_2 = 2c_1 = 260\,\text{N/cm}$$

Es sind zu bestimmen :

a)   die Eigenkreisfrequenz der ungedämpften Schwingung bei feststehendem Antrieb,

b)   die Dämpfungskonstante k,

c)   die Daueramplitude der erregten Schwingung im eingeschwungenen Zustand,

d)   das Bewegungs-Gesetz $y(t)$ für den eingeschwungenen Zustand als phasenverschobene Sinusfunktion,

e)   das Bewegungsgesetz $y(t)$ in der Einschwingphase :

   1. R.B.: $y(t = 0) = 0$;
   2. R.B.: $\dot y(t = 0) = 0$

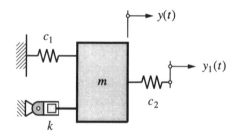

a)

Feststehender Antrieb

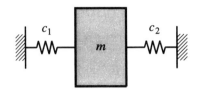

Parallelschaltung der Federn :

$$c = c_1 + c_2$$

$$c = \frac{c_2}{2} + c_2 = \frac{3c_2}{2}$$

$$c = \frac{3}{2} \cdot 26000 \frac{N}{m} \qquad c = 39000 \frac{N}{m}$$

Eigenkreisfrequenz der ungedämpften Schwingungen :

mit $1\,\mathrm{kg} = 1 \dfrac{\mathrm{Ns}^2}{\mathrm{m}}$ folgt

$$\omega_o = \sqrt{\frac{c}{m}} = \sqrt{\frac{39000 \dfrac{N}{m}}{7 \dfrac{Ns^2}{m}}}$$

$$\boxed{\omega_o = 74{,}642\,\mathrm{s}^{-1}}$$

b)

Dämpfungskonstante k :

$$\delta = \frac{k}{2m} \quad \Rightarrow \quad k = 2m \cdot \delta$$

$$\omega_d = \sqrt{\omega_o^2 - \delta^2}$$

Bekannt : $\omega_d = 50\,\mathrm{s}^{-1}$

Daraus :

$$\delta = \sqrt{\omega_o^2 - \omega_d^2}$$

$$\delta = 55{,}42\,\mathrm{s}^{-1}$$

Es folgt damit :

$$k = 2 \cdot 7\,\mathrm{kg} \cdot 55{,}42\,\mathrm{s}^{-1}$$

$$k = 775{,}89 \frac{\mathrm{kg}}{\mathrm{s}}$$

$$\boxed{k = 775{,}89 \frac{\mathrm{Ns}}{\mathrm{m}}}$$

c)

Kräfte im dynamischen Zustand :

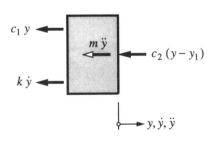

D'ALEMBERT :

$$\sum F = 0$$

$$0 = m \cdot \ddot{y} + c_1 \cdot y + k \cdot \dot{y} + c_2 \cdot (y - y_1)$$

mit $y_1(t) = y_o \cdot \cos(\Omega \cdot t)$

$$y_o = 0,04\,\text{m}$$

$$\Omega = 70\,\text{s}^{-1} \quad \text{(Erregerkreisfrequenz)}$$

$$0 = \ddot{y} + \frac{k}{m} \cdot \dot{y} + \frac{c_1 + c_2}{m} \cdot y - \frac{c_2 \cdot y_1}{m}$$

$$\frac{c_2 \cdot y_1}{m} = \ddot{y} + \underbrace{\frac{k}{m}}_{=2\cdot\delta} \cdot \dot{y} + \underbrace{\frac{c_1 + c_2}{m}}_{=\omega_o^2} \cdot y$$

Lösung der inhomogenen linearen Differentialgleichung 2. Ordnung mit konstanten Koeffizienten :

$$y(t) = y_h(t) + y_p(t)$$

Im eingeschwungenen Zustand :

$$y_h \approx 0$$

Damit :

$$y(t) \approx y_p(t)$$

Ansatz für die Dauerlösung $y_p(t)$:
- partikulärer Anteil der Dgl. -

$$y_p(t) = a \cdot \sin(\Omega \cdot t - \varphi)$$

$$a = \text{Daueramplitude}$$
$$\varphi = \text{Phasenverschiebungswinkel}$$

$$\dot{y}_p(t) = a \cdot \Omega \cdot \cos(\Omega \cdot t - \varphi)$$

$$\ddot{y}_p(t) = -a \cdot \Omega^2 \cdot \sin(\Omega \cdot t - \varphi)$$

Einsetzen in die inhomogene Differentialgleichung :

$$\frac{c_2}{m} \cdot y_o \cdot \cos(\Omega \cdot t) = -a \cdot \Omega^2 \cdot \sin(\Omega \cdot t - \varphi)$$
$$+ 2\delta \cdot a \cdot \Omega \cdot \cos(\Omega \cdot t - \varphi)$$
$$+ \omega_o^2 \cdot a \cdot \sin(\Omega \cdot t - \varphi)$$

Additionstheoreme :

$$\cos(\alpha - \beta) = \cos\alpha \cdot \cos\beta + \sin\alpha \cdot \sin\beta$$
$$\sin(\alpha - \beta) = \sin\alpha \cdot \cos\beta - \cos\alpha \cdot \sin\beta$$

Damit nach Sortieren :

$$0 = \cos(\Omega \cdot t) \cdot \underbrace{\begin{bmatrix} \sin\varphi \cdot \left(a \cdot \Omega^2 - a \cdot \omega_o^2\right) \\ +2\delta \cdot a \cdot \Omega \cdot \cos\varphi - \frac{c_2}{m} \cdot y_o \end{bmatrix}}_{I}$$
$$+ \sin(\Omega \cdot t) \cdot \underbrace{\begin{bmatrix} \cos\varphi \cdot \left(a \cdot \omega_o^2 - a \cdot \Omega^2\right) \\ +2\delta \cdot a \cdot \Omega \cdot \sin\varphi \end{bmatrix}}_{II}$$

$$0 = \cos(\Omega \cdot t) \cdot [\,I\,] + \sin(\Omega \cdot t) \cdot [\,II\,]$$

1. Forderung :

$$[\,II\,] = 0$$

$$2\delta \cdot a \cdot \Omega \cdot \sin\varphi = a \cdot \cos\varphi \cdot \left(\Omega^2 - \omega_o^2\right)$$

$$\boxed{\tan\varphi = \frac{\Omega^2 - \omega_o^2}{2\delta \cdot \Omega}}$$

Mit $\delta = 55,42\,\mathrm{s}^{-1}$

$\Omega = 70\,\mathrm{s}^{-1}$

$\omega_o = 74,642\,\mathrm{s}^{-1}$

folgt :

$\varphi = -4,946°$

$\varphi = -0,0863\,\mathrm{rad}$

2. Forderung :

$[\,I\,] = 0$

$0 = a \cdot \sin\varphi \cdot \left(\Omega^2 - \omega_o^2\right)$

$\quad +2\delta \cdot a \cdot \Omega \cdot \cos\varphi - \dfrac{c_2}{m} \cdot y_o \quad \Bigg| \cdot \dfrac{1}{\cos\varphi}$

$0 = a \cdot \tan\varphi \cdot \left(\Omega^2 - \omega_o^2\right) + 2\delta \cdot a \cdot \Omega - \dfrac{c_2 \cdot y_o}{m \cdot \cos\varphi}$

Theorem : $\dfrac{1}{\cos\varphi} = \sqrt{1 + \tan^2\varphi}$

Mit der Lösung für $\tan\varphi$ folgt :

$a = \dfrac{\dfrac{c_2 \cdot y_o}{m}}{\sqrt{\left(\Omega^2 - \omega_o^2\right)^2 + 4\delta^2 \cdot \Omega^2}}$

Mit den bekannten Werten folgt :

$a = 0,01908\,\mathrm{m}$

$a = 19,1\,\mathrm{mm}$

d)

Bewegungsgleichung im eingeschwungenen Zustand :

$y_p(t) = a \cdot \sin(\Omega \cdot t - \varphi)$

$y_p(t) = 0,01908\,\mathrm{m} \cdot \sin\left(70\,\mathrm{s}^{-1} \cdot t - (-0,0863)\right)$

$y_p(t) = 0,01908\,\mathrm{m} \cdot \sin\left(70\,\mathrm{s}^{-1} \cdot t + 0,0863\right)$

e)

Einschwingphase

$y(t) = y_h(t) + y_p(t)$

Homogener Lösungsanteil :

$y_h(t) = e^{-\delta \cdot t} \cdot \left[C_1 \cdot \cos(\omega_d\,t) + C_2 \cdot \sin(\omega_d\,t)\right]$

Gesamtlösung für die Einschwingphase :

$y(t) = e^{-\delta t} \left[C_1 \cos(\omega_d\,t) + C_2 \sin(\omega_d\,t)\right]$

$\qquad + a \sin(\Omega t - \varphi)$

Bestimmung der Konstanten C_1 , C_2

Randbedingungen :

1. Randbedingung : $y(t = 0) = 0$

$0 = e^0 \cdot (C_1 + 0) + a \cdot \sin(-\varphi)$

$$C_1 = a \cdot \sin\varphi$$

$$C_1 = 0,01908\,\text{m} \cdot \sin(-4,946°)$$

$$C_1 = -0,001645\,\text{m}$$

Ableitung $\dot{y}(t)$

$$\dot{y}(t) = -\delta\,e^{-\delta\cdot t}\left[C_1\cos(\omega_d\,t) + C_2\sin(\omega_d\,t)\right]$$
$$+e^{-\delta t}\begin{bmatrix} -C_1\,\omega_d\sin(\omega_d\,t) \\ +C_2\,\omega_d\cos(\omega_d\,t) \end{bmatrix}$$
$$+a\cdot\Omega\cdot\cos(\Omega\cdot t - \varphi)$$

2. Randbedingung : $\dot{y}(t=0) = 0$

$$0 = -\delta\left(C_1 + 0\right) + \left(-0 + C_2\,\omega_d\right) + a\,\Omega\underbrace{\cos(-\varphi)}_{=\cos\varphi}$$

$$C_2 = \frac{C_1\cdot\delta - a\cdot\Omega\cdot\cos\varphi}{\omega_d}$$

$$C_2 = -0,0284\,\text{m}$$

Zahlen-Gleichung für die Einschwingphase :

$$y(t) = -e^{-55,42\,\text{s}^{-1}\cdot t} \cdot \left[1,645\,\text{mm}\cdot\cos\left(50\,\text{s}^{-1}\cdot t\right)\right.$$
$$\left. +28,4\,\text{mm}\cdot\sin\left(50\,\text{s}^{-1}\cdot t\right)\right]$$
$$+19,1\,\text{mm}\cdot\sin\left(70\,\text{s}^{-1}\cdot t + 0,0863\right)$$

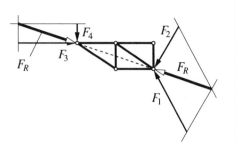

Verwendete Formeln und Verfahren

1

Statik: graphische Lösung von Gleichgewichtsproblemen

RITTER-Schnitt

Der sogenannte RITTER-Schnitt löst ein Bauteil oder einen Teil eines gleichgewichtigen Systems aus dem Ganzen heraus. Die am RITTER-Schnitt angreifenden Kräfte einschließlich der Gewichtskraft der im Schnitt befindlichen Massen stehen im Gleichgewicht und bilden ein geschlossenes Krafteck mit einheitlichem Umfahrungssinn.

Pendelstütze

Greifen an nur zwei Punkten eines Bauteils Kräfte an, so stehen sie nur dann im Gleichgewicht, wenn die Resultierende F_R der Kräfte in den jeweiligen Punkten Gegenkräfte sind :

Greifen an einem Bauteil nur zwei Kräfte an, so können diese nur als Gegenkräfte (gleicher Betrag, selbe Wirkungslinie WL , entgegengesetzter Richtungssinn) im Gleichgewicht stehen; Beispiel : Zweigelenkstab. Die Wirkungslinie der Gegenkräfte ist die Verbindungsgerade zwischen den Kraftangriffspunkten (Gelenken) :

Gelenk (Festlager)

Die Wirkungslinie der Festlager-Reaktionskraft ist a priori unbekannt. Gelenke können Kräfte jedweder Richtung in der Lastebene aufnehmen.

Loslager

Loslager nennt man jedes Lager, das der Scheibe nur einen translatorischen Freiheitsgrad "raubt"; die Wirkungslinie der Loslager-Reaktionskraft steht senkrecht auf der Richtung der verbleibenden translatorischen Bewegungsfreiheit.

CULMANNsches Vierkräfte-Verfahren

Zwei der vier Kräfte bilden eine Resultierende, die "Gegenkraft" zur Resultierenden der beiden anderen Kräfte ist. Die Wirkungslinie dieser Teil-Resultierenden ist die CULMANNsche Hilfsgerade (CHG). Im Kräfteviereck findet man jene der drei gesuchten Kräfte als erste Unbekannte, die bei der Konstruktion der Hilfsgeraden mit der bekannten Aktionskraft geschnitten wurde.

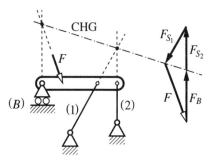

2

Statik : rechnerische Lösung von Gleichgewichtsproblemen

Gleichgewichtsbedingungen
(ebene Statik)

$$\sum^i F_{i_x} = 0$$

Deutung : keine Verschiebung in x-Richtung

$$\sum^i F_{i_y} = 0$$

Deutung : keine Verschiebung in y-Richtung

$$\sum^i M_i = 0$$

Deutung : keine Drehung in der xy-Ebene

F_{ix} x-Komponenten der angreifenden Kräfte

F_{iy} y-Komponenten der angreifenden Kräfte

M_i statische Momente; sie beziehen sich bei Einzelkräften auf einen beliebigen Bezugspunkt in der Ebene; oder: Moment eines Kräftepaares.

Vorzeichen-Definition

Kräfte in x-Richtung sind positiv; Kräfte in y-Richtung sind positiv; Momente sind in diesem Koordinatensystem linksdrehend positiv; bei fehlendem Koordinatensystem gilt (z.B.) die Vereinbarung: linksdrehende Momente sind positiv.

Streckenlast

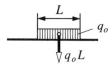

Die Gesamtlast (z.B. Gewichtskraft) einer gleichmäßig verteilten Streckenlast q_o [N/m] auf der
Laststrecke L [m] ist $q_o \cdot L$ [N]. Für statische
Überlegungen wird sie in der Mitte der Laststrecke als Punktlast angenommen.

Schräge Kräfte

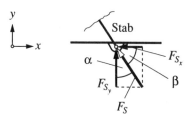

F_S = angenommene Stabkraft

$$\boxed{\left| F_{S_x} \right| = F_S \cdot \sin\alpha = F_S \cdot \cos\beta}$$

$$\boxed{\left| F_{S_y} \right| = F_S \cdot \cos\alpha = F_S \cdot \sin\beta}$$

3

Statik mehrteiliger Gebilde

Definitionen

1) Pendelstützen sind ebene Gebilde, die durch
    genau zwei Kräfte (Gegenkräfte) im Gleich-
    gewicht gehalten werden (Zweigelenkstäbe,
    auch Teilgebilde aus Stäben und Scheiben,
    wenn dieses Teilgebilde nur Kräfte weiter-
    leitet).

2) Scheiben sind ebene Gebilde, die durch drei
    oder mehr Kräfte im Gleichgewicht gehal-
    ten werden.

Statische Bestimmtheit

Eine Scheibe in der Ebene ist dann statisch bestimmt gelagert (angeschlossen), wenn sie gehalten wird durch

a) drei einwertige Fesseln (Pendelstützen) oder

b) ein Gelenk (zweiwertige Fessel) und ein
    zusätzliches Loslager (z.B. Pendelstütze)

c) oder durch eine Einspannung.

Maximale Zahl an Unbekannten (ebene Statik):

im zentralen Kräftesystem: 2

im allgemeinen Kräftesystem: 3

Gleichgewicht (Beispiele)

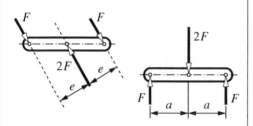

Stabverband :

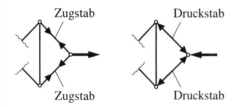

| Zugstab | Druckstab |

| Zugstab | Druckstab |

4

Dreigelenkbogen

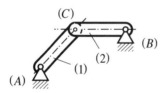

(A), (B) sind Fundamentgelenke

(C) ist scheibenverbindendes Gelenk

Einseitige Belastung des Dreigelenkbogens

Nur eine der Scheiben ist belastet, die unbelastete Scheibe ist Pendelstütze; Beispiel :

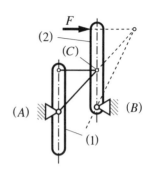

(2) ist die belastete Scheibe,

Pendelstütze = Scheibe (1) plus zwei Stäbe

Beidseitige Belastung des Dreigelenkbogens

Beide Scheiben sind belastet; es ist das Superpositions-Verfahren (Überlagerungs-Verfahren) anzuwenden.

Teilbelastung

Bei (A) gelagerte Scheibe ist belastet.

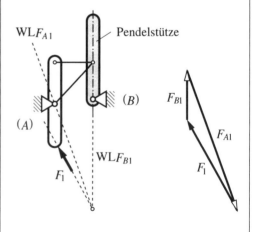

Teilbelastung

Bei (B) gelagerte Scheibe ist belastet.

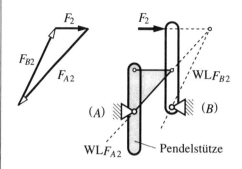

Superposition

$$\overline{F}_A = \overline{F}_{A1} + \overline{F}_{A2}$$

$$\overline{F}_B = \overline{F}_{B1} + \overline{F}_{B2}$$

5

Schnittgrößen des Balkens

$$\frac{\mathrm{d}M_b(x)}{\mathrm{d}x} = F_q(x)$$

$M_b(x)$ Stammfunktion

$F_q(x)$ Ableitung

x Balken-Längskoordinate

Vorzeichen-Definition

Schnittgrößen sind dann positiv, wenn sie am positiven Schnittufer in Richtung der positiven Koordinatenachse gerichtet sind. Die x-Achse (Längsachse) tritt aus dem positiven Schnittufer aus.

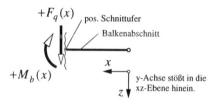

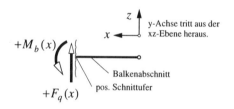

Zu positiven $F_q(x)$-Werten gehört eine positive Steigung der $M_b(x)$-Linie; der Quadrant $+M_b/+x$ definiert die positive Steigung.

Beispiel:

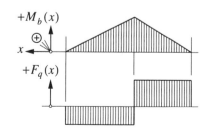

Gesetz der zyklischen Vertauschung

y-Achse ist Biegeachse. Dreht man z nach x, so bewegt sich die Rechtsgewindeschraube nach y.

Beispiel (Gleichgewicht) :

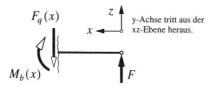

y-Achse tritt aus der xz-Ebene heraus.

y-Achse kommt aus der Ebene heraus. $M_b(x)$ ist somit negativ.

Ermittlung der Funktionen der Schnittgrößen

Annahme positiver Schnittgrößen und Ansatz statischer Gleichgewichts-Bedingungen

Beispiel :

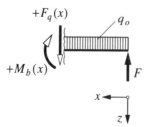

Bezogen auf die Schnittstelle :

$$\sum M_{(S)} = 0$$

$$0 = +M_b(x) - F \cdot x + \frac{q_o \cdot x^2}{2}$$

$$M_b(x) = F \cdot x - \frac{q_o \cdot x^2}{2}$$

$$\sum F_z = 0$$

$$0 = F_q(x) + q_o \cdot x - F$$

$$F_q(x) = F - q_o \cdot x$$

6

Gleitreibung

COULOMBsches Gleitreibungs-Gesetz

$$\boxed{F_r = \mu \cdot F_n}$$

F_r Reibkraft

F_n normale Andrückkraft

μ Reibzahl der Gleitreibung

μ_o Haftreibungszahl

$$\mu = \tan \rho$$

ρ Reibwinkel (halber Öffnungswinkel des Reibkegels)

Kurz vor Einsetzen der Bewegung (Grenzfall) liegt die WL der Kraft in der Reibstelle auf dem Rand des Reibkegels :

Grenzfälle :

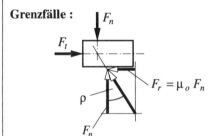

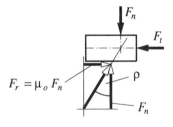

7

Statik der Seile und Ketten

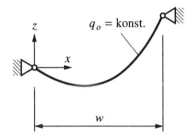

Seillinie

$$z(x) = \frac{H}{q_o} \cosh\left(\frac{q_o \cdot x}{H} + C_1\right) + C_2$$

Seilneigung

$$z'(x) = \sinh\left(\frac{q_o \cdot x}{H} + C_1\right)$$

z Durchhang

z' Tangentenneigung

q_o konst. Metergewicht z.B. N/m

H Horizontalzugkraft

w Spannweite

Seillänge

$$l = \frac{H}{q_o} \left. \left| \sinh\left(\frac{q_o \cdot x}{H} + C_1\right) \right|\right|_{x=0}^{x=w}$$

8

Arten des Gleichgewichts

Gleichgewichtsbedingung

$$\left.\frac{\partial U(\varphi)}{\partial \varphi}\right|_{\varphi=0} = 0$$

Bedingung für stabiles Gleichgewicht

$$\left.\frac{\partial^2 U(\varphi)}{\partial \varphi^2}\right|_{\varphi=0} > 0$$

Indifferentes Gleichgewicht

$$\left.\frac{\partial^2 U(\varphi)}{\partial \varphi^2}\right|_{\varphi=0} = 0$$

Federenergie einer anfänglich entspannten Feder

$$U_{el} = \frac{c}{2} \cdot f^2$$

c Federkonstante (Federsteifigkeit), z.B. in N/m

f Federweg

Zuwachs an Federenergie einer vorgespannten Feder

$$U_{el} = \frac{c}{2}\left(f^2 + 2 \cdot f \cdot f_o\right)$$

f_o Feder-Vorspannweg

f zusätzlicher Federweg bei weiterer Verspannung der vorgespannten Feder

Energiebilanz bei Lageänderung

$$U(\varphi) = U_o - W_F + U_{el} \pm U_h$$

U_o Mechanische Energie des Systems vor Verschiebung (Drehung um φ)

W_F Arbeit der Kraft F bei Verschiebung des Systems

U_{el} Änderung der Energie der elastischen Verspannung (Federenergie) bei Verschiebung des Systems

U_h Änderung der Energie der Lage (potentielle Energie) bei Verschiebung des Systems

$+U_h$, wenn U_h wächst,

$-U_h$, wenn U_h kleiner wird

9

Grundbeanspruchungen: Zug, Druck, Abscheren

Zugspannung

$$\sigma_z = \frac{F}{A}$$

F Zugkraft
A Querschnitt des Zugstabs
σ_z Zugspannung

Druckspannung

$$\sigma_d = \frac{-F}{A}$$

F Druckkraft
A Querschnitt des Druckstabs
σ_d Druckspannung

Abscherspannung

$$\tau_a = \frac{F}{A}$$

F Schubkraft
A Abscherfläche
τ_a Abscherspannung

Flächenpressung

an ebenen, quasi starren Berührflächen

$$p = \frac{F}{A}$$

F normale Anpreßkraft
A Berührfläche
p Flächenpressung, Berührspannung

Zapfenpressung

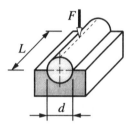

$$p_{max} = k \frac{F}{A_{proj.}}$$

$$A_{proj.} = d \cdot L$$

F Andrückkraft
$A_{proj.}$ Projektion der Berührfläche auf die Ebene senkrecht zu WLF
k spielabhängiger Vergrößerungsfaktor
$k \approx 2$ Spiel gering (kleine Toleranz)
$k \approx 6$ Spiel groß (große Toleranz)

10

Schubspannungs-Hauptgleichung

$$\tau(y) = \frac{F_Q \cdot S_a(y)}{I_a \cdot b(y)}$$

$\tau(y)$ Schubspannung auf Höhe der Faserschicht im Abstand y

F_Q im Schnitt übertragene Querkraft, (Schnittgröße)

$S_a(y)$ statisches Moment der Restfläche A_R

I_a axiales Flächenmoment 2. Ordnung der Gesamtquerschnittsfläche

$b(y)$ Querschnittsbreite der Faserschicht im Abstand y (sog. "Kanalbreite des Schubflusses")

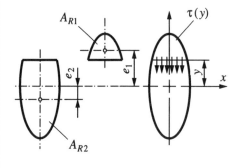

$$|S_x(y)| = A_{R1} \cdot e_1 = A_{R2} \cdot e_2$$

Die Faserschicht im Abstand y teilt die Gesamtfläche A in zwei Restflächen.

Lage des Schwerpunkts zusammengesetzter Flächen

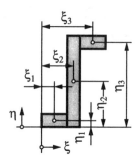

$$\xi_S = \frac{\sum\limits^{i}(A_i \cdot \xi_i)}{A}$$

$$\eta_S = \frac{\sum\limits^{i}(A_i \cdot \eta_i)}{A}$$

A_i Teilfläche

ξ_i , η_i Koordinaten des Teilflächenschwerpunkts

Die Lage des Koordinatenursprungs (Lage der Bezugslinie) ist beliebig.

Lage des Schwerpunkts einer nicht geradlinig begrenzten Fläche

$$\xi_S = \frac{1}{A}\int\limits_A \xi \cdot dA \qquad \eta_S = \frac{1}{A}\int\limits_A \eta \cdot dA$$

dA   infinitesimal kleine Teilfläche

ξ, η Koordinaten der Teilfläche

Beispiel :   Halbkreisfläche

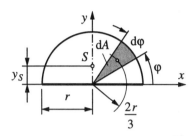

$$y = \frac{2r}{3} \sin \varphi \; ; \quad dA = \frac{r^2}{2} d\varphi$$

$$y_S = \frac{\int \left(\frac{2r}{3} \sin \varphi\right) \cdot \frac{r^2}{2} d\varphi}{\frac{r^2 \cdot \pi}{2}}$$

$$y_S = \frac{-2r}{3\pi} \left|\cos \varphi\right|_0^\pi \quad \Rightarrow \quad y_S = \frac{4r}{3\pi}$$

Axiales Flächenmoment 2. Ordnung

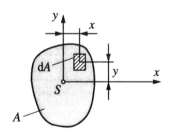

$$\boxed{I_x = \int\limits_A y^2 \cdot dA} \qquad \boxed{I_y = \int\limits_A x^2 \cdot dA}$$

Satz von den parallelen Achsen (STEINER-Satz)

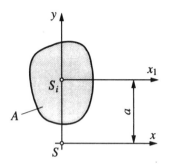

$$\boxed{I_x = I_{x_1} + A \cdot a^2}$$

x_1 Zur x-Achse parallele Achse durch den Teilflächenschwerpunkt

A Teilfläche

11

Statisch unbestimmte Systeme

HOOKEsches Gesetz

$$\boxed{\sigma = E \cdot \varepsilon}$$

σ Normalspannung

E Elastizitätsmodul des Werkstoffs

    z.B. Stähle : $E = 2{,}1 \cdot 10^5 \, \mathrm{N/mm^2}$

ε Dehnung

Beispiel : Zugstab

$$\sigma_z = \frac{F}{A} \qquad \varepsilon = \frac{\Delta L}{L_o}$$

ΔL Längenänderung

L_o Stablänge, unbelastet (Ausgangslänge)

F Zugkraft

A Stabquerschnitt

σ_z Zugspannung

POISSON-Gesetz

$$\varepsilon_q = -\mu \cdot \varepsilon$$

ε_q Querkontraktion

ε Längsdehnung

μ Querkontraktionszahl

positive Dehnung :   Verlängerung

negative Dehnung :   Kontraktion

Beispiel : Zugstab

$$\varepsilon_q = \frac{-\Delta d}{d_o}$$

Δd Durchmesseränderung

d_o Ausgangsdurchmesser

Vorgehensweise :

1. Statik-Gleichung
2. Kraft gleich Spannung mal Fläche
3. Spannung ersetzen durch : E-Modul mal Dehnung (HOOKEsches Gesetz)
4. Dehnung definieren
5. Verschiebungsplan anwenden

12

Einachsige Biegung gerader Balken

Definition

Bei einachsiger (spezieller) Biegung hat der Biegemomenten-Vektor die Richtung einer Hauptachse. Hauptachsen sind die I_{max}- und I_{min}- Achse. Symmetrieachsen sind stets Hauptachsen.

Biegespannung (Randspannung)

$$\sigma_b = \frac{M_b}{W_a}$$

σ_b Spannung in den Randfasern

M_b wirksames Biegemoment

W_a axiales Widerstandsmoment des Querschnitts in bezug auf die jeweilige Randfaser

Axiale Widerstandsmomente

1. Zur Biegeachse x symmetrischer Querschnitt :

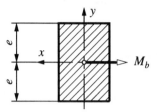

$$W_x = \frac{I_x}{e}$$

2. Zur Biegeachse x unsymmetrischer Querschnitt :

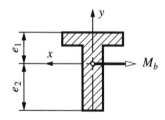

$$W_1 = \frac{I_x}{e_1}$$

$$W_2 = \frac{I_x}{e_2}$$

$$\sigma_{b_1 \, OF} = \frac{M_b}{W_1}$$

$$\sigma_{b_2 \, UF} = \frac{M_b}{W_2}$$

OF = Oberfaser   UF = Unterfaser

Axiale Flächenmomente 2. Ordnung

1. Einfache Flächen :

   auf die Schwerpunktachsen bezogen

   I_a: (siehe Tabellen)

Beispiele :

Kreisquerschnitt

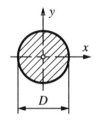

$$I_x = I_y = \frac{\pi \cdot D^4}{64}$$

Rechteckquerschnitt

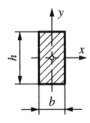

$$I_x = \frac{b \cdot h^3}{12}$$

$$I_y = \frac{h \cdot b^3}{12}$$

Dreiecksquerschnitt

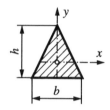

$$I_x = \frac{b \cdot h^3}{36}$$ $$I_y = \frac{h \cdot b^3}{48}$$

2. Zusammengesetzte Flächen :

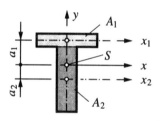

A_1, A_2 Teilflächen

x_1, x_2 zur Biegeachse x parallele Achsen
in den Teilflächenschwerpunkten

Satz von STEINER

$$I_x = I_{x_1} + A_1 \cdot a_1^2 + I_{x_2} + A_2 \cdot a_2^2$$

I_{x_1}, I_{x_2} axiales Flächenmoment der Teilfläche bezüglich Teilflächen-
schwerpunkts-Achse (x_1, x_2)
- (aus Tabellen) -

13

Schiefe, zweiachsige Biegung

Definition

Bei zweiachsiger Biegung liegt der Biegemomenten-Vektor nicht in Richtung einer Hauptachse (siehe Kapitel 12 dazu).

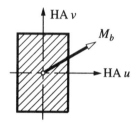

Als Symmetrieachsen sind u und v Hauptachsen.

Biegespannung

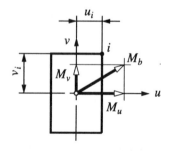

$$\sigma_i = \frac{M_u}{I_u} v_i - \frac{M_v}{I_v} u_i$$

σ_i Biegespannung im Punkt i

u_i, v_i Koordinaten von i im Haupt-
achsensystem u, v

M_u, M_v Hauptachs-Komponenten von M_b

I_u, I_v axiale Flächenmomente 2. Ordnung bezüglich der Hauptachsen

Lage der Hauptachsen
bei fehlender Symmetrie

$$\tan(2\varphi_o) = \frac{2 I_{yz}}{I_y - I_z}$$

y, z Kantenparallele Schwerpunktsachsen

I_{yz} Deviationsmoment, gemischtes
Flächenmoment 2. Ordnung

φ_o Winkel zwischen der z - Achse und
den Hauptachsen u und v
Zwei Lösungen :
φ_{o_1} und $\varphi_{o_2} = \varphi_{o_1} + 90°$

Festlegung Koordinatensystem :

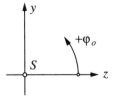

Deviationsmoment einer
Teilfläche A_i

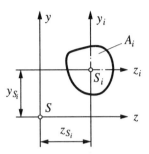

$$I_{yz} = I_{y_i z_i} + A_i \cdot y_{S_i} \cdot z_{S_i}$$

1. Beispiel :

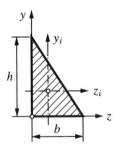

$$I_{yz} = \frac{-b^2 \cdot h^2}{72} + A \frac{b}{3} \frac{h}{3}$$

2. Beispiel :

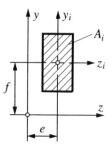

$$I_{yz} = A_i \cdot e \cdot f$$

Hinweis : y_1 und z_1 sind als Symmetrieachsen Hauptachsen der Teilquerschnittsfläche. Deviationsmomente in bezug auf Hauptachsen sind null : $I_{y_i z_i} = 0$

Koordinaten-Transformation

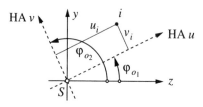

$$v_i = y_i \cdot \cos\varphi_{o_1} - z_i \cdot \sin\varphi_{o_1}$$

$$u_i = y_i \cdot \sin\varphi_{o_1} + z_i \cdot \cos\varphi_{o_1}$$

Lage der spannungslosen Faserschicht : Neutrale Faserschicht NF

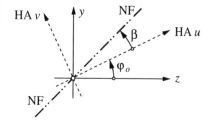

$$\tan\beta = \frac{M_v \cdot I_u}{M_u \cdot I_v}$$

Festlegung : β von der HA u linksdrehend positiv antragen

Hauptflächenmomente I_u, I_v

$$I_a = I_z \cos^2\varphi + I_y \sin^2\varphi - I_{yz} \sin(2\varphi)$$

mit $\varphi_{o_1} \rightarrow I_u$

mit $\varphi_{o_2} \rightarrow I_v$

Wenn erkennbar, welche der Hauptachsen die I_{max} - bzw. I_{min} - Achse ist :

$$\left.\begin{array}{c} I_{max} \\ I_{min} \end{array}\right\} = \frac{I_y + I_z}{2} \pm \frac{1}{2}\sqrt{\left(I_y - I_z\right)^2 + 4I_{yz}^2}$$

Probe :

$$I_y + I_z = I_u + I_v$$

14

Formänderung des Biegebalkens

Differentialgleichung der Elastischen Linie

$$w''(x) = \frac{-M_b(x)}{EI_a}$$

$w''(x)$ Krümmung der Biegelinie an der Stelle x (annähernd)

$E \cdot I_a$ Biegesteifigkeit des Querschnitts

$M_b(x)$ Biegemoment an der Stelle x des Balkens

x Balkenlängskoordinate

w Koordinate der Biegepfeile

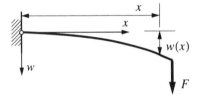

$$w'(x) = \int w''(x) \cdot dx$$

$$w(x) = \int w'(x) \cdot dx$$

$w'(x) = \tan \alpha \cong \hat{\alpha}$ Tangentenneigungswinkel der Biegelinie bei x

$w(x)$ Biegepfeil (Durchbiegung) an der Stelle x

Hinweis: Bei der Integration unbestimmter Integrale fällt eine Integrationskonstante an.

Beispiel:

$$w''(x) \cdot EI_a = F \cdot x - \frac{q_o x^2}{2}$$

$$w'(x) \cdot EI_a = F \frac{x^2}{2} - \frac{q_o x^3}{6} + C_1$$

$$w(x) \cdot EI_a = F \frac{x^3}{6} - \frac{q_o x^4}{24} + C_1 \cdot x + C_2$$

Formulierung von Randbedingungen

1. An Lagern gilt: $w = 0$
2. An Einspannstellen gilt: $w' = 0$
3. Bei Symmetrie kann gelten: $w' = 0$

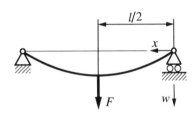

Unstetigkeitsstellen der $M_b(x)$ -Funktion

Über Unstetigkeitsstellen darf nicht hinweg-integriert werden; es kann nur in Bereichen stetiger $M_b(x)$-Funktionen integriert werden. Randbedingungen sind in diesen Bereichen zu formulieren. Ergebnisse und Aussagen gelten nur in diesem Bereich.

Beispiel :

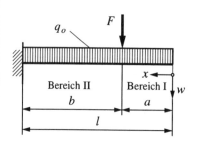

Bereich I :

$$M_b(x) = -\frac{q_o x^2}{2} \qquad w_I''(x) = +\frac{q_o x^2}{2EI_a}$$

Bereich II :

$$M_b(x) = -\frac{q_o x^2}{2} - F(x-a)$$

$$w_{II}''(x) = +\frac{q_o x^2}{2EI_a} + \frac{F(x-a)}{EI_a}$$

Wahl zweier Koordinaten-systeme

Beispiel :

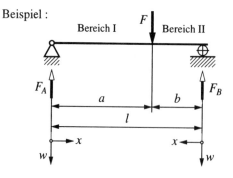

Bereich I :

$$M_b(x) = F_A \cdot x$$

$$w_I''(x) = -\frac{F_A \cdot x}{EI_a}$$

Bereich II :

$$M_b(x) = F_B \cdot x$$

$$w_{II}''(x) = -\frac{F_B \cdot x}{EI_a}$$

Randbedingungen :

1. $w_I(x=0) = 0$
2. $w_{II}(x=0) = 0$
3. $w_I(x=a) = w_{II}(x=b)$
4. $w_I'(x=a) = -w_{II}'(x=b)$

Superposition von Lastfällen

Beispiel :
Gesucht ist die Absenkung des rechten Balkenendes : $f = w(x=0)$

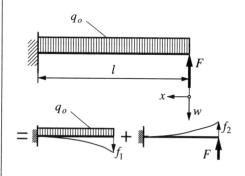

Aus Tabelle :

$$f_1 = \frac{q_o l^4}{8EI_a} \qquad f_2 = \frac{F \cdot l^3}{3EI_a}$$

$$f = w(x = 0) = \frac{q_o l^4}{8 E I_a} - \frac{F \cdot l^3}{3 E I_a}$$

Statisch unbestimmte Lagerung

Beispiel :

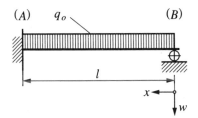

(A) q_o (B)

l

x w

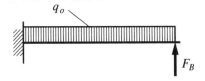

q_o

F_B

$$M_b(x) = -\frac{q_o x^2}{2} + F_B \cdot x$$

F_B ist unbekannt !

$$w''(x) = \frac{q_o x^2}{2 E I_a} - \frac{F_B \cdot x}{E I_a}$$

Randbedingungen :

1. $w(x = l) = 0$ (Lager)

2. $w'(x = l) = 0$ (Einspannung)

3. $w(x = 0) = 0$ (Lager)

Die drei Randbedingungen liefern C_1, C_2 und F_B.

15

Torsion : Verdrehbeanspruchung

Formänderung, Verdrehwinkel

$$\psi^\circ = \frac{180^\circ \cdot M_t \cdot L}{\pi \cdot G \cdot I_t}$$

ψ Verdrehwinkel

M_t Torsionsmoment

l Länge des Torsionsstabs oder Teillänge

G Gleit- oder Schubmodul

    Stähle : $G = 0,8 \cdot 10^5 \ \mathrm{N/mm^2}$

I_t Torsionsflächenmoment (Torsionsträgheitsmoment), bei rotationssymmetrischen Querschnitten I_p

Torsionsflächenmomente
(Torsionsträgheitsmomente)

1. **Torsionsträgheitsmomente rotationssymmetrischer Querschnitte**

$$I_p = \frac{\pi \cdot D^4}{32}$$

D

$$I_p = \frac{\pi}{32} \cdot \left(D^4 - d^4 \right)$$

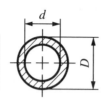

2. Torsionsträgheitsmomente dünnwandig geschlossener Querschnitte

a) mit konstanter Wanddicke

$$I_t = \frac{4 \cdot A_m^2 \cdot s}{u_m}$$

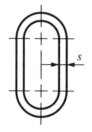

s Wanddicke

u_m Länge der Kanalmittenlinie (Schub-flußanalogie)

A_m Mittelfläche; die von der Kanal-mittenlinie eingeschlossene Fläche

b) mit bereichsweise konstanter Wanddicke

$$I_t = \frac{4 \cdot A_m^2}{\displaystyle\sum_i \left(\frac{\Delta u_m}{s} \right)_i}$$

Δu_{m_i} Teillänge der Kanalmittenlinie (Umfang)

s_i Wanddicke in diesem Bereich

c) mit stetig veränderlicher Wanddicke

$$I_t = \frac{4 \cdot A_m^2}{\displaystyle\oint \left(\frac{du_m}{s} \right)}$$

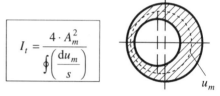

3. Torsionsträgheitsmomente dünnwandig offener Querschnitte

a) mit konstanter Wanddicke

$$I_t = \frac{1}{3} s^3 \cdot L$$

s Wanddicke

L gestreckte Länge, Länge der Wandungsmittenlinie

b) mit bereichsweise konstanter Wanddicke

$$I_t = \frac{1}{3} \sum_i \left(s^3 \cdot L \right)_i$$

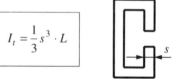

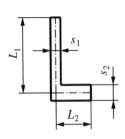

$$I_t = \frac{1}{3}\left(s_1^3\, L_1 + s_2^3\, L_2 + ...\right)$$

4. Torsionsträgheitsmomente von Rechteckquerschnitten

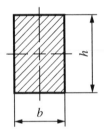

$$I_t = \eta_3 \cdot b^3 \cdot h$$

b	kurze Rechteckseite
h	lange Rechteckseite
η_3	siehe Tabelle unten :

$n = \dfrac{h}{b}$	η_1	η_2	η_3
1	1,000	0,208	0,140
1,5	0,858	0,231	0,196
2	0,796	0,246	0,229
3	0,753	0,267	0,263
4	0,745	0,282	0,281
6	0,743	0,299	0,299
8	0,743	0,307	0,307
10	0,743	0,313	0,313

Torsionsspannung

1. Torsionsspannungen bei rotationssymmetrischen Querschnitten

$$\tau_{t_{max}} = \frac{M_t}{W_p}$$

M_t	Torsionsmoment
W_p	polares Widerstandsmoment

$$W_p = \frac{I_p}{D/2}$$

$$W_p = \frac{\pi \cdot D^3}{16}$$

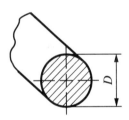

$$W_p = \frac{I_p}{D/2}$$

$$W_p = \frac{\pi\left(D^4 - d^4\right)}{16D}$$

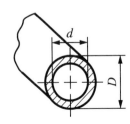

2. Torsionsspannungen bei dünnwandig geschlossenen Querschnitten

$$\tau_{t_{max}} = \frac{M_t}{W_t}$$

$$\tau_{t_{max}} = \frac{M_t}{2A_m \cdot s_{min}}$$

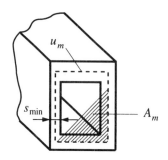

$\tau_{t\,max}$	größte Torsionsspannung im Bereich der kleinsten Wanddicke
M_t	Torsionsmoment
A_m	Mittelfläche
s_{min}	kleinste Wanddicke

3. Torsionsspannung bei dünnwandig offenen Querschnitten

$$\tau_{t_{max}} = \frac{M_t}{W_t}$$

$$\tau_{t_{max}} = \frac{M_t \cdot s_{max}}{I_t}$$

$\tau_{t\,max}$	größte Torsionsspannung (im Teilrechteck größter Wanddicke)
I_t	Torsionsflächenmoment (Torsionsträgheitsmoment)
s_{max}	größte Wanddicke

4. Torsionsspannungen bei Rechteckquerschnitten

In der Mitte der langen Seite :

$$\tau_{t_{max}} = \frac{M_t}{W_t}$$

$$\tau_{t_{max}} = \frac{M_t}{\eta_2 \cdot b^2 \cdot h}$$

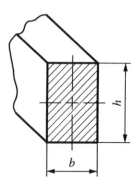

In der Mitte der kurzen Seite :

$$\tau_t = \eta_1 \cdot \tau_{t_{max}}$$

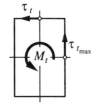

$\eta_1 \; ; \eta_2$ Koeffizienten laut Tabelle

b kurze Rechteckseite

h lange Rechteckseite

16

Lage des Schubmittelpunkts

Definition :

Querkräfte am Balken rufen dann kein Torsionsmoment hervor, wenn ihre WL durch den Schubmittelpunkt (Querkraftmittelpunkt) verläuft.

Lage des Schubmittelpunkts

$$y_Q = \frac{1}{I_y} \cdot \int |S_y(x)| \cdot (y \cdot \cos\alpha + z \cdot \sin\alpha) \, ds$$

y_Q Entfernung des Schubmittelpunkts von der z - Achse

I_y axiales Flächenmoment 2. Ordnung des Gesamtquerschnitts

$S_y(s)$ Statisches Flächenmoment (Flächenmoment 1. Ordnung) der Restfläche; an der betrachteten Stelle s wird der Gesamtquerschnitt in zwei Teilflächen geteilt.

y, z Koordinaten der Fläche dA an beliebiger Stelle s

ds infinitesimal kleine Schrittlänge in s - Richtung

α Winkel zwischen der positiven z - Richtung und der Richtung des τ - Vektors an der Stelle s

Festlegung :

$+z$ - Achse nach unten

$+y$ - Achse nach links

Koordinatenursprung beliebig

Hinweis : nicht über Unstetigkeitsstellen hinwegintegrieren

Statisches Moment von Rechteckflächen

$$S_{y_I}(s) = c \cdot s \cdot \left(\frac{-s}{2}\right) = \frac{-c \cdot s^2}{2}$$

$$S_{y_I}\left(s = \frac{h}{2}\right) = \frac{-c \cdot h^2}{8}$$

$$S_{y_{II}}(s) = \frac{-c \cdot h^2}{8} + c \cdot s \cdot \left(\frac{-h}{2}\right)$$

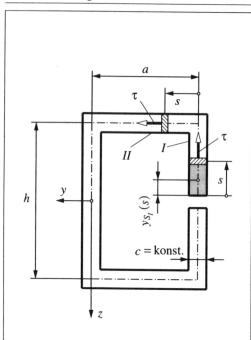

Statisches Moment
bei unbekanntem Schwerpunkt

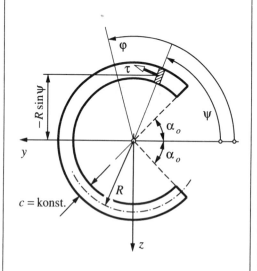

$$S_y(\varphi) = \int\limits_{\psi=\alpha_o}^{\psi=\varphi} \underbrace{c \cdot R \cdot d\psi}_{dA} \cdot (-R \cdot \sin\psi)$$

$$S_y(\varphi) = c \cdot R^2 \left|\cos\psi\right|_{\psi=\alpha_o}^{\psi=\varphi}$$

$$S_y(\varphi) = c \cdot R^2 \left(\cos\varphi - \cos\alpha_o\right)$$

$$S_y(\varphi) = -c \cdot R^2 \left(\cos\alpha_o - \cos\varphi\right)$$

17

Knickung von Stäben konstanter Biegesteifigkeit

Schlankheitsgrad

$$\boxed{\lambda = \frac{l_k}{i}}$$

λ Schlankheitsgrad

l_k sogenannte freie Knicklänge

i Trägheitsradius

Die Biegelinie des ausgeknickten Stabs ist harmonisch; l_k ist stets die halbe Länge der vollständigen Sinuslinie.

$$\boxed{i = \sqrt{\frac{I_{a_{\min}}}{A}}}$$

I_a axiales Flächenmoment des Querschnitts. Ist die Biegeachse nicht erzwungen (Gelenke), so biegt der Stab um die $I_{a_{\min}}$-Achse.

A Stabquerschnitt

Lagerarten

Fall I : (einseitige Einspannung)

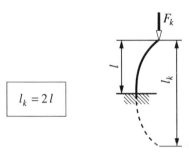

$$l_k = 2\,l$$

l   Stablänge

Fall II : (beidseitig Gelenke)

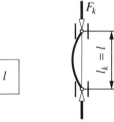

$$l_k = l$$

Fall III : (Gelenk und Einspannung)

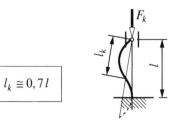

$$l_k \cong 0,7\,l$$

Fall IV : (beidseitige Einspannung)

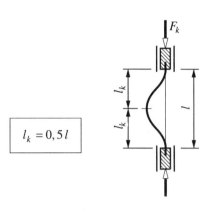

$$l_k = 0,5\,l$$

Elastische Knickung (EULER - Fall)

$$\lambda \geq \lambda_g$$

Unelastische Knickung (TETMAJER - Fall)

$$25 \leq \lambda \leq \lambda_g$$

$\lambda < 25$ keine Knicklabilität

λ_g Grenzschlankheitsgrad, werkstoffabhängig (siehe Tabellen)

EULERsche Knickkraftformel

$$F_k = \frac{\pi^2 \cdot E \cdot I_a}{l_k^2}$$

F_k	Knickkraft
E	Elastizitätsmodul des Werkstoffs
I_a	axiales Flächenmoment 2. Ordnung bezogen auf die Biegeachse; bei freier Biegeachse $I_{a_{min}}$
l_k	sogenannte freie Knicklänge

TETMAJERsche Knickspannungsformel

$$\sigma_k = a - b \cdot \lambda + c \cdot \lambda^2$$

$$\sigma_k = \frac{F_k}{A}$$

σ_k	Knickspannung $\left[N/mm^2 \right]$, Druckspannung im Stab bei Knicklabilität
λ	Schlankheitsgrad des Stabs
a, b, c	Koeffizienten (siehe Tabelle)

Knicksicherheit

$$v_k = \frac{F_k}{F_S} = \frac{\sigma_k}{\sigma_d} = \frac{F_k/A}{F_S/A}$$

v_k	Knicksicherheit
F_k	Knickkraft
F_S	tatsächliche Stabkraft
σ_k	Knickspannung
σ_d	tatsächliche Druckspannung im Stab

Grenzschlankheitsgrade (Auswahl)

Werkstoff	λ_g
St 37	105
St 50, St 60	89
GG	80
AlCuMg	66
AlMg3	110

TETMAJER-Koeffizienten (Auswahl)

Werkstoff	a	b	c
Holz	29,3	0,194	0
GG	776	12	0,053
St 37	310	1,14	0
St 50, St 60	350	0,62	0

alle Koeffizienten in $\left[N/mm^2 \right]$

18

Knickung bei veränderlicher Biegesteifigkeit

RITZ-Quotient

$$F_{kr} = \frac{\dfrac{EI_a}{2} \int w''^2(x) \cdot dx + U_{el}}{\dfrac{1}{2} \int w'^2(x) \cdot dx}$$

F_{kr} kritische Last, Knickkraft

EI_a Biegesteifigkeit

U_{el} Energie der bei Knickung zusätzlich verspannter elastischer Glieder (Federn)

RITZ :
Annahme der $w(x)$-Funktion

Es wird eine Funktion der Biegelinie angenommen, die die Randbedingungen der Lagerung erfüllen muß :

$w*(x)$ angenommene Biegelinie

$w'(x)$ 1. Ableitung nach x

$w''(x)$ 2. Ableitung nach x

Beispiel :

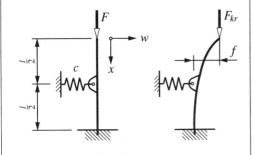

1. R.B.: $w(x = 0) = f$

2. R.B.: $w(x = l) = 0$

3. R.B.: $w'(x = l) = 0$

4. R.B.: $w''(x = 0) = 0$

1.   Angenommene Biegelinie

$$w*(x) = f\left[1 - \sin\left(\frac{\pi}{2l}x\right)\right]$$

führt zur Lösung :

$$F_{kr} = 0,086 \cdot c \cdot l + \frac{\pi^2 \cdot EI_a}{4l^2}$$

2.   Angenommene Biegelinie

$$w*(x) = a_o + a_1 x + a_2 x^2 + a_3 x^3$$

führt mit

$$a_o = f \qquad\qquad a_1 = \frac{-3f}{2l}$$

$$a_2 = 0 \qquad\qquad a_3 = \frac{f}{2l^3}$$

zur Lösung :

$$F_{kr} = 0,081 \cdot c \cdot l + \frac{2,5 \cdot EI_a}{l^2}$$

19
Zusammengesetzte Beanspruchung

Biegespannung (siehe Kapitel 12)

$$\boxed{\sigma_b = \frac{M_b}{W_a}}$$

Torsionsspannung (siehe Kapitel 15)

$$\boxed{\tau_t = \frac{M_t}{W_t}}$$

Abscherspannung (siehe Kapitel 10)

$$\tau_a = \frac{F_Q \cdot S_y}{I_a \cdot b}$$

Für nichtlineare Spannungszustände (zwei- und dreiachsig) kann die Werkstoffanstrengung nur durch die sogenannte Vergleichsspannung beschrieben werden.

Sicherheit gegen Werkstoffversagen

$$v_B = \frac{R_m}{\sigma_v} \qquad v_F = \frac{R_{eH}}{\sigma_v}$$

v_B Bruchsicherheit

v_F Sicherheit gegen Fließen (Plastifizieren des Werkstoffs)

R_m Bruchfestigkeit (alt: σ_B)

R_{eH} Streckgrenzenfestigkeit (alt: σ_F, σ_S)

Vergleichsspannungsformeln für den ebenen Spannungszustand

1. Normalspannungs - Hypothese :

$$\sigma_{vN} = \frac{\sigma_x + \sigma_y}{2} \pm \sqrt{\left(\frac{\sigma_x - \sigma_y}{2}\right)^2 + \tau_{xy}^2}$$

2. Schubspannungs - Hypothese :

$$\sigma_{v\,Sch} = \sqrt{\left(\sigma_x - \sigma_y\right)^2 + 4\tau_{xy}^2}$$

3. Gestaltänderungsenergie - Hypothese :

$$\sigma_{v\,GE} = \sqrt{\sigma_x^2 + \sigma_y^2 - \sigma_x\,\sigma_y + 3\,\tau_{xy}^2}$$

20

Formänderungsarbeit, Formänderungsenergie

Die Arbeit zur elastischen Deformation des Werkstoffgitters wird als Formänderungsenergie gespeichert; die Beträge sind gleich (Verluste vernachlässigt).

Spezifische Formänderungsenergie

U_s Spezifische Formänderungsenergie $\left[\dfrac{Nmm}{mm^3}\right]$

Einheit :

Arbeit $[Nmm]$ je Volumeneinheit $[mm^3]$

Spezifische Formänderungs-energie (allgemeiner, räumlicher Spannungszustand)

$$U_s = \frac{1}{2E}\left[\begin{array}{l}\sigma_x^2 + \sigma_y^2 + \sigma_z^2 - \\ 2\mu\left(\sigma_x\,\sigma_y + \sigma_x\,\sigma_z + \sigma_y\,\sigma_z\right)\end{array}\right]$$
$$+ \frac{1}{2G}\left[\tau_{xy}^2 + \tau_{yz}^2 + \tau_{xz}^2\right]$$

E Elastizitätsmodul
G Gleitmodul, Schubmodul
μ Querkontraktionszahl

1. Sonderfall :

   einachsiger Hauptspannungszustand :
   $\sigma_x \neq 0;\ \tau = 0$

   $$U_s = \frac{\sigma^2}{2E}$$

2. Sonderfall :

   reiner Schubspannungszustand (eben) :
   $\tau_{xy} = \tau_{yx};\ \tau_{xz} = \tau_{zx} = 0;\ \tau_{yz} = \tau_{zy} = 0$

   $$U_s = \frac{\tau^2}{2G}$$

Gesamtformänderungsenergie im Bauteil

$$U = \int_V U_s \cdot dV$$

Beispiel : Zugstab

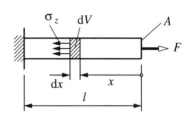

$$\sigma_z = \frac{F}{A};\ \ dV = A \cdot dx$$

$$U = \int_{x=0}^{x=l} \left(\frac{F}{A}\right)^2 \cdot \frac{A \cdot dx}{2E} = \frac{F^2 \cdot l}{2\,EA}$$

Formänderungsenergie der Biegespannungen

$$U_{Bgg.} = \frac{1}{2\,EI_a}\int M_b^2(x) \cdot dx$$

EI_a Biegesteifigkeit
$M_b(x)$ Biegemoment bei x

1. Beispiel

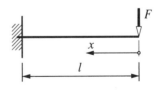

$$M_b(x) = F \cdot x$$

$$U = \frac{1}{2\,EI_a}\int_{x=0}^{x=l}(F \cdot x)^2 \cdot dx \qquad U = \frac{F^2 \cdot l^3}{6\,EI_a}$$

2. Beispiel

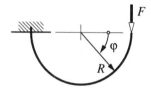

$$M_b = M_b(\varphi) = FR(1 - \cos\varphi)$$

$$M_b^2(\varphi) = F^2 R^2 \left(1 - 2\cos\varphi + \cos^2\varphi\right)$$

$$dx = R \cdot d\varphi$$

$$U_{Bgg.} = \frac{R}{2\,EI_a} F^2 R^2 \left[\begin{array}{c} \int d\varphi - 2\int \cos\varphi \cdot d\varphi \\ + \int \cos^2\varphi \cdot d\varphi \end{array}\right]$$

$$U_{Bgg.} = \frac{F^2 R^3}{2\,EI_a} \left[\begin{array}{c} |\varphi|_0^\pi - 2\left|\sin\varphi\right|_0^\pi \\ + \left|\dfrac{\varphi}{2} + \dfrac{\sin(2\varphi)}{4}\right|_0^\pi \end{array}\right]$$

$$U_{Bgg.} = \frac{F^2 R^3}{2\,EI_a} \left[\pi + \frac{\pi}{2}\right] = \frac{3\pi \cdot F^2 R^3}{4\,EI_a}$$

Formänderungsenergie bei Torsion

$$U_\tau = \frac{1}{2\,GI_t} \int M_t^2(x) \cdot dx$$

Bei veränderlichem Querschnitt lauten die Formeln für $U_{Bgg.}$ und U_τ :

$$U_{Bgg.} = \frac{1}{2\,E} \int \frac{M_b^2(x)}{I_a(x)} \cdot dx$$

$$U_\tau = \frac{1}{2\,G} \int \frac{M_t^2(x)}{I_t(x)} \cdot dx$$

21

Erster Satz von CASTIGLIANO

$$\frac{\partial U}{\partial F_i} = f_i$$

U Gesamtformänderungsenergie des Bauteils

F_i Kraft an der Stelle i

f_i Weg der Kraftangriffsstelle zufolge der elastischen Deformation.
Hinweis : die Ableitung liefert nur die Wegkomponente in Kraftwirkungslinien-Richtung (Projektion von f_i auf WLF_i) :

$$\frac{\partial U}{\partial M_i} = \widehat{\alpha}_i$$

U	Gesamtformänderungsenergie des Bauteils
M_i	äußeres Moment an Stelle i
$\widehat{\alpha}_i$	Änderungswinkel der Tangentenrichtung an die Biegelinie

Vorzeichen

$f_i > 0$:   Weg in Kraftrichtung

$f_i < 0$:   Weg gegen die Kraftrichtung

$f_i = 0$:   kein Weg der Kraftangriffsstelle

$\alpha_i > 0$:   Der Neigungsänderungswinkel folgt dem Moment.

$\alpha_i < 0$:   Neigungsänderungswinkel gegen den Richtungssinn des Moments

$\alpha_i = 0$:   keine Richtungsänderung der Tangente an der Stelle i

Hilfsgrößen

Ist der Weg an einem Punkt des Systems gefragt, an dem keine äußere Kraft einwirkt, so wird an dieser Stelle die Hilfskraft $\overline{F}$ eingeführt. Der Weg dort ergibt sich nach CASTIGLIANO mit $\overline{F} = 0$:

$$\left.\frac{\partial U}{\partial \overline{F}}\right|_{\overline{F}=0} = f$$

analog :

$$\left.\frac{\partial U}{\partial \overline{M}}\right|_{\overline{M}=0} = \overline{\alpha}$$

Elastische Lagerung

1. Beispiel : EI_a = konst. und für beide "Federn" gleich groß

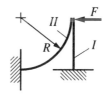

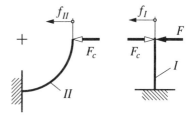

Berührkraft : F_c

Die Richtungen der elastischen Wege f_I , f_{II} muß nicht a priori bekannt sein; Annahme genügt !

CASTIGLIANO :

$$f_I = \frac{\partial U_I}{\partial (F - F_c)} = \frac{-\partial U_I}{\partial (F_c - F)}$$

$$f_{II} = \frac{\partial U_{II}}{\partial F_c}$$

Gleichsetzen :

$$f_I = f_{II}$$

Daraus folgt (nur Biegespannungen) :

$$F_c = \frac{F}{1 + \dfrac{3\pi}{4}}$$

2. Beispiel :

EI_a = konst. und für beide "Federn" gleich groß

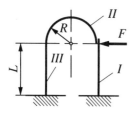

Gleichsetzen der elastischen Wege der Berührstelle :

$$\frac{\partial U_I}{\partial (F - F_c)} = \frac{\partial (U_{II} + U_{III})}{\partial F_c}$$

Daraus folgt (nur Biegespannungen) :

$$F_c = \frac{F}{2 + \dfrac{3\pi}{2} \left(\dfrac{R}{L} \right)^3}$$

22

Satz von MENABREA

Beim einfach statisch unbestimmten System stellt sich die Kraft am überzähligen Lager so ein, daß die Gesamtformänderungsenergie U minimal wird :

$$\boxed{\frac{\partial U}{\partial F_B} = 0}$$

F_B Lagerkraft am überzähligen Lager (B)

Beispiel (nur Biegespannungen berücksichtigt)

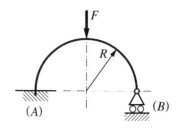

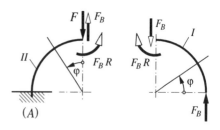

$$U_I = \frac{F_B^2 \, R^3}{EI_a} \left(\frac{3\pi}{8} - 1 \right)$$

$$U_{II} = \frac{R^3}{2\,EI_a}\left[\begin{array}{l} F_B^2\left(\dfrac{3\pi}{4}+2\right) \\[2mm] -2\,F\,F_B\left(1+\dfrac{\pi}{4}\right)+\dfrac{\pi}{4}\,F^2 \end{array}\right]$$

MENABREA

$$0 = \frac{\partial(U_I + U_{II})}{\partial F_B}$$

Daraus :

$$F_B = \frac{F}{3}\left(1+\frac{4}{\pi}\right)$$

Statisch innerlich unbestimmtes System

Beispiel :

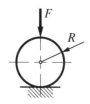

| R | mittlerer Radius |
| EI_a | Biegesteifigkeit |

Symmetrie :

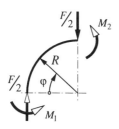

Statik :

$$\sum M = 0$$

$$0 = M_1 + M_2 - \frac{FR}{2}$$

Statisch unbestimmte Größen sind M_1 und M_2.

$$\frac{\partial U_{Bgg.}}{\partial M_1} = 0$$

Daraus :

$$M_1 = FR\left(\frac{1}{2}-\frac{1}{\pi}\right)$$

Aus der Statik-Gleichung folgt :

$$M_2 = \frac{FR}{\pi}$$

$$M_2 > M_1$$

23

Skalare Kinematik

s	Weg
v	Geschwindigkeit
a	Beschleunigung
φ	Winkel
ω	Winkelgeschwindigkeit
α	Winkelbeschleunigung

$$v(t) = \frac{ds(t)}{dt} = \dot{s}$$

$$a(t) = \frac{dv(t)}{dt} = \dot{v} = \ddot{s}$$

$$\omega(t) = \frac{d\varphi(t)}{dt} = \dot{\varphi}$$

$$\alpha(t) = \frac{d\omega(t)}{dt} = \dot{\omega} = \ddot{\varphi}$$

Geometrische Deutung :

Die Steigung der $s(t)$ - Linie entspricht dem $v(t)$ an dieser Stelle; die Steigung der $v(t)$ - Linie entspricht dem $a(t)$ an dieser Stelle.

Analog bei Drehbewegung

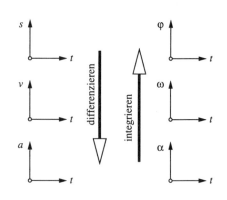

Einheiten

$[s] = m$	$[\varphi] = (rad)$
$[v] = m/s$	$[\omega] = s^{-1}$
$[a] = m/s^2$	$[\alpha] = s^{-2}$

$$s(t) = \int v(t) \cdot dt$$

$$v(t) = \int a(t) \cdot dt$$

$$\varphi(t) = \int \omega(t) \cdot dt$$

$$\omega(t) = \int \alpha(t) \cdot dt$$

Geometrische Deutung :

Die Fläche unter der $v(t)$ - Linie in einem Zeitintervall entspricht dem Funktionswertunterschied der Stammfunktion $s(t)$; die Fläche unter der $a(t)$ - Linie entspricht dem Funktionswertunterschied der $v(t)$ - Funktion.

Analog bei Drehbewegung

Beispiel :

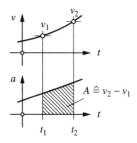

Gleichförmige Bewegung

Kennzeichen :

$$v = \text{konst.} = v_o$$
$$a = 0$$

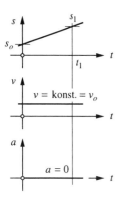

$$s(t) = s_o + v_o \cdot t$$

$$s(t) = s_1 + v_o \left(t - t_1 \right)$$

Sonderfall :

$$s_o = 0$$

$$s(t) = v_o \cdot t$$

Gleichmäßig beschleunigte Bewegung

Kennzeichen :

$$a = \text{konst.} = a_o$$

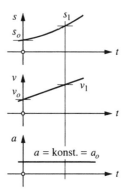

$$v(t) = v_o + a_o \cdot t$$

$$v(t) = v_1 + a_o \left(t - t_1 \right)$$

$$s(t) = s_o + v_o \cdot t + \frac{a}{2} t^2$$

$$s(t) = s_1 + v_o \left(t - t_1 \right) + \frac{a}{2} \left(t - t_1 \right)^2$$

Sonderfall :

$$s_o = 0 \qquad v_o = 0$$

$$s(t) = \frac{a_o}{2}t^2 = \frac{v^2(t)}{2a_o}t^2 = \frac{v(t)}{2}t$$

$$v(t) = a_o \cdot t = \frac{2s(t)}{t} = \sqrt{2a_o \cdot s(t)}$$

$$a_o = \frac{v(t)}{t} = \frac{v^2(t)}{2s(t)} = \frac{2s(t)}{t^2}$$

Ungleichmäßig beschleunigte Bewegung

Kennzeichen :

$$a = a(t)$$

Beispiel :

$$a(t) = a_m \cdot \sin\left(\frac{\pi}{2t_1}t\right)$$

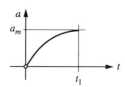

$$v(t) = \int a(t) \cdot dt$$

$$v(t) = \frac{-2t_1}{\pi}a_m \cos\left(\frac{\pi}{2t_1}t\right) + C_1$$

$$s(t) = \int v(t) \cdot dt$$

$$s(t) = \frac{-4t_1^2}{\pi^2}a_m \sin\left(\frac{\pi}{2t_1}t\right) + C_1 t + C_2$$

C_1 , C_2 aus kinematischen Randbedingungen, z.B. :

1. R.B. : $v(t = 0) = 0$

2. R.B. : $s(t = 0) = 0$

Aus der 1. R.B. folgt :

$$C_1 = \frac{2t_1}{\pi} \cdot a_m$$

Aus der 2. R.B. folgt :

$$C_2 = 0$$

Ergebnis :

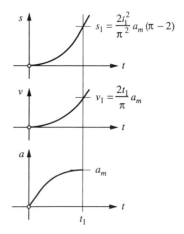

Häufig verwendete Grundintegrale

$$\int \sin(k\,t) \cdot dt = -\frac{1}{k}\cos(k\,t) + C$$

$$\int \cos(k\,t) \cdot dt = \frac{1}{k}\sin(k\,t) + C$$

$$\int \sin^2(k\,t) \cdot dt = \frac{t}{2} - \frac{\sin(2\,k\,t)}{4k} + C$$

$$\int \cos^2(k\,t) \cdot dt = \frac{t}{2} + \frac{\sin(2\,k\,t)}{4k} + C$$

$$\int x^n \cdot dx = \frac{x^{n+1}}{n+1} + C \qquad n \neq (-1)$$

Weitere Grundintegrale : siehe Anhang D

Bewegung auf Kreisbahn

$$\omega\left[s^{-1}\right] = \frac{\pi}{30} \cdot n \left[\min^{-1}\right]$$

Bahn- oder Tangentialbeschleunigung

$$a_t = r \cdot \alpha = r \cdot \dot{\omega} = r \cdot \ddot{\varphi}$$

Normalbeschleunigung

$$a_n = \frac{v^2}{r} = v \cdot \omega = r \cdot \omega^2$$

r Bahnradius
ω Winkelgeschwindigkeit
α Winkelbeschleunigung

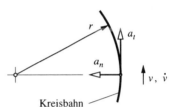

Bewegung auf gekrümmter Bahn

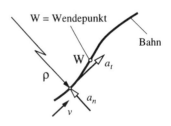

$$a_n = \frac{v^2}{\rho}$$

$$a_t = \dot{v} = \frac{dv}{dt}$$

Am Wendepunkt : $a_n = 0$

24

Vektor-Kinematik

Ortsvektor

$$\bar{r}(t) = \begin{Bmatrix} x(t) \\ y(t) \\ z(t) \end{Bmatrix} = \begin{Bmatrix} \int v_x(t) \cdot \mathrm{d}t \\ \int v_y(t) \cdot \mathrm{d}t \\ \int v_z(t) \cdot \mathrm{d}t \end{Bmatrix}$$

Geschwindigkeitsvektor

$$\bar{v}(t) = \begin{Bmatrix} \dot{x}(t) \\ \dot{y}(t) \\ \dot{z}(t) \end{Bmatrix} = \begin{Bmatrix} \int a_x(t) \cdot \mathrm{d}t \\ \int a_y(t) \cdot \mathrm{d}t \\ \int a_z(t) \cdot \mathrm{d}t \end{Bmatrix}$$

Beschleunigungsvektor

$$\bar{a}(t) = \begin{Bmatrix} \dot{v}_x(t) \\ \dot{v}_y(t) \\ \dot{v}_z(t) \end{Bmatrix} = \begin{Bmatrix} \ddot{x}(t) \\ \ddot{y}(t) \\ \ddot{z}(t) \end{Bmatrix}$$

25

Dynamische Grundgesetze
NEWTON, D'ALEMBERT

Dynamisches Grundgesetz der Translation

$$\bar{F} = m \cdot \bar{a}$$

$$\bar{F}_G = m \cdot \bar{g}$$

F Resultierende Kraft auf die Masse

m Masse

F_G Gewichtskraft

a Beschleunigung

g Erdbeschleunigung

$$g = 9,81\,\mathrm{m/s}^2$$

NEWTON

$$a = \frac{F_{\text{Res.}}}{m}$$

Definition der Krafteinheit

$$1\,\mathrm{N} = 1\,\mathrm{kg} \cdot 1\,\frac{\mathrm{m}}{\mathrm{s}^2}$$

1 NEWTON ist jene Kraft, die der Masse $1\,\mathrm{kg}$ die Beschleunigung $1\,\mathrm{m/s}^2$ mitteilt.

$$\overline{F}_{Res.} = m \cdot \overline{a} = m \cdot \begin{Bmatrix} \ddot{x} \\ \ddot{y} \\ \ddot{z} \end{Bmatrix}$$

Prinzip von D'ALEMBERT (Translation)

$$0 = \underbrace{\sum F_i}_{F_{Res.}} + m \cdot (-a)$$

Die Summe aller an der Masse angreifenden Kräfte einschließlich der Trägheitskraft ($m \cdot a$) ist null; die Trägheitskraft ist der Beschleunigungsrichtung entgegengerichtet. Das Prinzip von D'ALEMBERT führt ein dynamisches System formal auf ein Gleichgewichtssystem zurück.

Dynamisches Grundgesetz der Drehung

$$M = J_A \cdot \alpha = J_A \cdot \ddot{\varphi}$$

M angreifendes Moment

J_A Massenträgheitsmoment bezüglich der Drehachse (A)

$\alpha = \ddot{\varphi}$ einsetzende Winkelbeschleunigung

$$\alpha = \ddot{\varphi} = \frac{\sum\limits^{i} M_i}{J_A} = \frac{M_{Res.}}{J_A}$$

Massenträgheitsmoment

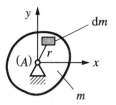

Definition :

$$J_A = J_z = \int\limits_m dm \cdot r^2$$

$[J] = kg \cdot m^2 = Nm \cdot s^2$

J_S Massenträgheitsmoment bezüglich der Schwerpunktsachse : siehe Tabellen

Beispiele :

1. **Schlanke Stange**

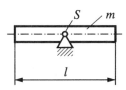

$$J_S = \frac{m \cdot l^2}{12}$$

2. **Kreisscheibe konstanter Dicke**

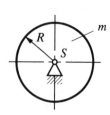

$$J_S = \frac{m \cdot R^2}{2}$$

3. Rechteckscheibe konstanter Dicke

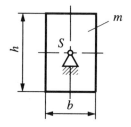

$$J_S = \frac{m}{12}\left(b^2 + h^2\right)$$

Satz von STEINER
Satz von den parallelen Achsen

$$J_A = J_S + m \cdot a^2$$

J_A Massenträgheitsmoment bezüglich
            der Drehachse durch (A)

J_S Massenträgheitsmoment bezüglich
            der Achse durch den Schwerpunkt

m Rotormasse

a Abstand der parallelen Achsen,
            Abstand zwischen S und (A)

Beispiele :

1. **Schlanke Stange**

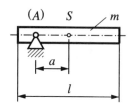

$$J_A = J_S + m \cdot a^2$$

$$J_A = \frac{m \cdot l^2}{12} + m \cdot a^2$$

2. **Kreisscheibe konstanter Dicke**

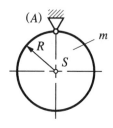

$$J_A = J_S + m \cdot R^2$$

$$J_A = \frac{m \cdot R^2}{2} + m \cdot R^2 = \frac{3}{2} m \cdot R^2$$

Fliehkraft
Radiale Trägheitskraft

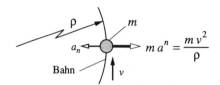

$$m\, a^n = \frac{m\, v^2}{\rho}$$

$$F_F = \frac{m \cdot v^2}{\rho}$$

v Bahngeschwindigkeit

F_F Fliehkraft, D'ALEMBERTsche Trägheitskraft der Normalbeschleunigung

ρ Bahnkrümmungsradius

m Masse

Trägheitsmittelpunkt T

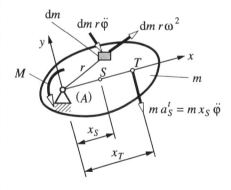

$$M = m \cdot a_S^t \cdot x_T$$

$$x_T = \frac{J_A}{m \cdot x_S}$$

$$M = \frac{m \cdot x_S \cdot \ddot{\varphi} \cdot J_A}{m \cdot x_S} = J_A \cdot \ddot{\varphi} \qquad \text{(dyn. Grundgesetz)}$$

Die resultierende tangentiale Trägheitskraft ($m \cdot a_S^t$) greift nicht im Schwerpunkt an, sondern im sogenannten Trägheitsmittelpunkt T

26

Drall und Drallsatz

Drall, Drehimpuls

$$\overline{L}_z = \int_m \mathrm{d}m \cdot r^2 \cdot \overline{\omega} = J_z \cdot \overline{\omega}$$

$\overline{L}_z$ Drehimpuls

$\mathrm{d}m$ Massenteilchen des Rotors

r Bahnradius von $\mathrm{d}m$

ω Winkelgeschwindigkeit der Drehung

Richtungen $\overline{L}_z$ und $\overline{\omega}$ sind identisch; der Drehimpulsvektor hat die Richtung des ω-Vektors.

$$M_z = J_A \cdot \ddot{\varphi} = \frac{\mathrm{d}\overline{L}_z}{\mathrm{d}t}$$

M_z äußeres Moment am Rotor
(Drehachse z)

$\mathrm{d}L_z$ Dralländerungsvektor

Die zeitliche Änderung des Dralls ist gleich dem äußeren Moment um diese Achse. Ist $M_z = 0$ (konservatives System), so ist $L_z = \text{konstant}$.

Drallkonstanz bei $M_z = 0$

$$J_o \cdot \omega_o = J_1 \cdot \omega_1$$

Drallsatz in integrierter Form

$$\int_{t=0}^{t=t_1} \mathrm{d}L_z = \int_{t=0}^{t=t_1} M_z \cdot \mathrm{d}t$$

bei $M = \text{konst.}$:

$$L_z(t = t_1) - L_z(t = 0) = M \cdot t_1$$

Zerlegung des Drallvektors

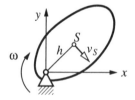

$$L_z = J_z \cdot \omega = J_S \cdot \omega + m \cdot v_S \cdot h$$

J_z Massenträgheitsmoment bezüglich Rotorachse z

J_S Massenträgheitsmoment bezüglich der durch S zu z parallel verlaufenden Achse

m Rotormasse

v_S Schwerpunktsgeschwindigkeit

h Entfernung des Schwerpunkts von der Drehachse z

27
Energiesatz der Mechanik

Kinetische Energie der Translation

$$E_{\mathrm{tr}} = \frac{m \cdot v^2}{2}$$

E_{tr} kinetische Energie der Translation

v Geschwindigkeit der Masse m

Kinetische Energie der Rotation

$$E_{\mathrm{rot}} = \frac{J_z \cdot \omega^2}{2}$$

E_{rot} kinetische Energie der Drehbewegung um die z-Achse

ω Winkelgeschwindigkeit der Drehung

Kinetische Energie der allgemeinen ebenen Bewegung
(Translation plus Rotation)

Beispiel :

Abrollendes Rad

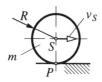

$$E_{\text{kin}} = \frac{J_S \cdot \omega^2}{2} + \frac{m \cdot v_S^2}{2} = \frac{J_P \cdot \omega^2}{2}$$

E_{kin} kinetische Energie (Bewegungsenergie) der allgemeinen ebenen Bewegung

J_S Massenträgheitsmoment bezüglich des Schwerpunkts S

J_P Massenträgheitsmoment bezüglich des Momentanpols P

v_S Schwerpunktsgeschwindigkeit

$\omega = \dfrac{v_S}{R}$ Winkelgeschwindigkeit

m Rotormasse

Die Bewegungsenergie der allgemeinen ebenen Bewegung kann als Energie der Drehung um den Momentanpol P beschrieben werden.

Energie der Lage
Potentielle Energie

$$U_{\text{h}} = m \cdot g \cdot h$$

U_{h} Lageenergie, potentielle Energie

g Erdbeschleunigung $g = 9,81\,\text{m}/\text{s}^2$

h Niveauhöhe bezogen auf eine willkürlich definierte Null-Linie

Energie der elast. Deformation
Federenergie

$$U_{\text{el}} = \frac{c}{2} f^2$$

U_{el} Energie der elastischen Verspannung einer Feder

c Federsteifigkeit

f Federweg (gerechnet aus der entspannten Federlage)

Energiesatz der Mechanik

$$U_o + E_o \pm W_N = U_1 + E_1$$

U_o Potential-Energien (Lageenergie und Federenergie) "vorher"

U_1 Potential-Energien (Lageenergie und Federenergie) "nachher"

E_o, E_1 Bewegungsenergien

W_N Arbeit von Nichtpotentialkräften

$+W_N$ Energie-Zufuhr bei Lage-Änderung

$-W_N$ Energie-Verlust bei Lage-Änderung

Bei $W_N = 0$ spricht man auch vom Energieer-haltungssatz der Mechanik (Fiktion).

Beispiele für W_N :

1. angetriebenes Rad; Reibkraft am Rad ist in Bewegungsrichtung weisend.

$$+W_N = F_r \cdot s$$

F_r Reibkraft

s Weg

2. Rutschen bei blockierten Rädern

$$-W_N = F_r \cdot s$$

Leistung einer Kraft

$$P = \frac{dW}{dt} = F_t \cdot v$$

P Leistung

W Arbeit der Kraft

v Geschwindigkeit

F_t Tangential-Komponente der angrei-fenden Kraft

Einheit der Leistung :

$$\text{Nm/s} = \text{J/s} = \text{W}$$

$$\text{J} = \text{Joule}$$

$$\text{W} = \text{Watt}$$

Arbeit der Kraft

$$W = \int_s F_t(s) \cdot ds$$

Arbeit ist das Wegintegral der Tangential-Komponente der angreifenden Kraft.

Wirkungsgrad

$$\eta = \frac{W_N}{W_z} = 1 - \frac{W_V}{W_z}$$

η Wirkungsgrad $\eta < 1$

W_N Nutz-Arbeit

W_z zugeführte Arbeit

W_V Verlust-Arbeit

$$\eta = \frac{P_N}{P_z} = 1 - \frac{P_V}{P_z}$$

P_N Nutz-Leistung

P_z zugeführte Leistung

P_V Verlust-Leistung

Gesamtwirkungsgrad einer Anlage

$$\eta = \eta_1 \cdot \eta_2 \cdot \eta_3 \cdot \ldots$$

28

Kinetik der allgemeinen ebenen Bewegung

Schwerpunktsatz

Der Schwerpunkt eines Körpers bewegt sich so, als ob die Gesamtmasse des Körpers punktförmig im Schwerpunkt vereinigt wäre und die resultierende äußere Kraft parallel verschoben im Schwerpunkt angreifen würde :

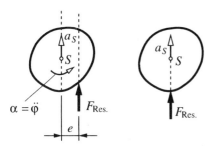

$$a_S = \frac{F_{Res.}}{m}$$

$$F_{Res.} = m \cdot a_S = m \cdot \begin{Bmatrix} a_{S_x} \\ a_{S_y} \end{Bmatrix}$$

Greift die Kraft nicht im Schwerpunkt an, so überlagert sich der Translationsbewegung eine Drehbewegung mit der Winkelbeschleunigung $\alpha = \ddot{\varphi}$.

$$M = F_{Res.} \cdot e = J_S \cdot \alpha$$

D'ALEMBERTsches Prinzip

Liegt eine beschleunigte, allgemeine ebene Bewegung vor, so ist die Trägheitskraft ($m \cdot a_S$) und gleichzeitig das Moment aller tangentialen Trägheitskräfte ($J_S \cdot \alpha = J_S \cdot \ddot{\varphi}$) einzuführen.

Beispiel :

Abrollendes Rad

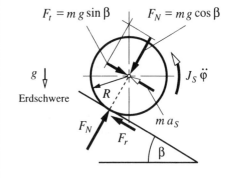

Mit $a_S = \ddot{\varphi} \cdot R$ folgt :

$$a_S = \frac{\mu \cdot F_G \cdot \cos \beta \cdot R^2}{J_S}$$

29

Kinetik der Relativbewegung

Beschleunigung bei Relativbewegung

Ein Punkt (C) des Relativsystems erfährt im allgemeinen drei Beschleunigungen :

a_F — Führungsbeschleunigung (Punkt (C) wird als Punkt des Führungssystems betrachtet)

a_{rel} — Relativbeschleunigung (Führungssystem wird als ruhend betrachtet)

a_{cor} — CORIOLIS-Beschleunigung

$$\overline{a}_{abs} = \overline{a}_F + \overline{a}_{rel} + \overline{a}_{cor}$$

Führungs-Beschleunigung

Im allgemeinen haben a_F und a_{rel} eine Normalkomponente und eine tangentiale Komponente.

$$a_F^n = r \cdot \omega_F^2$$

$$a_F^t = r \cdot \alpha_F = r \cdot \dot{\omega}_F$$

r — Abstand von Punkt (C) des Relativsystems zum Drehpunkt (A) des Führungssystems

ω_F — Winkelgeschwindigkeit der Führungsbewegung

α_F — Winkelbeschleunigung der Führungsbewegung

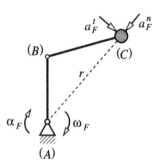

Relativ-Beschleunigung

$$a_{rel}^n = \frac{v_{rel}^2}{\rho} = \rho \cdot \omega_{rel}^2$$

$$a_{rel}^t = \dot{v}_{rel} = \rho \cdot \dot{\omega}_{rel} = \rho \cdot \alpha_{rel}$$

v_{rel} — Relativgeschwindigkeit

ρ — Krümmungsradius der Relativbahn

ω_{rel} — Winkelgeschschwindigkeit der Relativbewegung

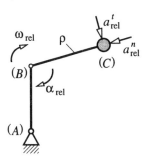

CORIOLIS-Beschleunigung

$$\bar{a}_{cor} = 2\omega_F \times v_{rel}$$

$$\bar{a}_{cor} = 2\omega_F \cdot v_{rel} \cdot \sin\alpha$$

ω_F Winkelgeschwindigkeit der Führungsbewegung

v_{rel} Relativgeschwindigkeit

α Winkel zwischen ω_F und v_{rel}

Richtungssinn des a_{cor}- Vektors

Rechtsschraubregel :

Die Drehung des ω_F-Vektors auf kürzestem Weg zum v_{rel}-Vektor bewegt eine Schraube mit Rechtsgewinde in Richtung des a_{cor}-Vektors.

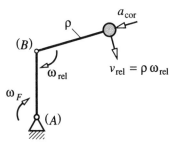

Kinetik der Relativbewegung (D'ALEMBERTsches Prinzip)

$$\sum^i \bar{F}_i = \bar{F}_{Res.} = m \cdot (\bar{a}_F + \bar{a}_{rel} + \bar{a}_{cor})$$

30
Schwingungen einer Masse

Begriffe

f Frequenz $\left[\text{HERTZ} \; Hz = s^{-1}\right]$
Anzahl der Schwingungen pro Sekunde

T Schwingungszeit [s]

T_d Schwingungszeit der gedämpften Schwingung [s]

ω Kreisfrequenz der Schwingungen $\left[s^{-1}\right]$

ω_o Eigenkreisfrequenz ungedämpfter Schwingungen

ω_d Eigenkreisfrequenz gedämpfter Schwingungen

$$f = \frac{1}{T}$$

$$\omega_o = \frac{2\pi}{T}$$

$$\omega_d = \frac{2\pi}{T_d}$$

Freie ungedämpfte Schwingung

Bei freien Schwingungen wird während der Schwingbewegung keine Energie zugeführt; bei ungedämpften Schwingungen wird auch keine Energie abgeführt (Fiktion).

Zeigerbild der ungedämpften Schwingung

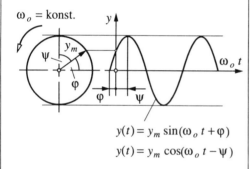

$$y(t) = y_m \sin(\omega_o t + \varphi)$$
$$y(t) = y_m \cos(\omega_o t - \psi)$$

Sonderfälle

$$\varphi = 0 \qquad y(t) = y_m \sin(\omega_o t)$$

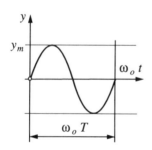

$$\psi = 0 \qquad y(t) = y_m \cdot \cos(\omega_o t)$$

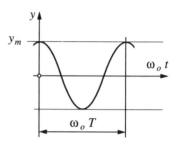

Formen der Bewegungsgleichung

1. $y(t) = y_m \cdot \sin(\omega_o t + \varphi)$

2. $y(t) = y_m \cdot \cos(\omega_o t - \psi)$

3. $y(t) = C_1 \cos(\omega_o t) + C_2 \sin(\omega_o t)$

Ermittlung der Konstanten

Beispiel :

 1. R.B. : $\quad y(t = 0) = 0$

 2. R.B. : $\quad \dot{y}(t = 0) = v_o$

1. $y(t) = y_m \cdot \sin(\omega_o t + \varphi)$

 $\dot{y}(t) = y_m \, \omega_o \cos(\omega_o t + \varphi)$

aus 1. R.B. :

 $0 = y_m \cdot \sin(0 + \varphi) \quad \Rightarrow \quad \varphi = 0$

aus 2. R.B. :

 $$v_o = y_m \, \omega_o \cos\left(\underbrace{0 + \varphi}_{=0}\right) \quad \Rightarrow \quad y_m = \frac{v_o}{\omega_o}$$

Damit :

$$y(t) = \frac{v_o}{\omega_o} \sin(\omega_o\, t)$$

2. $y(t) = y_m \cdot \cos(\omega_o\, t - \psi)$

  $\dot{y}(t) = -y_m\, \omega_o \sin(\omega_o\, t - \psi)$

aus 1. R.B. :

$$0 = y_m \cdot \cos(0 - \psi) \;\Rightarrow\; \psi = -\frac{\pi}{2}$$

aus 2. R.B. :

$$v_o = -y_m\, \omega_o \sin\!\left(0 + \frac{\pi}{2}\right) \;\Rightarrow\; y_m = \frac{-v_o}{\omega_o}$$

Damit :

$$y(t) = \frac{-v_o}{\omega_o} \underbrace{\cos\!\left(\omega_o\, t + \frac{\pi}{2}\right)}_{=-\sin(\omega_o t)}$$

$$y(t) = \frac{v_o}{\omega_o} \sin(\omega_o\, t)$$

3. $y(t) = C_1 \cos(\omega_o\, t) + C_2 \sin(\omega_o\, t)$

  $\dot{y}(t) = -C_1\, \omega_o \sin(\omega_o\, t) + C_2\, \omega_o \cos(\omega_o\, t)$

aus 1. R.B. :

$$0 = C_1 \cos(0) + C_2 \sin(0)$$

$$C_1 = 0$$

aus 2. R.B. :

$$v_o = 0 + C_2\, \omega_o \cos(0)$$

$$C_2 = \frac{v_o}{\omega_o}$$

Damit :

$$y(t) = \frac{v_o}{\omega_o} \sin(\omega_o\, t)$$

Direkte Kopplung Feder/Masse

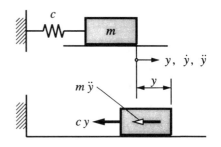

D'ALEMBERT :

$$0 = \sum F_y$$
$$0 = m\, \ddot{y} + c\, y$$

$$\boxed{0 = \ddot{y} + \frac{c}{m}\, y}$$

Lösung der Differentialgleichung :

$$y(t) = y_m \cdot \sin\!\left(\sqrt{\frac{c}{m}} \cdot t + \varphi\right)$$

darin ist : $\sqrt{\dfrac{c}{m}} = \omega_o$

Bei direkter Kopplung (Federweg ist gleich Weg der Masse) ist

$$\boxed{\omega_o = \sqrt{\frac{c}{m}}}$$

$$T = \frac{2\pi}{\omega_o} = 2\pi \cdot \sqrt{\frac{m}{c}}$$

ω_o Eigenkreisfrequenz der
      ungedämpften Schwingungen

c Federkonstante

m Masse

T Schwingungszeit

Allgemeiner Fall der Kopplung Feder/Masse

Beispiel :

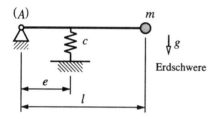

Statik :

$$\sum M_{(A)} = 0 \qquad 0 = F_{St} \cdot e - m\,g\,l$$

Dynamik :

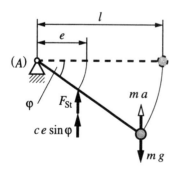

D'ALEMBERT :

$$\sum M_{(A)} = 0$$

$$0 = F_{St} \cdot e \cdot \cos\varphi + c \cdot e \cdot \sin\varphi \cdot e \cdot \cos\varphi$$
$$+ m \cdot a \cdot l \cdot \cos\varphi - m \cdot g \cdot l \cdot \cos\varphi$$

Mit $\varphi \approx \sin\varphi$ und $1 \approx \cos\varphi$
      für kleine Winkel

folgt :

$$0 = c \cdot e^2 \cdot \varphi + m \cdot a \cdot l$$
$$\underbrace{+ F_{St} \cdot e - m \cdot g \cdot l}_{=0 \ \text{s. Statik-Gl.}}$$

Darin ist : $a = l \cdot \ddot{\varphi}$

Differentialgleichung

$$0 = m \cdot l^2 \cdot \ddot{\varphi} + c \cdot e^2 \cdot \varphi$$

$$0 = \ddot{\varphi} + \underbrace{\left(\frac{c \cdot e^2}{m \cdot l^2} \right)}_{(\ )=\omega_o^2} \varphi$$

$$\omega_o = \frac{e}{l} \sqrt{\frac{c}{m}}$$

Ist der Faktor vor der Beschleunigungsgröße $\ddot{y}$ bzw. $\ddot{\varphi}$ eins $(= 1)$, so ist der Faktor vor der nicht abgeleiteten Größe y bzw. φ der D'ALEMBERT-Gleichung das Quadrat der Eigenkreisfrequenz kleiner Schwingungen :

$$0 = \ddot{y} + (\ ) \cdot y$$
$$0 = \ddot{\varphi} + (\ ) \cdot \varphi$$
$$(\ ) = \omega_o^2$$

Federkonstante von Blattfedern

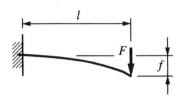

EI_a Biegesteifigkeit

$$f = \frac{F\,l^3}{3\,EI_a}$$

$$c = \frac{F}{f} = \frac{3\,EI_a}{l^3}$$

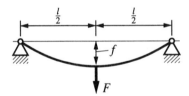

$$f = \frac{F\,l^3}{48\,EI_a}$$

$$c = \frac{F}{f} = \frac{48\,EI_a}{l^3}$$

Federschaltungen

1. Parallelschaltung

Kennzeichen : gleiche Federwege

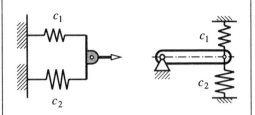

Ersatz-Federkonstante

$$c = c_1 + c_2$$

Bei mehr als zwei parallel geschalteten Federn:

$$c = c_1 + c_2 + \dots$$

2. Reihenschaltung

Kennzeichen : gleiche Federkräfte

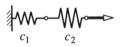

Ersatz-Federkonstante

$$\frac{1}{c} = \frac{1}{c_1} + \frac{1}{c_2} \qquad c = \frac{c_1 \cdot c_2}{c_1 + c_2}$$

Bei mehr als zwei in Reihe geschalteten Federn :

$$\frac{1}{c} = \frac{1}{c_1} + \frac{1}{c_2} + \dots$$

Freie, geschwindigkeits-proportional gedämpfte Schwingungen einer Masse

Der Bewegungswiderstand ist geschwindigkeits-proportional (STOKESsche Reibung) :

$$F_w = -k \cdot v = -k \cdot \dot{y}$$

F_w Bewegungswiderstand

v Geschwindigkeit

k Dämpfungskonstante

Einheit : $\dfrac{N\,s}{m} = \dfrac{kg}{s}$

D'ALEMBERT-Ansatz führt zur Differentialgleichung (direkte Kopplung Feder/Masse/Dämpfer)

$$0 = m \cdot \ddot{y} + k \cdot \dot{y} + c \cdot y$$

$$0 = \ddot{y} + \frac{k}{m}\dot{y} + \frac{c}{m}y$$

$$0 = \ddot{y} + 2 \cdot \delta \cdot \dot{y} + \omega_o^2 \cdot y$$

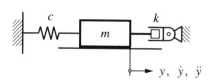

m Masse

c Federkonstante

k Dämpfungskonstante

ω_o Eigenkreisfrequenz ungedämpfter Schwingungen

δ Abklingkonstante

Einheit : s^{-1}

$$\delta = \frac{k}{2m}$$

Das Verhältnis von δ zu ω_o entscheidet über die Form der Lösung der Differentialgleichung :

$$\vartheta = \frac{\delta}{\omega_o}$$

ϑ Dämpfungsgrad

Fall I
Starke Dämpfung :

$\vartheta > 1$ also : $\delta > \omega_o$

Ansatz : $y(t) = e^{pt}$

Aus der Differentialgleichung folgt die Lösung der sog. "charakteristischen Gleichung" :

$$p_{1/2} = -\delta \pm \sqrt{\delta^2 - \omega_o^2}$$

p_1 , p_2 reell und verschieden

Damit :

$$y_I(t) = C_1 \cdot e^{p_1 t} + C_2 \cdot e^{p_2 t}$$

C_1 , C_2 folgen aus den kinematischen Randbedingungen.

Fall II
Aperiodischer Grenzfall :

$\vartheta = 1$ also : $\delta = \omega_o$

Lösung der "charakteristischen Gleichung" :

$$p_{1/2} = -\delta$$

p_1, p_2 reell und gleich

Damit :

$$y_{II}(t) = e^{\delta t}\left(C_1 \cdot t + C_2\right)$$

C_1, C_2 folgen aus den
kinematischen Randbedingungen.

Fall III
Schwache Dämpfung :

$\vartheta < 1$ also : $\delta < \omega_o$

Lösung der "charakteristischen Gleichung" :

$$p_{1/2} = -\delta \pm \sqrt{\delta^2 - \omega_o^2}$$

p_1, p_2 konjugiert komplex

$p_{1/2} = a \pm b \cdot i$ $i = \sqrt{-1}$

a Real-Anteil
b Imaginär-Anteil

$a = -\delta$
$b = \sqrt{\omega_o^2 - \delta^2} = \omega_d$

Damit :

$$y_{III}(t) = e^{a t}\left[C_1 \cos(b \cdot t) + C_2 \sin(b \cdot t)\right]$$

$$y_{III}(t) = e^{-\delta t}\begin{bmatrix} C_1 \cos(\omega_d \cdot t) \\ +C_2 \sin(\omega_d \cdot t) \end{bmatrix}$$

C_1, C_2 folgen aus den
kinematischen Randbedingungen.

$$\omega_d = \sqrt{\omega_o^2 - \delta^2} \qquad T_d = \frac{2\pi}{\omega_d}$$

ω_o Eigenkreisfrequenz ungedämpfter
      Schwingungen
ω_d Eigenkreisfrequenz gedämpfter
      Schwingungen
δ Abklingkonstante
T_d Schwingungszeit der gedämpften
      Schwingung

Andere Formen für $y_{III}(t)$

$$y_{III}(t) = e^{-\delta t} \cdot y_m \cdot \sin(\omega_d \cdot t + \varphi)$$

$$y_{III}(t) = e^{-\delta t} \cdot y_m \cdot \cos(\omega_d \cdot t - \psi)$$

Die Konstanten y_m, φ, bzw. ψ folgen
aus kinematischen Randbedingungen.

Differentialgleichung bei allgemeinem Fall der Kopplung Feder/Masse/Dämpfer

D'ALEMBERT-Gleichung :

$$0 = \ddot{y} + n_1 \cdot \dot{y} + n_2 \cdot y$$
$$0 = \ddot{\varphi} + n_1 \cdot \dot{\varphi} + n_2 \cdot \varphi$$

$$n_1 = 2\delta \qquad n_2 = \omega_o^2$$

Damit :

$$\omega_o = \sqrt{n_2} \qquad \delta = \frac{1}{2} n_1$$

$$\omega_d = \sqrt{n_2 - \left(\frac{n_1}{2}\right)^2}$$

Zusammenfassung :

Fall I :   Kriechbewegung
Fall II :   Kriechbewegung
Fall III :   Schwingbewegung

Logarithmisches Dekrement

$$\ln\left(\frac{y_n}{y_{n+2}}\right) = \delta \cdot T_d = \text{konst.}$$

y_n Amplitude zu beliebigem Zeitpunkt
y_{n+2} nächste phasengleiche Amplitude
δ Abklingkonstante
T_d Schwingungszeit der gedämpften Schwingung

Erzwungene Schwingungen einer Masse

Arbeit wird während der Schwingbewegung zugeführt.

Arten der Erregung

1. Unmittelbare Erregung : die Erregerkraft wirkt unmittelbar auf die Masse.

2. Mittelbare Federkraft-Erregung : das Federende wird zwangserregt.

3. Mittelbare Dämpfungskraft-Erregung : das Dämpfungsglied wird zwangserregt.

4. Mittelbare Erregung mit Zusatzgliedern.

Beispiel zu 1.

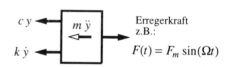

D'ALEMBERT :

$$F_m \cdot \sin(\Omega t) = m\,\ddot{y} + k\,\dot{y} + c\,y$$

Ω Erregerkreisfrequenz
F_m maximale Erregerkraft

Beispiel zu 2.

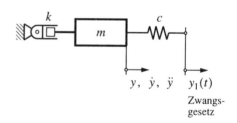

$$0 = m\,\ddot{y} + k\,\dot{y} + c\left(y - y_1\right)$$

Beispiel zu 3.

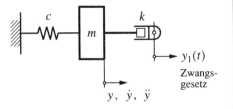

$$0 = m\,\ddot{y} + k\left(\dot{y} - \dot{y}_1\right) + c\,y$$

Die erzwungene Bewegung führt zu einer inhomogenen Differentialgleichung, deren Lösung lautet :

$$y(t) = y_h(t) + y_p(t)$$

$y(t)$ Weg-Zeit-Gesetz der Masse

$y_h(t)$ homogener Lösungsanteil

$y_p(t)$ partikulärer Lösungsanteil

Darin sind :

Fall I : $y_h(t) = C_1 \cdot e^{p_1 t} + C_2 \cdot e^{p_2 t}$

Fall II : $y_h(t) = e^{-\delta t}\left(C_1\,t + C_2\right)$

Fall III : $y_h(t) = e^{-\delta t}\begin{bmatrix} C_1 \cos(\omega_d\,t) \\ + C_2 \sin(\omega_d\,t) \end{bmatrix}$

Die Funktionen $y_h(t)$ klingen ab. Ist ihre Größe unerheblich klein, so spricht man vom eingeschwungenen Zustand.

Dauerlösung :

$$y(t) \cong y_p(t)$$

Ansatz für $y_p(t)$:

Der Ansatz für $y_p(t)$ soll die gleiche Form haben wie die Störgröße;

     z.B. :   Störgröße $F_m \cdot \sin(\Omega t)$

Ansatz :

$$y_p(t) = a \cdot \sin(\Omega t + \varphi)$$

oder $y_p(t) = a \cdot \cos(\Omega t - \psi)$

Störgröße und $y_p(t)$-Ansatz sind in diesem Beispiel harmonisch.

Ermittlung von a , φ , ψ

a Daueramplitude (Amplitude im eingeschwungenen Zustand)

φ , ψ Phasenverschiebungswinkel

Einsetzen der Ableitunghen $\dot{y}_p(t)$ und $\ddot{y}_p(t)$ in die inhomogene Differentialgleichung führt zu einem Ausdruck, aus dem sich die gesuchten Größen ermitteln lassen.

1. Beispiel
Unmittelbare Erregung :

$$F(t) = F_m \cdot \sin(\Omega t)$$
$$y_p(t) = a \cdot \sin(\Omega t - \varphi)$$

$$\tan \varphi = \frac{k\,\Omega}{c - m\,\Omega^2}$$

$$a = \frac{F_m}{\sqrt{\left(c - m\,\Omega^2\right)^2 + k^2\,\Omega^2}}$$

2. Beispiel
Dämpfungskraft-Erregung:

Zwangsgesetz : $y_1(t) = y_o \cdot \sin(\Omega t)$

Ansatz : $y_p(t) = a \cdot \sin(\Omega t - \varphi)$

$$\tan \varphi = \frac{2\,\delta\,\Omega}{\omega_o^2 - \Omega^2}$$

$$a = y_o \cdot \frac{2\,\delta\,\Omega}{\sqrt{\left(\Omega^2 - \omega_o^2\right)^2 + 4\,\delta^2\,\Omega^2}}$$

Bei harmonischer Erregung nach einem Kosinus-Gesetz oder bei kosinusförmigem Ansatz von $y_p(t)$ ergibt sich derselbe Ausdruck für a; lediglich φ ändert sich.

Anhang (Tabellen)

Inhalt

1.1 | Flächeninhalt und Flächenschwerpunkt ebener Flächen

Grundsatz: bei Einfachsymmetrie liegt der Schwerpunkt auf der Symmetrielinie, bei Mehrfach-
symmetrie ist der Schnittpunkt der Symmetrielinien identisch mit dem Schwerpunkt.

Fläche	Flächeninhalt	Lage des Schwerpunkts
Dreieck		
	$A = \dfrac{1}{2} g \cdot h$	$x_S = \dfrac{a+g}{3}$ $y_S = \dfrac{h}{3}$
Halbkreis		
	$A = \dfrac{R^2 \pi}{2} = \dfrac{D^2 \pi}{8}$ $D = 2R$	$y_S = \dfrac{4R}{3\pi}$
Kreisausschnitt		
	$A = R^2 \cdot \widehat{\alpha}$ $\widehat{\alpha}$ im Bogenmaß $\widehat{\alpha} = \dfrac{\alpha^\circ}{180^\circ} \cdot \pi$	$y_S = \dfrac{2R \cdot \sin\alpha}{3\,\widehat{\alpha}}$
Kreisabschnitt		
	$A = \dfrac{R^2}{2} \cdot \left[2\widehat{\alpha} - \sin(2\alpha) \right]$	$y_S = \dfrac{4R \cdot \sin^3\alpha}{3 \cdot \left[2\widehat{\alpha} - \sin(2\alpha) \right]}$

1.2 | Flächeninhalt und Flächenschwerpunkt ebener Flächen

Grundsatz: bei Einfachsymmetrie liegt der Schwerpunkt auf der Symmetrielinie, bei Mehrfach-symmetrie ist der Schnittpunkt der Symmetrielinien identisch mit dem Schwerpunkt.

Fläche	Flächeninhalt	Lage des Schwerpunkts
Viertelkreis	$A = \dfrac{R^2 \pi}{4} = \dfrac{D^2 \pi}{16}$ $D = 2R$	$y_S = \dfrac{4R}{3\pi} = x_S$
Kreisringausschnitt	$A = \left(R^2 - r^2\right)\hat{\alpha}$ $\hat{\alpha} = \dfrac{\alpha^\circ}{180^\circ} \cdot \pi$	$y_S = \dfrac{2\left(R^3 - r^3\right)\sin\alpha}{3\left(R^2 - r^2\right)\alpha}$
Rhomboid	$A = b \cdot h$	$x_S = \dfrac{b+c}{2}$ $y_S = \dfrac{h}{2}$
Trapez	$A = \dfrac{b_1 + b_2}{2} \cdot h$	$x_S = \dfrac{b_1^2 - b_2^2 + d\left(b_1 + 2b_2\right)}{3\left(b_1 + b_2\right)}$ $y_S = \dfrac{h\left(b_1 + 2b_2\right)}{3\left(b_1 + b_2\right)}$

| 2.1 | **Axiale Flächenmomente 2. Ordnung (Flächenträgheitsmomente)** |

Fläche	**Axiale Flächenmomente 2. Ordnung;** **x-y-Achsen sind Schwerpunktsachsen**
Kreis $D = 2R$	$$I_x = I_y = \frac{\pi \cdot D^4}{64} = \frac{\pi \cdot R^4}{4}$$
Kreisring $D \quad d$	$$I_x = I_y = \frac{\pi}{64} \cdot \left(D^4 - d^4\right) = \frac{\pi}{4} \cdot \left(R^4 - r^4\right)$$ $$D = 2R \qquad d = 2r$$
Rechteck $h \qquad b$	$$I_x = \frac{b \cdot h^3}{12} \qquad I_y = \frac{h \cdot b^3}{12}$$
Gleichschenkliges Dreieck $h \qquad b$	$$I_x = \frac{b \cdot h^3}{36} \qquad I_y = \frac{h \cdot b^3}{48}$$
Halbkreis R $D = 2R$	$$I_x = R^4 \cdot \left(\frac{\pi}{8} - \frac{8}{9\pi}\right) \cong 0{,}11 \cdot R^2$$ $$I_y = \frac{R^4 \cdot \pi}{8} = \frac{D^4 \cdot \pi}{128}$$

| 2.2 | Axiale Flächenmomente 2. Ordnung (Flächenträgheitsmomente) |

Fläche	Axiale Flächenmomente 2. Ordnung; x-y-Achsen sind Schwerpunktsachsen
Kreisabschnitt 	$$I_x = R^4 \cdot \left[\frac{4\hat{\alpha} - \sin(4\alpha)}{16} - \frac{8\sin^6 \alpha}{9 \cdot (2\hat{\alpha} - \sin(2\alpha))} \right]$$ $$I_y = \frac{R^4}{8} \cdot \left[2\hat{\alpha} - \frac{4}{3} \cdot \sin(2\alpha) + \frac{1}{6} \cdot \sin(4\alpha) \right]$$
Kreisausschnitt 	$$I_x = R^4 \cdot \left[\frac{1}{8} \cdot (2\hat{\alpha} + \sin(2\alpha)) - \frac{4\sin^2 \alpha}{9\hat{\alpha}} \right]$$ $$I_y = \frac{R^4}{8} \cdot \left[2\hat{\alpha} - \sin(2\alpha) \right]$$
Viertelkreis 	$$I_x = I_y = R^4 \cdot \left(\frac{\pi}{16} - \frac{4}{9\pi} \right)$$ $$I_{xy} = R^4 \cdot \left(\frac{1}{8} - \frac{4}{9\pi} \right)$$
Allgemeines Dreieck 	$$I_x = \frac{b \cdot h^3}{36}$$ $$I_y = b h \cdot \frac{b^2 - b c + c^2}{36}$$ $$I_{xy} = -\frac{b h^2 (b - 2c)}{72}$$

| 2.3 | Axiale Flächenmomente 2. Ordnung (Flächenträgheitsmomente) |

Fläche	Axiale Flächenmomente 2. Ordnung; x-y-Achsen sind Schwerpunktsachsen
Rechtwinkliges Dreieck 	$$I_x = \frac{b \cdot h^3}{36} \qquad I_y = \frac{h \cdot b^3}{36}$$ $$I_{xy} = -\frac{b^2 \cdot h^2}{72}$$
Rhomboid 	$$I_x = \frac{b \cdot h^3}{12} \qquad I_y = b\,h \cdot \frac{b^2 + c^2}{12}$$ $$I_{xy} = \frac{h^2 \cdot b \cdot c}{12}$$
Trapez 	$$B = b_1 + b_2$$ $$I_x = \frac{h^3 \left(B^2 + 2 b_1 b_2 \right)}{36\,B}$$ $$I_y = \frac{h \left[B^2 \left(B^2 - b_1 b_2 \right) - d\,(B - d)\left(B^2 + 2 b_1 b_2 \right) \right]}{36\,B}$$ $$I_{xy} = \frac{h^2 \,(2d - B)\left(B^2 + 2 b_1 b_2 \right)}{72\,B}$$

3	Formänderung des einseitig eingespannten Biegebalkens konstanter Biegesteifigkeit

Lastfall	Biegepfeile und Tangentenneigungen
	$f = \dfrac{Fl^3}{3EI_a}$ $\quad$ $\tan\alpha \approx \hat{\alpha} = \dfrac{Fl^2}{2EI_a}$
	$f = \dfrac{q_o l^4}{8EI_a}$ $\quad$ $\tan\alpha \approx \hat{\alpha} = \dfrac{q_o l^3}{6EI_a}$
	$f = \dfrac{Ml^2}{2EI_a}$ $\quad$ $\tan\alpha \approx \hat{\alpha} = \dfrac{Ml}{EI_a}$
	$f = f' + f''$ $\quad$ $f' = \dfrac{Fa^3}{3EI_a}$ $\quad$ $\tan\alpha \approx \hat{\alpha} = \dfrac{Fa^2}{2EI_a}$ $f'' = \dfrac{Fa^2 b}{2EI_a}$ $\quad$ $f = \dfrac{Fa^3}{3EI_a} + \dfrac{Fa^2 b}{2EI_a}$ $\quad$ $f = \dfrac{Fa^2}{EI_a} \cdot \left(\dfrac{a}{3} + \dfrac{b}{2} \right)$
	$f = f' + f''$ $\quad$ $f' = \dfrac{q_o a^4}{8EI_a}$ $\quad$ $\tan\alpha \approx \hat{\alpha} = \dfrac{q_o a^3}{6EI_a}$ $f'' = \dfrac{q_o a^3 b}{6EI_a}$ $\quad$ $f = \dfrac{q_o a^3}{2EI_a} \cdot \left(\dfrac{a}{4} + \dfrac{b}{3} \right)$
	$f = \dfrac{q_o l^4}{8EI_a} - \dfrac{q_o a^4}{8EI_a} - \dfrac{q_o a^3 b}{6EI_a}$ $\qquad l = a + b$ $f = \dfrac{q_o}{2EI_a} \cdot \left(\dfrac{l^4 - a^4}{4} - \dfrac{a^3 b}{3} \right)$ $\tan\alpha \approx \hat{\alpha} = \dfrac{q_o l^3}{6EI_a} - \dfrac{q_o a^3}{6EI_a} = \dfrac{q_o}{6EI_a} \cdot \left(l^3 - a^3 \right)$

4.1	Formänderung des Balkens auf zwei Stützen mit konstanter Biegesteifigkeit

Lastfall	Biegepfeile und Tangentenneigungen

$$y = \frac{Fl^2\,x}{16EI_a} \cdot \left(1 - \frac{4x^2}{3l^2}\right) \quad ; \quad x \le \text{\small{$\frac{l}{2}$}}$$

$$f = \frac{F\,l^3}{48EI_a} \qquad\qquad \tan\alpha_{(x=0)} = \frac{F\,l^2}{16EI_a}$$

$$y = \frac{Fl^3}{6EI_a}\frac{a}{l}\frac{b^2}{l^2}\frac{x}{l} \cdot \left(1 + \frac{l}{b} - \frac{x^2}{ab}\right) \quad ; \quad x \le a$$

$$y_1 = \frac{Fl^3}{6EI_a}\frac{b}{l}\frac{a^2}{l^2}\frac{x_1}{l} \cdot \left(1 + \frac{l}{a} - \frac{x_1^2}{ab}\right) \quad ; \quad x_1 \le b$$

$$f = \frac{F\,l^3}{3EI_a}\frac{a^2}{l^2}\frac{b^2}{l^2}$$

$$f_m = f\,\frac{l+b}{3b} \cdot \sqrt{\frac{l+a}{3b}} \qquad x_m = a \cdot \sqrt{\frac{l+b}{3a}} \quad,\ \text{wenn}\ \ a > b$$

Wenn $a < b$ ist, sind a und b bzw. x und x_1 zu vertauschen.

$$y = \frac{Fl^3}{6EI_a}\frac{a}{l}\frac{x}{l} \cdot \left(1 - \frac{x^2}{l^2}\right) \ ; \quad x \le l$$

$$y_1 = \frac{Fl^3}{6EI_a}\frac{x_1}{l} \cdot \left(\frac{2a}{l} + \frac{3a}{l}\frac{x_1}{l} - \frac{x_1^2}{l^2}\right) \ ; \quad x_1 \le a$$

$$\tan\alpha_{(x=0)} = \frac{F\,l^2}{6EI_a}\frac{a}{l} \qquad \tan\alpha_{(x_1=a)} = \frac{F\,l^2}{6EI_a}\frac{a}{l}\left(2 + 3\frac{a}{l}\right)$$

$$\text{Für } x = \frac{l}{\sqrt{3}} \text{ ist } f_m = \frac{F\,l^3}{9\sqrt{3}\cdot EI_a}\frac{a}{l} \ ; \ f_1 = \frac{F\,l^3}{3EI_a}\frac{a^2}{l^2}\left(1 + \frac{a}{l}\right)$$

$$y = \frac{Fl^3}{2EI_a}\frac{a}{l}\frac{x}{l} \cdot \left(1 - \frac{x}{l}\right) \ ; \quad x \le l$$

$$y_1 = \frac{Fl^3}{2EI_a}\left[\frac{x_1^3}{3l^3} - \frac{a}{l}\left(1 + \frac{a}{l}\right)\frac{x_1}{l} + \frac{a^2}{l^2}\left(1 + \frac{2a}{3l}\right)\right] \ ; \quad x_1 \le a$$

$$f_1 = \frac{F\,l^3}{8EI_a}\frac{a}{l} \qquad\qquad f_2 = \frac{F\,l^3}{2EI_a}\frac{a^2}{l^2}\left(1 + \frac{2\,a}{3\,l}\right)$$

$$\tan\alpha_{(x=0)} = \frac{4f_1}{l} \qquad\qquad \tan\alpha_{(x_1=0)} = \frac{4f_1}{l(1 + a/l)}$$

4.2	Formänderung des Balkens auf zwei Stützen mit konstanter Biegesteifigkeit

Lastfall	Biegepfeile und Tangentenneigungen
	$$y = \frac{Fl^3}{2EI_a}\frac{x}{l}\left[\frac{a}{l}\left(1-\frac{a}{l}\right)-\frac{1}{3}\frac{x^2}{l^2}\right]; \quad x \le a \le l/2$$ $$y = \frac{Fl^3}{2EI_a}\frac{a}{l}\left[\frac{x}{l}\left(1-\frac{x}{l}\right)-\frac{1}{3}\frac{a^2}{l^2}\right]; \quad a \le x \le l/2$$ $$f = \frac{Fl^3}{2EI_a}\frac{a^2}{l^2}\left(1+\frac{4}{3}\frac{a}{l}\right) \qquad f_m = \frac{Fl^3}{8EI_a}\frac{a}{l}\left(1-\frac{4}{3}\frac{a^2}{l^2}\right)$$
	$$y = \frac{5q_o l^4}{384EI_a}\left(1-4\frac{x^2}{l^2}\right)\left(1-\frac{4}{5}\frac{x^2}{l^2}\right) \qquad f_m = \frac{5q_o l^4}{384EI_a}$$ $$\tan\alpha_{(x=l/2)} = \frac{q_o l^3}{24EI_a} = \frac{16 f_m}{5 l}$$
	$$y = \frac{q_o l^4}{16EI_a}\left[1-4\frac{x^2}{l^2}\right]\cdot\left[\left(\frac{5}{24}-\frac{a^2}{l^2}\right)-\frac{1}{6}\frac{x^2}{l^2}\right]$$ $$\tan\alpha_A = \frac{q_o l^3}{24EI_a}\left(1-6\frac{a^2}{l^2}\right) = \tan\alpha_B$$ $$f_0 = \frac{q_o l^4}{16EI_a}\left(\frac{5}{24}-\frac{a^2}{l^2}\right)$$ $$f_1 = \frac{q_o l^4}{24EI_a}\frac{a}{l}\left(3\frac{a^3}{l^3}+6\frac{a^2}{l^2}-1\right)$$

5.1	Formänderung des unbestimmt gelagerten Balkens mit konstanter Biegesteifigkeit

Lastfall	Biegepfeile und Tangentenneigungen

$$y = \frac{Fl^3}{192EI_a}\left(1 + \frac{4x}{l}\right)\left(1 - \frac{2x}{l}\right)^2 \qquad f = f_m = \frac{Fl^3}{192EI_a}$$

Wendepunkt bei $x_w = l/4$ $\qquad\qquad y_w = f/2$

$$\tan \alpha_{(x=x_w)} = \frac{3f}{l}$$

$$y = \frac{Fl^3}{2EI_a}\frac{b^2}{l^2}\frac{x^2}{l^2}\left[\frac{a}{l} - \frac{x}{3l}\left(1 + \frac{2a}{l}\right)\right] ; \quad x \le a$$

$$y_1 = \frac{Fl^3}{2EI_a}\frac{a^2}{l^2}\frac{x_1^2}{l^2}\left[\frac{b}{l} - \frac{x_1}{3l}\left(1 + \frac{2b}{l}\right)\right] ; \quad x_1 \le b$$

$$f = \frac{Fl^3}{3EI_a}\frac{a^3}{l^3}\frac{b^3}{l^3}$$

Für $x_1 = l\,\dfrac{2a}{l+2a}$ ist $f_m = \dfrac{2Fl^3}{3EI_a}\dfrac{a^3}{l^3}\dfrac{b^2}{l^2}\left(\dfrac{l}{l+2a}\right)^2$,
wenn $a > b$

Für $x_1 = l\,\dfrac{2b}{l+2b}$ ist $f_m = \dfrac{2Fl^3}{3EI_a}\dfrac{b^3}{l^3}\dfrac{a^2}{l^2}\left(\dfrac{l}{l+2b}\right)^2$,
wenn $a < b$

Wendepunkt bei $x_w = l\,\dfrac{a}{l+2a}$

und $x_{1w} = l\,\dfrac{b}{l+2b}$

$$y = \frac{q_o l^4}{384EI_a}\left(1 - 4\frac{x^2}{l^2}\right)^2 \qquad f_m = \frac{q_o l^4}{384EI_a}$$

Wendepunkt bei $x_w = \pm\dfrac{l}{2}\sqrt{3} \quad \Rightarrow \quad y_w = \dfrac{4}{9}f_m$

| 5.2 | Formänderung des unbestimmt gelagerten Balkens mit konstanter Biegesteifigkeit |

Lastfall	Biegepfeile und Tangentenneigungen
	$$y = \frac{Fl^3}{4EI_a} \frac{b^2}{l^2} \frac{x}{l} \left[\frac{a}{l} - \frac{2}{3}\left(1+\frac{a}{2l}\right)\frac{x^2}{l^2} \right] \; ; \; x \leq a$$
	$$y_1 = \frac{Fl^3}{4EI_a} \frac{a}{l} \frac{x_1^2}{l^2} \left[\left(1-\frac{a^2}{l^2}\right) - \left(1-\frac{a^2}{3l^2}\right)\frac{x_1}{l} \right] \; ; \; x_1 \leq b$$
	$$\tan\alpha_{(x=0)} = \frac{Fl^2}{4EI_a} \frac{b^2}{l^2} \frac{a}{l}$$
	$$f = \frac{Fl^3}{4EI_a} \frac{a^2}{l^2} \frac{b^3}{l^3} \left(1+\frac{a}{3l}\right)$$
	Wendepunkt bei $x_{1w} = l\dfrac{\eta}{1+\eta}$ mit $\eta = \dfrac{b}{2l}\left(1+\dfrac{a}{l}\right)$
	$$y = \frac{q_o l^4}{48EI_a} \frac{x}{l} \left(1 - 3\frac{x^2}{l^2} + 2\frac{x^3}{l^3}\right)$$
	$$\tan\alpha_{(x=0)} = \frac{q_o l^3}{48EI_a}$$
	Für $x_m = \dfrac{1}{16} l\left(1+\sqrt{33}\right) = 0,4215 \cdot l$ ist
	$$f_m = \frac{q_o l^4}{185EI_a}$$
	Wendepunkt bei $x = x_w = \dfrac{3}{4}l$

| 6.1 | Auflagerkräfte und Einspann-Momente bei statisch unbestimmter Lagerung |

Lastfall	Auflagerkräfte und Einspann-Momente
	$F_A = \dfrac{1}{2} F \qquad\qquad F_B = \dfrac{1}{2} F$ $M_A = \dfrac{F\,l}{8} \qquad\qquad M_B = \dfrac{F\,l}{8}$
	$F_A = \dfrac{F\,b^2}{(a+b)^2}\left(1 + \dfrac{2a}{a+b}\right) \qquad F_B = \dfrac{F\,a^2}{(a+b)^2}\left(1 + \dfrac{2b}{a+b}\right)$ $M_A = \dfrac{F\,a\,b^2}{(a+b)^2} \qquad\qquad M_B = \dfrac{F\,a^2\,b}{(a+b)^2}$
	$F_A = \dfrac{1}{2} F = \dfrac{1}{2} q_o\, l \qquad\qquad F_B = \dfrac{1}{2} F = \dfrac{1}{2} q_o\, l$ $M_A = \dfrac{q_o\, l^2}{12} \qquad\qquad M_B = \dfrac{q_o\, l^2}{12}$
	$M_A = \dfrac{q_o}{l^2}\left[\dfrac{l}{3}\left(e^3 - c^3\right) - \dfrac{1}{4}\left(e^4 - c^4\right)\right]$ $M_B = \dfrac{q_o}{l^2}\left[\dfrac{l}{3}\left(d^3 - a^3\right) - \dfrac{1}{4}\left(d^4 - a^4\right)\right]$
	$M_A = \dfrac{q_o\, b\, l}{12}\left[4\left(\dfrac{b}{l}\right)^2 - 3\left(\dfrac{b}{l}\right)^3\right]$ $M_B = \dfrac{q_o\, b\, l}{12}\left[6\dfrac{b}{l} - 8\left(\dfrac{b}{l}\right)^2 + 3\left(\dfrac{b}{l}\right)^3\right]$

6.2	Auflagerkräfte und Einspann-Momente bei statisch unbestimmter Lagerung

Lastfall	Einspann-Momente
	$F_A = \dfrac{11}{16} F$ $\qquad$ $F_B = \dfrac{5}{16} F$ $M_A = \dfrac{3}{16} F\,l$
	$F_A = F\,\dfrac{b}{l}\left[1 + \dfrac{a}{2l}\left(1 + \dfrac{b}{l}\right)\right]$ $\qquad$ $F_B = F\left(\dfrac{a}{l}\right)^2 \left(1 + \dfrac{b}{2l}\right)$ $M_A = \dfrac{F\,a\,b}{a+b}\left[1 - \dfrac{a}{2(a+b)}\right]$
	$F_A = \dfrac{5}{8} q_o\, l$ $\qquad$ $F_B = \dfrac{3}{8} q_o\, l$ $M_A = \dfrac{q_o\, l^2}{8}$
	$M_A = \dfrac{q_o\, b \cdot (b + 2c)}{8} \cdot \left[2 - 2\left(\dfrac{c}{l}\right)^2 - \left(\dfrac{b}{l}\right)^2 - 2\,\dfrac{bc}{l^2}\right]$
	$M_A = \dfrac{M}{2}$

7.1	Werkstoffkenngrößen (Auswahl)

Zulässige Flächenpressung bei ruhender Belastung *)

Werkstoff	p_{zul} (N/mm^2)
Metalle	
Leichtmetalle, weich	50 … 60
Leichtmetalle, hart	70 … 110
Buntmetalle (Bronze, Messing, Rotguß)	30 … 40
Stahl (C-Stähle)	100 … 150
Stahl, gehärtet	150 … 180
Stahlguß	80 … 100
Grauguß	70 … 80
Temperguß	50 … 70
Dichtungen	
Gummi, weich	1,5
Gummi, hart	5,0
Leder	5,0
Fiber	8,0
Baustoffe	
Beton, Normalgüte	1,6
Beton, bessere Qualität	2,0
Beton, beste Qualität	2,5
Ziegelmauerwerk	0,7
Baugrund	0,15 … 0,45

*)   bei schwellender Belastung $p_{zul} \approx 0,7$ der angegebenen Werte
       bei wechselnder Belastung $p_{zul} \approx 0,4$ der angegebenen Werte

7.2	Werkstoffkenngrößen (Auswahl)

Elastizitätsmodul verschiedener Werkstoffe
sowie Querzahl μ und Wärmedehnzahl α

Werkstoff	$E \left(kN/mm^2 \right)$	μ	$\alpha \left(10^{-6} / K \right)$
Metalle			
Aluminium	71	0,34	23,9
Aluminiumlegierungen	59 … 78		18,5 … 24,0
Bronze	108 … 124	0,35	16,8 … 18,8
Blei	19	0,44	29
Duraluminium 681B	74	0,34	23
Eisen	206	0,28	11,7
Gußeisen	64 … 181		9 … 12
Kupfer	125	0,34	16,8
Magnesium	44		26
Messing	78 … 123		17,5 … 19,1
Messing (60%Cu, 40%Zn)	100	0,36	18
Nickel	206	0,31	13,3
Nickellegierungen	158 … 213		11 … 14
Silber	80	0,38	19,7
Silizium	100	0,45	7,8
Stahl legiert	186 … 216	0,2 … 0,3	9 … 19
Baustahl	215	0,28	12
V2A-Stahl	190	0,27	16
Titan	108	0,36	8,5
Zink	128	0,29	30
Zinn	44	0,33	23

7.3	Werkstoffkenngrößen (Auswahl)

Werkstoff	$E \left(\text{kN}/\text{mm}^2\right)$	μ	$\alpha \left(10^{-6}/\text{K}\right)$
Anorganisch-nichtmetallische Werkstoffe			
Beton	22 … 39	0,15 … 0,22	5,4 … 14,2
Eis (−4°C, polykristallin)	9,8	0,33	
Glas, allgemein	39 … 98	0,10 … 0,28	3,5 … 5,5
Bau-, Sicherheitsglas	62 … 86	0,25	9
Quarzglas	62 … 75	0,17 … 0,25	0,5 … 0,6
Granit	50 … 60	0,13 … 0,26	3 … 8
Kalkstein	40 … 90	0,28	
Marmor	60 … 90	0,25 … 0,30	5 … 16
Porzellan	60 … 90		3 … 6,5
Ziegelstein	10 … 40	0,20 … 0,35	8 … 10
Al_2O_3 (hochdicht)	380	0,23	8
ZrO_2 (hochdicht)	220	0,23	10
SiC (hochdicht)	440	0,16	5
Si_3N_4 (dicht)	320	0,3	3,3
Si_3N_4 (20% Poren)	180	0,23	3
Organische Werkstoffe			
Araldit	3,2	0,33	50 … 70
glasfaserverstärkte Kunststoffe	7 … 45		25
Holz faserparallel: Buche	14		
Eiche	13		4,9
Fichte	10		5,4
Kiefer	11		
Holz radial: Buche	2,3		
Eiche	1,6		54,4
Fichte	0,8		34,1
Kiefer	1,0		
kohlenstofffaserverstärkter Kunststoff	70 … 200		
Plexiglas (PMMA)	2,7 … 3,2	0,35	70 … 100
Polyamid (Nylon)	2 … 4		70 … 100
Polyethylen (HDPE)	0,15 … 1,65		150 … 200
Polyvinylchlorid (PVC)	1 … 3		70 … 100

7.4	Werkstoffkenngrößen (Auswahl)

Gewährleistete mechanische Werte für Stahlsorten nach DIN 17 100 (EN 10025)

Stahlsorte		Zugfestigkeit R_m			Obere Streckgrenze R_{eH}					
		für Erzeugnisdicken in mm			für Erzeugnisdicken in mm					
		< 3	≥ 3 ≤ 100	> 100	≤ 16	> 16 ≤ 40	> 40 ≤ 63	> 63 ≤ 80	> 80 ≤ 100	> 100
Kurz-name	Werkstoff-nummer	in N/mm²			in N/mm² min.					
St33	1.0035	310...540	290	-	185	175	-	-	-	-
St37 USt37-2	1.0037 1.0036	360...510	340...470	*)	235	225	215	205	195	*)
RSt37-2 St37-2	1.0038 1.0116				235	225	215	215	215	
St44-2 St44-3	1.0044 1.0144	430...580	410...540		275	265	255	245	235	
St52-3	1.0570	510...680	490...630		355	345	335	325	315	
St50-2	1.0050	490...660	470...610		295	285	275	265	255	
St60-2	1.0060	590...770	570...710		335	325	315	305	295	
St70-2	1.0070	690...900	670...830		365	355	345	335	325	

*) nach Vereinbarung

7.5 | Werkstoffkenngrößen (Auswahl)

**Gewährleistete mechanische Werte für normalgeglühte Vergütungsstähle
nach DIN 17200 (EN 10083)**

Stahlsorte		Erzeugnisdicke oder	Dehngrenze (0,2-Grenze)	Zugfestigkeit	Bruchdehnung ($L_o = 5d_o$) in % min.	
Kurzname	Werkstoff-nummer	Durchmesser in mm	in N/mm^2 min.	in N/mm^2	längs	quer
C 22	1.0402	bis 100	230	400 bis 550	27	25
Ck 22	1.1115	über 100 bis 160	210	380 bis 520	25	23
Cm 22	1.1149					
C 25	1.0406	bis 16	260	420 bis 570	25	23
Ck 25	1.1158	über 16 bis 100	240	420 bis 570	25	23
Cm 25	1.1163	über 100 bis 160	220	400 bis 550	23	21
C 30	1.0528	bis 16	280	450 bis 630	23	21
Ck 30	1.1178	über 16 bis 100	250	450 bis 630	23	21
Cm 30	1.1179	über 100 bis 160	230	430 bis 610	21	19
C 35	1.0501	bis 16	300	480 bis 670	21	19
Ck 35	1.1181	über 16 bis 100	270	480 bis 670	21	19
Cm 35	1.1180	über 100 bis 160	245	460 bis 650	19	17
C 40	1.0511	bis 16	320	530 bis 720	19	17
Ck 40	1.1186	über 16 bis 100	290	530 bis 720	19	17
Cm 40	1.1189	über 100 bis 160	260	510 bis 700	17	15
C 45	1.0503	bis 16	340	580 bis 770	17	15
Ck 45	1.1191	über 16 bis 100	305	580 bis 770	17	15
Cm 45	1.1201	über 100 bis 160	275	560 bis 750	15	13
C 50	1.0540	bis 16	355	600 bis 820	16	14
Ck 50	1.1206	über 16 bis 100	320	600 bis 820	16	14
Cm 50	1.1241	über 100 bis 160	290	580 bis 800	14	12
C 55	1.0535	bis 16	370	630 bis 870	15	13
Ck 55	1.1203	über 16 bis 100	330	630 bis 870	15	13
Cm 55	1.1209	über 100 bis 160	300	610 bis 850	13	11
C 60	1.0601	bis 16	380	650 bis 920	14	12
Ck 60	1.1221	über 16 bis 100	340	650 bis 920	14	12
Cm 60	1.1223	über 100 bis 160	310	630 bis 880	12	10

7.6	Werkstoffkenngrößen (Auswahl)

Gewährleistete Zugfestigkeit von Gußeisen mit Lamellengraphit nach DIN 1691

Sorte		Wanddicke in mm		Zugfestigkeit R_m [1]) Einzuhaltende Werte		Erwartungswerte im Gußstück	
Kurzzeichen	Werkstoffnummer	über	bis	im getrennt gegossenen Probestück [2]) in N/mm^2	im angegossenen Probestück [3]) in N/mm^2 min.	Zugfestigkeit [4]) R_m N/mm^2 min.	Brinellhärte [4]) HB 30 max.
GG-10	0.6010	5 [5])	40	min. 100	-	-	-
GG-15	0.6015	2,5 [5])	5,0	150 bis 250	-	180	270
		5,0	10,0		-	155	245
		10,0	20,0		-	130	225 [7])
		20,0	40,0		120	110	205
		40,0	80,0		110	95	-
		80,0	150,0		100	80	-
		150,0	300,0		90 [6])	-	-
GG-20	0.6020	2,5 [5])	5,0	200 bis 300	-	230	285
		5,0	10,0		-	205	270
		10,0	20,0		-	180	250 [7])
		20,0	40,0		170	155	235
		40,0	80,0		150	130	-
		80,0	150,0		140	115	-
		150,0	300,0		130 [6])	-	-
GG-25	0.6025	5,0 [5])	10,0	250 bis 350	-	250	285 [7])
		10,0	20,0		-	225	265
		20,0	40,0		210	195	250
		40,0	80,0		190	170	-
		80,0	150,0		170	155	-
		150,0	300,0		160 [6])	-	-

Fortsetzung dieser Tabelle siehe nächste Seite.

| 7.7 | Werkstoffkenngrößen (Auswahl) |

Gewährleistete Zugfestigkeit von Gußeisen mit Lamellengraphit nach DIN 1691

Sorte		Wanddicke in mm		Zugfestigkeit R_m [1]) Einzuhaltende Werte		Erwatungswerte im Gußstück	
Kurz-zeichen	Werkstoff-nummer	über	bis	im getrennt gegossenen Probestück [2]) in N/mm^2	im angegosse-nen Probe-stück [3]) in N/mm^2 min.	Zugfestig-keit [4]) R_m N/mm^2 min.	Brinell-härte [4]) HB 30 max.
GG-30	0.6030	10,0 [5])	20,0	300 bis 400	-	270	285 [7])
		20,0	40,0		250	240	265
		40,0	80,0		220	210	-
		80,0	150,0		210	195	-
		150,0	300,0		190 [6])	-	-
GG-35	0.635	10,5 [5])	20,0	350 bis 450	-	315	285 [7])
		20,0	40,0		290	280	275
		40,0	80,0		260	250	-
		80,0	150,0		230	225	-
		150,0	300,0		210 [6])	-	-

[1]) Falls bei der Bestellung der Nachweis der Zugfestigkeit vereinbart wurde, sind für das Probestück die Kennbuchstaben A, H oder K zu verwenden (Bedeutung der Kennbuchstaben siehe Norm).

[2]) Die Werte beziehen sich auf Probestäbe mit 30 mm Rohgußdurchmesser entsprechend einer Wanddicke von 15 mm.

[3]) Wenn für einen bestimmten Wanddickenbereich keine Festlegung getroffen wurde, ist dies durch einen Strich gekennzeichnet.

[4]) Diese Werte dienen nur zur Information.

[5]) Die untere Grenze des Wanddickenbereichs ist eingeschlossen.

[6]) Die Werte sind Anhaltswerte.

[7]) Die für den Wanddickenbereich über 10 bis 20 mm genannten Werte berücksichtigen auch Meßergebnisse von getrennt gegossenen Probestücken mit 30 mm Rohgußdurchmesser.

7.8	Werkstoffkenngrößen (Auswahl)

Gewährleistete mechanische Werte von Stahlguß für allgemeine Verwendungszwecke nach DIN 1681

Stahlgußsorte		Streck-grenze [1])	Zug-festigkeit	Bruch-dehnung	Bruchein-schnürung[2])	Kerbschlagarbeit (ISO-V-Proben) Mittelwert [3])	
				$(L_o = 5d_o)$		$\leq 30\,\mathrm{mm}$	$> 30\,\mathrm{mm}$
Kurz-zeichen	Werkstoff-nummer	in $\mathrm{N/mm^2}$ min.	in $\mathrm{N/mm^2}$ min.	in % min.	in % min.	in J min.	in J min.
GS-38	1.0420	200	380	25	40	35	35
GS-45	1.0446	230	450	22	31	27	27
GS-52	1.0552	260	520	18	25	27	22
GS-60	1.0558	300	600	15	21	27	20

[1]) Falls keine ausgeprägte Streckgrenze auftritt, gilt die 0,2%-Dehngrenze.

[2]) Die Werte sind für die Abnahme nicht maßgebend.

[3]) Aus jeweils drei Einzelwerten bestimmt

7.9	Werkstoffkenngrößen (Auswahl)

Werkstoff	Festigkeitswerte in N/mm^2 min.	
	R_m	σ_{bB}
Thermoplaste (Plastomere)		
Polyvinylchlorid PVC-U (Hostalit, Vinoflex u.a.)	50 … 60	80 … 110
Polytetrafluorethylen PTFE (Teflon, Hostaflon TF u.a.)	25 … 35	-
Polyoxymethylen POM (Delrin, Hostaform u.a.)	70	100
Polyamide PA, z.B. PA 66 (Ultramid; Durethan u.a.)	65	50
Duroplaste (Duromere)		
Phenoplast-Formmassen DIN 7708 PF Typ 31 (Füllstoff: Holzmehl)	25	70
Aminoplast-Formmassen DIN 7708 MF Typ 152.7 (Füllstoff: Zellstoff)	30	80
Gießharz-Formmassen DIN 16 946 EP Typ 1000-6 (Formstoff: anorganisch, körnig)	40	110
Schichtpreßstoffe		
Hartpapier DIN 7735 HP 2061.5 (Pertinax, Preßzell u.a.)	100	130
Hartgewebe DIN 7735 Hgw 2082.5 (Ferrozell, Novotex u.a.)	60	115
Kunstharzpreßholz DIN 7707 (obo-Festholz, PAGHOLZ u.a.)	120 … 200	150 … 250
Elastomere		
Urethan-Kautschuk PUR (Pagulan, Lamigom u.a.)	20	
Siloxan-Kautschuk SIR (Baysilon, Wacker Silikone u.a.)	1	

7.10 | Werkstoffkenngrößen (Auswahl)

Dauerschwingfestigkeit von Stählen bei ruhender und schwingender Beanspruchung

Werkstoff	σ_B	σ_S	σ_{bF}	τ_F	σ_{bW}	σ_{zdW}	τ_{tW}	σ_{bSch}	σ_{zSch}	τ_{tSch}
					N/mm^2					
Allgemeine Baustähle										
St 34	340	220	240	130	160	130	90	240	210	130
St 38	380	240	260	150	180	140	100	260	230	150
St 42	420	260	320	170	200	160	120	310	250	170
St 50	500	300	370	190	240	190	140	370	300	190
St 60	600	340	430	220	280	210	160	430	340	220
St 70	700	370	490	260	330	240	200	490	370	260
Höherfeste Baustähle										
H 52-3	520	360	430	230	280	210	160	410	330	230
H 45-2	450	300	390	200	250	190	140	360	300	200
H 60-3										
HS 60-3	600	450	550	300	310	240	190	460	400	300
HB 60-3										
Vergütungsstähle (Vergütungszustand durch σ_B gekennzeichnet)										
C 25	550	370	460	210	280	230	160	420	370	210
C 35	650	420	540	270	310	250	180	470	400	270
C 45	750	480	620	310	370	300	210	550	480	310
Cf 45	750	480	620	310	370	300	210	550	480	310
C 55	800	530	680	370	390	310	230	570	510	370
Cf 55	800	530	680	370	390	310	230	570	510	370
C 60	850	570	700	390	410	330	250	620	520	390
40Mn4	900	650	720	410	430	350	260	660	560	410
30Mn5	850	600	710	400	420	340	250	640	540	400
50MnSi4	1000	800	890	450	490	380	280	750	620	450
37MnSi5	1000	800	890	450	490	380	280	750	620	450
37MnV7	1000	800	890	450	490	380	280	750	620	450
34Cr4	1000	800	890	450	490	380	280	750	620	450
34CrMo4	1000	800	890	450	490	380	280	750	620	450
42MnV7	1100	900	980	500	520	420	310	800	680	500
38CrSi6	1100	900	980	500	520	420	310	800	680	500
42CrMo4	1100	900	980	500	520	420	310	800	680	500
36CrNiMo4	1100	900	980	500	520	420	310	800	680	500
40Cr4	1050	850	930	470	510	410	300	750	670	470
50CrV4	1200	1000	1080	520	550	440	340	850	720	520
50CrMo4	1200	1000	1080	520	550	440	340	850	720	520

Fortsetzung dieser Tabelle siehe nächste Seite.

| 6.9 | Werkstoffkenngrößen (Auswahl) |

Dauerschwingfestigkeit von Stählen bei ruhender und schwingender Beanspruchung

Werkstoff	σ_B	σ_S	σ_{bF}	τ_F	σ_{bW}	σ_{zdW}	τ_{tW}	σ_{bSch}	σ_{zSch}	τ_{tSch}
					N/mm^2					
Vergütungsstähle (Vergütungszustand durch σ_B *gekennzeichnet)*										
58CrV4	1250	1050	1130	560	570	450	360	890	740	550
25CrMo4	900	700	780	410	440	360	270	660	600	410
30CrMoV9	1300	1100	1180	600	580	460	370	900	750	600
Einsatzstähle [1])										
C 10	500	300	390	210	260	220	170	390	300	210
C 15	600	350	490	240	280	240	180	450	350	240
15Cr3	600	400	560	240	350	300	220	490	400	240
16MnCr5	800	600	750	360	400	340	250	600	540	360
20MnCr5	1000	700	900	420	480	420	300	730	660	420
18CrNi8	1200	800	1100	470	550	470	330	850	760	470
20MoCr5 gehärtet in Öl	750	550	700	350	390	340	240	580	530	350
20MoCr5 gehärtet in Wasser	900	700	850	440	460	400	290	680	610	440
18CrMnTi5	900	750	830	430	440	380	280	690	600	430

[1]) (Einsatzhärtetiefe $\approx 0,8$ mm); statische Festigkeitswerte für blindgehärtete Proben im Kern. Schwingende Festigkeitswerte für Proben mit aufgekohltem und gehärtetem Rand. Werte gelten nur für den linearen Spannungszustand. Verminderung bei mehrachsigem Spannungszustand, ungleichmäßig wechselnde sowie schlag- oder stoßartige Beanspruchung.

Normalgeglühter Zustand für C 10 und C 15, Festigkeitswerte wie für St 34 und St 38.

| 8 | Haftreibungszahlen μ_o und Gleitreibungszahlen μ (Auswahl) |

Werkstoff	μ_o		μ	
	trocken	geschmiert	trocken	geschmiert
Stahl / Stahl	0,15	0,1	0,15	0,01
Guß / Stahl	0,20	0,1	0,18	0,01
Guß / Guß	0,25	0,15	0,15	0,1
Holz / Holz	0,5	0,16	0,3	0,1
Metall / Holz	0,7	0,1	0,5	0,1
Metall / Asbestkupplungsbeläge	-	-	0,5	0,4

| 9 | Grenzschlankheitsgrade verschiedener Werkstoffe (Auswahl) |

Werkstoff	Grenzschlankheitsgrad λ_{grenz}	
Federstahl	60	
AlCuMg	66	
GG	80	$$\lambda_{grenz} = \pi \cdot \sqrt{\frac{E}{\sigma_{dP}}}$$
5%-Ni-Stahl	86	
St50 / St60	89	E = Elastizitätsmodul
Holz	100	σ_{dP} = Proportional-
St37	105	spannung im
Al-Mg3	110	Druckbereich

| 10 | TETMAJER-Koeffizienten (Auswahl) |

Werkstoff	$a \; \left(\text{N/mm}^2\right)$	$b \; \left(\text{N/mm}^2\right)$	$c \; \left(\text{N/mm}^2\right)$
St37 /St38	310	1,14	0
St50 /St60	335	0,62	0
St52	470	2,3	0
Holz	29,3	0,194	0
GG	776	12,0	0,053

11.1	**Massenträgheitsmomente**

Körper (Masse m)	Massenträgheitsmoment (bezogen auf die jeweiligen Schwerpunktsachsen)
Gleichschenklige Dreieckscheibe mit konstanter Dicke 	$$J_x = m \cdot \frac{h^2}{18} \qquad\qquad J_y = m \cdot \frac{b^2}{24}$$ $$J_z = \frac{m}{6} \cdot \left(\frac{b^2}{4} + \frac{h^2}{3} \right)$$
Rechtwinklige Dreieckscheibe mit konstanter Dicke 	$$J_x = m \cdot \frac{h^2}{18} \qquad\qquad J_{x_1} = m \cdot \frac{h^2}{6}$$ $$J_y = m \cdot \frac{b^2}{18} \qquad\qquad J_{y_1} = m \cdot \frac{b^2}{6}$$ $$J_z = \frac{m}{18} \cdot \left(b^2 + h^2 \right) \qquad J_{z_1} = \frac{m}{6} \cdot \left(b^2 + h^2 \right)$$
Quader 	$$J_x = \frac{m}{12} \cdot \left(h^2 + l^2 \right) \qquad J_y = \frac{m}{12} \cdot \left(b^2 + l^2 \right)$$ $$J_z = \frac{m}{12} \cdot \left(b^2 + h^2 \right)$$
Stab (schlank) 	$$J_x = J_z = m \cdot \frac{l^2}{12}$$

11.2	**Massenträgheitsmomente**

Körper (Masse m)	Massenträgheitsmoment (bezogen auf die jeweiligen Schwerpunktsachsen)
Hohlzylinder 	$$J_x = J_z = \frac{m}{4} \cdot \left(r^2 + R^2 + \frac{l^2}{3} \right)$$ $$J_y = m \cdot \left(r^2 + R^2 \right)$$
Dünne Halbkreisscheibe mit konstanter Dicke 	$y_S = \dfrac{4R}{3\pi}$ $\qquad$ $J_x = mR^2 \cdot \left(\dfrac{1}{4} - \dfrac{16}{9\pi^2} \right)$ $J_{x_1} = J_{y_1} = \dfrac{mR^2}{4}$ $\qquad$ $J_y = \dfrac{mR^2}{4}$ $J_{z_1} = \dfrac{mR^2}{2} = J_M$ $\qquad$ $J_z = mR^2 \cdot \left(\dfrac{1}{2} - \dfrac{16}{9\pi^2} \right)$
Dünne Viertelkreisscheibe mit konstanter Dicke 	$e = \dfrac{4R}{3\pi}$ $J_x = J_y = mR^2 \cdot \left(\dfrac{1}{4} - \dfrac{16}{9\pi^2} \right)$ $\qquad$ $J_{x_1} = J_{y_1} = \dfrac{mR^2}{4}$ $J_z = mR^2 \cdot \left(\dfrac{1}{2} - \dfrac{32}{9\pi^2} \right)$ $\qquad$ $J_{z_1} = \dfrac{mR^2}{2}$
Dünner Kreisscheibenabschnitt mit konstanter Dicke 	$e = \dfrac{4R \cdot \sin^3 \alpha}{3 \cdot [2\alpha - \sin(2\alpha)]}$ $J_x = mR^2 \cdot \dfrac{\dfrac{\alpha}{4} - \dfrac{\sin(4\alpha)}{16} - \dfrac{8\sin^6 \alpha}{9 \cdot [2\alpha - \sin(2\alpha)]}}{\alpha - \dfrac{1}{2} \cdot \sin(2\alpha)}$ $J_y = mR^2 \cdot \dfrac{2\alpha - \dfrac{4}{3} \cdot \sin(2\alpha) + \dfrac{1}{6} \cdot \sin(4\alpha)}{8\alpha - 4 \cdot \sin(2\alpha)}$

11.3 | Massenträgheitsmomente

Körper (Masse m)	Massenträgheitsmoment (bezogen auf die jeweiligen Schwerpunktsachsen)
Hohlkugel	$$J_x = J_y = J_z = \frac{2m}{5} \cdot \frac{R^5 - r^5}{R^3 - r^3}$$
Hohlhalbkugel	$$e = \frac{3}{8} \cdot \frac{R^4 - r^4}{R^3 - r^3}$$ $$J_x = J_z = \frac{2m}{5} \cdot \frac{R^5 - r^5}{R^3 - r^3} - \frac{9m}{64} \cdot \frac{\left(R^4 - r^4\right)^2}{\left(R^3 - r^3\right)^2}$$ $$J_y = \frac{2m}{5} \cdot \frac{R^5 - r^5}{R^3 - r^3} \qquad J_{x_1} = J_{y_1} = J_{z_1} = \frac{2m}{5} \cdot \frac{R^5 - r^5}{R^3 - r^3}$$
Halbkugel	$$e = \frac{3R}{8} \qquad\qquad J_x = J_z = \frac{83}{320} \cdot mR^2$$ $$J_{x_1} = J_{y_1} = J_{z_1} = J_y = J_{y_2} = \frac{2}{5} \cdot mR^2$$ $$J_{x_2} = J_{z_2} = \frac{13}{20} \cdot mR^2$$
Kugelhalbschale	$$R \approx r \approx R_m \qquad\qquad e \cong \frac{R_m}{2}$$ $$J_{x_1} = J_{y_1} = J_{z_1} = \frac{2m \cdot R_m^2}{3}$$ $$J_x = J_z = \frac{5m \cdot R_m^2}{12} \qquad J_y = \frac{2m \cdot R_m^2}{3}$$
Kugelschale	$$R \approx r \approx R_m$$ $$J_x = J_y = J_z \cong \frac{2m \cdot R_m^2}{3}$$

12.1 | Auswahl einfacher mathematischer Formeln

Gleichungen

$$x^2 + ax + b = 0$$

**Lösung der gemischt-
quadratischen Gleichung**

Lösungen :

$$x_{1;2} = -\frac{a}{2} \pm \sqrt{\left(\frac{a}{2}\right)^2 - b}$$

Planimetrie

Kreisumfang
Kreisfläche

Umfang

$$U = D \cdot \pi = 2R \cdot \pi$$

Fläche

$$A = R^2 \cdot \pi = \frac{D^2 \cdot \pi}{4}$$

$$\pi = 3,14159265359\ldots$$

Ebene Trigonometrie

**Winkelfunktionen im
rechtwinkligen Dreieck**

$$SINUS(\angle) = \frac{Gegenkathete}{Hypothenuse}$$

$$KOSINUS(\angle) = \frac{Ankathete}{Hypothenuse}$$

$$TANGENS(\angle) = \frac{Gegenkathete}{Ankathete}$$

$$KOTANGENS(\angle) = \frac{Ankathete}{Gegenkathete}$$

$c =$ Hypothenuse
$a, b =$ Katheten

$$\sin \alpha = \frac{a}{c} \qquad \sin \beta = \frac{b}{c}$$

$$\cos \alpha = \frac{b}{c} \qquad \cos \beta = \frac{a}{c}$$

$$\tan \alpha = \frac{a}{b} \qquad \tan \beta = \frac{b}{a}$$

$$\cot \alpha = \frac{b}{a} \qquad \cot \beta = \frac{a}{b}$$

12.2 | Auswahl einfacher mathematischer Formeln

Ebene Trigonometrie

**Verlauf der
trigonometrischen Funktionen**

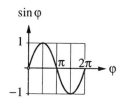

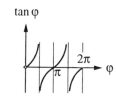

$$\sin \frac{\pi}{2} = \sin 90° = 1$$

$$\sin \pi = \sin 180° = 0$$

$$\cos \frac{\pi}{2} = \cos 90° = 0$$

$$\cos \pi = \cos 180° = -1$$

$$\tan \frac{\pi}{2} = \tan 90° = \infty$$

$$\tan \pi = \tan 180° = 0$$

$$\cot \frac{\pi}{2} = \cot 90° = 0$$

$$\cot \pi = \cot 180° = -\infty$$

$$\cot \varphi = \frac{1}{\tan \varphi}$$

$$\sin(0) = 0 \qquad \cos(0) = 1$$

$$\tan(0) = 0 \qquad \cot(0) = \infty$$

Ebene Trigonometrie

**Berechnung der Winkelfunk-
tionen durch eine andere
Winkelfunktion**

$$\sin^2 \varphi + \cos^2 \varphi = 1$$

$$\sin \varphi = \sqrt{1 - \cos^2 \varphi}$$

$$\cos \varphi = \sqrt{1 - \sin^2 \varphi}$$

$$\cos^2 \varphi = \frac{1}{1 + \tan^2 \varphi}$$

$$\cos \varphi = \frac{1}{\sqrt{1 + \tan^2 \varphi}}$$

$$\tan \varphi = \frac{\sqrt{1 - \cos^2 \varphi}}{\cos \varphi}$$

12.3	Auswahl einfacher mathematischer Formeln

Ebene Trigonometrie

Additionstheoreme

$$\sin(\alpha \pm \beta) = \sin\alpha\cos\beta \pm \cos\alpha\sin\beta$$

$$\cos(\alpha \pm \beta) = \cos\alpha\cos\beta \mp \sin\alpha\sin\beta$$

$$\sin(2\alpha) = 2\cdot\sin\alpha\cos\alpha$$

$$\cos(2\alpha) = \cos^2\alpha - \sin^2\alpha$$

$$\tan(2\alpha) = \frac{2\cdot\tan\alpha}{1 - \tan^2\alpha}$$

$$\sin\alpha = 2\cdot\sin\left(\frac{\alpha}{2}\right)\cdot\cos\left(\frac{\alpha}{2}\right)$$

$$\cos\alpha = \cos^2\left(\frac{\alpha}{2}\right) - \sin^2\left(\frac{\alpha}{2}\right)$$

Ebene Trigonometrie

Potenzen
trigonometrischer Funktionen

$$\sin^2\varphi = \frac{1}{2}\cdot\left[1 - \cos(2\varphi)\right]$$

$$\cos^2\varphi = \frac{1}{2}\cdot\left[1 + \cos(2\varphi)\right]$$

Ebene Trigonometrie

Sinussatz im
schiefwinkligen Dreieck

Das Verhältnis zweier Seiten ist gleich dem Verhältnis der Sinusfunktionswerte der den jeweiligen Seiten gegenüberliegenden Winkel.

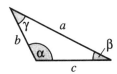

$$\frac{a}{b} = \frac{\sin\alpha}{\sin\beta} \qquad \frac{a}{c} = \frac{\sin\alpha}{\sin\gamma}$$

$$\frac{b}{a} = \frac{\sin\beta}{\sin\alpha} \qquad \frac{b}{c} = \frac{\sin\beta}{\sin\gamma}$$

$$\frac{c}{a} = \frac{\sin\gamma}{\sin\alpha} \qquad \frac{c}{b} = \frac{\sin\gamma}{\sin\beta}$$

12.4 | Auswahl einfacher mathematischer Formeln

Ebene Trigonometrie

**Kosinussatz im
schiefwinkligen Dreieck**

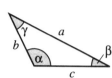

$$a^2 = b^2 + c^2 - 2bc\cos\alpha$$

$$b^2 = a^2 + c^2 - 2ac\cos\beta$$

$$c^2 = a^2 + b^2 - 2ab\cos\gamma$$

$$\cos\alpha = \frac{b^2 + c^2 - a^2}{2bc}$$

$$\cos\beta = \frac{a^2 + c^2 - b^2}{2ac}$$

$$\cos\gamma = \frac{a^2 + b^2 - c^2}{2ab}$$

Analytische Geometrie

**Die kartesische Form der
Geradengleichung**

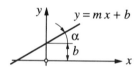

$y=$ Funktionswert an der Stelle x

$b=y$ - Achsen - Abschnitt

$m = \tan\alpha =$ Steigungsmaß

$m > 0$: steigende Gerade

$m < 0$: fallende Gerade

$b = 0$: Gerade durch den

Koordinatenursprung

Analytische Geometrie

Kreisgleichungen

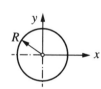

$$x^2 + y^2 = R^2$$

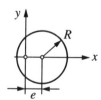

$$(x - e)^2 + y^2 = R^2$$

12.5 | Auswahl einfacher mathematischer Formeln

Analytische Geometrie

**Gleichung der
quadratischen Parabel**

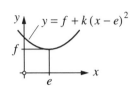

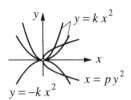

Analytische Geometrie

**Gleichung der
Ellipse**

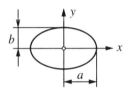

$$\frac{x^2}{a^2} + \frac{y^2}{b^2} = 1$$

Analytische Geometrie

**Gleichung der
Hyperbel**

$$\frac{x^2}{a^2} - \frac{y^2}{b^2} = 1$$

Infinitesimalrechnung

Der Differentialquotient
(die Ableitung) der Funktion
$y = f(x)$ gibt die Steigung
$\tan \alpha$ der Tangente im
Punkt P an.

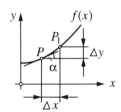

Ableitung : $\quad y' = \dfrac{dy}{dx}$

$$y' = \frac{dy}{dx} = \lim_{\Delta x \to 0} \frac{\Delta y}{\Delta x} = \tan \alpha$$

Steigung : $\quad f'(x) = \dfrac{d}{dx} f(x)$

| 12.6 | Auswahl einfacher mathematischer Formeln |

Infinitesimalrechnung

Differentiations-Regeln

$y = C \quad y' = 0$ 　　　　　　　Die Ableitung einer Konstanten ist null.

$y = f_1(x) + f_2(x) + \ldots$
$y' = f_1'(x) + f_2'(x) + \ldots$ 　　Summen werden Summand für Summand abgeleitet.

$y = f_1(x) \cdot f_2(x) = u \cdot v$
$y' = v u' + u v'$ 　　　　*Produktregel* 　　　*Beispiel:* 　　$y = x \cdot \sin x$
　　　　　　　　　　　　　　　　　　　　　　　　$y' = \sin x \cdot 1 + x \cdot \cos x$

$y = \dfrac{u}{v}$

$y' = \dfrac{v u' - u v'}{v^2}$ 　　*Quotientenregel* 　*Beispiel:* 　$y = \dfrac{x}{\sin x}$

　　　　　　　　　　　　　　　　　　　　　　$y' = \dfrac{\sin x \cdot 1 - x \cdot \cos x}{\sin^2 x}$

$y = f(u); \ u = f(v); \ v = f(x)$
$y' = \dfrac{dy}{dx} = \dfrac{dy}{du} \cdot \dfrac{du}{dv} \cdot \dfrac{dv}{dx}$ 　*Kettenregel* 　*Beispiel:*
　　　　　　　　　　　　　　　　　　$y = \sin^2(2x)$
　　　　　　　　　　　　　　　　　　$u = \sin(2x) = \sin(v)$
　　　　　　　　　　　　　　　　　　$y' = 2 \cdot \sin(2x) \cdot \cos(2x) \cdot 2$
　　　　　　　　　　　　　　　　　　$y' = 2 \cdot \sin(4x)$

Infinitesimalrechnung

Ableitungen elementarer Funktionen

Stammfunktion $f(x)$	Ableitung $f'(x)$	Stammfunktion $f(x)$	Ableitung $f'(x)$
$y = x^n$	$y' = n \cdot x^{n-1}$	$y = \sin x$	$y' = \cos x$
$y = x$	$y' = 1$	$y = \cos x$	$y' = -\sin x$
$y = e^x$	$y' = e^x$	$y = \tan x$	$y' = 1/\cos^2 x$
$y = e^{kx}$	$y' = k \cdot e^{kx}$	$y = a^x$	$y' = a^x \cdot \ln a$
$y = 1/x$	$y' = -1/x^2$	$y = \sin(kx)$	$y' = k \cdot \cos(kx)$
$y = \ln x$	$y' = 1/x$	$y = a \cdot \cos(kx)$	$y' = -ak \cdot \sin(kx)$

12.7 | Auswahl einfacher mathematischer Formeln

Infinitesimalrechnung

Extremstellen der Funktion

An Extremstellen (Maxima oder Minima) hat die Funktion eine horizontale Tangente, d.h. die Ableitung der Funktion $f'(x_o)$ ist gleich null.

Beispiel:

$$y = f(x) = 3 + \frac{1}{2} \cdot (x-2)^2$$

$$y' = \frac{1}{2} \cdot 2 \cdot (x-2) \cdot 1$$

Extremum: $y' = 0$

$$0 = x_o - 2$$

$$\boxed{x_o = 2}$$

Infinitesimalrechnung

Definition des unbestimmten Integrals

Ist $f(x)$ die Ableitung der Stammfunktion $F(x)$, so gilt:

$$\int f(x) \cdot \mathrm{d}x = F(x) + C$$

C = Integrationskonstante

Die Integration einer Funktion ist vieldeutig; $F(x) + C$ beschreibt eine Schar paralleler Kurven.

Infinitesimalrechnung

Geometrische Deutung des Integrals

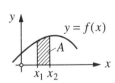

Das bestimmte Integral kann als Fläche unter der zu integrierenden Funktion interpretiert werden.

$$\int_{x_1}^{x_2} f(x) \cdot \mathrm{d}x \,\hat{=}\, A$$

12.8	**Auswahl einfacher mathematischer Formeln**

Infinitesimalrechnung

Integrale   (Die Integrationskonstante ist bei jedem unbestimmten Integral zu addieren)

- Additionstheoreme zur evtl. möglichen weiteren Vereinfachung der Ergebnisse siehe 12.3 -

$$\int 1 \cdot dx = \int dx = x$$

$$\int x^n \cdot dx = \frac{x^{n+1}}{n+1} \qquad n \neq -1$$

$$\int \frac{1}{x} \cdot dx = \int \frac{dx}{x} = \ln|x|$$

$$\int a^x \cdot dx = \frac{a^x}{\ln a}$$

$$\int \sin ax \cdot dx = -\frac{1}{a} \cos ax$$

$$\int \sin^n ax \cdot dx = -\frac{1}{na} \sin^{n-1} ax \cdot \cos ax + \frac{n-1}{n} \int \sin^{n-2} ax \cdot dx \qquad n \neq 0$$

$$\int x^n \sin ax \cdot dx = -\frac{x^n}{a} \cos ax + \frac{n}{a} \int x^{n-1} \cos ax \cdot dx$$

$$\int \frac{dx}{\sin ax} = \frac{1}{a} \ln\left|\tan \frac{ax}{2}\right|$$

$$\int \frac{dx}{\sin^2 x} = -\cot x$$

$$\int \cos ax \cdot dx = \frac{1}{a} \sin ax$$

$$\int \cos^n ax \cdot dx = \frac{1}{na} \cos^{n-1} ax \cdot \sin ax + \frac{n-1}{n} \int \cos^{n-2} ax \cdot dx \qquad n \neq 0$$

$$\int x^n \cos ax \cdot dx = \frac{x^n}{a} \sin ax - \frac{n}{a} \int x^{n-1} \sin ax \cdot dx$$

$$\int \frac{dx}{\cos ax} = \frac{1}{a} \ln\left|\tan\left(\frac{ax}{2} + \frac{\pi}{4}\right)\right|$$

12.9 | Auswahl einfacher mathematischer Formeln

Infinitesimalrechnung

Integrale   (Die Integrationskonstante ist bei jedem unbestimmten Integral zu addieren)
- Additionstheoreme zur evtl. möglichen weiteren Vereinfachung der Ergebnisse siehe 12.3 -

$$\int \frac{dx}{\cos^2 x} = \tan x$$

$$\int \sin ax \cdot \sin bx \cdot dx = \frac{x \cdot \sin(a-b)}{2(a-b)} - \frac{x \cdot \sin(a+b)}{2(a+b)} \qquad |a| \neq |b|$$

$$\int \cos ax \cdot \cos bx \cdot dx = \frac{x \cdot \sin(a-b)}{2(a-b)} + \frac{x \cdot \sin(a+b)}{2(a+b)} \qquad |a| \neq |b|$$

$$\int \sin ax \cdot \cos bx \cdot dx = -\frac{x \cdot \cos(a-b)}{2(a-b)} - \frac{x \cdot \cos(a+b)}{2(a+b)} \qquad |a| \neq |b|$$

$$\int \sin ax \cdot \sin(ax + \varphi) \cdot dx = \frac{1}{2}\left[-\frac{1}{2a}\sin(2ax+\varphi) + x \cdot \cos\varphi\right]$$

$$\int \cos ax \cdot \cos(ax + \varphi) \cdot dx = \frac{1}{2}\left[\frac{1}{2a}\sin(2ax+\varphi) + x \cdot \cos\varphi\right]$$

$$\int \sin ax \cdot \cos(ax + \varphi) \cdot dx = \frac{1}{2}\left[-\frac{1}{2a}\cos(2ax+\varphi) - x \cdot \sin\varphi\right]$$

$$\int \tan ax \cdot dx = -\frac{1}{a}\ln|\cos ax|$$

$$\int \cot ax \cdot dx = \frac{1}{a}\ln|\sin ax|$$

$$\int \ln x \cdot dx = x \ln(x) - x$$

$$\int x^n \ln x \cdot dx = x^{n+1}\left[\frac{\ln x}{n+1} - \frac{1}{(n+1)^2}\right] \qquad n \neq -1$$

$$\int \frac{dx}{x \ln x} = \ln|\ln x|$$

$$\int e^{ax} \cdot dx = \frac{1}{a}e^{ax}$$

12.10	Auswahl einfacher mathematischer Formeln

Infinitesimalrechnung

Integrale   (Die Integrationskonstante ist bei jedem unbestimmten Integral zu addieren)

- Additionstheoreme zur evtl. möglichen weiteren Vereinfachung der Ergebnisse siehe 12.3 -

$$\int x^n \, e^{ax} \cdot \mathrm{d}x = \frac{1}{a} x^n \, e^{ax} - \frac{n}{a} \int x^{n-1} \, e^{ax} \cdot \mathrm{d}x$$

$$\int e^{ax} \sin(bx) \cdot \mathrm{d}x = \frac{e^{ax}}{a^2 + b^2} \left[a \cdot \sin(bx) - b \cdot \cos(bx) \right]$$

$$\int e^{ax} \cos(bx) \cdot \mathrm{d}x = \frac{e^{ax}}{a^2 + b^2} \left[a \cdot \cos(bx) + b \cdot \sin(bx) \right]$$

$$\int (ax + b)^n \cdot \mathrm{d}x = \frac{(ax+b)^{n+1}}{a(n+1)} \qquad n \neq -1 \qquad\qquad \int (ax+b)^{-1} \cdot \mathrm{d}x = \frac{1}{a} \ln|ax+b|$$

$$\int x(ax+b)^n \cdot \mathrm{d}x = \frac{1}{a^2} \left[\frac{(ax+b)^{n+2}}{n+2} - \frac{b(ax+b)^{n+1}}{n+1} \right] \qquad n \notin \{-1; -2\}$$

$$\int \frac{1}{x^2 + a^2} \cdot \mathrm{d}x = \frac{1}{a} \arctan \frac{x}{a}$$

$$\int \frac{1}{x^2 - a^2} \cdot \mathrm{d}x = \frac{1}{2a} \ln\left| \frac{x-a}{x+a} \right|$$

$$\int \sqrt{a^2 - x^2} \cdot \mathrm{d}x = \frac{x}{2} \sqrt{a^2 - x^2} + \frac{a^2}{2} \arcsin \frac{x}{a}$$

$$\int \sqrt{x^2 - a^2} \cdot \mathrm{d}x = \frac{x}{2} \sqrt{x^2 - a^2} - \frac{a^2}{2} \ln\left| x + \sqrt{x^2 - a^2} \right|$$

$$\int \frac{1}{\sqrt{x^2 \pm a^2}} \cdot \mathrm{d}x = \ln\left| x + \sqrt{x^2 \pm a^2} \right|$$

$$\int \varphi(x) \cdot \varphi'(x) \cdot \mathrm{d}x = \frac{1}{2} \left[\varphi(x) \right]^2$$

$$\int \left[\varphi(x) \right]^n \cdot \varphi'(x) \cdot \mathrm{d}x = \frac{1}{n+1} \left[\varphi(x) \right]^{n+1} \qquad n \neq -1$$

$$\int \frac{\varphi'(x)}{\varphi(x)} \cdot \mathrm{d}x = \ln|\varphi(x)|$$

13.1 | Beziehungen zwischen den gesetzlichen Einheiten

Größe	Gesetzliche Einheit		Früher gebräuchliche Einheit (nicht mehr zulässig) und Umrechnungsbeziehungen
	Name und Einheiten- zeichen	ausgedrückt als Potenzprodukt der Basiseinheiten	
Kraft F	*Newton* N	$1\,N = 1\,m\,kg\,s^{-2}$	*Kilopond* kp $1\,kp = 9,80665\,N \approx 10\,N$ $1\,kp \approx 1\,da\,N$
Druck p	$\dfrac{Newton}{Quadratmeter}\ \dfrac{N}{m^2}$ $1\,\dfrac{N}{m^2} = 1\,Pascal\ Pa$ $1\,Bar = 10^5\,Pascal$ $1\,bar = 10^5\,Pa$	$1\,\dfrac{N}{m^2} = 1\,m^{-1}\,kg\,s^{-2}$	*Meter Wassersäule* m WS $1\,m\,WS = 9,80665\cdot10^3\,Pa$ $1\,m\,WS \approx 0,1\,bar$ *Millimeter Wassersäule* mm WS $1\,mm\,WS \approx 9,80665\,\dfrac{N}{m^2}$ $1\,mm\,WS \approx 10\,Pa$
Die gebräuch- lichsten Vor- sätze und deren Kurz- zeichen	für das Millionenfache (10^6 fache) der Einheit für das Tausendfache (10^3 fache) der Einheit für das Zehnfache (10fache) der Einheit für das Hunderstel (10^{-2} fache) der Einheit für das Tausendstel (10^{-3} fache) der Einheit für das Millionstel (10^{-6} fache) der Einheit	Mega M Kilo k Deka da Zenti c Milli m Mikro μ	*Millimeter Quecksilbersäule* mm Hg $1\,mm\,Hg = 133,3224\,Pa$ *Torr* $1\,Torr = 133,3224\,Pa$ *Technische Atmosphäre* at $1\,at = 1\,\dfrac{kp}{cm^2} = 9,80665\cdot10^4\,Pa$ $1\,at \approx 1\,bar$ *Physikalische Atmosphäre* atm $1\,atm = 1,01325\cdot10^5\,Pa$ $1\,atm \approx 1,01\,bar$

13.2	Beziehungen zwischen den gesetzlichen Einheiten

	Gesetzliche Einheit		Früher gebräuchliche Einheit (nicht mehr zulässig) und Umrechnungsbeziehungen
Größe	Name und Einheitenzeichen	ausgedrückt als Potenzprodukt der Basiseinheiten	
Mechanische Spannungen σ, τ, ebenso Festigkeit, Flächenpressung, Lochleibungsdruck	$\dfrac{\text{Newton}}{\text{Quadratmillimeter}}$ $\dfrac{\text{N}}{\text{mm}^2}$ $1\dfrac{\text{N}}{\text{mm}^2} = 10^6 \dfrac{\text{N}}{\text{m}^2}$ $= 10^6\,\text{Pa}$ $= 1\,\text{MPa}$ $= 10\,\text{bar}$	$1\dfrac{\text{N}}{\text{mm}^2} = 10^6\,\text{m}^{-1}\,\text{kg}\,\text{s}^{-2}$	$\dfrac{\text{kp}}{\text{mm}^2}$ und $\dfrac{\text{kp}}{\text{cm}^2}$ $1\dfrac{\text{kp}}{\text{mm}^2} = 9,80665 \dfrac{\text{N}}{\text{mm}^2}$ $\approx 10 \dfrac{\text{N}}{\text{mm}^2}$ $1\dfrac{\text{kp}}{\text{cm}^2} = 0,0980665 \dfrac{\text{N}}{\text{mm}^2}$ $\approx 0,1 \dfrac{\text{N}}{\text{mm}^2}$
Drehmoment M (Moment einer Kraft oder eines Kräftepaares)	*Newtonmeter* Nm	$1\,\text{Nm} = 1\,\text{m}^2\,\text{kg}\,\text{s}^{-2}$	*Kilopondmeter* kpm $1\,\text{kpm} = 9,80665\,\text{Nm} \approx 10\,\text{Nm}$ *Kilopondzentimeter* kpcm $1\,\text{kpcm} = 0,0980665\,\text{Nm}$ $\approx 0,1\,\text{Nm}$
Arbeit W Energie U, E	*Joule* J $1\,\text{J} = 1\,\text{Nm} = 1\,\text{Ws}$	$1\,\text{J} = 1\,\text{Nm} = 1\,\text{m}^2\,\text{kg}\,\text{s}^{-2}$	*Kilopondmeter* kpm $1\,\text{kpm} = 9,80665\,\text{J} \approx 10\,\text{J}$
Leistung P	*Watt* W $1\,\text{W} = 1\dfrac{\text{J}}{\text{s}} = 1\dfrac{\text{Nm}}{\text{s}}$	$1\,\text{W} = 1\,\text{m}^2\,\text{kg}\,\text{s}^{-3}$	$\dfrac{\text{Kilopondmeter}}{\text{Sekunde}}\ \dfrac{\text{kpm}}{\text{s}}$ $1\dfrac{\text{kpm}}{\text{s}} = 9,80665\,\text{W} \approx 10\,\text{W}$ *Pferdestärke* PS $1\,\text{PS} = 75\dfrac{\text{kpm}}{\text{s}} = 735,49875\,\text{W}$ $1\,\text{kW} \cong 1,36\,\text{PS}$

13.3 | Beziehungen zwischen den gesetzlichen Einheiten

Größe	Gesetzliche Einheit		Früher gebräuchliche Einheit (nicht mehr zulässig) und Umrechnungsbeziehungen
	Name und Einheitenzeichen	ausgedrückt als Potenzprodukt der Basiseinheiten	
Impuls $F \cdot \Delta t$	*Newtonsekunde* Ns $1\,\text{Ns} = 1\,\dfrac{\text{kg m}}{\text{s}}$	$1\,\text{Ns} = 1\,\text{m kg s}^{-1}$	*Kilopondsekunde* kps $1\,\text{kps} = 9{,}80665\,\text{Ns} \approx 10\,\text{Ns}$
Drehimpuls $M \cdot \Delta t$	*Newtonmetersekunde* Nms $1\,\text{Nms} = 1\,\dfrac{\text{kg m}^2}{\text{s}}$	$1\,\text{Nms} = 1\,\text{m}^2\,\text{kg s}^{-1}$	*Kilopondmetersekunde* kpms $1\,\text{kpms} = 9{,}80665\,\text{Nms}$ $\approx 10\,\text{Nms}$
Trägheitsmoment J	*Kilogramm-meterquadrat* kg m^2	$1\,\text{m}^2\,\text{kg}$	*Kilopondmetersekunden-quadrat* kpms^2 $1\,\text{kpms}^2 = 9{,}80665\,\text{kg m}^2$ $\approx 10\,\text{kg m}^2$
Wärme Q (Wärmemenge)	*Joule* J $1\,\text{J} = 1\,\text{Nm} = 1\,\text{Ws}$	$1\,\text{J} = 1\,\text{Nm}$ $= 1\,\text{m}^2\,\text{kg s}^{-2}$	*Kalorie* cal $1\,\text{cal} = 4{,}1868\,\text{J}$ *Kilokalorie* kcal $1\,\text{kcal} = 4186{,}8\,\text{J}$
Temperatur ϑ	*Kelvin* K und *Grad Celsius* °C	Basiseinheit *Kelvin* K	*Grad Kelvin* °K $1\,°\text{K} = 1\,\text{K}$
Temperaturintervall $\Delta\vartheta$	*Kelvin* K und *Grad Celsius* °C	Basiseinheit *Kelvin* K	*Grad* grd $1\,\text{grd} = 1\,\text{K} = 1\,°\text{C}$
Längenausdehnungskoeffizient α	*Eins durch Kelvin* $\dfrac{1}{\text{K}}$	$\dfrac{1}{\text{K}} = \text{K}^{-1}$	$\dfrac{1}{\text{grd}}$ oder $\dfrac{1}{°\text{C}}$; $\dfrac{1}{\text{grd}} = \dfrac{1}{°\text{C}} = \dfrac{1}{\text{K}}$

Lösungshinweise

1.1

An der oberen Scheibe (1) greifen insgesamt drei Kräfte an : die Gewichtskraft, die Wandkraft und die Berührkraft mit Scheibe (2) . An der unteren Scheibe (2) greifen insgesamt vier Kräfte an : die Gewichtskraft, die Wandkraft bei (B) , die Auflagerkraft bei (A) sowie die Berührkraft mit Scheibe (1) . Alle Berührstellen der Scheiben mit dem Fundament und der Scheiben untereinander können als Loslager qualifiziert werden; d.h. : die WL der dort auftretenden Kräfte verläuft senkrecht zur Berührtangente. Die Berührkräfte bei (W) und (B) verlaufen horizontal, die bei (A) senkrecht auf der Wand dort; die Berührkraft zwischen den Scheiben verläuft auf der Verbindungsgeraden zwischen den Scheibenmittelpunkten. Sowohl die Kräfte auf Scheibe (1) wie auch auf Scheibe (2) stellen jeweils ein zentrales Kräftesystem dar. An Scheibe (2) sind drei der vier Kräfte gesucht; dies ist im zentralen Kräftesystem nicht möglich. Die erste Gleichgewichtsbetrachtung erfolgt mithin an Scheibe (1) . Ist die Berührkraft F_{21} so gefunden, sind an Scheibe (2) bekannt die Gewichtskraft und die Berührkraft von Scheibe (1) auf Scheibe (2) , nämlich $F_{12} = 21,21 \, N$. Gesucht sind hier noch F_A und F_B , die das Kräfteviereck schließen.

1.2

Die Spannkraft im Band ist an allen Stellen gleich groß und als Zugkraft in Bandrichtung gerichtet. An der oberen Scheibe (1) wirken insgesamt fünf Kräfte, nämlich die Gewichtskraft, die beiden Bandkräfte und die Berührkräfte von den Scheiben (2) und (3) , die jeweils 1000 N groß sind. Die Richtung dieser Berührkräfte entspricht der Verbindungsgeraden zwischen den Scheibenmittelpunkten, m.a.W. : die Berührkraft als Loslagerkraft steht senkrecht auf der gemeinsamen Berührtangente. Das Kräftefünfeck läßt sich zeichnen,

beginnend mit den drei bekannten Kräften (in beliebiger Reihenfolge); es wird mit den beiden unbekannten Spannbandkräften geschlossen, von denen aber die Richtung der WL bekannt ist, nämlich in Richtung des Bandes an dieser Schnittstelle. Legt man einen geschlossenen RITTERschnitt um die Scheibe (2) , so erkennt man, daß insgesamt sechs Kräfte wirken, nämlich die Gewichtskraft, die beiden Spannbandkräfte, die Berührkraft von Scheibe (1) (=1000 N), die Auflagerkraft vom Boden und die Berührkraft von Scheibe (3) . Beginnt man das Kräftesechseck mit den vier bekannten Kräften (in beliebiger Reihenfolge), so schließt sich das Krafteck mit den beiden unbekannten Kräften. Hierbei stellt man fest, daß die vom Boden einwirkende Kraft 375 N groß ist, dies entspricht dem halben Paketgewicht von 750 N (Symmetrie).

1.3

Es wirken insgesamt fünf Kräfte. Im Seil wirkt an allen Schnittstellen dieselbe Kraft von 420 N; somit wirkt auch im nach unten führenden Seilende die Zugkraft von 420 N. Die haltenden Stäbe sind Pendelstützen, sie leiten Kräfte zwischen Scheibe und Fundament weiter, werden also nur durch jeweils zwei Kräfte belastet; diese müssen Gegenkräfte auf derselben WL sein; die Richtung der Stabkräfte ist also als Verbindungsgerade der Stabenden bekannt. Beginnt man das Kräftefünfeck mit den drei bekannten Kräften (in beliebiger Reihenfolge), so schließt sich das Krafteck mit den beiden gesuchten Stabkräften. Das Krafteck zeigt die fünf auf die Scheibe einwirkenden Kräfte. Die Kraft von Stab (1) auf die Scheibe ist 1330 N groß und nach oben gerichtet; die Kraft von der Scheibe auf Stab (1) an der gemeinsamen Verbindungsstelle ist natürlich abwärts gerichtet (als Gegenkraft). Man erkennt bei der Betrachtung der Kräfte auf Stab (1) , daß es sich um einen Zugstab handelt. Entsprechend erkennt man, daß auch Stab (2) ein Zugstab ist.

1.4

Die unteren Scheiben liegen ohne seitlichen Zwang im Fundament; das bedeutet, daß ein kleines „Spiel" vorliegt: die Scheiben (2) und (3) berühren sich nicht, es liegt keine Berührkraft zwischen diesen unteren Scheiben vor: aufgrund der Gewichtskraft der oberen Scheibe werden die Scheiben (2) und (3) auseinandergerückt.

An den unteren Scheiben wirken jeweils vier Kräfte, von denen nur eine, nämlich die Gewichtskraft, bekannt ist; von den anderen Kräften auf die unteren Scheiben sind darüber hinaus die Wirkungslinien bekannt. Die Berührstellen mit Boden, Wand und mit Scheibe (1) werden als Loslager qualifiziert, hier verläuft die WL senkrecht auf der Berührtangente. An Scheibe (1) wirken nur drei Kräfte. Die Kräfte von den Scheiben (2) und (3) auf Scheibe (1) wirken auf bekannter Wirkungslinie (Verbinbungsgerade zwischen den Mittelpunkten als Senkrechte auf der gemeinsamen Berührtangente). Das Krafteck der Kräfte auf die obere Scheibe läßt sich konstruieren; damit sind die Berührkräfte F_{12} und F_{13} für die Gleichgewichtsbetrachtung an einer der unteren Scheiben bekannt. Man eröffnet das Kräfteviereck mit den beiden bekannten Kräften und schließt es mit den unbekannten Kräften vom Boden und von der Wand auf die untere Scheibe (hier gezeigt für Scheibe (2)).

1.5

Wie bei allen Gleichgewichtsaufgaben lautet die erste Frage: Wieviele Kräfte stehen am Element im Gleichgewicht? Für die obere Scheibe lautet die Antwort: sechs, es sind die vier Seilkräfte, die Gewichtskraft der oberen Scheibe sowie die Berührkraft von der unteren Scheibe. Bekannt ist nur die Gewichtskraft mit 300 N. An der unteren Scheibe wirken insgesamt vier Kräfte, nämlich die Gewichtskraft mit 700 N, die beiden Seilkräfte (stets in Richtung des Seils an der Schnittstelle) sowie die Berührkraft von Scheibe (1) . Drei dieser vier Kräfte sind unbekannt. Eine Gleichgewichtsbetrachtung ist zunächst an keiner der beiden Scheiben möglich. Darum betrachtet man den Knoten, an dem die beiden unter 45° geneigten Seilkräfte angreifen sowie die Kraft im lotrechten Halteseil, das das anhängende Gesamtgewicht von 1000 N aufnimmt. Das Krafteck der am Knoten wirkenden Kräfte liefert $F_S = 707$ N. Nun können die Kraftecke für beide Scheiben gezeichnet werden, indem die bekannten Kräfte in beliebiger Reihenfolge eingetragen werden; die Kraftecke schließen sich jeweils mit der Berührkraft $F_A = 633$ N; sie ist an der oberen Scheibe als Andrückkraft nach oben gerichtet, an der unteren als Andrückkraft nach unten (Gegenkräfte an der gemeinsamen Berührstelle).

1.6

Die Zugkraft im Spannband ist an allen Stellen, d.h. in allen Schnitten gleich groß, nämlich 1700 N. Bekannt sind zudem die Gewichtskräfte der Scheiben. Legt man einen geschlossenen Ritterschnitt um die obere Scheibe (1) und zählt die auf Scheibe (1) wirkenden Kräfte, so erkennt man, daß es insgesamt vier einwirkende Kräfte sind, die an der Scheibe (1) im Gleichgewicht stehen, nämlich die Gwichtskraft 2,25 kN, die beiden schrägen Seilkräfte bekannter Größe und letztlich die gesuchte Berührkraft von Scheibe (2) auf Scheibe (1) . Drei der vier Kräfte sind nach Größe und Richtung bekannt, die gesuchte Kraft schließt das Kräfteviereck. Man beginnt das Krafteck mit den drei bekannten Kräften (beliebige Reihenfolge) und schließt mit der unbekannten Berührkraft F_D .

1.7

Bis auf das Belastungsgewicht $F_G = 100$ N sind alle Elemente von vernachlässigbar kleinem Gewicht. Die „Schenkel" sind keine Pendelstützen: Sie nehmen jeweils drei (!) Kräfte auf, nämlich vom Seil, vom Fundament und bei (C) . Man betrachtet zunächst das Gesamtsystem, das durch drei Kräfte belastet wird, nämlich die Aktionskraft $F_G = 100$ N sowie die Reaktionskräfte in den Auflagern (A) (Festlager) und (B) (Loslager). Die Loslagerwirkungslinie WLF_B ist bekannt (parallel zu WLF_G). Laufen von drei gleichwichtigen Kräften zwei parallel, so muß auch die dritte Kraft hierzu parallel verlaufen; die Wirkungslinie der Gelenkkraft F_A ist mithin zu den WLn der beiden anderen Kräfte parallel. Mit Hilfe des Schlußlinienverfahrens gewinnt man zeichnerisch die Auflagerkräfte in (A) und (B) . An beiden Schenkeln (Scheiben) wirken jeweils drei Kräfte, die ein zentrales Kräftesystem bilden: Drei Kräfte verlaufen im Gleichgewichtsfall stets durch einen zentralen Punkt; dies ist an der linken Scheibe Punkt (I) , an der rechten Punkt (II) . Das Seil ist Pendelstütze, die WL ist bekannt: in Seilrichtung. Es können nun die Kräftedreiecke für die beiden Scheiben konstruiert werden.

1.8

Ein Seil verbindet die beiden ebenfalls als gewichtslos anzunehmenden Scheiben, so daß im Sinne der Kraftwirkung F ein in sich starres Gebilde entsteht, das sich lose bei (A) und bei (B) auf dem horizontalen Fundament abstützt. Während die linke Scheibe (1) durch insgesamt vier Kräfte belastet wird, greifen an der rechten Scheibe (2) nur drei Kräfte an. Diese drei WLn schneiden sich in einem zentralen Punkt, denn drei gleichgewichtige Kräfte bilden stets ein zentrales Kräftesystem. Da die WL der Auflagerkraft bei (B) bekannt ist (Loslager- WL stets senkrecht zur Berührtangente) und auch die WL der Seilkraft (in Seilrichtung, weil Pendelstütze), ist Punkt (I) auch Punkt der WLF_C . Damit sind die WLn aller Kräfte an Scheibe (1) bekannt, und es stellt sich ein Vierkräfteproblem, das mit dem CULMANN-Verfahren gelöst wird: paarweise werden je zwei der vier WLn zum Schnitt gebracht, in der vorgestellten Lösung die WLn der Kräfte F_S und F_A einerseits und die WLn der Kräfte F und F_C andererseits. Die Verbindung der so entstehenden Schnittpunkte ist die CULMANNsche Hilfsgerade. Diese wird im Krafteck (durch Parallelverschiebung aus dem Lageplan) zur Basis des Kräftevierecks. An die bekannte Kraft F wird im Krafteck diejenige der drei gesuchten Kräfte angefügt, die im Lageplan mit WLF zum Schnitt gebracht wurde, es ist F_C . Über den so auf der Hilfsgeraden entstandenen Punkte konstruiert man aus den bekannten WLn der beiden noch fehlenden Kräfte das Kräfteviereck, das sich mit einheitlichem Umfahrungssinn der Vektoren schließt. Eine andere Lösung wäre möglich: Man ermittelt zunächst für das Gesamtsystem die Auflagerkräfte in (A) und (B) mit Hilfe des Schlußlinienverfahrens. Dann können für Scheibe (2) mit der bekannten Auflagerkraft F_B die Kräfte F_S und F_C im Kräftedreieck (für Punkt (I)) ermittelt werden.

1.9

Es liegt ein symmetrisches Problem vor; in der Mechanik spricht man dann von Symmetrie, wenn die Geometrie des Systems und gleichzeitig auch die Belastung symmetrisch ist. Dies läßt den Schluß zu, daß auch die Kräfte in (A) und (B) dieser Symmetrie gehorchen wie auch - und dies ist ein wichtiger Gedanke zur Lösung - die beiden in (C) an den Scheiben angreifenden Gegenkräfte. Im Gelenk (C) treten die Kräfte als Gegenkräfte gleicher Größe und entgegengesetzten Richtungssinns auf; dies ist nur dann möglich, wenn die WL der Kräfte F_C senkrecht zur Symmetrielinie, also horizontal verläuft. Mit dieser Erkenntnis liegt für die

Scheiben jeweils ein Vierkräfteproblem vor, das mit dem CULMANN-Verfahren gelöst wird. Zuvor wird die schwere runde Scheibe befreit und so - Dreikräfteverfahren - die Andrückkräfte F_N von der schweren Scheibe auf die Gestellscheiben ermittelt; diese Kraft F_N - in der vorgestellten Lösung ist die bei (A) gelagerte Scheibe gewählt worden - wird mit WLF_C zum Schnitt gebracht wie auch die WLn der Kräfte F_D (Kraft im Spanndraht) und F_A (Loslagerkraft in (A)). Die Verbindung der so entstandenen Schnittpunkte stellt die CULMANNsche Hilfsgerade dar, die die Basis des Kräftevierecks im Kräfteplan ist. Wieder findet man als erste der drei gesuchten Kräfte im Krafteck jene, die im Lageplan mit der WL der bekannten Kraft geschnitten wurde, also in der vorgestellten Lösung die Kraft F_C . Über den beiden so markierten Punkten auf der Hilfsgeraden konstruiert man die beiden noch fehlenden Kräfte so, daß ein geschlossenes Kräfteviereck mit einheitlichem Umfahrungssinn der Vektoren entsteht. Eine andere Lösung ist möglich: Zunächst ermittelt man die Auflagerkräfte in (A) und (B) ; wegen der Symmetrie des Problems sind beide Auflagerkräfte gleich groß: 240 N. Eingedenk der bekannten Andrückkraft F_N sind nun an der betrachteten Scheibe von den vier Kräften zwei bereits bekannt. Faßt man diese zu einer Resultierenden zusammen (die i.ü. horizontal verläuft, Addition mit Hilfe des Kraft-Seileck-Verfahrens), so ist das Vierkräfteproblem auf ein Dreikräfteproblem reduziert; die drei Kräfte an der betrachteten Scheibe sind F_R (die resultierende Kraft aus F_N und F_A) sowie F_D und F_C (die darum parallel zu den WLn der beiden anderen Kräfte verläuft, weil diese beiden WLn bereits parallel laufen und damit die dritte WL auch hierzu parallel laufen muß - zentrales Kräftesystem, der Schnittpunkt der drei Kräfte liegt im Unendlichen). Dieser Lösungsweg verzichtet auf die Symmetriebetrachtung in bezug auf die WL der Gelenkkraft in (C) . Man erkennt aber, wie hilfreich die Heranziehung der Symmetriebetrachtung bei der Lösung ist.

1.10

Es handelt sich um ein Vierkräfteproblem, bei dem allerdings die WL der Gelenkkraft in (A) nicht bekannt ist. Die vorgestellte Lösung erfolgt mit dem Schlußlinienverfahren: Die beiden bekannten Kräfte F und F_D werden maßstäblich (Kräftemaßstab wählen) ins Krafteck gezeichnet. Nach Wahl des Pols (P) und nach Fest-

legen der Reihenfolge, in der die vier Kräfte im Krafteck aufeinander folgen sollen (hier :
$F \rightarrow F_D \rightarrow F_B \rightarrow F_A$) steht fest, daß der Polstrahl 0
zur Gelenkkraft F_A gehört; mit der hierzu parallelen
Seillinie 0 beginnt man das Seileck im Lageplan in
(A). Polstrahl 0 gehört auch - siehe Kräfteplan - zur
Kraft F , wird im Lageplan also zur WLF geführt.
Der Kräfteplan zeigt, daß zur Kraft F auch der Polstrahl 1 gehört. Im Lageplan wird die Seillinie 1 in
Punkt (I) gezeichnet und zur WLF$_D$ geführt, weil -
siehe Kräfteplan - dieser Polstrahl auch zur Kraft F_D
gehört. In Punkt (II) des Lageplans Seillinie 2 anschlie-
ßen (weil - siehe Kräfteplan - Polstrahl 2 auch zu F_D
gehört). Da Polstrahl 2 auch zur Kraft F_B gehört, wird
die Seillinie 2 mit der WL der Kraft F_B geschnitten :
Punkt (III) . Die Verbindung von Punkt (III) mit dem
Gelenk (A) stellt die sog. Schlußlinie dar, die (durch
den Pol P) in den Kräfteplan übertragen wird
(parallelverschieben). Auf dieser Schlußlinie liegt die
Vektorspitze von F_B , und dieser Punkt ist gleichzeitig
der Ursprung des Vektors F_A . Da die Richtung der
Kraft in (B) bekannt ist, kann im Kräfteplan von der
Vektorspitze der Kraft F_D der Vektor F_B angesetzt
werden, es ergibt sich als Schnitt mit der Schlußlinie
seine Vektorspitze; damit liegt Vektor F_A nach Größe,
Richtung und Richtungssinn fest. Eine andere Lösung
wäre die gewesen, daß die beiden bekannten Kräfte zu
einer Resultierenden zusammengefaßt werden (verläuft
i.ü. durch den Schnittpunkt der Seillinien 0 und 2);
dann handelt es sich nur noch um ein Dreikräfteproblem. Man schneidet die WLF_R (Resultierenden - WL)
mit der WL der Kraft in (B) . Der so entstehende
Schnittpunkt ist auch ein Punkt der Gelenkkraft F_A
(zentrales Kräftesystem dreier Kräfte). So kann das
Kräftedreieck gezeichnet werden, und es ergeben sich
die Reaktionskräfte in (A) und (B) der Größe und
Richtung nach.

2.1

Die Lagerung der Scheibe mit drei Zweigelenkstäben
(Pendelstützen), also mit drei einwertigen Fesseln
(Loslager-Typ, raubt nur jeweils einen der drei Freiheitsgrade der Scheibe in der Ebene) ist statisch bestimmt - wie die Lagerung mit Festlager (zweiwertige
Fessel) und einem Loslager (einwertige Fessel). Es liegt
ein Vierkräfteproblem vor: Bekannt ist die Aktionskraft
F , gesucht sind die drei Stabkräfte. Die WLn der
Stabkräfte sind bekannt, sie liegen jeweils auf der Ver-

bindungsgeraden der Kraftangriffspunkte des Stabes,
also auf der Verbindungsgeraden zwischen den Stabgelenken, mithin beim geraden Stab in Stabrichtung.
Punkt (I) ist Schnittpunkt der Kräfte in den Stäben (1)
und (2) .Wendet man in bezug auf diesen Punkt (I)
die Momentengleichgewichtsbedingung an, so entsteht
eine Gleichung mit der einzigen Unbekannten F_{S3} . Es
wird ein Richtungssinn gewählt (hier im Sinne eines
Druckstabes) und die Unbekannte berechnet. Ergibt sich
ein positives Ergebnis, so ist dies Bestätigung dafür,
daß der Richtungssinn richtig angenommen wurde; in
der vorgestellten Lösung wird also bestätigt, daß Stab
(3) ein Druckstab ist. Man könnte weitere Momen-
tengleichungen um andere Punkte der Ebene bilden
oder aber, wie hier , mit Kräftegleichgewichtsbedingungen weiterarbeiten. Für die Gleichgewichtsbedingungen $\sum F_x = 0$ wird die Kraft F_{S3} in x-
Komponente und y-Komponente zerlegt. Für Stabkraft
F_{S1} wird wieder der Richtungssinn angenommen, hier
nach rechts, also mit positiver x-Richtung. Die Rechnung bestätigt die Richtigkeit dieser Annahme. Die
Gleichgewichtsbedingung $\sum F_y = 0$ liefert (nach Annahme des Richtungssinns für F_{S2}) die Kraft in Stab
(2) . Zeichnerisches Pendant: CULMANN-Verfahren.

2.2

Die Belastung der Scheibe ist keine Kraft, sondern ein
Moment. Dies bedeutet von vornherein, daß eine zeichnerische Lösung ausscheidet. Die vorgestellte Lösung
erfolgt mit Hilfe des sog. RITTER-Verfahrens. Hierbei
wird die Momentengleichgewichtsbedingung dreimal
angewendet, u.z. jeweils um solcher Punkte, auf die
bezogen jewils eine Gleichung mit einer einzigen Unbekannten entsteht; es sind hier die Punkte (I) , (II)
und (III) . Es wird der Richtungssinn der jeweils gesuchten Stabkraft angenommen. Ergibt sich die Lösung
positiv, so war die Annahme richtig, ergibt sich die gesuchte Stabkraft negativ, so war die Annahme falsch,
der Richtungssinn ist also dem angenommen entgegengesetzt.

2.3

Der gerade Balken auf zwei Stützen - Festlager (A)
und Loslager (B) - ist statisch bestimmt gelagert.
Gesucht sind die Auflagerreaktionen in (A) und (B) .
Mit Hilfe der drei Gleichgewichtsbedingungen der ebe-

nen Statik ($\sum F_x = 0$, $\sum F_y = 0$ und $\sum M = 0$) ergeben sich die drei Unbekannten F_{Ax} , F_{Ay} und F_B . Für die drei gesuchten Kräfte wird jeweils der Richtungssinn angenommen; ergibt sich ein positives Ergebnis, so bestätigt dies die Annahme des Richtungssinns der Unbekannten; im Falle eines negativen Ergebnisses ist der Richtungssinn der errechneten Kraft dem angenommenen entgegengesetzt. Die vorgestellte Lösung beginnt mit der Momentengleichgewichtsbedingung in bezug auf das Gelenk (A) . Damit entsteht eine Gleichung, in der einzig die Reaktionskraft F_B Unbekannte ist. Da es keine Aktionskraft in x-Richtung gibt, ist auch die Reaktionskraft $F_{Ax} = 0$. In der vorgestellten Lösung wird eine in (A) aufwärts gerichtete Kraft angenommen; das Ergebnis ist negativ; also ist die Kraft $F_{Ay} = F_A = 40\,\text{N}$ abwärts gerichtet. Eine Probe (etwa Momentengleichgewichtsbedingung um (B)) bestätigt dies.

2.4

Der statisch bestimmt gelagerte, abgekröpfte Balken (biegesteife Ecke) wird durch die schräg angreifende Punktlast $F = 800\,\text{N}$ belastet. Die Aktionskraft wird in ihre x- und y-Komponente zerlegt, damit mit den drei Gleichgewichtsgleichungen der ebenen Statik ($\sum F_x = 0$, $\sum F_y = 0$, $\sum M = 0$) gearbeitet werden kann. Wieder liefert die Momentengleichung in bezug auf den Gelenkpunkt (A) die Loslagerkraft in (B) . Für die beiden Kraftkomponenten in (A) wird der Richtungssinn jeweils angenommen; in der vorgestellten Lösung wird F_{Ay} richtig nach unten angenommen (positives Ergebnis bestätigt die Annahme) und F_{Ax} richtig nach links (positives Ergebnis bestätigt auch diese Annahme). Die Gelenkkraft F_A ergibt sich über die PYTHAGORAS-Beziehung zu $F_A = 900,8\,\text{N}$. Zeichnerische Kontrolle : Die drei Kräfte F, F_A und F_B bilden ein zentrales Kräftesystem.

2.5

Der 10 m lange gerade Balken ist in (A) gelenkig und am rechten Balkenende durch das Loslager (Pendelstütze) gestützt. Punkt- und Streckenlast belasten den Balken. Zerlegt man die schräge Auflagerkraft im Stab in x- und y-Komponente ($F_{Sx} = F_S \cdot \sin 30°$ und

$F_{Sy} = F_S \cdot \cos 30°$) , so liegen vier Unbekannte vor, nämlich die Komponenten der Stabkraft und die Komponenten der Gelenkkraft in (A) . Die o.g. Winkelfunktionen verknüpfen die Stabkraftkomponenten, sie stellen die vierte Gleichung dar. Aus der Momentengleichgewichtsbedingung in bezug auf den Gelenkpunkt (A) ergibt sich in der vorgestellten Lösung die y-Komponente der Stabkraft; mit Hilfe der Winkelfunktionen folgt die x-Komponente der Stabkraft. Der Absolutbetrag der Stabkraft ergibt sich aus der PYTHAGORAS-Beziehung zu $F_S = 60,04\,\text{kN}$. Aus den Kräftegleichgewichtsbedingungen in x- und y-Richtung ergeben sich die Komponenten der Gelenkkraft F_A ; wiederum aus der PYTHAGORAS-Beziehung ergibt sich der Absolutbetrag von F_A zu 74,3 kN .

3.1

Das in sich starre Gebilde aus Scheibe und den Stäben (2) bis (5) ist am Fundament statisch bestimmt angeschlossen mit dem Gelenk (A) und Stab (1) als Loslager. Die drei Kräfte F (Aktionskraft), Festlagerkraft F_A und Loslagerkraft F_{S1} bilden ein zentrales Gleichgewichtssystem. Da die Stabkraft in Stab (1) parallel gerichtet ist zur WLF , muß auch die Festlagerreaktionskraft in (A) hierzu parallel verlaufen. Eine Momentenbetrachtung um (A) liefert die Stabkraft $F_{S1} = 1400\,\text{N}$; eine Gleichgewichtsbetrachtung der Horizontalkräfte liefert dann $F_A = 2100\,\text{N}$. Graphisch liefert das Schlußlinienverfahren diese Reaktionskräfte. Das Krafteck für den Kraftangriffsknoten liefert die Kräfte in den Stäben (4) und (5) . F_{S5} ist auf den Knoten hin gerichtet, Stab (5) ist also Druckstab. F_{S4} ist nach oben und also vom Knoten weg gerichtet, Stab (4) ist also Zugstab. Im folgenden wird für (A) die Gleichgewichtsbetrachtung durchgeführt. Es stehen hier vier Kräfte im Gleichgewicht. Bekannt sind die Auflagerkraft F_A und die Stabkraft F_{S4} , die hier bei (A) natürlich abwärts gerichtet ist, Stab (4) ist ja als Zugstab erkannt. Das Krafteck der vier Kräfte bei (A) liefert die Kräfte in den Stäben (2) und (3) ; es zeigt sich, daß beide Stäbe Zugstäbe sind. Die Kräfte in den Stäben (2) und (3) werden in der vorgestellten Lösung auch aus der Gleichgewichtsbetrachtung der vier auf die Scheibe einwirkenden Kräfte gewonnen.

3.2

Dreiecksverbände sind in sich starr; die Stäbe (3) und
(4) sind mit der langen Scheibe starr verbunden. An
diesen in sich starren Verband sind die Stäbe (1) und
(2) angeschlossen. Dieses Gebilde aus langer Scheibe
und den Stäben (1) bis (4) ist also eine in sich starre
Scheibe. Sie ist in (B) gelenkig am Fundament angeschlossen und mit der kurzen Scheibe in (A). Diese
kurze Scheibe nimmt ausschließlich Kräfte in (A) auf
und am Knoten der Stäbe (1) und (2), sie ist eine
Pendelstütze, die nur Kräfte zwischen den beiden Kraftangriffspunkten weiterleitet. Das starre Teilgebilde aus
der langen Scheibe und den vier Stäben ist also statisch
bestimmt im Gelenk (B) und mit der Pendelstütze
(kurze Scheibe) am Fundament gelagert. Die drei Kräfte
F, F_A und F_B stellen ein zentrales Gleichgewichtssystem dar. Der Schnittpunkt der WLF mit WLF_A
(horizontal) ist auch Punkt der WLF_B. Das Krafteck
dieser drei von außen auf das Gebilde einwirkenden
Kräfte liefert F_A und F_B. Am gemeinsamen Knoten
der Stäbe (1) und (2) stehen drei Kräfte im Gleichgewicht, das Krafteck liefert die Stabkräfte. Bei (B)
stehen vier Kräfte im Gleichgewicht, bekannt sind F_B
und F_{S2}, die hier natürlich aufwärts gerichtet ist, Stab
(2) war als Druckstab erkannt. Das Krafteck schließt
sich mit F_B, F_{S1} und F_{S3}, ohne die Kraft in Stab
(4)! Dies bedeutet, daß die Stabkraft in Stab (4) null
ist, Stab (4) ist Nullstab.

3.3

Lange Scheibe und die vier Stäbe bilden ein in sich starres System Scheibe (Dreiecksverbände). Diese Scheibe
ist in (B) gelenkig am Fundament angeschlossen und
zudem über die kurze Scheibe, die aber nur zwei Kräfte
erfährt, nämlich bei (A) und am Knoten der Stäbe (1)
und (2), sie ist mithin Pendelstütze, die WL der Pendelstützkraft ist bekannt als Verbindungsgerade der
beiden Kraftangriffspunkte, im Bild lotrecht. Die drei
Kräfte F, F_A und F_B stellen ein gleichgewichtiges
zentrales Dreikräftesystem dar. Das zugehörige Krafteck liefert die Kräfte in (A) und (B). Für Punkt (B)
liefert das Krafteck die Kräfte in den Stäben (3) und
(4); man erkennt: Stab (3) ist Druckstab (Kraft F_{S3}
auf (B) hin gerichtet), Stab (4) ist Zugstab (F_{S4} von
(B) weg gerichtet). Eine analoge Gleichgewichtsbe-

trachtung der drei Kräfte am Knoten der Stäbe (1) und
(2) liefert ebendiese Stabkräfte. Man erkennt: Stab
(1) ist Druckstab, Stab (2) ist Zugstab.

3.4

Das Gebilde aus sieben Stäben ist in sich starr
(Dreiecksverbände), - jeder neu hinzu kommende Knoten wird durch zwei Stäbe gebildet („einfacher" Aufbau). Gelagert ist diese Scheibe in (A) gelenkig
(Festlager) und in (B) durch Loslager. Die Betrachtung
an Knoten (I) liefert die Kräfte in den Stäben (6) und
(7). Man erkennt: Stab (6) ist Druckstab (Stabkraft
an diesem Knoten auf den Knoten hin gerichtet), Stab
(7) ist Zugstab (Stabkraft an diesem Knoten vom Knoten weg gerichtet). Am Knoten (II) sind von den vier
Kräften nunmehr zwei bekannt, mit denen das Krafteck
eröffnet wird, dabei ist die Stabkraft in Stab (7) hier
natürlich nach links gerichtet. Es ergeben sich die
Kräfte in den Stäben (4) und (5). Stab (4) ist
Zugstab, Stab (5) Druckstab. Jetzt sind an Knoten
(III) wiederum zwei der vier Kräfte bekannt, wobei der
Richtungssinn der Kräfte in den Stäben (5) und (6)
natürlich der am Gegenknoten entgegengerichtet ist,
also Stabkraft F_{S5} hier nach oben gerichtet (Druckstab)
und Stabkraft F_{S6} ebenfalls auf den Knoten hin gerichtet (ebenfalls Druckstab). Die Betrachtung bei (B)
zeigt, daß Stab (2) Nullstab sein muß: WLF_B entspricht der WLF_{S1}; es ist kein Kraftdreieck denkbar
und möglich, das zwei parallele Kräfte und eine weitere
dritte Kraft zum geschlossenen Krafteck zusammen-
führt. Hätte man die Lösung durch Ermittlung der von
außen auf das Gesamtsystem einwirkenden Kräfte F,
F_A und F_B begonnen, so hätte sich F_A als nach oben
gerichtete und 50 N große Kraft ergeben (parallel zu
den WLn F; Die Kräftebetrachtung bei (A) liefert
dann ebenfalls: $F_{S2} = 0$.

3.5

Drei Stäbe (4), (6) und (8) halten das in sich starre
Gebilde aus fünf weiteren Stäben. Eine Momentenbetrachtung um den durch die Stäbe (5), (6) und
(7) gebildeten Knoten liefert: Stab (4) ist Nullstab.
Eine analoge Betrachtung um den durch die Stäbe (1)
und (2) gebildeten Knoten liefert: Stab (8) ist Nullstab. Damit liefert das Kräftedreieck für den Kraftan-

griffsknoten die Stabkräfte in den Stäben (1) und (2) ; beide Stäbe sind Zugstäbe. F_{S6} ist Gegenkraft zur Aktionskraft F . Die Gleichgewichtsbetrachtung am oberen Knoten liefert die Kräfte in den Stäben (3) und (5), eine analoge Betrachtung am unteren Knoten die Kräfte in den Stäben (3) und (7) . Stab (3) ist der einzige Druckstab im Verband. Hinweis : Wird eine Scheibe durch drei einwertige Fesseln (Loslager, Pendelstützen) gelagert und verläuft die Aktionskraft in Richtung einer dieser Lager-WLn, so sind die Reaktionskräfte in den anderen Lagern null. Auch bei Lagerung einer Scheibe mit Fest- und Loslager : Liegt die Aktionskraft auf der Loslager-WL, so ist die Kraft im Festlager null; verläuft die WL der Aktionskraft durch das Gelenk, so ist die Kraft im Loslager null.

3.6

Das Gebilde aus drei Scheiben und einem Stab ist bei (A) und bei (B) gelenkig am Fundament angeschlossen, (A) und (B) sind Gelenke. Betrachtet man das System als Gesamtsystem, so stellt man fest: die Kräfte F , F_A und F_B stehen als äußere Kräfte im Gleichgewicht; jedoch sind die WLn der Kräfte in den Auflagergelenken (A) und (B) unbekannt, so daß das zugehörige Kräftedreieck nicht konstruiert werden kann. Jede der drei Scheiben ist statisch unbestimmt angeschlossen, so daß sich an keiner der drei Scheiben Wirkungslinien ausmachen lassen. Zur Lösung bedarf es der Einsicht, daß die Scheiben (1) und (2) durch den Stab zu einem in sich starren Teilgebilde verbunden sind, das als Pendelstütze wirkt, die nur bei (A) und bei (C) Kräfte erfährt. Die WL der Pendelstützkräfte $F_A = F_C$ entspricht der Verbindungsgeraden von (A) nach (C) . Nun da WLF_A bekannt ist, wird diese zum Schnitt mit WLF gebracht; der Schnittpunkt ist auch ein Punkt der WLF_B . Im Kräftedreieck der äußeren Kräfte ergeben sich F_A und F_B . Die weitere Betrachtung erfolgt an Scheibe (1) . Es greifen dort drei Kräfte an, dabei laufen die Kräfte in (A) und im Stab parallel, so daß auch die dritte Kraft im scheibenverbindenden Gelenk (D) hierzu parallel verlaufen muß. Eine rechnerische Momentenbetrachtung oder das Schlußlinien-Verfahren liefert die Stabkraft und die Gelenkkraft in (D) . Man erkennt : Der Stab ist ein Zugstab (Kraft von der Scheibe weg gerichtet).

3.7

Das Teilgebilde aus den bei (D) verbundenen Scheiben und Stab hat die Funktion einer Pendelstütze, die nur Kräfte zwischen (B) und (C) weiterleitet. Damit liegt die WL der Gelenkkraft in (C) fest. An der belasteten Scheibe stehen drei Kräfte im Gleichgewicht; drei Kräfte bilden stets ein zentrales Kräftesystem. Zentraler Punkt ist (B) , hier schneiden sich WLF , WLF_C und also auch WLF_A . Das Krafteck der äußeren Kräfte liefert die Kräfte in (A) und (B) . Weitere Betrachtung an der horizontalen Scheibe : Hier stehen drei Kräfte im Gleichgewicht, von denen F_C als schräg aufwärts gerichtete Kraft bekannt ist (Gegenkraft zu F_B). Die drei Kräfte auf die horizontale Scheibe schneiden sich in (B) . Das Krafteck liefert die Stabkraft und die Kraft in (D) . Man erkennt : der Stab ist Druckstab (Kraft auf die Scheibe hin gerichtet).

3.8

Alle Scheiben des Gebildes sind statisch unbestimmt angeschlossen; die kurze, horizontale Scheibe jedoch hat die Funktion einer Pendelstütze, die durch sie von (C) nach (D) weitergeleitete Kraft liegt auf der Verbindungsgeraden zwischen diesen beiden Gelenkpunkten. Damit sind zwei der drei Wirkungslinien der auf die bei (A) gelagerten Scheibe einwirkenden Kräfte bekannt. Da insgesamt drei Kräfte auf diese Scheibe wirken, stellen diese drei gleichgewichtigen Kräfte ein zentrales Kräftesystem dar. Punkt (C) ist der gemeinsame Punkt dieser drei WLn . Da nun WLF_A festliegt, kann WLF_B konstruiert werden, da die drei von außen auf das Gesamtsystem einwirkenden Kräfte ebenfalls ein zentrales Kräftesystem bilden. Das Krafteck der drei äußeren Kräfte liefert die Kräfte in den Auflagern (A) und (B) . Mit F_A liefert das Dreikräfteverfahren an der in (A) gelagerten Scheibe die Stangenkraft $F_S = F_B = 670,8\,\mathrm{N}$. Andere Betrachtungsweise : Das Teilgebilde aus Stab und der bei (A) gelagerten sowie der horizontalen Scheibe hat die Funktion der Pendelstütze, die nur Kräfte weiterleitet, hier auf der Verbindungsgeraden zwischen den Punkten (A) und (C) . Damit sind für die durch F belastete Scheibe zwei der drei WLn bekannt; das Dreikräfteverfahren verlangt, daß auch die dritte Kraft durch den zentralen Punkt verläuft. Es ergibt sich so F_B und aus der Dreikräftebetrachtung aller äußeren Kräfte am System auch F_A .

3.9

Das System stellt einen Dreigelenkbogen dar : Die eine, obere Scheibe, ist gelenkig in (A) mit dem Fundament verbunden. Das übrige Gebilde stellt eine zweite Scheibe dar, sie ist in (B) mit dem Fundament verbunden. Mit anderen Worten : Das Teilgebilde aus unterer und mittlerer, lotrechter Scheibe inklusive Stab hat die Funktion einer Pendelstütze, die ausschließlich bei (C) und bei (B) Kräfte erfährt (Gegenkräfte). Die Verbindungsgerade zwischen (B) und (C) ist also die WL der Pendelstützkraft und also WLF_B. Ist die WL der Gelenkkraft in (B) so gefunden, kann auch WLF_A konstruiert werden, denn die WLn der Kräfte in (A) , (B) und die der äußeren Kraft F bilden wiederum ein zentrales Kräftesystem (wie stets bei drei gleichgewichtigen Kräften). Das Krafteck der äußeren Kräfte liefert mit F die Reaktionen F_A und F_B . Die Stabkraft gewinnt man aus Gleichgewichtsüberlegungen an der unteren Scheibe. Hier bilden die drei Kräfte wiederum ein zentrales Kräftesystem. Bekannt ist F_B nach Größe, Richtung und Richtungssinn. Schneidet man deren WL mit der WL der Stabkraft, so ist dieser Schnittpunkt auch Punkt der WLF_D . Das Kräftedreieck bestimmt die Stabkraft zu $F_S = 8,49\,\text{kN}$.

3.10

Das in sich starre Teilgebilde aus der oberen horizontalen und der lotrechten Scheibe mit Verbindungsstab hat die Funktion der Pendelstütze, die Kräfte zwischen (A) und (C) weiterleitet; damit ist WLF_A bekannt. Ist, wie in dieser Aufgabe, nur eine der beiden Scheiben des Dreigelenkbogens von außen durch eine Aktionskraft belastet, so ist die beim beidseitig belasteten Dreigelenkbogen unumgängliche Superposition der Teilreaktionen nicht erforderlich; das Erkennen der Pendelstütze erlaubt die Ermittlung der Fundamentgelenkkräfte in (A) und (B) . Die äußeren Kräfte F , F_A und F_B bilden ein zentrales Dreikräftesystem, das Krafteck liefert die Gelenkkräfte in (A) und (B) . An der bei (A) gelagerten Scheibe ermittelt man nun die Stabkraft. Da die WLn der Kräfte F_A und F_S parallel verlaufen, verläuft die dritte Kraft in (D) hierzu ebenfalls parallel. Eine rechnerische Momentenbetrachtung um (D) oder das Schlußlinienverfahren liefert $F_S = F_A = 2121,3\,\text{N}$.

4.1

Das aus zwei schweren Scheiben bestehende Gebilde (Richtung der Erdschwere im Bild nach unten) ist der klassische, beidseitig belastete Dreigelenkbogen. Bei der graphischen Lösung ist das sog. Superpositions- oder Überlagerungsverfahren anzuwenden, bei dem die Kräfte in den Auflagergelenken (A) und (B) durch Überlagerung der Teilbelastungsfälle gewonnen werden. 1. Teilbelastungsfall: Nur Scheibe (1) wird durch ihre Gewichtskraft belastet, Scheibe (2) ist von Aktionskräften frei; damit ist sie Pendelstütze, und die WLF_{B1} (Index 1 , weil Reaktionen nur aufgrund der Belastung der Scheibe (1) ermittelt werden) ist damit bekannt. 2. Teilbelastungsfall: Nur Scheibe (2) wird durch ihre Gewichtskraft belastet, Scheibe (1) ist von Aktionskräften frei; damit ist sie Pendelstütze, und die WLF_{A2} (Index 2 , weil Reaktionen nur aufgrund der Belastung der Scheibe (2) ermittelt werden) ist damit bekannt. Für die jeweils belastete Scheibe können die Reaktionskräfte in den Fundamentgelenken mit Hilfe des Dreikräfteverfahrens ermittelt werden. Sind so die Kräfte F_{A1} , F_{B1} , F_{A2} und F_{B2} zeichnerisch ermittelt, so gewinnt man die Gesamtkraft F_A aus der vektoriellen Summe der Teilreaktionen dort, ebenso bei (B) . Die Kraft im scheibenverbindenden Gelenk (C) ermittelt man anschließend entweder aus Betrachtung an Scheibe (1) oder an Scheibe (2) . Beispiel Scheibe (1) : An Scheibe (1) stehen drei Kräfte im Gleichgewicht: F_A (Gesamtkraft in (A)), F_{G1} und F_C ; das Kräftedreieck kann gezeichnet werden. Ermittelt man die Gelenkkraft in (C) an Scheibe (2) , so erhält man analog die Gegenkraft zu der an Scheibe (1) ermittelten Gelenkkraft F_C .

4.2

Das aus zwei Scheiben und zwei Stäben zusammengesetzte Gebilde ist ein Dreigelenkbogen: Die Stäbe sind starr mit Scheibe (1) verbunden; dieses Teilgebilde ist bei (A) gelenkig am Fundament angeschlossen und in (C) gelenkig mit Scheibe (2) verbunden. Beide Scheiben sind durch Aktionskräfte belastet. Bei zeichnerischer Lösung muß das Superpositions- oder Überlagerungsverfahren angewendet werden. Man findet so die Reaktionskräfte in den Lagern (A) und (B) infolge der Belastungen nur der Scheibe (1) und nur der Scheibe (2) . Teilbelastung Scheibe (1) : Scheibe (2) ist nun Pendelstütze, die Kräfte ausschließlich in (B) und (C) erfährt; die WLF_{B1} entspricht der Verbindungsgeraden BC . Es kann nun das Dreikräfte-Verfahren für Scheibe (1) angewendet werden: die drei WLn der an der bei (A) gelagerten Scheibe angreifenden Kräfte verlaufen - wie stets bei drei gleichgewichtigen Kräften - durch einen zentralen Punkt; dies ist der Schnittpunkt der WLn der Kräfte F_1 und F_{B1} , hier Punkt (C) ; dieser ist mithin auch Punkt der WLF_{A1} . Das Kräftedreieck liefert die Teilreaktionen F_{A1} und F_{B1} . Entsprechend verfährt man mit der Teilbelastung der Scheibe (2) . Jetzt ist Scheibe (1) Pendelstütze und leitet Kräfte weiter auf der Verbindungsgeraden AC . Das Kräftedreieck des zentralen Kräftesystems an Scheibe (2) liefert die Teilreaktionen F_{B2} und F_{A2} . Die Reaktionskräfte F_A und F_B werden aus vektorieller Überlagerung der Teilreaktionen am jeweiligen Lager ermittelt. Bei (A) laufen die beiden Teilreaktionen auf derselben WL , so daß eine algebraische Addition der Beträge zur Gesamtreaktion dort führt. Bei (B) muß vektoriell mit Hilfe des Kräfteparallelogramms oder in einem separaten Kräfteplan im Kräftedreieck addiert werden. Die Stabkräfte erhält man bei Gleichgewichtsbetrachtung an Scheibe (1) . Dort sind bekannt die Kräfte F_1 und $F_A = 3{,}77\,\text{kN}$. Das Kräfteviereck wird durch die gesuchten Stabkräfte geschlossen. Man erkennt: Beide Stäbe sind Druckstäbe, weil sie auf die Scheibe (1) hin gerichtet sind.

den sich im Knoten über (A) . Das zugehörige Krafteck liefert die Teilreaktionen F_{A1} und F_{B1} . Entsprechend verfährt man mit der Belastung der Scheibe (2) (bei (B) gelagert): $F_1 = 0$. Scheibe (1) ist dann Pendelstütze und leitet Kräfte weiter auf der Verbindungsgeraden AC . Das Krafteck der drei Kräfte an Scheibe (2) liefert die Teilreaktionen F_{A2} und F_{B2} . Die Gesamtreaktionskräfte in (A) und (B) ergeben sich aus der vektoriellen Addition der jeweiligen Teilreaktionen. Stäbe (1) und (2) werden als Nullstäbe erkannt: ein geschlossenes, gleichgewichtiges Krafteck zweier Kräfte, die nicht Gegenkräfte sind, ist nicht möglich. Damit können bei (A) die Stabkräfte in den Stäben (3) und (4) ermittelt werden, die vom Fundament dort wirkende Gesamtreaktion ist ja im Superpositionsverfahren ermittelt worden. Man erkennt: Stab (3) ist Zugstab (die Stabkraft ist vom Knoten (A) weg gerichtet), Stab (4) ist Druckstab (die Stabkraft ist auf den Knoten (A) hin gerichtet). Entsprechend kann bei (B) das Kräftedreieck gezeichnet werden und die in den Stäben (9) und (10) wirkenden Kräfte bestimmt werden. Es findet sich im Stab-Gebilde stets ein Knoten, an dem maximal zwei Stabkräfte unbekannt sind; hier wird das Krafteck gezeichnet und die Unbekannten ermittelt. Läuft im Krafteck für den jeweils behandelten Knoten die gefundene Stabkraft auf den Knoten hin, so handelt es sich um einen Druckstab, ist die gefundene Kraft vom Knoten weg gerichtet, so handelt es sich um einen Zugstab.

4.3

Zehn Zweigelenk-Stäbe sind zu einem Dreigelenkbogen-Gebilde zusammengesetzt. Knoten (C) verbindet die beiden Scheiben des Dreigelenkbogens, deren eine Scheibe in (A) , die andere in (B) gelenkig am Fundament befestigt ist. Beide Scheiben sind durch Aktionskräfte belastet. Der Versuch, sofort an einer der beiden Kraftangriffsstellen eine Gleichgewichtsbetrachtung anzustellen, scheitert, weil an diesen Knoten jeweils drei unbekannte Stabkräfte zu ermitteln wären, was im zentralen Kräftesystem nicht eindeutig möglich ist. Bei graphischer Lösung ist das Superpositionsverfahren anzuwenden. Erster Teilbelastungsfall: $F_2 = 0$, d.h. Scheibe (1) ist belastet durch die Kraft F_1 . Scheibe (2) (bei (B) gelagert) ist Pendelstütze, d.h. WLF_{B1} (Index 1 , weil Scheibe (1) durch F_1 belastet ist) verläuft auf der Verbindungsgeraden BC . Die drei Kräfte an Scheibe (1) bilden ein zentrales Kräftesystem, die WLn schnei-

4.4

Zehn Stäbe insgesamt sind zu einem Dreigelenk-Gebilde zusammengesetzt; die erste Scheibe (Scheibe (1) genannt) besteht aus den Stäben (1) bis (5) , die zweite (Scheibe (2) genannt) aus den Stäben (6) bis (10) ; beide Scheiben sind in sich starr, weil aus Dreiecksverbänden aufgebaut. Das scheibenverbindende Gelenk (C) ist der mittige Knoten über (A) . Bei der Suche nach vorab erkennbaren Nullstäben findet man: Stäbe (1) und (2) sind Nullstäbe, weil die Stabkräfte in diesen Stäben wegen unterschiedlichen Richtungen nicht Gegenkräfte sein können. Auch Stab (8) wird als Nullstab erkannt: Am gemeinsamen Knoten mit den Stäben (7) und (10) kann sich kein geschlossenes Kräftedreieck ergeben, weil zwei Stäbe fluchten und so kein geschlossenes Dreieck möglich ist. Ob mit diesen so vorweg erkannten Nullstäben tatsächlich alle Nullstäbe des Systems gefunden sind, ist nicht sicher; es können weitere Stäbe Nullstäbe sein, die nicht im vorhinein als solche erkannt werden können. Jetzt könnte man, auch ohne das Überlagerungsverfahren anzuwenden, an der Kraftangriffsstelle von F_1 die Kräfte in den Stäben (3) und (4) ermitteln und an der Kraftangriffsstelle von F_2 die Kräfte in den Stäben (9) und (10). Am Knoten (C) erkennt man, daß auch Stab (6) Nullstab ist, denn das Krafteck der Kräfte in den Stäben (3), (5) und (9) schließt sich auch ohne eine Stabkraft in Stab (6). F_A ergibt sich bei (A) aus dem Kräftedreieck mit den Stabkräften (4) und (5). Natürlich kann man, wie bei allen beidseitig belasteten Dreigelenkbögen, die Reaktionskräfte in den Fundamentgelenken (A) und (B) mit Hilfe des Überlagerungsverfahrens bestimmen; dies wird in der vorgestellten Lösung auch gezeigt. In diesem Fall kann man bei (A) sofort die Kräfte in den Stäben (4) und (5) ermitteln, bei (B) die Kräfte der Stäbe (6) und (7); man sieht dann: da die vom Fundament bei (B) wirkende Gelenkreaktionskraft mit der Richtung des Stabes (7) fluchtet, muß Stab (6) Nullstab sein.

4.5

Wiederum zehn Stäbe sind zu einem Dreigelenkbogen zusammengesetzt. Der Knoten links von (B) ist das scheibenverbindende Gelenk (C). Beide Scheiben, die bei (A) gelagerte und die bei (B) gelagerte, sind durch Aktionskräfte F belastet. Man kann entweder das Superpositionsverfahren anwenden oder durch Gleichgewichtsbetrachtungen an einzelnen Knoten des Systems die Stabkräfte bestimmen. Die Superpositionsmethode wird hier gezeigt. Bestimmung der Stabkräfte durch sukzessive Behandlung einzelner Knoten: Stäbe (9) und (10) sind Nullstäbe, weil zwei Stabkräfte unterschiedlicher Richtung nicht Gegenkräfte sein können. Weitere Nullstäbe sind nicht von vornherein zu erkennen. Am Knoten der Stäbe (1) und (2) können diese beiden Stabkräfte ermittelt werden; man erkennt: (1) ist Zugstab (Kraft von diesem Knoten weg gerichtet), (2) ist Druckstab (Kraft auf diesen Knoten hin gerichtet). Am Knoten der Stäbe (7) und (8) - (9) ist ja Nullstab - werden diese beiden Stabkräfte ermittelt. Am mittleren Knoten sind nun bekannt die Kräfte in den Stäben (2), (3) und (7), es werden hier ermittelt die Kräfte in den Stäben (5) und (6). Bei (A) kann jetzt F_A ermittelt werden und bei (B) die Reaktionskraft F_B.

5.1

Eine vorgeschaltete Gleichgewichtsbetrachtung am Gebilde liefert die Auflagerkräfte in (A) und (B). Eine weitere Gleichgewichtsbetrachtung am abgeschnittenen Kragstück liefert die hier wirkende Kraft und das Schnittmoment M. Nach Wahl des xz-Koordinatensystems werden die Diagramm-Gerippe aufgerissen. Es sei an die Vorzeichendefinition für Schnittgrößen erinnert: Schnittgrößen sind dann positiv, wenn sie am positiven Schnittufer in Richtung der positiven Koordinate gerichtet sind. Querkräfte im Schnitt sind also (bei Wahl dieses Koordinatensystems) dann positiv, wenn sie abwärts, also mit der positiven z-Achse, gerichtet sind; Schnittmomente sind dann positiv, wenn sie mit der positiven y-Achse (senkrecht in der Bildebene) gerichtet sind; die y-Achse dreht bei Wahl dieser Koordinaten x und z in die Ebene hinein: Rechtsschraubregel bei Drehung der z-Achse zur x-Achse; mithin sind rechtsdrehende Momente im positiven Schnittufer positiv. Man blickt also bei allen Vorzeichenbetrachtungen auf das positive Schnittufer; es ist dies jenes der beim Schnitt entstehenden beiden Schnittufer, aus dem die x-Achse austritt. Bei Wahl der x-Achse nach links wird also immer die rechte der beiden Schnittflächen zur Vorzeichendefinition herangezogen. Man wandert mit x über den Balken. Es ist ratsam, mit der $F_q(x)$-Funktion zu beginnen, denn es besteht ein infinitesimalmathematischer Zusammenhang zwischen der $M_b(x)$-Funktion als Stammfunktion und der $F_q(x)$-Funktion als deren Ableitung. Das bedeutet: die F_q-Werte sind ein Maß für die Steigung der $M_b(x)$-Funktion; dabei sind positive Steigungen im Quadranten $+M_b(x)$ und $+x$ definiert - siehe Lösungsbild. Für den Schnitt am rechten Balkenende (für sehr kleine x) erkennt man, daß die Schnittkraft von der Größe F aufwärts gerichtet ist (der abwärts gerichteten äußeren Kraft F entgegengerichtet), es ist also eine negative Querkraft, weil die Schnittgröße der z-Achse entgegengerichtet ist. Schreitet man mit x weiter nach links, so macht die Querkraftlinie bei (B) einen Sprung um F_B. Da F_B als Aktionskraft aufwärts gerichtet ist (siehe Statik), ist die Schnittreaktion abwärts gerichtet, mit der positiven z-Achse also; das heißt: der Sprung erfolgt nach oben in Richtung positiver F_q-Werte. Danach ändert sich der Querkraftwert mit weiterem Fortschreiten nach links nicht mehr. Das eingeleitete Moment M ist linksdrehend; das Reaktionsmoment im Schnitt, das es ins Diagramm einzutragen gilt (Schnittlast-Diagramme!), ist also rechtsdrehend. Rechtsdrehende Momente sind bei Wahl dieses

Koordinatensystems positiv (Drehung von z nach x). Die F_q-Werte sind negativ und konstant; also ist die $M_b(x)$-Funktion in diesem Bereich eine Gerade mit negativer Steigung. Im linken Balkenbereich sind die Querkraft-Werte ebenfalls negativ, jedoch von kleinerem Betrag; also ist die M_b-Linie auch hier eine Gerade mit negativer Steigung, jedoch weniger steil als im rechten Balkenbereich, weil auch die Querkraftwerte dort von größerem Betrag sind. Bei (A) ist der Balken biegemomentenfrei, die Biegemomentenlinie fällt auf null. Beim Ansetzen der Funktionen $F_q(x)$ und $M_b(x)$ für die Balkenbereiche I (rechter Bereich) und II (linker Bereich) geht man wie folgt vor: Es werden stets positive Schnittgrößen angenommen, d.h. bei Wahl des hier verwendeten Koordinatensystems Schnittkräfte $F_q(x)$ nach unten (mit der positiven z-Achse) und Schnittmomente $M_b(x)$ rechtsdrehend (Drehung von z nach x). Statische Überlegungen (Summe aller Kräfte gleich null, Summe aller Momente um den Schnitt gleich null) liefern dann die gesuchten Funktionen. Für markante Punkte ($x = 0$, $x = l/3$, $x = l$) können die zuvor konstruierten Schnittlastverläufe überprüft werden.

5.2

Vor Bearbeiten dieser Aufgabe empfiehlt es sich, den Lösungshinweis zu Aufgabe 5.1 aufmerksam zu lesen und diese Aufgabe auch zu bearbeiten, weil die allgemeinen, umfänglichen Hinweise nicht bei allen Aufgaben dieses Aufgabentyps wiederholt werden. Grundsätzlich empfiehlt es sich, das xz-Koordinatensystem dort aufzumachen, wo ein Moment eingeleitet wird, weil die Vorzeichenfrage hier bei $x = 0$ leichter zu klären ist als am Balkenende. Das aus der Querkraft $F = 300\,\text{N}$ stammende, rechtsdrehende Versatzmoment $M = 600\,\text{Nm}$ greift am linken Balkenende an; hier wird das Koordinatensystem eröffnet. Eine statische Vorbetrachtung liefert die abwärts gerichtete Auflagerkraft bei (A) und die aufwärts gerichtete Auflagerkraft bei (B). Wieder beginnt man mit dem Querkraftverlauf. Die Querkraft am linken Balkenende ist abwärts gerichtet; die Schnittkraft ist als Gegenkraft aufwärts gerichtet - gegen die z-Achse, also negativ. Dann führt die abwärts gerichtete Streckenlast zu aufwärts gerichteten Reaktionen in den Schnitten, und zwar $80\,\text{N/m}$, mithin ebenfalls gegen die z-Achse und also negativ. Man sieht: Im Bereich von Streckenlasten hat die $F_q(x)$-Funktion einen linearen, geradlinigen

Verlauf. Bei (B) führt die aufwärts gerichtete Auflagerkraft zu einer abwärts gerichteten und also positiven Schnittreaktion, der Sprung um F_B geht also im Diagramm nach oben, in Richtung positiver Querkräfte. Dann fällt die Funktion weiter um $80\,\text{N}$ je Meter und erreicht am rechten Balkenende den Wert $1033,3\,\text{N}$, dies entspricht der Auflagerkraft bei (A) . Es gilt der infinitesimalmathematische Zusammenhang zwischen dem nun gesuchten Biegemomentenverlauf und dem soeben qualitativ konstruierten Querkraftverlauf: Die Querkraftfunktion ist die Ableitung der Biegemomentenfunktion nach der Koordinate x der Balkenlängsachse; die Querkraftwerte sind also ein Maß für die Steigung der Biegemomentenlinie an jeder Stelle: positive Querkraftwerte bedeuten positive Steigung der Biegemomentenlinie, negative Querkraftwerte entsprechen negativer Steigung der Biegemomentenlinie. Was positive Steigung ist, wird im ersten Quadranten im Koordinatensystem $+M_b(x)$ und $+x$ definiert - siehe Lösungsbild. Das rechtsdrehende Versatzmoment $M = 600\,\text{Nm}$ führt zu einem linksdrehenden und also positiven Reaktionsmoment im Schnitt bei $x = 0$, denn: die Drehung von z nach x entspricht der positiven Drehrichtung; die auf der Zeichenebene senkrecht stehende positive y-Achse kommt aus der Zeichenebene heraus. Ebenso weisen die positiven Biegemomente in positive y-Achs-Richtung - das rechtsdrehende Koordinatensystem gehorcht der zyklischen Vertauschung der Achsen x , y und z . Bei (A) ist das Biegemoment null, weil die Auflagerkraft F_A dort keinen Hebelarm hat. Das Biegemoment bei (B) kann sowohl von links als von rechts berechnet werden. Von links lautet die Rechnung: $600\,\text{Nm}$ minus $300\,\text{N}$ mal $7\,\text{m}$ minus $80\,\text{N/m}$ mal $7\,\text{m}$ mal $3,5\,\text{m}$ Hebelarm; von rechts lautet die Rechnung: minus $1033,3\,\text{N}$ mal $3\,\text{m}$ minus $80\,\text{N/m}$ mal $3\,\text{m}$ mal $1,5\,\text{m}$ Hebelarm.

5.3

Am oberen Ende des $5\,\text{m}$ langen Querbalkens ist das linksdrehende Moment $M = 25\,\text{kNm}$ wirksam, das dem Kräftepaar der $5\,\text{kN}$ großen Horizontalkräfte das Gleichgewicht hält. An dieser Stelle des $12\,\text{m}$ langen Balkens wird also ein rechtsdrehendes Moment gleicher Größe eingeleitet. Eine weitere statische Betrachtung für das Gesamtsystem liefert die Auflagerkräfte in (A) und (B) . Das Koordinatensystem wird hier bei (A) aufgemacht - willkürliche Entscheidung, denn beide

Balkenenden sind momentenfrei. Im Bereich von Punktlasten ist die Querkraft konstant, die Querkraftlinie horizontal; im Bereich von Streckenlasten ist die Querkraftlinie linear steigend (oder fallend). An der Kraftangriffsstelle von Punktlasten hat die Querkraftlinie einen Sprung um die Größe der dort angreifenden Kraft. Die Auflagerkraft bei (A) ist aufwärts gerichtet, die Schnittreaktion ist abwärts gerichtet mit der positiven z-Achse, also liegt im Schnitt eine positive Schnittkraft vor. Von der Anschweißstelle des Querarms an wirkt die abwärts gerichtete Streckenlast der Größe $1\,kN/m$; die Schnittreaktionen sind aufwärts gerichtet; die Querkraftlinie fällt also je Meter um $1\,kN$ und erreicht bei (B) den Wert $-2,25\,kN$. Die Auflagerkraft bei (B) ist aufwärts gerichtet, die zugehörige Schnittreaktion abwärts mit der positiven z-Achse, also: Sprung nach oben in Richtung positiver Querkräfte. Dann wieder fällt die Querkraftlinie auf null am linken Balkenende. Der erste Quadrant im Koordinatensystem $+M_b(x)$ und $+x$ bestimmt die positive Steigung der Biegemomentenlinie, beim gewählten Koordinatensystem also: positive Steigung nach links oben. Im Bereich positiver Querkräfte ist eine positive Steigung der Biegemomentenlinie zu erwarten und umgekehrt bei negativen Querkraftwerten eine negative Steigung der Biegemomentenlinie. In Bereichen konstanter Querkraft ist die Biegemomentenfunktion eine x^1-Funktion (Integration einer Konstanten!), im Bereich von Streckenlasten ist die Biegemomentenfunktion eine x^2-Funktion (Integration einer x^1-Funktion!). Die Stelle $x_o = 4,25\,m$ findet man durch die Forderung, daß die Summe aller Querkräfte rechts oder links dieser markanten Stelle des Nulldurchgangs der Querkraftlinie null sein muß. Bei Betrachtung von links lautet die Rechnung: $4,25\,kN$ gleich $1\,kN/m$ mal unbekannte Laststrecke x_o . Die markanten Werte der Biegemomentenfunktion können sowohl von links als auch von rechts gerechnet werden; man wählt geschickterweise jene Seite, die zur jeweils kürzeren Rechnung führt.

5.4

Für die weiteren Aufgaben des Abschnitts 5 wird vorausgesetzt, daß die umfänglichen Lösungshinweise zu den Aufgaben 5.1 bis 5.3 bekannt sind und diese Aufgaben nachvollzogen wurden. Darum hier nur wenige Hinweise zu den Besonderheiten dieser Aufgabe. Die Statik für das Gesamtsystem liefert die Auflagerkräfte in (A) und (B) ; eine separate statische Überlegung für

den abgeschnittenen Querarm liefert das dort in den $9\,m$ langen Balken eingeleitete linksdrehende Moment $M = 1414,2\,Nm$ wie auch die nach oben gerichtete Querkraft $707,1\,N$; die Längskraft hat keinen Einfluß auf Momenten- und Querkraftverlauf. Der Empfehlung entsprechend, dort das Koordinatensystem zu eröffnen, wo ein Moment eingeleitet wird, wird hier das xz-Koordinatensystem am rechten Balkenende aufgemacht. Die Vorzeichen werden am positiven Schnittufer definiert, hier also jeweils das rechte Schnittufer (aus dem die x-Achse austritt).

5.5

Auch für diese Aufgabe wird vorausgesetzt, daß die umfänglichen Lösungshinweise zu den Aufgaben 5.1 bis 5.3 bekannt sind und diese Aufgaben nachvollzogen wurden. Darum hier nur wenige Hinweise zu den Besonderheiten der vorliegenden Aufgabe. Die Statik für das Gesamtsystem liefert die Auflagerkräfte in (A) und (B) ; eine weitere statische Betrachtung für den abgeschnittenen Querarm liefert das dort in den $9\,m$ langen Balken eingeleitete rechtsdrehende Moment $M = 1131,4\,Nm$ sowie die nach oben gerichtete Querkraft $565,7\,N$; die Längskraft hat keinen Einfluß auf den Momenten- und Querkraftverlauf. Entsprechend der Empfehlung, das Koordinatensystem an der Stelle des eingeleiteten Moments zu eröffnen, wird der Koordinatenursprung hier in das linke Balkenende gelegt. Die Vorzeichen werden am positiven Schnittufer, hier also jeweils das linke Schnittufer, definiert (aus dem positiven Schittufer tritt die Balkenlängsachse x heraus).

5.6

Man kann die Querkraft- und Biegemomentenverläufe so konstruieren, wie in den Aufgaben 5.1 bis 5.5 gezeigt, oder aber man beschreibt die Funktionen in der Bereichen I und II und bestimmt die markanten Punkte der Funktionen auf der Basis der Funktionen selbst. Hier soll zunächst so verfahren werden wie in den vorherigen Aufgaben dieses Kapitels. D.h. man bestimmt mit statischen Überlegungen die Auflagerkräfte in den Lagern (A) und (B) und bestimmt mit einer separaten statischen Überlegung für den abgetrennten $2\,m$ langen Querarm das in den $7\,m$ langen Horizontalbalken eingeleitete $M = 1000\,Nm$ große rechtsdrehende Versatzmoment sowie die aufwärts gerichtete Querkraft von 500 N . Der Empfehlung folgend, das Koordinatensystem an der Stelle des eingeleiteten Moments aufzumachen, wird hier das rechte Balkenende zum Koordinatenursprung erklärt. Konstruktion der Schnittlastverläufe: siehe Aufgaben 5.1 bis 5.5 . Vorgehensweise zur Bestimmung der Funktionen: Am positiven Schnittufer werden positive Schnittgrößen angesetzt, im Falle des gewählten Koordinatensystems also eine abwärts gerichtete Querkraft und ein rechtsdrehendes Schnittmoment (positive Drehrichtung: Drehung der z-Achse zur x-Achse). Dann liefern statische Ansätze (Summe der Querkräfte am Abschnitt gleich null, Summe der Momente um den Schnitt gleich null) die gesuchten Schnittgrößenfunktionen. An der Schnittstelle der beiden Bereiche ergeben sich die Funktionswerte aus beiden Funktionen in gleicher Größe.

5.7

Wie bei den Aufgaben ab Aufgabe 5.4 wird vorausgesetzt, daß die Aufgaben 5.1 bis 5.3 zuvor bearbeitet wurden; die dort gegebenen ausführlichen Lösungshinweise werden hier nicht mehr wiederholt. Die Statik des Gesamtsystems liefert die Auflagerkräfte in den Auflagern (A) und (B) . Eine statische Betrachtung des abgeschnittenen 2,5 m langen Querarms liefert das Versatzmoment, das in den 9 m langen Balken eingeleitet wird; es ist das linksdrehende Moment $M = 112,5\,Nm$. Die Horizontalkraft von 45 kN an dieser Stelle hat keinen Einfluß auf den Querkraft- und den Momentenverlauf im Balken. Die Wahl des Koordinatensystems ist beliebig; weder am rechten Balkenende noch am linken Balkenende wirkt ein Moment, so daß keinem der möglichen Koordinatensysteme der Vorzug zu geben wäre. Entscheidung hier: das Koordinatensystem wird am rechten Balkenende eröffnet. Ausführliche Hinweise zur Konstruktion der Momenten- und Querkraftfläche: siehe Aufgaben 5.1 bis 5.6 .

5.8

Diese Aufgabe sollte erst bearbeitet werden, wenn zumindest die ersten Aufgaben dieses Kapitels bearbeitet wurden; dort werden die allgemeinen Lösungshinweise in der erforderlichen Gründlichkeit gegeben, sie sollen hier nicht in vollem Umfang wiederholt werden. Die Statik für das Gesamtsystem liefert die Kräfte in den Auflagern (A) und (B) . Eine statische Betrachtung

für den 3 m langen Querarm liefert das Versatzmoment, das in den 8 m langen Balken eingeleitet wird; es ist das linksdrehende Moment $M = 90\,kNm$. Die Horizontalkraft von 30 kN an dieser Stelle hat keinen Einfluß auf den Querkraft- und den Momentenverlauf im Balken. Da die Auflagerreaktionen in der Einspannstelle ohne statische Vorüberlegungen nicht bekannt sind, wird das Koordinatensystem am rechten, freien Balkenende eröffnet. Achtung: im Gegensatz zu den übrigen Aufgaben dieses Kapitels wird hier die z-Achse einmal nach oben positiv definiert. Das bedeutet, daß aufwärts gerichtete Querkräfte im positiven Schnittufer positiv sind und daß linksdrehende Schnittmomente am positiven Schnittufer positiv sind. Das linksdrehende Versatzmoment an der Verbindungsstelle des Querarms ruft im Schnitt ein rechtsdrehendes Reaktionsmoment hervor, das mithin negativ ist: die Biegemomentenfunktion fällt an dieser Stelle (von M_1 auf M_2 um den Betrag $M = 90\,kNm$). Zur Beschreibung der Funktionen in den Bereichen I und II : siehe Aufgaben 5.1 bis 5.6 .

6.1

Drei Kräfte halten die statisch unbestimmt gelagerte Scheibe im Gleichgewicht: die Gewichtskraft, eine vom Stab auf die Scheibe wirkende Kraft und eine von der Bahn auf die Scheibe wirkende Kraft. Drei Kräfte bilden im Gleichgewichtsfall stets ein zentrales Kräftesystem. Da der Stab die Funktion einer Pendelstütze hat, ist die WL der Stabkraft als Verbindungsgerade zwischen den Stabgelenken bekannt. Der Schnittpunkt der WL_{F_S} und WL_{F_G} ist auch ein Punkt der WL der Kraft F von der Bahn auf die Scheibe. Die Richtung dieser WL weicht um 19° von der Normalen (senkrecht auf der gemeinsamen Berührtangente) ab; dies ist der Reibungswinkel ρ_o . $\tan \rho_o = \mu_o$: Haftreibungszahl $\mu_o = 0,344$

6.2

Es sind bei der Aufgabenstellung zwei Fragestellungen zu unterscheiden: In der ersten Phase treibt die anwachsende Kraft F die Schenkel bis auf den Winkel 60° auseinander, d.h. die Aufstandpunkte (A) und (B) wandern bis in diese Ruhestellung nach außen; die Reibkräfte als Bewegungswiderstände sind mithin nach innen gerichtet, die Resultierende (aus Reibkraft und

Normalkraft $F/2$) ist bei (A) um den Reibwinkel arctan $0,2 = 11,3°$ nach rechts aus der Normalenrichtung gedreht, bei (B) entsprechend nach links. Beide Scheiben werden mit je drei Kräften so im Gleichgewicht gehalten, Beispiel: rechte Scheibe. Hier stehen die Kräfte F_F , die Kraft in der Zugfeder, die resultierende Kraft bei (B) und die Kraft im Gelenk (C) im Gleichgewicht. Das Kräftedreieck liefert $F_F = 14\,\text{N}$. Bekannt ist die Normalkomponente der Kraft F_B mit $28\,\text{N}$.

Die zweite Fragestellung lautet: Bei welcher Kraft F^* gerät das System in Bewegung, wenn F langsam und stetig verkleinert wird? In diesem Augenblick würden sich die Punkte (A) und (B) nach innen aufeinander zubewegen, die Reibkräfte als Bewegungswiderstände sind dann nach außen gerichtet, und die resultierenden Kräfte in (A) und (B) (Resultierende aus Normalkraft und Reibkraft) wandern auf den anderen Rand des Reibkegels. Jetzt ist die Zugfederkraft mit $F_F = 14\,\text{N}$ bekannt, und es kann das Kräftedreieck gezeichnet werden. Es ergibt sich: $F^* = 26,7\,\text{N}$.

Der Bereich $26,7\,\text{N} \leq F \leq 55\,\text{N}$ ist der sogenannte Ruhebereich: Wird die Kraft kleiner als $26,7\,\text{N}$, so verkleinert sich der Winkel α , die Schenkel wandern aufeinander zu; wird die Kraft größer als $55\,\text{N}$, wird der Winkel α größer, die Schenkel spreizen sich weiter.

6.3

An der runden Scheibe greifen drei Kräfte an, die miteinander im Gleichgewicht stehen: eine Kraft von der Zugfeder auf die Scheibe, eine Kraft vom Gelenk (A) auf die Scheibe und eine Kraft bei (B) vom schweren Klotz auf die runde Scheibe. Keine der drei Kräfte ist vom Betrag her bekannt; Gleichgewichtsüberlegungen sind hier also noch nicht möglich. Am schweren Klotz vom Gewicht $50\,\text{N}$ greifen ebenfalls drei Kräfte an: Neben der Gewichtskraft ist es die Kraft bei (B) von der runden Scheibe auf den Klotz und eine Kraft von der Wand auf den schweren Klotz. Diskutiert wird der Grenzfall, bei dem es gerade nicht zum Rutschen des Klotzes kommt. In diesem Fall ist die maximal mögliche Reibkraft in den beiden Reibstellen voll geweckt, und die resultierende Kraft in den Reibstellen liegt jeweils auf dem Rand des Reibkegels mit dem halben Öffnungswinkel $\rho_o = $ arctan $0,8 = 38,66°$. Das Kräftedreieck für die Kräfte auf den schweren Klotz liefert die Kräfte in den Reibstellen zu $40\,\text{N}$. Nun ist jene Kraft bekannt, die vom schweren Klotz bei (B) auf die runde Scheibe wirkt, nämlich $40\,\text{N}$ (auf der bekannten WL).

Die drei Kräfte auf die runde Scheibe bilden wie stets bei drei gleichgewichtigen Kräften ein zentrales Kräftesystem; der Schnittpunkt der Kraft $F_S = 40\,\text{N}$ mit der WL der Zugfederkraft (als Pendelstütze) ist auch ein Punkt der WL F_A ; das Kräftedreieck liefert für die Zugfederkraft $F_F = 97\,\text{N}$. Anmerkung: Es wurde vom Gewicht der runden Scheibe nicht gesprochen. Ist die runde Scheibe gewichtsbehaftet, so hätte dies keinen Einfluß auf die Federkraft, wohl aber auf die Kraft im Gelenk (A) .

6.4

Es stehen vier Kräfte an der schweren Scheibe im Gleichgewicht: neben der Gewichtskraft und der Kraft F sind es die Kräfte in den Auflagepunkten (A) und (B) . Hier, in (A) und (B) , wirken neben der Normalkraft (senkrecht zur Berührtangente, also auf den Krümmungsmittelpunkt der Bahn hin gerichtet) die Reibkräfte als Bewegungswiderstände. Wird F so bestimmt, daß die Scheibe gerade nicht aufwärts geschoben wird, so sind die Reibkräfte bei (A) und (B) abwärts gerichtet; die resultierende Kraft bei (A) und (B) liegt jeweils auf dem Rand des Reibkegels mit halbem Öffnungswinkel $\rho_o = $ arctan $0,25 = 14°$. Lösung mit Hilfe des Vierkräfte-Verfahrens von CULMANN . In der gezeigten Lösung werden geschnitten die WLn der Kräfte F und F_G und andererseits die WLn der Kräfte in (A) und (B) . Verbindungsgerade dieser Schnittpunkte ist die CULMANNsche Hilfsgerade, mit der das Krafteck eröffnet wird. Beginnend mit $F_G = 50\,\text{N}$ ergibt sich als erste der drei Unbekannten die gesuchte Kraft: $F = 55\,\text{N}$. Mit den bekannten WLn der Kräfte in (A) und (B) kann das Kräfteviereck vervollständigt werden.

Anmerkung: Bei der Suche nach jener Kraft, die gerade imstande ist, die Scheibe gegen Abwärtsrutschen zu halten, ist zu bedenken, daß dann die Reibkräfte bei (A) und (B) aufwärts gerichtet sind (gegen die Bewegungsrichtung) und die resultierenden Kräfte in (A) und (B) auf dem anderen Rand des Reibkegels liegen. Es ergibt sich so eine neue Lage der Hilfsgeraden. Das dazu gehörige Kräfteviereck liefert $F = 3,5\,\text{N}$. Kräfte F kleiner als $3,5\,\text{N}$ bedeuten, daß die Scheibe abwärts rutscht, Kräfte F über $55\,\text{N}$ bedeuten, daß die Scheibe aufwärts geschoben wird. Bei Kräften F zwischen diesen beiden Grenzwerten liegen die Kräfte bei (A) und (B) innerhalb des Reibkegels, in den Grenzfällen gerade auf dem Rand es Reibkegels.

6.5

Beide Scheiben sind kinematisch unbestimmt gelagert und also statisch unbestimmt; dies ist ja die Voraussetzung dafür, daß überhaupt Bewegung einsetzen kann, die im Gleichgewichtsfall durch die Reibkräfte in den Reibstellen verhindert wird. Wären die Oberflächen der sich bei (B) berührenden beiden Scheiben ideal glatt, so könnten die drei Kräfte an der Scheibe (1) nicht im Gleichgewicht stehen: Drei Kräfte bilden stets ein zentrales Kräftesystem; laufen die drei Kräfte parallel, so liegt dieser zentrale Punkt im Unendlichen. Die WLn der Kräfte in Loslager (A) und der Gewichtskraft laufen parallel. Forderung für Gleichgewicht an der Scheibe (1) lautet: auch die Kraft bei (B) (von Scheibe (2) auf Scheibe (1)) muß hierzu parallel laufen. Diese WL weicht um 30° von der Berührnormalen ab; die geforderte Haftreibungszahl beträgt hier also $\mu_{1\,\text{erf.}} = \tan 30° = 0,577$.

Scheibe (2) wird ebenfalls durch drei Kräfte im Gleichgewicht gehalten, zwei davon sind die Kräfte in den Reibstellen an Wand und Boden, die dritte Kraft ist die in (B) (mit lotrechter WL !). Gleichgewicht liegt vor, wenn die Aktionskraft F_B durch das gemeinsame Feld der beiden Reibkegel verläuft oder dieses - im Grenzfall - gerade tangiert. Man konstruiert über der Stangenlänge den THALES-Kreis und schneidet ihn mit der WLF_R. Die Verbindungsgeraden vom Schnittpunkt zum Wandberührpunkt und zum Bodenberührpunkt sind die WLn der Kräfte von der Wand bzw. vom Boden auf die Scheibe. Das Lösungsbild zeigt: erforderliche Haftreibungszahl $\mu_{2\,\text{erf.}} = \tan 30° = 0,577$.

6.6

Rechtsdrehung der Scheibe bedeutet, daß Scheibenpunkt (W) (Berührpunkt mit der Wand) sich abwärts bewegt, die Reibkraft als Bewegungswiderstand ist also aufwärts gerichtet; die resultierende Kraft bei (W) liegt im Grenzfall (zwischen Ruhe und Bewegung) auf dem Rand des Reibkegels. Punkt (B) der Scheibe (Berührpunkt mit dem Boden) bewegt sich bei Rechtsdrehung der Scheibe nach links; die Reibkraft dort ist als Bewegungswiderstand nach rechts gerichtet. Die resultierende Kraft in (B) liegt im Grenzfall auf dem Reibkegelrand. Insgesamt wirken vier Kräfte auf die Scheibe ein. Graphische Lösung mit Hilfe des Vierkräfte-Verfahrens von CULMANN. In der vorgestellten Lösung werden geschnitten die WLn der Kräfte F und F_W sowie die der

Kräfte F_G und F_B. Im Kräfteviereck ergibt sich die gesuchte Kraft zu $F = 22\,\text{N}$. Es wird alternativ die rechnerische Lösung gezeigt.

6.7

Damit die schwere Kiste ins Rutschen kommt, muß vom unteren Leiterende eine horizontale Schubkraft der Größe $\mu_o \cdot F_G$ aufgebracht werden. An der Leiter greifen insgesamt vier Kräfte an: die Gewichtskraft der Person (am oberen Leiterende), die Gegenkraft $\mu_o \cdot F_G$ von der Kiste auf das untere Leiterende sowie die Kräfte von Wand und Boden auf die Leiterenden, diese letztgenannten beiden Kräfte liegen im Grenzfall zwischen Ruhe und Bewegung gerade auf dem Rand des Reibkegels; die Reibkomponenten dieser Kräfte sind der Bewegungsrichtung der Leiterenden entgegengerichtet. Im Grenzfall sind die Reibkomponenten das μ_o-fache der Normalkraft. Es wird die rechnerische Lösung vorgestellt.

Hinweis zur graphischen Lösung: Vierkräfte-Verfahren von CULMANN. Beispiel: Schneiden der WLn der beiden Kräfte am unteren Leiterende und Schneiden der WLn am oberen Leiterende. Die CULMANNsche Hilfsgerade liegt dann in Leiterrichtung. Mit der gegebenen Gewichtskraft der Person ergibt sich die Berührkraft zwischen Leiter und Kiste zu $\mu_o \cdot F_G = 377\,\text{N}$. Daraus mit $\mu_o = 0,3 : F_G = 1256,4\,\text{N}$

6.8

Faßt man die beiden Lasten zur Resultierenden $F_R = 360\,\text{N}$ zusammen (graphisch mit dem Kraft-Seileck-Verfahren; erübrigt sich jedoch bei zwei gleich großen Kräften: die Resultierende verläuft mittig zwischen den beiden WLn der zu addierenden Kräfte), so stehen an der schweren Scheibe drei Kräfte im Gleichgewicht: Scheibengewichtskraft, Stangenkraft und die Kraft vom Boden auf die schwere Scheibe. Die drei Kräfte bilden im Gleichgewichtsfall ein zentrales Kräftesystem. Man schneidet also die WL der Stangenkraft (Pendelstütze) mit der Resultierenden der beiden Aktionskräfte; dieser Schnittpunkt ist auch Punkt der vom Boden auf die Scheibe wirkenden Kraft. Diese WL weicht um etwa 22° aus der Normalenrichtung ab.

Der erforderliche Haftreibungskoeffizient beträgt mithin $\mu_{o\,\text{erf.}} = \tan 22° = 0,4$.

7.1

Der Koordinatenursprung des xz-Systems liegt im linken Aufhängepunkt. Bei höhengleicher Aufhängung lauten die Randbedingungen: $z(x = 0) = 0$, $z(x = w) = 0$ und $z'(x = 0) = -\tan 60°$; mit der bekannten Seilneigung mittig zwischen den Aufhängepunkten lautet die weitere Randbedingung: $z'(x = w/2) = 0$ (Symmetrie). Aus diesen Randbedingungen entstehen die Gleichungen (1) bis (4) . Bei den hier gegebenen Größen kann H , die Horizontalzugkraft, sofort aus Gleichung (3) errechnet werden. Der maximale Durchhang ergibt sich aus der $z(x)$-Funktion mit $x = w/2$ zu $f = -7,59\,\text{m}$.

7.2

Wie in Aufgabe 7.1 liegt höhengleiche Aufhängung vor; es werden die dort formulierten Randbedingungen angesetzt, dabei entstehen die Gleichungen (1) bis (4) . Gleichungen (1) und (3) werden nach C_2 umgestellt und die so entstehenden Ausdrücke gleichgesetzt. Die so entstandene Gleichung enthält als einzige Unbekannte die Horizontalzugkraft H ; jedoch kann die Gleichung nicht explizit nach dieser Unbekannten aufgelöst werden. Durch Probieren (auf dem Taschenrechner in wenigen Schritten erreicht) oder mit Hilfe eines Nullstellenprogramms ergibt sich die Lösung: $H = 48,652\,\text{N}$. Die Seilkraft ist dort maximal, wo z' den Größtwert hat, denn die Horizontalzugkraft ist ja an allen Stellen des Seils gleich groß; die maximale Zugkraft liegt also in den Aufhängepunkten vor.

7.3

Die für höhengleiche Aufhängung der Seilenden typischen Randbedingungen (siehe Aufgabe 7.1) führen zu den Gleichungen (1) bis (3) . Wie in Aufgabe 7.2 werden die Gleichungen (1) und (3) nach C_2 umgestellt und die so entsehenden Ausdrücke gleichgesetzt. Dabei entsteht eine Gleichung, in der die Horizontalzugkraft einzige Unbekannte ist. Sie kann nicht explizit aus dieser Gleichung dargestellt werden und wird durch Probieren oder mit Hilfe eines Nullstellenprogramms ermittelt. Seillänge, Seilneigung bei (A) sowie die maximale Seilkraft folgen aus dem vorhandenen Formelangebot. Frage e) : Hierzu wird - wieder durch Probieren oder mit einem Nullstellenprogramm - aus dem

Ausdruck für $l_1 = l + 1\,\text{m}$ die dann vorliegende Horizontalzugkraft H_1 ermittelt und der Durchhang f_1 für das 1m längere Seil aus $z(x)$ für $x = 50\,\text{m}$ berechnet.

7.4

Bei gegebener Seillänge, bekanntem Metergewicht und bekannter Stützweite ist der maximale Durchhang gesucht. Es werden die für höhengleiche Aufhängung typischen Randbedingungen formuliert (siehe Aufgaben 7.1 bis 7.3); daraus entstehen die Gleichungen (1) bis (3) . Aus Gleichung (2) entsteht C_1 (worin allerdings H noch unbekannt ist!). Die Gleichungen (1) und (3) werden nach C_2 umgestellt.

Aus dem Ausdruck für die Seillänge wird durch Probieren oder mit Hilfe eines Nullstellenprogramms die Horizontalzugkraft zu $H = 4,4549\,\text{N}$ ermittelt. Damit ergibt sich der maximale Durchhang zu $|f| = 4,212\,\text{m}$.

7.5

Nach Formulierung der für höhengleiche Aufhängung der Seilenden typischen Randbedingungen entstehen die Gleichungen (1) bis (3) . Aus Gleichung (3) entsteht der Ausdruck für C_1 , darin ist H allerdings noch unbekannt. Aus den Gleichungen (1) und (2) , die beide nach C_2 umgestellt werden, entsteht Gleichungsausdruck, aus dem die Horizontalzugkraft berechnet werden kann: $H = 112,5\,\text{N}$. Gleichung (4) ist der Ausdruck für die Seillänge. Hieraus ergibt sich die Stützweite $w = 49,438\,\text{m}$.

7.6

Stützweite und Seillänge sind bekannt. Gesucht ist der maximale Durchhang f . Nach Formulieren der für höhengleiche Aufhängung typischen Randbedingungen entstehen die Gleichungen (1) bis (3) . Aus Gleichung (2) entsteht der Ausdruck für C_1 , darin ist H natürlich noch unbekannt. Gleichungen (1) und (3) werden nach C_2 umgestellt und die so entstehenden Ausdrücke gleichgesetzt. Die dann entstandene Gleichung ist (I) . Aus Gleichung für die Seillänge wird z.B. mit Hilfe eines Nullstellenprogramms der Quotient H/q_o ermittelt. Damit aus Gleichung (I) der maximale Durchhang zu $|f| = 29,234\,\text{m}$ (Hinweis: dadurch, daß in Gleichung (3) $z(x = w/2) = -f$ minus f geschrieben wurde, ist f jetzt eine absolute Größe und ergibt sich aus (I) darum positiv!)

7.7

Länge, Gesamtgewicht und Spannweite w der höhengleichen Aufhängung des Seils sind bekannt. Maximaler Durchhang und die größte Seilkraft sind gesucht. Wieder werden die für höhengleiche Aufhängung der Seilenden typischen Randbedingungen formuliert, und es entstehen die Gleichungen (1) und (2), darüberhinaus der Ausdruck für die Seillänge l. Hieraus z.B. mit Hilfe eines Nullstellenprogramms die Horizontalzugkraft $H = 235,05\,\mathrm{N}$. Es folgt C_2 aus Gleichung (1) und die weiteren gesuchten Größen aus dem vorhandenen Formelmaterial.

7.8

Es liegt höhenungleiche Aufhängung vor. Die Randbedingungen werden formuliert, es entstehen die Gleichungen (1) bis (3), darin ist x_o, die Stelle der horizontalen Tangente an die Seillinie, noch unbekannt. Aus dem Gleichungspaket ergeben sich die Konstanten C_1 und C_2. Die Stützweite w ergibt sich unmittelbar aus der Randbedingung für den rechten Aufhängepunkt (B). Da die Horizontalzugkraft aus der Aufgabenstellung bekannt ist, ergibt sich mit dem zuvor ermittelten C_1 sofort die Größe x_o. Aus der Seilneigungsgleichung ergibt sich der Tangentenneigungswinkel α_A und mit H sofort die Seilzugkraft im Aufhängpunkt (A): F_A. In der Seillängen-Gleichung sind alle Größen bekannt; mit den Grenzen $x = 0$ bis $x = w$ ergibt sich die gesuchte Seillänge.

7.9

Im Gegensatz zu den Aufgaben 7.1 bis 7.8, in denen die Belastung q_o konstant war, ist jetzt die Belastung $q(x)$ konstant. Die bekannten Formeln für die Seillinie und die Seilneigung bei konstantem q_o finden also keine Anwendung. Durch Gleichgewichtsbetrachtung am Seilstück entsteht die Differentialgleichung für $z''(x)$ und daraus durch zweifache Integration die Gleichung der Seilneigungen und die Gleichung der Seillinie. Die Konstanten C_1 und C_2 werden über die geometrischen Randbedingungen (Koordinaten der Aufhängepunkte) ermittelt. Der maximale Durchhang f folgt damit un-

mittelbar aus der Gleichung der Seillinie. Die Gleichung der Seillänge wird entwickelt; es folgt die Lösung zu $l = 114,78\,\mathrm{m}$.

7.10

Seillänge und Handkraft sind bekannt, zudem die Seilneigung im Haltepunkt (A); daraus kann sofort die Horizontalzugkraft H errechnet werden. Mit den geometrischen Randbedingungen für den Haltepunkt (A) (Ort und Seilneigung hier) folgen die Konstanten C_1 und C_2. Aus der Seillängengleichung folgt mit bekanntem h die Entfernung x_h. Wiederum aus der Gleichung der Seillinie folgt die Höhe $h = 88,379\,\mathrm{m}$.

8.1

Die Feder ist in der skizzierten Lage entspannt; der Federweg bei Drehung des Bauteils (Drehpunkt (A)) um den Winkel φ beträgt $l \cdot \sin\varphi$. Der Weg des Kraftangriffspunkts ist $2l \cdot (1 - \cos\varphi)$. Die skizzierte Lage des Systems ist eine Gleichgewichtslage, wenn die erste Ableitung des Ausdrucks $U(\varphi)$ nach der Variablen φ für $\varphi = 0$ null ist; dies ist hier bestätigt. Die Gleichgewichtslage ist indifferent, wenn die zweite Ableitung nach φ null ist; sie ist stabil, wenn diese zweite Ableitung positiv ist und labil, wenn die zweite Ableitung negativ ist.

8.2

Die Kräfte von den Federn auf die Stange sind Horizontalkräfte, F_B ist also stets gleich F. Da die Horizontalkräfte auch im Gleichgewicht stehen müssen, können es nur gleich große Kräfte mit entgegengesetztem Richtungssinn sein: Kräftepaar, - wie das Kräftepaar der Vertikalkräfte F und F_B. Damit erkennt man, daß der Stangenmittelpunkt keine horitontale Verschiebung erfährt. Im Ausdruck $U(\varphi)$ sind die Federenergien positiv, sie werden durch Drehung um den Winkel φ gewonnen; die Arbeit der angreifenden Kraft ist negativ, - auf Kosten dieser Arbeit wird die Federenergie gewonnen. Wieder zeigt sich, daß für die skizzierte lootrechte Position der Stange die erste Ableitung nach φ für $\varphi = 0$ null ist, die skizzierte Position der Stange ist also eine Gleichgewichtslage. Die zweite Ableitung nach φ ist bei stabilem Gleichgewicht größer als null.

8.3

Im Gegensatz zu Aufgabe 8.2 ist das obere Stangenende nun im Loslager (B) geführt, das Stangenende kann sich nur abwärts bewegen. Bei einer kleinen Richtungsänderung φ der Stange weicht das untere Stangenende horizontal aus. Beide Federkräfte sind entweder Zug- oder Druckkräfte; die Gegenkraft wird im Lager (B) auftreten. Für $\varphi = 0$ ist die erste Ableitung des Ausdrucks $U(\varphi)$ nach φ wiederum null. Die zweite Ableitung ist im Falle indifferenten Gleichgewichts ebenfalls null für $\varphi = 0$. Stellt man die zweite Ableitung (bei $\varphi = 0$) nach F um, so erhält man jene Kraft, bei der das System sich im indifferenten Gleichgewicht befindet. Größere Kräfte machen das Gleichgewicht labil. Stellt man die Nullform der zweiten Ableitung nach der Federhärte c um, so erhält man jene Federhärte, bei der das System im indifferenten Gleichgewicht steht. Bei größerer Federhärte ist das Gleichgewicht stabil, bei kleinerer Federhärte labil.

8.4

Während bei den Systemen der Aufgaben 8.1 bis 8.3 die Feder in der skizzierten Gleichgewichtsposition des Systems entspannt war, ist hier erstmals die Feder in der Gleichgewichtslage nicht entspannt, sondern vorgespannt um den Vorspannweg f_o. Eine vorangestellte Statik-Betrachtung liefert die statische Federkraft zu $F_{st} = 2m \cdot g$; der statische Federweg ist also $f_o = 2m \cdot g/c$. Wird eine bereits vorgespannte Feder weiter gespannt, so entspricht die mechanische Arbeit der Fläche im Federkraft-Federweg-Diagramm. Diese Fläche (Trapezfläche) wird als Maß für die Arbeit der weiteren Verspannung der Feder interpretiert: U_{el}. Bei Drehung des Systems um den kleinen Winkel φ bewegen sich die Massen abwärts, ihre potentielle Energie (Energie der Lage) verringert sich, der entsprechende Ausdruck in $U(\varphi)$ ist darum negativ. Für $\varphi = 0$ ist die erste Ableitung von $U(\varphi)$ null, dies zeigt Gleichgewicht der skizzierten Ausgangslage an. Die zweite Ableitung nach φ ist im Falle stabilen Gleichgewichts positiv. Es ergibt sich so diejenige Federhärte c, für die das System in der skizzierten Ausgangsposition stabil ist.

8.5

Mit der schweren Scheibe rechts ist die ebenfalls schwere Stange verbunden. Die beiden Kreisscheiben kämmen schlupffrei. Die Blattfeder der Länge l sorgt im Falle stabilen Gleichgewichts dafür, daß bei kleinen Auslenkungen (Drehungen) das System wieder in die skizzierte Gleichgewichtsposition zurückstrebt. Ohne Feder bzw. bei zu weicher Feder würde eine kleine Auslenkung des Systems dazu führen, daß es sich noch weiter in Richtung der stabilen Gleichgewichtslage auslenkt.

Die Blattfeder hat Rechteckquerschnitt der Breite b und der Dicke $s = 1\,\text{mm}$. Greift an einer so einseitig eingespannten Feder eine Querkraft F an, dann ergibt sich der Federweg an der Krraftangriffsstelle zu $f = Fl^3/3EI_a$ (siehe Tabellen oder Lösung der Differentialgleichung der Elastischen Linie). Stellt man diesen Ausdruck nach $c = F/f$ um, so ergibt sich als Federkonstante: $c = 3EI_a/l^3$.

Bei Drehung der rechten Scheibe mit dem Radius $2R$ um den Winkel φ, wird sich die kleine Scheibe mit dem Radius R um den doppelten Winkel 2φ drehen. Hinweis: die Ableitung von $\sin^2(2\varphi)$ nach φ ist: $2\sin(2\varphi) \cdot \cos(2\varphi) \cdot 2$; der letzte Faktor 2 entspricht der inneren Ableitung von 2φ nach φ ; somit: $2\sin(4\varphi)$.

Die potentielle Energie der schlanken Stange der Länge $4R$ wird bei Drehung des Systems vermindert, im Ausdruck $U(\varphi)$ ist diese Arbeit darum negativ. Auf Kosten dieser verringerten Lage-Energie wird dabei Federenergie gewonnen, die Arbeit der elastischen Deformation der Blattfeder ist also positiv. Die erste Ableitung des Ausdrucks $U(\varphi)$ nach φ ist für $\varphi = 0$ null, dies zeigt Gleichgewicht der skizzierten Position des Systems an. Die zweite Ableitung ist im Falle stabilen Gleichgewichts positiv. Es ergibt sich so die erforderliche Blattfederbreite b, bei der das System stabil ist.

8.6

Wieder ist die Feder in der skizzierten Position des Systems entspannt. Die potentielle Energie der Stange der Länge $4R$ steigt bei Drehung der Scheiben um den kleinen Winkel φ, der entsprechende Arbeitsausdruck in $U(\varphi)$ ist also positiv. Federenergie und Änderungsbetrag der Lageenergie der schlanken Stange werden gewonnen auf Kosten der Arbeit der Kraft, sie ist im Ausdruck $U(\varphi)$ also negativ. Für $\varphi = 0$ ist die erste Ableitung des Ausdrucks $U(\varphi)$ nach φ null, also liegt für $\varphi = 0$ Gleichgewicht vor. Die zweite Ableitung ist dann null, wenn das Gleichgewicht indifferent ist. Die Umstellung der Nullform der zweiten Ableitung liefert die kritische Last $F_{kr.}$.

8.7

Bei Drehung der Halbkreisscheibe um den Winkel φ dreht sich die Kreisscheibe um den doppelten Winkel 2φ: der Schwerpunkt der Halbkreisscheibe bewegt sich abwärts auf dem Radius $e = 4 \cdot (2R)/3\pi$. Der Federweg der Blattfeder beträgt $R \cdot \sin(2\varphi)$. Es ist bei gegebener Biegesteifigkeit EI_a der Blattfeder die Federlänge l zu bestimmen. Für $\varphi = 0$ ist die erste Ableitung des Ausdrucks $U(\varphi)$ nach φ null. Die zweite Ableitung ist im Falle stabilen Gleichgewichts positiv. Es ergibt sich so die gesuchte Blattfederlänge.

9.1

Die Kraft F wird zu gleichen Teilen von den symmetrisch zur Kraftwirkungslinie angeordneten beiden Kreisflächen übertragen. Die zu übertragende Kraft steht senkrecht auf den Flächen, die Spannung ist also eine Normalspannung σ, hier die Zugspannung σ_z.

9.2

Die nach dem Schlagen des Niets im Schaft verbleibende Restzugspannung ist mit $110 \, \text{N/mm}^2$ bekannt; daraus ergibt sich jene Kraft, mit der die Bleche aufeinander gedrückt werden. Man darf bei der Form der Nietköpfe davon ausgehen, daß sich die Flächenpressung gleichmäßig auf die Kreisringflächen verteilt. Bei nicht starren Berührflächen muß man jeweils abwägen, ob die Flächenpressung mit hinnehmbarer Genauigkeit sich gleichmäßig verteilt oder ob es Bereiche größerer Flächenpressung gibt; diese gilt es dann ingenieurmäßig vertretbar und begründbar einzuschätzen. Die Nietköpfe werden hier als ideal starr betrachtet.

9.3

Ausgehend von der Zugspannung in den 8 mm Durchmesser messenden Kuppelstangen wird die Zugkraft be-

rechnet. Schert der Gelenkbolzen ab, so werden zwei Schnittflächen entstehen; die zu übertragende Kraft F wird also durch zwei Bolzenquerschnittsflächen übertragen. Anders: Zeichnet man das Querkraftdiagramm für den Bolzen, so wird erkennbar, daß es keinen Bolzenquerschnitt gibt, der die gesamte Kraft F zu übertragen hätte; die von den Querschnitten des Bolzens übertragene Kraft ist $0,5 F$. Es wird von einer gleichmäßigen Verteilung der Abscherspannungen im Bolzen ausgegangen. Die Abscherspannung errechnet sich also als Quotient aus Querkraft und Querschnittsfläche; daraus durch Umstellen nach dem Bolzendurchmesser das Ergebnis $d_{erf.} = 9,6 \, \text{mm}$; gewählt wird 10 mm Bolzendurchmesser. Man darf davon ausgehen, daß die erforderlichen Sicherheiten bereits im Wert für die zulässige Abscherspannung von $100 \, \text{N/mm}^2$ berücksichtigt sind.

9.4

Zu a) Die Zugspannungen verteilen sich im Nietschaft gleichmäßig; es liegt ein ungekerbter Zugstab vor. Hieraus errechnet sich die Zugkraft F, mit der die Nietköpfe auf die Außenbleche gepreßt werden. Wie in Aufgabe 9.2 wird auch hier davon ausgegangen, daß die Nietköpfe starr sind und sich die Flächenpressung zwischen Nietkopf-Auflagefläche und Außenblechoberfläche gleichmäßig verteilt.

Zu b) Eine Berechnung auf Abscheren beim Niet ist eine zusätzliche Sicherheitsbetrachtung. Niete sorgen für Reibschlußverbindung und nicht für Formschlußverbindung. Erst dann, wenn der Reibschluß versagt, kommt die Abscherbeanspruchung des Niets zum Tragen. Betrachtung am Oberblech: Die zu übertragende Zugkraft $0,5 F$ muß durch Reibkräfte aufgenommen werden. COULOMBsche Reibkräfte sind das μ-fache der Normalkraft in der Reibstelle. Die Normalkraft, die in der Ober- und in der Unterfläche des Blechs übertragen wird, ist die Zugkraft im Nietschaft: F_z.

Zu c) Die Querkraft F wird von zwei Nietquerschnittsflächen übertragen. Es wird von einer gleichmäßigen Verteilung der Abscherspannungen im Nietquerschnitt ausgegangen. Die Abscherspannung errechnet sich als Quotient aus Querkraft und der gesamten beanspruchten Querschnittsfläche.

Zu d) Außenbleche: Die zu übertragende Schubkraft $0,5 F$ wird von zwei Flächen $e_1 \cdot s_1$ übertragen; der Quotient aus Kraft und Fläche ist ein Maß für die Abscherspannung. Innenblech: Die zu übertragende Schubkraft F wird durch zwei Flächen $e_2 \cdot s_2$ übertragen; entsprechend berechnet sich die Abscherspannung aus dem Quotienten aus Kraft und Fläche.

9.5

Bei gegebener Zugkraft an der Doppellaschennietung soll der Nietschaftdurchmesser berechnet werden; wie schon in Aufgabe 9.4 erläutert, ist diese Berechnung auf Abscheren ein zusätzliche Sicherheitsbetrachtung für den Fall, daß die Reibschlußverbindung versagt. Die zu übertragende Kraft F verteilt sich auf zwei Querschnittsflächen des Nietschafts. Bei drei Niete werden also sechs Nietquerschnittsflächen beansprucht. Es ergibt sich so der erfoderliche Nietschaftdurchmesser. Berechnung der Randabstände für die Außenbleche: Insgesamt sechs Scherflächen $e_1 \cdot s$ werden mit der Zugkraft $0,5 F$ beansprucht; so ergibt sich der Mitten-Abstand $e_1 = 17,21 \text{mm}$. Das Mittelblech muß die gesamte Zugkraft F aufnehmen, so ergibt sich der Mitten-Randabstand zu $e_2 = 34,42 \text{mm}$.

9.6

Mit Hilfe der zugeschnittenen Größengleichung, die Drehmoment, Drehzahl und Leistung der Welle verknüpft, wird das zu übertragende Drehmoment berechnet. In dieser Gleichung ist die Leistung in kW , die Drehzahl in U/min (min^{-1}) und das Drehmoment mit der Einheit Nm einzusetzen; die Umrechnung der konstanten Größen bei der Verrechnung der Einheiten fließt in die Zahl 9550 ein (9550 gleich 1000 W/kW oder 1000 Nm/s je kW mal $30/\pi$ für die Umrechnung der Drehzahl von min^{-1} in s^{-1}). Aus dem Drehmoment und dem Hebelarm $r = 0,06 \text{m}$ ergibt sich die von der Paßfeder zu übertragende Querkraft F , die von der beanspruchten Scherfläche $b \cdot l$ zu übertragen ist. Mit $b = 8 \text{mm}$ ergibt sich die Paßfederlänge zu $l = 52,1 \text{mm}$. Die Flächenpressung an den Paßfederseitenflächen ist zwischen Welle und Paßfeder maximal, weil hier die kleinste Berührfläche von 3 mm mal 52,1 mm vorliegt.

9.7

Zu a) Für den ungekerbten Zugstab kann gleichmäßige Spannungsverteilung angenommen werden, die Zug-

spannung ist demnach der Quotient aus Zugkraft und Querschnittsfläche.

Zu b) Die Nahtquerschnittsfläche ist eine Kreisringfläche. Berechnung wie beim Zugstab: Zugspannung gleich Zugkraft durch Fläche.

Zu c) Ebenso die Zugspannung im Blech: An der durch die Bohrung geschwächten Stelle wird der Quotient aus Zugkraft und der Restfläche als Maß für die Zugspannung dort berechnet.

Zu d) Die Zugkraft F wird durch zwei Scherflächen $e \cdot s$ ($e = 12 \text{mm}$ und $s = 6 \text{mm}$) übertragen, Schubspannung gleich Schubkraft durch Scherfläche.

Zu e) Die Querkraft F am Bolzen wird durch zwei Bolzenquerschnittsflächen übertragen; oder anders: der Querkraftverlauf (siehe Skizze) zeigt, daß die Bolzenquerschnittsfläche an jeder Stelle des Bolzens nur mit $0,5 F$ beansprucht wird. Schubspannung gleich Querkraft durch Querschnittsfläche. So errechnet sich die Abscherspannung im Bolzen.

10.1

In durch Querkräfte belasteten Biegebalken verteilen sich die Schubspannungen ungleichförmig, der Schubfluß entspringt an einer sog. Quelle ($\tau = 0$), wächst auf einen Größtwert τ_{max} und sinkt dann in einer sog. Senke ($\tau = 0$) zusammen. Die Schubspannung auf Höhe einer beliebigen Faserschicht ist der verursachenden Querkraft F_Q proportional wie auch dem statischen Flächenmoment der Restfläche bezüglich der Biegeachse (Schwerpunktsachse), jedoch umgekehrt proportional dem axialen Flächenmoment 2. Ordnung I_a (der Gesamtquerschnittsfläche) bezüglich der Biegeachse und der sog. Kanalbreite des Querschnitts an dieser Stelle. Die Faserschicht, für die die Schubspannungshauptgleichung angewendet wird, teilt die Gesamtquerschnittsfläche in die beiden sog. Restflächen auf. Für welche der beiden Restflächen das statische Moment S bezüglich der Biegeachse berechnet wird, ist beliebig: beide Werte sind - absolut - gleich. Die maximale Schubspannung wirkt auf Höhe der Biegeachse x . Axiales Flächenmoment 2. Ordnung (früher: Flächenträgheitsmoment) I_x : Rechteckanteil minus Anteil der Lochflächen, beide Flächenanteile haben ihren jeweiligen Schwerpunkt auf der Biegeachse x , so daß kein STEINER-Anteil zu berücksichtigen ist. Statisches Moment der Restfläche (Flächenanteil oberhalb der x-Achse): Anteil Rechteck minus Anteile Viertelkreisflächen; statische Flächenmomente errechnet man als Produkt aus Fläche und dem Abstand des Teilflächenschwerpunkts zur Biegeachse x. Bei 8 mm Radius der Flächenaussparungen verbleibt eine Kanalbreite $b = 4\,\text{mm}$, durch die der Schubfluß fließen kann. Bei einer Querkraft 9 kN errechnet man aus der Schubspannungshauptgleichung eine maximale Schubspannung von $\tau_{\text{max}} = 134{,}5\,\text{N}/\text{mm}^2$.

10.2

Allgemeine Hinweise und Bemerkungen zur Schubspannungshauptgleichung: siehe Aufgabe 10.1. Die axialen Flächenmomente bezüglich der Biegeachse x (senkrecht zur $\text{WL}F_Q$) ist in den Fällen (A) und (B) gleich groß, da der Wert für das axiale Flächenmoment 2. Ordnung für eine Quadratfläche in bezug auf alle 4 (!) Symmetrieachsen gleich groß ist, denn: die Summe der beiden axialen Flächenmomente 2. Ordnung eines senkrechten Achsenpaares ist für eine Fläche stets konstant; da die I_a-Werte des Quadrats bezüglich der Diagonal-Achsen aus Symmetriegründen gleich sind, entspricht ihr Wert dem I_a-Wert bezüglich der kantenparallelen Schwerpunktsachsen. Die S_x-Werte sind unterschiedlich, ebenfalls die Werte für die verbleibende Kanalbreite auf Höhe der Schwerpunktsfaser x. Somit ergeben sich die errechneten τ_{max}-Werte aus der Schubspannungshauptgleichung.

10.3

Allgemeine Bemerkungen zur Schubspannungshauptgleichung siehe Aufgabe 10.1. Die Biegeachse verläuft stets durch den Schwerpunkt. Zur Bestimmung der Lage des Schwerpunkts dieser einfach-symmetrischen Fläche: In bezug auf eine beliebige Bezugslinie (hier horizontale Linie am Tiefstpunkt des Querschnitts) ist das statische Moment der Gesamtfläche gleich der Summe der statischen Momente der Teilflächen. Im Zähler des Ausdrucks η_S stehen also die statischen Flächenmomente der Teilflächen, im Nenner die Gesamtfläche. Da die Teilflächen ihre Schwerpunkte nicht auf der Biegeachse x haben (horizontale Schwerpunktsachse), muß bei der Berechnung des axialen Flächenmoments 2. Ordnung der STEINER-Anteil berücksichtigt werden; er errechnet sich aus dem Produkt Teilfläche mal Quadrat des Abstands zwischen Teilflächenschwerpunkt und Gesamtschwerpunkt. Das statische Flächenmoment der

Restfläche (Teilfläche oberhalb der Naht, also Rechteckfläche), S, errechnet sich als Produkt Restfläche mal Abstand des Restflächenschwerpunkts zum Gesamtflächenschwerpunkt. Die Kanalbreite des Schubflusses auf Höhe der Naht ist zweimal $a/\sqrt{2}$. Mit der Schubspannungshauptgleichung errechnet sich die Spannung in der Naht zu $\tau_a = 47\,\text{N}/\text{mm}^2$.

10.4

Bekannt ist die Schubspannung in der Schweißnaht; dies ist eine Längsschubspannung (in Balkenrichtung gerichtet), nach dem sog. "Satz von den zugeordneten Schubspannungen" ist dies aber gleichzeitig jene Schubspannung, die im Quer-Schnitt auf Höhe der Klebeschicht fließt. Aus dieser gegebenen Schubspannung von $50\,\text{N}/\text{mm}^2$ berechnet man die Querkraft F_Q. Mit Hilfe der so berechneten Querkraft liefert die Schubspannungshauptgleichung, angewendet auf die Faser auf Höhe der Schweißnaht, die Schweißnaht-Schubspannung. Zunächst wird die Lage des Schwerpunkts berechnet - allgemeine Bemerkungen siehe Aufgabe 10.3; wieder wird als Bezugslinie für die statischen Flächenmomente die Unterkante des Querschnitts gewählt. Das axiale Flächenmoment 2. Ordnung I_x ($x=$ Biegeachse) setzt sich aus den Anteilen der vier Teilflächen zusammen; alle vier Teilflächen haben ihren Schwerpunkt nicht auf der x-Achse; darum ist bei allen vier Teilflächen der STEINERanteil zu berücksichtigen, also das Produkt aus Teilfläche und dem Quadrat des Abstands zwischen dem Teilflächenschwerpunkt und dem Gesamtflächenschwerpunkt. Das statische Moment $S_{Kl.}$ der Teilflächen oberhalb der Klebe-Faserschicht errechnet sich als Produkt aus Restfläche (zwei Rechteckflächen) und deren Schwerpunktabstand zur x-Achse; das statische Moment der Restfläche unterhalb der Naht-Faser S_N errechnet sich aus dem Produkt aus Restfläche (Rechteckfläche) und deren Schwerpunktabstand zur x-Achse. Eingedenk der geforderten 3-fachen Sicherheit ergibt sich die Schweißnahtbreite zu $a = 4{,}2\,\text{mm}$.

10.5

Aus Kenntnis der Schubspannung im Grundwerkstoff des Rechteckquerschnitts kann die wirkende Querkraft $F_Q = 60\,\text{kN}$ errechnet werden. Diese Spannung tritt auf Höhe der x-Achse auf; das statische Moment der Restfläche wird also für die Teilfläche oberhalb der x-Achse berechnet. Mit der so berechneten Querkraft wird (für Faser I) in Lage (A) die Schubspannung zu $\tau_{Kl.\ A} = 31,98\,N/mm^2$ errechnet. Das statische Moment der Restfläche bezieht sich in diesem Fall nur auf die Teilfläche oberhalb von Faser I . Im Falle (B) ist die y-Achse Biegeachse, auf die sich sowohl das Flächenmoment 2. Ordnung der Gesamtfläche als auch das statische Moment der Restfläche (oberhalb Faser II) bezieht. Mit Hilfe der Schubspannungshauptgleichung berechnet man die Spannung in der Klebeschicht (auf Höhe Faser II) zu $\tau_{Kl.\ B} = 130,1\,N/mm^2$. Die Schubspannung im Kleber steigt, wie eine kurze Verhältnis-Rechnung zeigt, um 306,8 % .

10.6

Bei der Berechnung der Lage des Schwerpunkts wird als Bezugsachse die ξ-Achse gewählt, also die Unterkante des Querschnitts. Auf die durch den Schwerpunkt verlaufende horizontale x-Achse (Biegeachse) beziehen sich sowohl das axiale Flächenmoment 2. Ordnung der Gesamtfläche als auch das statische Flächenmoment der Restfläche. Bis zur Faser I steigt die Schubspannung im Alu-Querschnitt, die Schubspannung dort errechnet sich zu $\tau_1 = 49,2\,N/mm^2$. Es ist zu prüfen, ob die Schubspannung auf Höhe der Schwerpunktsfaser x nicht größer ist; diese Schubspannung fließt sowohl durch den Alu-Grundwerkstoff als auch durch den Stahl-Werkstoff des U-Profils. Für die x-Achse errechnet die Schubspannungshauptgleichung eine Schubspannung von $\tau_S = 29,92\,N/mm^2$; für den Alu-Werkstoff ist die größte Schubspannung also mit τ_1 errechnet. Für die Faser auf Höhe der Klebeschicht errechnet die Schubspannungshauptgleichung den Wert $\tau_{Kl.} = 14,08\,N/mm^2$. Der qualitative Spannungsverlauf der Schubspannungen von der Quelle bis zur Senke zeigt die Lösungsskizze.

10.7

Bei partieller Verbindung der Profile mittels Paßschrauben geht man den Lösungsweg zunächst über die Klebeverbindung und berechnet jene Schubspannung, die im Kleber für den Fall auftritt, daß die Profile durch Kleben verbunden werden. Diese Schubspannung errechnet die Schubspannungshauptgleichung zu $\tau_{Kl.} = 2,65\,N/mm^2$. Definition der Teilungsfläche:

Teilungsfläche ist die Berührfläche auf der Teilungslänge t ; die Teilungslänge ist jener Teil der Balkenlänge, auf der das Verbindungsmuster (z.B. der Schraubenverbindung) stetig wiederkehrt. Hier ist die Teilungsfläche $A_t = 80\,mm$ mal t (t = Teilungslänge, hier unbekannt). Die Schubkraft in der Teilungsfläche, errechnet aus dem Produkt Klebe-Schubspannung mal Teilungsfläche, ist gleich der Schubkraft errechnet aus Schraubenschubspannung τ_{zul} mal Schraubenquerschnittsfläche. Es errechnet sich so der Teilungsabstand der Schrauben zu $t = 101,26\,mm$. Auf den 3 m Balkenlänge sind mithin $n = 29,6$ Schrauben erforderlich, aufgerundet also 30 Schrauben.

10.8

Es wird - wie in Aufgabe 10.7 - zunächst der gedankliche Umweg über die Vorstellung gegangen, die Profile würden auf ganzer Berührfläche miteinander verklebt. Es wird zunächst die Spannung in dieser Klebeschicht berechnet, also die Spannung auf Höhe der Schwerpunktsfaser x , auf die sich sowohl das axiale Flächenmoment 2. Ordnung der Gesamtfläche als auch das statische Moment der Restfläche bezieht. Die Schubspannungshauptgleichung errechnet $\tau_{Kl.} = 3,12\,N/mm^2$. Dabei ist darauf zu achten, daß die Kanalbreite insgesamt 46 mm beträgt. Die Teilungslänge ist $t = 30\,mm$, denn alle 30 mm wiederholt sich das Verbindungsmuster - eine Naht links, eine Naht rechts. Die in der Klebeschicht von der Größe der Teilungsfläche auftretende Schubkraft wird im Falle der partiellen Schweißung von den Schweißnahtflächen aufzunehmen sein; die Spannung in den Schweißnähten errechnet sich als Quotient aus Schubkraft und Schweißnahtfläche (innerhalb der Teilungsfläche). Bei den gegebenen Daten haben die Widerstandsschweißnähte eine Spannung von $\tau_{Naht} = 35,85\,N/mm^2$ aufzunehmen.

11.1

Es treten drei Unbekannte auf: F_{S1} , F_{S2} und F_A . Es stehen aber nur zwei Gleichgewichtsbedingungen zur Verfügung, nämlich: Summe der Momente um (A) gleich null und Summe der Kräfte gleich null. Vorausgesetzt, der in (A) drehbar gelagerte Balken ist biegesteif, liefert der sog. Verschiebeplan das Verhältnis der Längenänderungen der beiden Stäbe. HOOKE :

Spannungen und Dehnungen sind einander proportional; diese Erkenntnis ermöglicht es, in der statischen Gleichgewichtsgleichung die Stabkräfte als Produkt Spannung mal Fläche auszudrücken und die Spannung wiederum als Produkt aus E-Modul und Dehnung; die Dehnung wiederum ist definiert als Verhältnis von Längenänderung zu Ausgangslänge der Stäbe. Es entsteht so eine Gleichung, in der die beiden Stablängenänderungen Δl_1 und Δl_2 Unbekannte sind. Der sog. Verschiebeplan liefert das Verhältnis dieser Längenänderungen, so daß eine Gleichung mit nur einer Unbekannten, nämlich einer der Stabverlängerungen, entsteht; hier Δl_1. Verlängerung dividiert durch die Ausgangslänge ist Dehnung; Dehnung mal E-Modul ist Zugspannung; Zugspannung mal Querschnittsfläche ist Zugkraft im Stab. So wird der Gedankengang von der statischen Gleichgewichtsgleichung hin zu der Gleichung der Stabverlängerungen quasi „rückwärts" gegangen, und man gelangt zu den Stabkräften. Ist eine der Stabkräfte so ermittelt, ergeben sich die übrigen Unbekannten aus den weiteren Statik-Gleichungen.

11.2

Es wird davon ausgegangen, daß die Zugkräfte F so angreifen, daß der ummantelte Draht sich derart verlängert, daß sich Kern und Mantel gleichermaßen verlängern. Als Federkonstante c ist definiert das Verhältnis von Kraft F zur auftretenden Verlängerung Δl. Die angreifende Zugkraft F wird anteilig von Kern und Mantel aufgenommen. Die Statik-Ausgangsgleichung lautet also: $F = F_K + F_M$. Darin nun werden die Kräfte F_K und F_M als Produkt Spannung mal Querschnittsfläche ausgedrückt, die Spannung wiederum als Produkt E-Modul mal Dehnung; die Dehnung ist definiert als Verhältnis von Längenänderung Δl und Ausgangslänge l_o. Die so umgeformte Statik-Gleichung läßt sich unmittelbar nach $c = F/\Delta l$ umstellen. Mit den gegebenen Werten ergibt sich die Lösung $c = 14,49\,\text{kN/mm}$. Mit der bekannten Verlängerung Δl wird mit l_o die Dehnung berechnet, mit der Dehnung die Spannung (HOOKEsches Gesetz) und mit der Spannung die anteilige Zugkraft in Kern und Mantel.

11.3

Es liegt ein symmetrisches Problem vor; die Verlängerungen aller drei Stäbe sind gleich groß: Δl. Die Sta-

tik-Gleichung ist die Kräftegleichgewichtsgleichung. Die in den Stäben (1) und (3) gleich großen Kräfte werden F_{S13} genannt. Umformen auf folgendem Gedankenweg: Kräfte sind das Produkt aus Spannung und Fläche; Spannung ist das Produkt aus E-Modul und Dehnung (HOOKEsches Gesetz), Dehnung ist definiert als Verhältnis von Längenänderung zu Ausgangslänge. Es entsteht so ein Ausdruck, aus dem die Stabverlängerung Δl errechnet werden kann. Mit der so berechneten Stabverlängerung ergibt sich die Dehnung, daraus die Spannung und daraus wiederum die Stabkraft.

11.4

Es liegt ein symmetrisches Problem vor, da die äußeren Stäbe gleiche Durchmesser aufweisen. Aus dem Krafteck für den gemeinsamen Knoten wird die Statik-Gleichung der Kräfte respektive Kraftkomponenten in lotrechter Richtung abgelesen. In dieser Gleichung drückt man die Stabkräfte als Produkt Spannung mal Querschnittsfläche aus, die Spannung wiederum als Produkt E-Modul mal Dehnung, die Dehnung ist definiert als Verhältnis von Längenänderung zur Ausgangslänge des Stabes. Der Verschiebeplan erlaubt es, das Verhältnis der Stabverlängerungen abzulesen. In der vorgestellten Lösung werden die Stabverlängerungen Δl_{13} in Abhängigkeit von Δl_2 ausgedrückt. So entsteht ein Ausdruck, aus dem Δl_2 errechnet werden kann, dies ist der elastische Weg des Knotens. Die Stabkräfte errechnen sich als Produkt aus Querschnittsfläche mal E-Modul mal Dehnung.

11.5

Alle Stäbe weisen gleichen Durchmesser auf. Es liegt also - wie in Aufgabe 11.4 - ein symmetrisches Problem vor. Wiederum gelangt man aus dem Krafteck zu der Kräftegleichung der Kräfte in lotrechter Richtung. Der Verschiebeplan liefert das Verhältnis der Stabverlängerungen. In der Kräftgleichung werden die Stabkräfte wiederum als Produkt aus Querschnittsfläche und Spannung beschrieben, die Spannung dann wieder als Produkt aus E-Modul und Dehnung; die Dehnung ist definiert als Verhältnis von Längenänderung des Stabes zur Ausgangslänge. In der durchgeführten Lösung wird die Verlängerung des Stabes (2) errechnet und daraus die Kraft in Stab (2) als Produkt aus Querschnittsfläche mal E-Modul mal Dehnung. Die Kräfte in den äußeren Stäben folgen über denselben Weg oder aus der Statik-Gleichung.

12.1

Biegespannungen berechnet man bei einachsiger Biegung als Quotient aus Biegemoment und axialem Widerstandsmoment bezüglich der Biegeachse; einachsige Biegung liegt dann vor, wenn der Biegemomentenvektor in Richtung einer Hauptachse gerichtet ist (Hauptachsen sind jene Schwerpunktsachsen, auf die bezogen das axiale Flächenmoment 2. Ordnung - Flächenträgheitsmoment - minimal oder maximal ist; Symmetrieachsen sind stets Hauptachsen; die beiden Hauptachsen stehen senkrecht aufeinander.)

Für Schnitt I ist das Biegemoment das Produkt aus Kraft F und dem Hebelarm von $130\,mm$. Der Querschnitt ist ein Rechteckquerschnitt, für den das axiale Widerstandsmoment Tabellen entnommen wird: $(b \cdot h^2)/6$; oder aber man errechnet das axiale Widerstandsmoment aus dem Quotienten aus axialem Flächenmoment 2. Ordnung I_x und dem Randfaserabstand der von der Biegeachse weitest entfernten Randfasern, hier $20\,mm$, so hier durchgeführt. Für Schnitt II kann keine „fertige" Formel für das axiale Widerstandsmoment W_x aus Tabellen entnommen werden. Es wird also das axiale Flächenmoment 2. Ordnung (früher: Flächenträgheitsmoment) I_x berechnet und daraus das axiale Widerstandsmoment gewonnen. Das axiale Flächenmoment 2. Ordnung für zusammengesetzte Flächen wird additiv aus den Anteilen der Teilflächen gewonnen. Hier: Anteil der äußeren Rechteckfläche minus Anteil der Rechteck-Lochfläche. Schnitt III : die Querschnittsfläche ist wieder eine Rechteckfläche; der Wert $8333,3\,mm^3$ kann auch direkt aus der Formel für das Widerstandsmoment der Rechteckfläche gewonnen werden: $(5 \cdot 100^2)/6$.

12.2

Das Biegemoment ist im Einspannquerschnitt maximal, nämlich $M_{b\,max} = F \cdot l$. Das Widerstandsmoment bezüglich der Biegeachse x errechnet sich als Quotient aus axialem Flächenmoment 2. Ordnung I_x und dem Randfaserabstand $4\,mm$. I_x setzt sich additiv zusammen aus den Anteilen für die Rechteckfläche und die beiden Halbkreisflächen, die als Kreisfläche behandelt

werden, weil durch Verschieben längs der x-Achse die Flächenabstände zur x-Achse unverändert bleiben.

12.3

Sicherheit ist das Verhältnis von Versagensspannung zu vorhandener Spannung. Durch Umstellen: Die geforderte, vom Werkstoff hinnehmbare Spannung ist das Produkt aus dem Sicherheitskoeffizienten und der vorhandenen Spannung. Index x : x-Achse ist Biegeachse; Index y : y ist Biegeachse. Man setzt die Produkte „Sicherheit mal Biegespannung" gleich und ersetzt die Ausdrücke σ_b durch den Quotienten Biegemoment durch Widerstandsmoment. Der so gewonnene Ausdruck wird nach der gesuchten Sicherheit v_y umgestellt. Die Widerstandsmomente bezogen auf x- und y-Achse werden aus den axialen Flächenmomenten 2. Ordnung gewonnen. I_x : die Kreisflächen haben ihren Schwerpunkt nicht auf der Biegeachse; darum wird zu dem Antnteil am axialen Flächenmoment 2. Ordnung bezüglich Kreisschwerpunktsachse der sog. STEINER-Anteil (Produkt aus Teilfläche und dem Quadrat des Abstands zwischen Teilflächenschwerpunkt und Gesamtschwerpunkt) addiert. Die Rechteckfläche bedarf nicht des STEINER-Summanden, weil der Rechteckflächenschwerpunkt auf der Biegeachse x liegt. I_y : alle Teilflächen haben ihren Schwerpunkt auf der Biegeachse y ; die STEINER-Anteile entfallen.

12.4

Eine Schnittgrößenbetrachtung liefert: Das maximale Biegemoment liegt bei Lager (B) vor; es hat die Größe $q_o \cdot a^2/2 = 8,575 \cdot 10^5\,Nmm$. Es wird mit Hilfe des Satzes von den statischen Momenten die Lage des Schwerpunkts errechnet: Das Produkt Gesamtfläche mal Abstand des Gesamtflächenschwerpunkts ist gleich der Summe der statischen Flächenmomente der Teilflächen, bezogen auf dieselbe Bezugslinie (die beliebig ist, hier: Unterkante des Querschnitts). Der Querschnitt wird in drei Teilquerschnittsflächen aufgeteilt; alle drei Rechteckflächen haben ihren Schwerpunkt nicht auf der Biegeachse x, so daß jeweils der STEINER-Anteil zum Tragen kommt. Wegen des gleichen Randfaserabstands zur Ober- und Unterfaser existiert nur ein Wert W_x. Die Zugspannung in der Oberfaser ist von gleichem Betrag wie die Druckspannung in der Unterfaser.

12.5

Wie auch in Aufgabe 12.4 liefert eine vorgeschaltete Schnittgrößenbetrachtung die Stelle des größten Biegemoments in Lager (B). Die Streckenlast q_o errechnet sich als Quotient aus Gewicht und Balkenlänge. Bei der Unterteilung der Fläche in die vier Teilflächen erkennt man, daß die Schwerpunkte aller vier Teilflächen auf der Biegeachse liegen, so daß der STEINER-Anteil nicht zum Tragen kommt. Die Anteile der Lochflächen werden subtrahiert, wenn zuvor dieser Anteil einbezogen wurde (hier in die Rechteckfläche 30 mm mal 20 mm). Wieder sind die Abstände zur oberen und unteren Randfaser gleich groß, so daß nur ein Wert für W_x existiert. Die Zugspannung in der Oberfaser ist von gleichem Betrag wie die Druckspannung in der Unterfaser.

12.6

Auf der Länge von 300 mm im vorderen Teil des einseitig eingespannten Balkens ist die untere Halbkreisfläche wie skizziert abgefräst. Schnitt I nimmt das größte Biegemoment dieses Querschnittstyps auf, Schnitt II, also die Einspannfläche, nimmt das größte Biegemoment des Kreisquerschnitts auf. Für diese Querschnitte ist die jeweils größte Biegespannung zu berechnen. I_{xI} : Formel für Schwerpunkts-I_x bezüglich der Nicht-Symmetrieachse x : siehe Formelsammlung. Die beiden Randfasern sind ungleich weit von der Biegeachse x entfernt, die größte Spannung wird in der weiter weg liegenden Faser wirken, denn die Biegespannungen verteilen sich linear über den Querschnitt, wobei die Biegeachse bei einachsiger Biegung spannungsfrei ist (NF = Neutrale Faserschicht); gesucht sind die größten Biegespannungen. Querschnitt II : Da es sich nicht um einen aus Teilflächen zusammengesetzten Querschnitt handelt, kann sofort mit der Formel für das axiale Widerstandsmoment der Kreisfläche gerechnet werden: $\pi \cdot D^3 / 32$. Die Rechnung zeigt, daß trotz kleineren Moments Schnitt I die größere Biegespannung erfährt.

12.7

Eine vorgeschaltete Schnittgrößenbetrachtung (siehe Aufgaben Abschnitt 5) liefert das größte Biegemoment von 500 Nm im Balken bei Lager (B). Der zur Biegeachse y nicht symmetrische Querschnitt wird in die beiden Halbkreisquerschnitte zerlegt; beide Halbkreisflächen haben ihren Schwerpunkt nicht auf der Biegeachse y ; darum wird für beide Teilflächen der STEINERsche Satz Anwendung finden. Die Lage des Schwerpunkts wird über den Satz von den statischen Flächenmomenten bestimmt: das statische Moment der Gesamtfläche (Fläche mal Hebelarm) ist gleich der Summe der statischen Momente der Teilflächen bezogen auf eine beliebige Bezugslinie, hier die Horizontale im Tiefstpunkt des Querschnitts. Gesucht ist die größte Biegespannung, es wird in der Fragestellung nicht nach Zug- und Druckspannung unterschieden. Die größte Spannung tritt in der von der Biegeachse weitest entfernten Randfaser auf, hier also in der Unterfaser. Mit dem Randfaserabstand von 16,89 mm wird das zugehörige Widerstandsmoment berechnet, aus dem dann die Biegespannung resultiert.

12.8

Es ist die Länge des aufgeklebten U-Profils so zu bestimmen, daß die Biegedruckspannung (in der Unterfaser) in Schnitt I (nicht verstärkt) genauso groß ist wie in Schnitt II. Schnitt I ist ein Rechteckquerschnitt, für den das axiale Widerstandsmoment sofort ohne Umweg über das axiale Flächenmoment 2. Ordnung berechnet werden kann. Die Spannung σ_{bI} wird gleichgesetzt mit dem Ausdruck für σ_{bII} ; darin ist l jeweils unbekannt. Schnitt II : Nach Bestimmung der Lage des Schwerpunkts und damit der Lage der Biegeachse x , wird mithilfe des STEINERschen Satzes das axiale Flächenmoment 2. Ordnung I_x berechnet. Das benötigte Widerstandsmoment ergibt sich daraus mit dem Randfaserabstand der Unterfaser (weil die Druckspannung hier in der Unterfaser beschrieben werden soll). Der bei Gleichsetzen der Druckspannungsformeln für die Unterfasern der Schnitte I und II entstehende Ausdruck kann nach l , der Unbekannten, umgestellt werden.

12.9

Wie in Aufgabe 12.8 wird die größte Biegespannung in den beiden Querschnitten beschrieben; dabei ist l in den Ausdrücken für die Biegemomente noch unbekannt. Die axialen Widerstandsmomente werden nach Formeln laut Tabelle errechnet; der Umweg über die axialen Flächenmomente 2. Ordnung (Flächenträgheitsmomente) ist hier bei den nicht aus Teilflächen zusammengesetzten Querschnitten nicht nötig. Nach Gleichsetzen der Biegespannungen folgt ein Ausdruck, aus dem die Unbekannte *l* errechnet werden kann.

12.10

Schnitt I ist gekennzeichnet durch die vertikale Bohrung, Schnitt II durch eine horizontal eingebrachte Bohrung, Schnitt III ist der durch die Längsbohrung geschwächte quadratische Vollquerschnitt, denn über die ganze Länge des einseitig eingespannten Balkens ist diese Längsbohrung eingebracht. Schnitt I : Die verbleibenden Rechteckquerschnitte werden zu einem Recheckquerschnitt doppelter Breite vereint (dadurch werden die Fächenabstände zur Biegeachse nicht verändert), so daß das axiale Widerstandsmoment sofort ohne den Umweg über das axiale Flächenmoment 2. Ordnung berechnet werden kann. Schnitt II : Hier ergibt sich das axiale Widerstandsmoment aus dem axialen Flächenmoment 2. Ordnung und dem Randfaserabstand von 15mm . Das axiale Flächenmoment 2. Ordnung wird hier berechnet aus dem Anteil für die nicht durchbohrte Quadratfläche minus Rechteckanteil für die Lochfläche. Schnitt III : axiales Flächenmoment aus Quadratflächen-Anteil minus Kreisflächen-Lochanteil; axiales Widerstandsmoment wieder Quotient aus axialem Flächenmoment 2. Ordnung und Randfaserabstand 15mm . Die Zahlenrechnung zeigt, daß Schnitt III die größte Biegespannaung erfährt.

13.1

Das maximale Biegemoment des schweren, einseitig eingespannten Balkens, tritt im Einspannquerschnitt auf: $M_{b\,max} = F_G \cdot l/2$. Das Biegemoment im Einspannquerschnitt ist in *z*-Richtung gerichtet (senkrecht auf WLF$_G$). Vorgehensweise: Bestimmen der Lage des Schwerpunkts (zweimalige Anwendung des Satzes von den statischen Flächenmomenten). Es werden die axialen Flächenmomente 2. Ordnung der Querschnittsfläche in bezug auf die Achsen *y* und *z* berechnet, also I_y , I_z sowie das biaxiale Flächenmoment 2. Ordnung (Deviationsmoment) I_{yz} . Es wird mit diesen Daten die Lage der Hauptachsen (*u*- und *v*-Achse) bestimmt sowie die axialen Flächenmomente 2. Ordnung in bezug auf ebendiese Hauptachsen: $I_u = I_{max}$ und $I_v = I_{min}$. Der Biegemomentenvektor wird in seine Hauptachskomponenten zerlegt; dies ist eine trigonometrische Betrach-

tung resp. Rechnung, die die Vorzeichen der Momenten-Komponenten nicht liefert; die Hauptachskomponenten des M_b-Vektors sind dann positiv, wenn sie in die positive Richtung der Hauptachsen gerichtet sind, das Bild zeigt eindeutig, welche Komponente positiv und welche negativ ist; im Bild hier sind beide Komponenten positiv.

Es wird jener Punkt des Querschnitts die betragsmäßig größte Biegespannung aufweisen, der am weitesten entfernt von der Neutralen Faserschicht ist, denn auch bei schiefer, zweiachsiger Biegung verteilen sich die Biegespannungen linear über den Querschnitt. Es wird also die Lage der Neutralen Faserschicht (NF) bestimmt: $\tan\beta$; daraus : $\beta = +64,41°$; β ist (bei Verwendung des hier benutzten Formelpakets) jener Winkel, um den die Neutrale Faserschicht von der positiven *u*-Achse abweicht. Damit steht fest, daß Punkt (1) (siehe Skizze) jener Punkt des Querschnitts ist, der die maximale Biegespannung erfährt. Es werden die Koordinaten dieses Punktes im *uv*-Koordinatensystem berechnet. Dann folgt die eigentliche Spannungsberechnung. Hinweis: Das Minus vor dem zweiten Term in der Spannungs-Formel begründet sich wie folgt: ein positiver M_u-Vektor ruft an einem Punkt positiver Koordinaten positive Spannung (also eine Zugspannung) hervor, ein positiver M_v-Vektor ruft an diesem Punkt jedoch eine negative Spannung (Druckspannung) hervor. Die verwendete Formel ist also vorzeichenrichtig: ergibt sich insgesamt eine positive Spannung, so liegt der Punkt auf der Zugseite des Querschnitts, ergibt sich insgesamt eine negative Spannung, so liegt der Punkt im Zuggebiet des Querschnitts. Die NF trennt das Zug- vom Druckgebiet.

13.2

Der Balken ist, wie in Aufgabe 13.1 , einseitig eingespannt. Die am freien Balkenende angreifende horizontale Kraft bewirkt einen Biegemomentenvektor in *y*-Richtung. Es wird die Lage des Schwerpunkts bestimmt, anschließend die auf die kantenparallelen Schwerpunktsachsen *z* und *y* bezogenen axialen Flächenmomente 2. Ordnung (Flächenträgheitsmomente I_z und I_y) sowie das biaxiale, also das gemischte Flächenmoment 2. Ordnung I_{yz} (Achtung: dies kann auch negativ sein - wie im vorliegenden Fall). Mit diesen Daten wird die Lage der Hauptachsen *u* und *v* errechnet; φ_o ist jener Winkel, um den die erste Hauptachse *u* von der *z*-Achse abweicht. Die beiden Hauptachsen stehen senkrecht aufeinander, der $\tan(2\varphi_o)$-Ausdruck ist vieldeutig. Nach Bestimmung der auf die Hauptachsen bezogenen axialen Flächenmomente 2. Ordnung I_u und I_v und nach Zerlegen des Biegemomentenvektors in die Hauptachs-Komponenten kann die Spannungsberechnung erfolgen. Ist die maximale Spannung gesucht, so wird diese in jenem Punkt des Querschnitts auftreten, der am weitesten von der Neutralen Faserschicht (NF) entfernt ist. Es wird mit β jener Winkel bestimmt, um den die NF von der positiven u-Achse gedreht ist (immer im mathematisch positiven Sinne: linksdrehend positiv). Für diesen Punkt (1) des Querschnitts (siehe Skizze) wird die Biegespannung berechnet - allgemeine Bemerkung zur Biegespannungsformel: siehe Aufgabe 13.1 .

13.3

Bekannt ist, daß die größte Biegedruckspannung $-300\,\mathrm{N/mm^2}$ beträgt; gesucht ist das Biegemoment M_z, wobei aus der Aufgabenstellung bekannt ist, daß der Biegemomentenvektor in Richtung der positiven z-Achse gerichtet ist. Der Gang wie üblich bei Aufgaben der schiefen Biegung: Bestimmung der Lage des Schwerpunkts des Querschnitts; Berechnung der axialen Flächenmomente 2. Ordnung in bezug auf die Achsen y und z, also I_y, I_z sowie I_{yz}. Daraus die Lage der Hauptachsen; der Ausdruck $\tan(2\varphi_o)$ ist vieldeutig; es fällt jener Winkel φ_o an, um den die erste Hauptachse u von der positiven z-Achse abweicht wie auch der um 90° größere Winkel, der in Richtung der positiven v-Achse zeigt. Die axialen Flächenmomente 2. Ordnung in bezug auf die Hauptachsen, also I_u und I_v, werden berechnet wie auch die Lage der Neutralen Faserschicht: β (Winkel zwischen u-Achse und NF). Für Punkt (1) (weitest von der NF entfernt) wird die Spannungsformel angesetzt, aus der sich die Größe M_z ergibt.

13.4

Es ist die Richtung des M_b-Vektors gesucht. Bekannt ist, daß alle Punkte der Klebeschicht dieselbe Spannung aufweisen und damit alle dieselbe Entfernung zur Neutralen Faserschicht haben müssen. Die Neutrale Faserschicht ist also zur Klebeschicht parallel: Die NF verläuft durch den Schwerpunkt und ist - im Bild hier - horizontal. Nach Bestimmung der Lage des Schwerpunkts

und Berechnung der axialen Flächenmomente 2. Ordnung in bezug auf die kantenparallelen z- und y-Achse, I_y, I_z und I_{yz}, wird die Lage der Hauptachsen u und v bestimmt: $\tan(2\varphi_o)$, daraus der Winkel φ_o (ist der Winkel zwischen der positiven z-Achse und der ersten Hauptachse u). Die Formel für β (Winkel zwischen der u-Achse und der NF) wird nach dem Verhältnis M_v/M_u umgestellt; dieses Verhältnis stellt den Tangens jenes Winkels dar, der - siehe Skizze - zwischen positiver u-Achse und dem M_b-Vektor liegt: α. Ist α bekannt, so kann die Frage nach dem Winkel, um den der M_b-Vektor von der z-Achse abweicht, beantwortet werden.

13.5

Die angreifende Kraft F ruft in der Einspannfläche den nach unten, also in Richtung der negativen y-Achse weisenden Biegemomentenvektor hervor. Mithilfe des Satzes von den statischen Flächenmomenten wird die Lage des Schwerpunkts ermittelt. In bezug auf die hier kantenparallel zu den Rechteckkanten der Teilrechteckflächen definierten Achsen y und z werden die axialen Flächenmomente 2. Ordnung berechnet: I_z, I_y und I_{yz}. Das biaxiale Flächenmoment (Deviationsmoment) ergibt sich hier negativ. Nach Bestimmung der Lage der Hauptachsen kann der M_b-Vektor (Kraft F mal Balkenlänge) in seine Hauptachs-Komponenten zerlegt werden; die Vorzeichen dieser Momentenkomponenten ergeben sich nicht aus der trigonometrischen Rechnung, sondern durch die Lösungsskizze, aus der die positive Richtung der Hauptachsen hervorgeht. Mit diesen Momentenkomponenten und den noch zu berechnenden axialen Flächenmomente 2. Ordnung in bezug auf die Hauptachsen, also I_u und I_v, kann Winkel β berechnet werden, der von der positiven u-Achse die Richtung der Neutralen Faserschicht beschreibt. Mithilfe der Spannungsformel wird nun für den von der NF weitest entfernten Punkt (1) die Biegespannung berechnet, sie ist negativ: also liegt Punkt (1) im Druckgebiet.

13.6

Punkt (1) liegt auf der Neutralen Faserschicht. Da die Symmetrieachse des Querschnitts, also die z-Achse, ob ihrer Symmetrie zugleich Hauptachse ist, ist auch die hierauf senkrechte Achse y Hauptachse: $z = u$ und $y = v$. Es werden die axialen Flächenmomente in bezug auf diese Achsen berechnet; ein Deviationsmoment kann nicht existieren (Hauptachsen!). β , der Winkel zwischen der positiven u-Achse und der NF, wird trigonometrisch berechnet. Die allgemein gültige Formel für $\tan\beta$ wird umgestellt nach dem Verhältnis M_v/M_u ; dies ist der Tangens des Winkels α , um den der Biegemomentenvektor von der u-Achse abweicht. Es ergibt sich α zu $-51,1°$.

Für die Spannungsberechnung wird der Biegemomentenvektor in die Hauptachskomponenten zerlegt. Mit Hilfe der Spannungsformel werden die Biegespannungen für die Eckpunkte des Querschnitts berechnet und die errechneten Werte in einem geeigneten Maßstab perspektivisch dargestellt. Aus dieser Perspektive geht anschaulich hervor, daß sich die Biegespannungen auch bei schiefer Biegung linear über den Querschnitt verteilen: Die Verbindung aller Spannungs-Vektorspitzen bildet eine schiefe Ebene, die in der NF das Querschnittsbild schneidet und hier Zug- und Druckgebiet voneinander trennt.

14.1

Der Balken ist statisch bestimmt gelagert im Gelenk (A) und im Loslager (B) . Eine statische Voraubüberlegung liefert die Auflagerkräfte in (A) und (B) . Bereich I : $M_b(x) = -F \cdot x$; Auflagerkraft F_A entwickelt bei x ein linksdrehendes Moment, das Schnittmoment als Reaktionsmoment ist rechtsdrehend und also negativ, denn bei dem gewählten Koordinatensystem dreht die positive y-Achse (Drehung von w nach x - Rechtsschraubregel, zyklische Vertauschung im Rechtssystem) aus der Ebene heraus, linksdrehende Momente sind am positiven Ufer mithin positiv. Einsetzen der $M_b(x)$-Funktion in die Differentialgleichung der Elastischen Linie; sie lautet allgemein: $w''(x) = -M_b(x)/EI_a$; es findet also eine Vorzeichenumkehr statt. Dann sind alle Ergebnisse vorzeichenrichtig, d.h. positive w (Durchbiegungen) sind Biegepfeile in w-Richtung, und positive w' sind Tangentenneigungen nach rechts unten (im Quadranten wx entscheidet sich die positive Steigung). Nach der ersten Integration läßt sich für w' keine Randbedingung im Bereich I formulieren, der w'-Ausdruck wird mit C_1 integriert zu $w(x)$. Jetzt müssen zwei Randbedingungen gefunden werden, die in Bereich I zu formulieren sind! Bei (A) und (B) sind die Biegepfeile w null. Damit werden die beiden Konstanten C_1 und C_2 bestimmt, und es kann (bzw. es muß) die Steigung w' bei (B) berechnet werden,

denn in Bereich II ist nur eine Randbedingung bekannt, die Tangentenneigung bei (B) , nämlich $\alpha_B = w'(x = l/2)$, wird in Bereich II zur Randbedingung. Bereich II : Die R.B. $w(x = l/2) = 0$, die bereits in Bereich I formuliert und benutzt wurde, wird hier ebenfalls angewendet. Die zweite R.B. ist - wie gesagt - die Kenntnis des Winkels α_B . So werden die weiteren beiden Integrationskonstanten C_3 und C_4 bestimmt. Der gesuchte Biegepfeil am rechten, freien Balkenende ist $f = w_{II}(x = l)$, und die Tangentenneigung am freien Balkenende rechts ist $\alpha = w'_{II}(x = l)$. Hinweis: Ob die Tangentenneigung w' mit $\tan\alpha$ oder α (Arcus, Winkel im Bogenmaß) ausgedrückt wird, ist für kleine Winkel gleichbedeutend, da für kleine Winkel der Arcus, der Tangens und auch der Sinus nahezu gleich groß sind.

14.2

Aufgabe 14.1 zeigt, daß bei Verwendung einunddesselben Koordinatensystems für die beiden Bereiche die M_b-Ausdrücke im zweiten Bereich jeweils recht lang werden können. In der hier vorgestellten Lösung werden für die beiden Bereiche stetiger M_b-Funktionen verschiedene Koordinatensysteme verwendet. In beiden gewählten Koordinatensystemen entspricht der nach rechts oben gerichteten Tangente eine positive Steigung (jeweils im wx-Koordinatensystem); der Wert für α_B aus Bereich I wird also vorzeichentreu als Randbedingung im Bereich II verwendet. Eine statische Vorüberlegung liefert die Auflagerkräfte in (A) und (B) . Da im linken Bereich I zwei Randbedingungen beschrieben werden können, wird hier begonnen. Nach Formulierung der Biegemomentenfunktion $M_b(x)$ und Einbringen in die Dgl. der Elastischen Linie wird zweimal integriert; die anfallenden Integrationskonstanten werden mit den Randbedingungen $w(x = 0) = 0$ und $w(x = l/4) = 0$ bestimmt. In Bereich II wird mit dem am rechten Balkenende entspringenden Koordinatensystem gearbeitet, der $M_b(x)$-Ausdruck ist entsprechend kurz. Nach zweimaliger Integration und Formulieren der Randbedingungen $w(x = 3l/4) = 0$ und $w'(x = 3l/4) = \alpha_B$ (und zwar vorzeichentreu!) werden die Integrationskonstanten C_3 und C_4 bestimmt; die Gleichungen $w(x)$, $w'(x)$ und $w''(x)$ liegen damit auch für Bereich II fest, und es können die gesuchten Größen bestimmt werden: $f = w_{II}(x = 0)$ und $\alpha = w'_{II}(x = 0)$.

14.3

Der Balken ist statisch bestimmt im Festlager (A) und im Loslager (B) gelagert; eine vorgeschaltete statische Betrachtung liefert die Auflagerkräfte in diesen Lagern. Bei (B) hat die Biegemomentenfunktion eine Unstetigkeitsstelle, die Biegemomentenfunktion hat hier einen Knick; d.h. es liegen in den Bereichen I und II unterschiedliche Biegemomentenfunktionen für die Schnittgröße $M_b(x)$ vor. Damit diese Ausdrücke nicht zu lang werden, wird für beide Bereiche ein je eigenes Koordinatensystem gewählt. Bei den in der vorgestellten Lösung gewählten Koordinatensystemen ist zu bedenken, daß in Bereich I die positive Tangentenneigung an die Biegelinie nach rechts unten fällt, während im rechten Bereich II die positive Tangente an die Biegelinie nach links unten fällt, - jeweils im ersten Quadranten des wx-Koordinatensystems.

Man beginnt mit dem linken Bereich I, weil hier zwei Randbedingungen formulierbar sind: an beiden Lagern (A) und (B) ist die Durchbiegung w null. Die abwärts gerichtete Auflagerkraft F_A ruft im Schnitt (am positiven Schnittufer!) ein rechtsdrehendes Biegemoment hervor, dies ist negativ ($M_b(x)$-Vektor entgegen der Richtung der positiven y-Achse - aus der Ebene heraus). Nach Einsetzen in die Dgl. der Elastischen Linie und nach zweifacher Integration folgen die Integrationskonstanten C_1 und C_2. Die Tangentenneigung $\alpha_B = w'(x = 3l/4)$ dient als zweite Randbedingung im rechten Bereich II; hier allerdings ist der Wert negativ, während α_B im linken Balkenteil ja positiv ist (siehe Koordinatsysteme). Im rechten Balkenteil II bewirkt die abwärts gerichtete Kraft F im positiven Schnittufer (aus dem positiven Schnittufer tritt stets die x-Achse aus) ein linksdrehendes, negatives Biegemoment (Drehung von w nach x ist die positive Drehrichtung; dann nämlich ist der Biegemomentenvektor in Richtung der positiven y-Achse gerichtet). Zweifache Integration und Anwenden der Randbedingungen liefert die beiden weiteren Integrationskonstanten. Die Ergebnisse folgen aus den beiden Gleichungssystemen $w(x)$, $w'(x)$ und $w''(x)$ in den beiden Bereichen: $f = w_{II}(x = 0)$, $\alpha_F = w'_{II}(x = 0)$, $\alpha_A = w'_I(x = 0)$. Die maximale Durchbiegung zwischen den Lagern, also f_o, ergibt sich aus $w_I(x = x_o)$, wobei x_o sich aus der Bedingung $w'_I(x = x_o) = 0$ ergibt.

14.4

Lager (B)) liegt mittig unter dem Schwerpunkt der Gesamtlast $q_o \cdot l$; damit nimmt Lager (B) die gesamte Last auf, Lagerkraft $F_A = 0$. Wieder erkennt man, daß im rechten Bereich des Balkens, Bereich I, zwei Randbedingungen formuliert werden können, so daß hier mit den Überlegungen zu beginnen ist. Die abwärts gerichteten Anteile der Streckenlast rufen im positiven Schnittufer (aus dem die x-Achse austritt) ein linksdrehendes Moment hervor, also ein negatives Schnittmoment (Drehung w nach x ist die positive Drehrichtung, die positive y-Achse stößt also in die Ebene hinein). An den Lagern (A) und (B) sind die Durchbiegungen w null, diese Randbedingungen liefern die beiden ersten Integrationskonstanten. Damit liegt das Gleichungssystem im rechten Balkenteil vor, und es kann die Tangentenneigung bei (B) bestimmt werden: α_B. In der vorgestellten Lösung wird für den linken Balkenbereich II dasselbe Koordinatensystem verwendet (vergleiche Aufgaben 14.2 und 14.3 - hier wurde je ein eigenes Koordinatensystem gewählt); der $M_b(x)$-Ausdruck ist entsprechend lang. Es soll aber verdeutlicht werden, daß es freigestellt ist, je ein eigenes Koordinatensystem aufzumachen oder mit ein und demselben Koordinatensystem in beiden Balkenteilen zu arbeiten. Mit Kenntnis des Winkels α_B und der weiteren Randbedingung $w_{II}(x = l/2) = 0$ können die weiteren Integrationskonstanten bestimmt werden, und es liegt auch das Gleichungssystem $w(x)$, $w'(x)$ und $w''(x)$ für den Balkenteil II komplett vor, aus dem die geometrischen Größen des linken Balkenteils ermittelt werden wie f: $f = w_{II}(x = l)$

14.5

Die Tangentenneigung aller Balkenpunkte zwischen (B) und dem rechten Balkenende ist gleich groß, da der Balken sich in diesem Bereich nicht krümmt; es liegen keine Biegemomente vor, die den zuvor geraden Balken krümmen. Mit Kenntnis der Tangentenneigung am rechten Balkenende ist also indirekt die Tangentenneigung bei (B) bekannt, sie ist null: horizontale Tangente. Bei (A) greift ein äußeres linksdrehendes Moment an; die Statik liefert die Auflagerkräfte in (A) und (B). Das Koordinatensystem wird in (B) eröffnet; rechtsdrehende Schnittmomente sind positiv, linksdrehende negativ, - siehe Koordinatensystem wx. In den Lagern sind die Durchbiegungen w null; diese Randbedingungen liefern die beiden Integrationskonstanten. Gefordert ist : $w'(x = 0) = 0$; mit dieser Bedingung ist das gesuchte Moment M bestimmbar.

14.6

Im Gegensatz zu den Aufgaben 14.1 bis 14.6 liegt hier ein statisch unbestimmt gelagerter Balken vor: Die Einspannung ist dreiwertige Fessel und reicht bei den drei vorhandenen Freiheitsgraden des Körpers in der Ebene aus, den Balken statisch bestimmt zu lagern; Loslager (B) ist überzähliges Lager. Die Auflagerkraft F_B kann nicht allein aus statischen Überlegungen gewonnen werden. Es liegen insgesamt drei Randbedingungen vor: $w'(x = l) = 0$, $w(x = 0) = 0$ und $w(x = l) = 0$; zwei der drei Randbedingungen werden benötigt, die beiden Integrationskonstanten zu bestimmen; die dritte Randbedingung wird verwendet, um die Auflagerkaft F_B zu beschreiben. Die Stelle x_o (Stelle größter Balkendurchbiegung) wird ermittelt über die Bedingung $w'(x = x_o) = 0$. Die Lösung $x_o = l$ ist trivial: es ist bekannt, daß dort die Tangente horizontal ist; die Stelle größter Durchbiegung f ist bei $x_o = l/3$. Der Biegepfeil f folgt aus $f = w(x = x_o = l/3)$, das Ergebnis ist negativ, der Biegepfeil f zeigt gegen die positive w-Achse.

15.1

Der Torsionsstab ist im Gleichgewicht: das am einen Ende eingeleitete Torsionsmoment wird gleichgewichtig am anderen Stabende aufgenommen; d.h. alle Querschnitte des Stabs erfahren dasselbe Torsionsmoment M_t . Dieses Moment ist zu bestimmen unter der Vorgabe, daß der Gesamtverdrehwinkel $0,9°$ beträgt. Dabei addieren sich die Verdrehwinkel der Stabteile verschiedenen Querschnitts. Beide Querschnitte sind rotationssymmetrisch, so daß das Torsionsträgheitsmoment I_t in diesem Fall dem polaren Flächenmoment 2. Ordnung I_p entspricht. Die Teillängen sind bekannt. Es ergibt sich das Torsionsmoment zu $M_t = 228,2 \, Nm$. Für die Spannungsberechnung entnimmt man die Formeln der Formelsammlung; die polaren Widerstandsmomente errechnen sich als Quotient aus polarem Flächenmoment 2. Ordnung (sind aus der Teillösung bereits bekannt) und dem Außenradius $D/2$. Die maximale Torsionsspannung liegt im Rohrteil des Stabes vor und beträgt $34,6 \, N/mm^2$.

15.2

Der Torsionsstab besteht aus zwei Teilstücken jeweils konstanten Querschnitts: im linken Teil von $300 \, mm$ Teillänge ist der Querschnitt ein runder Vollquerschnitt, im rechten $100 \, mm$ langen Teilstück ist der Querschnitt vollquadratisch. Das Torsionsmoment soll eine größte Torsionsspannung von $80 \, N/mm^2$ hervorrufen. Es ist vorab zu klären, bei welchem Moment diese Spannung entsteht; darum wird für beide Querschnitte die Spannungsberechnung durchgeführt; es ergibt sich daraus, daß im Vierkantzapfen bereits bei einem Torsionsmoment von $3594,24 \, Nmm$ die Torsionsspannung von $80 \, N/mm^2$ entsteht; die Spannung im Rundquerschnitt ist bei dieser Belastung noch unter der zulässigen Spannung. Wieder addieren sich die Teilverdrehwinkel der Stabteile jeweils konstanten Querschnitts zum Gesamtverdrehwinkel. Während das Torsionsträgheitsmoment I_t im runden Querschnitt dem polaren Flächenmoment 2. Ordnung entspricht, berechnet sich das Torsionsträgheitsmoment für den quadratischen Querschnitt nach der Formel $I_t = \eta_3 \cdot b^3 \cdot h$, wobei der Koeffizient η_3 vom Verhältnis h/b (h = lange Rechteckseite, b = kurze Rechteckseite, hier: $h/b = 1$) abhängt - siehe Tabellen in der Formelsammlung.

15.3

Die beiden Querschnittstypen des Torsionsstabs sind: dünnwandig offener Querschnitt (im schweißfehlerhaften Teil des Stabs) und dünnwandig geschlossener Querschnitt. Ohne Schweißfehler ist eine Torsonsspannung von $20 \, N/mm^2$ zulässig. Aus der Spannungsformel für dünnwandig geschlossene Torsionsstabquerschnitte ergibt sich jenes Torsionsmoment, bei dem im schweißfehlerfreien Vierkantrohr diese Spannung von $20 \, N/mm^2$ erzeugt wird. Mit dem so errechneten Torsionsmoment ergibt sich aus der Spannungsformel für dünnwandig offene Torsionsstabquerschnitte die hier wirkende Spannung von $420 \, N/mm^2$. Aufgabenstellung b) fragt nach der prozentualen Steigerung des Verdrehwinkels zufolge des Schweißfehlers. Der Verdrehwinkel im schweißfehlerfreien Rohr der Länge $1,2 \, m$ wird auf 100% gesetzt, er beträgt $\psi = 1,228°$. Der Verdrehwinkel des schweißfehlerbehafteten Torsionsstabs errechnet sich als Summe der Teilverdrehwinkel der beiden Stababschnitte (offener und geschlossener Querschnitt). Der Verdrehwinkel des fehlerbehafteten Stabs beträgt 52,02° ; die Steigerung errechnet sich mithin zu 4136% .

15.4

Zwei Vorgaben kennzeichnen diese Aufgabe: Zum einen soll der Gesamtverdrehwinkel 18° nach Abfräsen eines Teils des Stabquerschnitts betragen, zum anderen soll die Torsionsspannung dann maximal $40\,\text{N/mm}^2$ groß sein. Eine Spannungsberechnung für die beiden Querschnittstypen zeigt, daß das Torsionsmoment von 532,4 Nmm im quadratischen Querschnitt bereits diese Maximalspannung hervorruft. Dieses Moment wird also der weiteren Rechnung zugrunde gelegt. Der Gesamtverdrehwinkel von 18° ist die Summe der Teilverdrehwinkel der Stabteile unterschiedlichen Querschnitts. Wird die Teillänge, auf die abzufräsen ist, mit l bezeichnet, so verbleibt als Teillänge des ursprünglichen Rechteckquerschnitts noch $(2000\,\text{mm} - l)$. Die Verdrehwinkelformel wird nach l umgestellt; es ergibt sich als Lösung $l = 1556,2\,\text{mm}$.

15.5

Die Teillängen des insgesamt 900 mm langen Torsionsstabes sind bekannt. Es wird gefragt nach der prozentualen Steigerung des Verdrehwinkels und nach der prozentualen Steigerung der Torsionsspannung, wenn der ursprünglich quadratische Querschnitt auf 250 mm Teillänge auf $d = 6\,\text{mm}$ abgedreht wird. Der auf 900 mm Länge quadratische Stab liefert die 100%-Werte für Verdrehwinkel und für Torsionsspannung. a) Der Gesamtverdrehwinkel des partiell abgedrehten Stabs ergibt sich wieder als Summe der Teilverdrehwinkel, wobei für den quadratischen Querschnitt die Formel $I_t = \eta_3 \cdot b^3 \cdot h$ (mit $h/b = 1$ und also $\eta_3 = 0,14$) zutrifft, während im runden Zapfenquerschnitt gilt: $I_t = I_p = \pi \cdot d^4/32$. Der Verdrehwinkel steigt auf 706% , also um 606% . b) Die Rechnung zeigt, daß die Spannung im runden Querschnitt größer ist als im quadratischen Querschnitt, die Spannung steigt auf 847,5%, also um 747,5% .

15.6

Das Torsionsmoment, das die Kupplung zu übertragen hat, wird von beiden Torsionsstäben aufgenommen re-

spektive übertragen. Das quadratische Innenrohr hat einen dünnwandig geschlossenen Querschnitt, das quadratische Außenrohr hat wegen des Schlitzes einen dünnwandig offenen Querschnitt. Für beide Torsionsstäbe wird die Spannungsberechnung durchgeführt, wobei die vorgegebene Torsionsspannung von $500\,\text{N/mm}^2$ in die jeweilige Spannungsformel einfließt, die dann nach dem Torsionsmoment umgestellt wird. Der Vergleich zeigt, daß die Torsionsspannung von $500\,\text{N/mm}^2$ im Außenrohr bereits bei einem Torsionsmoment von $M_t = 583,\overline{3}$ Nm erreicht wird, während diese zulässige Spannung im Innenrohr bei einem Torsionsmoment von $M_t = 1568$ Nm erst erreicht wird. Das kleinere Moment ist mithin das zulässige Torsionsmoment, das die Kupplung übertragen kann.

15.7

Es wird vorausgesetzt, daß beim Vergleich die Rohrlänge und das belastende Torsionsmoment gleichbleiben. Im ursprünglichen Zustand ist das Rohr auf ganzer Länge geschlitzt, also von dünnwandig offenem Querschnitt; der Verdrehwinkel dieses Rohres wird zu 100% gesetzt. Bei einem 40% kleineren Verdrehwinkel beträgt der Gesamtverdrehwinkels des bereichsweise zugeschweißten Rohres noch 60% des ursprünglichen Verdrehwinkels. Der Verdrehwinkel im durch partielles Schweißen entstandenen Rohr setzt sich additiv zusammen aus den Teilverdrehwinkeln der beiden Teillängen der unterschiedlichen Querschnitte. Es sind die zugehörigen Torsionsträgheitsmoment-Formeln für die verschiedenen Querschnitte aus der Formelsammlung zu entnehmen. Aus dem Ansatz folgt die Lösung zu $s/a = 0,387$.

16.1

Die Lage des Schub- oder Querkraftmittelpunkts, also die Entfernung dieses Schubmittelpunkts von dem frei gewählten Koordinatenursprung, ist wie folgt definiert - siehe Formelsammlung:

$$y_Q \cdot I_y = \int |S_y(s)| \cdot (y \cdot \cos a + z \cdot \sin \alpha) \cdot ds \; .$$

Darin bedeutet I_y das axiale Flächenmoment 2. Ordnung des Gesamtquerschnitts (bezogen auf die Biegeachse y); y und z sind die Lagekoordinaten eines beliebig gelegenen Flächenteilchens $dA = c(s) \cdot ds$ ($c(s)$ ist die Wanddicke an dieser Stelle des Querschnitts), ds ist die infinitesimal kleine Streifenlänge des Flächenelements); an der betrachteten Stelle des Querschnitts, also bei den Koordinaten y und z, wird der Gesamtquerschnitt unterteilt in zwei sog. Restflächen, deren statisches Flächenmoment (Flächenmoment i. Ordnung) in bezug auf die Biegeachse y die Größe S_y darstellt, dabei ist es unerheblich, welche der beiden Restflächen zur Berechnung des statischen Flächenmoments herangezogen wird, - S_y ist in der o.g. Formel als absolute Größe zu betrachten, α ist definitionsgemäß der Winkel, um den der Schubspannungsvektor τ an der betrachteten Stelle (Koordinaten y und z) von der positiven z-Achse abweicht (in mathematisch positivem Sinn, also linksdrehend). Weist das Integral Unstetigkeitsstellen auf, so darf über diese Unstetigkeitsstellen natürlich nicht hinweg integriert werden. Die Funktion $S_y(s)$ z.B. ist an den Ecken des dieser Aufgabe zugrundeliegenden Vierkantschlitzrohres unstetig; also wird sukzessive in den Bereichen stetiger S_y-Funktion integriert und die Anteile $y_Q \cdot I_y$ für die einzelnen Bereiche addiert.

Bereich I: $\alpha = \pi$ (Dreht man die positive z-Achse mit mathematisch positiver Drehrichtung in Richtung des τ-Vektors, so beträgt der Drehwinkel $180° = \pi$). Ortskoordinaten des Flächenteilchens an beliebiger Stelle in Bereich I: dA: $y = -a$ und $z = -s$. Statisches Moment der Restfläche $(c \cdot s)$: $c \cdot s \cdot s/2$. Bereich II: $\alpha = 3\pi/2$; $y = -a + s$; $z = -a/2$; beim statischen Flächenmoment der Restfläche wird die gesamte vor respektive hinter dA liegende Fläche berücksichtigt: $S_{y\,II}(s) = c \cdot a/2 \cdot a/4 + c \cdot s \cdot a/2$; der erste Summand stellt das statische Flächenmoment der Fläche I dar, der zweite Summand entspricht der Teilfläche aus Bereich II, nämlich der Fläche $c \cdot s$. Bereich III liefert keinen Beitrag an $(y_Q \cdot I_y)$, denn es ist einerseits $y = 0$ und andererseits auch $\sin\alpha = \sin 0 = 0$. Bereich IV liefert aus Symmetriegründen denselben Anteil wie Bereich II; Bereich V liefert aus Symmetriegründen denselben Anteil wie Bereich I. Die Berechnung von I_y wird in der vorgestellten Lösung ausführlich entwickelt; für kleine Wanddicken ergibt sich so das Ergebnis $y_Q = 5a/8$.

16.2

Es wird empfohlen, zunächst Aufgabe 16.1 zu bearbeiten; die dort gegebenen allgemeinen Hinweise zur verwendeten Formel sollen hier nicht ausführlich wiederholt werden. Die Wanddicke des Schlitzrohres ist konstant c. Aus Symmetriegründen wird Bereich IV den-

selben Anteil an $(y_Q \cdot I_y)_{\text{gesamt}}$ erbringen wie Bereich I, die Anteile der Bereiche II und III sind ebenfalls gleich. Es wird also nur der Flächenanteil oberhalb der y-Achse behandelt.

Bereich I: $\alpha = \pi$. Hier ist $y = 0$ (Flächenteilchen dA liegt auf der z-Achse). Abstand der Teilfläche dA von der y-Achse: $z = -s$. Man erkennt: Bereich I liefert keinen Beitrag zu $(y_Q \cdot I_y)_{\text{gesamt}}$. Bereich II: $\alpha = 3\pi/2 + \varphi$; hier wird mit Polarkoordinaten gearbeitet: $y = +R \cdot \sin\varphi$ und $z = -R \cdot \cos\varphi$. Das statische Moment der Restfläche setzt sich zusammen aus den Anteilen für den gesamten Bereich I und dem Anteil aus Bereich II; dabei ist die Lage des Flächenschwerpukts der Teilfläche aus Bereich II nicht bekannt, dieser Anteil des statischen Flächenmoments wird als Integral ausgedrückt: Summe aller Flächenteilchen $dA = c \cdot R \cdot d\varphi$ mal Abstand von dA zur y-Achse, nämlich $R \cdot \cos\varphi$.

Damit: $S_y(s) = c \cdot R \cdot R/2 + c \cdot R \cdot d\varphi \cdot R \cdot \cos\varphi$. Es wird daran erinnert, daß gilt: $\cos(3\pi/2 + \varphi) = \sin\varphi$ und $\sin(3\pi/2 + \varphi) = -\cos\varphi$.
Zudem gilt: $\sin^2(\varphi) + \cos^2(\varphi) = 1$.

16.3

Auch bei dieser Aufgabe wird empfohlen, zunächst Aufgabe 16.1 zu bearbeiten; die dort gegebenen allgemeinen Lösungshinweise sollen hier nicht in der ganzen Ausführlichkeit wiederholt werden. Als Restfläche, für die das statische Flächenmoment zur y-Achse zu bestimmen ist, wird die Fläche unterhalb der Stelle dA betrachtet. Es werden also aufaddiert die statischen Flächenmomente d. Flächenteilchen $dA = c \cdot R \cdot d\psi = c \cdot ds$: $S_y(s) = \int c \cdot R \cdot d\psi \cdot R \cdot \cos\psi$; die Restfläche wird beschrieben über die Integrationsgrenzen $\psi = \pi/2 - \alpha_o$ bis $\psi = \varphi$. Die Grenzen für das Gesamtintegral lauten $\pi/2 - \alpha_o$ bis $\pi/2$.
Lösung: $(y_Q \cdot I_y) = 2c \cdot R^4 (\sin\alpha_o - \alpha_o \cdot \cos\alpha_o)$. Beschreibt man für den dünnwandigen Querschnitt das axiale Flächenmoment 2. Ordnung näherungsweise nur mit den STEINER-Anteilen, so ergibt sich die vorgestellte Lösung für y_Q.

16.4

Rundes Schlitzrohr veränderlicher Wanddicke. Die Wanddicke im Bereich des Schlitzes sei c, die an der gegenüberliegenden Stelle $k \cdot c$. Die Wanddicke nimmt linear stetig zu, eine Proportion liefert die Wanddicke an beliebiger Stelle. Das statische Moment der Restfläche wird wieder über den Integralausdruck beschrieben: Summe der Produkte aus Flächenteilchen $dA = c(\psi) \cdot R \cdot \sin\psi$ in den Grenzen $\psi = 0$ bis $\psi = \varphi$. Die anfallenden Integrale sind Grundintegrale, die sich auch aus der Formelsammlung entnehmen lassen. Das axiale Flächenmoment 2. Ordnung des Gesamtquerschnitts, also I_y, wird über den mittleren Radius R beschrieben. Die Sonderfälle $c = $ konst. , d.h. $k = 1$ sowie $k = 2$, d.h. Wanddicke gegenüber Schlitz ist doppelt so groß wie am Schlitz. Es ergibt sich aus der zuvor hergeleiteten Lösung für y_Q die jeweilige Lage des Schubmittelpunkts.

16.5

Wegen der im gekrümmten Bereich des Querschnitts erforderlichen Polarkoordinaten wird der Koordinatenursprung des yz-Koordinatensystems im Krümmungsmittelpunkt eröffnet. Einteilung in die Bereiche I und II . Bereich I : y und z sind negativ im definierten Koordinatensystem; $\alpha = 3\pi/2$. Es ergibt sich damit die Teillösung für $\left(I_y \cdot y_Q\right)_{\mathrm{I}}$. Bereich II : zum statischen Moment der gesamten I-Fläche kommt der gekrümmte Anteil der Fläche II ; dieser wird wieder über die Integration der statischen Flächenmomente der Teilflächen dA behandelt. Die Gesamtlösung $\left(I_y \cdot y_Q\right)_{\mathrm{gesamt}}$ ergibt sich wegen Symmetrie als doppelter Wert der Anteile aus I und II . Es wird auf eine allgemeine Formelbeschreibung des axialen Flächenmoments 2. Ordnung I_y verzichtet und nur der Zahlenwert berechnet. Es folgt so die Lösung $y_Q = 22\,\mathrm{mm}$.

17.1

Es sind vom Druckstab bekannt seine Länge, sein Querschnitt sowie die Art seiner Lagerung: beidseitig gelenkig. Immer dann, wenn alle Maße und die Art der Lagerung der Stabenden bekannt sind, kann der Schlankheitsgrad λ berechnet werden, so daß von vornherein die Entscheidung möglich ist, ob ein elastischer Knickfall (EULER-Fall) oder ein Fall der unelastischen Knickung (TETMAJER-Fall) vorliegt: Ist der errechnete Schlankheitsgrad größer als der für den vorliegenden Werkstoff bekannte Grenzschlankheitsgrad λ_g, so liegt ein EULER-Fall vor. Die Lage der Gelenkachsen x ist

vorgegeben, es wird das axiale Flächenmoment 2. Ordnung I_x (Flächenträgheitsmoment) berechnet und daraus mit der Querschnittsfläche A der Trägheitsradius i. Der Schlankheitsgrad ist definiert als Quotient aus sog. freier Knicklänge l_k und dem Trägheitsradius i. Dabei ist l_k definiert als halbe Länge einer vollständigen Sinuslinie; alle Knickstäbe (konstanten Querschnitts) nehmen die Form einer Sinuslinie oder eines Teils der Sinuslinie an; ist - wie hier - der Stab beidseitig gelenkig gelagert, so entspricht die Form des ausgeknickten Stabes dieser halben Sinuslinie, es ist also in diesem Knickfall II : $l_k = l$. Der Schlankheitsgrad errechnet sich zu 163,3 ; er ist damit größer als der für St37 aus Tabellen zu entnehmende Grenzschlankheitsgrad von 105 . Mithin liegt ein EULER-Fall der elastischen Knickung vor, es sind die EULER-Formeln zuständig. Die EULERsche Knickkraftformel liefert die Knickkraft F_k. Die zulässig Stabkraft wird über die vorgegebene Knicksicherheit berechnet. Es folgt nun noch eine statische Gleichgewichtsbetrachtung am Balken. Bei bekannter Stabkraft $F_S = 13{,}6\,\mathrm{kN}$ ergibt sich aus einer Momentenbetrachtung um den Gelenkpunkt (A) : $F_{\mathrm{zul}} = 6{,}8\,\mathrm{kN}$.

17.2

Das Gewicht des Balkens ist mit $1{,}4\,\mathrm{kN}$ bekannt; es kann die im Stab wirkende Druckkraft aus einer statischen Überlegung ermittelt werden. Die Gelenkachsen x des beidseitig gelenkig gelagerten Stabes (Knick-Fall II: $l_k = l$) sind die $I_{\min}$-Achsen, so daß dem Stab keine Knickrichtung aufgezwungen wird; die Biegung um die $I_{\max}$-Achsen erzwingt. Es wird das axiale Flächenmoment 2. Ordnung I_x (Flächenträgheitsmoment) des Hohlquerschnitts berechnet. Aus Stabkraft und Knicksicherheit folgt die Knickkraft. Da die Stablänge gesucht und also zunächst unbekannt ist, kann nicht von vornherein der Schlankheitsgrad berechnet werden; die Entscheidung, ob es sich um einen Fall der elastischen oder der unelastischen Knickung handelt, ist nicht vorab zu klären. Man trifft eine Annahme - hier: EULER-Fall - und errechnet die Stablänge l über die EULERsche Knickkraftformel, Ergebnis: $l = 618{,}1\,\mathrm{mm}$. Nun muß nachträglich nachgewiesen werden, daß sich mit der so berechneten Stablänge tatsächlich ein Schlankheitsgrad ergibt, der im EULER-Bereich liegt. Für St70 weist die Tabelle aus: $\lambda_g = 89$; der errechnete Schlankheitsgrad von 171 ist größer als 89 ; damit ist nachgewiesen, daß die mit der EULER-Formel errechnete Stablänge tatsächlich die 3-fache Knicksicherheit aufweist. Kommt es bei der Nachrechnung zum Widerspruch, so müßte mit der TETMAJERschen Knickspannungsformel die Stablänge l neu berechnet werden; l verbirgt sich in der TETMAKER-Formel $\sigma_k = a - b \cdot \lambda$ im Schlankheitsgrad $\lambda = l_k / i$ (mit $l_k = l$ bei Knick-Fall II).

17.3

Der Druckstab ist bei (A) eingespannt, Lager (B) ist Loslager, wobei das Lager-Symbol eine gelenkige Lagerung nach allen Richtungen der Horizontalebene bedeutet. Der Stabquerschnitt ist ein dreikantiger Vollquerschnitt; die Biegeachse, um die der Stab im Knickfall bevorzugt biegt, ist die $I_{\min}$-Achse, sie wird durch Vergleich von I_x und I_y gefunden: x-Achse. Aus Knicksicherheit und Druckkraft ergibt sich die Knickkraft. Da die Stablänge unbekannt ist, kann der Schlankheitsgrad nicht vorab berechnet werden, so daß eine Annahme zu treffen ist, - hier: EULER-Fall; es wird die EULERsche Knickkraftformel zur Berechnung der Stablänge herangezogen. Mit der Lösung $l = 567{,}8\,\text{mm}$ kann nun der Schlankheitsgrad λ berechnet werden, er ergibt sich zu 120 , ist also größer als der für St37 geltende Wert des Grenzschlankheitsgrades von 105 ; damit ist der Nachweis erbracht, daß die Stablänge mit Hilfe der EULER-Formel berechnet werden durfte. Wenn hier ein Widerspruch auftritt: siehe Schlußbemerkung zu Aufgabe 17.2 .

17.4

Stützenlänge und Stützenlagerung sind bekannt; gesucht ist die Wanddicke des Rundrohres. Es fehlt also ein Maß, so daß der Trägheitsradius i und damit der Schlankheitsgrad λ nicht vorab berechnet werden können. Damit ist eine Annahme zu treffen, hier: EULER-Fall. Eine statische Vorbetrachtung liefert die Druckkraft in der Stütze; mit der vorgegebenen Knicksicherheit errechnet sich die Knickkraft $F_k = 5{,}4\,\text{kN}$. In der EULERschen Knickkraftformel wird das axiale Flächenmoment 2. Ordnung I_a definitionsgemäß mit $\pi(D^4 - d^4)/64$ eingesetzt; es ergibt sich daraus der Innendurchmesser d zu $25{,}05\,\text{mm}$. Die Wanddicke ist damit $s = 2{,}47\,\text{mm}$. Mit dem so gefundenen Maß wird der Trägheitsradius berechnet mit $i = 9{,}77\,\text{mm}$; der Schlankheitsgrad ergibt sich damit zu $\lambda = 287$. Der Schlankheitsgrad ist also größer als der Grenzschlank-

heitsgrad des Werkstoffs, nämlich 105, also liegt in der Tat ein EULER-Fall vor, so daß der errechnete Wert für die Rohrwanddicke brauchbar und richtig ist.

17.5

Die vorgeschaltete Statik-Betrachtung liefert die Druckkraft in der Stütze. Die 1 m lange Stütze mit rundem Vollquerschnitt $D = 20\,\text{mm}$ soll ersetzt werden durch eine Rohr-Stütze aus Rundrohr $15 * 4\,\text{mm}$. Für die alte Stütze kann der Schlankheitsgrad berechnet werden; es liegt ein EULER-Fall der elastischen Knickung vor: der Schlankheitsgrad $\lambda_{\text{alt}} = 200$ ist größer als der Grenzschlankheitsgrad des Werkstoffs St37 , nämlich 105 . Die Knicksicherheit ist das Verhältnis aus Knickkraft nach der EULER-Formel und Stützkraft : $v_k = 2{,}85$ - diese soll auch nach Austausch gegen die neue Stütze gewährleistet sein. Die Länge der neuen Stütze ist zu berechnen; es fehlt also ein Maß, so daß der Schlankheitsgrad der neuen Stütze nicht vorab berechnet werden kann, es wird die Annahme getroffen: EULERsche Knickung. Aus der Knickkraftformel von EULER ergibt sich die neue Stablänge zu $l_{\text{neu}} = 549\,\text{mm}$. Mit dem Trägheitsradius der neuen Stütze, $i = 4{,}14\,\text{mm}$, ergibt sich ein Schlankheitsgrad von $\lambda_{\text{neu}} = 132{,}67$: auch dieser ist größer als der Grenzschlankheitsgrad von 105 , was die Richtigkeit der Berechnung von l mit der EULER-Formel bestätigt.

17.6

Der Knickstab ist beidseitig fest eingespannt; es liegt also Knickfall IV vor: $l_k = 0{,}5l$. Es werden die axialen Flächenmomente 2. Ordnung bezüglich x-Achse und y-Achse berechnet; das Ergebnis zeigt: $I_y = \text{MIN}$ von I_a . Damit errechnet sich der Trägheitsradius zu $i = 11{,}17\,\text{mm}$: daraus folgt der Schlankheitsgrad zu $\lambda = 31{,}33$; der Schlankheitsgrad ist kleiner als der Grenzschlankheitsgrad von 89 , also liegt ein TETMAJER-Fall der unelastischen Knickung vor. Die Koeffizienten für St52 sind: $a = 335\,\text{N}/\text{mm}^2$, $b = 0{,}62\,\text{N}/\text{mm}^2$ und $c = 0$. Aus der so errechneten Knickspannung und der Querschnittsfläche ergibt sich die Knickkraft zu $F_k = 559\,\text{kN}$; eingedenk 3-facher Knicksicherheit ist die zulässige Kraft dann $F_{\text{zul}} = 186{,}35\,\text{kN}$.

17.7

Die Druckspannung in der einseitig eingespannten und am oberen Ende nicht gelagerten Stütze ist gegeben; die Druckkraft errechnet sich zu $F = 8011,06\,\text{N}$. I_x ist $I_{a\,min}$; daraus errechnet sich der Trägheitsradius zu $i = 2,64\,\text{mm}$. Knickfall I: $l_k = 2l$. Der Schlankheitsgrad ergibt sich damit zu $\lambda = 94,6$; der Grenzschlankheitsgrad für Werkstoff St37 ist 105. Es liegt also ein TETMAJER-Fall unelastischer Knickung vor. Die Koeffizienten für St37: $a = 310\,\text{N}/\text{mm}^2$, $b = 1,14\,\text{N}/\text{mm}^2$, $c = 0$. Damit ist die Knickspannung $\sigma_k = 202,17\,\text{N}/\text{mm}^2$. Die Knickkraft errechnet sich aus Knickspannung und Querschnittsfläche zu $F_k = 31756,5\,\text{N}$. Die Knicksicherheit als Verhältnis von Knickkraft zur vorhandenen Druckkraft errechnet sich zu $v_k = 3,96$.

18.1

Knickstäbe konstanter Biegesteifigkeit $E \cdot I_a$ weisen im ausgeknickten Zustand eine harmonische Biegelinie auf; dies ist bei Stäben mit nicht konstanter Biegesteifigkeit sicher nicht exakt richtig. Die Einschätzung der kritischen Knickkraft mit dem RITZschen Quotienten verlangt eine Annahme der Biegelinien-Funktion derart, daß die geometrischen Randbedingungen erfüllt sind, Annahme: $w^*(x)$. Vorgabe bei dieser Aufgabe ist die verschobene harmonische Kosinus-Funktion. Es werden die erforderlichen Ableitungen gebildet und in den RITZ-Quotienten eingesetzt. Dabei muß das Zähler-Integral in die beiden Bereiche jeweils konstanter Biegesteifigkeit unterteilt werden. An den Sonderfällen $l_2 = l$ und $l_2 = 0$ kann dann die korrekte EULER-Lösung bestätigt werden.

18.2

Die Endstücke der Länge l_1 weisen eine von der des Mittelstücks abweichende Biegesteifigkeit auf; ansonsten liegt Symmetrie vor, die auch beim Integrieren ausgenutzt wird. Vorgabe ist die harmonische Sinus-Funktion für die Annahme der Biegelinien-Funktion; dabei ist der Amplitudenfaktor zu 1 gesetzt, weil er sich ohnehin aus Zähler und Nenner des RITZ-Quotienten herauskürzt. Es werden die erforderlichen Ableitungen w' und w'' gebildet und in die Integrale des RITZ-Quotienten eingesetzt. Unter Ausnutzung der Symmetrie

sind die Grenzen für den ersten Bereich $x = 0$ (untere Grenze für das I_1-Integral) und $x = l_1$ (Obergrenze für das I_1-Integral) sowie für das I_2-Integral die Grenzen $x = l_1$ (Untergrenze) und $x = l/2$ (Obergrenze). An den Sonderfällen $l_1 = 0$ und $l_2 = 0$ lassen sich wiederum die korrekten EULER-Lösungen darstellen.

18.3

Die Biegesteifigkeit des beidseitig gelenkig gelagerten Druckstabs der Länge l verändere sich linear von $(E \cdot I_o)$ auf $(E \cdot I_1)$. Nach Bilden der erforderlichen Ableitungen werden diese in Zähler- und Nenner-Integral eingesetzt. Im Zähler-Integral ist das von x abhängige axiale Flächenmoment 2. Ordnung (Flächenträgheitsmoment) $I_a(x) = I_o + (I_1 - I_o) \cdot x/l$; die Proben: für $x = 0$ ergibt sich I_o, für $x = l$ ergibt sich I_1. Für den Sonderfall $I_1 = I_o$ kann die exakte EULER-Lösung abgelesen werden, weil ja die harmonische Funktion der Biegelinie angenommen wurde. Nimmt man als Biegelinien-Fkt. $w^*(x) = a_o + a_1 x + a_2 x^2 + a_3 x^3 + a_4 x^4$, so ergibt sich die Lösung $F_{kr.} = 4,941 \cdot E(I_1 + I_o)/l^2$; der konstante Faktor in der Lösung auf Basis der harmonischen Funktion ist $\pi^2/2 = 4,935$.

18.4

Wie in Aufgabe 18.3 verändert sich das axiale Flächenmoment 2. Ordnung linear vom Kleinstwert I_o am oberen Balkenende auf I_1 in der Einspannung unten; zudem ist am oberen Balkenende eine Feder angebracht, die bei Auslenkungen des Balkenendes beansprucht wird und dann Formänderungsarbeiten speichert. Forderung der Aufgabenstellung: harmonischer Ansatz für die w^*-Funktion. Da im Zähler-Integral des RITZ-Quotienten die durch die Arbeit der Knickkraft im Bauteil gespeicherten Arbeiten (Formänderungsarbeit im Balken, Federarbeit in der Feder) stehen, muß die Formänderungsarbeit der Feder eben hier im Zähler stehen; es wird an die Herleitung erinnert: Die Arbeit der Knickkraft wurde gleichgesetzt den im ausgeknickten Zustand gespeicherten mechanischen Arbeiten. Die erforderlichen Ableitungen werden gebildet und in die Integrale eingesetzt. Es folgt die Lösung, die durch Sonderfälle zu prüfen ist.

Für $c = 0$ und $I_a = I_1 = I_o = \text{konst.}$ ergibt sich die exakte und bekannte EULER-Lösung.

18.5

Der Druckstab von konstantem Querschnitt ist beidseitig gelenkig gelagert; in seiner Mitte stützt ihn die Feder mit der Federsteifigkeit c. In der Aufgabenstellung vorgegeben ist der Ansatz der Biegelinien-Funktion $w^* = a_o + a_1 x + a_2 x^2$.

Es werden die Koeffizienten mihilfe der geometrischen Randbedingungen berechnet, so daß für die Biegelinien-Funktion $w^* = (4f/l) \cdot (x - (x^2/l))$ entsteht. Hieraus werden die für die Integrale erforderlichen Ableitungen gebildet und in die Integrale eingesetzt. Die Formänderungsenergie der verspannten Feder wird im Zähler des RITZ-Quotienten der Formänderungsarbeit der Biegespannungen (Zähler-Integral) zugeschlagen. Die so entstehende Lösung kann, da der Druckstab konstante Biegesteifigkeit hat, mit dem Sonderfall $c = 0$ wieder mit der bekannten, exakten EULER-Lösung verglichen werden. Der relativ große Fehler von 21,6% resultiert daraus, daß die angesetzte Biegelinien-Funktion nur zweiten Grades war. Bei Ansatz einer höheren Potenz wird der Fehler sinken - siehe Aufgaben 18.6 .

18.6

Das obere Ende des Stabes kann frei ausschwingen; mittig Stab wird dabei eine Feder der Steifigkeit c verspannt. In der Aufgabenstellung vorgegeben ist der Ansatz der Biegelinien-Funktion in Form eines Polynoms dritten Grades in x. Mit Hilfe der geometrischen Randbedingungen werden die Konstanten des Poynoms bestimmt und aus der so entsthenden Biegelinien-Funktion die für die Integrale erforderlichen Ableitungen gebildet. Der Biegepfeil in Balkenmitte und damit der Federweg der Feder ergibt sich aus $w^*(x = l/2) = 5f/16$. Die so entstehende Lösung kann, da der Balken konstante Biegesteifigkeit hat, als Sonderfall mit der bekannten, exakten EULER-Lösung verglichen werden. Der Fehler beträg nur 1,32 %. Wie groß der Fehler gegenüber der tatsächlichen Knickkraft für den vorliegen Fall (mit Feder) ist, kann daraus nicht geschlossen werden.

19.1

Hinsichtlich Abscherwirkung durch die Querkraft F wie auch hinsichtlich der Torsionsbeanspruchung durch das Torsionsmoment $M_t = F \cdot e$ werden alle Balken-

querschnitte gleich belastet. Hinsichtlich der Biegebeanspruchung wird festgestellt: der Einspannquerschnitt erfährt das größte Biegemoment. Die Spannungsberechnungen werden also für den Einspannquerschnitt des Balkens durchgeführt.

a) Es sollen zunächst nur Biegung und Torsion in die Vergleichsspannungsberechnung einfließen. Die Biegespannung zufolge des Biegemoments $M_{b\,max} = F \cdot l$ ruft im Einspannquerschnitt eine maximale Biegespannung von $\sigma_{b\,max} = 33,7\,N/mm^2$ hervor. Die Torsionsspannung in dieser Randfaser beträgt $\tau_{t\,max} = M_t/W_t = 2,68\,N/mm^2$. Es ergibt sich eine Vergleichsspannung nach der Schubspannungshypothese von der Größe $\sigma_{v\,Sch} = 34,2\,N/mm^2$.

b) Die Einbeziehung der Schubspannungen ist problematisch: Die Biegespannungen sind in der oberen und der unteren Randfaser maximal, Biegespannungen verteilen sich linear über den Querschnitt, die Neutrale Faserschicht ist auf Höhe der Biegeachse x . Hier aber hat sich der Schubfluß der Abscherspannungen zur vollen Größe $\tau_{a\,max}$ ausgebildet; in den Randfasern oben und unten sind die Abscherspannungen null (Quelle und Senke des Schubflusses). Im Ingenieurbereich wird dies häufig unberücksichtigt gdassen und man rechnet so, als ob die maximale Abscherspannung dort auftritt, wo die größten Biegespannungen sind. Die Schubspannungshauptgleichung (siehe Kap. 10) errechnet die maximale Abscherspannung zu $\tau_{a\,max} = 2,63\,N/mm^2$. Die Vergleichsspannung beträgt auch bei Berücksichtigung dieser Abscherspannung $34,2\,N/mm^2$.

19.2

Querkräfte bewirken Abscherspannungen; im vorliegenden Fall erzeugt die außermittige Kraft F auch Verdrehspannungen sowie Biegespannungen. Schnitt I ist Vollrechteckquerschnitt, Schnitt II ist Rechteckrohrquerschnitt. Schnitt I : Die maximale Biegespannung liegt in Ober- und Unterfaser vor, Punkt (1) weist zudem die größte Torsionsspannung auf (beim Vollrechteckquerschnitt ist die größte Torsionsspannung in der Mitte der langen Rechteckseite). Hinsichtlich des Abscherspannungs-Schubflusses ist Punkt (1) spannungsfrei (Quelle des Schubflusses), die größte Abscherspannung wirkt auf Höhe der Schwerpunktsfaser, Punkt (2) weist also die größte Abscherspannung auf. Die Vergleichsspannung an Punkt (1) wird also bestimmt durch Biegespannung und maximale Torsionsspannung; die Vergleichsspannung an Punkt (2) wird bestimmt durch

Torsionsspannung (auf Mitte der kurzen Rechteckseite ist die Torsionsspannung kleiner als die maximale Torsionsspannung mittig der langen Rechteckseite) und die (maximale) Abscherspannung. Die größte Abscherspannung ergibt sich aus der Schubspannungshauptgleichung zu $3F/(2A)$. Schnitt II : Punkt (3) (Randfaser) weist die größte Biegespannung auf; Punkt (4) liegt auf der Neutralen Faserschicht und ist biegespannungsfrei, jedoch wirkt hier die größte Abscherspannung, die wieder aus der Schubspannungshauptgleichung berechnet wird. Beim dünnwandig geschlossenen Querschnitt ist der Torsionsspannungs-Schubfluß (Produkt aus Spannung und Wanddicke) an allen Stellen des "Kanals" konstant, bei konstanter Wanddicke ist also die Torsionsspannung an allen Punkten des Querschnitts gleich groß. Die Vergleichsspannung an Punkt (3) wird bestimmt durch die Biegespannung und die Torsionsspannung; die Vergleichsspannung an Punkt (4) wird bestimmt durch die Torsionsspannung und die dort maximale Abscherspannung.

19.3

Es treten Biegespannungen und Torsionsspannungen auf; die Abscherspannungen sind lt. Aufgabentext zu vernachläsigen. Das Torsionsmoment in Schnitt I ist $F_1 \cdot 18\,\text{mm}$, das in Schnitt II beträgt $(F_1 + F_2) \cdot 18\,\text{mm}$. Formel für die maximale Torsionsspannung (in der Mitte der langen Rechteckseite, also in der Faser größter Biegespannung): siehe Formelsammlung. Die Rechnung erbringt: Die größte Vergleichsspannung liegt in der Mitte der langen Rechteckseite in Schnitt II (Einspannquerschnitt) vor. Die verbleibende Sicherheit ist $v_B = 1,5$. Während bei langen Balken und damit großen Biegemomenten die Schubspannungen (sowohl aus dem Abscher-Schubfluß als auch aus den Torsionsmomenten) gegen die Biegespannungen vernachlässigbar klein sind, zeigt sich hier bei dem sehr kurzen Balken, daß die Schubspannungen die Werkstoffanstrengung wesentlich bestimmen.

19.4

Im dünnwandig geschlossenen Querschnitt konstanter Wanddicke ist die Torsionsspannung an allen Punkten gleich groß. Punkt (1) als Punkt der Oberfaser weist (wie natürlich auch die Unterfaser) die größte Biegespannung auf; an Punkt (1) bestimmen also Biegespan-

nung und Torsionsspannung die Vergleichsspannung; der Abscherschubfluß hat hier seine Quelle, in der Mitte der Unterfaser seine Senke, hier sind die Abscherspannungen null; maximal sind die Abscherspannungen auf Höhe der Biegeachse x. Punkt (2) liegt auf der Neutralen Faserschicht, weist also keine Biegespannung auf; es addieren sich hier die Torsionsspannung und die (maximale) Abscherspannung, welche sich aus der Schubspannungshauptgleichung ergibt. Am Punkt (2) gegenüberliegenden Punkt sind diese Torsionsspannung und Abscherspannung gegeneinander gerichtet, während die beiden Tangentialspannungen sich an Punkt (2) addieren. Die Zahlenrechnung zeigt: Punkt (1) weist mit $24,38\,\text{N/mm}^2$ die größte Vergleichsspannung nach der Gestaltänderungsenergie-Hypothese auf.

19.5

Schnitt I erfährt Biegemoment und Querkraft; es treten also Biegespannungen (in den Randfasern maximal) und Abscherspannungen auf (auf Höhe der Schwerpunktsfaser maximal). Schnitt II erfährt neben Biegung und Abscheren zudem Torsion. Schnitt I : Die Biegespannung errechnet sich zu $\sigma_b = 13,13\,\text{N/mm}^2$; hier in den Randfasern sind Quelle und Senke des Abscher-Schubflusses, also $\tau_a = 0$. Auf Höhe der Schwerpunktsfaser ist die Abscherspannung maximal, nämlich $\tau_{a\,\text{max}} = 3F/(2A) = 0,75\,\text{N/mm}^2$, die Biegespannung ist hier null (Neutrale Faserschicht). Eine Vergleichsspannungsrechnung für die Randfasern in Schnitt I erübrigt sich, da ein einachsiger Spannungszustand vorliegt; die Biegespannung ist gleichsam die Vergleichsspannung. Schnitt II : Punkt (1) (mittig kurzer Rechteckseite) weist die Biegespannung von $5,25\,\text{N/mm}^2$ und die Torsionsspannung von $23,78\,\text{N/mm}^2$ auf; daraus berechnet man die Vergleichsspannung für diesen Punkt (1) . Punkt (2) liegt auf der Neutralen Faserschicht, weist also keine Biegespannung auf. Es wirken die maximale Torsionsspannung (bei Vollrechteckquerschnitt stets in der Mitte der langen Rechteckseite) und, ebenfalls nach unten gerichtet, die maximale Abscherspannung, so daß beide Tangentialspannungen algebraisch addiert werden können zur resultierenden Tangentialspannung, hier: $\tau_{2\,\text{res.}} = 32,67\,\text{N/mm}^2$. Die größte Vergleichsspannung weist Punkt (2) auf, sie beträgt $65,33\,\text{N/mm}^2$. Die Bruchsicherheit ist also $v_B = 6,4$.

20.1

Das Bauteil ist statisch bestimmt gelagert: Festlager (A) und Loslager (B). Statische Überlegungen führen zu den Auflagerreaktionen: F_A und F_B bilden ein Kräftepaar, das dem äußeren Moment M das Gleichgewicht hält. In Balkenschnitten liegen also sowohl Biegemomente vor, die zu Biegespannungen führen, als auch Kräfte, die zu Normal- und Tangentialspannungen führen. Für die Bereiche I und II jeweils stetiger Schnittgrößenfunktionen M_b werden die Formänderungsenergien aus Biegespannungen nach der Formel $U_{\text{Biegung}} = 1/(2EI_a) \cdot \int M_b^2(\varphi) \cdot R \cdot d\varphi$ berechnet. Bereich I ist frei von weiteren Normal- und Tangentialspannungen. Bereich II: An beliebiger Schnittstelle φ wird die Kraft $F_A = M/R$ in Normal- und Tangentialkomponente zerlegt: $F_n(\varphi) = F_A \cdot \cos\varphi$ und $F_q(\varphi) = F_A \cdot \sin\varphi$. Die Formänderungsenergie aus Normalspannungen (Zug- und Druckspannungen) errechnet sich aus der Summe der spezifischen Formänderungsenergien aller Volumenelemente, also aus dem Integral über dV: $U_{\text{Druck}} = \int dV \cdot \sigma^2/(2E)$. Darin ist die Normalspannung σ der Quotient aus Normalkraft und Querschnittsfläche. Die Formänderungsenergie aus Tangentialspannungen (Schubspannungen) errechnet sich aus der Summe der spezifischen Formänderungsenergien aller Volumenelemente, also aus dem Integral über dV: $U_{\text{Schub}} = \int dV \cdot \tau^2/(2G)$. Darin ist die Tangentialspannung τ der Quotient aus Querkraft und Querschnittsfläche (ungleichmäßige Verteilung der Schubspannungen über dem Querschnitt wird hier nicht berücksichtigt). E = Elastizitätsmodul, G = Gleit- oder Schubmodul des Werkstoffs. Die Zahlenrechnung erbringt, daß die Biegespannungen mit 99,98 % an der Gesamtformänderungsenergie bzw. an der Gesamtformänderungsarbeit beteiligt sind, was auch die Vernachlässigung der Ungleichmäßigkeit Verteilung der Schubspannungen über den Querschnitt rechtfertigt.

20.2

Das Bauteil, bestehend aus einem geraden und einem kreisförmig geformten Teilstück, ist statisch bestimmt gelagert im Festlager (A) und im Loslager (B). Eine statische Gleichgewichtsüberlegung liefert die Auflagerkräfte in diesen Lagern; beide Lagerreaktionen bilden ein Kräftepaar, das Gegenmoment zum angreifenden Moment M ist. Für die Bereiche I und II stetiger Biegemomentenfunktion. werden diese Biegemo-

mentenfunktionen beschrieben und in die Formel für die Formänderungsenergie der Biegespannungen eingesetzt: $U_{\text{Biegung}} = 1/(2EI_a) \cdot \int M_b^2(x) \cdot dx$; in Bereich II ist $dx = R \cdot d\varphi$, aus $M_b(x)$ wird $M_b(\varphi)$. Die Schnittgröße $F(\varphi) = F_A$ wird in Normal- und Tangentialkomponente zerlegt. Hinweise zur Arbeit der Zug- und Schubspannungen in Bereich II : siehe Aufgabe 20.1. Die Zahlenrechnung erbringt, daß die Arbeiten der Biegespannungen mit 99,94 % an der Gesamtformänderungsarbeit resp. Gesamtformänderungsenergie beteiligt sind.

20.3

Wie auch die Bauteile der Aufgaben 20.1 und 20.2 ist das hier vorliegende Bauteil mit der Einspannung (dreiwertige Fessel entspricht den drei Freiheitsgraden des Körpers in der Ebene) statisch bestimmt gelagert. Im Bogen (Bereich I) liegen im linken Teil neben Biegespannungen auch Druckspannungen vor, im rechten Teil des Bogens wie auch im geraden Teil des Bauteils Zugspannungen, die sich den Biegespannungen überlagern. Durch Trennen der Bereiche (Freischneiden) und entsprechende Gleichgewichtsbetrachtungen des Abschnitts I gewinnt man die Schnittgrößen dort, die wiederum für die Biegemomentenfunktion im Bereich II benötigt werden. Mit den Formeln für $U_{\text{Bgg.}}$ und $U_{\text{Zug/Druck}}$ (siehe Aufgaben 20.1 und 20.2) werden die entsprechenden Formänderungsenergie-Anteile berechnet. Die Zahlenrechnung ergibt, daß die Biegespannungen mit 99,996 % an der Gesamtformänderungsenergie beteiligt sind.

20.4

Das halbkreisförmig gebogene Stahlrohr ist einseitig eingespannt und am freien Ende durch die abwärts gerichtete Kraft F belastet, das Bauteil liegt in horizontaler Ebene. An der Formänderung sind im Wesentlichen beteiligt Biege- und Torsionsspannungen. Die Draufsichtskizze zeigt die Geometrie der Hebelarme, so daß das Biegemoment und das Torsionsmoment an beliebiger Schnittstelle φ beschrieben werden können. Mit der Formel zur Berechnung der Formänderungsenergie der Biegespannungen folgt U_{Biegung} ; analog der Ausdruck für U_{Torsion}. Mit den gegebenen Daten ergibt sich, daß die Arbeiten der Biegespannungen mit 20,3 %

an der Gesamtformänderungsarbeit beteiligt sind, die der Torsionsspannungen mit $79{,}7\,\%$.

20.5

Der viertelkreisförmig gebogene schwere Körper wird ausschließlich durch seine Gewichtskräfte belastet. 1. Biegespannungen: Das Biegemoment an beliebiger Stelle φ resultiert aus allen oberhalb dieser Schnittstelle liegenden anteiligen Teil-Gewichten. Da der Schwerpunkt des oberhalb des Schnitts befindlichen Teilgewichts nicht bekannt ist, muß integriert werden. Es wird dazu ein Gewichtsteilchen an beliebiger Stelle ψ betrachtet; dieses hat zur Schnittstelle den Hebelarm $R\cdot\left(\cos\psi-\cos\varphi\right)$. Die Teilmomente werden in den Grenzen $\psi=0$ bis $\psi=\varphi$ aufaddiert; so entsteht der Biegemomentenausdruck an der Stelle φ . Dieser $M_b(\varphi)$-Ausdruck fließt in die Formel zur Berechnung der Biegearbeiten ein, hier sind die Integralgrenzen $\varphi=0$ bis $\varphi=\pi/2$. Die dort anfallenden Integrale sind entweder Grundintegrale oder lassen sich über partielle Integration lösen. 2. Arbeiten der Schnittkraft: die Schnittkraft wird zerlegt in eine Normal- und eine Tangentialkomponente, wobei die Normalkomponente für Druckspannungen, die Tangentialkomponente für Schubspannungen sorgt. Beide Arbeiten, die der Druck- und die der Schubspannungen, wird über die Integration der spezifischen Formänderungsarbeiten gewonnen.

20.6

Der einseitig eingespannte Balken wird durch eine Querkraft am freien Ende belastet. Der Querschnitt des Balkens ist nicht konstant: bei konstanter Blattfeder-Höhe steigt die Breite von b_o am Balkenende auf b_1 in der Einspannung. Es sollen nur Arbeiten der Biegespannungen berücksichtigt werden. In der Formel zur Berechnung der Formänderungsarbeiten resp. -energien der Biegespannungen ist das axiale Flächenmoment 2. Ordnung nun nicht konstant. Eine Proportionalitäts-Betrachtung liefert die Querschnittsbreite an beliebiger Schnittstelle x . Das aus dem Ansatz resultierende Integral ist ein Grundintegral, das aus Tabellen zu ersehen ist. Mit den gegebenen Daten folgt die Gesamtformänderungsenergie der Biegespannungen zu $313{,}9\,\mathrm{Nmm}$.

21.1

Nach dem Satz von CASTIGLIANO entspricht die Ableitung der Formänderungsenergie-Funktion nach der angreifenden äußeren Kraft F dem Weg des Kraftangriffspunkts (Weganteil in Richtung der Kraftwirkungslinie). Eine statische Vorüberlegung liefert die Kräfte in den Auflagern (A) und (B) ; die Vertikalkräfte bilden als Kräftepaar ein Moment, das dem Gegenmoment des Kräftepaares der Horizontalkräfte das Gleichgewicht hält. Für das statisch bestimmt gelagerte Bauteil (Festlager und Loslager) werden bereichsweise die Biegemomentenfunktionen beschrieben. Für Biegespannungen gilt für gerade Teilstücke allgemein:

$$U_{Bgg.}=\frac{1}{2EI_a}\int M_b^2(x)\cdot\mathrm{d}x$$

und analog mit $\mathrm{d}x=R\cdot\mathrm{d}\varphi$ für Bogenstücke:

$$U_{Bgg.}=\frac{R}{2EI_a}\int M_b^2(\varphi)\cdot\mathrm{d}\varphi$$

Die Ableitung von $U_{gesamt}=U_I+U_{II}$ liefert die Absenkung f der Kraftangriffsstelle.

21.2

Die Aufgaben des Kapitels 20 zeigen, daß dann, wenn Biegespannungen auftreten, die übrigen Spannungen, also Zugspannungen, Druckspannungen sowie Schubspannungen, nur unwesentlich an der Formänderung des Bauteils beteiligt sind. Darum ist die Forderung, nur Biegespannungen zu berücksichtigen, keine nennenswerte Verfälschung des Ergebnisses. Eine vorangestellte Gleichgewichtsbetrachtung liefert die Auflagerkräfte in den Lagern (A) und (B) ; beide Lagerkräfte verlaufen zur Wirkungslinie von F parallel; die Qualität des Loslagers fordert dies zum einen, zum anderen bilden drei Kräfte stets ein zentrales Kräftesystem; laufen zwei von drei gleichgewichtigen Kräften parallel, so muß auch die dritte hierzu parallel verlaufen, der Schnittpunkt der drei Kräfte liegt dann im Unendlichen. Der Einfachheit halber läßt man in Bereich I die Koordinate φ am freien Balkenende entspringen; würde man vom Schnitt bei (B) ausgehen, so hätte die M_b-Funktion zumindest zwei Summanden. Die Integrationsrichtung ist grundsätzlich beliebig, und man wird jenen Weg wählen, der den kleinsten Aufwand bedeutet. So wird die x-Achse in Bereich II bei (A) entspringen.

21.3

Die Aufgaben in Kapitel 20 zeigen, daß es hinsichtlich der Deformationen des Systems dann zulässig ist, Zug- und Druckspannungen sowie Schubspannungen zu vernachlässigen, wenn Biegespannungen vorliegen, da die Biegespannungen den ganz wesentlichen Teil der Formänderungsenergie übernehmen. Insofern werden in der vorgestellten Lösung ausschließlich die Biegespannungen bei der Beschreibung der Formänderungsenergien herangezogen.

a) In der Berührstelle wird die Berührkraft F_c wirksam, sie ist für das rechte wie für das linke Bauteil eine äußere Kraft. Nach CASTIGLIANO errechnet man den Weg einer Aktionskraft durch die Ableitung der Formänderungsenergie-Funktion nach ebendieser Kraft. Für das linke der beiden Bauteile bedeutet dies, daß der Weg der Kraftangriffsstelle F_c aus der Ableitung der formänderungsenergie $(U_{II} + U_{III})$ folgt. Dieser elastische Weg der Berührstelle ergibt sich am rechten Bauteil aus der Ableitung von U_I nach der dort angreifenden Kraft $(F - F_c)$. Gleichsetzen dieser Ableitungen ergibt einen Ausdruck, aus dem die Berührkraft F_c errechnet wird. Wird angenommen (das ist hier offensichtlich richtig, kann aber i.a. willkürlich angenommen werden), daß die Berührstelle einen elastischen Weg nach links vollzieht, so sind am linken Bauteil Kraft und Weg gleichgerichtet, die Ableitung ist positiv; ebenso sind am rechten Bauteil Weg und Kraft gleichgerichtet, sofern als Kraft die nach links gerichtete Resultierende $(F - F_c)$ definiert wird. Würde man als Resultierende die nach rechts gerichtete Kraft $(F_c - F)$ definieren, wäre die Ableitung negativ!

b) Bereich II des linken Bauteils ist spannungsfrei; es werden hier keine Formänderungsenergien gespeichert; der gerade Teil bleibt stets gerade, so daß der Winkel des Bogens III bestimmt wird. Das Hilfsmoment $\overline{M}$ wird hier eingeführt. Die Ableitung der Formänderungsenergie-Funktion U_{III} nach dem Hilfsmoment liefert nach CASTIGLIANO die Änderung der Tangentenneigung an dieser Stelle.

c) Der Weg f_1 des Punktes (1) wird aus der Überlagerung von $\partial U_{III}/\partial F_c$ und der trigonometrischen Größe $(\alpha \cdot R)$ gewonnen.

21.4

a) Wie auch in Aufgabe 21.3 liegt eine elastische Lagerung vor: Die beiden Bauteile stützen sich momentenfrei aufeinander ab, die Berührstelle vollzieht einen elastischen Weg, der sowohl aus der Formänderungsenergie im linken als auch aus der des rechten Bauteils gewonnen werden kann. Dieser Gedanke führt zur Berührkraft F_c. An der Schnittstelle der Bereiche II und III muß eine Schnittgrößenbetrachtung durchgeführt werden, weil die M_b-Funktion hier nicht stetig ist. Es wird angenommen, daß sich die gemeinsame Berührstelle nach links bewege. Die Resultierende Kraft $(F - F_c)$ am rechten Bauteil ist ebenfalls nach links gerichtet, die Ableitung von U_I nach dieser Resultierenden ist also positiv. Ebenso sind am linken Bauteil die Richtungen von Weg und Kraft gleich, so daß die Ableitung positiv ist.

b) An der Stelle (1) des linken Bauteils wird die Hilfskraft $\overline{F}$ eingeführt. Die Ableitung von $(U_{II} + U_{III})$ nach der Hilfskraft liefert den elastischen Weg dieses Punkts. In dieser Ableitung ist die Hilfskraft freilich null zu setzen.

21.5

Die Blattfedern stützen sich momentenfrei aufeinander ab; für die Formänderungen werden nur die Biegespannungen berücksichtigt; Kapitel 20 zeigt, daß dort, wo Biegespannungen auftreten, die übrigen Spannungen unwesentlich am Formänderungsgeschehen beteiligt sind. Annahme: die Berührstelle bewege sich nach unten. Damit sind an beiden Bauteilen Kraft und Weg gleichgerichtet, wenn als resultierende Kraft an Teil I die abwärts gerichtete Kraft $(F - F_c)$ definiert wird; beide Ableitungen sind damit positiv. Gleichsetzen der Ableitungen der Formänderungsenergiefunktionen nach der in der Berührstelle angreifenden Kraft liefert einen Ausdruck, aus dem sich die Berührkraft F_c ergibt. Der elastische Weg f der Berührstelle kann sowohl aus der Ableitung von U_I nach $(F - F_c)$ als auch aus der Ableitung von U_{II} nach F_c ermittelt werden.

21.6

Das statisch bestimmt gelagerte Bauteil wird in drei Bereiche stetiger Biegemomentenfunktionen zerteilt; an der Schnittstelle der Bereiche I und II ist dies aus geometrischen Gründen erforderlich, an der Schnittstelle zwischen den Bereichen II und III tritt die äußere Kraft F hinzu, so daß hier eine Unstetigkeit der Biegemomentenfunktion auftritt. Eine statische Gleichgewichtsüberlegung vorweg liefert die Auflagerkräfte in (A) und (B) . In Teil I bietet es sich an, die x-Achse bei Lager (A) zu eröffnen; der $M_b(x)$-Ausdruck besteht aus nur einem Summanden. Die Gleichgewichtsbetrachtung an Teil III zeigt, daß an der 12-Uhr-Stelle (Schnittstelle der Bereich II und III) kein Schnittmoment auftritt; darum wird man den Koordinatenursprung für die Koordinate φ für die Bereiche II und III hierhin legen; die $M_b(\varphi)$-Ausdrücke werden so kürzer als bei Wahl der jeweils anderen Integrationsrichtung. Nach CASTIGLIANO ergibt sich der Weg der Kraftangriffsstelle F aus der Ableitung von U_{gesamt} nach F ; der Tangentenneigungs-Änderungswinkel α ergibt sich aus der Ableitung von U_{gesamt} nach dem äußeren Moment M .

22.1

Das Bauteil ist statisch unbestimmt gelagert. Der Körper in der Ebene hat drei Freiheitsgrade, zwei der Translation und einen der Rotation. Statisch bestimmte Lagerung liegt dann vor, wenn die Summe der Fesselwertigkeiten aller Lager genau diesen drei Freiheitsgraden entspricht, z.B. Festlager (zweiwertige Fessel) plus Loslager (einwertige Fessel) oder Einspannung (dreiwertige Fessel) oder: drei einwertige Fesseln. Die hier vorliegende Lagerung besteht aus Einspannung und Loslager, die Summe der Fesselwertigkeiten ist vier. Die Reaktionskraft F_B am überzähligen Lager wird wie eine äußere angreifende Kraft behandelt, von der man allerdings weiß, daß sie als Lagerkraft keinen Weg vollzieht, so daß die Ableitung der Gesamtformänderungsenergie-Formel nach dieser Lagerkraft nach CASTIGLIANO null wird; MENABREA deutet diese „Null" anders: Die Gesamtformänderungsenergie wird minimal. Bei der vorgestellten Lösung werden nur Biegespannungen in die Beschreibung der Formänderungsenergien einbezogen, die übrigen Spannungen sind ohne wesentlichen Einfluß auf die Formänderung des Bauteils (siehe Aufgaben Kap. 20). Ist die Kraft im überzähligen Lager

(B) so gefunden, werden die übrigen statischen Größen bei (A) aus statischen Ansätzen ermittelt.

22.2

Es liegt statisch unbestimmte Lagerung vor: Die Einspannung ist dreiwertige Fessel, das Loslager ist einwertige Fessel; die Summe der Fesselwertigkeiten ist vier, dagegen stehen nur drei Freiheitsgrade der Scheibe in der Ebene. Aus statischen Überlegungen allein lassen sich also die Lagerreaktionen nicht ermitteln. MENABREA: Die Kraft im überzähligen Lager (B) stellt sich so ein, daß die Gesamtformänderungsenergie minimal wird. CASTIGLIANO: Die Ableitung der Gesamtformänderungsenergie-Funktion nach F_B wird null, weil diese Lagerkraft im überzähligen Lager keinen Weg vollzieht. Besonderheit hier: F_B tritt weder im Ausdruck U_I noch im Ausdruck U_{II} auf; damit ergibt sich F_B aus Nullsetzen der Ableitung von U_{III} nach F_B . Die Ausdrücke für U_I und U_{II} werden, weil nicht benötigt, nicht bestimmt.

22.3

Das Bauteil ist statisch unbestimmt gelagert, Loslager (B) ist überzählig. Nach MENABREA stellt sich die Lagerkraft hier so ein, daß die Gesamtformänderungsenergie minimal wird; F_B wird also ermittelt durch Nullsetzen der Ableitung der Formänderungsenergie-Funktion nach dieser Lagerkraft. Ist F_B ermittelt, so ergeben sich die übrigen Lagerreaktionen aus statischen Ansätzen. Die Lagerkraft F_B wird wie eine Aktionskraft behandelt. Nach dem Freischneiden in die Teilstücke I und II entstehen die M_b-Funktionen, die wiederum in die Formel für die Biege-Formänderungsarbeiten $U_{Bgg.}$ einfließen. Die vorgestellte Lösung beschränkt sich auf die Arbeiten der Biegespannungen, weil die übrigen Spannungen (Zug- und Abscherspannungen) nach den Erkenntnissen der Aufgaben aus Kap. 20 vernachlässigbar kleinen Einfluß haben. Hinweis zum Freischneiden in die Teilstücke I und II : Hier wurde rechts von der Aktionskraft F geschnitten, F wirkt am Schnitt auf Teil II ; die Schnittgröße im Schnitt ist also nur F_B . Es steht durchaus frei, den Schnitt auch links der WLF zu legen; dann wirkt im Schnitt von Teil I außer der Schnittkraft F_B (abwärts) auch die Schnittgröße F im Schnitt (aufwärts als Gegenkraft zur äußeren Kraft F). Im linken Schnitt des Teils II wirken dann die Schnittkräfte F_B (aufwärts) und F (abwärts), die Schnittkräfte in den zugehörigen Schnitten sind stets von gleicher Größe und entgegengerichtet. An Kraftangriffsstellen ist ist also jeweils zu entscheiden, wo der Schnitt gelegt wird bzw. auf welches Teilstück die hier angreifende äußere Kraft einwirkt. Sonderfall $l = 0$: die Einspannstelle (A) liegt dann unter Lager (B) ; die Aktionskraft F wirkt unmittelbar an der Einspannstelle, so daß Lager (B) von dieser Kraft nichts erfährt und also kräftefrei bleibt. Sonderfall $l \to \infty$, d.h. sehr langes gerades Teilstück: dieses Teilstück des Bauteils ist dann denkbar biegeweich, so daß die Kraftwirkung F ganz im Lager (B) abgefangen wird; dies ist auch anschaulich nachvollziehbar.

22.4

Das Bauteil ist statisch unbestimmt gelagert: Die Einspannung als dreiwertige Fessel (raubt die beiden translatorischen Freiheitsgrade und den Freiheitsgrad der Drehung in der Ebene) lagert den Körper in der Ebene ausreichend und also statisch bestimmt; Loslager (B) ist überzählig. Nach MENABREA stellt sich die Kraft im überzähligen Lager so ein, daß die Gesamtformänderungsenergie des Körpers minimal ist: $0 = \partial U_{gesamt} / \partial F_B$. Die Unterteilung in die Teilstücke I , II und III ist erforderlich, weil am 12-Uhr-Punkt und am 3-Uhr-Punkt Kräfte angreifen, so daß hier die Biegemomentenfunktion Unstetigkeitsstellen hat, über die nicht hinweg integriert werden darf. Schnittführung: bei F wird in der vorgestellten Lösung links der Wirkungslinie WLF geschnitten; damit wirkt F auf Teilstück II und erfährt am Schnitt zu Teilstück III ihre Gegenkraft. Bei (B) wird oberhalb der Wirkungslinie der Lagerkraft geschnitten, F_B wirkt also auf Teilstück III . Es sei angemerkt, daß auch die jeweils andere Schnittführung möglich wäre. Alle Teilstücke sind im Gleichgewicht der Kräfte und der Momente. Die Integrationsrichtung ist beliebig; es wird jene Richtung bevorzugt, bei denen die Biegemomenten-Funktionen möglichst kurze Ausdrücke sind. In Teilstück I wird φ rechtsdrehend definiert, bei Teilstück II ebenso und auch bei Teilstück III ; die $M_b(\varphi)$-Funktionen jeweils von der anderen Schnittseite her formuliert wären umfänglicher und also arbeitsaufwendiger. Es werden bei der vorgestellten Lösung nur die Arbeiten der Biegespannungen berücksichtigt, weil der Einfluß der übrigen Spannungen unerheblich ist (siehe Kap. 20). Die Ausdrücke U_I und U_{II} beinhalten die Unbekannte F_B.

nicht, bei der Ableitung nach F_B liefern diese beiden Bereiche also null; aber für Frage b) werden die U-Anteile benötigt. Ist F_B (nach MENABREA) ermittelt, so wird die Tangentenneigungsänderung α nach CASTIGLIANO ermittelt: $\alpha = \partial U_{gesamt} / \partial M$.

22.5

Es liegt Doppelsymmetrie vor, die ausgenutzt wird: Nur ein Viertelausschnitt wird zur Betrachtung herangezogen, Ausschnitt links oben. In der Schnittstelle der horizontalen Symmetrielinie wirkt die Schnittkraft $F/2$ und das Schnittmoment M_1 , in der Schnittstelle zur vertikalen Symmetrielinie wirkt das Schnittmoment M_2; die hier wirkende äußere (!) Kraft ist $F/2$, weil die weitere Kraft $F/2$ für die Deformation der rechten Bauteilhälfte zuständig ist. Gleichgewichtsbetrachtungen am Ausschnitt zeigen, daß die beiden Schnittmomente nicht aus statischen Gleichgewichtsbetrachtungen zu ermitteln sind; es handelt sich um ein statisch innerlich unbestimmtes Gebilde. Da sich die Tangentenneigungen an den Schnittstellen nicht ändern (die lotrechte Tangente bei M_1 bleibt auch nach Deformation des Rings lotrecht, ebenso bleibt die horizontale Tangente bei M_2 horizontal), kann mit CASTIGLIANO formuliert werden: $0 = \partial U / \partial M_1$ bzw. $0 = \partial U / \partial M_2$. Oder mit MENABREA argumentiert: Die statisch unbestimmten Größen stellen sich so ein, daß die Formänderungsenergie im Ring ein Minimum wird. In der vorgestellten Lösung werden die Ausdrücke U_I und U_{II} in Abhängigkeit von der Größe M_1 dargestellt. Das Moment M_2 folgt dann aus der Statik-Gleichung: Summe der Momente am Ausschnitt ist null. Zur Spannungsberechnung an Stelle des Moments M_2 : siehe Aufgaben Kap. 12 .

22.6

Die S-förmig gebogene Blattfeder ist statisch unbestimmt gelagert; die Einspannung allein stellt schon eine statisch bestimmte Lagerung dar, das zusätzliche Loslager (B) macht die Lagerung unbestimmt; d.h. mit Hilfe der Gleichgewichtsgleichungen (oder entsprechender graphischer Verfahren) allein können weder die Kraft in Lager (B) noch die Reaktionen (Kraft und Moment) in der Einspannstelle bestimmt werden. MENABREA: die Lagerkraft im überzähligen Lager (B) stellt sich so ein, daß die Gesamtformänderungsenergie minimal wird: $0 = \partial U_{gesamt}/\partial F_B$. Es muß in drei Bereiche stetiger Biegemomentenfunktion unterteilt werden. An der Schnittstelle zwischen den Bereichen I und II erfährt die φ-Funktion des Hebelarms eine Unstetigkeit; an der Schnittstelle zwischen den Bereichen II und III greift die Lagerkraft F_B an, so daß hierdurch die M_b-Funktion unstetig wird. Im übrigen werden bei der vorgestellten Lösung nur die Arbeiten der Biegespannungen berücksichtigt, da die übrigen Spannungen (Zugspannungen, Druckspannungen, Abscherspannungen) keinen nennenswerten Einfluß auf die Deformation des Bauteils haben. Bei Stelle (B) ist wieder zu entscheiden, ob rechts oder links der Wirkungslinie geschnitten wird; hier in der vorgestellten Lösung wird links der $WL F_B$ geschnitten, so daß F_B auf Teilstück III wirkt. Vorgehensweise: Teilstück I freischneiden und ins Gleichgewicht der Kräfte und der Momente bringen (in dieser Reihenfolge!, denn so erkennt man Kräftepaare). Sind die Schnittgrößen im Schnitt zum Teilstück II so gefunden, werden sie (mit umgekehrtem Richtungssinn natürlich) auf das zugehörige Gegen-Schnittufer übertragen. Alsdann wird Teilstück II ins Gleichgewicht gebracht, so daß die Schnittgrößen im Schnitt zum Teilstück III gefunden werden, die wiederum auf das Gegen-Schnittufer, also auf den zu Teilstück III gehörenden Schnitt übertragen werden (mit umgekehrtem Richtungssinn). Ist F_B gefunden, so resultieren die Reaktionen in der Einspannstelle (A) aus weiteren statischen Überlegungen.

23.1

Vorgegeben ist das Winkelgeschwindigkeits-Zeit-Gesetz: $\omega(t) = \left[1 - \cos(\pi \cdot t/t_1)\right] \cdot \omega_1/2$. Die Funktionen $\varphi(t)$, $\omega(t)$ und $\alpha(t)$ stehen in infinitesimalmathematischem Zusammenhang: Die Winkelgeschwindigkeits-Zeit-Funktion ist die zeitliche Ableitung der Winkel-Zeit-Funktion, die Winkelbeschleunigungs-Zeit-Funktion ist die zeitliche Ableitung der Winkelgeschwindigkeits-Zeit-Funktion. Umgekehrt: Die Winkelgeschwindigkeits-Zeit-Funktion folgt aus der zeitlichen Integration des Winkelbeschleunigungs-Zeit-Gesetzes, und die Winkel-Zeit-Funktion folgt aus der zeitlichen Integration des Winkelgeschwindigkeits-Zeit-Gesetzes. Die erste Integration führt bei der vorliegenden Aufgabe zum Winkel-Zeit-Gesetz; die Integrationskonstante wird mit der Randbedingung $\varphi(t = 0) = 0$ bestimmt, sie ist hier null. Das $\alpha(t)$-Gesetz folgt durch Ableitung aus dem $\omega(t)$-Gesetz. Der Sinus hat sein Maximum „1" bei einem Winkel von $90° = \pi/2$; daraus folgt $t_o = t_1/2$, der Zeitpunkt der größten Winkelbeschleunigung. Die größte Winkelgeschwindigkeit selbst wie auch der in diesem Augenblick zurückgelegte Winkel folgen aus den nunmehr vorliegenden Zeitgesetzen. Die Zahl ganzer Umdrehungen des Rotors, N_o , folgt aus dem Winkel φ_o : der Winkel für eine ganze Umdrehung ist 2π .

23.2

Vorgegeben ist das $\alpha(t)$-Gesetz; aus der ersten Integration folgt das $\omega(t)$-Gesetz, aus der nochmaligen Integration das $\varphi(t)$-Gesetz. Beim Integrieren unbestimmter Integrale fällt jeweils eine Integrationskonstante an; während Differenzieren eine eindeutige Rechenart ist, fällt beim Integrieren eine Schar paralleler Kurven / Funktionen an, deren Ableitung die zu integrierende Funktion ist, die Kurven der Kurvenschar unterscheiden sich um eine additive Konstante. Diese Integrationskonstante wird aus einer Randbedingung bestimmt, hier einer kinematischen Randbedingung. Die erste anfallende Konstante C_1 im $\omega(t)$-Gesetz wird bestimmt mit der Randbedingung $\omega(t = 0) = \omega_o = 100 \mathrm{s}^{-1}$. Mit der Kenntnis, daß die Winkelgeschwindigkeit zur Zeit $t_1 = 10 \mathrm{s}$ null ist (Stillstand des Rotors), wird auch α_o bestimmt, die bisher noch unbekannte Größe in der ansonsten vorgegebenen Winkelbeschleunigungs-Zeit-Funktion. Die zweite Integrationskonstante C_2 im $\varphi(t)$-Gesetz folgt aus der Randbedingung $\varphi(t = 0) = 0$, d.h. die Winkelzählung beginnt mit der Zeit-Zählung. Die Zahl ganzer Umläufe des Rotors folgt aus der Kenntnis, daß nach einer ganzen Umdrehung der Winkel 2π zurückgelegt ist.

23.3

In der ersten Phase liegt ein harmonisches Winkelbeschleunigungs-Zeit-Gesetz vor, der Fahrstuhl beschleunigt ruckfrei (ruckfrei bedeutet, daß kein Beschleunigungssprung vorliegt). In der zweiten Bewegungsphase liegt gleichförmige Bewegung vor. 1. Bewegungsphase: Aus der Integration der $a(t)$-Funktion folgt das $v(t)$-Gesetz für diese erste Phase; darin ist a_{max} noch nicht bekannt, wird später bestimmt. Randbedingung für die erste anfallende Konstante C_1 : keine Anfangsgeschwindigkeit. Das $v(t)$-Gesetz wird nochmals integriert, die anfallende Konstante C_2 ergibt sich nach Anwenden der Randbedingung: kein Anfangsweg.

2. Bewegungsphase: Hier wird in der vorgestellten Lösung auf Integration verzichtet und das Integral als Fläche unter der zu integrierenden Funktion gedeutet: Die Fläche unter der $a(t)$-Funktion im 6 s langen zweiten Bewegungsintervall entspricht dem Unterschied der Funktionswerte in der darüberstehenden $v(t)$-Funktion. v_1 ergibt sich aus dem $v(t)$-Gesetz der ersten Bewegungsphase, v_2 war vorgegeben. Es ergibt sich so a_{max}. Der Weg s_1 ergibt sich wieder aus dem $s(t)$-Gesetz der ersten Bewegungsphase. Die Wegdifferenz $s_{max} - s_1$ wird wieder beschrieben als Fläche unter der $v(t)$-Funktion in der zweiten Bewegungsphase, der Trapezfläche als Produkt aus Grundseite $(t_2 - t_1)$ und der mittleren Trapezhöhe als arithmetisches Mittel aus v_1 und v_2. Die Beschleunigungsänderung als zeitliche Ableitung des Beschleunigungs-Zeit-Gesetzes ist im Fahrstuhlbetrieb eine physiologisch wichtige Größe: bei Werten über $1 \, m/s^3$ empfindet der Fahrgast Übelkeit und Unwohlsein. Die größte Beschleunigungsänderung ergibt sich hier zu $0{,}56 \, m/s^3$.

23.4

Das Fahrzeug steht anfänglich still; es wird nach dem vorgegebenen Gesetz bis zum Zeitpunkt t_1 beschleunigt, dann verzögert. t_1 ergibt sich durch Nullsetzen der $a(t)$-Funktion. An dieser Stelle des Nulldurchgangs der $a(t)$-Funktion hat die $v(t)$-Funktion ihr Extremum. Die Integration des linearen $a(t)$-Gesetzes führt zum quadratischen $v(t)$-Gesetz; die anfallende Integrationskonstante C_1 wird durch die Randbedingung bestimmt: keine Anfangsgeschwindigkeit. Die Geschwindigkeitsdifferenz $(v_{max} - 0)$ wird wieder als Fläche unter der $a(t)$-Funktion im Zeitintervall null bis t_1 gedeutet: Dreiecksfläche; oder aber man gewinnt v_{max} aus dem durch Integration gewonnenen $v(t)$-Gesetz - als Probe hier gezeigt. Aus der zeitlichen Integration des $v(t)$-Gesetzes folgt das $s(t)$-Gesetz, die Integrationskonstante C_2 wird bestimmt nach Anwenden der Randbedingung: kein Anfangsweg. Für t_2 folgt aus dem $s(t)$-Gesetz: $s_{max} = 252 \, m$.

23.5

Die Beschleunigung in der ersten Bewegungsphase ist konstant, auch die Verzögerung in der zweiten Bewegungsphase; damit liegen lineare Geschwindigkeits-Zeit-Verläufe vor. Es wird bei der vorgestellten Lösung

gezeigt, daß in solchem Fall geradlinig verlaufender Zeit-Gesetze die Integration entfallen kann; es wird eine Flächenbetrachtung angestellt. Die Fläche unter der $a(t)$-Funktion in der ersten Bewegungsphase (freier Fall) entspricht der Differenz der Funktionswerte der $v(t)$-Funktion; es wird so t_1 bestimmt. Der Weg s_1 wird als Trapezfläche unter der $v(t)$-Linie beschrieben. Die Wegdifferenz $(s_2 - s_1)$ in der zweiten Bewegungsphase (Bremsphase) wird wieder beschrieben als Dreiecksfläche unter der $v(t)$-Linie; es ergibt sich so t_2. Die Geschwindigkeitsdifferenz in der zweiten Bewegungsphase, $(v_m - 0)$, entspricht der Rechteckfläche unter der $a(t)$-Linie in diesem Intervall; so ergibt sich der Betrag a_B.

23.6

Der Fahrstuhl steht anfänglich still, er kommt nach Abbremsung zum Stillstand. Entweder man verwendet die Formel $s = g \cdot t^2/2$ an für den Fall gleichförmiger Beschleunigung aus dem Stillstand oder man gewinnt diesen Zusammenhang durch zwei Flächenbetrachtungen: die Rechteckfläche unter der $g(t)$-Linie entspricht dem Geschwindigkeitszuwachs v_1; der Dreiecksfläche unter der $v(t)$-Linie entspricht der Wegzuwachs . Der Wegdifferenz $0{,}8 \, m$ in der zweiten Bewegungsphase (Bremsphase), also dem Bremsweg, entspricht die Dreiecksfläche unter der $v(t)$-Linie, so ergibt sich die Gesamtzeit t_B. Letzte Flächenbetrachtung: die Fläche unter der $a(t)$-Linie in der Bremsphase entspricht der Geschwindigkeitsdifferenz $(v_1 - 0)$ in dieser Phase; es ergibt sich so die Bremsverzögerung a_B.

24.1

Die kinematischen Größen werden vektoriell in Komponenten-Schreibweise dargestellt; die erste Zeile repräsentiert die x-Richtung, die zweite die y-Richtung, die dritte Zeile die z-Richtung. Gesucht sind der Ortsvektor mit den drei Weg-Zeit-Gesetzen sowie der Geschwindigkeitsvektor mit den drei Geschwindigkeits-Zeit-Gesetzen. Bekannt ist der Beschleunigungsvektor; bei Wahl des Koordinatensystems wie in der vorgestellten Lösung ist bekannt, daß keine Beschleunigung in x- und z-Richtung vorliegt. Die Erdbeschleunigung wirkt gegen die positive y-Achse; mithin ist $a_y(t)$ negativ. Der Beschleunigungsvektor wird zeilenweise über t integriert. Die anfallenden Integrationskonstanten werden durch die Anfangsbedingungen für die Start-Geschwindigkeit ermittelt. Damit liegen die drei $v(t)$-Gesetze in x-, y- und z-Richtung fest. Wiederum wird der Geschwindigkeitsvektor zeilenweise integriert; die anfallenden Konstanten werden über die Anfangsbedingungen für die Wege bestimmt: zur Zeit $t = 0$ sind die Wege null; der Startpunkt ist Ursprung des xyz-Koordinatensystems. Mit der Starthöhe $y = -h$ wird aus dem $y(t)$-Gesetz die Flugzeit t_A bis zum Aufprall, also die gesamte Flugzeit, bestimmt; es ist die gemischtquadratische Gleichung in t_A zu lösen. Die Wurfweite w ergibt sich mit t_A aus dem $x(t)$-Gesetz. Der Betrag der Auftreffgeschwindigkeit v_A ergibt sich aus den Komponenten nach PYTHAGORAS.

24.2

Der Startzeitpunkt für die bei (A) und (B) abgestoßenen Körper ist derselbe. Für den schräg aufwärts bei (A) abgestoßenen Körper wird der Beschleunigungsvektor beschrieben; im gewählten Koordinatensystem ist die Erdbeschleunigung gegen die positive y-Achse (diese ist nach oben positiv definiert) gerichtet, die Beschleunigung ist also negativ: $a_y = -g$. Entsprechend der Vorgehensweise in Aufgabe 24.1 wird der Geschwindigkeitsvektor ermittelt wie auch der Ortsvektor. Die Entfernung zwischen (A) und (B), also w, ist bekannt; mit dieser Größe wird aus dem $x(t)$-Gesetz die Flugzeit t_1 beschrieben und errechnet, zu der Körper (A) über Punkt (B) ist; in diesem Augenblick muß auch Körper (B) dort sein. Die Höhe H über Punkt (B) ergibt sich aus dem $y(t)$-Gesetz für Körper (A). Das v_y-Gesetz für den bei (B) abgestoßenen Körper wird aus dem für Körper (A) schon bekannten Gesetz mit $\alpha = 90°$ beschrieben. Auch das $y(t)$-Gesetz für Körper (B) wird aus dem Gleichungspaket für Körper (A) so gewonnen. Bekannt sind nun die Flugzeit t_1 und die Höhe H; es ergibt sich damit die Abstoßgeschwindigkeit v_B für den bei (B) abgestoßenen Körper. Eine Probe zeigt, daß Körper (B) tatsächlich nach der Zeit t_1 die Höhe H erreicht hat und also mit dem bei (A) abgestoßenen Körper kollidiert.

24.3

Hinsichtlich der Bestimmung des Beschleunigungsvektors, des Geschwindigkeitsvektors sowie des Ortsvektors wird auf die Aufgaben 24.1 und 24.2 verwiesen. Bekannt sind zwei Koordinaten der Flugbahn, nämlich h und w. Zum Zeitpunkt t_1 habe der Flugkörper diese Koordinaten erreicht. Mit $w = x(t = t_1)$ und $h = y(t = t_1)$ entsteht die Parameterdarstellung von w und h im Abhängigkeit von t_1. Durch Eliminieren von t_1 aus der w-Gleichung und Einsetzen in die h-Gleichung entsteht die quadratische Gleichung in α. Diese Gleichung hat zwei Lösungen: $\alpha_1 = 73{,}23°$ und $\alpha_2 = 50{,}46°$. Im ersten Fall erreicht der Flugkörper den Höchstpunkt der Mauer in der aufsteigenden Bahn, im zweiten Fall in der absteigenden Bahn.

24.4

Es werden (wie in den vorangegangenen drei Aufgaben dieses Kapitels) die Zeit-Gesetze für Weg und Geschwindigkeit in x- und y-Richtung beschrieben. Die Flugzeit sei t_1; zu diesem Zeitpunkt ist das schwimmende Objekt erreicht. Bekannt sind die Koordinaten w und h. Aus der Parameterdarstellung entsteht eine quadratische Gleichung für die Startgeschwindigkeit v_o. Die Flugzeit ergibt sich aus einer der bereits zuvor beschriebenen Funktionen, z.B. $w = v_o \cdot \cos(\alpha) \cdot t_1$. Die Auftreffgeschwindigkeit ergibt sich aus den Geschwindigkeitskomponenten über den pythagoräischen Lehrsatz, die Komponenten selbst aus den Geschwindigkeits-Zeit-Gesetzen für die x- und y-Richtung.

25.1

Die Scheibe wird gleichförmig beschleunigt, d.h. die Winkelbeschleunigung ist zeitlich konstant, die Winkelgeschwindigkeit steigt linear. Die Masse erfährt also eine tangentiale Beschleunigung a_t. Gleichzeitig liegt eine Normalbeschleunigung a_n vor, bei Bewegung auf nicht gerader Bahn liegt eine auf den Krümmungsmittelpunkt der Bahn hin gerichtete Normalbeschleunigung vor. Diesen Beschleunigungen entgegen sind die D´ALEMBERTschen Trägheitskräfte anzusetzen, - der Tangentialbeschleunigung entgegen die tangentiale Trägheitskraft, der Normalbeschleunigung entgegen die radiale Trägheitskraft (Fliehkraft genannt). Rutschen der Masse setzt ein, wenn Gleichgewicht herrscht zwischen der resultierenden Trägheitskraft und der Haftreibungskraft als Produkt aus Normalkraft ($m \cdot g$) und der Haftreibungszahl μ_o. Beim Ansetzen dieser „dynamischen Gleichgewichtsbedingung" fällt die Größe m

(Masse) aus der Gleichung heraus; die Größe der Masse ist für das Problem unerheblich. Aus der kinematischen Nebenbetrachtung gewinnt man die Größe der konstanten Winkelbeschleunigung α_o. Entweder benutzt man die Formel aus der Formelsammlung zur gleichförmig beschleunigten Drehbewegung oder aber man interpretiert die Rechteckfläche unter der $\alpha(t)$-Funktion als Zuwachs von ω, nämlich $\omega_1 = \pi \cdot n_1 / 30$. Damit liegt die Tangentialbeschleunigung der Masse vor: Produkt aus Winkelbeschleunigung der Scheibe und dem Bahnradius r. Die Gleichung hat noch eine Unbekannte, nämlich $\omega(t_o)$; dabei ist t_o jener Zeitpunkt, bei dem der Grenzzustand („Gleichgewicht" zwischen Reibkraft und resultierender Trägheitskraft) vorliegt. Die Drehzahl zur Zeit t_o ergibt sich zu $52,46\,\mathrm{min}^{-1}$, t_o ergibt sich zu $13,1\,\mathrm{s}$. Hinweis: Auch ohne a_t zu berücksichtigen, würden sich die Zahlenergebnisse nicht merklich anders darstellen. Dies liegt daran, daß die Tangentialbeschleunigung nennenswert kleiner ist als die Normalbeschleunigung, die das Geschehen hier bestimmt.

25.2

Die Gewichtskraft drängt die Masse m nach unten; verhindert wird Abwärtsrutschen durch die Haftreibungskraft von der Trommel auf die Masse. Diese Haftreibungskraft ist das Produkt aus Haftreibungszahl und normaler Andrückkraft; diese Normalkraft ist hier die Fliehkraft, d.h. die D´ALEMBERTsche Trägheitskraft der Normalbeschleunigung, wie sie bei Bewegung auf nicht gerader Bahn stets vorliegt. Im Grenzfall, also kurz vor Rutschen, sind beide Kräfte gleich groß. Aus diesem Ansatz errechnet man jene Winkelgeschwindigkeit der Trommeldrehung, bei der Grenzfall vorliegt. Hieraus errechnet sich die Drehzahl zu $42,3\,\mathrm{min}^{-1}$.

25.3

Alle an den Massen angreifenden Kräfte sind zeitlich konstant. Es wird also im Ungleichgewichtsfall eine konstante resultierende Kraft angreifen, der zufolge eine gleichmäßig beschleunigte Bewegung einsetzen wird. Ist die Beschleunigung der Masse m_1 bekannt, so kann die gesamte Kinematik beschrieben werden und die Frage nach der Zeit für einen vorgegebenen Weg h beantwortet werden. Die Übersetzung durch die lose Rolle an Masse (1) bedingt, daß Masse (1) nur halbe Wege, halbe Geschwindigkeit und halbe Beschleunigung von

Masse (2) hat. Daraus folgt: $a_2 = 2a_1$. Entsprechend dem D´ALEMBERTschen Prinzip wird das "dynamische Gleichgewicht" jeder Masse betrachtet; d.h. man fügt zu den wirkenden Kräften jeweils die Trägheitskraft als Produkt aus Masse und Beschleunigung der (angenommenen) Beschleunigungsrichtung entgegen gerichtet hinzu und formuliert formal die Gleichgewichtsbedingung: Summe aller Kräfte gleich null. Es entsteht so ein Gleichungssystem aus zwei Gleichungen mit drei Unbekannten; Unbekannte sind die Seilkraft und die Beschleunigungen. Nimmt man die aus der Übersetzung gewonnene Beziehung $a_2 = 2a_1$ als dritte Gleichung hinzu, so liegt ein Gleichungssystem mit drei Unbekannten vor; dieses System ist lösbar (Einsetzungs-, Gleichsetzungs-, Additionsverfahren). In der vorgestellten Lösung werden die beiden Kräftegleichungen jeweils nach der Seilkraft umgestellt und die so entstehenden Ausdrücke gleichgesetzt - Gleichsetzungsverfahren: sind zwei Größen einer dritten gleich, so sind sie auch untereinander gleich. Mit der Beschleunigung von $a_1 = 2,204\,\mathrm{m/s}^2$ ergibt sich die Zeit für das Zurücklegen des Höhenunterschieds von $h = 3\,\mathrm{m}$ zu $t = 1,65\,\mathrm{s}$.

25.4

Im Gegensatz zu Aufgabe 25.3 hat die Umlenkrolle nun ein nennenswertes Massenträgheitsmoment, so daß die beiden Seilkräfte in den von der Rolle ab- bzw. auf die Rolle auflaufenden Seilstücken ungleich groß sind; das Differenzmoment aus den ungleich großen Seilkräften stellt das Beschleunigungsmoment an der Rolle dar, es steht im „dynamischen Gleichgewicht" mit dem Moment der tangentialen Trägheitskräfte. Wieder wird vom D´ALEMBERTschen Prinzip Gebrauch gemacht, nach dem es zulässig ist, ein ungleichgewichtiges System formal dann als Gleichgewichtssystem zu betrachten und also auch statische Gleichgewichtsbedingungen anzusetzen, wenn der (angenommenen) Beschleunigungsrichtung entgegen die Trägheitsgrößen den wirklich wirkenden Kräften resp. Momenten hinzugefügt werden. Bei translatorisch bewegten Massen ist dies die Trägheitskraft ($m \cdot a$), bei Drehbewegung ist es das Moment der tangentialen Trägheitskräfte aller Massenteilchen des Rotors: $J \cdot \ddot{\varphi}$. Dabei bezieht sich J stets auf die feste Drehachse des Rotors. Die Annahme des Richtungssinns der Bewegung ist frei. Wählt man die falsche Bewegungsrichtung, so wird die errechnete Beschleunigung negativ; in diesem Fall muß mit der anderen, richtigen Bewegungsrichtung neu angesetzt werden. Im vorliegenden Fall ist klar, daß Masse (1) sich abwärts bewegen wird und Masse (2) also nach rechts auf der rauhen Bahn. Die Trägheitskräfte sind, wie gesagt, jeweils der Bewegungsrichtung entgegengerichtet anzusetzen. Für die translatorisch bewegten Massen wird angesetzt: Summe aller Kräfte gleich null; für den Rotor wird angesetzt: Summe aller Momente gleich null. Da keine Übersetzung vorliegt und die beiden translatorisch bewegten Massen gleiche Wege, gleiche Geschwindigkeiten und dieselbe Beschleunigung aufweisen, entsteht ein System dreier Gleichungen mit vier Unbekannten; die Unbekannten sind die beiden Seilkräfte, die Translationsbeschleunigung a sowie die Winkelbeschleunigung $\ddot{\varphi}$ des Rotors. Die fehlende, vierte Gleichung setzt die Beschleunigungen von Seil und Rotor in Beziehung. Jener Punkt des Seils, der gerade auf den Rotor aufläuft oder von ihm abläuft, hat in diesem Augenblick natürlich dieselbe Geschwindigkeit und dieselbe Beschleunigung (Schlupffreiheit vorausgesetzt) wie der Rotor selbst. Also gilt: $a = R \cdot \ddot{\varphi}$. Dieses System mit vier Gleichungen mit vier Unbekannten kann gelöst werden. Es ergibt sich so als Translationsbeschleunigung $a = 1{,}635\,\mathrm{m/s}^2$. Frage b) betrifft die Kinematik des Rotors, von dem die Winkelbeschleunigung nunmehr bekannt ist. Die Kinematik-Diagramme liefern für diese gleichmäßig beschleunigte Drehbewegung das Winkel-Zeit-Gesetz; hieraus folgt der zurückgelegte Winkel φ_1 zur Zeit t_1 zu $73{,}58\,\mathrm{rad}$. Eine vollständige Umdrehung entspricht dem Winkel $2\pi = 360°$. Die Zahl ganzer Umdrehungen folgt also aus dem Quotienten Drehwinkel dividiert durch 2π.

25.5

Es liegt eine Übersetzung „feste / lose Rolle" vor; Masse (2) an der losen Rolle wird, verglichen mit Masse (1), nur halbe Wege zurücklegen, hat stets nur halbe Geschwindigkeit und halbe Beschleunigung von Masse (1). Im vorliegenden Fall ist die Bewegungsrichtung durchaus unklar; es wird ein Bewegungssinn angenommen, nämlich: Masse (1) bewege sich abwärts, Masse (2) also aufwärts. Für diese Bewegungs- und also auch Beschleunigungsrichtung wird für beide Massen das „dynamische Gleichgewicht" Summe aller Kräfte (einschließlich der Trägheitskräfte) nach D´ALEMBERT angesetzt. Es entsteht ein System zweier Gleichungen mit den Unbekannten Seilkraft F_S, a_1 und a_2. Die aus der Übersetzung abgeleitete Beziehung $a_2 = 0{,}5a_1$ liefert

die fehlende, dritte Gleichung. Nach Lösen des Gleichungssystems ergeben sich die gesuchten Beschleunigungen. Die Lösungen hier sind positiv, also war die Annahme über den Richtungssinn der einsetzenden Bewegung richtig.

25.6

Die Umlenkrolle habe ein vernachlässigbar kleines Massenträgheitsmoment. Die Seilkräfte vor bzw. hinter dieser Umlenkrolle sind also gleich groß. Aber: Die Seilkräfte oberhalb und unterhalb der Seilberührstelle mit der Rolle der Masse m_1 sind ungleich groß; eine Kräftebetrachtung am Seilstück im Bereich dieser Berührstelle zeigt dies: die Differenz zwischen den Seilkräften entspricht der Reibkraft, die für das Antriebsmoment an der Scheibe sorgt. Nach dem D´ALEMBERTschen Prinzip wird der angenommenen Beschleunigungsrichtung entgegen die Trägheitsgröße angesetzt. Es wird in der vorgestellten Lösung Abwärtsbewegung der Masse m_2 und also Aufwärtsbewegung der Scheibe angenommen. Die Scheibe vollführt eine allgemeine ebene Bewegung aus Translation und Rotation; der Schwerpunkt der Scheibe bewegt sich aufwärts, die Scheibe dreht rechtsherum. Der Aufwärtsbeschleunigung entgegen wird die Trägheitskraft ($m_1 \cdot a$) angesetzt, der Rechtsdrehbewegung entgegen wird das Moment der tangentialen Trägheitskräfte aller Massenteilchen der Scheibe, ($J_S \cdot \ddot{\varphi}$), angesetzt. Eine kinematische Betrachtung der Geschwindigkeits- bzw. Beschleunigungssituation an der Scheibe liefert: $\varphi = a/0{,}5r$; der Drei-Uhr-Punkt der Scheibe erfährt (wie das Seil dort) die Abwärtsbeschleunigung a, der Mittelpunkt der Scheibe erfährt eine Aufwärtsbeschleunigung a; der Momentanpol liegt also auf halbem Scheiben-Radius. Die D´ALEMBERTschen Ansätze - Summe der Kräfte gleich null bei Masse (2), Summe der Momente gleich null wie auch Summe der Kräfte gleich null an Scheibe (1) - führen eingedenk der Kinematik-Beziehung zu dem System aus vier Gleichungen mit vier Unbekannten, dies sind: die Seilkräfte F_{S1} und F_{S2}, die Translationsbeschleunigung a sowie die Winkelbeschleunigung $\ddot{\varphi}$. Die Lösung ist dann positiv, wenn Masse (2) größer ist als Masse (1). Die nachgeschaltete Kinematik-Betrachtung liefert die Lösung zu Frage b). Die Lösung der Frage b) wird als Probe mit dem Energiesatz der Mechanik gezeigt. Auch hier ist die Geschwindigkeitsverteilung an der Scheibe für die Beschreibung der Winkelgeschwindigkeit der

Scheibendrehung heranzuziehen. Die Bewegungsenergie der Scheibe (1) wird als Summe aus Translationsenergie und Energie der Drehung um den Schwerpunkt beschrieben. Für die Beschreibung der potentiellen Energien wird die Anfangslage der Massen als Null-Linie definiert. Masse (1) hat „nachher" eine positive potentielle Energie, Masse (2) ist unter ihrem Anfangs-Niveau, hat also „nachher" eine negative potentielle Energie. Es ergibt sich so jener Ausdruck für die Endgeschwindigkeit v_1 wie in der vorgestellten Lösung nach D´ALEMBERT.

26.1

Bei plötzlicher Fixierung der Scheiben zueinander wirken zwar an der Stelle der Fixierung Kräfte auf die beiden Bauteile, jedoch wirkt auf das Gesamtsystem kein äußeres Moment; dies bedeutet, daß der Drall des Gesamtsystems erhalten bleibt: Der Drall des Systems vor Fixierung ist gleich dem Drall nach der Fixierung. Scheibe (2) steht vor der Fixierung still, der Drall des Systems als Produkt aus Massenträgheitsmoment und der Winkelgeschwindigkeit der Drehung bezieht sich also auf Scheibe (1). Das Massenträgheitsmoment einer Scheibe konstanter Dicke bezogen auf die in der Scheibenebene im Schwerpunkt senkrecht stehende Drehachse ist $m \cdot r^2/2$. Nach der Fixierung dreht das in sich starre System um Achse (A). Das Massenträgheitsmoment der anteiligen Masse aus Scheibe (2) ist, da sich Scheibe (2) um ihre Schwerpunktsachse dreht, $m_2 \cdot R^2/2$; der Anteil von Scheibe (1) am Massenträgheitsmoment des Gesamtsystems ist nach dem Satz von den parallelen Achsen (Satz von STEINER) gleich dem Schwerpunktsanteil $m_1 \cdot r^2/2$ zuzüglich dem sog. STEINER-Anteil als Produkt aus Masse m_1 und dem Quadrat des Abstands zwischen den parallelen Achsen, also r^2. Die nach Fixierung vorliegende Winkelgeschwindigkeit ergibt sich so bei Berücksichtigung des Massenverhältnisses zu 1/23 der anfänglichen Winkelgeschwindigkeit von Scheibe (1).

26.2

Beide Scheiben drehen anfänglich, jedoch mit entgegengesetztem Drehsinn. Es gilt, eine positive Richtung für den Drallvektor zu definieren; in der vorgestellten Lösung wird $+L$ nach unten definiert. Damit hat Scheibe (2) vor der Fixierung einen positiven Drall.

Der anfängliche Drall von Scheibe (1) wird beschrieben durch den Schwerpunktsanteil $J_S \cdot \omega_{o1}$ und dem Produkt aus Masse m_1 , Schwerpunktsgeschwindigkeit $r \cdot \omega_{o2}$ und Habelarm r ; der Schwerpunktsanteil ist nach der oben getroffenen Vorzeichendefinition negativ, der Drallvektor zeigt nach oben, der zweite Summand, der die Tatsache berücksichtigt, daß Scheibe (1) nicht um ihre Schwerpunktsachse rotiert, ist positiv, der entsprechende Drallvektor zeigt nach unten, also in die positive Drallrichtung. Bei plötzlicher Fixierung bleibt der Gesamtdrall erhalten. Ist die Winkelgeschwindigkeit nach Fixierung null, so muß auch der Drall vor der Fixierung insgesamt null sein. Mit den gegebenen Zahlenverhältnissen folgt das Ergebnis.

26.3

Scheibe (2) steht anfänglich still; Scheibe (1) wird abgesenkt und lastet mit ihrem Gewicht auf Scheibe (2), die Reibkraft an der Schlupfstelle ist also das Produkt aus der normalen Andrückkraft $m_1 \cdot g$ und dem Gleitreibungskoeffizienten μ . Vorzeichendefinition für die Drallvektoren: In der vorliegenden Lösung wird für Scheibe (1) Rechtsdrehrichtung als positive Drehrichtung für den Drall definiert, der positive Drallvektor stößt also in die Bildebene hinein. Der anfängliche Drall der Scheibe (1) ist also positiv. Drallsatz in integrierter Form für Scheibe (1) : Drall „nachher" minus Drall „vorher" (ist positiv!) ist gleich dem Produkt aus angreifendem Moment und der Zeit t_1 . Hierbei ist zu beachten, daß das angreifende Moment negativ ist, der Momentenvektor kommt aus der Bildebene heraus, es handelt sich für Scheibe (1) um ein Bremsmoment. Probe an Scheibe (2) , die anfänglich stillsteht; hier kann mit der für Scheibe (1) festgelegten Plusrichtung gearbeitet werden, oder aber es wird eine neue Vorzeichenregelung für Scheibe (2) getroffen. In jedem Fall ergibt sich hier derselbe Ausdruck für die Zeit t_1 . In diesen Ausdrücken sind die Winkelgeschwindigkeiten nach Ende der Schlupfphase, nämlich ω_1 und ω_2 , unbekannt; diese Winkelgeschwindigkeiten stehen bei Schlupffreiheit im umgekehrten Verhältnis der Scheibenradien: die Geschwindigkeit des Berührpunktes ist an Scheibe (1) $v = r_1 \cdot \omega_1$ und an Scheibe $v = r_2 \cdot \omega_2$. Gleichsetzen der Ausdrücke für t_1 führt zur Lösung für die Winkelgeschwindigkeiten nach Drehzahlangleich. Damit kann aus beiden Ausdrücken t_1 errechnet werden. Die Verlustenergie (Reibarbeit) errechnet sich als Differenz zwischen anfänglicher Rotationsenergie und der Rotationsenergie der beiden Scheiben nach Drehzahlangleich (Schlupffreiheit). Nach dem dynamischen Grundgesetz der Rotation ist das angreifende Moment am Rotor gleich dem Produkt aus Massenträgheitsmoment und Winkelbeschleunigung. Die angreifende Reibkraft $\mu \cdot m_1 \cdot g$ mal jeweiligem Scheibenradius entspricht dem Moment. So errechnen sich die Winkelbeschleunigungen der Scheiben aus dem dynamischen Grundgesetz. Die Kinematik-Diagramme für beide Scheiben sind in der vorgestellten Lösung dargestellt. Es wird die Zahl ganzer Umdrehungen für Scheibe (2) errechnet, und es wird die Probe gemacht für die bereits aus den Rotationsenergien bestimmte Verlustarbeit: Reibarbeit gleich Reibkraft mal Reibweg; auch so errechnet sich die Verlustarbeit zu $114,54\,\text{kJ}$.

26.4

Vorgegeben ist das Zeitverhalten des Kupplungsmoments, hier des Bremsmoments. Ist das Moment konstant, so kann es vor das Integral gezogen werden; hier ist die Funktion $M(t)$ zu integrieren. Die Bremszeit $t_1 = 16\,\text{s}$ ist vorgegeben; Unbekannte in der angesetzten Gleichung ist also die sich einstellende Drehzahl n_1.
b) Für $n_1 = 0$ ergibt sich die Bremszeit $t_2 = 44,88\,\text{s}$. Eine Kontrolle über die Kinematik-Betrachtung bestätigt die vorgelegte Lösung.

26.5

Das Kupplungsmoment ist konstant; das System ist insoweit konservativ, als von außen kein resultierendes Moment angreift, also ist der Drall konstant. Wenn das System nach dem Ankuppeln zum Stillstand kommt und also keinen Gesamtdrall hat, so muß der Drall auch "vorher" null sein. Daraus folgt die anfängliche Drehzahl des Rotors (2). Rotor (1) mit $n_1 = 7500\,\text{min}^{-1}$ ist der schnellere, er wird abgebremst; das Kupplungsmoment ist also negativ. Rotor (2) mit $n_2 = 2500\,\text{min}^{-1}$ ist der langsamere, er wird beschleunigt; das Kupplungsmoment ist also positiv. Vorzeichendefinition: Hier wird die Richtung des Anfangsdralls von Rotor (1) als positiv definiert. Beim Ansatz des Drallsatzes in integrierter Form für Rotor (2) (Drall "nachher" minus Drall "vorher") steht also $0 = 0 - (-J_2 \cdot \pi n_2/30) = +M_k \cdot t_E$. Die Verlustarbeit errechnet sich aus der Differenz der Rotationsenergien "nachher" und "vorher"; da das System nachher still-

steht, wird die gesamte anfänglich vorhandene Bewegungsenergie aufgezehrt und in Wärme umgewandelt.

26.6

Das Kupplungsmoment ist zeitlich konstant. Das System als Ganzes erfährt kein resultierendes äußeres Moment, also ist der Drall des Systems zeitlich konstant. Da Rotor (1) anfänglich stillsteht, entspricht der Anfangsdrall des Rotors (2) dem Gesamtdrall nach Drehzahlangleich. Es ergibt sich so das Massenträgheitsmoment für Rotor (1), J_1. Der Drallsatz in integrierter Form wird für beide Rotoren angesetzt; aus beiden Ansätzen ergibt sich die Kupplungszeit zu $t_E = 82,3\,\text{s}$. Die Verlustarbeit ergibt sich als Differenz der Rotationsenergien vor dem Kuppeln und nach Drehzahlangleich.

27.1

Am Höchstpunkt der Bahn muß die Fliehkraft, also die D'ALEMBERTsche Trägheitskraft der Normalbeschleunigung (auf den Krümmungsmittelpunkt der Bahn hin gerichtet) so groß sein wie die Gewichtskraft; dann nämlich ist Anlage an der Bahn gewährleistet. Die Normalbeschleunigung auf gekrümmter Bahn ist $a_n = m \cdot v^2/\rho$ (mit ρ = Bahnradius). Nun ist zu entscheiden, ob mit R oder r zu rechnen ist. Würde man mit r rechnen, so ergäbe sich eine Geschwindigkeit am Höchstpunkt von $v_1^2 = g \cdot r$; die Fliehkraft $m \cdot a_n$ hat dann kurz vor Erreichen des Höchstpunkts die Größe $m \cdot g$, jedoch kurz nach Verlassen dieses Bahnhöchstpunkts, wo der Bahnradius R beträgt, die Größe $m \cdot g \cdot r/R$; dies ist kleiner als die Gewichtskraft $m \cdot g$; die Masse löst sich also von der Bahn. Mithin ist es also richtig, die Geschwindigkeit am Bahnhöchstpunkt mit $v_1^2 = g \cdot R$ anzusetzen. Energiebilanz zwischen Startpunkt und Bahnhöchstpunkt: Die anfängliche Energie ist die kinetische Energie $m \cdot v_o^2/2$; am Bahnhöchstpunkt hat die Masse die potentielle Energie $m \cdot g \cdot 2r$ und die Bewegungsenergie $m \cdot v_1^2/2$; daraus folgt die Startgeschwindigkeit $v_o = 6,42\,\text{m/s}$. Energiebilanz zwischen Startstelle und Bahntiefpunkt: Anfänglich liegt vor die kinetische Energie der Translationsbewegung sowie die potentielle Energie $m \cdot g \cdot R$ (Null-Linie auf Höhe Bahntiefpunkt definiert). Am Bahntiefpunkt liegt die Bewegungsenergie $m \cdot v_B^2/2$ vor. Es errechnet sich die Endgeschwindigkeit so zu $v_B = 8,29\,\text{m/s}$.

27.2

a) Es wird der Energiesatz angewendet und die Energiebilanz zwischen Bahnfußpunkt und Bahnhöchstpunkt aufgestellt. Am Fußpunkt hat das Fahrzeug die kinetische Energie der Translationsbewegung; darin ist die Startgeschwindigkeit v_o unbekannt, sie ist die gesuchte Größe. Am Bahnhöchstpunkt soll keine kinetische Energie mehr vorliegen (Fahrzeug kommt „gerade noch" oben an); es liegt „oben" Energie der Lage, die potentielle Energie $m \cdot g \cdot h$ vor. Da die Räder antreiben, ist die Reibkraft von der Bahn auf die angetriebenen Räder hangaufwärts, also in Fahrtrichtung gerichtet; die Arbeit der Reibkräfte ist darum positiv: Energie-Gewinn. Die Energiebilanz lautet also: Energie „vorher" plus Gewinn durch die Arbeit der Nichtpotentialkräfte gleich Energie „nachher". Es ergibt sich so die erforderliche und gesuchte Startgeschwindigkeit $v_o = 19,4\,\text{m/s}$

b) Wenn der Antrieb ausgeschaltet ist, rollt das Fahrzeug die Bahn hinauf; Rollwiderstände werden vernachlässigt. Es wird mithin auf den Energiegewinn durch Arbeit von Reibkräften verzichtet. Die Startgeschwindigkeit wird größer als im Fall a), nämlich 22,6 km/h

c) Die Frage nach der Zeit ist eine Kinematik-Frage. Die Bewegungen, sowohl mit als auch ohne Antrieb, sind gleichmäßig verzögerte Bewegungen: alle Kräfte sind zeitlich konstant. Nach dem dynamischen Grundgesetz (NEWTON) ist das Produkt aus Masse und Beschleunigung gleich der resultierenden angreifenden Kraft. Bei Aufwärtsfahrt mit Antrieb hat die Verzögerung die Größe $a_o = -1,88\,\text{m/s}^2$, im Falle der antriebslosen Aufwärtsfahrt $-2,54\,\text{m/s}^2$. Die Zeit für Bewegung mit Antrieb ergibt sich aus der Kinematik-Überlegung zu 2,87 s, ohne Antrieb zu 2,47 s. Dies ist ein (nur scheinbarer) Widerspruch: mit Antrieb dauert die Fahrt länger! Erklärung: das Fahrzeug startet im Fall b) (ohne Antrieb) mit entsprechend höherer Anfangsgeschwindigkeit.

d) Rückwärtsfahrt mit blockierten Rädern; d.h. die Reibkräfte sind hangaufwärts gerichtet und also gegen die Bewegungsrichtung: die Arbeit der Reibkräfte ist negativ. Anfänglich, also oben, besitzt das Fahrzeug die potentielle Energie der Lage $m \cdot g \cdot h$. Energie „vorher" minus Arbeit der Reibkräfte gleich Energie „nachher", also unten. Es ergibt sich aus dieser Energiebilanz die Endgeschwindigkeit am Fuß der Bahn zu 5,38 m/s, diese Geschwindigkeit ist identisch mit der Startgeschwindigkeit im Fall a), also bei Aufwärtsfahrt mit Antrieb. Desgleichen wird für das Abwärtsrutschen dieselbe Zeit benötigt wie für die Aufwärtsfahrt mit Antrieb. In beiden Fällen sind die Beträge von a_o gleich; bei Aufwärtsfahrt ist es eine Verzögerung, bei Abwärtsrutschen eine Beschleunigung.

27.3

Es wird vorausgesetzt, daß zwischen der losen Rolle und der Stange bzw. zwischen der losen Rolle und der Wand kein Schlupf auftritt. Überdies sollen Gleitreibung (zwischen Stange und Wand) und Rollwiderstände vernachlässigt werden. Anfänglich ist das System in Ruhe, „nachher", also nach dem Weg $s_1 = 1\,\text{m}$ für die Stange, bewegen sich die Massen; die Stange besitzt kinetische Energie der Translation, die feste Rolle kinetische Energie der Rotation um die feste Drehachse, die lose Rolle vollführt eine allgemeine ebene Bewegung (Abrollen); die Bewegungsenergie der losen Rolle könnte man als Summe von Translationsenergie (beschrieben mit der Schwerpunktsgeschwindigkeit) und der Rotationsenergie (Drehung um den Schwerpunkt) beschreiben oder aber, wie in der vorgestellten Lösung, als Energie der Drehung um den Momentanpol, also um den Bahnberührpunkt, der augenblicklich in Ruhe ist; es ist dann das Massenträgheitsmoment auf diesen Momentanpol zu beziehen. Wenn die Stange den Weg s zurücklegt, bewegt sich der Schwerpunkt der losen Rolle nur um den Weg $s/2$; dies ist bei der Beschreibung der Lageenergien zu berücksichtigen. Zu den Winkelgeschwindigkeiten der beiden Rollen: Ist v_l die Geschwindigkeit der Stange und also auch des Seils, so hat der Abrollpunkt (3-Uhr-Punkt) an der festen Rolle ebendiese Geschwindigkeit; die Winkelgeschwindigkeit der festen Rolle ist also der Quotient aus v_l und dem Rollenradius. Die Winkelgeschwindigkeit der losen Rolle ist nur halb so groß: Der Berührpunkt mit der Stange (9-Uhr-Punkt) hat die Stangengeschwindigkeit v_l (Schlupffreiheit). Winkelgeschwindigkeit ist gleich Geschwindigkeit eines Scheibenpunkts bezogen auf seine Entfernung zum Drehpunkt, hier Momentanpol. Die Winkelgeschwindigkeit der losen Rolle ist also $v_l/(2R)$. Energiebilanz: „vorher" besitzt das System Lageenergien (Stange und lose Rolle), „nachher" liegen die Bewegungsenergien der drei bewegten Massen vor. Da keine Arbeiten von Nichtpotentialkräften vorliegen, gilt der Energieerhaltungssatz. Es ergibt sich so die Endgeschwindigkeit $v_l = 4,08\,\text{m/s}$.

27.4

In der Aufgabenstellung ist nicht Reibverlusten oder von Rollwiderstand die Rede, es wird also der Energieerhaltungssatz angewendet. Das System wird aus der Ruhelage losgelassen; bezogen auf den Tiefpunkt der Schwerpunktsbahn des abrollenden Rades besitzt das System „vorher" die potentielle Energie $m \cdot g \cdot 2r$. Die Energie „nachher", also am Tiefpunkt des abrollenden Rades, ist die Bewegungsenergie der beiden Räder; dabei dreht das in (A) gelagerte Rad um diese feste Achse, während das andere Rad eine allgemeine ebene Bewegung (mit translatorischem und rotatorischem Bewegungsanteil) vollführt. Doch auch die Bewegungsenergie des abrollenden Rades wird als Rotationsenergie beschrieben und die Abrollbewegung als Drehbewegung um den Momentanpol (Berührpunkt mit der Bahn, also 6-Uhr-Punkt) beschrieben. Die Winkelgeschwindigkeiten der beiden Räder sind ungleich. Die Bahngeschwindigkeit des abrollenden Rades, also seine Schwerpunktsgeschwindigkeit, sei v_S. Die Geschwindigkeitsverteilung (stets linear zur Drehachse oder zum Momentanpol) zeigt, daß der Punkt, in dem die beiden Räder kämmen, die doppelte Geschwindigkeit $2v_S$ aufweist. Die Winkelgeschwindigkeit des abrollenden Rades ist also v_S/r, die des um die feste Drehachse (A) drehenden Rades mithin $2v_S/r$. Der Energieerhaltungssatz liefert die Lösung: $v_S = 2,12\,\text{m/s}$.

27.5

Lange Stange und die beiden Rollen haben jeweils die Masse m; das Gegengewicht am anderen Seilende weist nur die Masse $m/2$ auf. Es darf von Gleitreibungsfreiheit und Rollwiderstandsfreiheit ausgegangen werden wie auch von der Tatsache, daß kein Schlupf zwischen der an der Wand herabrollenden Scheibe und der Wand respektive der Stange auftritt. Insoweit gilt der Energieerhaltungssatz. a) Für alle drei höhenveränderlichen Massen (Stange, Gegengewicht und abrollende Scheibe) wird die tiefste Lage ihres Schwerpunkts als Null-Linie der potentiellen Energien (Lageenergien) definiert. D.h. für die Masse $m/2$ des Gegengewichts, das sich ja nach oben bewegt, daß anfänglich keine Lageenergie gegeben ist, während für die beiden anderen höhenveränderlichen Massen anfänglich eine potentielle Energie vorliegt; dabei ist zu bedenken, daß die abrollende Scheibe nur den Höhenunterschied $a/2$ durchmißt. Die Masse $m/2$ des Gegengewichts bewegt sich

um den Höhenunterschied a nach oben, gewinnt also das Potential, so daß diese potentielle Energie auf der rechten Gleichungsseite unter den Energien „nachher" auftritt. Alle vier Massen sind „nachher" in Bewegung. Bei der Beschreibung der Translationsenergie von Stange und Gegengewicht wird die Geschwindigkeit dieser Massen mit v bezeichnet. Die Winkelgeschwindigkeit der Umlenkrolle mit fester Drehachse ist also v/R. Die kinetische Energie der abrollenden Scheibe wird als Energie der Drehung um den Momentanpol beschrieben; der augenblickliche Ruhepunkt dieser Scheibe ist der Berührpunkt mit der Wand. Der Berührpunkt mit der Stange weist definitionsgemäß die Geschwindigkeit v auf, damit ist die Winkelgeschwindigkeit der abrollenden Scheibe $v/(2R)$. In der Energiebilanz-Gleichung ist v die einzige Unbekannte, v errechnet sich so zu $2,03\,\text{m/s}$; die Schwerpunktsgeschwindigkeit der abrollenden Scheibe ist $v/2$.

b) Da alle Kräfte an den Massen zeitlich unveränderlich sind, liegt gleichmäßig beschleunigte Bewegung vor, die Geschwindigkeiten wachsen linear von null an. Die Kinematik-Diagramme verdeutlichen: Weg $a = v \cdot t/2$; der Zuwachs an Weg entspricht der Fläche unter der $v(t)$-Linie. Es ergibt sich die Zeit zu $0,49\,\text{s}$.

27.6

a) Es gilt der Energieerhaltungssatz, da in der Aufgabenstellung nicht von Rollreibungsverlusten die Rede ist. Das System ist anfänglich in Ruhe, es liegt ausschließlich Energie der Lage, die potentielle Energie $m \cdot g \cdot (R + r)$ vor. Kurz vor Aufprall auf die Feder liegt Bewegungsenergie vor, die als Energie der Drehung um den Momentanpol (Abrollpunkt) beschrieben wird; dabei ist ω die Winkelgeschwindigkeit der abrollenden Scheibe. Die Geschwindigkeit des Scheibenmittelpunkts (gleichzeitig Stangen-Endpunkt) ist $v = r \cdot \omega$. Die Winkelgeschwindigkeit der Stange ist mithin $\omega_A = v/(R + r)$. Mit der zugeschnittenen Größengleichung $\omega = \pi \cdot n/30$ (Winkelgeschwindigkeit ω in s^{-1}, Drehzahl n in min^{-1}) errechnet man die Drehzahl der Stange zu $n_A = 35,4\,\text{min}^{-1}$.

b) Energiebilanz zwischen anfänglicher Ruhestellung und der endgültigen Ruhestellung. Dabei wird der Einfluß des Höhenunterschieds der Scheibenmasse beim Zusammendrücken der Feder als vernachlässigbar klein betrachtet. Da die Feder „vorher" entspannt ist, gilt für die Federenergie $c \cdot f^2/2$. Es ergibt sich aus diesem Ansatz: $f = 33,4\,\text{mm}$.

27.7

a) Die Winkelgeschwindigkeit der Stange nach 90°-Drehung der Stange sei ω_A. Der Ruhepunkt (Momentanpol) der auf der festen Führungsbahn abrollenden Scheibe (1) ist ebendieser Berührpunkt; damit liegt die Geschwindigkeitsverteilung an Scheibe (1) fest, ihre Winkelgeschwindigkeit ist $\omega_1 = \omega_A$. Geschwindigkeitsverhältnisse an Scheibe (2) : Die Geschwindigkeit des Stangen-Endes (Verbindungspunkt mit Scheibe (2)) ist $v = R \cdot \omega_A$ (v ist nach rechts gerichtet). Die Geschwindigkeit des 6-Uhr-Punkts der Scheibe (2) (hier kämmt Scheibe (2) mit Scheibe (1)) ist mit der Geschwindigkeit des 12-Uhr-Punkts der Scheibe (1) identisch, nämlich $\omega_1 \cdot 2R$ (nach links gerichtet). Bei der Beschreibung der kinetischen Energie für Scheibe (2) kann man entweder wieder den Translationsanteil und den Anteil der Drehung um den Schwerpunkt gesondert beschreiben, oder aber - wie in der vorgestellten Lösung - man faßt die Bewegung der Scheibe (2) wieder als Drehbewegung um den Momentanpol auf. Das Bild der Geschwindigkeitsverteilung an Scheibe (2) zeigt, daß dieser Momentanpol $R/3$ vom Scheibenmittelpunkt entfernt ist. Das Massenträgheitsmoment J_P bezieht sich also auf diesen Punkt; mit dem Satz von STEINER (Satz von den parallelen Achsen) ergibt sich $J_P = J_S + m \cdot (R/3)^2$ mit $J_S = m \cdot R^2/2$. Die Winkelgeschwindigkeit der Scheibe (2) ergibt sich als Quotient aus (hier beispielsweise) Geschwindigkeit des 6-Uhr-Punkts und der Entfernung dieses Punkts zum Momentanpol, also $\omega_1 \cdot 2R$ dividiert durch $2R/3$, so ergibt sich das Winkelgeschwindigkeitsverhältnis zu $\omega_2/\omega_1 = 3$.

b) Wie schon in a) festgestellt wurde, ist $\omega_1 = \omega_A$. Die Energiebilanz zwischen der Startposition und der Position nach 90° Drehung der Stange liefert das Ergebnis $\omega_A = 3,38\,\text{s}^{-1}$.

c) Die zugeschnittene Größengleichung $\omega = \pi \cdot n/30$ (ω in s^{-1}, n in min^{-1}) liefert die Drehzahl $n_1 = 32,3\,\text{min}^{-1}$.

d) v_2 ist die Geschwindigkeit des Scheibenmittelpunkts von Scheibe (2). Das Ergebnis : $v_2 = 1,01\,\text{m/s}$

28.1

Die kinematischen Koordinaten-Plusrichtungen für den Schwerpunkt (Translationskoordinaten) seien s, $\dot{s}$ und $\ddot{s}$, die Drehkoordinaten φ (Drehwinkel), $\dot{\varphi}$ (Winkelgeschwindigkeit) und $\ddot{\varphi}$ (Winkelbeschleunigung). Nach dem D´ALEMBERTschen Prinzip ist der Translationsbeschleunigung die Trägheitskraft $m \cdot a_S = m \cdot \ddot{s}$ entgegenzusetzen, der positiv angenommenen Winkelschleunigungsrichtung entgegen das Moment der tangentialen Trägheitskräfte aller Massenteilchen, $J_S \cdot \ddot{\varphi}$. Alsdann werden die statischen Gleichgewichtsbedingungen angesetzt.

a) Die so entstehenden Gleichungen (1) (Kräfte-Gleichung in s-Richtung) und (2) (Momenten-Gleichung auf den Schwerpunkt bezogen) enthalten drei Unbekannte, nämlich a_S, $\ddot{\varphi}$ und die Reibkraft F_R. Wenn kein Schlupf zwischen Rolle und Bahn auftritt, ist der Bahnberührpunkt Momentanpol, und die Winkelbeschleunigung der Scheibe wird beschrieben als Quotient aus Schwerpunktsbeschleunigung a_S und der Entfernung des Schwerpunkts S vom Momentanpol, also R: $\ddot{\varphi} = a_S/R$. Damit folgt die Formel für die Schwerpunktsbeschleunigung unter der Voraussetzung, daß kein Schlupf vorliegt.

b) Wird Schlupf auftreten, so ist die Reibkraft nach dem COULOMBschen Gleitreibungsgesetz stets das Produkt aus normaler Andrückkraft und dem Koeffizienten der Gleitreibung, μ. Mit den unter a) angewandten Gleichgewichtsbedingungen folgen die Formeln für die Schwerpunktsbeschleunigung wie auch für die Winkelbeschleunigung.

c) Aus den unter b) gefundenen Formeln wird der Grenzfall „kein Schlupf" formuliert; wenn Abrollen vorliegt, gilt ja wieder: $a_S = R \cdot \ddot{\varphi}$. Hieraus entsteht der Ausdruck für die kritische Fadenkraft F_{kr}. Sie errechnet sich mit den gegebenen Werten zu $215,7\,\text{N}$.

d) Für die unterkritische Fadenkraft $100\,\text{N}$ werden die unter a) hergeleiteten Formeln für die Schwerpunktsbeschleunigung und die Winkelbeschleunigung angewendet. Für die kritische Fadenkraft $215,7\,\text{N}$ können sowohl die Formeln aus a) als auch die aus b) angewendet werden. Die vorgestellte Lösung zeigt beide Berechnungen. Für die überkritische Last $400\,\text{N}$ muß natürlich mit den unter b) hergeleiteten Formeln (Schlupf vorhanden) gerechnet werden. Positive Schwerpunktsbeschleunigung besagt: der Schwerpunkt wird nach rechts (angenommene positive Richtung der translatorischen Kinematik-Größen) beschleunigt. Positive Winkelbeschleunigung besagt, daß die Rolle eine Rechtsdrehbeschleunigung erfährt. $F = 100\,\text{N}$: der Rollenschwerpunkt bewegt sich nach rechts, die Rolle dreht rechtsherum; $F = 215,7\,\text{N}$: Rollenschwerpunkt bewegt sich nach rechts, Rolle dreht rechtsherum; $F = 400\,\text{N}$: Rollenschwerpunkt bewegt sich nach rechts, Rolle dreht aber linksherum. Abschließend ist die Bewegung des Bahnberührpunkts P (Momentanpol beim Abrollen) untersucht. Man sieht: Für unterkritische Fadenkräfte und auch für die kritische Fadenkraft ist $a_P = 0$, d.h. der Bahnberührpunkt ist augenblicklich in Ruhe. Für die überkritische Last $400\,\text{N}$ wird P nach rechts beschleunigt.

28.2

Die einsetzende Bewegung ist keine rein translatorische und keine rein rotatorische Bewegung, sondern eine allgemeine ebene Bewegung. Sie wird als Überlagerung von Translation und Rotation um den Schwerpunkt aufgefaßt. Schwerpunktsatz: Der Scheibenschwerpunkt bewegt sich so, als ob die Gesamtmasse punktförmig im Schwerpukt vereinigt wäre und die resultierende Kraft an dieser Punktmasse (also im Schwerpunkt) angriffe; die Winkelbeschleunigung der Scheibe ist dem angreifenden äußeren Moment proportional: $F_{res} = m \cdot a_S$ und $M_{res} = J_S \cdot \ddot{\varphi}$. Es werden die „dynamischen Gleichgewichtsbedingungen" (Prinzip von D´ALEMBERT) angewendet, nachdem der Schwerpunktsbeschleunigung (abwärts positiv gewählt) die Trägheitskraft $m \cdot a_S$ entgegengerichtet angesetzt wird und der positiven Winkelbeschleunigungsrichtung (rechtsdrehend) das Moment der tangentialen Trägheitskräfte aller Massenteilchen, $J_S \cdot \ddot{\varphi}$. Es liegen drei Unbekannte vor: die Schwerpunktsbeschleunigung, die Fadenkraft und die Winkelbeschleunigung. Mit der Abrollbedingung wird die Beziehung zwischen der Schwerpunktsbeschleunigung und der Winkelbeschleunigung beschrieben, so daß drei Gleichungen mit drei Unbekannten vorliegen. Aus dem entstehenden Gleichungspaket resultiert sowohl die Schwerpunktsbeschleunigung als auch die Fadenkraft.

28.3

Es handelt sich, wie auch bei Aufgabe 28.2 , um die Rolle mit den Maßen und Daten der Aufgabe 28.1 . Jener Punkt, an dem der Faden von der Rolle abläuft, ist der Momentanpol, der ist auch für die Rolle augenblicklicher Ruhepunkt; die Rolle läuft quasi wie ein auf der Bahn abrollendes Rad vom Faden ab. Bei Abwärtsbewegung der Rolle bewegt sich der Schwerpunkt nach unten, die Scheibe vollführt dann eine Rechtsdrehung; die

diese miteinander verträglichen Richtungen werden zu positiven Koordinaten erklärt: x ist der Weg des Schwerpunkts, $\dot{x}$ die Schwerpunktsgeschwindigkeit, $\ddot{x} = a_S$ die Schwerpunktsbeschleunigung; die Drehkoordinaten sind φ (Drehwinkel), $\dot{\varphi}$ (Winkelgeschwindigkeit der Rolle) und $\ddot{\varphi}$ (Winkelbeschleunigung der Rolle). Bei Bewegung liegt an der Auflagestelle zur Bahn Schlupf vor; die dort wirkende Reibkraft (als Bewegungswiderstand gegen die Bewegung gerichtet, also aufwärts) ist nach dem Gleitreibungsgesetz das μ-fache der Normalkraft dort (μ ist der Koeffizient der Gleitreibung). Die Normalkraft ist $m \cdot g \cdot \cos\beta$. Nach Einführen der Trägheitsgrößen $m \cdot a_S$ (als dynamische Reaktion auf die Translationsbeschleunigung) und $J_S \cdot \ddot{\varphi}$ (als dynamische Reaktion auf die Drehbeschleunigung) kann nach dem D´ALEMBERTschen Prinzip wieder mit Gleichgewichtsbedingungen gearbeitet werden: Kräftegleichgewicht in x-Richtung und Momentengleichgewicht in bezug auf den Schwerpunkt. Als dritte Gleichung tritt die Abrollbedingung hinzu, es gilt: $a_S = +r \cdot \ddot{\varphi}$; mit dem positiven Vorzeichen soll unterstrichen werden, daß bei Wahl der hier definierten Plusrichtungen für x und φ zu einem positiven x auch ein positiver Drehwinkel gehört. Das Gleichungssystem dreier Gleichungen mit drei Unbekannten wird gelöst, und es ergibt sich die Lösung für die Schwerpunktsbeschleunigung. Wird der Zähler null, so ist a_S null; dies ist der Grenzfall. Nullsetzen des Zählers führt zu $\tan\beta = 1{,}0$; der Grenzwinkel β, bei dem gerade Bewegung einsetzt, ist also $45°$; bei kleineren Neigungswinkeln der Schiefen Ebene bleibt die Rolle ruhig liegen, bei größeren Winkeln setzt die gleichmäßig beschleunigte Bewegung ein.

28.4

Um den Zapfen vom Radius r ist ein Faden gespult; ein zweiter Faden ist um den Außendurchmesser $(2R)$ gespult, in diesen Faden ist die Feder der Federkonstanten c gespannt. Das System ist ein schwingfähiges Gebilde. Vorgriff auf die Aufgaben in Kapitel 30 : Feder-Masse-Systeme führen, wenn die Masse eine translatorische Bewegung vollführt, zu der Differentialgleichung $0 = \ddot{x} + \omega_o^2 \cdot x$; wenn die Masse eine Drehbewegung vollführt, lautet die Differentialgleichung $0 = \ddot{\varphi} + \omega_o^2 \cdot \varphi$. Dabei stellen diese Gleichungen D´ALEMBERTsche Gleichgewichts-Gleichungen dar, im Fall der Translationsbewegung der Masse also: Summe aller Kräfte gleich null, im Falle der Drehbewegung der

Masse: Summe aller statischen Momente gleich null. Je nach Geometrie der Masse und nach der Anordnung der Feder usw. ist der Faktor vor der nicht abgeleiteten Größe der Differentialgleichung die Eigenkreisfrequenz der Schwingungen: ω_o. Im vorliegenden Fall liegt weder reine Translation noch reine Rotation vor; die Bewegung wird jedoch aufgefaßt als Drehung um den Momentanpol P ; der Ablaufpunkt des Fadens von der Rolle ist der augenblickliche Ruhepunkt. Definition der positiven Koordinatenrichtungen für Translation und Rotation: x = Weg des Schwerpunkts (nach unten positiv definiert), φ = Drehwinkel (zugehörig rechtsdrehend definiert). Nach dem D´ALEMBERTschen Prinzip wird der Schwerpunktsbeschleunigung entgegen die Trägheitskraft eingeführt, der Winkelbeschleunigung entgegen das Moment der tangentialen Trägheitskräfte aller Massenteilchen, also $J_S \cdot \ddot{\varphi}$. Als Gleichgewichtsbedingung wird formuliert: Summe aller Momente um den Momentanpol P gleich null. Mit der Abrollbedingung $\ddot{x} = r \cdot \ddot{\varphi}$ wird daraus nach Umformen jene Gleichung, aus der die Eigenkreisfrequenz der Schwingungen, ω_o , abgelesen wird. Mit der Federkonstanten $c = 50\,\text{N/cm}$ und den in Aufgabe 28.1 gegebenen Werten wird die Eigenkreisfrequenz $\omega_o = 17,6\,\text{s}^{-1}$.

28.5

Die Walze vollführt eine allgemeine ebene Bewegung: Abrollen auf der Bahn. Diese Bewegung hat translatorische und rotatorische Komponenten; die Bewegung kann aufgefaßt werden als Überlagerung von Translation und Rotation um den Schwerpunkt. Dynamisch faßt der sog. Schwerpunktsatz diesen Umstand zusammen: Der Schwerpunkt der Scheibe bewegt sich so, als sei die gesamte Masse im Schwerpunkt vereinigt (dabei ist es unerheblich, wo an der Scheibe die resultierende äußere Kraft angreift); die Winkelbeschleunigung der Scheibe ist dem angreifenden resultierenden Moment proportional. Definition der positiven Richtungen für die kinematischen Größen: x (Weg des Schwerpunkts) wird nach rechts positiv definiert; φ (Drehwinkel) wird rechtsdrehend positiv definiert. Diesen positiven Richtungen entgegen werden nach dem D´ALEMBERTschen Prinzip die Trägheitsgrößen eingefügt, Trägheitskraft $m \cdot \ddot{x}$ der $\ddot{x}$-Richtung entgegen und $\ddot{\varphi}$ entgegen das Moment der tangentialen Trägheitskräfte aller Massenteilchen: $J_S \cdot \ddot{\varphi}$. Der Ansatz der Gleichgewichtsbedingung Summe aller Momente um den Momentanpol P gleich null führt zu einer Gleichung, aus der die

Schwerpunktsbeschleunigung $\ddot{x}$ berechnet werden kann.

b) Aus Gleichung (1) , der Kräftegleichgewichtsbedingung in x-Richtung, wird, bei bekanntem $\ddot{x}$, der Ausdruck für μ (Reibkoeffizient) entwickelt. Hierbei wird die Reibkraft als Produkt Normalkraft mal Reibzahl gesetzt; dies ist die maximal mögliche Kraft in der Reibstelle; wird für μ der Haftreibungskoeffizient gesetzt, so wird die Situation kurz vor Rutschbeginn diskutiert. Für die gegebenen Werte ergibt sich $\mu_o = 0,026$.

c) Die Kinematik-Diagramme veranschaulichen den Bewegungsablauf. Da alle angreifenden Kräfte zeitlich konstant sind, liegt gleichmäßig beschleunigte Bewegung vor, die Geschwindigkeit steigt linear mit der Zeit, das Weg-Zeit-Gesetz ist quadratisch. Die Fläche unter der $a(t)$-Linie ist ein Maß für den Unterschied der Funktionswerte der $v(t)$-Linie, also: $\ddot{x} \cdot t_1 = v_1$. Es ergibt sich $t_1 = 2,65\,\text{s}$.

29.1

Das System bewegt sich in horizontaler Ebene, Gewichtskräfte wirken also senkrecht zur Bildebene. Als Punkt des Führungssystems erfährt der Massepunkt eine tangentiale Beschleunigung a_F^t (zufolge der Winkelbeschleunigung a_F). Da die Relativgeschwindigkeit konstant ist, liegt keine Bahnbeschleunigung a_{rel}^t vor; die Relativbahn ist nicht gekrümmt, so daß auch keine a_{rel}^n auftritt. CORIOLIS-Beschleunigung: Dreht man den ω_F-Vektor auf kürzestem Weg hin zum v_{rel}-Vektor und macht diese Drehbewegung zur Drehbewegung einer Rechtsgewindeschraube, so bewegt sich diese in Richtung des a_{cor}-Vektors; hier: der ω_F-Vektor kommt (Linksdrehung) aus der Darstellungsebene heraus; bei Drehung in Richtung auf den im Bild nach oben gerichteten v_{rel}-Vektor bewegt sich die Rechtsgewindeschraube im Bild nach links, dies ist die Richtung für die CORIOLIS-Beschleunigung. Nach dem D´ALEMBERTschen Prinzip sind die Trägheitskräfte den Beschleunigungen entgegengerichtet.

29.2

Es wird nach der Eigenkreisfrequenz der Schwingungen gefragt; in Kapitel 30 wird diese Problematik ausführlich dargestellt. Im Vorgriff: Bei Feder-Masse-Systemen entsteht aus der Anwendung des D´ALEMBERTschen Prinzips eine Differentialgleichung der Form $0 = \ddot{s} + \omega_o^2 \cdot s$; dabei kann der Faktor vor der nicht abgeleiteten Größe durchaus umfänglich sein (hängt von der Geometrie des Systems und der Anordnung der Massen und Federn ab). Ist in dieser Differentialgleichung der Faktor vor der zweifach abgeleiteten Größe Eins, so ist der Faktor vor der nicht abgeleiteten Größe stets das Quadrat der Eigenkreisfrequenz kleiner Schwingungen. 1.: Masse (1) wird zum Führungssystem erklärt; kinematische Koordinaten: x , $\dot{x}$ und $\ddot{x}$ nach rechts positiv definiert (Koordinatensystem bezieht sich auf das ortsfeste Absolutsystem). Masse (2) ist dann Relativsystem, kinematische Koordinaten s , $\dot{s}$ und $\ddot{s}$ nach rechts positiv (Koordinatensystem bezieht sich auf das Führungssystem). Prinzip: das Relativsystem erfährt die Beschleunigung des Führungssystems (hier $\ddot{x}$), dazu die der Relativbewegung und (wenn vorhanden) die CORIOLIS-Beschleunigung - hier nicht vorhanden, weil das Führungssystem nicht rotiert. An der Masse (2) treten also die Trägheitskräfte $m_2 \cdot \ddot{x}$ und $m_2 \cdot \ddot{s}$ auf, hinzu tritt die Federkraft $c \cdot s$. Masse (1) als Führungssystem erfährt neben der Federkraft die Trägheitskraft der Führungsbeschleunigung. Vorgehensweise: Ineinanderüberführen der Gleichungen derart, daß eine Differentialgleichung vom o.g. Typ entsteht. Daraus wird die Lösung abgelesen. 2.: Masse (2) wird zum Führungssystem erklärt. Jetzt beziehen sich die Koordinaten x auf die Masse (2) , der Federweg ist also x . Das Relativsystem, jetzt also Masse (1) , erfährt sowohl die Führungsbeschleunigung $\ddot{s}$ als auch die Relativbeschleunigung $\ddot{x}$. Vorgehensweise wie unter 1.; es ergibt sich jene Differentialgleichung, aus der die bereits gefundene Lösung ablesbar ist und bestätigt wird.

29.3

Der augenblickiche Bahnpunkt des Fahzeugs (3-Uhr-Punkt der Kugel) bewegt sich bei der vorgegebenen Führungsdrehrichtung in die Bildebene hinein. Im Fall a) fährt das Fahrzeug also in die Bildebene hinein (gleichsinnig mit der Führungsbahn), im Fall b) kommt es aus der Bildebene heraus. Die Relativgeschwindigkeit ist $20 \, \text{km/h} = (20/3,6) \, \text{m/s}$. Mit der zugeschnittenen Größengleichung $\omega(\text{s}^{-1}) = \pi \cdot n(\text{min}^{-1})/30$ wird die Winkelgeschwindigkeit der Führungsbewegung berechnet. Da die Relativgeschwindigkeit konstant ist, gibt es keine Bahnbeschleunigung (Tangentialbeschleunigung) der Relativbewegung: $a_{rel}^t = 0$. Die Führungsbahn ist die Kreisbahn mit dem Krümmungsradius R , also gilt:

$a_{rel}^n = v_{rel}^2/R$. Wegen Konstanz der Führungsdrehzahl gibt es auch kein a_F^t . Die Normalbeschleunigung der Führungsbewegung ist $a_F^n = R \cdot \omega_F^2$. Anmerkung: Formeln für die Normalbeschleunigung allgemein: $a_n = \rho \cdot \omega^2 = v^2/\rho$ (mit ρ = Krümmungsradius). Die Masse erfährt die Führungsbeschleunigung, die Relativbeschleunigung und (wenn vorhanden wie hier) die CORIOLIS-Beschleunigung. Die D´ALEMBERTschen Trägheitskräfte wirken den Beschleunigungen entgegen. Der Vektor der CORIOLIS-Beschleunigung ist im Bild nach links gerichtet; bewegt man den nach oben zeigenden ω_F-Vektor in Richtung hin zum v_{rel}-Vektor (in die Bildebene hinein), so bewegt sich bei gleicher Drehrichtung die Rechtsgewindeschraube nach links, - der a_{cor}-Vektor ist also nach links gerichtet. Im Fall a) der gleichsinnigen Relativbewegung ergibt sich so eine Normalkraft zwischen Fahrzeug und Bahn von $F_N = 7941,5 \, \text{N}$. Im Fall b) der gegensinnigen Fahrtung des Fahrzeugs kommt der v_{rel}-Vektor aus der Bildebene heraus; bei Drehung des ω_F-Vektors zum v_{rel}-Vektor bewegt sich - bei gleicher Drehrichtung - die Rechtsgewindeschraube nach rechts, der Vektor der CORIOLIS-Beschleunigung ist dann also nach rechts gerichtet, die zugehörige Trägheitskraft mithin nach links. Die normale Bahnkraft beträgt so nur noch $F_N = 2356,4 \, \text{N}$. c) Mit Rutschen ist Abwärtsrutschen des schienenlosen Fahrzeugs gemeint. Der Grenzfall zwischen Haften und Gleiten ist dann erreicht, wenn die drängende abwärts gerichtete Gewichtskraft gleich ist der Reibkraft (als Bewegungswiderstand nach oben gerichtet). Es ergibt sich so der erforderliche Haft-reibungskoeffizient zu $\mu_o = 0,33$.

29.4

Die $R = 0,8 \, \text{m}$ lange Führungsstange dreht, angetrieben, mit der konstanten Winkelgeschwindigkeit $\omega_F = 7 \, \text{s}^{-1}$; die kurze $r = 0,4 \, \text{m}$ lange Stange, an deren Ende sich die Punktmasse m befindet, dreht augenblicklich mit $\omega_{rel}(t = 0) = 3 \, \text{s}^{-1}$, sie wird gleichmäßig beschleunigt angetrieben, die konstante Winkelbeschleunigung ist $\alpha_{rel} = 2 \, \text{s}^{-2}$. Das System dreht in horizontaler Ebene, d.h. Gewichtskräfte sind senkrecht zur Bildebene gerichtet.

a) Skizzierte Anfangsstellung ($t = 0$) : Als Punkt des Führungssystems erfährt die Masse lediglich die Normalbeschleunigung (auf Drehpunkt (A) hin gerichtet); ihr entgegen (D´ALEMBERTsches Prinzip) ist die radiale Trägheitskraft (Fliehkraft) gerichtet. Als Punkt des Relativsystems erfährt die Masse sowohl eine auf Drehpunkt (B) hin gerichtete Normalbeschleunigung wie eine in Beschleunigungsrichtung gerichtete tangentiale Beschleunigung; beiden Beschleunigungen entgegen wirken die Trägheitskräfte. Richtung des CORIOLIS-Beschleunigungsvektors: Bei Drehung des ω_F-Vektors (kommt aus der Bildebene heraus) auf kürzestem Weg in Richtung v_{rel}-Vektor (im Bild nach unten gerichtet) dreht eine Rechtsgewindeschraube bei dieser Drehrichtung im Bild nach rechts, der Beschleunigungsvektor a_{cor} ist nach rechts gerichtet, die entsprechende Trägheitskraft mithin nach links.

b) Erste Strecklage: Sie ist erreicht, wenn die kurze Stange eine 90°-Drehung gegenüber der langen Führungsstange vollführt hat. Die Kinematik-Diagramme für die kurze Stange zeigen die Bewegungs-Verhältnisse. Die Rechteckfläche unter der $\alpha(t)$-Linie ist ein Maß für den Zuwachs an ω; die Trapez-Fläche unter der $\omega(t)$-Linie ist ein Maß für den Zuwachs an Drehwinkel, entspricht also dem Winkel $\pi/2$. Die erste Strecklage ist nach der Zeit $t_1 = 0,455\,\mathrm{s}$ erreicht, die dann vorliegende Winkelgeschwindigkeit der kurzen Stange beträgt $\omega_{rel}(t=t_1) = 3,91\,\mathrm{s}^{-1}$. Hiermit errechnet sich die augenblickliche Bahngeschwindigkeit und damit sowohl die tangentiale Trägheitskraft der Relativbewegung als auch die Trägheitskraft der CORIOLIS-Beschleunigung. Zur Richtung des CORIOLIS-Beschleunigungsvektors: Drehung des ω_F-Vektors auf kürzestem Weg zum v_{rel}-Vektor zeigt, daß sich eine Rechtsgewindeschraube bei diesem Drehsinn nach oben bewegt, hierhin zeigt der CORIOLIS-Beschleunigungsvektor.

c) Erste Decklage, d.h. die kurze Stange hat - gerechnet von der Ausgangsstellung - einen Drehwinkel von $270° = 3\pi/2$ gegenüber der langen Führungsstange überstrichen. Diese erste Decklage ist nach der Zeit t_2 (wiederum gerechnet von $t = 0$) erreicht. Die Kinematik-Diagramme für die kurze Stange zeigen wiederum die Bewegungsverhältnisse. Wiederum werden die Integrale $\omega(t) = \int \alpha(t) \cdot dt$ und $\varphi(t) = \int \omega(t) \cdot dt$ als Fläche unter der zu integrierenden Funktion aufgefaßt. D.h. Die Fläche unter der Winkelbeschleunigungs-Zeit-Linie ist ein Maß für den Zuwachs an Winkelgeschwindigkeit, die Fläche unter der Winkelgeschwindigkeits-Zeit-Linie ist ein Maß für den Zuwachs an Drehwinkel, hier also $3\pi/2$. Es ergibt sich: $t_2 = 1,14\,\mathrm{s}$. Die in diesem Augenblick vorliegende Winkelgeschwindigkeit der kurzen Stange beträgt $\omega_{rel}(t=t_2) = 5,28\,\mathrm{s}^{-1}$. Zur Richtung des a_{cor}-Vektors: Drehung des ω_F-Vektors auf kürzestem Weg zum v_{rel}-Vektor zeigt, daß eine Rechts-

gewindeschraube bei dieser Drehrichtung sich im Bild nach unten bewegt; dies ist die Richtung des CORIOLIS-Beschleunigungsvektors.

29.5

Drehte die Führungsstange in Aufgabe 29.4 gleichförmig, also mit konstanter Winkelgeschwindigkeit, so liegt hier nun der Fall der gleichmäßig beschleunigten Drehbewegung sowohl für die Führungsstange als auch für das um (B) drehende Relativsystem vor, wobei beide Drehbewegungen zur Zeit $t = 0$ beginnen; die gleichmäßig beschleunigte Drehbewegung setzt also bei Stillstand des Systems ein.

a) Da das System anfänglich stillsteht, liegen keine Normalbeschleunigungen vor und auch keine CORIOLIS-Beschleunigung. Die Masse als Punkt des Führungssystems erfährt eine tangentiale Beschleunigung a_F^t und eine tangentiale Beschleunigung a_{rel}^t.

b) Die Kinematik-Diagramme sowohl für das Relativsystem als auch für die Führungsstange verdeutlichen den Bewegungsverlauf: linear steigende Winkelgeschwindigkeit und mit der Zeit quadratisch ansteigender Drehwinkel. Da das System zur Zeit $t = 0$ in Strecklage ist und zur Zeit t_1 die nächste Strecklage erreicht, vollführt die um (B) drehende Relativ-Stange eine ganze Umdrehung: $\varphi_B = 2\pi$. Für diesen Zeitpunkt $t_1 = 2,047\,\mathrm{s}$ ermittelt die Rechnung eine Winkelgeschwindigkeit von $6,14\,\mathrm{s}^{-1}$. Mit den so errechneten Werten ergeben sich die Normalbeschleunigungen der Masse und die CORIOLIS-Beschleunigung; die tangentialen Beschleunigungen entsprechen den in a) errechneten (gleichmäßige Beschleunigung). Zur Richtung der CORIOLIS-Beschleunigung: der ω_F-Vektor stößt in die Bildebene hinein; dreht man ihn in Richtung des v_{rel}-Vektors (nach rechts zeigend), so bewegt man eine Rechtsgewindeschraube bei dieser Drehrichtung im Bild nach unten - dies ist der Richtungssinn des CORIOLIS-Beschleunigungsvektors.

c) Die Kinematik-Diagramme für die Führungsstange zeigen, daß die Führungsstange nach $t_2 = 2,507\,\mathrm{s}$ eine ganze Umdrehung zurückgelegt hat; für diesen Zeitpunkt werden die Winkelgeschwindigkeiten ermittelt. Die Kinematik-Diagramme für die Relativ-Stange zeigen, daß die um (B) drehende Relativ-Stange mit der Führungsstange in Decklage ist, die Masse befindet sich also genau über (A), dem Drehpunkt der Führungsstange. Damit sind beide Komponenten der Führungsbeschleunigung null. Zur Richtung des CORIOLIS-Beschleunigungsvektors: Der ω_F-Vektor stößt in die Bildebene hinein, der v_{rel}-Vektor zeigt nach links. Bei Drehung von ω_F in Richtung v_{rel} bewegt sich eine Rechtsgewindeschraube mit diesem Drehsinn im Bild nach oben; dies ist die Richtung des CORIOLIS-Beschleunigungsvektors.

29.6

Es wird empfohlen, zunächst die Aufgaben 29.4 und 29.5 zu bearbeiten; die Lösungshinweise zur vorliegenden Aufgabe sind darum kurzgefaßt. Die Relativstange (2) beginnt ihre Relativ-Drehbewegung auf der mit konstanter Winkelgeschwindigkeit drehenden Führungsstange aus der relativen Ruhe; die Relativbewegung ist gleichmäßig beschleunigt.

a) Es liegt zum Zeitpunkt $t = 0$ zwar keine Normalbeschleunigung der Relativbewegung vor (weil noch keine Drehbewegung relativ zur Führungsstange), aber wegen der Winkelbeschleunigung der Relativbewegung eine tangentiale Komponente der Relativbeschleunigung. Die CORIOLIS-Beschleunigung zur Zeit $t = 0$ ist null, weil v_{rel} noch null ist.

b) Die Kinematik-Diagramme für die Führungsstange liefern als Zeitpunkt für deren ganze Umdrehung $t_1 = 1,257 s$; in diesem Moment stehen die Stangen mit einiger Genauigkeit senkrecht aufeinander - siehe Kinematik-Diagramme für die Relativstange (2) .

c) Wiederum die Kinematik-Diagramme für die Relativstange (2) liefern den Zeitpunkt $t_2 = 2,51 s$ für die ganze Umdrehung der Relativstange; die Stangen sind dann wieder, wie in der Ausgangslage, in Strecklage.

Gleichung $0 = 0$. Das „Foto" aus der Bewegung ist Basis der dynamischen Betrachtung $\Sigma M_A = 0$. Es wirken die Gewichtskraft und die durch die Drehung um den Drehwinkel φ entstandene Federkraft (Produkt aus Federkonstante und Federweg, der hier $a \cdot \sin\varphi$ beträgt). Dabei beschränken sich die Betrachtungen auf kleine Drehwinkel, so daß für $\sin\varphi \approx \varphi$ und - an anderer Stelle - $\cos\varphi \approx 1$ geschrieben werden kann. Gegen die positiv definierte Beschleunigungsrichtung $\ddot{\varphi}$ (hier Linksdrehung positiv definiert) wird das Moment der tangentialen Trägheitskräfte aller Massenteilchen $J_A \cdot \ddot{\varphi}$ angesetzt; mit Berücksichtigung der Trägheitskräfte kann nach D´ALEMBERT wieder formal von (dynamischem) Gleichgewicht gesprochen werden. Die gesuchte Differentialgleichung resultiert also aus dem Ansatz $\Sigma M_A = 0$. Zur Bestimmung des Massenträgheitsmoments bezüglich Drehachse (A) : Aus der Formelsammlung bekannt ist das Massenträgheitsmoment bezüglich der Drehachse durch den Krümmungsmittelpunkt der Halbkreisscheibe: $J_M = m \cdot R^2/2$. Es muß zunächst das auf den Schwerpunkt bezogene Massenträgheitsmoment berechnet werden (der Satz von STEINER - Satz von den parallelen Achsen - bezieht sich stets auf J_S !) : $J_M = J_S + m \cdot e^2$; daraus folgt J_S . Nochmalige Anwendung des Satzes von STEINER: $J_A = J_S + m \cdot (a - e)^2$. Zur Federkonstanten c: Die Formelsammlung liefert den Federweg einer am freien Ende der einseitig eingespannten Blattfeder der Biegesteifigkeit (EI_a) angreifenden Kraft: $f = F \cdot l^3/(3 \cdot EI_a)$. Die Federkonstante ist definiert als Quotient aus Kraft F und dem elastischen Weg f : $c = F/f$; stellt man um, so ergibt sich $c = 3 \cdot EI_a/l^3$. Die gesuchte Größe l (Blattfederlänge) ergibt sich als einzige Unbekannte aus der D´ALEMBERTschen Gleichung.

30.1

Die Eigenkreisfrequenz eines Feder-Masse-Systems ergibt sich aus einer homogenen, gewöhnlichen, linearen Differentialgleichung 2. Ordnung mit konstanten Koeffizienten von der Form $0 = \ddot{x} + \omega_o^2 \cdot x$ (bei Translationsbewegung der Masse) bzw. $0 = \ddot{\varphi} + \omega_o^2 \cdot \varphi$ (bei Drehbewegung der Masse). Dabei gewinnt man diese Gleichung aus einem D´ALEMBERTschen Gleichgewichts-Ansatz. Der Faktor vor der nicht abgeleiteten Größe der Differentialgleichung ist stets das Quadrat der Eigenkreisfrequenz der harmonischen Schwingungen. Eine vorangestellte Statik-Überlegung (hier: $\Sigma M_A = 0$) führt im vorliegenden Fall zu der trivialen

30.2

Mit der Schwingungszeit ist auch die Eigenkreisfrequenz kleiner Schwingungen bekannt: $\omega_o = 2\pi/T$. Die Statik-Gleichung $\Sigma M_A = 0$ ist trivial. Nach (willkürlicher) Definition der positiven Richtung für die kinematischen Größen (hier linksdrehend definiert) werden zu den wirkenden Kräften (Gewichtskraft und Federkraft) die Trägheitskräfte hinzugefügt (nach dem D´ALEMBERTschen Prinzip gegen die positive Beschleunigungsrichtung); bei Translation der Masse ist es die Trägheitskraft $m \cdot a$; hier, bei Drehung der Masse, ist es das Moment der tangentialen Trägheitskräfte der Massenteilchen: $J_A \cdot \ddot{\varphi}$.   Der dynamische Ansatz

$\Sigma M_A = 0$ führt zu der Differentialgleichung, in der der Faktor vor der nicht abgeleiteten Größe φ dann dem ω_o^2 entspricht, wenn der Faktor der nicht abgeleiteten Größe $\ddot{\varphi}$ gleich Eins ist. Nach entsprechendem Umformen der D´ALEMBERT-Gleichung ergibt sich die Unbekannte s zu 2,3 mm. Hinweis zu den Einheiten: Es sind die SI-Einheiten (Meter, Sekunde, Newton, Kilogramm) zu verwenden, also: $m = 0,3\,\text{kg}$, $R = 0,18\,\text{m}$, $b = 0,007\,\text{m}$, $E = 2,1 \cdot 10^{11}\,\text{N/m}^2$ und $g = 9,81\,\text{m/s}^2$; die Rechnung liefert dann $s = 0,0023\,\text{m}$.

30.3

Es wird vorausgesetzt, daß die Kopplung von Masse und Feder derart erfolgt, daß der Federweg gleich ist dem Weg der Masse, so daß gilt: $\omega_o^2 = c/m$. Die Differentialgleichung des Feder-Masse-Systems, $0 = m \cdot \ddot{x} + k \cdot \dot{x} + c \cdot x$, lautet umgeformt $0 = \ddot{x} + 2\delta \cdot \dot{x} + \omega_o^2 \cdot x$. Die Abklingkonstante ist also $\delta = k/2m$, sie ergibt sich hier zu $\delta = 10\,\text{s}^{-1}$. Der Dämpfungsgrad $\vartheta = \delta/\omega_o$ entscheidet, ob ein Fall starker Dämpfung ($\vartheta > 1$), ein aperiodischer Grenzfall ($\vartheta = 1$) oder ein Fall schwacher Dämpfung ($\vartheta < 1$) vorliegt; nur im Fall schwacher Dämpfung kann das System schwingen, ansonsten führt die Masse eine aperiodische Bewegung aus, also eine Kriechbewegung. Im vorliegenden Fall liegt schwache Dämpfung vor und das Weg-Zeit-Gesetz zeigt die harmonische Abhängigkeit $x(t)$.

a) Mit den Anstoßbedingungen als Randbedingungen werden die Konstanten C_1 und C_2 bestimmt. Damit liegen die kinematischen Gesetze $x(t)$, $\dot{x}(t)$ und $\ddot{x}(t)$ vor und es können die gesuchten Größen berechnet werden. Zeitpunkt t_1 ist gekennzeichnet durch Ruhe der Masse (Umkehrpunkt, Geschwindigkeit null; die Tangente an die $x(t)$-Funktion als Maß für die Geschwindigkeit ist horizontal). Es ergibt sich so t_1 .

b) Die Ortskoordinate x ergibt sich aus dem $x(t)$-Gesetz für diesen Zeitpunkt (t_1) zu $x_m = 0,10525\,\text{m}$.

c) Der Zeitpunkt des ersten Passierens der statischen Gleichgewichtslage, also der Ruhelage, t_2 , ergibt sich wiederum aus dem $x(t)$-Gesetz. Achtung: Der Tangens ist vieldeutig; alle Winkel, die sich um $180°$ unterscheiden, haben denselben Tangens. Hier ergibt sich als Winkel $\omega_d \cdot t_2$ ein negativer Betrag; der $\pi = 180°$ größere Winkel beschreibt den Zeitpunkt t_2 (der ja positiv sein muß).

30.4

Gegeben sind die Dämpfungskonstante $k = 42\,\text{kg/s}$ oder $42\,\text{Ns/m}$ und die Federkonstante $c = 700\,\text{N/m}$. Es wird vorausgesetzt, daß Masse, Feder und Dämpfungsglied so gekoppelt sind, daß alle Elemente denselben Weg vollziehen (sonst müßte eine Zeichnung der Kopplung vorliegen).

a) „Gerade keine Schwingungen" meint den aperiodischen Grenzfall, also Dämpfungsgrad $\vartheta = 1$, die Abklingkonstante δ ist also gleich der Eigenkreisfrequenz der ungedämpften Schwingungen ω_o . Es ergibt sich so die Masse zu $m = 0,63\,\text{kg}$.

b) Mit Masse und Federkonstante ist die Eigenkreisfrequenz der ungedämpften Schwingungen bekannt, die Eigenkreisfrequenz der gedämpften Schwingungen ist mit $10\,\text{s}^{-1}$ vorgegeben. Mit der Definition für die Abklingkonstante $\delta = k/2m$ ergibt sich die Masse m ; es liegen zwei reelle Lösungen der quadratischen Gleichung vor: $m = 6,3\,\text{kg}$ und $m = 0,7\,\text{kg}$; da die Frage nach der „mindestens" erforderlichen Masse gestellt ist, ist $m = 0,7\,\text{kg}$ die Lösung. Tatsächlich aber wird auch bei $m = 6,3\,\text{kg}$ eine Schwingung der Eigenkreisfrequenz $10\,\text{s}^{-1}$ entstehen.

c) Aus dem für die Fälle a) -aperiodischer Grenzfall- und b) -Schwinger, schwache Dämpfung- bekannten $x(t)$-Funktionen ergeben sich mit den bekannten Anstoßbedingungen die jeweiligen Konstanten C_1 und C_2 . Es liegen damit die Zahlengleichungen für die beiden $x(t)$-Gesetze vor.

30.5

Eine statische Vorbetrachtung würde Gleichung erbringen: $\Sigma M_A = 0 = m \cdot g \cdot l/2 - F_{st} \cdot a/2$; diese beiden Summanden finden sich auch in der Dynamik-Gleichung und werden darum hier in der dynamischen Betrachtung der Einfachheit halber weggelassen. Im ausgelenkten Zustand treten zu den so schon im Ruhezustand wirkenden Kräften die durch die Drehung entstehende Federkraft (proportional dem Federweg) und die Dämpfungskraft hinzu, darüberhinaus das Moment der tangentialen Trägheitskräfte der Massenteilchen des Rotors, also $J_A \cdot \ddot{\varphi}$. Die Hebelarme von Feder- und Dämpfungskraft sind zwar $(3l/4) \cdot \cos\varphi$ bzw. $(l/2) \cdot \cos\varphi$; bei kleinen Winkeln jedoch wird der Kosinus zu Eins gesetzt.

a) Die Eigenkreisfrequenz ungedämpfter Schwingungen wird zu $\omega_o = 22,5\,\mathrm{s}^{-1}$ errechnet. Wenn „gerade keine Schwingungen" möglich sein sollen, ist der sog. aperiodische Grenzfall gemeint; es ist der Dämpfungsgrad $\vartheta = 1$. Daraus folgt die Dämpfungskonstante $k = 240\,\mathrm{kg/s}$ oder $240\,\mathrm{Ns/m}$.

b) Die gegebenen Anfangsbedingungen liefern die Konstanten C_1 und C_2 . Zeitpunkt t_1 sei jener Zeitpunkt, zu dem der größte Ausschlagwinkel φ_m erreicht ist; hier hat die $\varphi(t)$-Funktion ein Extremum, die Winkelgeschwindigkeit ist hier null; daraus errechnet sich t_1 und mit diesem Wert aus der $\varphi(t)$-Funktion der Wert für φ_m .

c) Die größte Winkelgeschwindigkeit der Rückkehrbewegung ist am Wendepunkt der $\varphi(t)$-Funktion, hier hat die $\varphi(t)$-Funktion ihre größte (negative) Steigung; zu diesem Zeitpunkt t_2 ist $\ddot{\varphi}$ null. Daraus ergibt sich t_2 . Wiederum aus dem $\dot{\varphi}(t)$-Gesetz folgt die größte Rückkehr-Winkelgeschwindigkeit ω_m .

30.6

Masse, Feder und Dämpfer sind so gekoppelt, daß die Feder denselben Weg vollzieht wie die Masse und daß Masse und Dämpfungsglied dieselbe Geschwindigkeit haben.

a) Bei gegebener Masse und bekannter Dämpfungskonstante wird eine Schwingbewegung umso eher eintreten, je steifer die Feder ist. Hier ist der aperiodische Grenzfall angesprochen; d.h. das System soll gerade nicht zu Schwingungen fähig sein. Es ist also der Dämpfungsgrad $\vartheta = 1$, mithin sind Abklingkonstante und die Eigenkreisfrequenz ungedämpfter Schwingungen gleich groß: $\omega_o = \delta$. Es ergibt sich so die Federkonstante zu $c = 40,5\,\mathrm{N/m}$.

b) Aus der Formel für die Eigenkreisfrequenz der gedämpften Schwingungen ergibt sich unmittelbar: $c = 72,5\,\mathrm{N/m}$.

c) Für den aperiodischen Grenzfall ergeben sich aus den Zeitgesetzen $x(t)$ und $\dot{x}(t)$ mit den gegebenen Randbedingungen die Konstanten C_1 und C_2 . Damit ist die Bewegungsgleichung $x(t)$ auch zahlenmäßig bekannt. Für den Schwingfall ($\omega_d = 2\,\mathrm{s}^{-1}$) ergeben sich wiederum aus dem $x(t)$- und dem $\dot{x}(t)$-Gesetz mit den bekannten Randbedingungen die beiden Konstanten, womit auch für diesen Fall das Bewegungsgesetz zahlenmäßig vorliegt.

30.7

Bekannt sind die Werte für Masse, Federhärte und Dämpfungskonstante; die Elemente sind so gekoppelt, daß die Wege von Feder und Masse stets gleich sind und daß die Geschwindigkeit von Masse und Dämpfungsglied ebenfalls stets gleich groß sind, - also direkte Kopplung der drei Elemente. Die Randbedingungen sagen: es liegt sowohl eine anfängliche Auslenkung vor wie auch eine Anstoßgeschwindigkeit (positiv, also Anstoßgeschwindigkeit von der Ruhelage weg!).

a) Zunächst muß untersucht werden, ob das System zu Schwingungen fähig ist. Die Rechnung erbringt, daß die Abklingkonstante δ kleiner ist als die Eigenkreisfrequenz der ungedämpften Schwingungen ω_o . also liegt schwache Dämpfung vor: das System kann, einmal angestoßen, schwingen. Damit sind die Kinematik-Gesetze $x(t)$, $\dot{x}(t)$ und $\ddot{x}(t)$ als harmonische Zeitgesetze bekannt, und es können mit den gegebenen Randbedingungen die Konstanten C_1 und C_2 bestimmt werden, womit die drei Zeitgesetze der kinematischen Größen Weg, Geschwindigkeit und Beschleunigung zahlenmäßig beschrieben sind. Zeitpunkt t_1 ist dadurch gekennzeichnet, daß die Masse kurzzeitig zum Stillstand kommt: $\dot{x}(t = t_1) = 0$. Es ergibt sich so $t_1 = 0,0107\,\mathrm{s}$. Aus dem $x(t)$-Gesetz folgt $x_m = x(t = t_1) = 0,215\,\mathrm{m}$.

b) Die Steigung der Tangente an die $x(t)$-Funktion ist ein Maß für die Geschwindigkeit (Ableitung $\dot{x}$); der Wendepunkt W ist der Punkt größter negativer Steigung (positive Steigung: Geschwindigkeit positiv, also an positiver Wegstelle von der Ruhelage weg; negative Steigung: Rückkehrgeschwindigkeit, auf die Ruhelage zu). Hier am Wendepunkt hat das $\dot{x}(t)$-Gesetz ein Extremum, also ist die zweite Ableitung null: $\dot{x}(t = t_2) = 0$. Es ergibt sich der Wert $t_2 = 0,044785\,\mathrm{s}$, aus dem $\dot{x}(t)$-Gesetz für diesen Zeitpunkt $v_2 = \dot{x}(t = t_2) = -2,9\,\mathrm{m/s}$; das negative Vorzeichen zeigt an, daß es sich um eine auf die Ruhelage hin gerichtete Geschwindigkeit handelt.

c) Zum Zeitpunkt t_3 erreicht die Masse wieder den Ord der statischen Ruhelage; es ergibt sich t_3 unmittelbar aus dem $x(t)$-Gesetz. Die Beschleunigung in diesem Zeitpunkt aus dem $\ddot{x}(t)$-Gesetz:

$$a_3 = \ddot{x}(t = t_3) = +13,76\,\mathrm{m/s}^2 .$$

30.8

Die schwere, schlanke Stange führt Drehbewegungen um die feste Drehachse bei (A) im Schwerefeld aus, die Gewichtskraft der Stange ist im Bild abwärts gerichtet. Die Statik-Betrachtung ist trivial: die Feder ist im Ruhezustand entspannt, so daß in der skizzierten Gleichgewichtslage keine Momente um (A) wirken. Es wird vorausgesetzt, daß die skizzierte Gleichgewichtslage eine stabile Gleichgewichtslage ist (siehe Kapitel 8). Es zeigt sich im Verlauf der Lösung, daß sich die Eigenkreisfrequenz kleiner ungedämpfter Schwingungen, also ω_o, als reeller Wert ergibt, womit der Nachweis geführt ist, daß die skizzierte Gleichgewichtslage stabil ist (im anderen Fall ergäbe sich für die Eigenkreisfrequenz ungedämpfter Schwingungen eine imaginäre Zahl). Die D´ALEMBERTsche Betrachtung $\Sigma M_A = 0$ liefert die homogene, lineare Differentialgleichung 2. Ordnung, deren Lösung gesucht bzw. diskutiert wird. In der Form, bei der der Faktor der Beschleunigungsgröße, hier $\ddot{\varphi}$, Eins ist, entspricht der Faktor vor der nicht abgeleiteten Größe dem Quadrat der Eigenkreisfrequenz ungedämpfter Schwingungen. Der Faktor vor der Geschwindigkeitsgröße, hier $\dot{\varphi}$, entspricht 2δ ($\delta =$ Abklingkonstante). So ergibt sich $\omega_o = 18{,}143\,\text{s}^{-1}$.

a) Für den aperiodischen Grenzfall sind ω_o und δ gleich; es folgt so die gesuchte Dämpfungskonstante, bei der gerade keine Schwingungen möglich sind:

$k = 14{,}74\,\text{kg/s} = 14{,}74\,\text{Ns/m}$.

b) Aus dem $\varphi(t)$ Ansatz für den aperiodischen Grenzfall folgen durch Ableitung nach der Zeit die Zeit-Gesetze für die Winkelgeschwindigkeit und die Winkelbeschleunigung der Masse. Aus diesem Gleichungspaket folgen mit den kinematischen Randbedingungen die Konstanten C_1 und C_2. Im Umkehrpunkt der Drehbewegung kommt die Masse kurzzeitig zum Stillstand: $\varphi(t = t_1) = \varphi_m$; dann ist die Winkelgeschwindigkeit null. Es folgt so $t_1 = 0{,}05512\,\text{s}$ und damit aus dem $\varphi(t)$-Gesetz der maximale Ausschlagwinkel zu $\varphi_m = 11{,}62°$.

30.9

Das freie Ende der Zusatzfeder der Federkonstanten c_2 wird zwangsbewegt: $y_1(t) = 0{,}04\,\text{m} \cdot \cos\left(70\,\text{s}^{-1} \cdot t\right)$; darin ist die Amplitude der Erregungsbewegung $y_o = 0{,}04\,\text{m}$ und die Erregerkreisfrequenz $\Omega = 70\,\text{s}^{-1}$.

a) Wird der Antrieb fixiert, also das rechte Federende der Feder (2) festgehalten, so liegt Parallelschaltung der beiden Federn vor (Kennzeichen der Parallelschaltung zweier Federn ist der gleiche Federweg); die Gesamt- oder Ersatzfederkonstante ist also die Summe der beiden so geschalteten Federn. Der Weg der Masse entspricht bei dem vorliegenden konstruktiven Aufbau dem Weg der Feder („Federweg" gleich „Masseweg"), die Eigenkreisfrequenz der ungedämpften Schwingungen ergibt sich ohne weiteren D´ALEMBERTschen Ansatz zu $\omega_o = 74{,}642\,\text{s}^{-1}$.

b) Wiederum bei feststehendem Antrieb schwingt das System mit $\omega_d = 50\,\text{s}^{-1}$ (siehe Aufgabenstellung). Mit den Werten der Kreisfrequenz der ungedämpften und der gedämpften Schwingungen ergeben sich die Abklingkonstante $\delta = 55{,}42\,\text{s}^{-1}$ und auch die Dämpfungskonstante $k = 775{,}89\,\text{Ns/m}$.

c) Die inhomogene Differentialgleichung der erzwungenen Schwingung ergibt sich aus der D´ALEMBERTschen Kräftegleichung $\Sigma F_y = 0$. Die Kraft von Feder (2) auf die Masse ist dann nach links gerichtet, wenn der Weg der Masse (y) größer ist als der Weg des zwangsbewegten rechten Federendes von Feder (2) (y_1). Die Störfunktion ist eine harmonische Zeitfunktion; somit wird auch der Ansatz für die partikuläre Lösung der inhomogenen Differentialgleichung in Form einer harmonischen Zeitfunktion gewählt, hier: $y_p(t) = a \cdot \sin(\Omega \cdot t - \varphi)$; darin ist a die Daueramplitude im eingeschwungenen Zustand und φ der Phasenverschiebungswinkel. Weitere Vorgehensweise: Bilden der Ableitungen aus dem Ansatz für $y_p(t)$ und Einsetzen in die inhomogene Differentialgleichung. Nach Anwenden der Additionstheoreme für Sinus Winkeldifferenz und Kosinus Winkeldifferenz folgt nach entsprechendem Sortieren der Glieder jene Gleichung, in der die beiden durch Ausklammern entstehenden Klammerausdrücke I und II jeweils zu null gesetzt werden; Begründung: Zu jenen Zeitpunkten t, da der Kosinus null wird, ist der Sinus nicht null, so daß Klammer II null sein muß; zu jenen Zeitpunkten t, da der Sinus null ist, ist der Kosinus nicht null, so daß Klammer I null sein muß. Zu allen übrigen Zeitpunkten müssen beide Klammern null sein, damit die Gleichung befriedigt ist. Es folgt so der Phasenverschiebungswinkel aus Klammer II zu $\varphi = -4{,}95°$ und die Daueramplitude im eingeschwungenen Zustand zu $a = 0{,}01908\,\text{m}$.

d) Das Bewegungsgesetz für den eingeschwungenen Zustand ist damit auch zahlenmäßig bekannt. Dabei ist dies das Weg-Zeit-Gesetz für die Masse, wenn der homogene Lösungsanteil auf vernachlässigbar kleine Werte abgesunken ist.

e) Das auch für die Einschwingphase zuständige Gesetz $y(t) = y_h(t) + y_p(t)$ beinhaltet die noch zu bestimmenden Konstanten C_1 und C_2 des homogenen Lösungsanteils, die jedoch nur aus dieser Gesamtlösung

bestimmen sind (und nicht aus y_h allein!). Mit den vorgegebenen Anstoßbedingungen ergeben sich die beiden
Konstanten, und das Weg-Zeit-Gesetz des Schwingers
ist, auch für die Einschwingphase, zahlenmäßig bekannt, so daß die gesamte Kinematik des Schwingers
für alle Zeitpunkte beschrieben ist respektive beschrieben werden kann.

P. Hagedorn
Technische Mechanik

Band 1: **Statik**
2. Auflage 1993, 210 Seiten, zahlreiche
Abbildungen, kart.,
DM 24,- öS 178,- sFr 24,-
ISBN 3-8171-1339-0

Band 2: **Festigkeitslehre**
2., überarbeitete Auflage 1995, 272 Seiten,
zahlreiche Abbildungen, kart.,
DM 24,- öS 178,- sFr 24,-
ISBN 3-8171-1434-6

Band 3: **Dynamik**
1990, 237 Seiten, zahlreiche Abbildungen, kart.,
DM 24,- öS 178,- sFr 24,-
ISBN 3-8171-1163-0

Dieses dreibändige Vorlesungsskript zur Technischen Mechanik zeichnet sich durch gut verständliche Begriffsbestimmungen und klare Erläuterungen bei ausführlicher Berücksichtigung mathematischer Zusammenhänge aus. Die wichtigsten und immer wieder verwendeten Formeln werden im Text wiederholt. Dies dient nicht nur der Lesbarkeit, weil zusätzliche Verweise entfallen, darüber hinaus hilft es dem Studenten, sich Zusammenhänge leichter einzuprägen. Viele Zeichnungen veranschaulichen die Texte. Ingenieurstudenten aller Fachrichtungen bietet es eine solide Kenntnisvermittlung der Grundgesetze und Verfahren.

H. Lutz, W. Wendt
Taschenbuch der Regelungstechnik
1995, 669 Seiten, Plastikeinband
DM 38,- öS 281,- sFr 37,-
ISBN 3-8171-1390-0

Der Themenbereich des vorliegenden Nachschlagewerkes erstreckt sich von der Berechnung von einfachen Regelkreisen mit Proportional-Elementen, von Regelkreisen im Zeit- und Frequenzbereich bis zu digitalen Regelungen und Zustandsregelungen. Die Verfahren der Zustandsregelung werden auf Probleme der Antriebstechnik angewendet. Zwei für die Regelungstechnik wichtige numerische Verfahren sind als PASCAL-Programme angegeben.

R. Kories, H. Schmidt-Walter
Taschenbuch der Elektrotechnik
2., überarbeitete und erweiterte Auflage 1995,
733 Seiten, Stichwortverzeichnis
deutsch / englisch, Plastikeinband
DM 38,- öS 281,- sFr 37,-
ISBN 3-8171-1412-5

Das neue Taschenbuch enthält die Gebiete Gleichstrom, elektrische und magnetische Felder, Wechselstrom, Netzwerke bei veränderlichen Frequenzen, Signale und Systeme, Analog- und Digitaltechnik, Stromversorgungen. Es ist für Studenten hervorragend geeignet als rasch verfügbarer Informationspool für Klausuren und Prüfungen, sicheres Hilfsmittel beim Lösen von Problemen und Übungsaufgaben und stellt auch für den Berufspraktiker ein kompaktes Nachschlagewerk dar. Jedes Kapitel ist für sich eine selbständige Einheit und enthält alle wichtigen Begriffe, Formeln, Regeln und Sätze sowie zahlreiche Beispiele und Anwendungen.

H.D. Motz
Technische Mechanik im Nebenfach
Einführung in Statik, Festigkeitslehre und
Dynamik für ingenieurnahe Studiengänge und
Ingenieurpartner
1994, 235 Seiten, zahlr. Abbildungen, geb.,
DM 29,80 öS 221,- sFr 29,80
ISBN 3-8171-1371-4

Diese gehaltvolle Zusammenstellung zum Lernen und Nachschlagen schließt eine empfindliche Lücke. Für viele Studenten ist die Technische Mechanik kein Hauptfach, aber trotzdem wichtig (z.B. Studiengänge Industrie-Design, Elektrotechnik, Betriebswirtschaftsingenieurwesen, Sicherheitstechnik). Dem Autor ist es gelungen, den Stoff (Statik, Elastizitäts- und Festigkeitslehre, Kinematik und Kinetik) präzise und anschaulich darzustellen, seine Zielgruppe aber mathematisch und physikalisch nicht zu überfordern. Im Anhang befinden sich eine Formel- und Tabellensammlung sowie weiterführende Literaturhinweise.

Analysis für Ingenieurstudenten
von einer Autorengemeinschaft
Herausgeber H. Stöcker

Band 1:

**Funktionen, Differential- und
Integralrechnung**
1995, 487 Seiten, 219 Abbildungen,
197 Aufgaben mit Lösungen, geb.
DM 34,- öS 252,- sFr 33,-
ISBN 3-8171-1240-8

Band 2:

**Differentialgleichungen, Vektoranalysis,
Fourier- und Laplacetransformationen,
komplexe Funktionen**
1996, 413 Seiten, zahlreiche Abbildungen,
177 Aufgaben mit Lösungen, geb.
DM 34,- öS 252,- sFr 33,-
ISBN 3-8171-1340-4

I.N. Bronstein, K.A. Semendjajew,
G. Musiol, H. Mühlig
Taschenbuch der Mathematik
2., überarbeitete und erweiterte Auflage 1995,
1046 Seiten, Plastikeinband,
DM 48,- öS 355,- sFr 46,-
ISBN 3-8171-2002-8

Die sehr große Nachfrage nach diesem
Standardwerk hat nach kurzer Zeit eine 2.
Auflage nötig gemacht. Es handelt sich
dabei jedoch nicht um eine bloße Nachauf-
lage, sondern um eine erheblich erweiterte
und in vielen Bereichen verbesserte Neu-
ausgabe. Sie enthält in kompakt-übersicht-
licher Form den gesamten mathemati-
schen Wissensstoff für Studium und Be-
rufspraxis. Auch das Kapitel über Compu-
teralgebrasysteme wurde ergänzt und beschränkt sich nun nicht mehr nur auf "Ma-
thematica".